AF576187

EUL
VERLAG

Reihe: Kundenorientierte Unternehmensführung · Band 7
Herausgegeben von Prof. Dr. Hendrik Schröder, Essen

Dr. Nina Villaverde Suarez

Das Preisverhalten von Kunden in Tankstellenshops

Eine theoretische und empirische Analyse

Mit einem Geleitwort von Prof. Dr. Hendrik Schröder,
Universität Duisburg-Essen

Bibliografische Information der Deutschen Nationalbibliothek

Die Deutsche Nationalbibliothek verzeichnet diese Publikation in der Deutschen Nationalbibliografie; detaillierte bibliografische Daten sind im Internet über <http://dnb.d-nb.de> abrufbar.

Dissertation, Universität Duisburg-Essen, 2012

Die vorliegende Arbeit von Frau Villaverde Suarez, geboren in Dorsten, wurde vom Fachbereich Wirtschaftswissenschaften der Universität Duisburg-Essen (Campus Essen) als Dissertation zur Erlangung des akademischen Grades eines Doktors der Wirtschaftswissenschaften (Dr. rer.pol.) angenommen.

Erstgutachter: Univ.-Prof. Dr. Hendrik Schröder
Zweitgutachter: Univ.-Prof. Dr. Rainer Elschen

Tag der mündlichen Prüfung: 01. Juni 2012

ISBN 978-3-8441-0252-9
1. Auflage Mai 2013

JOSEF EUL VERLAG GmbH
Brandsberg 6
53797 Lohmar
Tel.: 0 22 05 / 90 10 6-6
Fax: 0 22 05 / 90 10 6-88
E-Mail: info@eul-verlag.de
http://www.eul-verlag.de

Bei der Herstellung unserer Bücher möchten wir die Umwelt schonen. Dieses Buch ist daher auf säurefreiem, 100% chlorfrei gebleichtem, alterungsbeständigem Papier nach DIN 6738 gedruckt.

Geleitwort des Herausgebers

Die Erforschung des Preisverhaltens ist eine ewig junge Disziplin in den Wirtschaftswissenschaften. Nina Villaverde Suarez befasst sich in ihrer Dissertation mit Tankstellenshops, die für einen Teil des kleinflächigen Lebensmitteleinzelhandels stehen, und mit privaten Endkunden, die einen Teil ihres Bedarfs an Lebensmitteln in diesen Geschäften decken. Ausgerichtet ist die Untersuchung an dem Stimulus-Organismus-Reaktions-Paradigma: Stimuli sind unterschiedlich hohe Preise für nicht preisgebundene Produkte in Tankstellenshops, den Organismus der Kunden repräsentieren Emotionen, Kognitionen und Intentionen, Reaktionen sind die Wahl von Tankstellenshops, der Kauf von Produkten und der in der Tankstelle ausgegebene Betrag.

Die theoretische Arbeit zeichnet sich dadurch aus, dass Frau Villaverde Suarez mit Preisemotionen, Preisinteresse, Preiswissen, Preisbeurteilung, Preisbereitschaft und Preisvertrauen eine große Anzahl an Konstrukten einbezieht. Sie trägt den aktuellen Forschungsstand zusammen und leitet dezidiert die Konzeptualisierung und Operationalisierung der Konstrukte für ihre empirischen Studien her.

Die empirischen Arbeiten sind über einige Jahre gegangen. Frau Villaverde Suarez hat mehrere qualitative und quantitative Erhebungen durchgeführt und ausgewertet. Unter den zahlreichen Methoden findet sich auch der aufwändige Einsatz des Kano-Modells. Mit ihm deckt Nina Villaverde Suarez auf, wie die Kunden die verschiedenen Leistungen von Tankstellen beurteilen, als solche mit Basis-, Leistungs- oder Motivationsanforderungen.

Die vielen Ergebnisse zu den Preiskonstrukten bereichern sowohl die Wissenschaft zur Preisforschung als auch die Praxis, die wertvolle Anregungen für die Preispolitik erhält. Diese Erkenntnisse nun im Einzelnen zu „erleben", bleibt den Lesern der Arbeit von Nina Villaverde Suarez vorbehalten. Ich wünsche ihnen hierbei viel Vergnügen.

Essen, im April 2013 Univ.-Prof. Dr. Hendrik Schröder

Vorwort

Die vorliegende Dissertation entstand während meiner Tätigkeit am Lehrstuhl für Marketing und Handel an der Universität Duisburg-Essen. Das Verfassen einer solchen Arbeit ist zumeist ein fordernder Prozess, der ohne die Unterstützung des beruflichen und privaten Umfeldes kaum möglich und vor allem sehr viel weniger erfreulich wäre. Mein herzlicher Dank geht daher an dieser Stelle an einen größeren Kreis von Personen, die mir zur Seite standen.

Mein erster Dank gilt meinem akademischen Lehrer und Doktorvater, Herrn Univ.-Prof. Dr. Hendrik Schröder, der mich immer unterstützt und gefördert hat und jederzeit ein offenes Ohr für mich hatte. Die Zeit am Lehrstuhl hat nicht nur meinen beruflichen Werdegang, sondern auch meine persönliche Entwicklung entscheidend geprägt.

Bei Herrn Univ.-Prof. Dr. Rainer Elschen bedanke ich mich herzlich für seine Unterstützung und die Übernahme des Zweitgutachtens. Herrn Univ.-Prof. Dr. Andreas Behr darf ich dafür danken, dass er sich als dritter Prüfer zur Verfügung gestellt hat.

Die Gelegenheit, sich mit dem Preisverhalten von Kunden in Tankstellenshops zu beschäftigen, entstand im Rahmen eines Kooperationsprojektes des Lehrstuhls mit der Aral AG. Für die Unterstützung des Projektes, für Gesprächsbereitschaft, Flexibilität und die Möglichkeit, die Tankstellenshops als Erhebungsorte zu nutzen, danke ich der Aral AG und hier insbesondere Herrn Roland Giesselmann.

Herzlich möchte ich außerdem meinen Kollegen am Lehrstuhl danken. Insbesondere richtet sich mein Dank an Stefanie Kristes, Steffen Ehrmann, Julian Mennenöh und Dr. Gregor Zimmermann. Die fachlichen Diskussionen, vor allem aber das kollegiale und freundschaftliche Arbeitsumfeld auch in späten, zigarrenrauchgeschwängerten Abendstunden trugen erheblich dazu bei, dass ich die Promotionszeit auch in stressigen Phasen als positiv erlebt habe.

Auch bei einigen Studierenden möchte ich mich für ihre Unterstützung bedanken: Den studentischen Hilfskräften am Lehrstuhl, „meinen“ Diplomandinnen und Diplomanden sowie den Projektgruppen, die mit großem Engagement einen beträchtlichen Teil der Interviews durchgeführt, mich bei der Dateneingabe unterstützt und die jeweiligen Projektteile durch Diskussionen bereichert haben.

Insbesondere in den Monaten, in denen ich die Dissertation am heimischen Schreibtisch fertig geschrieben habe, habe ich mich zudem über die Unterstützung meiner „virtuellen“ Promotionsgruppe gefreut und möchte mich für das Anfeuern und Mitfiebern in der Endphase bedanken.

Großer Dank gilt meinem privaten Umfeld, für das in den vergangenen Jahren viel zu wenig Zeit blieb. Ganz besonders danke ich meinem Mann Benito für seine liebevolle Unterstützung und sein Verständnis. Er hat mir während der Promotionszeit trotz seines eigenen Promotionsprojekts fortwährend emotionalen Rückhalt gegeben, mich stets bestärkt und ermutigt. Gleichzeitig stand er mir als unbestechlicher Diskussionspartner bei fachlichen Fragen zur Seite.

Mein größter Dank geht an meine Familie und hier besonders an meine Eltern Gisela und Friedhelm Möller: Solange ich denken kann, haben sie immer an mich geglaubt, mich gefördert und mir jede nur denkbare Hilfe zukommen lassen. Ihnen widme ich diese Arbeit.

Essen, im Mai 2013 Nina Villaverde Suarez

Inhaltsverzeichnis

Abkürzungs- und Symbolverzeichnis

A	Anzahl der Einstufungen als Begeisterungsanforderung bei Anwendung der Kano-Methode
α	Cronbachs Alpha
a	Funktionsparameter
a. n. g.	anderweitig nicht genannt
ADF-Methode	Asymptotically-Distribution-Free-Methode
ALT	Alter
AN	Akquisitionsnutzen
ÄRG	Preisärger
ATM	angenehme Atmosphäre
AUS	große Produktauswahl
AW	Airwaves Kaugummi
B	dauerhafte Shop- und Tank-Kunden (=Beides-Kunden)
BA	Basisanforderung
BauNVO	Baunutzungsverordnung
BE	Begeisterungsanforderung
BEQ	Bequemlichkeit
BTG	Bundesverband Tankstellen und Gewerbliche Autowäsche Deutschland e.V.
BVerwG	Bundesverwaltungsgericht
BVR	Bundesverband der deutschen Volksbanken und Raiffeisenbanken
c	Anzahl der Items
X_M^2	X^2-Wert für das getestete Modell
X_N^2	X^2-Wert für das Nullmodell
CC	Coca Cola
C. R.	Critical Ratio
CFI	Comparative Fit Index
CS^-	Unzufriedenheitspozential einer Eigenschaft bei Anwendung der Kano-Methode
CS^+	Zufriedenheitspotenzial einer Eigenschaft bei Anwendung der Kano-Methode

DEV (ξ_j)	extrahierte Varianz des Faktors
df	Freiheitsgrade
df_M	Freiheitsgrade des getesteten Modells
df_N	Freiheitsgrade des Nullmodells
Diff	Differenz zwischen dem Schätzpreis eines Produktes für den Tankstellenshop und für den übrigen Lebensmitteleinzelhandel
ε	Fehlerterm
EHR	Preisehrlichkeit
EIG	Eigennutz
EK	Haushaltsnettoeinkommen
EN	entgegengesetzte Anforderung
ERP	externer Referenzpreis
ERR	Erreichbarkeit
Exp(B)	Effektkoeffizient bei der binären logistischen Regression
FR	fragwürdige Anforderung
FRE	Freundlichkeit des Personals
FREU	Preisfreude
GE	Geschlecht
GEZ	in der Tankstelle gezahlter Betrag
GFN	Gesellschaft für Nebenbetriebe der Bundesautobahnen
GLS-Methode	Generalized-Least-Squares-Methode
GN	Gesamtnutzen
GWB	Gesetz gegen Wettbewerbsbeschränkungen
HGB	Handelsgesetzbuch
HHGr	Haushaltsgröße
I	Anzahl der Einstufungen als indifferente Anforderung bei Anwendung der Kano-Methode
IN	indifferente Anforderung
IPI	Intensität des Preisinteresses
IRP	interner Referenzpreis
K	Kauf nicht preisgebundener Produkte: Am Untersuchungstag wurde mindestens ein nicht preisgebundenes Produkt gekauft
KH	Kaufhäufigkeit

KK	Kaufkraft im PLZ-Bereich
KMO-Kriterium	Kaiser-Meyer-Olkin-Kriterium
KTS	Einteilung in Personen, die ein bestimmtes untersuchtes Produkt in der Tankstelle einkaufen und solche, die dies nicht tun
λ_{ij}	geschätzte Faktorladung
LE	Leistungsanforderung
LEH	im übrigen Lebensmitteleinzelhandel maximal akzeptierter Betrag
M	Anzahl der Einstufungen als Basisanforderung bei Anwendung der Kano-Methode
Ma	Mars Schokoriegel
MAX	in der Tankstelle maximal akzeptierter Betrag
MCS	Markant Handelsgruppe, Marketing und Convenienceshop System GmbH
ML-Methode	Maximum-Likelihood-Methode
MPE	mittleres Preisempfinden
MPE_i	mittleres Preisempfinden für die Leistung i
Mu	Mumm Sekt
MWV	Mineralölwirtschaftsverband e. V.
n	Stichprobengröße
N	Anzahl der Nennungen eines Merkmals im Rangreihenverfahren, unabhängig davon, ob es als wichtiges oder unwichtiges Merkmal gezogen wurde
NAH	nahe am Wohnort
NK	Nichtkauf: Am Untersuchungstag wurde in der Tankstelle kein Kauf getätigt
N_U	Anzahl der Nennungen als unwichtiges Merkmal im Rangreihenverfahren
N_W	Anzahl der Nennungen als wichtiges Merkmal im Rangreihenverfahren
O	Anzahl der Einstufungen als Leistungsanforderung bei Anwendung der Kano-Methode
OATG	Ostdeutsche Autobahntankstellengesellschaft mbH
ω	Effektgröße für Tests, bei denen es sich bei der Prüfgröße um einen X^2-Wert handelt

p	Irrtumswahrscheinlichkeit in Bezug auf den Fehler erster Ordnung
φ	Effektgröße für Tests, bei denen es sich bei der Prüfgröße um einen z-Wert handelt
PAR	Parkmöglichkeiten
PB_i	Preisbereitschaft für Produkt i
Φ_{jj}	geschätze Varianz der latenten Variablen ξ_j
PGU	Preisgünstigkeitsurteil
PGU_i	Preisgünstigkeitsurteil für Produkt i
PK	Kauf preisgebundener Produkte: Am Untersuchungstag wurde mindestens ein preisgebundenes Produkt, aber kein nicht preisgebundenes Produkt gekauft.
PN	Preisniveau
PNU_i	Produktnutzen von Produkt i
pr	Preis
PRE	niedrige Preise
pr_i	Preis für Produkt i
$pr_{jh\,(t-1)}$	Preis für Produkt j bei Haushalt h zum Zeitpunkt t-1
pr_r	Reservationspreis
PT 1	Preistoleranz 1 (= MAX/GEZ)
PT 2	Preistoleranz 2 (= MAX/LEH)
PT 3	Preistoleranz 3 (= GEZ/LEH)
PWU	Preiswürdigkeitsurteil
r	Korrelationskoeffizient
R^2	Bestimmtheitsmaß der Regressionsanalyse
Rel (ξ_j)	Faktorreliabilität
$r_{ij.z}^2$	quadrierter Korrelationskoeffizient zwischen Variablen i und j nach Auspartialisierung der restlichen Variablen
r_{ij}^2	quadrierter Korrelationskoeffizient zwischen den Variablen i und j
r_{jk}	Korrelation zwischen Item j und Item k
RMSEA	Root Mean Square Error of Approximation
Rn.	Randnummer

RPI_LEH	Einteilung der Kunden gemäß ihrer Ziehung der Karte niedrige Preise für den übrigen Lebensmitteleinzelhandel
RPI_TS	Einteilung der Kunden gemäß ihrer Ziehung der Karte niedrige Preise für Tankstellenshops
$RPr_{hj(t-1)}$	Referenzpreis für Produkt j bei Haushalt h zum Zeitpunkt t-1
RPr_{hjt}	Referenzpreis für Produkt j bei Haushalt h zum Zeitpunkt t
R_U	durchschnittlicher Rang bei Nennung als unwichtiges Merkmal im Rangreihenverfahren
R_W	durchschnittlicher Rang bei Nennung als wichtiges Merkmal im Rangreihenverfahren
S	dauerhafte Shop-Kunden
SAB	Sauberkeit
SCH	Möglichkeit, schnell einzukaufen
SER	guter Service
SI	Schätzsicherheit
S_i^2	Varianz des Items i
$\widehat{\sigma}_j$	Standardabweichung des Items j der implizierten Varianz-Kovarianz-Matrix
$\widehat{\sigma}_k$	Standardabweichung des Items k der implizierten Varianz-Kovarianz-Matrix
$\widehat{\sigma}_{jk}$	Kovarianz zwischen Item j und k der implizierten Varianz-Kovarianz-Matrix
s_{jk}	Kovarianz zwischen Item j und Item k
s_k	Standardabweichung des Items k
SKG	Stammkundengrad
S-O-R-Modell	Stimulus-Organismus-Response-Modell
SP	Schätzpreis
S-R-Modell	Stimulus-Response-Modell
SRMR	Standardized Root Mean Residual
STB	Einteilung in Shop-, Tank- und Beides-Kunden
S_x^2	Varianz des Gesamtwertes der Skala
T	dauerhafte Tank-Kunden
θ_{ii}	geschätzte Varianz der zugehörigen Fehlervariablen
TK_i	Transaktionskosten für den Kauf von Produkt i

TN	Transaktionsnutzen
TN_i	Transaktionsnutzen für den Kauf von Produkt i
TRA	Preistransparenz
TS	Tankstelle
U	$N_U \cdot R_U$, also die „Unwichtigkeit" des Merkmals im Rangreihenverfahren
UB	Umbaustatus
ÜB	Preisüberraschung
ÜBE	Übersichtlichkeit
ÜLEH	übriger Lebensmitteleinzelhandel
ULS-Methode	Unweighted-Least-Squares-Methode
VER	Vertrauenswürdigkeit des Betreibers
W	$N_W \cdot R_W$, also die „Wichtigkeit" des Merkmals im Rangreihenverfahren
WAR	hohe Warenqualität
WB	Wettbewerbsintensität im Umfeld
WT	Einteilung in Werktag und Wochenendtag
WUT	Preiswut
ξ_j	latente Variable
ZI	Ziel
ZUF	gute Zufahrt

1 Einführung

1.1 Problemstellung und Ziel der Arbeit

Über einige Jahrzehnte hinweg waren im deutschen Lebensmitteleinzelhandel zwei prägende Entwicklungen zu beobachten, nämlich die kontinuierliche **Steigerung der Verkaufsfläche** und gleichzeitig die **Verringerung der Anzahl** an Einkaufsstätten: So waren 1970 noch 84 % aller Lebensmittelgeschäfte kleiner als 400 m^2, während es 2008 nur noch 18 %[1] waren, und den 127.351 Verkaufsstellen im Jahr 1970 standen 38 Jahre später nur noch 49.673 gegenüber.[2] Als Konsequenz dieser Entwicklung verlagert sich der Lebensmitteleinzelhandel vielfach aus den Innenstädten in Randlagen und auf die „grüne Wiese" – denn der Platzbedarf der großflächigen Einkaufsstätten kann innerhalb von Städten nur begrenzt befriedigt werden.[3] In der Folge ergibt sich vor allem in ländlichen Räumen und in einigen innerstädtischen Lagen eine **Lücke in der Nahversorgung**.[4]

In jüngerer Zeit treten neue kleinflächige Betriebsformen in den Markt ein, die sich erstens die durch den beschriebenen Wandel entstehende Lücke zunutze machen,[5] zweitens mit ihren Konzepten verschiedenen Veränderungen in der Gesellschaft und im Kundenverhalten Rechnung tragen.[6]

Heute bildet daher eine Vielzahl von älteren und jüngeren Betriebsformen den **kleinflächigen Lebensmitteleinzelhandel**: So lassen sich traditionelle Tante-Emma-Läden, kleine Geschäfte ausländischer Betreiber, kleinflächige Discounter und Fachgeschäfte wie Metzgereien oder Bäckereien, aber auch Einkaufsstätten wie Kioske oder Tankstellenshops darunter subsumieren. Die beiden Letztgenannten zeichnen sich, abgesehen von ihrer kleinen Fläche, durch zwei weitere maßgebliche Merkmale aus: Erstens zielen sie auf die zunehmende **Convenienceorientierung**[7] der Kunden

---

1 Es handelt sich hierbei um den Betriebstyp „Kleiner Supermarkt" (siehe zur Abgrenzung in Kap. 2.1.3). Drogeriemärkte sind in diesem Fall nicht inbegriffen, anders als für die Gesamtzahl der Geschäfte, in die auch Drogeriemärkte eingehen. Siehe hierzu ACNielsen GmbH 2011, S. 20 und 22.

2 Vgl. EHI Retail Institute 2007, S. 210 und S. 20; EHI Retail Institute 2009, S. 179; ACNielsen GmbH 2011, S. 22. Da die empirische Erhebung für die vorliegende Untersuchung v. a. in den Jahren 2007 und 2008 stattfand, wird durchgängig auf Marktzahlen aus 2008 zurückgegriffen. Die hier beschriebenen Effekte setzten sich in den Folgejahren weiter fort: 2010 waren noch 16 % der Geschäfte im Lebensmitteleinzelhandel kleiner als 400 m^2, und es gab noch 47.534 Verkaufsstellen, siehe hierzu ACNielsen GmbH 2011, S. 20.

3 Vgl. Junker/Kühn 2006, S. 31 f. und S. 37 ff.

4 Vgl. Kuhlicke/Petschow/Zorn 2005, S. XII. Siehe zu den Entwicklungen im Lebensmitteleinzelhandel auch Kap. 2.2.2.2.

5 Vgl. Gyllensvärd 1999, S. 185.

6 Zu diesen Entwicklungen siehe insb. Kap. 2.2.2.3.

7 Convenience bedeutet wörtlich übersetzt Bequemlichkeit oder Entlastung. Siehe hierzu im Detail Kap. 2.2.2.3.

ab und verfolgen das Ziel, dem Kunden einen einfachen und bequemen Einkaufsprozess zu bieten. Dies soll z. B. durch lange Öffnungszeiten, übersichtliche Sortimente, kurze Wege und schnelle Abwicklung des Bezahlvorgangs erreicht werden.[8] Solche Betriebsformen werden deshalb häufig als „Conveniencestores" oder „Convenienceshops" bezeichnet.[9] Zweitens liegt ihr **Preisniveau** (teilweise deutlich) höher als das des übrigen Lebensmitteleinzelhandels.[10]

Bedingt durch verschiedene Rahmenbedingungen[11] ist erst in den letzten Jahren eine zunehmende Filialisierung dieser Betriebsformen zu beobachten, die mit einer höheren Professionalisierung und stärkeren Fokussierung auf die **kundenorientierte Gestaltung** der Marketinginstrumente einhergeht. Hier bemühen sich vor allem die Mineralölgesellschaften, ihre Tankstellenshops auf die Kundenbedürfnisse auszurichten oder den Pächtern[12] umfangreiche Hilfestellung dafür zu geben. Im Zuge dessen stellt sich auch die Frage, wie eine kundenorientierte **Preisgestaltung** in Tankstellenshops vorgenommen werden kann. Zu diesem Zweck müssen Informationen über das Preisverhalten der Kunden in Tankstellenshops vorliegen – für den kleinflächigen Lebensmitteleinzelhandel und hier speziell die convenienceorientierten Betriebsformen oder Tankstellenshops existieren allerdings bisher nur wenige Erkenntnisse, die darüber hinaus zumeist „Nebenprodukte" aus Untersuchungen zum Kundenverhalten in Convenienceshops sind.[13]

Aus unterschiedlichen Gründen ist allerdings gerade das Preisverhalten von Kunden in Tankstellenshops besonders interessant:

Aus der **Sicht der Tankstellenbetreiber und der Mineralölgesellschaften** ist der Shop-Bereich zum Umsatz- und Gewinnbringer geworden.[14] Der Shop-Bereich wiederum kann im wettbewerbsintensiven Umfeld nur bei konsequenter Kundenorientierung erfolgreich sein. Damit kommt allen Informationen über das Kundenverhalten eine besondere, ja existenzielle Bedeutung zu. Der Preis ist von so hoher Relevanz, weil von ihm zahlreiche Wirkungen auf verschiedene relevante Größen wie die Absatzmenge und damit den Marktanteil, aber auch auf verschiedene Konstrukte – nicht beobachtbare psychische Prozesse[15] – wie die Kundenzufriedenheit und die Kundenbindung ausgehen. Zudem lässt er sich im Vergleich zu den übrigen Marketinginstrumenten leicht

8 Siehe hierzu z. B. Posselt/Gensler 2000, S. 6 ff.
9 Siehe hierzu im Detail Kap. 2.1.4.
10 Siehe hierzu auch die Ergebnisse der exploratorischen Voruntersuchung in Kap. 4.2.1.
11 Siehe hierzu Kap. 2.2.
12 Siehe zu den Betreibermodellen und damit einhergehender Möglichkeiten von Mineralölgesellschaften und Betreibern Kap. 2.2.4.2.
13 Siehe hierzu Kap. 2.2.3.
14 Siehe hierzu Kap. 2.2.4.1.
15 Siehe hierzu Kap. 4.3.4.1.

variieren, und er hat einen starken und direkten Einfluss auf den Umsatz (da sich der Umsatz als Produkt aus Absatzmenge und Preis ergibt).[16]

Aus der **Sicht der Konsumentenforschung** liegt die hohe Relevanz dieses Bereiches in dem folgenden Umstand begründet, den KAAS und POSSELT gar als ein (scheinbares) Paradoxon im Kundenverhalten bezeichnen:[17] Obwohl im deutschen Lebensmitteleinzelhandel, bedingt durch den starken Preiswettbewerb, ein sehr niedriges Preisniveau herrscht, sind die Tankstellenshops mit einem deutlich höheren Preisniveau erfolgreich – und das, obwohl sie keine höhere Produkt- oder Beratungsqualität und sogar ein deutlich eingeschränkteres Sortiment aufweisen als andere Betriebstypen mit einem niedrigeren Preisniveau.[18] Darüber hinaus zeigen Beobachtungen in Tankstellenshops des Praxispartners der vorliegenden Untersuchung einige Phänomene, die mit den bisher existierenden Erkenntnissen aus der verhaltenswissenschaftlichen Preisforschung nicht zu erklären sind: So zogen testweise durchgeführte Preissenkungen keine Steigerung des Absatzes in den Tankstellenshops nach sich.[19] Zudem lässt sich für manche Produkte feststellen, dass sie gerade in denjenigen Tankstellenshops die höchsten Absätze realisieren, in denen sie am teuersten sind.[20] Zwar handelt es sich hierbei um Einzelbeobachtungen, für die sich möglicherweise individuelle Erklärungen finden lassen,[21] sie zeigen jedoch, dass im Bereich des Preisverhaltens von Kunden in Tankstellenshops noch viele Fragen zu beantworten sind: Offensichtlich verhalten die Kunden sich hier anders als in anderen Typen des Lebensmitteleinzelhandels – es liegen allerdings kaum Informationen darüber vor, *warum* sie sich in Tankstellenshops *wie* verhalten.

Zu dieser Forschungslücke will die vorliegende Arbeit einen Beitrag leisten: Sie verfolgt das Ziel, Erkenntnisse über das Preisverhalten von Kunden in Tankstellenshops zu gewinnen. Abgesehen von der systematischen Abgrenzung und Einordnung des kleinflächigen Lebensmitteleinzelhandels sowie der Tankstellenshops ergeben sich für die vorliegende Untersuchung zahlreiche Forschungsfragen, wie z. B.:

- Wie ausgeprägt ist das **Preisinteresse** für Tankstellenshops? Unterscheidet es sich von dem für den übrigen Lebensmitteleinzelhandel?

---

16 Vgl. Hartmann 2006, S. 3 f.; Diller 2008a, S. 21 f.

17 Vgl. Kaas/Posselt 2000, S. 334 f.

18 Siehe Kap. 4.2.1 zum Preisniveau in Tankstellenshops im Vergleich zum übrigen Lebensmitteleinzelhandel, zum Preiswettbewerb in Deutschland siehe Lademann 2008, S. 91 und zum Erfolg von Tankstellenshops insb. Kap. 2.2.4.1.

19 Ähnliche Beobachtungen lassen sich auch für die Waschstraßen machen, wo Preiserhöhungen im Jahr 2007 keine Effekte auf den Absatz nach sich zogen, siehe BTG 2008, S. 63.

20 Diese Aussage stammt aus Beobachtungen des Praxispartners in den eigenen Markentankstellen.

21 Denkbar ist, dass die Lage der Tankstellenshops eine Rolle spielt. So könnten die besagten Stationen z. B. in der Nähe von Diskotheken liegen und die Betreiber dort bewusst höhere Preise fordern, um die Preisbereitschaft auszuschöpfen.

- Wie **beurteilen** Kunden die absoluten Preise und das Preis-Leistungs-Verhältnis (also die relativen Preise) in Tankstellenshops? Welche Leistungsparameter der Tankstelle haben einen Einfluss auf das Urteil zum Preis-Leistungs-Verhältnis?
- Wie ist die **Preisbereitschaft** der Kunden? Wie nah an der Preisbereitschaft der Kunden liegt das Preisniveau der Tankstellenshops?
- Empfinden sie die Preise als **fair**, oder fühlen sie sich übervorteilt beim Einkauf in Tankstellenshops?
- Haben verschiedene **Eigenschaften** der **Kunden** oder der **Tankstelle** Einfluss auf das Preisverhalten? Wie lässt sich dieser quantifizieren?
- Wie wirken die Konstrukte des Preisverhaltens **untereinander**?
- Welche der Konstrukte haben Einfluss auf das **Verhalten**, also auf den Einkauf in Tankstellenshops? Wie fallen diese Effekte aus?

1.2 Vorgehensweise und Aufbau der Arbeit

Mit dem Ziel, den **relevanten Markt** abzugrenzen und seine **Rahmenbedingungen** zu erfassen, wird im ersten Schritt die Einordnung und Systematisierung von Tankstellenshops vorgenommen, denn bisher existiert hierzu in der Literatur kein für den Zweck der Arbeit geeignetes Vorgehen. Beides erfolgt auf der Basis theoretischer Überlegungen, unterstützt durch eine exploratorische Erhebung, die dazu dient, auch die Kundenperspektive in die Systematisierung einzubeziehen. Weiterhin werden die Marktentwicklung des Tankstellenshop-Marktes sowie seine Teilnehmer in ihren unterschiedlichen Rollen dargestellt. Hierzu bildet die Branchenstrukturanalyse nach PORTER die Grundlage. Anschließend werden die Besonderheiten der hier untersuchten Tankstellenmarke erläutert und ihre Auswahl als Untersuchungsobjekt begründet.

Nach einem kurzen Überblick über die Grundlagen der verhaltenswissenschaftlichen **Preisforschung** – detaillierte Informationen zu den Konstrukten und dem jeweiligen Stand der Forschung finden sich im Zuge der Exploration an späterer Stelle, nämlich im vierten Kapitel – folgt die empirische Erhebung. Da zu Beginn der Untersuchung kaum Informationen über das Preisverhalten von Kunden in Tankstellenshops vorlagen, ist die **empirische Erhebung** grundsätzlich exploratorisch angelegt und verfolgt die empirisch-qualitative, die theoriebasierte, die methodenbasierte und die empirisch-quantitative Explorationsstrategie.[22] Zunächst dienen zwei **empirisch-qualitative** Erhebungen, nämlich vier Gruppendiskussionen und eine Preiserhebung, im Rahmen der Voruntersuchung zur Entwicklung eines Stimulus-Organismus-Response-Modells im

22 Zur Beschreibung und Abgrenzung der Explorationsstrategien siehe Kap. 4.1 sowie Bortz/Döring 2009, S. 357 ff.

Sinne des neobehavioristischen Paradigmas.[23] Dieses berücksichtigt einige Charakteristika der Tankstelle, ihres Umfelds und der Kunden sowie verschiedene Konstrukte des Preisverhaltens und erlaubt es damit, zahlreiche Verbindungen und Interdependenzen zwischen diesen Variablen zu untersuchen.

Auf der Grundlage dieses S-O-R-Modells erfolgt die **theorie- und methodenbasierte Exploration**, in deren Zuge der Forschungsstand aufgearbeitet und die verschiedenen Methoden zur Messung des Preisverhaltens eruiert werden. Auf dieser Grundlage wird schließlich die Modellierung der untersuchten Konstrukte für die **empirisch-quantitative** Studie vorgenommen, in der 946 Personen in 8 Tankstellenshops Auskunft zu ihrem Einkaufs- und Preisverhalten gaben.

Bei der anschließenden Auswertung der erhobenen Daten und der **Formulierung von Hypothesen** über das Preisverhalten von Kunden in Tankstellenshops kristallisieren sich zwei der untersuchten Konstrukte, nämlich das Preiswürdigkeitsurteil und die Preisbereitschaft, als besonders bedeutsam heraus. Aus diesem Grunde widmet sich eine **weitere quantitative Untersuchung**, bei der 363 Personen in 10 Tankstellenshops befragt wurden, erstens der Überprüfung der für diese beiden Konstrukte formulierten Hypothesen und zweitens der weiteren Exploration dieser Konstrukte. Abschließend folgt die Diskussion der Ergebnisse sowie ihre Zusammenfassung. Die Abb. 1-1 zeigt den Aufbau der Arbeit im Überblick.

Kapitel 2: Tankstellenshops	Kapitel 3: Verhaltenswissenschaftliche Preisforschung
Ergebnis: Charakterisierung von Untersuchungsobjekt und Forschungsfeld für die empirische Untersuchung	
Kapitel 4: Exploratorische Untersuchung des Preisverhaltens von Kunden in Tankstellenshops	
Ergebnis: Formulierung von Hypothesen zum Preisverhalten von Kunden in Tankstellenshops Auswahl zweier Konstrukte (Preiswürdigkeitsurteil und Preisbereitschaft) als weitere Schwerpunkte der Untersuchung	
Kapitel 5: Überprüfung der Hypothesen zum Preiswürdigkeitsurteil und zur Preisbereitschaft von Kunden in Tankstellenshops; Modellerweiterung und empirisch-quantitative Explorationsstudie zur Identifikation zusätzlicher Determinanten für Preiswürdigkeitsurteil und Preisbereitschaft von Kunden in Tankstellenshops	
Ergebnis: Weitere Erkenntnisse zum Preiswürdigkeitsurteil und zur Preisbereitschaft von Kunden in Tankstellenshops	
Kapitel 6: Fazit und Ansatzpunkte	

Abb. 1-1: Aufbau der Arbeit im Überblick

23 Siehe hierzu Kap. 3.2.

2 Tankstellenshops als Angebotsform des kleinflächigen Lebensmitteleinzelhandels

2.1 Einordnung und Systematisierung von Tankstellenshops

2.1.1 Grundlagen der institutionenorientierten Betrachtung von Angebotsformen im Einzelhandel

2.1.1.1 Definition relevanter Begriffe

Um den kleinflächigen Lebensmitteleinzelhandel als Angebotsform des Lebensmitteleinzelhandels abzugrenzen und einer Gruppe von Betriebstypen zuzuordnen sowie die Tankstellenshops innerhalb dieser Gruppe von Betriebstypen zu charakterisieren, wird der **institutionenorientierte Ansatz** der Handelsforschung gewählt. Dieser wird zur Beschreibung und Klassifizierung von Angebotsformen im Handel herangezogen[24] und kommt als statisch-deskriptive Methode (Beschreibung und Systematisierung der Erscheinungsformen des Handels), als historisch-genetische Methode (Kennzeichnung der Entwicklung von Erscheinungsformen des Handels) und als Methode zur Erklärung des Wandels von Betriebsformen zum Einsatz.[25] Hier wird für die systematische Einordnung auf die statisch-deskriptive Methode zurückgegriffen.[26] Bevor die institutionenorientierte Analyse des kleinflächigen Lebensmitteleinzelhandels und seiner Erscheinungsformen vorgenommen wird, sind einige Grundbegriffe zu klären:

Spricht man vom **Handel**, so muss man zwischen dem funktionalen und dem institutionalen Handelsbegriff differenzieren. Der funktionale Handelsbegriff entspricht dem Begriff Distribution und umfasst im weitesten Sinne das Herbeiführen eines Austausches von wirtschaftlichen Gütern zwischen Wirtschaftssubjekten, im engen Sinne den Austausch von beweglichen Sachgütern, ohne dass diese be- oder verarbeitet werden.[27] Der institutionale Handelsbegriff erfasst jene Institutionen, die auf den Güteraustausch zwischen Wirtschaftssubjekten spezialisiert sind – also die Handelsbetriebe. Handels-

---

24 Vgl. Algermissen 1976, S. 56; Barth/Hartmann/Schröder 2007, S. 15.

25 Vgl. Barth/Hartmann/Schröder 2007, S. 77.

26 Als Begründer der statisch-deskriptiven Methode gelten SCHÄR (1923), KOSIOL (1932) und SEŸFFERT (1951). Vgl. Algermissen 1976, S. 57.

27 Vgl. Hansen/Algermissen 1979, S. 85; Schenk 1991, S. 78; Tietz 1993, S. 4; Lerchenmüller 1998, S. 15; Liebmann/Zentes 2001, S. 1 ff.; Ausschuss für Definitionen zu Handel und Distribution 2006, S. 27; Barth/Hartmann/Schröder 2007, S. 1.

betriebe sind danach solche Betriebe, die ausschließlich (oder überwiegend) Waren beschaffen, um sie ohne Be- oder Verarbeitung weiter zu veräußern.[28]

Der **Einzelhandel** schließt den Teil des Handels im funktionalen und institutionalen Sinne ein, der an Letztverwender veräußert.[29] Ein weiteres, häufig angeführtes Merkmal für den Einzelhandel ist das der Abgabe von haushaltsgerechten Kleinmengen. Dieses Kriterium ist nicht trennscharf und ist daher als zusätzliches, nicht jedoch als hinreichendes Abgrenzungsmerkmal zu sehen.[30]

Für den Begriff **Betriebsform** finden sich in der Literatur zahlreiche unterschiedliche Definitionen, die zwei Gemeinsamkeiten aufweisen.[31] Erstens: Bei Betriebsformen handelt es sich um Gruppierungen von Betrieben, die sich innerhalb der Gruppe in einem oder mehreren – noch näher zu bezeichnenden – Merkmal(en) möglichst ähnlich sind (interne Homogenität), während sie sich von Betrieben anderer Gruppen unterscheiden (externe Heterogenität).[32] Zweitens: Diese Gruppierungen werden aufgrund der Ausgestaltung ihrer Betriebskonzeption gebildet. Dabei wird häufig insbesondere auf die Marketingkonzeption der Unternehmen abgestellt.[33] Dementsprechend wurde die Definition für den Begriff Betriebsform anbieterorientiert vorgenommen, Abgrenzungen aus Kundensicht fehlten in der Literatur. Theoretische Vorüberlegungen für eine kundenorientierte Abgrenzung lieferte GRÖPPEL[34], auf die PURPER mit einer empirischen Untersuchung aufbaut. Er definiert folgendermaßen:

„Unter einer Betriebsform aus Konsumentensicht wird eine vom Konsumenten mehr oder weniger bewusst vorgenommene Bündelung von Einkaufsstätten verstanden, die aufgrund ihrer subjektiv wahrgenommenen Eignung zur Befriedigung bestimmter Kaufmotive vom Konsumenten als ähnlich erlebt werden.“[35]

Bei der Betrachtung von Betriebsformen im weiteren Verlauf dieser Arbeit werden beide Perspektiven – sowohl die kundenorientierte als auch die anbieterorientierte – einbezogen.

---

28 Vgl. Hansen/Algermissen 1979, S. 179; Schenk 1991, S. 78; Tietz 1993, S. 4; Lerchenmüller 1998, S. 16; Liebmann/Zentes 2001, S. 3 f.; Ausschuss für Definitionen zu Handel und Distribution 2006, S. 27 f.; Barth/Hartmann/Schröder 2007, S. 1.

29 Vgl. Hansen/Algermissen 1979, S. 85; Panzer 1987, S. 34; Glöckner-Holme 1988, S. 10; Schenk 1991, S. 146; Falk/Wolf 1992, S. 17 f.; Tietz 1993, S. 27; Liebmann/Zentes 2001, S. 8; Ausschuss für Definitionen zu Handel und Distribution 2006, S. 46; Barth/Hartmann/Schröder 2007, S. 44.

30 Vgl. Panzer 1987, S. 34; Schenk 1991, S. 146; Barth/Hartmann/Schröder 2007, S. 44.

31 Vgl. Purper 2007, S. 5.

32 Vgl. Glöckner-Holme 1988, S. 20; Purper 2007, S. 6 ff.; siehe für Definitionen dieser Art z. B. Hansen/Algermissen 1979, S. 56; Nieschlag/Kuhn 1980, S. 82 f.; Schenk 1991, S. 152; Müller-Hagedorn 2002, S. 69.

33 Vgl. Glöckner-Holme 1988, S. 21 f.; Purper 2007, S. 5 f; für Definitionen dieser Art siehe z. B. Bidlingmaier 1974, Sp. 526 f.; Falk/Wolf 1979, S. 90; Algermissen 1981, S. 40; Geßner 2001, S. 154.

34 Vgl. Gröppel 1994, S. 381 ff.

35 Purper 2007, S. 212; ähnlich auch Gröppel 1994, S. 382. Siehe zu weiteren Details der Untersuchung von PURPER das Kap. 2.1.4.

Neben dem Begriff der **Betriebsform** findet sich in der Literatur häufig der Begriff des **Betriebstyps**. Die zwei Begriffe werden teils synonym verwendet, teils unterschieden.[36] Bei Unterscheidung bezeichnet die Betriebsform z. B. die Stellung in der Handelskette zwischen Erzeuger und Konsument, während die Betriebstypen verschiedene Arten von Betrieben auf einer Wirtschaftsstufe darstellen.[37] Eine weitere Meinung in der Literatur begreift „Betriebsform" eben gerade als eine Art von Betrieb auf einer Wirtschaftsstufe – also genau in dem Sinne, wie in der zuvor genannten Definition der „Betriebstyp" abgegrenzt wird.[38] In solchen Fällen werden dann mitunter Betriebstyp und Betriebsform gleichgesetzt[39], gelegentlich werden Betriebstypen als Varianten von Betriebsformen verstanden.[40] TIETZ und LIEBMANN/ZENTES sowie LIEBMANN/ZENTES/SWOBODA verwenden den Begriff Betriebsform nur für stationäre Formen des Einzelhandels, ansonsten nutzen sie den Begriff Vertriebstyp.[41] Hier werden die Begriffe Betriebsform, Betriebstyp und Vertriebstyp synonym verwendet wie in weiten Teilen der Literatur üblich.[42]

2.1.1.2 Methoden der Einordnung und Systematisierung von Betriebsformen im Einzelhandel

Um Betriebsformen im Einzelhandel zu systematisieren, kommen im Rahmen des institutionenorientierten Forschungsansatzes zwei Methoden zum Einsatz, nämlich die **Klassifikation** und die **Typisierung**.[43]

Bei der **Klassifikation** fasst man alle Objekte, die für ein bestimmtes Merkmal dieselbe Ausprägung aufweisen, zu einer Gruppe zusammen.[44] Die Klassifikation kann ein- oder mehrstufig erfolgen: Die einstufige Klassifikation wird nach nur einem Merkmal vorgenommen, während bei der mehrstufigen Klassifikation, die sukzessive durchgeführt wird, mehrere Merkmale in einem Subordinationsverhältnis dargestellt werden. Auf jeder Stufe der Klassifikation ist es möglich, die Objekte durch die Verwendung eines

---

36 Für eine Darstellung der unterschiedlichen Positionen in dieser Diskussion siehe Purper 2007, S. 8 f.

37 Z. B. bei Liebmann/Zentes 2001, S. 345; Barth/Hartmann/Schröder 2007, S. 43 f.

38 Z. B. bei Woratschek 1992, S. 9; Berekoven 1995, S. 28.

39 Z. B. bei Woratschek 1992, S. 9; Homburg/Krohmer 2003, S. 851; Ausschuss für Definitionen zu Handel und Distribution 2006, S. 43.

40 Z. B. bei Olbrich 1996, S. 90.

41 Vgl. Tietz 1993, S. 29 ff.; Liebmann/Zentes 2001, S. 360; Liebmann/Zentes/Swoboda 2008, S. 369.

42 Vgl. Heinemann 1989, S. 12; Ausschuss für Definitionen zu Handel und Distribution 2006, S. 36 u. 43.

43 Vgl. Castan 1963, S. 11 f.; Algermissen 1976, S. 24; Hansen/Algermissen 1979, S. 171 u. 362 f.; Glöckner-Holme 1988, S. 27; Heinemann 1989, S. 13; Schenk 1991, S. 153 ff.; Woratschek 1992, S. 7 f.; Geßner 2001, S. 154; Barth/Hartmann/Schröder 2007, S. 78 ff.

44 Vgl. Barth/Hartmann/Schröder 2007, S. 78.

einzelnen Abgrenzungsmerkmals überschneidungsfrei zuzuordnen.[45] So können z. B. alle Handelsbetriebe nach dem Merkmal des Bedienkonzeptes in den Handel mit Selbst- und Fremdbedienung aufgeteilt werden. Auf der nächsten Stufe der Klassifikation werden die Objekte wieder nach nicht abstufbaren Merkmalen zugeordnet: So kann man z. B. alle Betriebsformen, die auf der ersten Stufe der Selbstbedienung zugeordnet wurden, auf der nächsten Stufe nach dem Anteil von Lebensmitteln am Sortiment einteilen. Dies kann für eine beliebige Anzahl von Merkmalen fortgeführt werden. Die Abb. 2-1 zeigt zur Verdeutlichung ein Beispiel für die Klassifikation.

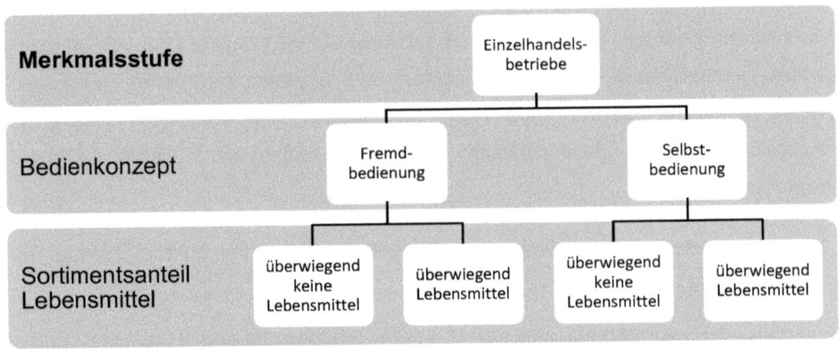

Abb. 2-1: Beispiel für die Klassifikation
(Quelle: in Anlehnung an Barth/Hartmann/Schröder 2007, S. 78)

Die Vorteile der Klassifikation liegen darin, dass in logischer Abfolge alle denkbaren – und vor allem trennscharfe – Klassen von Handelsbetrieben gebildet werden können. Nachteilig an der Klassifikation ist, dass die Anzahl der Klassen sehr schnell unüberschaubar wird. Dabei entstehen Klassen, die sinnlos sind oder Betriebsformen einbeziehen, die in der Realität nicht existieren (können).[46]

Demgegenüber lässt die **Typisierung** mehrere Merkmale gleichrangig nebeneinander zu, so dass durch die Auswahl und Kombination der Merkmalsausprägungen die Typen festgelegt werden können.[47] Mit dieser Methode wird versucht, die real existierenden Typen im Wesentlichen zu erfassen. Dabei werden nur solche Merkmalsausprägungen berücksichtigt, die zur Typenbildung und damit zur Kennzeichnung der Handelsbetriebe notwendig sind. Die Typisierung kann nach zwei Strategien vorgenommen werden: Einerseits kann man in einem synthetischen, vorwärts-

45 Vgl. Knoblich 1972, S. 142; Hansen/Algermissen 1979, S. 171; Glöckner-Holme 1988, S. 27; Heinemann 1989, S. 13; Schenk 1991, S. 153 f.; Woratschek 1992, S. 7; Barth/Hartmann/Schröder 2007, S. 78 f.

46 Vgl. Algermissen 1976, S. 26; Barth/Hartmann/Schröder 2007, S. 79.

47 Vgl. Knoblich 1972, S. 142 f.; Algermissen 1976, S. 28; Hansen/Algermissen 1979, S. 171 u. 362 f.; Glöckner-Holme 1988, S. 27; Heinemann 1989, S. 13; Schenk 1991, S. 154 f.; Barth/Hartmann/Schröder 2007, S. 79.

gerichteten Verfahren durch logische Kombination von Merkmalsausprägungen die theoretisch denkbaren Typen bilden. Andererseits kann mit einem analytischen, rückwärtsgerichteten Verfahren von den existierenden Betriebsformen auf die wesentlichen Typen geschlossen werden.[48]

Die Abb. 2-2 zeigt mit den Betriebstypendefinitionen von ACNIELSEN aus dem Jahr 2007 ein Beispiel.[49]

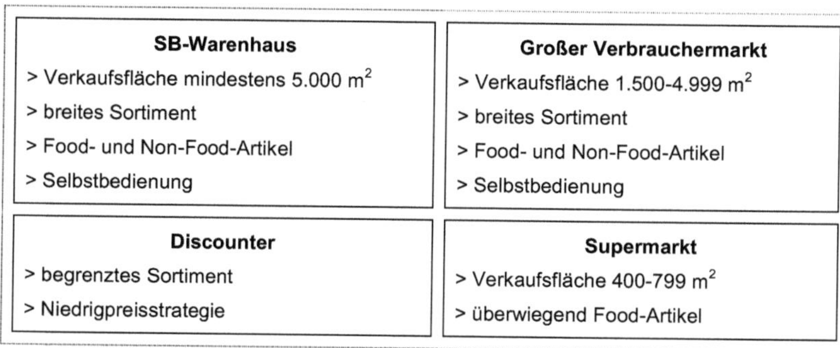

Abb. 2-2: Beispiel für die Typisierung
(Quelle: in Anlehnung an ACNielsen GmbH 2008, S. 73)

Der Vorteil der Typisierung liegt darin, dass sie durch die gleichrangige Kombination von Merkmalsausprägungen sehr viele Merkmale berücksichtigen kann. Damit ist sie flexibler und erlaubt mehr Freiräume als die Klassifikation.[50] Nachteilig ist, dass die Typisierung weniger trennscharfe Gruppen als die Klassifikation bildet. Diese entstehen zudem in einem Prozess, der durch subjektive Entscheidungen geprägt ist (z. B. liegt die Beantwortung der Frage nach den anzuwendenden Merkmalen im Ermessen des Betrachters).[51]

Welche der beiden Methoden schließlich zur Systematisierung verwendet wird, hängt von der Problemstellung der Untersuchung ab. Aufgrund der oben beschriebenen Vorgehensweise bei der Klassifikation ist diese Methode dann sinnvoll, wenn nur wenige und recht allgemeine Merkmale berücksichtigt werden. Deshalb wird sie in vielen Fällen der Typisierung vorgelagert, die dann anschließend zur Systematisierung der Erscheinungsformen innerhalb der gebildeten Klassen eingesetzt wird.[52]

---

48 Vgl. Knoblich 1972, S. 142; Glöckner-Holme 1988, S. 27.
49 Vgl. ACNielsen GmbH 2007b, S. 73.
50 Vgl. Barth/Hartmann/Schröder 2007, S. 80.
51 Vgl. Barth/Hartmann/Schröder 2007, S. 79 f.
52 Vgl. Castan 1963, S. 11; Algermissen 1976, S. 26; Glöckner-Holme 1988, S. 27; Barth/Hartmann/Schröder 2007, S. 80.

2.1.2 Vorgehensweise bei der Einordnung und Systematisierung von Tankstellenshops in der vorliegenden Untersuchung

Im Fokus der folgenden Ausführungen stehen drei Ziele: Vorab sollen der kleinflächige Lebensmitteleinzelhandel innerhalb des Einzelhandels und nachfolgend die Tankstellenshops innerhalb des kleinflächigen Lebensmitteleinzelhandels abgegrenzt werden. Schlussendlich wird der Versuch einer Systematisierung von Tankstellenshops unternommen.

Bisher liegen vor allem anbieterorientierte Systematisierungen für Betriebsformen des Einzelhandels vor. Diejenigen Ansätze, die sich in neuerer Zeit mit der kundenorientierten Systematisierung von Betriebsformen befasst haben (wie der zuvor erwähnte von PURPER), beziehen sich auf den gesamten (Lebensmittel-)Einzelhandel und nicht explizit auf den kleinflächigen Lebensmitteleinzelhandel. Um bei der im Folgenden vorgenommenen Systematisierung des kleinflächigen Lebensmitteleinzelhandels die anbieterorientierte Sichtweise durch Aspekte aus Kundenperspektive vervollständigen zu können, wurden die theoretischen Überlegungen mit einer eigenen exploratorisch[53] angelegten Untersuchung ergänzt:

Im Rahmen dieser Untersuchung wurden 74 Interviews durchgeführt. Die Befragten wurden zunächst gebeten, alle ihnen in dem Moment präsenten Orte aufzuzählen, an denen man Lebensmittel einkaufen kann. Im zweiten Schritt sollten sie solche Orte oder Einkaufsstätten nennen, die sie zum Lebensmitteleinkauf nutzen. Anschließend folgte der zentrale Teil des Interviews, in dem die Auskunftspersonen Karten mit Abbildungen von Einkaufsstätten so gruppieren sollten, wie sie aus ihrer Sicht zusammengehören.[54] Hierbei wurden keinerlei Vorgaben gemacht; die Auskunftspersonen durften Karten auslassen oder einzeln anordnen, die Gruppengröße war frei wählbar. Mehrfachziehungen waren jedoch nicht möglich, d. h. jede Karte durfte maximal einer Gruppe zugeordnet werden. Anschließend wurden die Auskunftspersonen gebeten, Unterschiede zwischen den Einkaufsstätten in derjenigen Gruppe auszumachen, in die sie die Tankstellenshops eingeordnet hatten. Danach sollten sie unter neun Merkmalen (die häufig zur Systematisierung von Betriebsformen herangezogen werden, wie z. B. die Verkaufsfläche) diejenigen ausmachen, die sie persönlich zur Systematisierung nutzen würden. Nach Erhebung einiger soziodemografischer Daten wurde die Auskunftsperson abschließend gefragt, ob sie auch in Tankstellenshops Lebensmittel einkauft.

53 Zur Charakterisierung von exploratorischen Untersuchungen siehe Kap. 4.1.

54 Der Fragebogen, die zu sortierenden Karten sowie ein Überblick über die Zusammensetzung der Stichprobe finden sich im Anhang 1.

Zur Auswertung der offenen und geschlossenen Fragen dienten Häufigkeitsanalysen. Weitere Analysen waren aufgrund kleinen Stichprobe nicht sinnvoll.

Für die Analyse der Sortierungen wurde die Clusteranalyse genutzt. Grundlage waren die von den 74 Auskunftspersonen gebildeten 477 Gruppierungen aus den vorgelegten Karten. Um zu untersuchen, welche Gruppierungen häufig in ähnlicher Form gebildet wurden, kam der Two-Step-Algorithmus zum Einsatz.[55] Dieser komprimiert im ersten Schritt die Datensätze zu einem Set von Unterclustern und führt diese im zweiten Schritt durch eine hierarchische Clusterbildungsmethode zu immer größeren Clustern zusammen. Der Two-Step-Algorithmus ist hier sinnvoll, da er in der Lage ist, erstens mit unterschiedlichen Skalierungsniveaus umzugehen und zweitens auch die bestmögliche Clusteranzahl zu ermitteln.[56]

Die folgenden Ausführungen stützen sich auf bereits existierende Erkenntnisse zur Systematisierung von Betriebsformen und die beschriebene exploratorische Untersuchung.

2.1.3 Einordnung des kleinflächigen Lebensmitteleinzelhandels in die Einzelhandelslandschaft

Um den kleinflächigen Lebensmitteleinzelhandel von anderen Betriebsformen des Einzelhandels aus Anbietersicht abzugrenzen, wird die Methode der Klassifikation herangezogen. Drei Kriterien dienen dabei der Systematisierung: das verfolgte Kontaktprinzip, der Anteil von Lebensmitteln am Gesamtsortiment und die Größe der Verkaufsfläche. Die beiden letztgenannten Kriterien ergeben sich dabei aus der Untersuchung selbst. Das Kriterium des Kontaktprinzips wird festgelegt, weil im Folgenden nur der stationäre Einzelhandel betrachtet wird.

Die **Kontaktprinzipien** beschreiben die Art und Weise, wie Anbieter und Nachfrager zueinander Kontakt aufnehmen. Es lassen sich das Distanzprinzip (Anbieter und Nachfrager treffen nicht physisch aufeinander – Versandhandel), das Treffprinzip (Anbieter und Nachfrager treffen sich außerhalb ihrer Räumlichkeiten – halbstationärer Einzelhandel), das Residenzprinzip (Nachfrager sucht Anbieter auf – stationärer Einzelhandel) und das Domizilprinzip (Anbieter sucht Nachfrager auf – ambulanter Einzelhandel)

---

55 Dieser Algorithmus geht zurück auf Zhang/Ramakrishnan/Livny 1997, die ihn entwickelten, um große Datenmengen schnell verarbeiten zu können.

56 Der ursprüngliche Algorithmus von Zhang/Ramakrishnan/Livny 1997 kann nur für metrisch skalierte Daten genutzt werden. Chiu et al. 1999 modifizierten ihn derart, dass sowohl stetige als auch kategorielle Daten verarbeitet werden können. Die Daten vorliegender Untersuchung waren folgendermaßen codiert: In den Zeilen waren die sortierten 477 Gruppen aufgeführt. Die Spalten enthielten die 22 Einkaufsstätten, die sortiert werden sollten. In den Feldern dieser Matrix war vermerkt, ob eine Einkaufsstätte in der jeweiligen Gruppe enthalten war oder nicht (0 = nein, 1 = ja).

unterscheiden.[57] Der kleinflächige Lebensmitteleinzelhandel zählt zum stationären Einzelhandel, da er mit dem Residenzprinzip arbeitet.

Obwohl es zunächst einfach erscheint, die Branche **Lebensmitteleinzelhandel** innerhalb des Einzelhandels abzugrenzen (so definiert z. B. die METRO GROUP den Lebensmitteleinzelhandel als denjenigen Teil des Einzelhandels, der überwiegend mit Lebensmitteln handelt[58]), stellen sich bei der Definition dennoch einige Probleme: Es ist erstens zu klären, welche Warengruppen den Lebensmitteln zugerechnet werden, und zweitens, wie groß der Anteil dieser Warengruppen am Gesamtsortiment sein muss, damit eine Einkaufsstätte dem Lebensmitteleinzelhandel angehört.

Welche Produkte den **Lebensmitteln** zugerechnet werden, klärt die EU-Basisverordnung für Lebensmittelrecht. Danach sind Lebensmittel

„... alle Stoffe oder Erzeugnisse, die dazu bestimmt sind oder von denen nach vernünftigem Ermessen erwartet werden kann, dass sie in verarbeitetem, teilweise verarbeitetem oder unverarbeitetem Zustand von Menschen aufgenommen werden. Zu Lebensmitteln zählen auch Getränke, Kaugummi sowie alle Stoffe, einschließlich Wasser, die dem Lebensmittel bei seiner Herstellung oder Ver- oder Bearbeitung absichtlich zugesetzt werden."[59]

Nicht berücksichtigt werden in dieser Definition Futtermittel, lebende Tiere, Pflanzen vor dem Ernten, Arzneimittel, kosmetische Mittel, Tabak und Tabakerzeugnisse, Betäubungsmittel sowie Rückstände und Kontaminanten.[60]

Außerhalb des lebensmittelrechtlichen Bereichs hat sich demgegenüber eine weiter gefasste Abgrenzung von Lebensmitteln etabliert, und zwar sowohl in der Wissenschaft als auch in der Praxis. Zumeist findet sich eine Einteilung von Produkten im Einzelhandel in drei Gruppen, nämlich „Food", „Near Food" (auch „Non Food I") und „Non Food" (auch „Non Food II").[61] **Food** ist als Synonym zu Nahrungs- und Genussmitteln zu verstehen, umfasst also die Lebensmittel nach der oben zitierten lebensmittelrechtlichen Definition, erweitert um Tabak und Tabakerzeugnisse. Damit enthält diese Gruppe die Warenbereiche 00 bis 14 sowie 87 der Standard-Warenklassifikation für Verbrauchsgüter, Gebrauchsgüter, Investitionsgüter und Rohstoffe (für eine Übersicht

57 Vgl. Barth/Hartmann/Schröder 2007, S. 89.
58 Vgl. Metro Group 2007, S. 142.
59 Verordnung (EG) Nr. 178/2002, Kapitel I (2).
60 Vgl. Verordnung (EG) Nr. 178/2002, Kapitel I (2). Siehe auch Riemer 2005, S. 41.
61 Siehe z. B. Skimutis 2005 oder Zentes/Schramm-Klein/Neidhart 2005, S. 9. Zur Anwendung in der Praxis siehe z. B. Metro Group 2007, S. 119; ACNielsen GmbH 2009, S. 34 f.; EHI Retail Institute 2009, S. 383.

der Warenbereiche gemäß der Standard-Warenklassifikation siehe Anhang 2).[62] Die Gruppe **Near Food** beinhaltet weitere Verbrauchsgüter des täglichen Bedarfs, nämlich Körperpflegeprodukte, Kosmetika, Hygieneartikel, Wasch-, Putz- und Reinigungsmittel sowie Tiernahrung,[63] also die Warenbereiche 15 bis 18 sowie 96 der Standard-Warenklassifikation. Dem **Non-Food**-Bereich werden alle übrigen Verbrauchs- und Gebrauchsgüter wie Bekleidung, Möbel, Elektronikartikel usw. zugerechnet.

Im weiteren Verlauf der Arbeit wird diese Dreiteilung beibehalten. Dabei werden Nahrungs- und Genussmittel als „Lebensmittel im engeren Sinne" und die Warenbereiche aus der Gruppe Near Food als „Lebensmittel im weiteren Sinne" bezeichnet, da es sich bei letzteren auch um Verbrauchsgüter zur Grundversorgung und des unmittelbaren täglichen Bedarfs handelt.[64] Der Begriff Lebensmittel umfasst daher im Folgenden die beiden Gruppen Food und Near Food:

Als **Lebensmittel** gelten hier Nahrungs- und Genussmittel (Lebensmittel im engeren Sinne) sowie Körperpflegeprodukte, Kosmetika, Hygieneartikel, Wasch-, Putz- und Reinigungsmittel sowie Tiernahrung (Lebensmittel im weiteren Sinne). Sie umfassen die Warenbereiche 00 bis 18, 87 und 96 der Standard-Warenklassifikation.

Wie bereits ausgeführt, ist weiter zu klären, welchen **Anteil am Gesamtsortiment** die Lebensmittel haben müssen, um eine Einkaufsstätte dem Lebensmitteleinzelhandel zuzurechnen. Das statistische Bundesamt fordert z. B. für die Zugehörigkeit zum Wirtschaftszweig 47.11.1 (Einzelhandel mit Nahrungsmitteln, Getränken und Tabakwaren ohne ausgeprägten Schwerpunkt), dass Nahrungs- und Genussmittel mindestens 70 % des Sortiments ausmachen. Zudem müssen die Waren aus mindestens fünf „Klassen" (der Begriff Klasse wird hier ähnlich genutzt wie der Begriff Warenbereich in der Standard-Warenklassifikation) der Nahrungs- und Genussmittel stammen und jede dieser Klassen zwischen 5 % und 50 % der Wertschöpfung oder einer anderen geeigneten Erfolgsgröße generieren.[65] Der Wirtschaftszweig 47.11.2 (Sonstiger Einzelhandel mit Waren verschiedener Art, Hauptrichtung Nahrungs- und Genussmittel, Getränke und Tabakwaren) unterscheidet sich davon nur in Bezug auf den geforderten Sortimentsan-

62 Die Standard-Warenklassifikation für Verbrauchsgüter, Gebrauchsgüter, Investitionsgüter und Rohstoffe ist die Basis für die Vergabe von EAN-Codes und beruht auf einem dreistufigen System: Zweisteller bezeichnen Warenbereiche, Dreisteller Warengruppen innerhalb der Warenbereiche und Viersteller Artikelgruppen innerhalb der Warengruppen. Siehe GS1 Germany 2006, S. 3.

63 Siehe z. B. Bogner/Kury 2004, S. 178. Für die Anwendung in der Praxis siehe z. B. ACNielsen GmbH 2009, S. 35.

64 Ähnlich auch Jauschowetz 1995, S. 15.

65 Vgl. Statistisches Bundesamt 2008b, S. 390.

teil der Nahrungs- und Genussmittel, der zwischen 35 % und 70 % liegen muss.[66] Des Weiteren gibt es verschiedene Wirtschaftszweige, die spezialisierte Einkaufsstätten abdecken (z. B. Wirtschaftszweig 47.23.0: Einzelhandel mit Fisch, Meeresfrüchten und Fischerzeugnissen, oder Wirtschaftszweig 47.75.0: Einzelhandel mit kosmetischen Erzeugnissen und Körperpflegemitteln) und bei denen daher keine Sortimentsanteile festgelegt sind.[67]

Grundsätzlich ergibt sich bei der Festlegung bestimmter Schwellenwerte für die Sortimentsanteile – abgesehen von Messproblemen bei ihrer Ermittlung – das Problem, dass die Schwellen willkürlich festgelegt sind und vermutlich kaum die Kundensicht widerspiegeln. Zudem beruht die Einteilung der Wirtschaftszweige auf einer anderen Definition von Lebensmitteln als der oben festgelegten, denn sie trennt die beiden Gruppen Food und Near Food strikt.

In den nichtamtlichen Statistiken wird die Frage nach dem Anteil von Lebensmitteln am Gesamtsortiment dagegen kaum beantwortet. So bezeichnet ACNIELSEN die Betriebstypen Verbrauchermärkte (unterteilt in kleine und große), Discounter und Supermärkte (letztere ebenfalls unterteilt in kleine und große) als Lebensmitteleinzelhandel, wobei allerdings nicht festgelegt ist, wie hoch der Anteil an Lebensmitteln sein muss. Stattdessen werden z. B. die Verbrauchermärkte als Einkaufsstätten beschrieben, „die ein breites Sortiment des Lebensmittel- und Nichtlebensmittelbereichs in Selbstbedienung“[68] anbieten. Allerdings verwendet ACNIELSEN auch für andere Betriebstypen (Drogeriemärkte, Tankstellen, Kioske, Bäckereien, Lebensmittelgeschäfte, die kleiner als 100 m^2 sind, Großhandelsabholmärkte, Getränkeabholmärkte und Apotheken) teilweise die Bezeichnung Lebensmittel(einzel)handel, so dass diese Abgrenzung grundsätzlich unklar ist.[69]

INFORMATION RESOURCES (IRI)[70] trennt dagegen den Lebensmitteleinzelhandel (Verbrauchermärkte, Discounter und traditionellen Lebensmitteleinzelhandel) vom Drogeriefachhandel und von Getränkeabholmärkten, Tankstellen, Kiosken usw. Sie kennzeichnet die dem Lebensmitteleinzelhandel zugerechneten Betriebstypen jedoch ähnlich wie ACNIELSEN ohne eine genaue Angabe des Sortimentsanteils von Lebensmitteln: So werden z. B. Einkaufsstätten des traditionellen Lebensmitteleinzelhandels beschrieben als „Geschäfte mit überwiegendem Lebensmittelanteil“.[71]

66 Vgl. Statistisches Bundesamt 2008b, S. 390.
67 Vgl. Statistisches Bundesamt 2008b, S. 391 und S. 399.
68 ACNielsen GmbH 2009, S. 78.
69 Vgl. ACNielsen GmbH 2009, S. 6 u. 77 ff.
70 Seit März 2010 heißt das Unternehmen SYMPHONYIRI GROUP INC., siehe hierzu SymphonyIRI Group 2010 vom 23.03.2010.
71 Information Resources GmbH 2009, S. 7.

Auch das EUROHANDELSINSTITUT (EHI) liefert keine konkrete Antwort auf die Frage nach dem Mindestanteil an Lebensmitteln für die Betriebstypen des Lebensmitteleinzelhandels. So wird z. B. der Supermarkt definiert als „(...) ein Einzelhandelsgeschäft mit einer Verkaufsfläche zwischen 400 und 2.500 qm, das ein Lebensmittelvollsortiment und Nonfood I-Artikel führt und einen geringen Verkaufsflächenanteil an Nonfood II aufweist."[72]

Im Bereich der wissenschaftlichen Literatur orientieren sich die Autoren meist entweder an der amtlichen Einteilung der Wirtschaftszweige,[73] oder sie definieren den Lebensmitteleinzelhandel als Gesamtheit aller Betriebstypen, die dem Lebensmitteleinzelhandel in den Statistiken des EHI oder der Panel-Institute zugerechnet werden.[74]

Da dieses Vorgehen allerdings das Problem der Abgrenzung nicht lösen kann, wird hier folgendermaßen vorgegangen: Eine Einkaufsstätte wird dann dem Lebensmitteleinzelhandel zugerechnet, wenn sie erstens Produkte aus mindestens einem Warenbereich der Lebensmittel im weiteren Sinne als Bestandteil ihres Kernsortiments[75] führt und zweitens Produkte aus mindestens einem der Warenbereiche aus der Gruppe Food anbietet. So sind z. B. ein Elektronik-Fachmarkt, der begleitend zum Kaffeemaschinen-Angebot auch einige Kaffeesorten führt, oder eine Parfümerie nicht dem Lebensmitteleinzelhandel zuzurechnen, ein Drogeriemarkt jedoch schon.

Eine Einkaufsstätte wird im Folgenden dann dem **Lebensmitteleinzelhandel** zugerechnet, wenn sie

- Artikel aus mindestens einem der Warenbereiche 00 bis 18, 87 und 96 (Lebensmittel) als Kernsortiment führt

und

- Artikel aus mindestens einem der Warenbereiche 00 bis 14 und 87 (Food) anbietet.

Mit den Ergebnissen der in Kap. 2.1.2 beschriebenen exploratorischen Untersuchung lassen sich diese Überlegungen zumindest teilweise stützen. Während des Sortierens waren die Versuchspersonen dazu angehalten, ihre Sortierungen zu erläutern und Kriterien zu nennen, nach denen sie die Sortierung vornahmen. Das mit 40 Nennungen am häufigsten angeführte Kriterium war die Art der Produkte, die angeboten werden;

---

72 EHI Retail Institute 2009, S. 381.
73 Siehe z. B. bei Theis 2007, S. 32 f.
74 Siehe z. B. Tenberg 2001, S. 3 f.; Blank 2004, S. 128 ff.
75 Das Kernsortiment bezeichnet denjenigen Teil des Sortiments, der den Charakter des Betriebstyps prägt und auf den sich der jeweilige Betrieb spezialisiert hat. Es fasst die Hauptumsatzträger eines Betriebs zusammen. Siehe hierzu Barth/Hartmann/Schröder 2007, S. 172.

14 Personen nannten zudem explizit den Anteil, den Lebensmittel am Sortiment ausmachen (z. B. bildete Person 59 eine Gruppe von Einkaufsstätten, die Lebensmittel „nicht hauptsächlich, sondern nur am Rande verkaufen")[76]. Was allerdings von den Auskunftspersonen als „Lebensmittel" betrachtet wird, lässt sich aus der durchgeführten Untersuchung nicht ableiten.

Ein ähnliches Problem wie bei der Abgrenzung des Lebensmitteleinzelhandels ergibt sich auch für die Ermittlung derjenigen **Verkaufsflächengröße**, ab der eine Einkaufsstätte als kleinflächig gilt. Diesbezüglich ist zunächst zu klären, was unter Verkaufsfläche zu verstehen ist. Weiter muss präzisiert werden, welche Schwelle für die Zuordnung zur Kleinflächigkeit gelten soll.

Der Begriff der **Verkaufsfläche** ist bisher nicht präzise definiert, obwohl die Verkaufsfläche für zahlreiche Aspekte eine bedeutende Rolle spielt: Sie dient dazu, den Umfang des Einzelhandels zu erfassen, und ist Basis für wichtige Kennzahlen zur Erfolgsmessung eines Einzelhandelsbetriebs (z. B. Umsatz je m^2 der Verkaufsfläche). Zudem ist sie bei der Festlegung von Mieten relevant und spielt bei baurechtlichen Genehmigungsverfahren eine bedeutende Rolle, da anhand der Größe eines Handelsbetriebs – und damit seiner Verkaufsfläche – entschieden wird, ob sich ein bestimmter Betrieb an einem bestimmten Ort ansiedeln darf.[77]

Für Letzteres ist die BauNVO ausschlaggebend. Diese bezieht sich allerdings nicht auf die Verkaufsfläche eines Handelsbetriebs, sondern auf seine Geschossfläche, die in § 20 Abs. 3 BauNVO wie folgt definiert wird:

„(3) Die Geschoßfläche ist nach den Außenmaßen der Gebäude in allen Vollgeschossen zu ermitteln. Im Bebauungsplan kann festgesetzt werden, daß die Flächen von Aufenthaltsräumen in anderen Geschossen einschließlich der zu ihnen gehörenden Treppenräume und einschließlich ihrer Umfassungswände ganz oder teilweise mitzurechnen oder ausnahmsweise nicht mitzurechnen sind.

(4) Bei der Ermittlung der Geschoßfläche bleiben Nebenanlagen im Sinne des § 14, Balkone, Loggien, Terrassen sowie bauliche Anlagen, soweit sie nach Landesrecht in den Abstandsflächen (seitlicher Grenzabstand und sonstige Abstandsflächen) zulässig sind oder zugelassen werden können, unberücksichtigt."

Die Rechtsprechung geht allerdings anders vor und sieht nicht die Geschossfläche, sondern die Verkaufsfläche als relevant an, wobei ein Umrechnungsfaktor der Ge-

---

76 Diese Gruppe enthält bei Person 59 Apotheken, TCHIBO, OBI und HORNBACH.

77 Vgl. Müller-Hagedorn 2009, S. 354. Siehe zu der grundsätzlichen Problematik der Abgrenzung von Verkaufsflächen sowie einer detaillierten Darstellung von bisher existierenden Definitionen den Aufsatz von Müller-Hagedorn 2009.

schossfläche zur Verkaufsfläche von 4 : 3 angenommen wird.[78] Daher findet sich die Abgrenzung der Verkaufsfläche nicht in der BauNVO selbst, sondern in der Rechtsprechung. So hat das Bundesverwaltungsgericht 2005 festgelegt, was unter der Verkaufsfläche zu verstehen ist, nämlich:

- die Flächen der Warenpräsentation (Regale, einschließlich Brot-, Wurst- und Käsetheke mit und ohne Bedienung),
- die gesamte vom Kunden zum Zweck des Einkaufs betretbare Fläche,
- der Kassenvorraum (einschließlich des Bereichs zum Einpacken der Ware und Entsorgen des Verpackungsmaterials),
- der Windfang.[79]

Dementsprechend können auch die folgenden Bestandteile eines Handelsbetriebs als Verkaufsfläche angesehen werden:

- Treppen, Treppenhäuser und Rolltreppen, soweit diese Verkaufsflächen in verschiedenen Geschossen verbinden,
- der betretbare Bereich der Pfandflaschenrückgabe,
- Verkaufsflächen im Freien (z. B. für Topfpflanzen, Christbäume, Campingartikel), selbst dann, wenn sie nur zeitweise betrieben werden.

Nicht zur Verkaufsfläche gehören Lagerflächen und Flächen, die der Vorbereitung der Waren dienen, die verkauft werden (z. B. Fleisch oder Käseportionierung, Backstube), und Kundensozialräume wie Toiletten oder Wickelräume.[80]

Diese Abgrenzung ist zwar recht detailreich, lässt allerdings insbesondere eine Frage offen. Diese betrifft die sogenannte Konstruktionsgrundfläche: Diese besteht laut DIN 277 aus der Summe der Grundflächen aller aufgehenden Bauteile (Pfeiler, Stützen, Wände usw.)[81] und wird in der oben angeführten Definition des Bundesverwaltungsgerichtes nicht eindeutig der Verkaufsfläche zu- oder abgesprochen. MÜLLER-HAGEDORN argumentiert, dass erstens die Elimination dieser Bauteile aus der Flächenberechnung aufwendig sei und zweitens die Elemente der Konstruktionsgrundfläche attraktivitätssteigernd genutzt werden können (z. B. durch Anbringen von Plakaten o. Ä.).[82] Er schlägt daher eine umfassendere Definition vor, die neben den oben genannten Bestandteilen auch die Konstruktionsgrundfläche enthält und sich an Flächenkatalogen aus dem Immobilienbereich orientiert, um für jede Art von Fläche eine

78 Siehe BVerwG 2005, insb. Rn. 37.
79 Siehe BVerwG 2005, insb. Rn. 41 u. 42. Siehe auch Müller-Hagedorn 2009, S. 370.
80 Vgl. Birk 2006, S. 290.
81 Vgl. DIN 277 von 2005.
82 Vgl. Müller-Hagedorn 2009, S. 376.

Aussage über ihre Zugehörigkeit zur Verkaufsfläche treffen zu können.[83] Dem wird hier gefolgt, so dass der Verkaufsfläche neben den durch das Bundesverwaltungsgericht festgelegten Bestandteilen zudem die – dort nicht erwähnte, aber auch nicht explizit ausgeschlossene – Konstruktionsgrundfläche zugerechnet wird:

Die Verkaufsfläche umfasst

- die Flächen der Warenpräsentation (Regale, einschließlich Brot-, Wurst- und Käsetheke mit und ohne Bedienung),
- die gesamte vom Kunden zum Zwecke des Einkaufs betretbare Fläche,
- den Kassenvorraum (einschließlich des Bereichs zum Einpacken der Ware und Entsorgen des Verpackungsmaterials),
- den Windfang,
- die Konstruktionsgrundfläche dieser Bereiche.

Als Nächstes ist die Frage zu klären, ab welcher Größe der Verkaufsfläche eine Einkaufsstätte als **kleinflächig** gilt. In der Literatur findet sich diesbezüglich keine eindeutige Festlegung; allerdings wird umgekehrt den als kleinflächig bezeichneten Betriebsformen in der Regel eine Verkaufsfläche von unter 400 m^2 zugesprochen.[84] Solche Betriebsformen sind z. B. der Nachbarschaftsladen oder der bereits angesprochene Convenienceshop.[85] Ein weiteres Indiz ist, dass die Supermärkte – die nächstgrößere Betriebsform – in der Regel durch eine Verkaufsfläche von ab 400 m^2 gekennzeichnet werden.[86] Zu beachten ist hier und auch im Folgenden allerdings die oben angesprochene Unbestimmtheit des Begriffs Verkaufsfläche, so dass bei der Kennzeichnung bestimmter Einkaufsstätten durch dieses Merkmal unter Umständen ein unterschiedliches Verständnis der Verkaufsfläche zur Anwendung kommt.

Überdies liegt ein Beschluss des Bundesverwaltungsgerichtes vor, welcher besagt, dass ein Einzelhandelsbetrieb mit einer Fläche von höchstens 400 m^2 ein als Nachbarschaftsladen oder Convenienceshop festsetzungsfähiger Anlagentyp sein kann.[87] Hier ist allerdings zu beachten, dass in diesem Fall nicht auf die Verkaufsfläche, sondern auf die Nutzfläche abgestellt wurde. Diese ergibt sich laut DIN 277 aus der Bruttogrundfläche (d. h. die Summe der Grundflächen aller Grundrissebenen eines Bau-

---

83 Vgl. Müller-Hagedorn 2009, S. 374 ff.

84 Vgl. Wolf 1996, S. 42; Posselt/Gensler 2000, S. 186; Swoboda/Schwarz 2006, S. 399.

85 Vgl. z. B. Auer/Koidl 1997, S. 69; Lerchenmüller 1998, S. 263; Blank 2004, S. 128 f.; Ausschuss für Definitionen zu Handel und Distribution 2006, S. 44; Purper 2007, S. 36.

86 Siehe hierzu z. B. Tietz 1993, S. 32; Liebmann/Zentes 2001, S. 279; Ausschuss für Definitionen zu Handel und Distribution 2006, S. 56 f.

87 Siehe hierzu BVerwG (2004). Geschäfte dieser Art dürfen ausnahmsweise auch in solchen Gebieten genehmigt werden, in denen kein Einzelhandel vorgesehen ist.

werks) abzüglich der Konstruktionsgrundfläche und abzüglich der technischen onsfläche (Fläche für betriebstechnische Anlagen) sowie der Verkehrsfläche (Zugang, Notausgänge usw.; Gänge innerhalb der Einkaufsstätte zählen nicht zur Verche). Die Nutzfläche unterscheidet sich daher etwas von dem zuvor erarbeiteten Verständnis der Verkaufsfläche.[88]

Betrachtet man die Betriebstypendefinitionen der Marktforschungsinstitute, so stellt man fest, dass dort die Schwelle von 400 m² ebenfalls zur Anwendung kommt, allerdings werden die Betriebstypen mit einer Verkaufsflächengröße unter 400 m² teilweise noch weiter unterteilt: So unterschied das EHI in der Größenklasse unter 400 m² den Lebensmittel-SB-Laden (unter 200 m² Verkaufsfläche) vom Lebensmittel-SB-Markt (200 bis 399 m² Verkaufsfläche).[89] Im Jahr 2009 wurde dies geändert und die zwei Betriebstypen zu dem Typ „kleines Lebensmittelgeschäft" zusammengefasst.[90]

ACNIELSEN, das seine Betriebstypenabgrenzungen im Jahr 2008 umfassend überarbeitete – bis dahin waren alle Geschäfte des Lebensmitteleinzelhandels unter 400 m² zu einer Gruppe zusammengefasst[91] –, bezeichnet nun Geschäfte unter 100 m² entweder als Kioske oder als Lebensmitteleinzelhandel kleiner als 100 m² und Einkaufsstätten mit einer Verkaufsfläche von 100 bis 399 m² als kleine Supermärkte.[92]

IRI nimmt eine Trennung bei der Schwelle von 800 m² zwischen dem traditionellen Lebensmitteleinzelhandel (bis 799 m²) und den Verbrauchermärkten vor (ab 800 m²) und unterteilt dann den traditionellen Lebensmitteleinzelhandel nach den Verkaufsflächen in drei Größenklassen (Klasse I: bis 199 m²; Klasse II: 200 bis 399 m²; Klasse III: 400 bis 799 m²).[93]

In Tab. 2-1 sind die erwähnten Abgrenzungen für Betriebstypen mit einer Verkaufsfläche von unter 400 m² sowie die nächstgrößeren Betriebstypen im Überblick veranschaulicht.

Hier wird der Schwelle von 400 m² für kleinflächige Einkaufsstätten wegen der Vergleichbarkeit zu Aussagen anderer Quellen gefolgt – wobei die unterschiedlichen Definitionen der Verkaufsfläche allerdings zu Ungenauigkeiten führen können:

Eine Einkaufsstätte gilt im Folgenden dann als kleinflächig, wenn die Größe ihrer Verkaufsfläche im oben definierten Sinne unter 400 m² liegt.

---

88 Vgl. DIN 277 von 2005.
89 Vgl. EHI EuroHandelsinstitut 2004, S. 309.
90 Vgl. EHI Retail Institute 2009, S. 381.
91 Vgl. ACNielsen GmbH 2007b, S. 73 ff.
92 Vgl. ACNielsen GmbH 2009, S. 78 ff.
93 Vgl. Information Resources GmbH 2009, S. 7 u. 15.

<table>
<tr><th>VK-Fläche in m²</th><th>EHI 2004</th><th>EHI 2009</th><th>ACNielsen bis 2008</th><th>ACNielsen ab 2008</th><th>IRI 2009</th></tr>
<tr><td>0-99</td><td rowspan="2">Lebensmittel-SB-Laden</td><td rowspan="4">Kleines Lebensmittelgeschäft</td><td rowspan="4">restliche Geschäfte</td><td>Kiosk oder LEH < 100 m²</td><td rowspan="2">trad. LEH, Klasse I</td></tr>
<tr><td>100-199</td><td rowspan="3">kleiner Supermarkt</td></tr>
<tr><td>200-299</td><td rowspan="2">Lebensmittel-SB-Markt</td><td rowspan="2">trad. LEH, Klasse II</td></tr>
<tr><td>300-399</td></tr>
<tr><td>400-499</td><td rowspan="12">Supermarkt (bis 1.500 qm)</td><td rowspan="12">Supermarkt (bis 2.500 qm)</td><td rowspan="4">Supermarkt</td><td rowspan="6">großer Supermarkt</td><td rowspan="4">trad. LEH, Klasse III</td></tr>
<tr><td>500-599</td></tr>
<tr><td>600-699</td></tr>
<tr><td>700-799</td></tr>
<tr><td>800-899</td><td rowspan="8"></td><td rowspan="8"></td></tr>
<tr><td>900-999</td></tr>
<tr><td>1.000-1.099</td><td rowspan="6"></td></tr>
<tr><td>1.100-1.199</td></tr>
<tr><td>1.200-1.299</td></tr>
<tr><td>1.300-1.399</td></tr>
<tr><td>1.300-1.399</td></tr>
<tr><td>1.400-1.499</td></tr>
</table>

Tab. 2-1: Ausgewählte Betriebstypenabgrenzungen von Marktforschungsinstituten (Quellen: EHI EuroHandelsinstitut 2004, S. 309; ACNielsen GmbH 2007b, S. 73 ff.; ACNielsen GmbH 2009, S. 78 ff.; EHI Retail Institute 2009, S. 381; Information Resources GmbH 2009, S. 7 u. 15)

Von den **Kunden** wird die Verkaufsfläche als Systematisierungskriterium ihrer Sortierungen nur von etwa jeder zehnten Person genannt, also sieben Mal. Zu beachten ist allerdings, dass es sich hierbei um die ungestützten Nennungen handelt; es ist durchaus möglich, dass z. B. bei den Abgrenzungen auf der Basis des Sortimentsumfangs (Auskunftsperson 73 bildet z. B. eine Gruppe mit dem REAL,- Slogan „Einmal hin, alles drin")[94] auch die Verkaufsfläche in die Überlegungen einfließt, aber nicht explizit genannt wird. Dies bestätigt sich auch bei Betrachtung der tatsächlichen Sortierungen: Vertriebslinien, die sich durch ähnlich große Verkaufsflächen auszeichnen, werden tendenziell zusammensortiert. So treten z. B. REAL,-, EXTRA und KAUFPARK bei fünfzig Versuchspersonen in der gleichen Gruppe auf, REAL,- und EXTRA sogar bei 55 Personen. Auch Einkaufsstätten mit einer vergleichsweise kleinen Verkaufsfläche befinden sich häufig in einer Gruppe: EDEKA und REWE werden von 70 Personen zusammensortiert. Ob hier tatsächlich die Verkaufsfläche oder damit zusammenhängende Kriterien wie der Sortimentsumfang und die Atmosphäre des Einkaufs eine Rolle spielen, lässt sich aus der Untersuchung nicht ableiten – offenbar besteht aber bei den Kunden die Tendenz, ähnlich große Einkaufsstätten als „zusammengehörig" zu interpretieren.

---

94 Die Gruppe enthält bei dieser Versuchsperson GLOBUS und REAL,-.

Damit lässt sich der kleinflächige Lebensmitteleinzelhandel folgendermaßen in die Landschaft des Einzelhandels einordnen: Es handelt sich um Einkaufsstätten, die das Residenzprinzip verfolgen, die dem Lebensmitteleinzelhandel im oben dargestellten Sinne angehören und die über eine Verkaufsfläche von höchstens 400 m^2 verfügen. In Abb. 2-3 ist die entwickelte dreistufige Klassifikation zur Einordnung des kleinflächigen Lebensmitteleinzelhandels dargestellt.

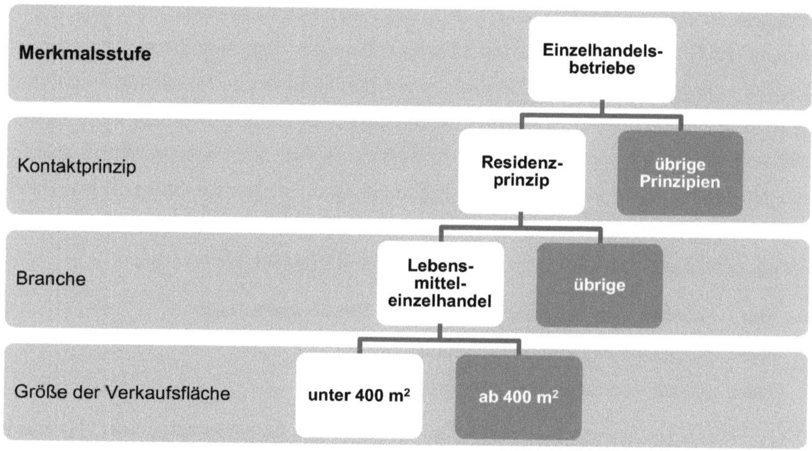

Abb. 2-3: Dreistufige Klassifikation zur Einordnung des kleinflächigen Lebensmitteleinzelhandels

2.1.4 Einordnung der Tankstellenshops in den kleinflächigen Lebensmitteleinzelhandel

Der auf diese Weise abgegrenzte kleinflächige Lebensmitteleinzelhandel tritt in diversen Erscheinungsformen auf. Zu nennen sind hier z. B. Feinkostgeschäfte, Tankstellenshops oder Handwerker (Bäcker, Metzger usw.), aber auch Drogeriemärkte, Lebensmittel-Discounter und Supermärkte, solange ihre Verkaufsfläche nicht größer als 400 m^2 ist. Zur Systematisierung der genannten und weiterer Erscheinungsformen bieten sich verschiedene Ansätze an. In dieser Arbeit wird der Ansatz von PURPER[95] – soweit für den kleinflächigen Lebensmitteleinzelhandel möglich – als Ausgangspunkt für eine Typisierung gewählt.

95 Siehe hierzu die Arbeit von Purper 2007.

PURPER verfolgt in seiner Untersuchung das Ziel, Betriebsformen des Einzelhandels[96] aus Kundensicht abzugrenzen. Er kommt im Rahmen seiner Untersuchung zu dem Ergebnis, dass als Kriterien einer derartigen Systematisierung von Betriebsformen die Eignungsgrade der Betriebsform zur Befriedigung des **Erlebnismotivs**, des **Preismotivs**, des **Servicemotivs** und des **Auswahlmotivs** herangezogen werden können.[97]

Mit Hilfe einer Clusteranalyse grenzt PURPER die Betriebsformen „Preisspezialisten", „Erlebnis- und Servicespezialisten", „Auswahl- und Erlebnisspezialisten" und „Notlösungen" ab.[98] Diese Cluster wurden allerdings über den Einzelhandel im Allgemeinen gebildet und beziehen sich weder speziell auf den Lebensmitteleinzelhandel noch auf den kleinflächigen Lebensmitteleinzelhandel. Ob die Betriebsformen nach PURPER auf letzteren übertragen werden können, ist fraglich, da hier auch andere Motive als die von ihm untersuchten eine Rolle spielen können und überdies die Operationalisierung der Eignungsgrade sehr allgemein gehalten ist.[99] So sollten die Probanden z. B. das Serviceniveau der Anbieter anhand der folgenden drei Aussagen beurteilen:

- Bei ... arbeiten viele Mitarbeiter, die mir bei Fragen weiterhelfen.
- Bei ... ist das Verkaufspersonal freundlich.
- Bei ... ist das Verkaufspersonal kompetent.[100]

Die Anzahl der Mitarbeiter und deren Kompetenz in der Beratung spielt bei Gütern wie Bekleidung oder Unterhaltungselektronik eine andere Rolle als z. B. in Tankstellenshops, so dass PURPERS Erkenntnisse nur bedingt für den kleinflächigen Lebensmitteleinzelhandel anwendbar sind. Ein weiteres Problem in Bezug auf die Übertragbarkeit seiner Erkenntnisse liegt darin, dass PURPER gerade das Conveniencemotiv ausklammert, da das Konstrukt Convenience sich in seiner Untersuchung nicht auf einen Faktor verdichten ließ, sondern zahlreiche Dimensionen aufwies.[101] PURPER schreibt, dass die Anbieter, die in dieses Cluster fielen, sich vermutlich durch die Convenienceorientierung auszeichnen. Es handelte sich dabei um zwei Tankstellenmarken, bei denen die übrigen Motiveignungen alle vorhanden, aber in geringem Maße angesprochen waren.[102]

Die Überlegungen von PURPER, die Eignungen bestimmter Betriebsformen zur Erfüllung von Kundenbedürfnissen als Kriterium zur Abgrenzung von Betriebsformen he-

---

96 Zu beachten ist hierbei, dass nicht nur Einkaufsstätten des Lebensmitteleinzelhandels betrachtet wurden. So waren z. B. auch Fachgeschäfte wie CHRIST und Fachmärkte wie MEDIA MARKT in die Untersuchung einbezogen. Siehe Purper 2007, S. 118.
97 Vgl. Purper 2007, S. 195.
98 Vgl. Purper 2007, S. 202 ff.
99 PURPER selbst weist auf beide Umstände hin, siehe Purper 2007, S. 181.
100 Vgl. Purper 2007, S. 118.
101 Vgl. Purper 2007, S. 182.
102 Vgl. Purper 2007, S. 203.

ranzuziehen, lassen sich dennoch auf den kleinflächigen Lebensmitteleinzelhandel übertragen. Neben den von PURPER genutzten Motiven soll hier auch das **Conveniencemotiv** einbezogen werden.

Das **Auswahlmotiv** umfasst bei PURPER zwei Aspekte, nämlich eine „sehr große Auswahl" und „viele Alternativen", zwischen denen gewählt werden kann.[103] Es spricht also die Sortimentsbreite und die Sortimentstiefe an.[104] Im Lebensmitteleinzelhandel lassen sich demzufolge solche Einkaufsstätten unterscheiden, die sich auf einen oder wenige Warenbereiche nach der Standard-Warenklassifikation konzentrieren und ein tiefes, spezialisiertes Sortiment anbieten, wie z. B. Fachgeschäfte (Drogeriemärkte, Feinkostgeschäfte, Bäckereien etc.), und solche, die Waren aus nahezu allen den Lebensmitteln zugeordneten Warenbereichen und damit ein eher breites, aber flaches Sortiment anbieten (z. B. Kioske, Tankstellenshops, aber auch kleinflächige Discounter und kleine Supermärkte). Beide Gruppen können das Auswahlmotiv des Kunden ansprechen; entscheidend ist, ob der Kunde nach additiven Kaufmöglichkeiten oder einem spezialisierten Angebot sucht.

Das **Erlebnis**, das ein Geschäft des kleinflächigen Lebensmitteleinzelhandels bietet, kann sehr unterschiedlicher Natur sein. In der Literatur stellt die Definition des erlebnisorientierten Einkaufs in der Regel darauf ab, dass dieser (angenehme) Emotionen hervorruft und einen Beitrag zur Lebensqualität des Konsumenten leistet.[105] Entsprechend operationalisiert auch PURPER das Erlebnismotiv: In seiner Untersuchung zielt er darauf ab, ob die Kunden auch nur „zum Spaß" einkaufen gehen und ob eine Bereitschaft besteht, sich länger in einem Geschäft aufzuhalten, das „fesselt".[106] Betrachtet man die bestehenden Formen des kleinflächigen Lebensmitteleinzelhandels, können verschiedene Ausprägungen der Erlebnisorientierung identifiziert werden: Entweder besteht das Erlebnis in einer sehr spezialisierten Auswahl und der entsprechenden Darbietung (z. B. Feinkostläden, Fachgeschäfte), in der persönlichen, familiären Beziehung, die geschaffen wird (z. B. Tante-Emma-Läden, Nachbarschaftsläden), oder in der Erfüllung eines der anderen Motive (z. B. die „erlebte" Convenience[107] oder auch Preiserlebnisse). Darüber hinaus ist es möglich, dass verschiedene dieser Erlebniskomponenten miteinander kombiniert werden.

---

103 Vgl. Purper 2007, S. 182.
104 Die Sortimentsbreite beschreibt die Anzahl verschiedenartiger Warenbereiche in einem Sortiment, während die Sortimentstiefe auf die Zahl gleichartiger Artikel hinweist, vgl. Tietz 1993, S. 324; Berekoven 1995, S. 75. Die dritte Sortimentsdimension ist die Sortimentshöhe, welche die Anzahl gleicher Artikel bezeichnet, vgl. Ahlert/Kenning 2007, S. 197.
105 Vgl. z. B. den Aufsatz von Weinberg/Gröppel 1988; Heinemann 1989, S. 136; Gröppel 1991, S. 37.
106 Vgl. Purper 2007, S. 182.
107 Vgl. Kohleisen 2001, S. 109.

Das **Preismotiv** bezieht sich bei PURPER auf die Preisgewichtung[108]. Zwei Fragen stehen dabei im Vordergrund: einerseits, inwiefern die Kunden vor allem „auf den Preis achten“, andererseits, inwiefern es dem Kunden am wichtigsten ist, dass die Produkte „preiswert“ sind, während andere Kriterien „zweitrangig“ sind.[109] Im kleinflächigen Lebensmitteleinzelhandel finden sich in Bezug auf den Preis sehr unterschiedliche Ausprägungen. Während z. B. die Preise in den Tankstellenshops teilweise deutlich über denen des übrigen Lebensmitteleinzelhandels liegen (siehe hierzu das Kap. 4.2.1), existieren durchaus auch Discounter mit entsprechend niedrigen Preisen, die dem kleinflächigen Lebensmitteleinzelhandel nach der Definition in Kap. 2.1.3 angehören.[110]

Das **Servicemotiv** umfasst nach PURPER einerseits den Wunsch nach freundlicher Bedienung und nach einer hohen Anzahl von Ansprechpartnern – auch wenn dafür mehr gezahlt werden muss – andererseits den Wunsch nach kompetenter Beratung.[111] Betrachtet man die bestehenden Formen des kleinflächigen Lebensmitteleinzelhandels, lassen sich keine Aussagen darüber machen, ob bestimmte Formen besonders oder andere hingegen außerordentlich wenig serviceorientiert sind. Aufgrund der unterschiedlichen Sortimente liegt die Gewichtung der Serviceorientierung vermutlich auf unterschiedlichen Aspekten: Während in Geschäften mit spezialisierten Sortimenten – wie Delikatessenläden oder Handwerksbetrieben – anzunehmen ist, dass eine kompetente Beratung den höheren Stellenwert hat, zielen andere Formen eher auf die freundliche oder persönliche Ansprache ab (z. B. Tante-Emma-Läden).

Wie bereits angesprochen, wird hier auch das **Conveniencemotiv** als Systematisierungskriterium herangezogen, da es in der Literatur häufig mit dem kleinflächigen Lebensmitteleinzelhandel in Verbindung gebracht wird.[112] Convenience bedeutet in der Übersetzung Entlastung oder auch Bequemlichkeit.[113] Dieses Konstrukt ist derzeit allerdings noch umstritten; fraglich ist vor allem, was genau der Kunde als entlastend und bequem empfindet. Zwar liegen bereits erste Arbeiten vor, die eine Operationalisierung des Konstrukts aus Kundensicht vornehmen und so „conveniente“ Betriebsformen im Einzelhandel ausmachen, deren Beitrag zur Convenience untersuchen, oder sich mit den Auswirkungen von Convenience beschäftigen.[114] Allerdings besteht hier noch hoher Forschungsbedarf.

---

108 Siehe Kap. 4.3.4.3 zu diesem Konstrukt.
109 Vgl. Purper 2007, S. 182.
110 Vgl. o. V. 2008c, o. S.
111 Vgl. Purper 2007, S. 182.
112 Siehe z. B. Swoboda/Schwarz 2006, S. 399.
113 Vgl. Meffert 2000, S. 153. Siehe auch Kap. 2.2.2.3.
114 Für eine Operationalisierung der Convenience aus Kundensicht siehe Reith 2007; für theoretische Überlegungen zum Beitrag bestimmter Handelsleistungen zur Schaffung von Convenience auf Basis des Transaktionskostenansatzes siehe Kaas/Posselt 2000 und Posselt/Gensler 2000. Eine Arbeit zu den Auswirkungen der Einkaufsconvenience liefert Ettinger 2010.

Ein **Conveniencestore** (oder Convenienceshop) ist laut dem Ausschuss für Definitionen zu Handel und Distribution „ein kleinflächiger Einzelhandelsbetrieb (...), der ein begrenztes Sortiment an Waren des täglichen Bedarfs sowie Dienstleistungen bis hin zu einer kleinen Gastronomie zu einem eher hohen Preisniveau anbietet".[115] Als weitere Merkmale werden ein wohnungsnaher und frequenzintensiver Standort sowie Öffnungszeiten von bis zu 24 Stunden genannt.[116] Fraglich ist jedoch, ob die zitierte Definition einen solchen Convenienceshop tatsächlich trennscharf abgrenzt – so trifft sie z. B. in weiten Teilen auch für Tante-Emma-Läden zu.[117] POSSELT und GENSLER merken außerdem verschiedene andere Aspekte an: Beispielsweise stellt das Sortiment in Convenienceshops vor allem auf bestimmte Waren ab und ist auf den kurzfristigen Bedarf der Kunden ausgerichtet.[118]

Eine weitere Annäherung an Convenienceshops und ihre Charakterisierung erfolgt über die Bestandsaufnahme von real auftretenden Formen. AUER sowie SWOBODA und SCHWARZ unterteilen z. B. in Convenience-Angebotsformen im engeren und weiteren Sinne, stufen diese zusätzlich ab und unterscheiden außerdem in ältere Kanäle (z. B. Feinkostläden, Trinkhallen) und neuere Kanäle (z. B. Catering, Drogerien). Daraus ergibt sich das in Abb. 2-4 dargestellte Schalenmodell.[119]

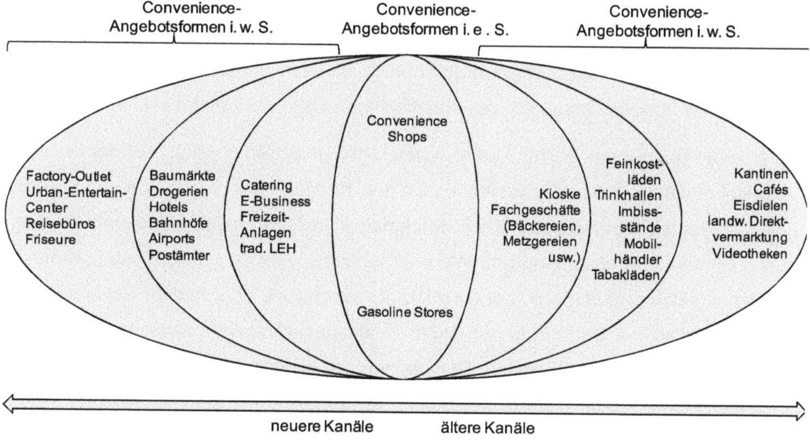

Abb. 2-4: Schalenmodell zur Charakterisierung von Convenience-Angebotsformen; (Quelle: leicht modifiziert nach Auer/Koidl 1997, S. 36; Swoboda/Schwarz 2006, S. 399)

115 Ausschuss für Definitionen zu Handel und Distribution 2006, S. 44.
116 Vgl. Ausschuss für Definitionen zu Handel und Distribution 2006, S. 44.
117 Vgl. Posselt/Gensler 2000, S. 186.
118 Vgl. Posselt/Gensler 2000, S. 186.
119 Vgl. Swoboda/Schwarz 2006, S. 399.

Aus den dargestellten Überlegungen zur Eignung von Betriebsformen für die Motiverfüllung ergeben sich vier Typen des kleinflächigen Lebensmitteleinzelhandels. Diese Systematisierung beruht vor allem auf dem in der Realität zu beobachtenden angestrebten Schwerpunkt der Betriebsformen.

Typ 1 – „Die Familiären" – enthält diejenigen Geschäfte des kleinflächigen Lebensmitteleinzelhandels, deren Ausrichtung auf einer persönlichen, familiären Ansprache des Kunden liegt und die einen Gegenpol zum anonymen und „rationalen" Einkauf in anderen Betriebstypen bilden. Neben diesem Fokus zeichnen sich die Betriebsformen dadurch aus, dass sie i. d. R. ein relativ breites, aber flaches Sortiment anbieten. Beispiele für diesen Typ sind Tante-Emma-Läden, aber auch die von ausländischen Bürgern betriebenen kleinflächigen Geschäfte.

Typ 2 – „Die Spezialisten" – ist dadurch gekennzeichnet, dass die Geschäfte sich auf einen oder wenige Warenbereiche der Standard-Warenklassifikation konzentrieren und ein spezialisiertes, schmales, aber tiefes Sortiment anbieten. Sie weisen für ihre Warenbereiche eine hohe Kompetenz auf. Dies sind einerseits die Handwerksbetriebe wie Metzger oder Bäcker und Fachgeschäfte wie Drogerien, andererseits Feinkostgeschäfte wie Käse-Boutiquen, Delikatessengeschäfte usw.

Typ 3 – „Die Preisgünstigen" – beinhaltet kleinflächige Discounter und kleinflächige Supermärkte. Diese bieten ein breites, flaches Sortiment an, das den täglichen Bedarf abdeckt und auf den Versorgungseinkauf abzielt. Ihr Preisniveau liegt teilweise deutlich unter dem der übrigen Geschäfte des kleinflächigen Lebensmitteleinzelhandels.

Typ 4 – „Die Bequemen" – enthält diejenigen Geschäfte, deren Fokus auf Bequemlichkeit und Entlastung (also Convenience) für den Kunden gerichtet ist. Dieser Schwerpunkt schlägt sich in verschiedenen Merkmalen (z. B. schnelle Kassenabwicklung, übersichtliche Ladengestaltung und Warenpräsentation) nieder. Einkaufsstätten dieser Art zeichnen sich dadurch aus, dass sie i. d. R. ein breites, aber flaches Sortiment von Waren des täglichen Bedarfs bereithalten. In einigen wenigen Warengruppen ist das Sortiment auch tief (z. B. Getränke, Süßigkeiten und sonstige zum Unterwegs-Verzehr geeignete Warengruppen). Diese Geschäfte haben i. d. R. ein deutlich erhöhtes Preisniveau gegenüber dem übrigen Lebensmitteleinzelhandel. Erscheinungsformen des kleinflächigen Lebensmitteleinzelhandels, die diesem Typ zugeordnet werden können, sind Tankstellenshops, Kioske sowie Flughafen-und Bahnhofsshops.

Dabei bleibt allerdings festzuhalten, dass nicht per se nur alle Geschäfte aus Typ 4 dem Kunden Convenience bieten, sondern auch andere Betriebsformen (großflächige oder solche Betriebsformen, die den anderen Typen zugehören) entlastend wirken können. Zudem existieren durchaus Geschäfte, die Typ 4 zugeordnet werden, aber –

z. B. unaufgeräumt und verschmutzt – wenig entlastend wirken. Die empfundene Convenience hängt vermutlich von zahlreichen persönlichkeits- und situationsbedingten Faktoren ab.

Ein Indiz dafür, dass die hier genannten Erscheinungsformen des Typ 4 auch aus Kundensicht als zusammengehörig empfunden werden könnten, liefert die in Kap. 2.1.2 beschriebene exploratorische Untersuchung. Hier wurden zwar die Tankstellenshops sehr häufig als eine eigene, in sich geschlossene Gruppe eingeteilt (bei 65 von 74 Personen); wenn allerdings noch andere Einkaufsstätten zu dieser Gruppe sortiert wurden, handelte es sich um Kioske und DB-Stores: Von 15 Personen – also ungefähr 20 % der Befragten – wurden Tankstellenshops, Kioske und DB-Stores zusammen sortiert. Allerdings zielte die Untersuchung auf den gesamten Lebensmitteleinzelhandel ab und berücksichtigte keine weiteren Formen des kleinflächigen Lebensmitteleinzelhandels, die eine Systematisierung des gesamten kleinflächigen Lebensmitteleinzelhandels zugelassen hätte.

Die auf diese Weise entwickelte Typisierung und die (beispielhafte) Einordnung einiger Betriebstypen sind in Abb. 2-5 festgehalten.

„Die Familiären" > eher breites, flaches Sortiment > persönliche Ansprache der Kunden Fokus: Erlebnisorientierung, persönliche Ansprache, Menschlichkeit **Tante-Emma-Läden, Geschäfte von ausländischen Betreibern**	**„Die Spezialisten"** > Konzentration auf einen oder wenige Warenbereiche Fokus: hohe Kompetenz und große Auswahl in speziellen Warenbereichen **Handwerksbetriebe, Feinkostläden, Fachgeschäfte**
„Die Preisgünstigen" > breites, flaches Sortiment, das fast alle Warenbereiche der Lebensmittel abdeckt > niedrige Preise Fokus: Versorgungseinkauf, niedriges Preisniveau **kleinflächige Supermärkte und kleinflächige Discounter**	**„Die Bequemen"** > breites, flaches Sortiment, in einigen Warengruppen auch tief > hohe Preise Fokus: Bequemlichkeit, Entlastung **Tankstellenshops, Kiosks Flughafen-/Bahnhofsshops**

Abb. 2-5: Typisierung der Erscheinungsformen des kleinflächigen Lebensmitteleinzelhandels und Einordnung ausgewählter Betriebstypen

2.1.5 Systematisierung der Tankstellenshops

Das für die folgende Analyse des Preisverhaltens von Kunden im kleinflächigen Lebensmitteleinzelhandel herangezogene Untersuchungsobjekt, nämlich der Tankstellenshop, lässt sich entsprechend den vorstehenden Ausführungen in Typ 4 „Die Bequemen" einordnen. Doch haben sich – auch aufgrund der hohen Anzahl von Tankstellen in Deutschland[120] – mit der Zeit zahlreiche Erscheinungsformen herausgebildet. Zu ihrer Systematisierung existieren bisher keine differenzierten Vorschläge. Eine häufig vorgenommene „pragmatische", aber sehr grobe Systematisierung von Tankstellen (nicht: Tankstellenshops) ist deren Einteilung in Autohöfe, Autobahntankstellen und Straßentankstellen, wobei letztere weiter in Großtankstellen und Kleintankstellen unterteilt werden.[121]

Die **Autohöfe** in Deutschland nehmen eine Sonderrolle unter den Tankstellen ein. Sie richten sich besonders an Berufskraftfahrer und Vielreisende und stellen ein großes Angebot an Leistungen bereit (z. B. Werkstätten, Motels, Konferenzräume, Waschsalons).[122] Auch das Shop-Angebot ist auf diese Zielgruppe sowie reisende Privatkunden ausgerichtet und bietet i. d. R. ein umfangreiches Sortiment an Lebensmitteln, aber auch an sonstigem Reisebedarf.[123]

Auch die **Autobahntankstellen** unterscheiden sich stark von den Straßentankstellen. Dies liegt zumindest teilweise in ihrer Geschichte begründet: Ab 1951 wurden die Autobahntankstellen von staatlichen Dienstleistungsunternehmen betrieben (der GFN, GESELLSCHAFT FÜR NEBENBETRIEBE DER BUNDESAUTOBAHNEN, und der OATG, OSTDEUTSCHE AUTOBAHNTANKSTELLENGESELLSCHAFT MBH). Daraus wurde im Jahr 1994 die TANK & RAST AG, die wiederum im Jahr 1998 privatisiert wurde. Derzeit gehört sie zu 50 % der DEUTSCHEN BANK und zu 50 % dem britischen Investor TERRA FIRMA.[124]

Weil die Autohöfe und die Autobahntankstellen im Vergleich zu den Straßentankstellen völlig anderen Rahmenbedingungen unterliegen (z. B. deshalb, weil sie für die Kunden auf der Autobahn oft die einzige Möglichkeit zur Versorgung bieten), werden die Shops an Autohöfen und an Autobahntankstellen in die vorliegende Untersuchung nicht einbezogen.[125]

---

120 So gab es im Januar 2011 in Deutschland 14.744 Tankstellen, vgl. www.mwv.de, Rubrik „Daten/Statistiken" – „Statistiken/Preise" – „Entwicklung des Tankstellenbestandes". Siehe auch Kap. 2.2.4 für weitere Informationen.

121 Vgl. Kohleisen 2001, S. 116 ff.

122 Siehe www.autohof.de, Rubrik „Daten/Fakten" – „Service Angebote".

123 Vgl. Kohleisen 2001, S. 117.

124 Vgl. o. V. 2007, o. S.; Tank & Rast 2009, o. S.

125 Zu diesem Aspekt siehe die Auflistung von Kaufmotiven bei Kohleisen 2001, S. 117.

Die **Straßentankstellen** werden weiter unterteilt in Großtankstellen (ab 150 m^2 Shop-Fläche) und Kleintankstellen (um 50 m^2 Shop-Fläche).[126] Diese beiden Gruppen von Tankstellen werden zwar aufgrund ihrer Größe voneinander unterschieden, aber auch durch ihre Lage charakterisiert: Während Großtankstellen aus Platzgründen (eher) an Ausfallstraßen, in Randlagen und in Gewerbegebieten liegen, finden sich Kleintankstellen tendenziell eher in Innenstadtlagen und Wohngebieten, so dass beide Tankstellen-Typen sich auch durch ein unterschiedliches Publikum auszeichnen. Großtankstellen sprechen tendenziell eher Pendler und Durchreisende an, während Kleintankstellen von Anliegern und Passanten besucht werden und einen hohen Stammkundenanteil haben.[127]

Diese Merkmale können jedoch – abgesehen von der Verkaufsfläche – aufgrund fehlender Trennschärfe nicht zur Abgrenzung verschiedener Tankstellenshop-Typen angewendet werden. Eine Systematisierung nur anhand der Shopgrößen erscheint jedoch wenig kundenorientiert und kann für das verfolgte Ziel, das Preisverhalten von Kunden in Tankstellenshops zu untersuchen, nicht sinnvoll sein. Aus diesem Grunde werden auch hier die von PURPER herausgearbeiteten Kaufmotive als Basis für weitere Überlegungen herangezogen.

Zu diesem Zweck wird zunächst ein kurzer Abriss über Unterscheidungsmerkmale derzeitig existierender Tankstellenshops gegeben. Auf dieser Grundlage können Kaufmotive herausgearbeitet werden, die der Systematisierung von Tankstellenshops aus Kundensicht dienlich sind.

Betrachtet man den Tankstellenshop-Markt, zeigt sich besonders in den letzten Jahren eine strukturelle Polarisierung: Während die Markentankstellen[128] ihre Shops vielfach mit erheblichen Mitteln modernisieren und neue, auf die Konsumentenbedürfnisse abgestimmte Shop-Konzepte einführen, ist dies aus finanziellen Gründen oder aufgrund von fehlendem Know-how für die Betreiber vieler freier Tankstellen nicht möglich.[129] Folglich finden sich heute auf der einen Seite die stark modernisierten, an die Kundenbedürfnisse angepassten Tankstellenshops, auf der anderen Seite Shops, die aus einer Zeit stammen, in der das Shop-Sortiment zweitrangig war. Letztere sind häufig unaufgeräumt, unsauber und wenig convenient. Diese Gruppe enthält einerseits einige freie Tankstellen, andererseits aber auch (noch) nicht umgebaute Shops der Markentankstellen.

---

126 Über Tankstellenshops mit einer Größe zwischen 50 und 150 m^2 wird keine Aussage gemacht, siehe Kohleisen 2001, S. 117 f.
127 Vgl. Kohleisen 2001, S. 117 f.
128 Siehe für einen detaillierten Marktüberblick Kap. 2.2.4.
129 Vgl. BVR 2008, S. 3.

Untersucht man nun die erste Gruppe, also die modernisierten und professionell konzeptionierten Shops, lassen sich in der Praxis derzeit zwei unterschiedliche strategische Ausrichtungen beobachten: Einige Mineralölkonzerne und Shopbetreiber setzen darauf, den Kunden ein breites – wenn auch aufgrund der kleinen Fläche recht flaches – Sortiment anzubieten, das mit dem Sortiment kleiner Supermärkte und auch deren Preisniveau durchaus konkurrieren kann. Das derzeit prägnanteste Beispiel für diese Strategie ist die Mineralölgesellschaft JETCONOCO, die im Rahmen einer Kooperation mit der SPAR HANDELSGESELLSCHAFT MBH in zahlreichen JET-Tankstellen SPAR EXPRESS-Shops integriert hat und durch eine aggressive Preiswerbung auffällt.[130]

Andere Mineralölkonzerne und Shopbetreiber konzentrieren sich vor allem darauf, die spezifische Leistung der Tankstellenshops zu betonen. Dies äußert sich z. B. in einem Verzicht auf Notkaufsortimente zugunsten des Ausbaus bestimmter Warengruppen, von denen vermutet wird, dass sie sich besonders für eine kundenorientierte und conveniente Sortimentsgestaltung eignen.[131] Prägnantestes Beispiel für diese Strategie ist derzeit die Mineralölgesellschaft BP mit der Tankstellenmarke ARAL.[132]

Da aktuell im Tankstellenshop-Markt ein intensiver Modernisierungsprozess stattfindet, lässt sich nicht für alle Marken eine so eindeutige Zuordnung mit Blick auf die verfolgte Strategie ausmachen. Im Zuge der weiteren Modernisierung und Marktbereinigung ist jedoch zu erwarten, dass die Mineralölgesellschaften ihre Shops zunehmend professioneller strategisch ausrichten. Ob es bei der beschriebenen Polarisierung bleibt oder weitere Konzepte verfolgt werden, bleibt abzuwarten.

Bezieht man nun die von PURPER herausgearbeiteten Kaufmotive ein, eignen sich besonders das Auswahl- und das Preismotiv zur Typisierung von Tankstellenshops.[133] Im Hinblick auf das **Auswahlmotiv** lassen sich in der Realität zwei unterschiedliche strategische Stoßrichtungen ausmachen: Einerseits existieren Shops, die breite und flache Sortimente anbieten und auf die Grundversorgung der Kunden ausgerichtet sind. Sie bieten nahezu aus allen Warengruppen des täglichen Bedarfs eines oder mehrere Produkte an, gestatten dem Kunden allerdings nur wenige Auswahlmöglichkeiten. Andere Shops reduzieren die Breite ihrer Sortimente zunehmend und bieten dafür in einigen Bereichen tiefe und qualitativ hochwertige, „verführerische“ Produkte an, die zu

130 Siehe hierzu die Websites von JET und SPAR: www.jet-tankstellen.de, Rubrik „Shop-Angebote“, und www.spar.de, Rubrik „Spar Express“ – „Spar Express an Jet-Tankstellen“. Beispiele für die Preiswerbung von JET finden sich im Anhang 3.

131 Vgl. o. V. 2006, o. S.

132 Siehe auch Kap. 2.3.2.

133 Hinweise liefert auch die in Kap. 2.1.2 beschriebene exploratorische Voruntersuchung. Die Kunden sollten Vorschläge machen, nach welchen Kriterien sie Tankstellenshops systematisieren würden. An erster Stelle wurde hier das Warenangebot genannt, gefolgt vom Preis sowie von der Verkaufsfläche auf dem zweiten Platz und von der Übersichtlichkeit auf dem dritten. Die Ergebnisse finden sich in Anhang 1.

Impuls-, Belohnungs- und Genusskäufen führen sollen. So testete ARAL z. B. Sushi in den Tankstellenshops.[134]

In Bezug auf das **Preismotiv** zeichnet sich eine ähnliche Unterscheidung wie im Hinblick auf das Auswahlmotiv ab. Während einige Anbieter versuchen, das Preisniveau nach unten anzupassen und sich dem übrigen Lebensmitteleinzelhandel annähern (vor allem die Marke JET), konzentrieren sich andere eher auf den Leistungsaspekt, verbunden mit einem hohen Preisniveau. Damit ergeben sich die in Abb. 2-6 dargestellten Typen von Tankstellenshops.

Typ 1

> breites, flaches Sortiment zur Versorgung mit Gütern des täglichen Bedarfs, Notkaufsortimente

> Preisniveau verhältnismäßig niedrig

Typ 2

> tiefes, qualitativ hochwertiges Sortiment in einigen Warengruppen, kaum Notkaufsortimente; dafür Angebot „besonderer" Produkte

> Preisniveau hoch

Typ 3

> stammen aus einer Zeit, in der der Kraftstoff die Haupteinnahmequelle war

> konfus, unaufgeräumt, alt, unmodern

> fehlendes Konzept zur kundenorientierten Gestaltung

Abb. 2-6: Typisierung von Tankstellenshops (nur Straßentankstellen)

2.2 Tankstellenshop-Markt: Entwicklung und Marktteilnehmer

2.2.1 Grundlagen der Branchenstrukturanalyse

Ausgangspunkt für die weitere Untersuchung ist ein Überblick über den Tankstellenshop-Markt. Zur systematischen Bearbeitung wird hierfür die Branchenstrukturanalyse nach PORTER herangezogen. Dieses Instrument wird grundsätzlich eingesetzt, um die Formulierung der Wettbewerbsstrategie vorzubereiten und die Rahmenbedingungen einer Branche zu erfassen.[135] Vorliegend wird die Branchenstrukturanalyse nach PORTER dazu genutzt, die Teilnehmer im Markt der Tankstellenshops systematisch darzustellen und weniger dazu, die Wettbewerbsvorteile der unterschiedlichen Gruppen zu identifizieren; der Ansatz dient demzufolge als systematischer Rahmen für die Marktbeschreibung.

PORTER identifiziert fünf Gruppen von Marktteilnehmern, die den Branchenwettbewerb treiben, nämlich die Konkurrenten in der betreffenden Branche, die Abnehmer der Pro-

134 Vgl. Aral AG 2007b, o. S.
135 Vgl. Porter 1997, S. 26.

dukte, Ersatzprodukte, Lieferanten und potenzielle neue Konkurrenten. Lieferanten und Kunden bestimmen durch ihre Verhandlungsstärke und Verhandlungsmacht den Wettbewerb, während Ersatzprodukte und potenzielle neue Konkurrenten eine Bedrohung für die bestehenden Unternehmen darstellen. Diese wiederum stehen untereinander in Rivalität.[136] Einen Überblick gibt Abb. 2-7.

Abb. 2-7: Die fünf Wettbewerbskräfte nach Porter;
(Quelle: in Anlehnung an Porter 1980, S. 4)

Die von PORTER entwickelte Branchenstrukturanalyse beschreibt er zwar am Beispiel von Produzenten, sie kann allerdings auch für Dienstleistungsunternehmen angewendet werden. Für diesen Fall sind allerdings einige Modifikationen notwendig. So schlägt z. B. GRÖPPEL-KLEIN eine Anpassung des Modells für den Einzelhandel vor.[137] Sie geht dabei folgendermaßen vor:

- Die „Wettbewerber in der Branche" ersetzt sie durch die „Rivalität unter den bestehenden Einzelhändlern".
- Die Stelle der „Lieferanten" nehmen die „Hersteller" ein.
- Die „potenziellen neuen Konkurrenten" werden beibehalten, allerdings mit dem Zusatz „auf derselben oder anderen Betriebsformebene" ergänzt.
- Die „Abnehmer" bleiben bestehen, allerdings bezieht sich GRÖPPEL-KLEIN nicht nur auf die Verhandlungsmacht, sondern auch auf das Verhalten der Abnehmer.
- Die „Ersatzprodukte" tauscht GRÖPPEL-KLEIN gegen „neue Betriebsformen oder Substitutionsleistungen" aus.

136 Vgl. Porter 1997, S. 27.
137 Siehe hierzu und den folgenden Ausführungen Gröppel-Klein 1998, S. 28 ff.

Im Folgenden wird vom Prinzip her das Modell von GRÖPPEL-KLEIN eingesetzt. Aufgrund der Gegebenheiten im Tankstellenshop-Markt sind jedoch weitere Anpassungen notwendig: Die Rivalität unter den bestehenden Einzelhändlern betrifft hier die **Rivalität unter den bestehenden Tankstellenshops**. In diesem Zusammenhang sind zwei verschiedene Akteure relevant, nämlich die Mineralölgesellschaften einerseits und die Betreiber der Tankstellenshops andererseits. Um die Rahmenbedingungen dieser Akteure und deren Handlungspotenziale erläutern zu können, müssen außerdem die unterschiedlichen Betreibermodelle der Tankstellenshops dargestellt werden, da diese die Handlungsspielräume der Betreiber und der Mineralölgesellschaften bedingen.

Weil im Tankstellenshop-Markt unterschiedliche Belieferungsmodelle existieren, die von der Direktbelieferung über den Hersteller bis hin zur Auslagerung der gesamten Beschaffung an Universalgroßhändler oder Handelskooperationen reichen, können nicht nur Hersteller in die Betrachtung eingehen; hier wird daher der Vorschlag von PORTER beibehalten und von den **Lieferanten** gesprochen.

In Bezug auf die **potenziellen neuen Konkurrenten auf derselben oder einer anderen Betriebsformebene** wird auf die Modifikation von GRÖPPEL-KLEIN zurückgegriffen. Dabei bezeichnet „dieselbe Betriebsformebene" die Tankstellenshops. Daneben können auch andere neue Betriebsformen als potenzielle Konkurrenz relevant sein, sofern sie ähnliche oder gleiche Bedürfnisse erfüllen wie die Tankstellenshops.

Die **Abnehmer** sind die Endkunden der Tankstellenshops, wobei im Folgenden der Schwerpunkt auf ihrem Verhalten liegt.

Für die Bestimmung der letzten Determinante, nämlich der **Ersatzprodukte** nach PORTER, wird hier folgendermaßen vorgegangen: Weil neben der Rivalität zwischen den Tankstellenshops auch andere Betriebsformen im Wettbewerb mit den Tankstellenshops stehen (z. B. Kioske oder Bahnhofsshops, aber möglicherweise auch großflächige Betriebe), werden alle bestehenden Betriebsformen subsumiert, die aus Kundensicht gleiche oder ähnliche Bedürfnisse erfüllen können wie die Tankstellenshops. Diese Determinante wird im Folgenden als **bestehende Konkurrenten auf einer anderen Betriebsformebene** bezeichnet.

Für die weitere Darstellung des Tankstellenshop-Markts wird darüber hinaus die Reihenfolge der Bearbeitung aus inhaltlichen Gründen modifiziert: Zunächst wird ein Überblick über die Entstehung von Tankstellenshops gegeben. Anschließend erfolgt jeweils die Betrachtung der Abnehmer in Tankstellenshops, der Rivalität zwischen den Tankstellenshops, der bestehenden Konkurrenten, der potenziellen neuen Konkurrenten und abschließend der Lieferanten.

Ein weiterer Punkt ist im Vorfeld für die folgende Marktbeschreibung relevant: Da die empirische Erhebung der vorliegenden Untersuchung v. a. in den Jahren 2007 und 2008 erfolgte, dienen Marktdaten aus dem Jahr 2008 dazu, die Rahmenbedingungen dieser Erhebung zu schildern. In solchen Fällen, in denen sich in der Zeit danach gravierende Änderungen ergaben, werden diese zusätzlich aufgegriffen. Die Abb. 2-8 gibt einen Überblick über die Wettbewerbskräfte im Tankstellenshop-Markt sowie die Reihenfolge ihrer Bearbeitung.

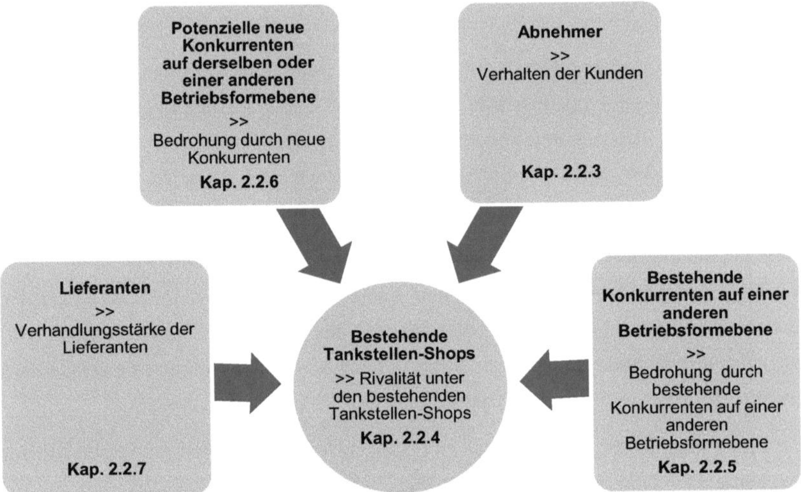

Abb. 2-8: Wettbewerbskräfte im Tankstellenshop-Markt;
(Quelle: eigene Darstellung in an Gröppel-Klein 1998, S. 29)

2.2.2 Entstehung von Tankstellenshops und ihre Einflussfaktoren

2.2.2.1 Entwicklungen im Kraftstoffmarkt

Die Entwicklung des **Kraftstoffabsatzes an den Tankstellen** hängt eng mit der des Automobilmarktes zusammen. Im Jahr 1922 eröffnete die Mineralölgesellschaft OLEX – die in der DEUTSCHEN BP AG aufgegangen ist[138] – in ihren Berliner Geschäftsräumen die erste Tankstelle in Deutschland, an der das Benzin direkt durch einen Einfüllstutzen in den Tank des Autos eingefüllt wurde.[139] Vor der Verbreitung des Automobils wurde Benzin z. B. in Apotheken als Reinigungsmittel verkauft. Weil es aufgrund unsachge-

138 Vgl. BP GmbH 1954, S. 18 f.
139 Vgl. Polster 1982, S. 30; Kleinmanns 2002, S. 35.

mäßen Umgangs mit Benzin häufig zu Unfällen kam, etablierten sich in der Folgezeit allmählich Tankstellen an Autowerkstätten – die sich wiederum häufig aus Schmieden oder Schlossereien entwickelten. Parallel mit der zunehmenden Verbreitung des Automobils in der Gesellschaft wuchs der Bedarf an Tankstellen, deren Zahl in den folgenden Jahren stark anstieg. Der Wachstumstrend hielt bis zu den Ölpreiskrisen der 1970er Jahre an.[140] Diese markieren einen Wendepunkt, ab dem ein Abschmelzungs- und Konzentrationsprozess im Tankstellen-Markt einsetzte, dessen Ursache jedoch nicht in den Ölpreiskrisen (allein) zu suchen ist.[141] Vor allem zwei Gründe sind hier von Bedeutung, nämlich die steigenden Preise für Rohöl einerseits und der Wunsch nach Unabhängigkeit vom Öl andererseits.[142]

Bis zu diesem Zeitpunkt lagen die **Preise** für **Rohöl** deutlich unter 2 $/Barrel und sanken zwischen 1960 und 1970 von 1,63 $ auf 1,21 $. Ab Anfang der 1970er Jahre begannen die Rohölpreise jedoch kontinuierlich zu steigen, zunächst durch künstliche Verknappung, dann aber durch steigende Nachfrage, Unsicherheit und Ausfälle. Bis zum Jahr 2003 stieg der Preis auf 28,10 $/Barrel für Öl aus den OPEC-Staaten (Jahresdurchschnitt).[143] Diese Entwicklung hat sich in den letzten Jahren, unter anderem durch den steigenden Öl-Bedarf der asiatischen Staaten, dramatisch verschärft:[144] Im Januar 2008 lag der Preis für Rohöl aus den OPEC-Staaten schon bei 88,50 $/Barrel. In den Folgemonaten explodierte er geradezu – im Juli 2008 war ein vorläufiger Höhepunkt erreicht (mit 131,22 $/Barrel). Anschließend beruhigte sich der Ölmarkt, so dass der Preis für Rohöl aus den OPEC-Staaten in der ersten Januarwoche des Jahres 2009 auf einen vorläufigen Tiefststand mit 34,69 $/Barrel fiel. Seither ist erneut eine stetige Preissteigerung zu beobachten.[145]

Als Folge des steigenden Rohölpreises stieg auch der Produktpreis für Kraftstoffe, so dass für einen Liter Superbenzin – der im Jahr 2003 im Einkauf (Notierung Rotterdam) noch 19,3 ct kostete – im Januar 2008 40,8 ct gezahlt werden mussten.[146] Die Mineralölgesellschaften geben die steigenden Einkaufspreise zumindest teilweise an die Verbraucher weiter, was sich in steigenden Nettoverkaufspreisen niederschlägt: Dieser lag für einen Liter Superbenzin im Jahr 2003 bei 28,9 ct, im Januar 2008 schon bei 50 ct.

---

140 Vgl. Kleinmanns 2002, S. 120 f.; Prof. Dr. Schneck Rating 2005, S. 9.

141 Wirtschaftlich waren die Ölkrisen schnell überwunden, sie hatten jedoch gezeigt, in welchem Ausmaß die Industrieländer vom Öl abhängig geworden waren. Siehe hierzu Hansen 1984, S. 1.

142 Vgl. Hohensee 1996, S. 236 ff.

143 Siehe zum Rohölpreis und den im Folgenden beschriebenen Entwicklungen www.mwv.de, Rubrik „Daten/Statistiken“ – „Statistiken/Preise“ – „Zusammensetzung des Rohölpreises“. Die Preise anderer Förderregionen liegen in ähnlicher Höhe.

144 Die hier beschriebene nominale Entwicklung zeigt sich in sehr ähnlicher Weise auch bei Betrachtung der Entwicklungen des realen Rohölpreises, siehe Capital Professional Services 2009, o. S.

145 Im Mai des Jahres 2011 lag der Preis bei 109,94 $/Barrel.

146 Notierung Rotterdam, siehe zu den Produkt- und Nettopreisen www.mwv.de, Rubrik „Daten/Statistiken“ – „Statistiken/Preise“ – „Zusammensetzung des Verbraucherpreises für Superbenzin“.

Im Zuge der oben beschriebenen Entwicklung sank der Preis nach einem Höchststand im Juli (Produktpreis: 52,6 ct, Nettoverkaufspreis: 63 ct) wieder: Im Januar 2009 kostete ein Liter Superbenzin im Einkauf 22,0 ct.[147]. Die zukünftigen Entwicklungen bleiben auch vor dem Hintergrund der derzeit turbulenten Weltwirtschaftslage abzuwarten.

Parallel zum steigenden Ölpreis entwickelten sich in der Bevölkerung ein steigendes **Umweltbewusstsein** und der Wunsch nach **Unabhängigkeit vom Öl**. Diese Tendenzen schlugen sich in folgenden Aspekten nieder: Zum einen führten sie zu Umweltschutzauflagen für die Mineralölgesellschaften. Diese Auflagen machten Umbauten nötig, die hohe Kosten verursachten und von kleineren Anbietern nicht geleistet werden konnten.[148] Zum anderen steht damit die 1999 eingeführte und bis 2003 in fünf Stufen angehobene Ökosteuer als Bestandteil der Mineralölsteuer (bzw. seit Juli 2006 der Energiesteuer) in Zusammenhang, die seit 2003 konstant 65,45 ct pro Liter beträgt.[149]

Durch die verteuerten Rohölpreise und die Mineralölsteuer stiegen die Bruttopreise für Kraftstoffe erheblich an: Während der Verbraucherpreis für einen Liter Superbenzin im Jahr 2003 noch bei 109,5 ct lag, musste der Kunde im Januar 2008 bereits 137,5 ct bezahlen, im Juli 2008 sogar 152,9 ct. Danach fiel der Preis bis Januar 2009 auf 117,2 ct und steigt seitdem wieder deutlich an, so dass er im Mai 2011 wieder über dem Höchststand von Juli 2008, nämlich bei 160,6 ct, lag.[150] Dies wiederum führte dazu, dass die Preisentwicklung für Kraftstoffe von der Öffentlichkeit sehr intensiv verfolgt und derzeit stark in den Medien diskutiert wird,[151] mit der Folge, dass auch der Wunsch nach Unabhängigkeit vom Öl immer mehr Raum erhält.

Aus diesen Prozessen ergeben sich zahlreiche Konsequenzen. Für die Entwicklung der Tankstellenshops besonders wichtig sind vor allem die folgenden:

Sinkende Absätze: Der Inlandsabsatz von Ottokraftstoffen sank von 25,85 Mio. Tonnen in 2003 auf 20,56 Mio. Tonnen in 2008. Zum Vergleich: im Jahr 1993 wurde mit 31,53 Mio. Tonnen der höchste Absatz realisiert.[152] Gleichzeitig blieb der Inlandsabsatz von Dieselkraftstoff nahezu gleich, er stieg sogar leicht von 27,94 Mio. Tonnen in 2003 auf 29,91 Mio. Tonnen in 2008 – das bisher absatzstärkste Jahr für Dieselkraftstoff.[153] Der sinkende Absatz an Kraftstoffen ergibt sich einerseits durch die zunehmende Ver-

---

147 Auch hier ist seither ein stetiger Anstieg zu verzeichnen; im Mai des Jahres 2011 lag der Produktpreis bei 55,6 ct, der Nettopreis bei 69,5 ct.

148 Vgl. Prof. Dr. Schneck Rating 2005, S. 9.

149 Vgl. EnergieStG §2 (1) 1. B.

150 Vgl. www.mwv.de, Rubrik „Daten/Statistiken" – „Statistiken/Preise" – „Monatliche Verbraucherpreise für Mineralölprodukte 2006-2011".

151 Siehe z. B. o. V. 2008a: „Dennis nennt es eine ‚große Sauerei', Kristin spricht von ‚purer Abzocke' und für Wedeleit ist es eine ‚absolute Unverschämtheit'. Er fragt: ‚Autofahren bald nur noch für Reiche?!'"; o. V. 2008b, o. S.

152 Vgl. MWV 2009, S. 53.

153 Vgl. MWV 2009; S. 54.

breitung sparsamerer Autos[154] und andererseits durch ein sparsameres Fahrverhalten. Letzteres wird erreicht durch den Verzicht auf Fahrten, den Umstieg auf öffentliche Verkehrsmittel und ein weniger kraftstoffintensives Fahren.[155]

Stagnierende Deckungsbeiträge: Durch das große Interesse der Öffentlichkeit an den Kraftstoffpreisen und dem damit einhergehenden hohen Wettbewerbsdruck sind die Tankstellenbetreiber nicht in der Lage, ihre Margen zu erhöhen. Stattdessen wird die Möglichkeit zu Preissenkungen durch sinkende Einkaufspreise sofort genutzt.[156] Im Zeitraum von 1972 bis 2008 lag der Deckungsbeitrag z. B. für Superbenzin nur in den Jahren zwischen 1989 und 1996 über 10 ct und stagniert in der übrigen Zeit. Zwischen 1997 und 2008 lag er z. B. auf einem Niveau von 7,7 bis 9,9 ct.[157] Der Kraftstoffabsatz ist außerdem i. d. R. als Agenturgeschäft organisiert (siehe dazu Kap. 2.2.4.2), so dass die Tankstellenbetreiber eine Provision je abgesetztem Liter Kraftstoff erhalten. Diese Provisionen, die für die Betreiber den Ertrag aus dem Kraftstoffgeschäft ausmachen, sinken ebenfalls seit Jahren aufgrund der oben dargestellten Entwicklungen: Während 1999 die Provision noch durchschnittlich 1,77 ct pro Liter betrug, lag sie 2008 bereits nur noch zwischen 1,4 ct (Gesamtmarkt West) und 1,37 ct (Gesamtmarkt Ost).[158]

Verschärfung des Wettbewerbs: Sinkende Absätze und stagnierende Deckungsbeiträge führten zu einer Verschärfung des Wettbewerbs, die sich wiederum in dem oben erwähnten Konzentrations- und Abschmelzungsprozess äußert: Bereits seit 1970 geht die Anzahl der Tankstellen drastisch zurück, obwohl die Anzahl der Automobile weiter steigt.[159] Der Höhepunkt des Tankstellen-Bestandes war 1969 mit 46.684 Tankstellen im deutschen Markt erreicht. Seither ist die Anzahl kontinuierlich gesunken: Zum Stichtag 1.1.2008 existierten in Deutschland nur noch 14.527 Tankstellen.[160] Seit jüngerer Vergangenheit nimmt der Tankstellenbestand allerdings nur noch leicht ab, obwohl es nach Expertenmeinungen noch immer zu viele Tankstellen in Deutschland gibt und langfristig eine weitere Marktbereinigung zu erwarten ist.[161]

Suche nach neuen Geschäftsfeldern: Aus diesen Entwicklungen resultiert, dass die Tankstellenbetreiber neue Geschäftsfelder erschließen mussten, um weiter bestehen

154 Vgl. die Jahresbilanz für Neuzulassungen des KBA, verfügbar unter www.kba.de, Rubrik „Statistik" – „Fahrzeuge" – „Neuzulassungen". Auch die Anzahl an Autos, die mit Gas betrieben werden, nimmt zu, was zu einer Steigerung der Anzahl an Autogastankstellen führt, siehe BTG 2008, S. 10.

155 Vgl. Kazim 2008, o. S.

156 Vgl. MWV 2006, S. 11.

157 Vgl. MWV 2010b, o. S.

158 Vgl. BVR 2007, S. 1. und BTG 2009, S. 21.

159 Siehe zum Fahrzeugbestand die Statistiken des Kraftfahrzeugbundesamtes unter www.kba.de, Rubrik „Statistik" – „Fahrzeuge" – „Bestand".

160 Quelle für das Zahlenmaterial: EID über den MWV. Abrufbar unter www.mwv.de, Rubrik „Daten/Statistiken" – „Statistiken/Preise" – „Tankstellen in Deutschland nach Gesellschaften".

161 Vgl. BTG 2008, S. 9; Zum 1.1.2011 gab es in Deutschland 14.744 Tankstellen, siehe www.mwv.de, Rubrik „Daten/Statistiken" – „Statistiken/Preise" – „Entwicklung des Tankstellenbestandes".

zu können.[162] Die Veränderungen im Kraftstoffmarkt sind deshalb ein wesentlicher Treiber der Entwicklung von Tankstellenshops.

2.2.2.2 Entwicklungen im Lebensmitteleinzelhandel

Auch im Lebensmitteleinzelhandel sind grundlegende Veränderungen festzustellen, welche die Entwicklung von Tankstellenshops beeinflussen. So ist seit einigen Jahrzehnten eine kontinuierliche **Steigerung der Verkaufsflächen** zu beobachten: Während im Jahr 1970 noch 84 % der Lebensmittelgeschäfte zu den kleinflächigen Betriebsformen unter 400 m^2 Verkaufsfläche gehörten, die etwa 10 Mio. m^2 Verkaufsfläche (von rund 12 Mio. m^2 Verkaufsfläche im Lebensmitteleinzelhandel insgesamt) auf sich vereinten, waren es 2008 nur noch 18 %[163] mit etwa 5 Mio. m^2 Verkaufsfläche (von ungefähr 30 Mio. m^2 Verkaufsfläche im Lebensmitteleinzelhandel insgesamt).[164] Im Zuge der Verkaufsflächensteigerung sank außerdem die Zahl der Verkaufsstellen von 127.351 im Jahr 1970 auf 49.673 im Jahr 2008.[165] Mit dieser Entwicklung ging häufig eine **Verlagerung des Lebensmitteleinzelhandels** weg aus den innerstädtischen Lagen hin in Randlagen und auf die „grüne Wiese“ einher, da damals wie heute der hohe Platzbedarf z. B. von SB-Warenhäusern innerhalb der Städte nicht befriedigt werden kann.[166] Die im Lebensmitteleinzelhandel zunehmende Konzentration von vielen kleinen, selbständigen Händlern hin zu wenigen großen Handelsunternehmen führt außerdem dazu, dass der Verdrängungswettbewerb zunehmend härter wird; resultierend aus diesen Entwicklungen steigen die Anforderungen an die Standorte.[167] Folglich wird vor allem in den ländlichen Gebieten und in einigen innerstädtischen Lagen die bereits bestehende Lücke in der Nahversorgung immer größer.[168]

Vor dem Hintergrund dieser Entwicklungen und der zunehmenden Convenienceorientierung der Kunden[169] konnten die Tankstellenshops und sonstige klein(st)flächige Betriebstypen wie Kioske oder Nachbarschaftsläden sich diese **Lücke** zunutze machen und Teile der Nahversorgung im Lebensmitteleinzelhandel übernehmen.[170]

---

162 Vgl. Gyllensvärd 1999, S. 192; siehe zu den verschiedenen Geschäftsfeldern einer Tankstelle Kap. 2.2.4.1.

163 Es handelt sich hierbei um den Betriebstyp „Kleiner Supermarkt“ (siehe zur Abgrenzung in Kap. 2.1.3). Drogeriemärkte sind in diesem Fall nicht inbegriffen, anders als für die Gesamtzahl der Geschäfte, in die auch Drogeriemärkte eingehen. Siehe hierzu ACNielsen GmbH 2011, S. 20 und 22.

164 Vgl. EHI Retail Institute 2007, S. 210 und S. 20; EHI Retail Institute 2009, S. 179; ACNielsen GmbH 2011, S. 22.

165 Vgl. ACNielsen GmbH 2011, S. 21.

166 Vgl. Junker/Kühn 2006, S. 31 f. und S. 37 ff.

167 Vgl. Kuhlicke/Petschow/Zorn 2005, S. IX.

168 Vgl. Kuhlicke/Petschow/Zorn 2005, S. XII.

169 Siehe hierzu Kap. 2.2.2.3.

170 Vgl. Gyllensvärd 1999, S. 185.

2.2.2.3 Entwicklungen in Gesellschaft und Kultur

Ein dritter Faktor mit Einfluss auf die Entwicklung der Tankstellenshops sind gesellschaftliche und kulturelle Veränderungen. Hier ist besonders die zunehmende Convenienceorientierung der Verbraucher relevant – ein wesentlicher Trend in der Konsumenten- und Handelsforschung.[171] Sie drückt sich in dem Streben nach Bequemlichkeit, Entlastung und Annehmlichkeit aus.[172]

Als Pionier der Beschäftigung mit dem convenienten Einkauf im Rahmen der Konsumentenforschung gilt COPELAND, der sich allerdings vornehmlich mit convenienten Produkten befasste.[173] Im Zuge der Veränderung von gesellschaftlichen und kulturellen Rahmenbedingungen gewann das Thema Convenience an Bedeutung und wird heute in der Literatur vor allem für drei Bereiche diskutiert: für **Sortimente und Produkte** (steigende Relevanz der Ready-to-eat- und Ready-to-heat-Produkte, also solcher Produkte, die sofort verzehrt werden können oder nur noch aufgewärmt werden müssen)[174], für **Bestell- und Lieferdienste** (zunehmende Nutzung von Pizza-Services, Getränke-Lieferdiensten, Kantinen usw.) und für **Handelsformen** (wachsender Stellenwert von den als Convenienceshops bezeichneten Betriebsformen).[175]

Der Trend der zunehmenden Convenienceorientierung, der sich in den genannten Bereichen widerspiegelt, wird einerseits auf soziodemografische Entwicklungen, andererseits auf Wertetrends zurückgeführt.[176] Dieser Wandel führt dazu, dass die Konsumenten die ihnen zur Verfügung stehenden Ressourcen Zeit und Mühe als nicht ausreichend zur Befriedigung ihrer Bedürfnisse betrachten und nach Möglichkeiten der Entlastung suchen.[177]

Prägende **soziodemografische Veränderungen** sind in diesem Kontext die steigende Anzahl von Einpersonenhaushalten, die Emanzipation der Frau – und damit zusammenhängend das zunehmende Bedürfnis nach der Vereinbarkeit von Familie und Beruf – sowie die Alterung der Bevölkerung.[178]

---

171 Vgl. Yale/Venkatesh 1986, S. 407; Zentes 1996b, S. 7; dies gilt allerdings schon für die letzten 30 Jahre, siehe Swoboda/Schwarz 2006, S. 397.

172 Vgl. Meffert 2000, S. 153.

173 Vgl. den Aufsatz von Copeland 1923.

174 Beispiele für solche Produkte sind Chilled-Food-Produkte wie fertig geschnittene Salate oder Smoothies, siehe hierzu ACNielsen GmbH 2007a, S. 7 und 9.

175 Vgl. Zentes 1996b, S. 8; Swoboda 1999, S. 95; Tenberg 2001, S. 85 ff.

176 Vgl. Swoboda 1999, S. 96; Stöcker 2000, S. 20; Berry/Seiders/Grewal 2002, S. 1.

177 Vgl. Weinberg/Gröppel 1988, S. 190; Zentes 1996a, S. 229 f.; Zentes/Swoboda 1998, o. S.; Reith 2007, S. 19.

178 Vgl. Reith 2007, S. 19; REITH nennt zudem das steigende real verfügbare Einkommen der Konsumenten. Vor dem Hintergrund der steigenden Lebenshaltungskosten (unter anderem durch die zunehmenden Energiekosten) ist dies jedoch für die weitere Zukunft kritisch zu sehen.

Sowohl die steigende Anzahl von **Einpersonenhaushalten**[179] als auch die zunehmende **Alterung** der Bevölkerung[180] führen zu einer erhöhten Nachfrage nach serviceorientierten Leistungen:[181] Jüngere Personen, die allein leben und sich alleine versorgen, haben ein geringeres Zeitbudget und bevorzugen deshalb Leistungen, in denen ihnen ein Teil der Versorgung bereits abgenommen wird. Ältere Personen – die häufig ebenfalls alleine leben – sind teilweise nicht mehr in der Lage oder willens, sich aufwendig zu versorgen. Sie können z. B. keine langen Wege mehr auf sich nehmen oder schwere Arbeiten (wie das Tragen von Getränkekisten) nicht mehr verrichten. Allerdings zeigen Studien, dass sich ältere Personen bisher eher durch eine geringere Convenienceorientierung auszeichnen als jüngere; dies wird auf das begrenzte Zeitbudget jüngerer Personen und ihre Position im Familienlebenszyklus zurückgeführt.[182]

Die zunehmende **Emanzipation der Frau** hat zur Folge, dass die klassische Rollenverteilung innerhalb von Familien – die Frau führt den Haushalt, der Mann verdient den Lebensunterhalt – vielfach aufgegeben wird und die Frau ebenfalls berufstätig ist.[183] Dies schlägt sich in verschiedenen Konsequenzen nieder: Insgesamt steht einer Familie, in der zwei Personen arbeiten, ein geringeres Zeitbudget für die Haushaltsführung, aber auch ein höheres Einkommen zur Verfügung. Die Zeit wird damit zu einem noch knapperen Gut und erhält eine höhere Wertigkeit; zeitsparende Produkte, Lieferdienste und diverse Betriebsformen des Einzelhandels helfen, dieses knappe Gut besser einzuteilen.[184] Parallel ermöglicht es das höhere Einkommen, bestimmte Tätigkeiten von Dritten einzukaufen (z. B. die Essensvorbereitung) und zeitsparende Leistungen in Anspruch zu nehmen. Zudem verändert sich der Tagesrhythmus, da bei zwei Erwerbstätigen innerhalb der Familie kaum feste – traditionelle – Essenszeiten praktikabel sind. Die Möglichkeiten, Zwischendurch-Mahlzeiten in der Kantine, der Gastronomie oder unterwegs zu sich zu nehmen, werden deshalb häufiger genutzt.[185] In Familien, in denen beide Partner berufstätig sind, ist deshalb häufiger eine hohe Convenienceorientierung anzutreffen als in Familien, in denen der Mann Alleinverdiener ist.[186]

---

179 Vgl. Behrends et al. 2003, S. 7 und S. 11 ff.; Statistisches Bundesamt 2006, S. 20; Statistisches Bundesamt 2008a, o. S.

180 Die Bevölkerung altert weltweit (siehe hierzu Vereinte Nationen 2001). In den Industrieländern – und damit in Deutschland – begann dieser Prozess bereits früher als in den Entwicklungsländern und schreitet weiter fort (siehe Statistisches Bundesamt 2006, S. 40; Süssmuth o.J., S. 19 f.).

181 Vgl. Swoboda 1999, S. 96; Meffert 2000, S. 154.

182 Vgl. z. B. Anderson Jr. 1971, S. 181; Anderson Jr. 1972, S. 52; Morganosky 1986, S. 44; Swoboda/Morschett 2001, S. 182 f.

183 Vgl. Bundesagentur für Arbeit 2007, S. 5.

184 Vgl. Swoboda 1999, S. 96; Meffert 2000, S. 154.

185 Vgl.Jacobs/Shipp/Brown 1989, S. 22; Karmasin 1996, S. 20 f.; Zentes 1996a, S. 229 f.; Stöcker 2000, S. 20.

186 Zu diesem Thema existiert eine Reihe von Untersuchungen vor allem aus dem nordamerikanischen Raum: z. B. Becker 1965; Strober/Weinberg 1980; Reilly 1982; Nickols/Fox 1983; Weinberg/Winer 1983; Bellante/Foster 1984; Morganosky 1986; Kim 1989; Darian/Cohen 1995.

Prägende **Wertetrends**, die (auch) mit den genannten soziodemografischen Veränderungen einhergehen, sind das Streben nach einer Vereinfachung des Lebens, die Verlagerung zentraler Bezugspunkte des Lebens aus dem Beruf in die Privatsphäre und der Anstieg der Sensibilitätsbedürfnisse wie Individualität und Lebensgenuss.[187] Dabei sind diese Trends nicht unabhängig voneinander, sondern bedingen sich zum Teil, zum Teil stehen sie in Konflikt miteinander.[188]

Das Streben nach einer **Vereinfachung des Lebens** resultiert aus einigen gegenläufigen Entwicklungen, welche die Komplexität des Lebens erhöhen, wie z. B. Existenzunsicherheit, unregelmäßige Arbeitszeiten und Reizüberflutung durch die ständig präsenten Medien. Einflussgrößen wie diese führen dazu, dass Individuen nach Entlastung und Stressreduzierung trachten. Dies äußert sich z. B. auch darin, dass Verbraucher zunehmend Einkaufsstätten präferieren, die ein stressminderndes Konzept verfolgen.[189]

Die **Verlagerung zentraler Bezugspunkte** des Lebens in die Privatsphäre führt in Zusammenhang mit dem **Anstieg der Sensibilitätsbedürfnisse** wie Individualität, Selbstverwirklichung und Lebensgenuss zu einer Neubewertung der Zeit.[190] Aktivitäten wie das Einkaufen oder die Zubereitung von Mahlzeiten, die zu Zeitverlust innerhalb der Freizeit führen und je nach individueller Bedürfnisstruktur nicht zur Lebensqualität beitragen, sollen so schnell wie möglich abgewickelt werden. Zeitgewinn innerhalb der Freizeit wird als Nutzen wahrgenommen und führt zu einer Erhöhung der Lebensqualität, so dass viele Menschen nach einer möglichst „effizienten“ Freizeitgestaltung streben.[191] Dies äußert sich z. B. in dem geänderten Kochverhalten, das sich seit einiger Zeit beobachten lässt: Vielfach verlernen die Menschen das traditionelle Kochen, das durch das „Convenience Cooking“, also der Zusammenstellung von Gerichten aus Convenienceprodukten, ersetzt wird.[192]

Als Konsequenz dieser Entwicklungen im gesellschaftlichen und kulturellen Bereich gewinnen Handelsformen, die den Kunden Entlastung bieten können, an Bedeutung.

2.2.2.4 Entwicklung der Tankstellenshops

Mit dem Ziel, den vorstehend beschriebenen Entwicklungen Genüge zu leisten, wurden in den 1960er Jahren an den Tankstellen erstmals neben dem Kraftstoff auch Folge-

---

187 Vgl. Weinberg/Gröppel 1988, S. 190; Reith 2007, S. 19.
188 Vgl. Swoboda 1999, S. 96.
189 Vgl. Swoboda 1999, S. 96; Stöcker 2000, S. 20.
190 Vgl. Meffert 2000, S. 154.
191 Siehe den Aufsatz von Berry 1979; außerdem Fram/DuBrin 1988, S. 103; Darian/Cohen 1995, S. 39; Meffert 2000, S. 154.
192 Vgl. Rützler 2005, S. 34 ff.

markt-Sortimente angeboten, nämlich Autopflegeprodukte und Autozubehör.[193] Ende der 1960er Jahre entstand die Idee, nicht nur das Auto, sondern auch den Fahrer und die Mitfahrer an der Tankstelle zu versorgen und Produkte des Reisebedarfs, wie Süßigkeiten und Getränke, anzubieten. Anfang der 1970er Jahre folgte der Ausbau der ersten Tankstellenshops, der vielfach zeitgleich mit der Umstellung von Fremd- auf Selbstbedienung vorgenommen wurde. In den 1980er Jahren wurden die Shops weiter flächendeckend ausgebaut; heute verfügen fast alle Tankstellen in Deutschland über einen Shop. Nur 3 % der Tankstellen beschränken sich auf den Kraftstoffverkauf.[194] Das Shopgeschäft der Tankstellen wurde außerdem eine Zeit lang kontinuierlich erweitert, was sich in steigenden Flächengrößen niederschlug: Während die durchschnittliche Shopgröße 1990 bei 30 m^2 lag, stieg sie bis 2000 auf 76 m^2 an.[195] Seither ist allerdings wieder ein Abschmelzungsprozess zu beobachten: 2007 lag die durchschnittliche Shopgröße bei 66 m^2.[196]

Die (wirtschaftliche) Bedeutung des Shops für die Tankstelle lässt sich auch an seinem Anteil an verschiedenen Erfolgsgrößen erkennen, wobei allerdings einige Besonderheiten ihrer Ermittlung zu beachten sind: Im Tankstellenshop-Markt finden sich zahlreiche Betreibermodelle, auf die in Kap. 2.2.4.2 noch detailliert eingegangen wird. Die Betreiber sind zu einem großen Teil Pächter der Mineralölgesellschaften, wobei der Kraftstoffverkauf im Namen und auf Rechnung der Mineralölgesellschaften vorgenommen wird, der Shop, das Waschgeschäft und sonstige Dienstleistungen (z. B. Reparaturen) aber i. d. R. im Namen und auf Rechnung des Betreibers durchgeführt werden.[197] Daraus resultiert, dass die Betreiber aus dem Kraftstoffgeschäft, anders als für die übrigen Geschäftsfelder Provisionen erhalten, was sich wie folgt auswirkt: Der **Umsatz** einer Tankstelle wird üblicherweise berechnet, indem die Umsätze aus dem Shop- und Waschgeschäft sowie den weiteren erbrachten Dienstleistungen (z. B. Autoreparaturen) und die Provisionen aus dem Kraftstoffgeschäft summiert werden.[198] Zusätzlich wird häufig, um die Einnahmen des Betreibers aus den unterschiedlichen Geschäftsfeldern besser vergleichen zu können, auf die Größe **Bruttoverdienst** abgestellt. Dieser setzt sich zusammen aus den Provisionen für das Kraftstoffgeschäft, den Roherträgen aus dem Shopgeschäft und den Umsätzen aus dem Waschgeschäft sowie den übrigen Dienstleistungen.[199] Um den **Gewinn** einer Tankstelle zu ermitteln,

---

193 Vgl. Auer/Koidl 1997, S. 50.
194 Vgl. BTG 2008, S. 9.
195 Vgl. Swoboda/Schwarz 2006, S. 403.; USP market intelligence 2007a, o. S.
196 Vgl. USP market intelligence 2007a, o. S.
197 Siehe die Ausführungen in Kap. 2.2.4.2. Zu den Geschäftsfeldern in Tankstellen siehe Kap. 2.2.4.1.
198 Siehe z. B. BTG 2009, S. 21.
199 Siehe hierzu und zur Gewinnermittlung die Broschüre zum führenden Tankstellen-Abrechnungssystem edtas: eurodata o.J.

werden die Gemeinkosten – worunter auch die Pacht fällt – vom Bruttoverdienst abgezogen.

Die Entwicklung und Bedeutung des Shopgeschäfts lassen sich am Umsatz wie folgt ablesen: Trotz stagnierender Umsätze im Lebensmitteleinzelhandel konnten die Tankstellenshops lange Zeit stetig steigende Umsätze verbuchen.[200] So nahm der durchschnittliche Shopumsatz (westdeutscher) Tankstellen zwischen 1995 (561.045 €) und 2008 (856.002 €) um rund 53 % zu.[201] Erst in jüngerer Zeit wachsen die Umsätze auch im Tankstellenshop-Markt nur noch langsam oder stagnieren. So verbuchten die westdeutschen Tankstellenshops von 2006 auf 2007 ein Umsatzplus von rund 2,5 %, die ostdeutschen ein Umsatzminus von ca. 1 %; von 2007 auf 2008 sanken die Umsätze leicht, nämlich um etwa 1 % in westdeutschen und um etwa 4 % in ostdeutschen Tankstellen.[202] Dies ist allerdings differenziert zu betrachten und unter anderem auf eine strukturelle Veränderung im Tankstellen-Markt zurückzuführen: Es waren vor allem die freien Tankstellen, die auf niedrige Kraftstoffpreise setzten und wenig in den Shopbereich investierten und dadurch Verluste hinnehmen mussten, während die innovativen Markentankstellen weiter steigende Umsätze verbuchen konnten.[203]

In Tab. 2-2 ist abschließend die Entwicklung der Anzahl an Straßentankstellen sowie die Umsatzentwicklung für ganz Deutschland in den Jahren 2000 bis 2008 dargestellt.

	2000	2001	2002	2003	2004	2005	2006	2007	2008
Anzahl	16.061	15.981	15.722	15.623	15.403	15.070	14.811	14.659	14.527
Shopumsatz [Mio. EUR]	7.618	7.618	7.990	8.270	8.500	8.700	8.450	8.750	8.520

Tab. 2-2: Entwicklung der Anzahl von Straßentankstellen und ihrer Shopumsätze von 2001 bis 2008 (Quelle für das Datenmaterial: ACNielsen GmbH 2001-2008)

Auch zum Bruttoverdienst des Tankstellenbetreibers steuert der Shop den überwiegenden Anteil bei: Im Jahr 2008 lag er bei 55 %.[204] Der einstige Folgemarkt ist also inzwischen zur wichtigsten Einnahmequelle der Tankstellenbetreiber geworden.

Die Abb. 2-9 zeigt die durchschnittliche Zusammensetzung des Bruttoverdienstes im Jahr 2008.

---

200 Vgl. Swoboda 1999, S. 95.

201 Vgl. BTG 2008, S. 20 u. BTG 2009, S. 22. Für ostdeutsche Tankstellen stellt sich die Situation anders dar, dort sind die Umsätze in den Shops heute nur unwesentlich höher als die im Jahr 1995 (mit einem Höhepunkt in 2005). Aber auch die Autowasch- und Kraftstoffumsätze sind dort erheblich zurückgegangen. Siehe BTG 2008, S. 21.

202 Vgl. BTG 2008, S. 21 u. BTG 2009, S. 23.

203 Vgl. BVR 2008, S. 2.

204 Vgl. BTG 2008, S. 22.

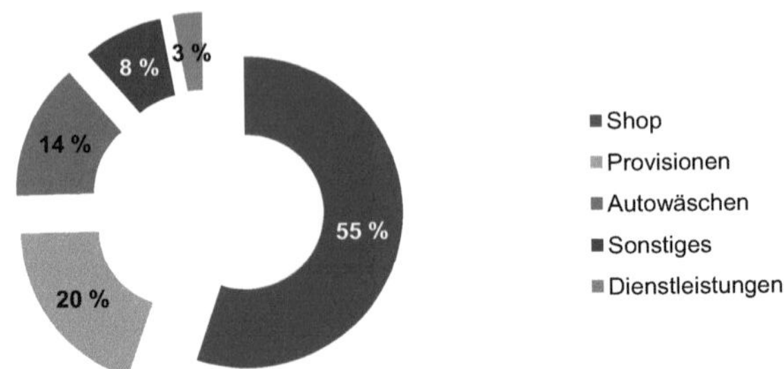

Abb. 2-9: Bruttoverdienstanteil aus dem Shopgeschäft im Vergleich zu den übrigen Geschäftsfeldern (Quelle: (Bundesverband Tankstellen und Gewerbliche Autowäsche Deutschland e.V. (BTG Minden) 2009), S. 22)

Die gesamten geschilderten Entwicklungen haben zur Folge, dass Tankstellenshops in Deutschland mittlerweile als die dominierende Form der Convenienceshops betrachtet werden.[205] Zwar kann nicht jeder Tankstellenshop per se als Convenienceshop bezeichnet werden – weil nicht jeder Tankstellenshop dem Verbraucher Convenience bietet – dennoch ist diese Betriebsform im deutschen Markt, in dem es kaum Convenienceshops in der „Reinform“ gibt (siehe hierzu Kap. 2.2.5 und Kap. 2.2.6), die bedeutendste convenienceorientierte Betriebsform. In Abb. 2-10 wird ein Resümee über die herausgearbeiteten Treiber der Entwicklung von Tankstellenshops gegeben.

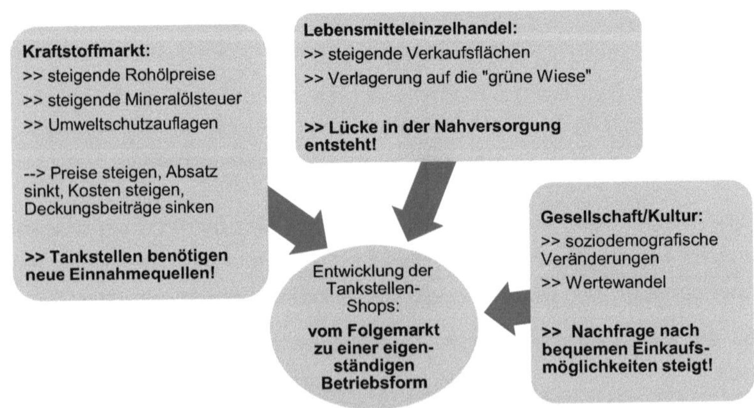

Abb. 2-10: Treiber der Entwicklung von Tankstellenshops

205 Vgl. Gyllensvärd 1999, S. 184; Swoboda/Schwarz 2006, S. 401.

2.2.3 Abnehmer: Erkenntnisse zum Kundenverhalten in Tankstellenshops

2.2.3.1 Überblick über bisher vorliegende Untersuchungen

Mit der zunehmenden Bedeutung der Tankstellenshops für die Tankstellenbetreiber und für den Lebensmitteleinzelhandel stieg auch das Interesse an der wissenschaftlichen Untersuchung des Kaufverhaltens in Tankstellenshops. Während vor allem in den USA schon seit Längerem das Konstrukt „Convenienceorientierung" (auch) am Beispiel von Tankstellenshops (Gasolinestores; G-Stores) betrachtet wurde,[206] weckte das Kundenverhalten in Tankstellenshops auf dem deutschen Markt erst Mitte der 1990er Jahre das wissenschaftliche Interesse. Aus diesem Grunde liegen bisher nur wenige grundlegende Daten, Erkenntnisse und Studien vor.[207] Diese stammen sowohl aus der Praxis[208] als auch aus der Wissenschaft[209].[210] Dabei lag der Fokus häufig auf der Betrachtung von Convenienceshops, für welche die Tankstellenshops als Untersuchungsobjekte herangezogen wurden.

Die Informationen lassen sich den folgenden Bereichen zuordnen:

- soziodemografische Charakteristika der Kunden in Tankstellenshops und grundlegende Informationen zum Kaufverhalten, wie Ausgaben pro Warengruppe, Besuchshäufigkeiten, Zufriedenheit, Meinungen und Gewohnheiten von Kunden in Tankstellenshops
- Erwartungen von Kunden an Tankstellenshops im Vergleich zu den Erwartungen an den übrigen Lebensmitteleinzelhandel und die jeweiligen Erfüllungsgrade
- Erkenntnisse zum Preisverhalten von Kunden in Tankstellenshops

In Tab. 2-3 wird zunächst ein Überblick über bis Abschluss der vorliegenden Arbeit veröffentlichten Monographien, Aufsätze, Vorträge und Studien, die Erkenntnisse über das Kundenverhalten in Tankstellenshops liefern, gegeben. Über die hier Genannten hinaus existieren einige (größtenteils unveröffentlichte) Studien von kommerziellen Marktforschungsinstituten, die zu sehr ähnlichen Ergebnissen kommen.[211]

---

206 Vgl. Swoboda/Morschett 2001, S. 177; beispielhafte Quellen aus dem us-amerikanischen Raum sind Anderson Jr. 1971 sowie Anderson Jr. 1972 und Capps/Tedford/Havlicek Jr. 1985.

207 Vgl. Auer/Koidl 1997, S. 90; Swoboda 1999, S. 95; Swoboda/Schwarz 2006, S. 410.

208 Siehe z. B. Auer/Koidl 1997; Dreher 2003; Gyllensvärd 1999; Information Resources GmbH 2007a.

209 Vgl. Zentes 1996a; Zentes/Swoboda 1998; Swoboda 1999; Kaas/Posselt 2000; Posselt/Gensler 2000; Swoboda 2000a; Swoboda 2000b; Stöcker 2000; Swoboda/Morschett 2001; Kohleisen 2001; Swoboda/Schwarz 2006.

210 Vgl. Swoboda/Schwarz 2006, S. 397.

211 Z. B. MCS 2006 und Information Resources GmbH 2007b.

Autor(en)	Jahr	Gegenstand	Erhebungsmethode
Bachl	1996	Vortrag über Marktanteile, Käuferstrukturen und Trends im Bereich Convenience (3. CPC Trend Forum)	Nicht genannt[212]
Karmasin	1996	Vortrag über den Trend Convenience (3. CPC Trend Forum)	–
Kirchmair	1996	Vortrag über Trends im Einkaufs-verhalten (3. CPC Trend Forum)	Gruppendiskussionen und Einzelinterviews
Zentes	1996	Convenience-Trend (Zusammen-fassung der Vorträge des 3. CPC Trend Forums)	–
Auer/Koidl	1997	Convenience (Erfahrungen aus der Beratungspraxis)	–
Zentes/ Swoboda	1998	Sammeln von grundlegenden Informationen zum Kunden(verhalten) in Tankstellenshops	Persönliche Befragung von 1.200 Personen in 90 Tankstellenshops
Swoboda	1999	Erwartungen von Konsumenten an den Convenienceeinkauf und die Erfüllung dieser Erwartungen seitens verschiedener Betriebsformen	Persönliche Befragung von 658 Personen in Tankstellenshops aus 6 Regionen/Städten
Kaas/Poss elt	2000	Theoretische Überlegungen zur Frage, in welchen Situationen es aus Kundensicht sinnvoll sein kann, einen Convenienceshop trotz der höheren Preise aufzusuchen (auf der Basis des TAK-Ansatzes); Entwicklung von Szenarien	– (teilw. Bezugnahme auf eine unveröffentlichte Untersuchung von Kaas/Posselt 1999)
Posselt/ Gensler	2000	Gründe von Kunden, einen Convenienceshop aufzusuchen; Basis ist der TAK-Ansatz	Schriftliche Befragung von 200 Personen im Rhein-Main-Gebiet
Swoboda	2000	Messung von Einkaufsstättenpräferenzen mit Hilfe der Conjoint-Analyse	Hauptuntersuchung: adaptive Conjoint-Analyse, Befragung von 535 Personen in 6 Einkaufsstätten
Kohleisen	2001	Wettbewerbspositionierung von Tankstellenshops	Experteninterviews
Stöcker	2001	Sammeln von grundlegenden Informationen zum Kunden(verhalten) in Tankstellenshops	Persönliche Befragung von 240 Personen in 2 Tankstellenshops

Fortsetzung der Tabelle auf der nächsten Seite

212 Vermutlich handelt es sich um eine Analyse von Daten der GfK, da der Verfasser zum Zeitpunkt des Vortrags dort beschäftigt war.

Fortsetzung von der vorherigen Seite			
Swoboda/ Morschett	2001	Einflussfaktoren der Convenienceorientierung, länderbezogen; Erwartungen von Konsumenten an den Convenienceeinkauf und die Erfüllung dieser Erwartungen	Persönliche Befragung von 658 Personen in 90 Tankstellenshops
Swoboda/ Schwarz	2006	Darstellung des Convenience-Marktes Käuferverhalten in Bezug auf Convenienceshops, Charakterisierung von Conveniencekäufern, Erwartungen an Convenienceshops	Persönliche Befragung von 204 Personen in 3 Tankstellenshops; Gegenüberstellung mit den Ergebnissen von Swoboda 1999

Tab. 2-3: Überblick zu Untersuchungen zum Kaufverhalten in Tankstellenshops bzw. Convenienceshops

2.2.3.2 Soziodemografische Charakteristika von Tankstellenshop-Kunden und grundlegende Informationen zu ihrem Kaufverhalten

Dank der vorgenannten Untersuchungen liegen bereits einige Informationen vor, welche die Kundenstruktur betreffen, ebenso aber auch einige grundlegende Informationen zum Kaufverhalten, wie Bonhöhen, Besuchshäufigkeiten, Ausgaben pro Warengruppe usw., die im Folgenden dargestellt werden.

Soziodemografische Charakteristika

Der „typische" Tankstellenshop-Kunde wird häufig plakativ mit den Eigenschaften „männlich, jung und Single" beschrieben.[213] Dies wird von den bisher existierenden Untersuchungen überwiegend bestätigt:

So waren in der – von LEKKERLAND in Auftrag gegebenen – Studie von ZENTES und SWOBODA 70 % der Tankstellenkunden männlichen **Geschlechts**.[214] STÖCKER analysierte in seiner Studie die Kunden in Abhängigkeit von ihren Einkaufshäufigkeiten in Tankstellenshops. 74 % – also ebenfalls die überwiegende Mehrheit – der von ihm identifizierten „Heavy-User"[215] waren männlich. POSSELT und GENSLER gingen einen anderen Weg: Auf der Basis einer schriftlichen Befragung identifizierten sie Nutzer und Nichtnutzer von Convenienceshops (am Beispiel von Tankstellenshops) und stellten diese beiden Gruppen gegenüber.[216] Auch hier bestätigten sich die vorgenannten Er-

213 Vgl. Kohleisen 2001, S. 107.
214 Vgl. Zentes/Swoboda 1998, o. S.
215 Als „Heavy-User" gelten bei STÖCKER Personen, die mindestens ein Mal pro Woche in Tankstellenshops einkaufen, siehe Stöcker 2000, S. 24.
216 Vgl. Posselt/Gensler 2000, S. 188 f.

gebnisse, und zwar zeigte sich, dass Männer mit einer höheren Wahrscheinlichkeit als Frauen Convenienceshop-Kunden sind.[217] SWOBODA konnte dies ebenfalls nachweisen: Im Rahmen seiner Befragung ermittelte er Präferenzen von Konsumenten bei der Einkaufsstättenwahl und bildete auf dieser Grundlage Cluster.[218] Das Cluster, das am ehesten als „Convenienceshop-Nutzer" interpretiert werden konnte, bestand auch überwiegend aus männlichen Personen.[219]

Auch das eher niedrige **Alter** ist ein wesentliches Merkmal der Tankstellenshop-Kunden: 59 % der befragten Personen bei ZENTES/SWOBODA waren bis 34 Jahre alt, 44 % der Heavy-User bei STÖCKER bis 29 Jahre alt.[220] Auch bei POSSELT/GENSLER übte das Alter einen signifikanten Einfluss aus: Die Wahrscheinlichkeit, der Gruppe der Nutzer von Convenienceshops anzugehören, sank mit zunehmendem Alter.[221] Gleiches gilt für die Untersuchung von SWOBODA, bei dem das relevante Cluster eher aus jüngeren Personen bestand.[222]

Die oben geäußerte Vermutung bezüglich der **Haushaltsgröße** – ein Großteil der Tankstellenshop-Kunden seien Singles – muss allerdings relativiert werden: In der Studie von ZENTES/SWOBODA lebten 37,5 % der Befragten in Zweipersonenhaushalten und 24 % in Einpersonenhaushalten.[223] Dies bestätigt auch die Untersuchung von STÖCKER: 37 % und damit der überwiegende Anteil der Heavy-User gehörten Zweipersonenhaushalten an und „nur" 20 % Einpersonenhaushalten.[224] Hierbei ist zu beachten, dass deutschlandweit (exemplarisch im Jahr 2007) etwa 19 % der Personen in Einpersonenhaushalten lebten, in Zweipersonenhaushalten lebten ungefähr 33 %. Die Kunden in Tankstellenshops scheinen also durchaus tendenziell in kleinen Haushalten zu leben.[225]

POSSELT/GENSLER und SWOBODA treffen hierüber keine Aussage; bei SWOBODA findet sich jedoch ein weiterer interessanter Hinweis zu der Lebenssituation der Kunden: Das Cluster, in dem sich am ehesten die convenienceorientierten Kunden befanden, war dasjenige Cluster, in dem – im Verhältnis zu den übrigen – die meisten Personen angaben, niemals Wocheneinkäufe zu tätigen; insoweit wird angenommen, dass diese Kunden überwiegend von anderen Personen versorgt werden.[226]

217 Vgl. Posselt/Gensler 2000, S. 195.
218 Vgl. Swoboda 2000a, S. 155.
219 Vgl. Swoboda 2000a, S. 160.
220 Vgl. Zentes/Swoboda 1998, o. S.; Stöcker 2000, S. 24.
221 Vgl. Posselt/Gensler 2000, S. 195.
222 Vgl. Swoboda 2000a, S. 160.
223 Vgl. Zentes/Swoboda 1998, o. S.
224 Vgl. Stöcker 2000, S. 24.
225 Das Datenmaterial (bereitgestellt vom Statistischen Bundesamt) zur Berechnung der Verteilung in der Gesamtbevölkerung findet sich in Anhang 4.
226 Vgl. Swoboda 2000a, S. 160.

Das verhältnismäßig hohe Preisniveau von Tankstellenshops ließe zudem die Folgerung zu, dass die Kunden über ein hohes **Haushaltsnettoeinkommen** verfügten. Hierzu liegen jedoch unterschiedliche Ergebnisse vor.[227] So kommt STÖCKER in seiner Untersuchung zu dem Schluss, dass die Stammkunden von Tankstellenshops überdurchschnittlich gut verdienen.[228] Bestätigt wird dies von SWOBODA/MORSCHETT, die Unterschiede zwischen Convenience- und Nicht-Conveniencekunden auf der Basis eines X^2-Tests[229] analysierten. Sie stellten zudem ein höheres Bildungsniveau der Nutzer von Convenienceshops fest.[230] Andere Autoren kommen zu der gegenteiligen Aussage, dass nämlich die führende Kundengruppe in Tankstellenshops gerade über ein relativ geringes Haushaltsnettoeinkommen verfügt.[231] In der Studie von POSSELT/GENSLER wies das Einkommen keinen signifikanten Einfluss auf.[232]

Im Rahmen der in Kap. 2.2.2.3 bereits beschriebenen Entwicklungen ist anzunehmen, dass auch die Kundenstruktur in Tankstellenshops Veränderungen unterworfen ist. So waren z. B. 1990 nur 20 % der Kunden von Tankstellenshops weiblich, also rund 10 % weniger als in den oben genannten Studien, die etwa zehn Jahre jünger sind.[233] ZENTES und SWOBODA weisen überdies darauf hin, dass für die nächsten zehn Jahre – vom Zeitpunkt der Studie, also von 1999 aus gerechnet – eine Verschiebung der Altersverteilung nach oben zu erwarten sei.[234]

Informationen über das Kaufverhalten

ZENTES und SWOBODA erhoben in ihrer Untersuchung neben Informationen zur Kundenstruktur die grundsätzliche **Einstellung** der Kunden gegenüber dem Tankstellenshopping und kamen zu dem Schluss, dass das Einkaufen an der Tankstelle grundsätzlich akzeptiert wird: 74 % der befragten Personen stimmten dafür, dass an Tankstellen ein Angebot von Produkten des täglichen Bedarfs verkauft wird und nur 3,6 % dagegen (die verbleibenden 22,4 % standen dem Angebot gleichgültig gegenüber). Hier ist allerdings zu beachten, dass nur Tankstellenkunden befragt wurden, also kein Rückschluss auf die Gesamtbevölkerung gezogen werden kann.[235]

Dieselbe Studie untersuchte auch die **Einkaufshäufigkeiten** der Kunden in Tankstellenshops und kam zu folgendem Ergebnis: 57,8 % der befragten Tankstellenkunden

---

227 Vgl. Swoboda/Morschett 2001, S. 182.
228 Vgl. Stöcker 2000, S. 14.
229 Zur Darstellung der Methode siehe Kap. 4.4.4.1.
230 Vgl. Swoboda/Morschett 2001, S. 183.
231 Vgl. Bachl 1996, S. 26; Auer/Koidl 1997, S. 90.
232 Vgl. Posselt/Gensler 2000, S. 196.
233 Vgl. Kohleisen 2001, S. 107.
234 Vgl. Zentes/Swoboda 1998, o. S.
235 Vgl. Zentes/Swoboda 1998, o. S.

kauften mindestens ein Mal pro Woche in der Tankstelle ein (1-2 Mal pro Woche: 28,1 %; 1-2 Mal pro Jahr: 8,2 %; nie: 5,9 %). Zu einem etwas abweichenden Anteil an Heavy-Usern kam STÖCKER: Hier gaben nur 36 % der Kunden an, mindestens ein Mal in der Woche in der Tankstelle einzukaufen.[236]

Auch die durchschnittliche **Bonsumme** fiel bei den zwei Studien unterschiedlich aus: Während die Befragten bei STÖCKER durchschnittlich 8,16 DM im Tankstellenshop pro Einkauf ausgaben,[237] waren es bei ZENTES/SOWBODA 11,00 DM[238].[239]

Da häufig davon ausgegangen wird, dass die Zapfsäule als „Frequenzbringer" dient und die Kunden die Tankstelle in erster Linie aufsuchen, um zu tanken, ist außerdem die Frage interessant, ob die Kunden bei dem Besuch der Tankstelle **getankt, eingekauft** oder **getankt und eingekauft** haben. Tatsächlich liegt der Anteil der „Nur-Shopper" offensichtlich über dem der „Nur-Tanker", während „Beides-Kunden" am geringsten vertreten sind: In zwei Studien, die dieser Frage nachgingen, suchten knapp 40 % der befragten Personen die Tankstelle am Untersuchungstag nur zum Einkaufen auf, ungefähr 30 % kamen zum Tanken und rund 20 % erledigten beides.[240] Danach scheint die Zapfsäule nicht unbedingt als Frequenzbringer zu fungieren; der Gedanke des „One-Stop-Shopping", also die gemeinsame Abwicklung des Tankvorgangs und des Einkaufs, wird offenbar von den Kunden in geringerem Maße angenommen, als häufig vermutet wird.[241]

Ein weiterer interessanter Punkt ist der **Planungsgrad des Einkaufs**. Vielfach wird unterstellt, dass Tankstellen-Käufe Impulskäufe seien.[242] Bisher finden sich allerdings keine empirischen Belege für diese Annahme. Stattdessen weisen einige Indizien in die gegenteilige Richtung: So gaben 57,5 % der befragten Personen bei SWOBODA/MORSCHETT an, dass die am Tag der Befragung getätigten Einkäufe geplant gewesen seien.[243] SWOBODA/SCHWARZ konnten das rationellere Einkaufsverhalten von Conveniencekäufern bestätigen,[244] wohingegen allerdings POSSELT/GENSLER zu abweichenden Ergebnissen kamen (s. u.).

236 Vgl. Stöcker 2000, S. 24.
237 Vgl. Stöcker 2000, S. 22.
238 Vgl. Zentes/Swoboda 1998, o. S.
239 Denkbar ist, dass verschiedene Anbieter untersucht wurden. Die Kundenstruktur und damit auch die Ausgabebereitschaft und -fähigkeit unterscheiden sich vermutlich von Tankstellenmarke zu Tankstellenmarke.
240 Vgl. Zentes/Swoboda 1998, o. S.; Stöcker 2000, S. 21. Die restlichen 10 % kamen zur Autowäsche, zur Autowäsche und zum Tanken oder zur Autowäsche und zum Einkaufen.
241 Vgl. Zentes/Swoboda 1998, o. S.
242 Vgl. Swoboda 1999, S. 97; siehe z. B. bei Auer/Koidl 1997, S. 39 f.
243 Vgl. Swoboda/Morschett 2001, S. 193.
244 Vgl. Swoboda/Schwarz 2006, S. 411.

Darüber hinaus finden sich weitere Informationen zu den psychografischen Charakteristika von Tankstellenshop-Kunden vor allem in den Studien von POSSELT/GENSLER und SWOBODA/MORSCHETT:

POSSELT und GENSLER befragten im Rahmen ihrer bereits genannten Studie die Kunden nach dem Stellenwert einiger Merkmale von Einkaufsstätten und nach ihrer Beurteilung dieser Merkmale in den untersuchten Einkaufsstätten. Dann betrachteten sie die Unterschiede zwischen den Nutzern und Nichtnutzern von Convenienceshops (hier: Tankstellenshops). Dabei stellten sie fest, dass die Relevanz der Merkmale *Erreichbarkeit*, *Angebot an weiteren Dienstleistungen* und *Öffnungszeiten* sich bei Nutzern und Nichtnutzern von Convenienceshops signifikant unterscheidet: Kunden, denen diese Leistungen besonders wichtig sind, sind eher Convenienceshop-Kunden.[245] Das Merkmal *Dauer der Wartezeit* übte hier – überraschenderweise – keinen Einfluss aus.[246] Die Wahrscheinlichkeit, ein Convenienceshop-Nutzer zu sein, stieg außerdem mit der Bereitschaft zur Spontaneität (also einem geringeren Planungsgrad) beim Einkauf und einem Mangel an Bereitschaft, für günstige Einkäufe mehr Zeit aufzubringen.[247]

SWOBODA/MORSCHETT unterteilten ihre Probanden wie POSSELT/GENSLER in Nutzer und Nichtnutzer[248] von Convenienceshops und untersuchten anschließend Unterschiede zwischen den beiden Gruppen, um die Eigenschaften der Nutzer zu identifizieren. Diese lassen sich wie folgt formulieren: Convenienceorientierte Leistungen haben für die Nutzer von Convenienceshops eine höhere Bedeutung als für Nichtnutzer, und auch ihre Einstellung gegenüber convenienceorientierten Leistungen ist positiver. Sie geben signifikant mehr von ihrem Haushaltseinkommen für Lebensmittel aus als Nichtnutzer und hatten am Tag der Untersuchung mehr gekauft als diese. Zudem gehen sie häufiger pro Woche einkaufen als die übrigen Kunden (durchschnittlich dreimal pro Woche). Interessant ist, dass sie, anders als bei POSSELT/GENSLER, in dieser Studie eher als die Nichtnutzer dazu neigen, ihre Einkäufe vorher zu planen.[249] Nutzern von Convenienceshops sind die Öffnungszeiten, die Möglichkeit zum One-Stop-Shopping und die Schnelligkeit des Einkaufs wichtiger als den Nichtnutzern. Das Preisniveau ist ihnen – auch beim Wocheneinkauf – jedoch weniger wichtig als den Nichtnutzern.[250]

---

245 Vgl. Posselt/Gensler 2000, S. 193.

246 Vgl. Posselt/Gensler 2000, S. 194; es war anzunehmen, dass die Bedeutung der Schnelligkeit der Abwicklung und damit auch der Dauer der Wartezeit für die Conveniencestore-Nutzer höher als bei den Nichtnutzern ist.

247 Vgl. Posselt/Gensler 2000, S. 194.

248 Nichtnutzer: kaufen selten oder nie in Conveniencestores ein; Nutzer: kaufen mindestens ein Mal in der Woche in Conveniencestores ein. Conveniencestores waren hier Tankstellenshops.

249 Vgl. Swoboda/Morschett 2001, S. 183.

250 Vgl. Swoboda/Morschett 2001, S. 192.

2.2.3.3 Erwartungen an Tankstellenshops und ihr Erfüllungsgrad

Bei der Untersuchung der Gründe für den Tankstelleneinkauf und der Erwartungen von Kunden an Tankstellenshops stehen vor allem zwei Fragen im Vordergrund:

- Wie unterscheiden sich die Erwartungen der Kunden an Tankstellenshops von denen an sonstige Betriebsformen? Wie können die Tankstellenshops sich also von den übrigen Betriebsformen abgrenzen?
- Wie hoch ist der Erfüllungsgrad dieser Erwartungen, d. h., wie gut erfüllen die Tankstellenshops die Kundenerwartungen und wie „sicher“ ist ihre Position? Wie gut können auch die übrigen Betriebsformen diese Erwartungen erfüllen?

Um die allgemein relevanten Eigenschaften von Einkaufsstätten und **Erwartungen an andere Einkaufsstätten** als die Convenienceshops aus Kundensicht zu untersuchen, sollten die befragten Personen bei SWOBODA in der Voruntersuchung verschiedene von ihm vorgegebene Merkmale von Einkaufsstätten nach ihrer Wichtigkeit bewerten. Anschließend wurde eine Faktorenanalyse[251] durchgeführt, um die dominierenden acht Merkmale zu identifizieren: Dies waren die Anmutung/Präsentation, Zusatzleistungen, die Qualität des Angebotes, die Zeitdauer des Einkaufs, das Preisniveau, das Sortiment (Vielfalt und Angebot an Markenprodukten), die Bedienung und die Öffnungszeiten.[252] In der darauf aufbauenden Hauptuntersuchung konnte er die genannten acht Merkmale weiter auf vier – den Preis, die Bedienung, die Zeitdauer und die Öffnungszeiten – als diejenigen Merkmale reduzieren, welche die Einkaufsstättenwahl aus Kundensicht hauptsächlich lenken.[253]

SWOBODA/MORSCHETT stellten die Erwartungen von Kunden an den Wocheneinkauf und den Convenienceeinkauf gegenüber. Für den Wocheneinkauf hatten die Kunden an die Merkmale freundliche/kompetente Bedienung, Qualität des Angebots, Preisniveau, Sortiment (Vielfalt und Angebot an Markenprodukten) und Öffnungszeiten die höchsten Erwartungen.[254]

KIRCHMAIR untersuchte ebenfalls die Erwartungen von Kunden an Einkaufsstätten und unterteilte hierbei in die Betrachtung von Supermärkten (die allerdings nicht näher definiert werden) und von Tankstellenshops. In der durchgeführten qualitativen Untersuchung (Gruppendiskussionen und Tiefeninterviews) nannten die befragten Personen – die angegeben hatten, „häufiger“ in Tankstellen oder Kiosken einzukaufen[255] – für den

251 Zur Methode siehe Kap. 4.4.2.1.2.
252 Vgl. Swoboda 2000a, S. 154 ff.
253 Vgl. Swoboda 2000a, S. 155 f.
254 Vgl. Swoboda/Morschett 2001, S. 191.
255 Vgl. Kirchmair 1996, S. 30.

Supermarkt als wichtigste Merkmale die Sortimentsvielfalt, die Qualität des Angebots und das Preisniveau.[256]

Als **Hauptmotive** für den Einkauf in **Tankstellenshops** nannten sie die Bequemlichkeit (70 %), die Verbindung von Tanken und Einkaufen (51 %), die freundliche/kompetente Bedienung (31 %), Frischeartikel zum Schnellverzehr (25 %) und eine ansprechende Laden-/Warenpräsentation (22 %). Dies steht in Einklang mit den formulierten dominierenden **Erwartungen an den Tankstellenshop**: Am wichtigsten waren ihnen die Ladenöffnungszeiten, gefolgt von der Möglichkeit, schnell einzukaufen und der freundlichen/kompetenten Beratung.[257] Die Ergebnisse sind deckungsgleich mit denen von SWOBODA und SWOBODA/MORSCHETT[258], die feststellten, dass die Kunden beim convenienceorientierten Einkauf an zwei Aspekte die höchsten Erwartungen haben, nämlich die Ladenöffnungszeiten und die Möglichkeit, schnell einzukaufen.[259] Außerdem gelten relativ hohe Erwartungen der freundlichen/kompetenten Bedienung und der Qualität des Angebots. Erst dann folgt mit Abstand das Preisniveau.[260]

Betrachtet man die **Erfüllung** der Erwartungen an den Convenienceeinkauf, so waren die Kunden nur in drei Bereichen mit den Tankstellenshops zufriedener als mit den Supermärkten, nämlich in Bezug auf die Öffnungszeiten, die Schnelligkeit des Einkaufs und die Möglichkeit, gleichzeitig einzukaufen und zu tanken. Insbesondere die Erwartungen der Kunden an die Öffnungszeiten und die Schnelligkeit des Einkaufs waren sehr hoch und konnten von den Supermärkten nicht erfüllt werden. Interessanterweise waren die Kunden mit dem Preisniveau in den Tankstellenshops deutlich zufriedener als im Supermarkt – dies offensichtlich deshalb, weil die Erwartungen an das Preisniveau in Tankstellenshops niedriger ausfielen.[261] Als SWOBODA/SCHWARZ die Studie einige Jahre später wiederholten, hatte sich das Bild gewandelt: In der Zwischenzeit sind die Erwartungen an Tankstellenshops gestiegen, so dass ihr Erfüllungsgrad in einigen Bereichen gesunken ist. Dies betrifft das Sortiment, die Möglichkeit, schnell einzukaufen, die Qualität des Angebotes und das Preisniveau.[262] POSSELT/GENSLER kamen zu leicht abweichenden Ergebnissen. In ihrer Studie lagen die Stärken der Tankstellenshops in der guten Erreichbarkeit, den Öffnungszeiten und der Möglichkeit des bargeldlosen Zahlens. Schwächen waren dagegen das hohe Preisniveau und das Fehlen von frischen Produkten.[263]

256 Vgl. Kirchmair 1996, S. 32.
257 Vgl. Kirchmair 1996, S. 32 f.
258 Offenbar liegt diesen beiden Untersuchungen dieselbe Stichprobe zugrunde.
259 Vgl. Swoboda 1999, S. 99 f.
260 Vgl. Swoboda/Morschett 2001, S. 190.
261 Vgl. Swoboda/Morschett 2001, S. 191.
262 Vgl. Swoboda/Schwarz 2006, S. 413 f.
263 Vgl. Posselt/Gensler 2000, S. 190.

2.2.3.4 Vorliegende Erkenntnisse zum Preisverhalten von Kunden in Tankstellenshops

In Bezug auf das Preisverhalten[264] der Kunden in Tankstellenshops liegen nur sehr wenige Erkenntnisse vor, die sich im Wesentlichen auf die Preisbeurteilung (auch im Vergleich zum übrigen Lebensmitteleinzelhandel) und die Preisbereitschaft beziehen.

Die **Preisbeurteilung** wurde bei ZENTES/SWOBODA bzw. SWOBODA[265] und bei SWOBODA/SCHWARZ betrachtet. Insgesamt 55,1 % der befragten Personen in der Untersuchung von ZENTES/SWOBODA beurteilten das Preisniveau in den Shops als teuer, 1 % als billig; die restlichen 43,9 % empfanden das Preisniveau im Hinblick auf die gebotene Leistung als angemessen. Die Preise der Tankstellenshops wurden um 33 % teurer als im Supermarkt eingeschätzt (wobei allerdings unklar ist, was die befragten Personen unter einem Supermarkt verstanden).[266] Einige Jahre später zeichnet sich ein ähnliches Bild ab: Pauschal beurteilten ungefähr 50 % der Tankstellenshop-Kunden bei SWOBODA/SCHWARZ die Preise im Tankstellenshop als teuer, und zwar wiederum um 30 % teurer als im Supermarkt.[267]

Andererseits hielten sie jedoch nur ein um rund 22 % erhöhtes Preisniveau für akzeptabel (sowohl bei ZENTES/SWOBODA bzw. SWOBODA als auch bei SWOBODA/SCHWARZ).[268] Abgemildert wird diese Aussage dadurch, dass die Kunden – befragt nach der **Ausgabebereitschaft** für bestimmte Produktgruppen und nicht nach dem akzeptierten pauschalen Unterschied zum Supermarkt – einen Aufschlag von durchschnittlich 48,9 % tolerierten. Die Preisbereitschaften variierten zwischen den Produkten: Der höchste Preisaufschlag würde für eine Dose Cola (+67,6 %), der niedrigste für Tiefkühlpizza (+29,8 %) akzeptiert werden.[269] Dies deckt sich mit den oben bereits erwähnten Ergebnissen zu den Erwartungen der Kunden von SWOBODA/MORSCHETT, die besagen, dass die convenienceorientierten Kunden sich durch eine geringere **Preissensibilität** und geringere **Preiswichtigkeit** auszeichnen: Der Preis ist ihnen generell weniger wichtig (auch beim Wocheneinkauf) als den übrigen Kunden.[270]

Interessant ist auch die Längsschnittanalyse bei SWOBODA/SCHWARZ. Zwar waren die Aussagen der Gruppe in der ersten Untersuchung[271] ähnlich wie die der Gruppe aus der zweiten, es lassen sich aber dennoch leichte Veränderungen ausmachen. So ist in

264 Für die ausführliche Darstellung der im Folgenden genannten Konstrukte siehe die Ausführungen in Kap. 4.3.4.
265 Es scheint beiden Arbeiten dieselbe Erhebung zugrunde zu liegen.
266 Vgl. Zentes/Swoboda 1998, o. S.; Swoboda 2000b, S. 1288.
267 Vgl. Swoboda/Schwarz 2006, S. 411.
268 Vgl. Zentes/Swoboda 1998, o. S.; Swoboda 2000b, S. 1288; Swoboda/Schwarz 2006, S. 411.
269 Vgl. Swoboda 2000b, S. 1290; Swoboda/Schwarz 2006, S. 411.
270 Vgl. Swoboda/Morschett 2001, S. 192.
271 Vgl. Zentes/Swoboda 1998, o. S.

der zweiten Studie die Preissensibilität gestiegen. Zudem schätzten die convenienceorientierten Kunden das Preisniveau der Tankstellenshops als höher ein und akzeptierten einen geringeren Preisaufschlag als zuvor.[272]

2.2.4 Bestehende Tankstellenshops

2.2.4.1 Marktvolumen und Leistungsstruktur der Tankstellenshops

In Zusammenhang mit den in Kap. 2.2.2 beschriebenen Entwicklungen hat sich die Leistungsstruktur der Tankstellen und der Tankstellenshops in den vergangenen Jahren stark verändert.[273] Die heute an Tankstellen angebotenen Leistungen ordnet KOHLEISEN in vier **Geschäftsfelder** ein: die Leistungen „rund ums Auto", (sonstige) Dienstleistungen, Gastronomie und Handelsleistungen.[274] Einen Überblick gibt Abb. 2-11.

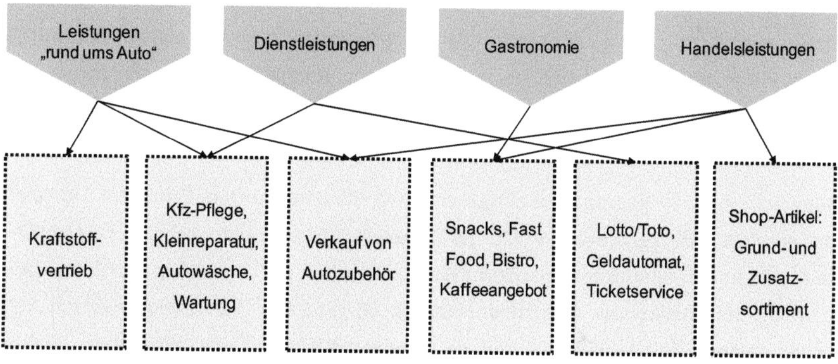

Abb. 2-11: Geschäftsfelder in Tankstellen
(Quelle: leicht modifiziert nach Kohleisen 2001, S. 110)

Die Leistungen „rund ums Auto" umfassen den Kraftstoffvertrieb, die Kfz-Pflege und -Reparatur, die Autowäsche und -wartung sowie den Verkauf von Autozubehör. Dem Bereich der Dienstleistungen können neben der Kfz-Pflege und -Reparatur, der Autowäsche und -wartung auch die Lotto-/Toto-Annahme, Geldautomaten und Ticketservices zugeordnet werden. In jüngerer Zeit wurde weithin der Gastronomie-Bereich stark ausgebaut, so dass viele Tankstellen mittlerweile über ein Bistro verfügen und dort Snacks, Fast Food und Kaffee anbieten.[275] Auch die Handelsleistungen wurden ausgeweitet und umfassen sowohl das Angebot von Autozubehör und Gastronomieartikeln

272 Vgl. Swoboda/Schwarz 2006, S. 412.
273 Vgl. BVR 2007, S. 1. f.; BVR 2008, S. 1 f.
274 Vgl. Kohleisen 2001, S. 110.
275 Vgl. Auer/Koidl 1997, S. 59; BVR 2007, S. 2.

als auch ein Grund- und Zusatzsortiment, das Süßwaren, Getränke, Presseartikel, Tabakwaren, aber auch sonstige Lebensmittel, Hygiene-Artikel und Blumen beinhaltet.[276] Zwar ist diese Abgrenzung nicht in allen Punkten trennscharf – so ist z. B. unklar, warum die Gastronomie oder auch der Shop nicht den Dienstleistungen zugeordnet werden – sie gibt jedoch einen Überblick über die Vielfalt der in der Tankstelle angebotenen Leistungen.

Insgesamt wird in der amtlichen Umsatzsteuerstatistik für das Jahr 2007 ein Umsatz von 15,97 Mrd. € für das Tankstellengewerbe ausgewiesen.[277] Allerdings spiegelt diese Angabe die Realität kaum wider, weil die Umsätze der verschiedenen Betreibermodelle (siehe hierzu das Kap. 2.2.4.2) unterschiedlich erfasst werden:[278] Für die freien Tankstellen geht der gesamte Wert der abgesetzten Kraftstoffe inklusive der Mineralölsteuer in den ausgewiesenen Umsatz ein. Für die Stationen, in denen der Kraftstoffvertrieb als Agenturgeschäft erfolgt – was in einem großen Teil des Tankstellennetzes üblich ist – werden nur die Provisionen als Umsatz registriert, bei Nebenerwerbsbetrieben (z. B. Supermärkten mit Zapfsäulen) wird der Umsatz gar nicht dem Tankstellengewerbe zugerechnet. Weil die Provisionen nur einen sehr geringen Anteil des Warenwertes ausmachen (in 2008 z. B. in Westdeutschland rund 1,4 ct/l, in Ostdeutschland 1,37 ct/l)[279], sind diese amtlichen Statistiken also nur sehr begrenzt aussagefähig.

Betrachtet man die Beiträge der einzelnen Geschäftsbereiche zum Erfolg der Tankstellen, so stellt sich die Umsatzstruktur je Tankstelle (für eine durchschnittliche Markentankstelle in den alten Bundesländern) folgendermaßen dar: Insgesamt wurde im Jahr 2008 durchschnittlich ein Gesamtumsatz von 987.932 € je Tankstelle erwirtschaftet. Davon entfielen 5,6 % (55.735 €) auf die Provision aus dem Kraftstoffgeschäft, 86,6 % (856.002 €) auf den Shop, 5,3 % (52.194 €) auf die Autowäsche, 0,7 % (6.615 €) auf Dienstleistungen „rund ums Auto“ und 1,8 % (17.368 €) auf die übrigen Leistungen wie den Autoverleih oder die Einnahmen aus Münzgeräten. Betrachtet man die Bruttoverdienstanteile der einzelnen Bereiche, ergibt sich folgendes Bild: Vom gesamten Bruttoverdienst in Höhe von 287.074 € entfielen 19,4 % (55.692 €) auf die Provision aus dem Kraftstoffgeschäft, 55,3 % (158.752 €) auf den Shop, 14,1 % (40.477 €) auf die Autowäsche, 3,0 % (8.612 €) auf die autonahen Dienstleistungen und 8,2 % (23.540 €) auf die sonstigen Leistungen.[280] In Abb. 2-12 werden die Umsatz- und Bruttoverdienstanteile der Geschäftsfelder im Überblick aufgezeigt.

---

276 Vgl. Auer/Koidl 1997, S. 59; Kohleisen 2001, S. 110.
277 Vgl. Statistisches Bundesamt 2009, S. 8.
278 Siehe hierzu und zu den folgenden Ausführungen BVR 2008, S. 2.
279 Vgl. BTG 2009, S. 21.
280 Vgl. BTG 2009, S. 21 ff.

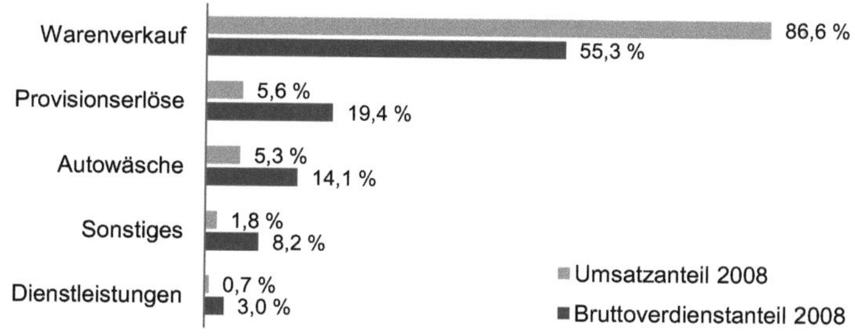

Abb. 2-12: Umsatzanteile und Bruttoverdienstanteile der Geschäftsfelder in Tankstellenshops (Quelle für das Zahlenmaterial: Bundesverband Tankstellen und Gewerbliche Autowäsche Deutschland e.V. (BTG Minden) 2009, S. 21 ff.)

Der Shop-Bereich ist also der wesentliche Umsatz- und Bruttoverdienstbringer der Tankstellen. Auch in Gegenüberstellung zum Umsatz im übrigen Lebensmitteleinzelhandel ist der Shop-Bereich der Tankstellen nicht zu vernachlässigen: Im Jahr 2006 betrug der Umsatz im Tankstellenshop-Markt (für ganz Deutschland) rund 7,7 Mrd. €[281], im Vergleich zu rund 128,5 Mrd. € Umsatz der Lebensmittelgeschäfte ohne Tankstellenshops[282].

Betrachtet man den Beitrag einzelner Warengruppen zum Umsatz, so ergibt sich das folgende Bild für eine durchschnittliche westdeutsche Tankstelle: Den größten Anteil vereinten im Jahr 2008 die Tabakwaren mit 56,7 % des Umsatzes auf sich, gefolgt von den Getränken mit 13,8 %. Telefonkarten mit 9,6 %, Süßwaren mit 5,5 % und Zeitschriften mit 4,5 % schlossen sich an. In den derzeit existierenden Statistiken wird die Gastronomie (noch) dem Shop-Bereich zugerechnet: Die Warengruppe Fast Food vereinte 2008 4,0 % des Shopumsatzes auf sich. Die übrigen Warengruppen machten insgesamt 5,9 % des Umsatzes aus.[283] In Abb. 2-13 werden die Anteile der Warengruppen am Umsatz eines Tankstellenshops veranschaulicht, wobei zu beachten ist, dass die Einteilung der Warengruppen sich von der Standard-Warenklassifikation unterscheidet (z. B. werden Getränke nicht den Lebensmitteln zugerechnet). Ebenfalls zu berücksichtigen ist, dass sich bei Betrachtung der Bruttoverdienstanteile der Warengruppen aufgrund der Tabaksteuer ein deutlich anderes Bild ergäbe und der Anteil der Tabakwaren sehr viel geringer ausfiele. Zwar wurden die Bruttoverdienstanteile der einzelnen Warengruppen bisher nicht veröffentlicht, ein Beispiel für ihre Verhältnisse zueinander liefert aber (mit anderen Zahlen) eine Broschüre des Tankstellen-

281 Vgl. USP market intelligence 2007b, o. S.
282 Vgl. EHI Retail Institute 2007, S. 208.
283 Vgl. BTG 2008, S. 21.

Abrechnungssystems EDTAS, in welcher die Tabakwaren zwar über die Hälfte der Shopumsätze, aber nur 5 % des Bruttoverdienstanteils (bezogen auf alle Geschäftsfelder einer Tankstelle) ausmachen.[284]

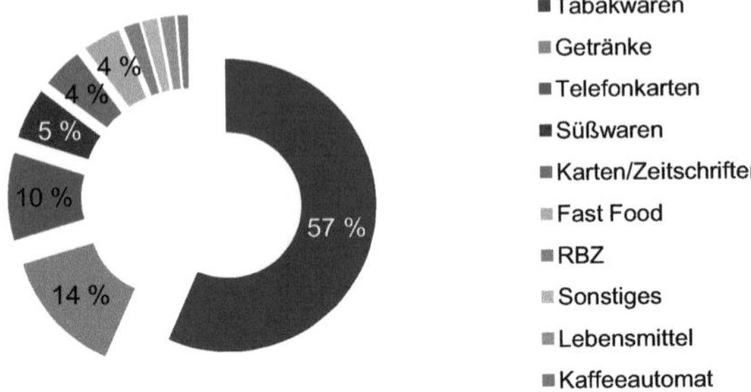

Abb. 2-13: Umsatzanteile der Warengruppen in (westdeutschen) Tankstellenshops (Quelle für das Zahlenmaterial: Bundesverband Tankstellen und Gewerbliche Autowäsche Deutschland e.V. (BTG Minden) 2009, S. 23)

2.2.4.2 Überblick über bestehende Tankstellenmarken und Verhältnis zwischen Mineralölgesellschaften und Tankstellenbetreibern

Bedingt durch die historische Entwicklung des Tankstellen-Markts konzentrierten sich die **Mineralölgesellschaften** lange Zeit vor allem auf das Kraftstoffgeschäft. Der Kraftstoffverkauf ist in der Regel als Agenturgeschäft organisiert, so dass die Tankstellenbetreiber für dieses Geschäftsfeld als selbstständige Handelsvertreter nach §§ 84 bis 92c HGB agieren.[285] Die Betreiber der Tankstellen verkaufen den Kraftstoff im Namen und auf Rechnung der Mineralölgesellschaft und erhalten eine Provision.[286] Die Mineralölgesellschaften haben daher vor allem Einfluss auf die Gestaltung des Kraftstoffverkaufes (z. B. die Preisgestaltung) und den Außenauftritt gemäß der Corporate Identity der Mineralölgesellschaft. Als nach und nach das Shop-Angebot in den Tankstellen entstand und erweitert wurde, geschah dies häufig in Eigenregie der Betreiber, so dass auch heute das Shopgeschäft häufig – je nach vertraglicher Regelung mit der Mineralölgesellschaft – eigenständig vom Betreiber geführt wird.[287]

Die Mineralölgesellschaften werden in A- und B-Gesellschaften eingeteilt. A-Gesellschaften sind ARAL, SHELL, ESSO und (ehemals) BP. Diesen Gesellschaften ist jeweils eine Farbe zugeordnet, nämlich Blau für ARAL, Gelb für SHELL, Rot für ESSO

284 Vgl. eurodata o.J., S. 2.
285 Siehe zum Handelsvertreterrecht die Kommentierung von Emde 2009.
286 Vgl. Tietz 1991, S. 75.
287 Siehe hierzu die Ausführungen weiter unten.

und Grün für BP, so dass die zugehörigen Tankstellen im Fachjargon auch als „Farbentankstellen" bezeichnet werden.[288] B-Gesellschaften sind entweder deutsche Tochtergesellschaften internationaler Unternehmungen (z. B. AGIP, JET/CONOCO oder TOTAL) oder Tankstellen, die an unabhängige Handelsunternehmen gebunden sind und Treibstoff unter einer Handelsmarke verkaufen (z. B. AVIA oder WESTFALEN).[289] Tankstellen, die keiner Mineralölgesellschaft und keinem Handelsunternehmen angeschlossen sind, werden „freie Tankstellen" genannt.

Der Markt war in den letzten Jahren durch starke Umbrüche gekennzeichnet, die nicht zuletzt auf die in Kap. 2.2.2 dargestellten Entwicklungen zurückzuführen sind. Ihren vorläufigen Höhepunkt fanden diese Entwicklungen in zwei Übernahmen im Jahr 2002: Im Februar 2002 übernahm die DEUTSCHE BP AG die ARAL AG[290], im Juli 2002 folgte die Übernahme der RWE DEA durch die DEUTSCHE SHELL[291]. Weil durch diese „Elefantenhochzeiten" rund 6.350 der damals bestehenden 15.722 Tankstellen den genannten beiden Marken angehört hätten, griff das Bundeskartellamt ein und verfügte, dass Teile der Tankstellennetze und der Raffineriekapazitäten abgegeben werden müssen.[292] Dies begünstigte 2003 z. B. den Markteintritt des polnischen Unternehmens ORLEN.[293]

Es existieren zwar zahlreiche klein- und mittelständische Tankstellenunternehmen in Deutschland, von den 14.527 Straßentankstellen (Januar 2008) traten allerdings 5.581 unter den drei größten Marken ARAL, SHELL und ESSO auf; ungefähr 50 % der Tankstellen, nämlich 7.326, wurden von den fünf größten Anbietern (ARAL, SHELL, ESSO, TOTAL und AVIA) geführt.[294]

Die Abb. 2-14 gibt einen Überblick über die Anbieterstruktur im Januar 2008.

---

288 Vgl. z. B. Kohleisen 2001, S. 114.
289 Vgl. Kohleisen 2001, S. 115.
290 Informationen finden sich auf der Website www.aral.de unter der Rubrik „Aral im BP-Konzern".
291 Informationen zu der Übernahme von RWE DEA durch die DEUTSCHE SHELL stehen unter www.shell.de, Rubrik „Geschichte von Shell" zur Verfügung. Siehe auch BKartA 2001a.
292 Siehe BKartA 2001b. Informationen hierzu finden sich auch unter www.aral.de, Rubrik „Aral im BP-Konzern".
293 Vgl. Orlen 2003, o. S.
294 Siehe www.mwv.de, Rubrik „Daten/Statistiken" – „Statistiken/Preise" – „Tankstellen in Deutschland nach Gesellschaft". Bis zum Jahr 2010 hat ARAL seinen Vorsprung ausbauen können und verfügte am 1.1.2010 über 17 % des deutschen Tankstellenbestands, während der Bestand von SHELL auf 14 % sank.

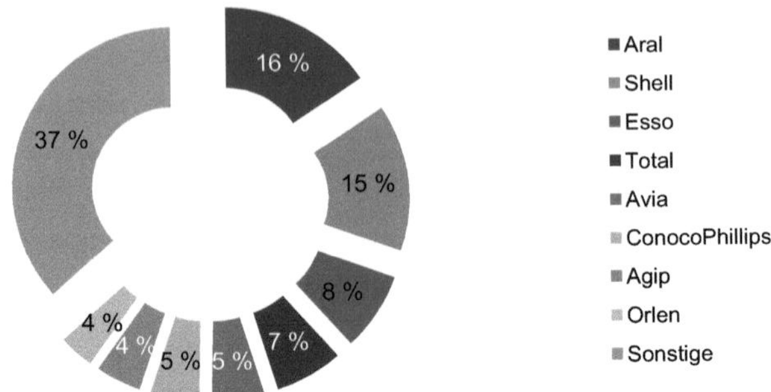

Abb. 2-14: Anbieterstruktur im Tankstellen-Markt anhand des Tankstellenbestandes nach Marken (Straßentankstellen) am 01.01.2008 (Quelle für das Zahlenmaterial: www.mwv.de, Rubrik „Daten/Statistiken" – „Statistiken/Preise" – „Tankstellen in Deutschland nach Gesellschaft", nach Zahlen vom EID)

Nachdem nun schon mehrfach auf die verschiedenen Formen von **Betreibermodellen** hingewiesen wurde, werden diese im Folgenden konkretisiert. Da zahlreiche Arten von Betreibermodellen und zusätzliche Mischformen bestehen, liefert Abb. 2-15 einen ersten groben Überblick über die verschiedenen Modelle zur besseren Orientierung.[295]

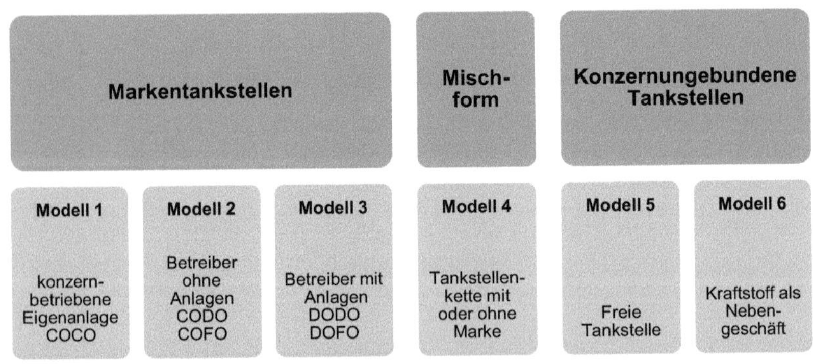

Abb. 2-15: Betreibermodelle von Tankstellen
(Quelle: in Anlehnung an die Ausführungen bei Kohleisen 2001, S. 126 ff. und die Abbildung bei Prof. Dr. Schneck Rating 2005, S. 16)

295 In der (wissenschaftlichen) Literatur gibt es kaum Informationen zum Tankstellen-Markt. Die hier dargestellten Informationen stammen deshalb vor allem von Kohleisen 2001, S. 126 ff. und Prof. Dr. Schneck Rating 2005, S. 16 ff.

Obwohl sich die ersten drei Modelle für den Kunden kaum oder nicht unterscheiden lassen, handelt es sich um sehr unterschiedliche Strukturen, die Konsequenzen für die Steuerung der Tankstellen haben.

Beim **ersten Modell** gehört die gesamte Anlage einer Mineralölgesellschaft und wird von Angestellten der Mineralölgesellschaft betrieben. Hier haben die Mineralölgesellschaften den vollkommenen Durchgriff auf die Stationen und können die Tankstelle als Filiale von ihrer Zentrale aus steuern. Im Fachjargon werden Tankstellen dieser Art „COCO“[296] genannt: „company owned, company operated“. Dieses Modell ist in Deutschland nicht sehr weit verbreitet; nur etwa 5 % der Tankstellen gehören diesem Typus an.

Beim **zweiten Modell** gehören die Anlagen ebenfalls der Mineralölgesellschaft, die Tankstelle ist jedoch an einen selbstständigen Betreiber verpachtet. Dieser handelt im Kraftstoffgeschäft als Agent, verkauft also den Kraftstoff im Namen und auf Rechnung der Mineralölgesellschaft und erhält Provision für den Kraftstoffverkauf. Den Shop betreibt der Pächter dagegen als Eigengeschäft. Er führt entweder zusätzlich zur Pacht eine umsatzabhängige Vergütung für die im Shop verkauften Waren an die Mineralölgesellschaft ab, oder die Umsätze des Shops fließen in die Festlegung der Pacht ein.[297] Tankstellen dieser Art bezeichnet man „CODO“, d. h. company owned, dealer operated“. Ein Spezialfall dieser Kategorie sind die sogenannten COFO-Stationen („company owned, franchise operated“): In diesem Fall ist das Verhältnis zwischen Mineralölgesellschaft und Betreiber über einen Franchisevertrag geregelt. Der Franchisenehmer erhält das gesamte System „aus einer Hand“, betreibt den Shop jedoch als Eigengeschäft. Der „Dealer“ aus dem CODO-Modell, der den Shop eigenständig betreibt (wobei durchaus auch in den Pachtverträgen einige Vorgaben enthalten sein können)[298], wird damit durch einen Franchise-Nehmer ersetzt, der durch den Franchisevertrag an die Mineralölgesellschaft gebunden ist.

Ungefähr 50 % der Markentankstellen werden nach diesen ersten beiden Modellen betrieben, 50 % gehören dem folgenden **dritten Modell** an.

Bei diesem Modell gehören die Anlagen nicht der Mineralölgesellschaft, sondern dem Betreiber. Die Mineralölgesellschaft stellt allerdings i. d. R. die Tankstellentechnik, die Preisauszeichnungselemente und die Marke sowie die Tankstelleneinrichtung gemäß der Corporate Identity zur Verfügung, so dass diese Tankstellen für den Endkunden von einer konzerneigenen Station nicht zu unterscheiden sind. Auch hier handeln die

296 Teilweise haben die einzelnen Mineralölgesellschaften eigene Bezeichnungen für die unterschiedlichen Pachtmodelle.

297 Zur Gestaltung unterschiedlicher Pachtverträge siehe BTG 2009, S. 16 f.

298 Vgl. BTG 2009, S. 17.

Betreiber im Kraftstoffgeschäft als Agenten, die Provision fällt jedoch höher aus, weil die Betreiber die Instandhaltung der Anlagen übernehmen. Tankstellen, die diesem Modell angehören, bezeichnet man mit „DODO“: „dealer owned, dealer operated“. Einen Ausnahmefall stellt ein weiteres Modell dar, welches – analog zu den COFO-Stationen – die Bezeichnung DOFO trägt: Auch in diesem Fall gehört dem Betreiber die Tankstelle, er nutzt aber das System (Ladeneinrichtung etc.) der Mineralölgesellschaft und ist ihr Franchisenehmer.

Das **vierte Modell** ist eine Mischform zwischen der Gruppe der Markentankstellen und jener der konzernungebundenen Tankstellen. Es beinhaltet die konzernunabhängigen mittelständischen Betreiber, die sowohl markengebundene als auch markenungebundene Tankstellen betreiben.

Das **fünfte Modell** beinhaltet solche Tankstellen, die in keiner Weise an eine Mineralölgesellschaft gebunden sind, bei denen der Verkauf von Kraftstoffen aber der Haupterwerb ist. Der Einkauf und die Ausgestaltung der Tankstelle liegen für alle Geschäftsfelder in der Hand des Betreibers, der rechtlich und wirtschaftlich unabhängig agiert. Viele dieser sogenannten freien Tankstellen sind in Verbünden oder Kooperationen organisiert, um den Einkauf zu bündeln und bessere Konditionen aushandeln zu können sowie um Wissen auszutauschen. Inzwischen sind allerdings auch unter den freien Tankstellen Konzentrationsprozesse zu beobachten, die zu neuen Tankstellenketten führen. In diesen kommen wiederum Pachtmodelle wie die oben dargestellten zum Tragen.

Das **sechste Modell** umfasst konzernungebundene Tankstellen, bei denen der Verkauf von Kraftstoffen nicht zum Kerngeschäft zählt, sondern einen Nebenerwerb darstellt. Beispiele hierfür sind SB-Warenhäuser, die auch Zapfsäulen installiert haben, oder Autowerkstätten, die den Kunden obendrein das Tanken ermöglichen.

Für die Steuerung des **Shopgeschäfts** haben die unterschiedlichen Betreibermodelle der Markentankstellen bedeutende Konsequenzen.

In den Fällen der markenungebundenen Tankstellen führt der Besitzer oder Pächter den Shop entweder in Eigenregie oder aber gemäß seines Pachtvertrags.

Tankstellenshops, die im Eigentum der Mineralölgesellschaft stehen und von dieser betrieben werden (COCO-Tankstellen), werden von ihr zentral gesteuert, so dass sie über das gesamte Instrumentarium des Shops bestimmen kann. Die konzerneigenen Tankstellen machen allerdings, wie bereits erwähnt, nur einen kleinen Teil des Tankstellennetzes aus.

CODO- und DODO-Tankstellen steuern das Shopgeschäft in Eigenregie. Die Betreiber verkaufen die Ware in eigenem Namen und auf eigene Rechnung und sind grundsätzlich (in der „Reinform" der Modelle) hinsichtlich der Shopgestaltung gegenüber der Mineralölgesellschaft nicht weisungsgebunden. Da die Mineralölgesellschaften die Pächter oder die Eigentümer der an sie gebundenen Tankstellen aber bei Investitionen unterstützen und zudem durch hohe Werbeausgaben auch den Shop als Marke etablieren, entwickelt sich jedoch eine gewisse Verpflichtung der Tankstellenbetreiber gegenüber den Mineralölgesellschaften. Trotzdem besteht – vom Standpunkt des Mineralölkonzerns aus – das Risiko eines uneinheitlichen Marktauftrittes durch eigenständige Entscheidungen des Betreibers über die Verkaufsraumgestaltung, Sortimentsgestaltung und Verkaufspreise in den Shops. Deshalb treffen die Mineralölgesellschaften zahlreiche Zusatzregelungen in den Verträgen mit den Tankstellenbetreibern, die einerseits den möglichst einheitlichen Auftritt gewährleisten sollen, die aber andererseits auch die Eigenständigkeit der Betreiber einschränken. Außerdem dienen teilweise auch finanzielle Anreize einer Vereinheitlichung der Shops.

Eine besondere Rolle spielt in diesem Zusammenhang die Preispolitik. Festsetzungen der Verkaufspreise für Produkte im Shop durch die Mineralölgesellschaften sind aufgrund des Verbots vertikaler Preisbindung gem. § 1 GWB bzw. Art. 81 Abs. 1 EG nicht möglich; dies gilt auch für Franchiseverträge.[299] Für erste Versuche der Mineralölgesellschaften, auf die Endpreise in den Shops dennoch Einfluss zu nehmen, wurde das Kommissionsgeschäft (§§ 383-406 HGB) herangezogen. Dabei verkauft der Betreiber die Ware zwar in eigenem Namen, aber innerhalb eines vorher definierten Zeitraums auf Rechnung der Mineralölgesellschaft – womit die Mineralölgesellschaft die Endpreise bestimmen kann. Da allerdings eine zu starke Ausweitung des Kommissionsgeschäftes die Selbstständigkeit der Betreiber zweifelhaft erscheinen lässt – was vom Bundeskartellamt als wettbewerbswidriges Verhalten betrachtet werden kann –, darf das Kommissionsgeschäft nur auf einzelne Aktionen oder einzelne Artikel beschränkt sein.[300]

Einige Mineralölgesellschaften loten derzeit neue Wege der Einflussnahme auf die Shops aus. So versucht z. B. ESSO, die Partnermodelle durch ein Filialsystem zu ersetzen. Dies wird in der Branche kritisch betrachtet, da die Pächter zwar nach Auslaufen ihrer Pachtverträge zwischen einem neuen Pachtvertrag und dem Eintritt in das

299 Vgl. Kirchhain 2007, S. 168 ff. zum Verbot vertikaler Preisbindung und S. 307 zu den Regelungen bei Franchiseverträgen. Im Zuge der Harmonisierung des deutschen Rechts mit dem europäischen wurden Höchstpreisbindungen und Preisempfehlungen vom Preisbindungsverbot ausgenommen – solange diese sich nicht durch die Ausübung von Druck oder durch Anreize wie Fest- oder Mindestpreise auswirken. Siehe hierzu Kirchhain 2007, S. 172 ff.

300 Vgl. Kohleisen 2001, S. 128.

Filialsystem wählen können, sie dann jedoch – bei Wahl des Pachtmodells – entsprechende schlechtere Pachtkonditionen akzeptieren müssen.[301]

2.2.5 Aktuelle Konkurrenten der Tankstellenshops

Bei den Ersatzprodukten im Modell der fünf Wettbewerbskräfte nach PORTER – die hier durch die bestehenden Konkurrenten der Tankstellenshops ersetzt wurden – handelt es sich um solche Produkte oder Dienstleistungen, welche die gleiche Funktion wie das betrachtete Produkt oder die betrachtete Dienstleistung erfüllen können.[302]

Hier sind das diejenigen Betriebstypen des Einzelhandels, die aus Kundensicht die gleichen Funktionen erfüllen wie Tankstellenshops. Zunächst trifft das auf Betriebsformen zu, die dem Typ „Die Bequemen" angehören und die sich dadurch auszeichnen, dass ihr Fokus auf der Entlastung der Kunden liegt.[303] In diese Gruppe fallen Betriebsformen, die häufig als Conveniencestores bezeichnet werden, also neben den Tankstellenshops vor allem Kioske und Bahnhofs-/Flughafenshops.[304]

Kioske (auch Trinkhallen) existieren im deutschen Markt seit Mitte des 19. Jahrhunderts. Sie wurden zunächst als „bewegliche Trinkhallen" oder „Wasserhäuschen" in Berlin und in vielen anderen deutschen Großstädten errichtet.[305] Zu Beginn verkauften diese Trinkhallen vor allem verschiedene Wässer. In den 80er Jahren des 19. Jahrhunderts wurde das Sortiment um Tee, Kaffee, Milch, Kautabak, Zigaretten, Zigarren sowie Brauselimonaden und später auch um Zeitungen und Zeitschriften erweitert.[306] Vor allem im Ruhrgebiet entwickelten sich die Trinkhallen oder Kioske während des 20. Jahrhunderts zu „kleinen Supermärkten".[307] Heute existieren verschiedene Formen von Kiosken: Fensterkioske zeichnen sich dadurch aus, dass sie für den Kunden nicht begehbar sind, sondern der Verkäufer die Waren aus dem Fenster herausreicht. Begehbare Kioske wiederum sind kleine Geschäfte, die von den Kunden betreten werden können. Saisonkioske sind nur zeitweilig geöffnet (z. B. Kioske an Ausflugszielen, die nur in der Sommer- oder Wintersaison geöffnet sind).[308]

Auch heute noch werden Kioske in der Regel durch selbstständige Einzelhändler geführt, in deren Händen die Gestaltung des absatzpolitischen Instrumentariums liegt.

301 Vgl. BTG 2008, S. 12.
302 Vgl. Porter 1980, S. 23 f.
303 Hierbei handelt es sich um eine eher anbieterorientierte Sichtweise, da (noch) zu wenig erforscht ist, was genau dem Kunden Entlastung – Convenience – bieten kann.
304 Die häufig in der Literatur (siehe z. B. Ausschuss für Definitionen zu Handel und Distribution 2006, S. 44) ebenfalls angeführten Betriebsformen Bäckereien, Metzgereien etc. fallen hier nicht in diese Gruppe, da sie dem Typ „Die Spezialisten" angehören, siehe Kap. 2.1.4.
305 Vgl. Naumann 2003, S. 35.
306 Vgl. Hofmann 1997, S. 7 ff.; Naumann 2003, S. 37 und S. 39.
307 Vgl. Naumann 2003, S. 39.
308 Vgl. Gyllensvärd 1999, S. 188.; Kohleisen 2001, S. 64.

Dies führt zu einem uneinheitlichen Erscheinungsbild. Die Sortimente sind häufig unübersichtlich präsentiert, oft fehlt der Mut zu Neuem oder schlicht das Know-how für eine professionelle, kundenorientierte Führung des Kioskes.[309] Sicherlich auch als Folge dieser Umstände wurden die Kioske im Jahr 2001 im Hinblick auf den Umsatz von den Tankstellenshops überholt – der Tankstellenshop hat heute teilweise seine Funktion übernommen.[310] Vielfach wurde deshalb erwartet, dass eine Umstrukturierung in Richtung einer professionellen, organisierten Führung von Kiosken in Filialsystemen stattfinden würde – bisher ist dies jedoch nicht eingetreten.[311]

Als Vorteile der Kioske werden die Kundennähe und die stark kunden- und standortspezifischen Sortimente betrachtet, die zu hohen Stammkundenanteilen führen. Ein weiterer Vorteil der Kioske liegt darin, dass sie nicht an das Ladenschlussgesetz gebunden sind und daher – mit einigen Einschränkungen, z. B. Begrenzung auf bestimmte Stundenanzahl – auch sonntags und an Feiertagen öffnen dürfen.[312]

Bahnhofs- und Flughafenshops sind naturgemäß an die genannten Frequenzbringer gebunden und dienen bislang vor allem den Reisenden zum Einkauf. Hier soll das Beispiel des Bahnhofsshops herangezogen werden: In einigen sehr großen Bahnhöfen entwickeln sich seit jüngerer Zeit Mall-Konzepte nach us-amerikanischem Vorbild. Dies sind jedoch Ausnahmeerscheinungen; allerdings finden sich auch in kleinen und mittleren Bahnhöfen häufig Shops, die die Pendler versorgen.[313] Insbesondere sind hier die DB-SERVICE-STORES der DEUTSCHEN BAHN AG zu nennen. Diese Stores werden als Franchisesystem geführt und dienen nach Aussage der DEUTSCHEN BAHN AG vor allem der Versorgung der Pendler. Sie haben eine Größe zwischen 20 und 200 m^2. Fahrkartenverkauf, Fahrplanauskünfte und Beratung sollen als Frequenzbringer dienen; entsprechend umfasst das Sortiment zusätzlich weiteren Reisebedarf, Snacks, Getränke, Tabakwaren und Presseartikel.[314] Shops dieser Art könnten durchaus Konkurrenz für den Tankstellenshop darstellen, sprechen aber aufgrund ihrer Lage den Pendler mit öffentlichen Verkehrsmitteln an, während sich die Tankstellenshops eher auf Autoreisende konzentrieren. Vor allem der Parkplatzmangel an vielen Bahnhöfen sowie Drogenmissbrauch, Kriminalität usw. stellen dabei für die DB-SERVICE-STORES ein (bahnhofstypisches) Problem dar.[315]

---

309 Vgl. Gyllensvärd 1999, S. 188 f.
310 Vgl. Ruprecht 1997, S. 29 f.; Swoboda/Schwarz 2006, S. 402.
311 Dies vermutet z. B. Gyllensvärd 1999, S. 189. Siehe zu den Versuchen, professionelle Systeme zu etablieren, auch das folgende Kap. 2.2.6.
312 Vgl. Kohleisen 2001, S. 64.
313 Vgl. Kohleisen 2001, S. 66.
314 Vgl. DB Station & Service AG 2007, o. S.
315 Vgl. Gyllensvärd 1999, S. 189; Kohleisen 2001, S. 66.

Darüber hinaus können zahlreiche andere Betriebstypen für die Befriedigung bestimmter Kundenbedürfnisse die gleiche Funktion erfüllen wie die Tankstellenshops, so dass diese mit vielen weiteren Anbietern, die dem kleinflächigen Lebensmitteleinzelhandel angehören (z. B. Bäckereien für das Bedürfnis „Brötchenkauf"), in Konkurrenz stehen. Aber auch Betriebstypen, die nicht zum kleinflächigen Lebensmitteleinzelhandel im oben definierten Sinne zählen, z. B. großflächige Lebensmitteleinzelhändler oder Gastronomie-Betriebe, können aus Kundensicht für die Erfüllung bestimmter Bedürfnisse genauso geeignet sein.

2.2.6 Potenzielle Konkurrenten der Tankstellenshops

Potenzielle neue Konkurrenten der bestehenden Tankstellenshops sind solche Anbieter, die neu in den Markt eintreten könnten und dann aus Kundensicht ähnliche oder gleiche Bedürfnisse erfüllen wie die Tankstellenshops. Grundsätzlich wird der Grad der potenziellen Bedrohung durch die Höhe der Markteintrittsbarrieren bestimmt: Je niedriger diese sind, desto höher ist die Gefahr eines Markteintrittes und damit der Grad der potenziellen Bedrohung. Treten neue Konkurrenten in den Markt ein, werden die Wettbewerbsvorteile der bestehenden Anbieter beeinflusst. Der neue Anbieter partizipiert an der Nachfrage im Markt, so dass schlussendlich der Konkurrenzdruck steigt. Dieser Effekt wird abgemildert, sofern der neue Anbieter neue Nachfrage hervorruft.[316] Der Markteintritt eines neuen Konkurrenten kann auf verschiedene Weise erfolgen:

- durch Tankstellenshops einer neuen Marke mit neuen Kapazitäten,
- durch die Übernahme von Kapazitäten bereits vorhandener Anbieter (wie es durch den Markteintritt der ORLEN/STAR-Tankstellen der Fall war),
- dadurch, dass Tankstellen, die bisher nicht über einen Shop verfügen, nun mit einem solchen ausgestattet werden (da allerdings nahezu alle Tankstellen im deutschen Markt über einen Shop verfügen, wird dieser Aspekt im Folgenden nicht weiter vertieft)[317],
- durch Markteintritt einer der Betriebsformen, die der bereits bestehenden Konkurrenz angehört,
- durch Veränderung/Wandel derzeit bestehender Betriebsformen, so dass sie aus Kundensicht ähnliche Bedürfnisse erfüllen wie die Tankstellenshops.

Der Markteintritt einer **neuen Tankstellenmarke mit neuen Kapazitäten** ist zwar durchaus denkbar, jedoch durch die hohen Anfangsinvestitionen aber eher unwahrscheinlich. Eine andere Situation entsteht dann, wenn – wie bei dem Zusammen-

---

316 Vgl. Porter 1980, S. 7.
317 Vgl. BTG 2008, S. 9.

schluss der Tankstellennetze der DEUTSCHEN BP AG und der ARAL AG – durch gen des Kartellamtes eine große Anzahl bereits bestehender Tankstellen an eine dere Marke verkauft werden muss oder durch den Austritt einer Marke aus dem Markt **Tankstellen-Kapazitäten freiwerden**. Derzeit besteht durchaus Bewegung auf dem Tankstellen-Markt, so dass der Eintritt neuer Anbieter durch die Übernahme von bestehenden Kapazitäten denkbar ist: So kursierten z. B. im Jahr 2007 in der Tankstellenbranche Gerüchte über einen Marktaustritt von ESSO, die jedoch vom Unternehmen dementiert wurden.[318] Zudem versuchen Mineralölgesellschaften aus dem Ausland in den deutschen Markt durch Aufkäufe einzutreten: LUKOIL, die größte russische Ölgesellschaft, übernahm im Jahr 2007 insgesamt 367 Tankstellen der CONOCOPHILLIPS (JET) in Europa (allerdings nicht in Deutschland). Branchengerüchten zufolge verhandelte LUKOIL auch mit der DEUTSCHEN BP AG hinsichtlich der Übernahme von 800 deutschen ARAL-Tankstellen; die DEUTSCHE BP AG dementierte allerdings die Verkaufsgespräche.[319]

Zu der **bestehenden Konkurrenz** gehören, wie oben erläutert, einerseits solche Betriebsformen des kleinflächigen Lebensmitteleinzelhandels, die sich dem Typ „Die Bequemen“ zuordnen lassen, andererseits aber auch andere Betriebsformen – sofern sie aus Kundensicht eine ähnliche Funktion bei der Bedürfnisbefriedigung erfüllen wie die Tankstellenshops. Im Folgenden liegt der Fokus auf Anbietern, die demselben Typ angehören wie die Tankstellenshops: Die Bequemen. In diesem Bereich sind durchaus neue Anbieter zu erwarten – ob diese sich im deutschen Markt erfolgreich etablieren können, muss sich allerdings noch zeigen.

So wird z. B. schon seit einiger Zeit über einen Markteintritt der amerikanisch-japanischen Conveniencestore-Kette 7-ELEVEN spekuliert.[320] Außerdem haben diverse Anbieter bereits mit neuen Convenienceshop-Formaten experimentiert. LEKKERLAND-TOBACCOLAND eröffnete z. B. Ende 2004 in Bochum den ersten „Everyday-Kiosk“, ein Format, von dem bis Ende 2006 über 200 Franchise-Shops entstehen sollten.[321] Schon einen Monat nach der ersten Eröffnung, nämlich im Dezember 2004, wurde dieses „Experiment“ jedoch wieder eingestellt.[322] Auch gab es ein weiteres Projekt von LEKKERLAND, nämlich die sogenannten „U-Stores“, ein Kiosk-System für U-Bahnhöfe. Hier war geplant, bis Ende 2005 insgesamt 250 dieser Stores zu eröffnen.[323] Dies ist jedoch offenbar gescheitert; Angaben finden sich in den Unternehmensinformationen von

318 Vgl. BTG 2008, S. 10.
319 Vgl. BTG 2008, S. 12.
320 Vgl. o. V. 2008d, o. S.
321 Vgl. Lekkerland 2004a, o. S.
322 Vgl. Poppelbaum 2006, o. S.
323 Vgl. Lekkerland 2004b, o. S.

LEKKERLAND nicht. Ebenfalls gescheitert ist der ARAL-Shop ohne Tankstelle in Köln, der 2001 getestet wurde.[324] SHELL führt derzeit Shops ohne Zapfsäule – allerdings nicht in Deutschland, sondern in Skandinavien und auf der iberischen Halbinsel.[325] Bisher bleibt der organisierte Convenienceshop-Markt in Deutschland also weit hinter den vor allem Ende des 20. Jahrhunderts publizierten Erwartungen zurück – und die Tests neuer Konzepte scheiterten.[326] Denkbar ist jedoch, dass neue, konsequent umgesetzte Konzepte das Potenzial nutzen können, das sich durch die dargestellten Veränderungen im Kundenverhalten ergibt, und so in Konkurrenz zu den Tankstellenshops treten. Als mutmaßlicher Anbieter eines solchen Konzeptes wird häufig die EDEKA-Gruppe diskutiert, die über Erfahrung im eher kleinflächigen, auf Nahversorgung ausgerichteten Bereich verfügt und im Jahr 2005 eine strategische Partnerschaft mit der norwegischen REITAN-Gruppe eingegangen ist. Diese wiederum ist seit 1986 Lizenznehmer für 7-ELEVEN in den nordeuropäischen Ländern ist und betreibt dort über 200 Conveniencestores.[327] Zudem ist die SPAR HANDELSGESELLSCHAFT MBH, die in zahlreichen JET-Tankstellen sowie in einigen SHELL-Tankstellen den Shop beliefert, eine hundertprozentige Tochter der EDEKA ZENTRALE AG, was ebenfalls ein Indiz für deren zukünftige strategische Stoßrichtung ist (siehe hierzu auch Kap. 2.2.7).[328] Weitere infrage kommende Konzerne, die bereits aus anderen Märkten über das notwendige Know-how verfügen, sind z. B. TESCO (mit TESCO EXPRESS[329]) oder SAINSBURY[330], sowie alle übrigen Anbieter im Bereich der Convenienceshops aus anderen Ländermärkten.

In Bezug auf den **Wandel** anderer bereits bestehender Betriebstypen hin zu solchen, die aus Kundensicht ähnliche Funktionen erfüllen wie die Tankstellenshops, ist besonders die Liberalisierung der Öffnungszeiten von Relevanz. Bis 1996 galt das Ladenschlussgesetz von 1956 nahezu unverändert, nachdem die meisten Geschäfte – Ausnahmen waren Tankstellen, Apotheken, Kioske, Bahnhofs- und Flughafengeschäfte, Gaststätten – nur montags bis freitags von 7:00 bis 18:30 Uhr und samstags bis 14:00 Uhr geöffnet sein durften. Ab 1996 wurde das Gesetz Schritt für Schritt gelockert, bis im Jahr 2006 mit der Zustimmung zur Föderalismusreform die Gesetzgebungskompetenz in Bezug auf den Ladenschluss an die Länder übertragen wurde.[331]

---

324 Vgl. Dreher 2003, S. 16; Swoboda/Schwarz 2006, S. 404.

325 Vgl. Swoboda/Morschett 2001, S. 180.

326 Vgl. z. B. Stöcker 2000, der im Jahr 2000 von einer „annähernden Verdopplung des Branchenvolumens“ bis zum Jahr 2005 spricht.

327 Vgl. Poppelbaum 2006, o. S.

328 Siehe hierzu die Websites von JET und SPAR: www.jet-tankstellen.de, Rubrik „Shop-Angebote“, und www.spar.de, Rubrik „Spar Express“ – „Spar Express an Jet-Tankstellen“ bzw. „Spar Express an Shell-Tankstellen“.

329 TESCO führte 2010 insgesamt 1.285 TESCO EXPRESS, vgl. Tesco PLC 2011, S. 21.

330 SAINSBURY führte 2010 in Großbritannien 377 Conveniencestores, vgl. J Sainsbury PLC 2011, S. 10.

331 Vgl. Mosbacher 2007, S. 23.

Heute existieren in den meisten Bundesländern Gesetze, die eine 24-Stunden-Öffnung an fünf oder sechs Tagen in der Woche ermöglichen. Ausgenommen sind – mit einigen Ausnahmeregelungen – die Sonn- und Feiertage.[332]

Die Erwartungen gingen überwiegend dahin, dass mit der Lockerung der Öffnungszeiten – durch die ein vermuteter großer Wettbewerbsvorteil der Tankstellenshops entfallen würde – ein Umbruch im Lebensmitteleinzelhandel stattfände, viele Einzelhändler die Möglichkeit zur längeren Öffnung nutzten und als Folge dessen die Absätze in den Tankstellenshops sänken.[333] Da die Lockerung der Öffnungszeiten erst vor verhältnismäßig kurzer Zeit erfolgte, lässt sich bisher noch keine gesicherte Aussage über die Auswirkungen machen.[334] Es finden sich jedoch einige Indizien: Im Mai 2008 gab ARAL bekannt, dass die Liberalisierung der Öffnungszeiten wenig Auswirkungen auf die Shopumsätze habe.[335] Auch die Tatsache, dass große Teile der Umsätze tagsüber – also zu den regulären Öffnungszeiten – realisiert werden,[336] lässt den Schluss zu, dass die Auswirkungen der Liberalisierung der Öffnungszeiten auf die Shopumsätze weniger stark sind als vielfach vermutet wurde.

2.2.7 Lieferanten der Tankstellenshops

Im Tankstellenshop-Markt existieren verschiedene Modi der Belieferung, nämlich die direkte Belieferung durch den Hersteller,[337] die Belieferung durch den Universalgroßhandel mit dem Fokus auf den Betriebstyp Tankstellenshop, die Belieferung durch den Spezialgroßhandel für bestimmte Warengruppen[338] und die Belieferung durch Systeme des Lebensmittelhandels mit Großhandelsfunktion.[339]

Einfluss auf die Preisgestaltung hat vor allem die Entwicklung im Bereich der Universalgroßhändler (weil diese teilweise „Komplettlösungen" für die Ausgestaltung der Marketinginstrumente liefern, s. u.) und die Übernahme der Großhandelsfunktion durch bestehende Lebensmittelhändler (weil hier möglicherweise der Weg zu neuen Formen von Tankstellenshops geebnet wird):

Mit der steigenden Attraktivität des Convenienceshop-Marktes etablierten sich **Universalgroßhändler**, die heute einen beträchtlichen Teil der Tankstellenshops beliefern.

332 Vgl. die Synopse bei Vogel/Seidelmann 2007, o. S.
333 Siehe z. B. Swoboda 1999, S. 102.
334 Vgl. BTG 2008, S. 16.
335 Siehe tanke.blogg.de, Rubrik „Archiv", Meldung vom 31.05.2008.
336 Vgl. USP market intelligence 2007c, o. S.; eine Ausnahme bildet der Sonntag: Der Sonntag ist der umsatzstärkste Tag in Tankstellen.
337 Vor allem für die Warengruppen Speiseeis, Tiefkühlkost sowie für Blumen und Backwaren, siehe Kohleisen 2001, S. 125 f.
338 Für die Warengruppen Tabakwaren und Presse, siehe Kohleisen 2001, S. 122 f.
339 Vgl. Kohleisen 2001, S. 119.

Seit einiger Zeit bezeichnen sich diese Großhändler auch als „Systemanbieter" im Convenience-Markt, da sie nicht nur das komplette gewünschte Sortiment liefern, sondern auch Problemlösungen im Bereich Beratung, Ladengestaltung u. Ä. bieten sowie teilweise auf zentraler Ebene mit den Mineralölgesellschaften Vereinbarungen über Sortiment, Zahlungsmodalitäten usw. treffen. Die beiden bedeutendsten Großhändler dieser Art sind LEKKERLAND und MCS (Markant Handelsgruppe, Marketing und Convenienceshop System GmbH). Aus den oben genannten Gründen spielen die Universalgroßhändler als Systemanbieter bei der Ausgestaltung der Tankstellenshops teilweise eine bedeutende Rolle: So belieferte LEKKERLAND[340], der führende deutsche Lieferant, im Jahr 2008 in Deutschland rund 62.600 Belieferungspunkte aus 17 Lägern bei einem Umsatzvolumen von 6,7 Mrd. €. Rund 4 Mrd. € des Umsatzes entfielen dabei auf die Vertriebslinie Tankstelle.[341] Zudem hat LEKKERLAND im Jahr 2007 den größten Liefervertrag seiner Firmengeschichte abgeschlossen und beliefert zunächst für die folgenden fünf Jahre 2.500 SHELL-Shops in zehn Ländern – bei einem Umsatzvolumen von mehr als 6 Mrd. €.[342]

Auch bereits etablierte Handelsgruppen versuchen, mit Hilfe von Tankstellen-Kooperationen über die Belieferung in den Markt einzusteigen. Zu nennen ist hier die SPAR HANDELSGESELLSCHAFT MBH, seit 2005 eine hundertprozentige Tochter der EDEKA ZENTRALE AG, die – wie bereits erwähnt – in zahlreichen JET-Tankstellen und auch einigen SHELL-Tankstellen die Belieferung für den Shop als „SPAR EXPRESS"-Shop komplett übernommen hat.[343] Ein ähnliches Modell findet sich auch in Österreich, wo im September 2009 der erste „SPAR EXPRESS"-Tankstellenshop eröffnet wurde.[344]

2.3 Eingrenzung des Untersuchungsobjektes

2.3.1 Begründung für die Auswahl des Anbieters

Die Auswahl des untersuchten Anbieters ist abhängig von der Zielsetzung der Untersuchung.[345] Hier fiel die Entscheidung auf die Analyse einer einzigen Tankstellenmarke. Dadurch werden einige Störvariablen ausgeschaltet, die andernfalls möglicherweise zu Verzerrungen in den Resultaten geführt hätten: Diese könnten sich

340 LEKKERLAND entwickelte sich seit Mitte der 1970er Jahre von einem Spezialgroßhändler im Bereich Süß- und Tabakwaren zu einem Full-Service-Dienstleister, der in enger Zusammenarbeit mit den Mineralölgesellschaften Shop-Konzepte entwickelt, siehe hierzu die Unternehmensinformationen unter www.lekkerland.de, Rubrik „Unternehmen" – „Geschichte".

341 Siehe hierzu die Informationen unter www.lekkerland.de, Rubrik „Unternehmen" – „Zahlen, Daten, Fakten".

342 Vgl. BTG 2008, S. 13.

343 Siehe Kap. 2.2.6.

344 Vgl. Spar Österreich 2009, o. S.

345 Vgl. Berekoven/Eckert/Ellenrieder 2006, S. 49.

durch unterschiedliche Marketingkonzeptionen und abweichendes Kundenverhalten bei den verschiedenen Marken ergeben, wenn z. B. die Kundenstrukturen unterschiedlich sind. Für die vorliegende Untersuchung wäre es unter anderem nachteilig, wenn bei mehreren untersuchten Marken unterschiedliche Positionierungen im Hinblick auf Preis und Leistung bestünden, da die betrachteten Effekte sich dann nicht exakt voneinander trennen ließen.

Die Konzentration der Untersuchung auf einen einzelnen Anbieter bringt zudem einen weiteren Vorteil mit sich: Zwar könnte man durch das Einbeziehen von mehreren Anbietern eine größere Reichweite der Aussagen (z. B. für den gesamten deutschen Tankstellenshop-Markt) erzielen; der Allgemeinheitsgrad der Aussagen wäre dann allerdings sehr hoch und ließe keine konkreten Handlungsempfehlungen zu.

Ausgewählt wurde für die Erhebung im Rahmen dieser Arbeit der Anbieter ARAL. Abgesehen von der Bereitschaft des Anbieters, die Studie zu unterstützen und empirische Erhebungen vor Ort in ausgewählten Tankstellenshops zu ermöglichen, sprechen vor allem die folgenden Gründe für diese Auswahl: ARAL zählt zu den A-Gesellschaften und ist Marktführer im deutschen Tankstellen-Markt – sowohl im Hinblick auf den Kraftstoffabsatz als auch im Hinblick auf die Größe des Tankstellennetzes.[346] Der Bekanntheitsgrad der Marke ARAL ist zudem sehr hoch, so dass auch bei Erhebungen außerhalb von ARAL-Tankstellen davon ausgegangen werden kann, dass die Marke i. d. R. bekannt ist und die Kunden sich dazu äußern können.[347]

Relevant für die Auswahl des Anbieters war auch die hohe Bedeutung, die dem Shopgeschäft innerhalb des Konzerns zukommt. Diese zeigt sich z. B. darin, dass im Jahr 2007 das Shopgeschäft (Convenience Retail Europe) von dem Kraftstoffgeschäft abgetrennt wurde und als eigenständiger Geschäftsbereich geführt wurde. Die Bedeutung des Shopgeschäfts für die Betreiber von ARAL-Tankstellen schlägt sich auch in der Zusammensetzung der Umsatzanteile nieder: Anfang 2009 erwirtschaftete der Betreiber einer ARAL-Tankstelle durchschnittlich 66 % seines Umsatzes über den Shop, 20 % über das Waschen und die restlichen 14 % über die Kraftstoffprovisionen. In Abb. 2-16 sind die durchschnittlichen Umsatzanteile einer ARAL-Tankstelle grafisch dargestellt.

---

346 Vgl. BTG 2008, S. 10.

347 Die Marke wurde z. B. im Jahr 2008 bereits zum achten Mal zur vertrauenswürdigsten Benzin-Marke in Deutschland gewählt, siehe hierzu Reader´s Digest 2008, o. S.

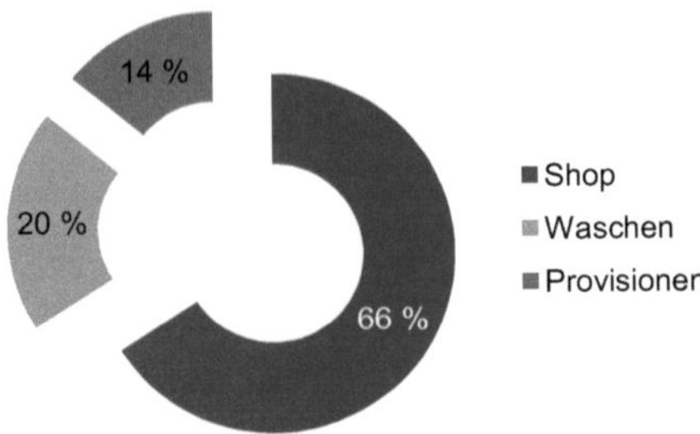

Abb. 2-16: Umsatzstruktur in einer Aral-Tankstelle (Quelle: in Anlehnung an die Abbildung unter www.aral.de, Rubrik „Geschäftsbereiche" – „Shopgeschäft".)

2.3.2 Beschreibung des ausgewählten Anbieters

Die Marke ARAL wird seit dem 1. Februar 2002 von der DEUTSCHEN BP AG geführt. Im Zuge der Übernahme in Deutschland wurden die BP-Stationen in ARAL-Stationen „umgeflaggt", so dass mittlerweile die Marke BP aus dem deutschen Tankstellen-Markt verschwunden ist. Gleichzeitig wurden wegen der Auflagen durch das Kartellamt rund 740 Tankstellen verkauft.[348] Das Tankstellennetz von ARAL war 2008 trotzdem mit seinen zu diesem Zeitpunkt 2.275 Stationen das größte in Deutschland und wächst seither trotz des schrumpfenden Gesamtmarktes: So hat sich das Netz bis 2010 um 132 auf 2.407 Stationen vergrößert.[349]

Von den 2.325 Straßentankstellen werden etwa die Hälfte als CODO-Stationen geführt: Die Anlagen gehören ARAL, der **Betreiber** ist Pächter[350]. Die andere Hälfte der Tankstellen sind DODO-Tankstellen, d. h., die Anlagen gehören dem Partner.

Die strategische Ausrichtung von ARAL fokussiert insbesondere auf die Qualitäts- und Kundenorientierung: Zu diesem Zweck wurde vor einigen Jahren das bis 2010 laufende ACCELERATOR-Programm ins Leben gerufen. Im Zuge dieses Programms wurden die Tankstellen umgebaut und modernisiert sowie kundenorientierter gestaltet. Gleichzeitig wurden zahlreiche Prozesse reorganisiert, was außerdem zu einer besseren Wirtschaftlichkeit führen soll.[351]

Die angestrebte Kundenorientierung schlägt sich in der Ausgestaltung der Marketinginstrumente nieder: Im Hinblick auf die **Sortimentspolitik** fand in den letzten Jahren ein

---

348 Informationen hierzu unter www.aral.de, Rubrik „Aral im BP-Konzern".

349 Siehe hierzu www.mwv.de, Rubrik „Daten/Statistiken" – „Statistiken/Preise" – „Tankstellen in Deutschland nach Gesellschaften".

350 Bei ARAL werden alle Betreiber, Pächter usw. als „Partner" bezeichnet. Diese Bezeichnung wird im Folgenden ebenfalls verwendet.

351 Siehe www.aral.de, Rubrik „Über Aral" – „Geschäftsbereiche" – „Shopgeschäft".

grundlegender Wandel statt. Hielten die Shops noch vor einiger Zeit ein „Sammelsurium“ an Produkten bereit, das von den Impulswaren im Kassenbereich bis zu einem klassischen Notkaufsortiment mit Tiernahrung, Kosmetikartikeln usw. reichten, konzentrieren sich die Shops seit einiger Zeit auf zwei Kernwarengruppen, nämlich die Warengruppen „Hunger“ und „Durst“. Beide Warengruppen wurden ausgeweitet – z. B. ist ein großes Angebot gekühlter Getränke vorhanden – wobei Qualität und Bequemlichkeit angestrebt werden.[352] Darüber hinaus werden auch neuartige Erweiterungen der Warengruppe getestet, z. B. das Angebot von Chilled-Food-Produkten (wie fertig abgepacktes Sushi oder frisch geschnittenes Obst).[353] Weichen mussten Produkte des Notkaufsortiments, die nicht im Fokus der Strategie stehen.[354] Im Zuge der Ausweitung der Warengruppen „Hunger“ und „Durst“ wurde außerdem das **PetitBistro** im Jahr 2004 eingeführt, das als eigenständiger Bereich in den Tankstellen ein Fast-Food-Sortiment anbietet und mittlerweile der viertstärkste Anbieter (nach Umsatz) des Fast-Food-Geschäfts in Deutschland ist.[355]

Auch die **Verkaufsraumgestaltung** und **Warenplatzierung** der neuen Stationen erfolgt kundenorientiert und bietet dem Kunden größtmögliche Bequemlichkeit. Die Shops sind mit niedrigen, gut überschaubaren Regalen ausgestattet. Auf die beiden Kernwarengruppen wird in den Shops mit großen Schildern hingewiesen. Für die „schnellen“ Kunden wurde eine „Fastlane“ (engl. „Überholspur“) eingerichtet: Die Stationen sind so aufgebaut, dass die Kunden den schnellsten Weg zur Kasse nehmen können und an diesem trotzdem ein (kleineres) Angebot der verschiedenen Warengruppen finden.

Die **Kommunikationspolitik** ist ebenfalls nach der strategischen Ausrichtung gestaltet: Die Betonung liegt auf der Aussage, dass der Kunde immer „im Mittelpunkt“ steht. Dies geschieht sowohl auf der Website[356] als auch in den Werbespots[357] des Unternehmens. Neben der Kundenorientierung, die über alle Kanäle kommuniziert wird, liegt der Fokus auch auf der Qualität der Produkte.[358]

Seit Mai 2006 ist ARAL darüber hinaus an das **Payback**-Bonusprogramm angeschlossen. Dabei entscheiden die Partner darüber, für welche Käufe wie viele Punkte verge-

---

352 Vgl. o. V. 2006, o. S.
353 Vgl. Aral AG 2007b, o. S.
354 Vgl. o. V. 2006, o. S.
355 Vgl. Aral AG 2007a, o. S.; Aral AG 2008, o. S. und www.aral.de, Rubrik „Über Aral“ – „PetitBistro“ – „Über PetitBistro“.
356 Siehe z. B. unter www.aral.de, Rubrik „Über Aral“ – „Sie stehen im Mittelpunkt“; ein Screenshot findet sich im Anhang 5.
357 Z. B. die Spots unter dem Motto „Für Menschen wie Dich“, abrufbar z. B. im Januar 2009 unter www.aral.de, Rubrik „Aktionen und Specials“ – „Für Menschen wie Dich“.
358 Dies zeigte z. B. ein TV-Spot aus dem Jahr 2008, in dem das Bauernpaar „Inge und Otto“ zum Essen ins PetitBistro fährt, weil dort die Inhaltsstoffe ebenso frisch sind wie auf ihrem Bauernhof.

ben werden, so dass die Modalitäten sich von Tankstelle zu Tankstelle unterscheiden können.[359]

In Bezug auf die **Preispolitik** besteht eine spezielle Situation, weil ARAL wegen des Verbots vertikaler Preisbindung keine zentral gesteuerte Preissetzung vornehmen kann.[360] Bisher lagen zudem kaum Informationen zum Preisverhalten von Kunden in Tankstellenshops vor, so dass eine kundenorientierte Gestaltung durch die Betreiber aufgrund mangelnder Informationen nicht möglich war.[361]

Sicherlich (auch) bedingt durch die beschriebene Strategie ergibt sich für die Marke ARAL die folgende **Kundenstruktur**: Grundsätzlich entsprechen die Kunden den in Kap. 2.2.3.2 dargestellten Charakteristika; es handelt sich eher um jüngere Männer mit einem (tendenziell) höheren Haushaltseinkommen. Ein überdurchschnittlich hoher Anteil im Vergleich zur Gesamtbevölkerung lässt sich zudem einer convenienceorientierten Zielgruppe zuordnen, die Wert auf Schnelligkeit und Bequemlichkeit, aber auch auf die Qualität der Produkte legt. Darüber hinaus ist der Stammkundenanteil recht hoch.[362]

359 Siehe www.aral.de, Rubrik „Payback".
360 Siehe die Ausführungen in Kap. 2.2.4.2.
361 Zur aktuellen Preisgestaltung in Tankstellenshops siehe die Ergebnisse einer Preiserhebung in Kap. 4.2.1.
362 Ergebnisse unternehmensinterner Marktforschung.

3 Grundlagen der verhaltenswissenschaftlichen Preisforschung

3.1 Definition des Preises

Der Preis lässt sich aus verschiedenen Perspektiven betrachten und unterschiedlich weit abgrenzen. Die engste Definition bezeichnet den Preis als monetäre Gegenleistung für eine bestimmte Menge eines Wirtschaftsgutes in bestimmter Qualität („Entgelt").[363] Diese Sichtweise, die nur die monetäre Dimension des Preises erfasst, stammt aus der klassischen Mikroökonomik und findet sich in der Literatur vor allem in älteren Beiträgen, die von einem gegebenen Markt ausgehen.[364] Eine erweiterte Preisdefinition bezieht die für das Entgelt gebotene Leistung mit ein: Danach ergibt sich der Preis (pr) als Quotient aus dem Entgelt (Preiszähler) und dem dafür gebotenen Leistungsumfang (Preisnenner):

$$pr = \frac{Entgelt}{Leistungsumfang}$$

Diese Preisdefinition berücksichtigt daher das Preis-Leistungs-Verhältnis der Produkte und den Zusammenhang zwischen dem Leistungsumfang und dem Entgelt: Durch einen höheren Leistungsumfang entstehen höhere Kosten, die einen höheren Preis rechtfertigen.[365] In die Leistungskomponente geht nicht nur die Kernleistung – also das Produkt oder Sortiment – ein, sondern sie umfasst auch die Dienstleistungen, die das Handelsunternehmen bietet. Diese Dienstleistungen schließen z. B. das Ladenlayout, den Service, aber auch den Markennamen, die Beratungsleistung und das Beschwerdemanagement sowie viele weitere Leistungen des Handels ein, die über das Sortiment hinausgehen.[366]

Noch weiter gefasst definiert DILLER: In den „Preis aus Kundensicht" gehen alle subjektiv wahrgenommenen Kosten des Erwerbs von Gütern ein. Damit ist also nicht nur der objektive Preis im engeren Sinne eines Entgelts oder eines Preis-Leistungs-Verhältnisses relevant, sondern es gehen alle Kosten ein, die dem Kunden durch den Erwerb eines Produktes entstehen (wie Transportkosten, Reparaturkosten usw.).[367] Je nach Fragestellung können alle drei Preisdefinitionen bei der Betrachtung des Preisverhaltens zweckmäßig sein, so dass im Folgenden auf alle drei zurückgegriffen wird.

363 Definitionen dieser Art findet man z. B. bei Cox 1946, S. 376; Jacob 1971, S. 13; Algermissen 1976, S. 168; Klawitter-Kurth 1981, S. 11; Simon 1992, S. 12.
364 Vgl. Löffler 1999, S. 14; Diller 2008a, S. 30.
365 Vgl. Monroe 2003, S. 5; Müller-Hagedorn 2005, S. 257 f.; Diller 2008a, S. 31.
366 Vgl. Ahlert/Kenning 2007, S. 112.
367 Vgl. Diller 2008a, S. 32.

3.2 Modellansätze zur Untersuchung von Verhalten

In der Fachliteratur finden sich verschiedene Forschungsansätze, um das Verhalten von Individuen zu beschreiben und zu erklären.[368] Der **behavioristische Ansatz** geht zurück auf WATSON und beruht auf der Annahme, dass nur beobachtbare Sachverhalte wissenschaftlich untersucht werden können. Psychische Prozesse werden aus der Betrachtung ausgenommen, weil sie aus der Sicht der Behavioristen nicht verifizierbar und nicht objektiv sind.[369] Beobachtbare Sachverhalte sind der Reiz als Inputfaktor und die Reaktion als Outputfaktor. Als Konsequenz dieser Sichtweise ergeben sich Stimulus-Response-Modelle (S-R-Modelle): Der (beobachtbare) Reiz führt zu der (beobachtbaren) Reaktion. In Abb. 3-1 ist dieses Modell schematisch dargestellt.

Abb. 3-1: Schematische Darstellung des S-R-Modells

Im Gegensatz zu den S-R-Modellen beziehen die **echten Verhaltensmodelle** auch nicht unmittelbar beobachtbare psychische Prozesse zur Erklärung des Verhaltens ein. In solchen Modellen wirken die Reize als Inputfaktoren zunächst auf den Organismus des Menschen, der seinerseits alle psychischen Prozesse „enthält". Die psychischen Prozesse führen zur Reaktion. Weil sie somit zwischen Input und Output vermitteln, werden sie als „intervenierende Variablen" bezeichnet.[370] Dabei handelt es sich um theoretische Konstrukte, die nicht direkt beobachtbar und messbar sind und deshalb mit Hilfe von Indikatoren indirekt gemessen werden müssen.[371] Modelle dieser Art bezeichnet man als Stimulus-Organismus-Response-Modelle (S-O-R-Modelle, siehe Abb. 3-2).[372]

Abb. 3-2: Schematische Darstellung des S-O-R-Modells

368 Vgl. Meffert 1992, S. 24 ff.; Kroeber-Riel/Weinberg/Gröppel-Klein 2009, S. 23 f.
369 Vgl. Watson 1919, S. vii.
370 Vgl. Meffert 1992, S. 26; Kroeber-Riel/Weinberg 2003, S. 30.
371 Zur Messung theoretischer Konstrukte siehe insb. Kap. 4.3.4.1.
372 Vgl. Woodworth 1929, S. 208.

Für die in der Käuferverhaltensforschung weitverbreiteten echten Verhaltensmodelle haben sich viele unterschiedliche Ansätze zur Systematisierung entwickelt.[373] Eine grundlegende Unterteilung ist die in neobehavioristische und kognitive Modelle: Eine Annahme der **neobehavioristischen Modelle** ist, dass die intervenierenden Variablen die eingehenden Reize im Organismus verändern und diese „Vermittlung" zur Reaktion führt. Diese Annahme ist jedoch nur schwerlich auf komplexe Informationsverarbeitungsprozesse anwendbar, so dass die **kognitiven Ansätze** entwickelt wurden: Bei diesen Ansätzen werden komplexe Verknüpfungen verschiedener Konstrukte modelliert, wobei besonders auf die Informationsverarbeitungsprozesse abgezielt wird.[374]

Darüber hinaus hat sich für die echten Verhaltensmodelle in der Literatur eine weitere Unterscheidung etabliert:[375] Einige Autoren versuchen, alle wesentlichen Einflussfaktoren und psychischen Prozesse des Kaufverhaltens in **Totalmodellen** zu integrieren und auf diese Weise das Konsumentenverhalten vollständig zu erfassen.[376] Um sich speziellen Konstrukten sowie bestimmten Input- und Outputfaktoren detailliert zu nähern, betrachten andere wiederum in **Partialmodellen** einzelne Einflussfaktoren und psychische Prozesse, konzentrieren sich also auf Teilbereiche des komplexen Geflechts von beobachtbaren und nicht beobachtbaren Größen.[377] Demzufolge finden sich in der Literatur zahlreiche Partialmodelle zu bestimmten Teilbereichen des Konsumentenverhaltens.[378]

3.3 Gegenstand und Abgrenzung der verhaltenswissenschaftlichen Preisforschung

Die verhaltenswissenschaftliche Preisforschung beschäftigt sich mit den psychischen Prozessen, die im Zusammenhang mit Preisreizen im Organismus des Individuums ablaufen.[379] Diese Prozesse werden explizit im Rahmen von S-O-R-Modellen der Preistheorie (engl. „Behavioral Pricing") in die Untersuchung einbezogen.[380] Dadurch grenzt sich die verhaltenswissenschaftliche Preisforschung von den mikroökonomischen, „klassischen" Ansätzen der Preistheorie ab: Letztere gehen von rationalen Entscheidungsprozessen bei vollständiger Information aus.[381] Sie betrachten im Rahmen

---

373 Vgl. Kroeber-Riel/Weinberg/Gröppel-Klein 2009, S. 34.
374 Vgl. Meffert 1992, S. 25 f.
375 Vgl. Voeth 2000, S. 2.
376 Hier sind vor allem die Modelle von Engel, Kollat und Blackwell (siehe Engel/Kollat/Blackwell 1978, S. 32) sowie von Howard und Sheth (siehe Howard/Sheth 1969, S. 30) weit verbreitet und häufig diskutiert worden. Siehe z. B. Trommsdorff 2009, S. 26.
377 Vgl. Bagozzi 1979b, S. 177 ff.; Voeth 2000, S. 3.
378 Vgl. Meffert 1992, S. 28.
379 Vgl. Zielke 2007b, S. 251.
380 Vgl. Diller 2008a, S. 94.
381 Vgl. Estelami/Maxwell 2003, S. 353; Zielke 2007b, S. 251.

von S-R-Modellen Reiz-Reaktions-Muster (wie z. B. sinkende Absätze bei steigenden Preisen), in denen zwar implizit Annahmen über Verhaltensweisen enthalten sind, diese aber nicht explizit thematisiert werden.[382] Obwohl die Annahme des rationalen Handelns bei vollständiger Information von den verhaltenswissenschaftlichen Ansätzen infrage gestellt wird, können auch die mikroökonomischen Modelle wichtige Hinweise für die Preisforschung liefern (z. B. durch die Analyse von Preis-Absatz-Funktionen).[383] Die verhaltenswissenschaftlichen S-O-R-Modelle sind jedoch als Ergänzung zu den bereits bestehenden Modellen zu sehen und helfen bei der Erklärung von Phänomenen, die sich zwar mit mikroökonomischen Ansätzen modellieren, aber nicht ergründen lassen: Während die klassischen Modelle die Reaktion auf einen Reiz abbilden, untersuchen die verhaltenswissenschaftlichen Ansätze die Prozesse, die zu der Reaktion führen. Aus diesen Erkenntnissen lassen sich wichtige Anhaltspunkte für die Ausgestaltung der preispolitischen Maßnahmen gewinnen.[384]

Demzufolge werden im Rahmen der verhaltenswissenschaftlichen Preisforschung psychische Prozesse beleuchtet, die in Zusammenhang mit Preisreizen stehen; jedoch wird nicht der Anspruch erhoben, alle Determinanten des Konsumentenverhaltens und ihr Zusammenspiel abzubilden.

3.4 Überblick über die Konstrukte des Preisverhaltens

In der Literatur finden sich verschiedene Systematiken für psychische Konstrukte. Häufig wird danach unterschieden, ob aktivierende oder kognitive Komponenten innerhalb der Konstrukte vorherrschen.[385] Als aktivierend werden alle Vorgänge bezeichnet, die „mit inneren Erregungen und Spannungen verbunden sind und das Verhalten antreiben“[386]. Kognitive Vorgänge umfassen alle Prozesse der Informationsverarbeitung.[387]

DILLER systematisiert die Konstrukte des Preisverhaltens ebenfalls nach dem Vorherrschen der aktivierenden oder der kognitiven Elemente, erweitert allerdings noch um intentionale Konstrukte, die Handlungsabsichten in Verbindung mit dem Preis bezeichnen.[388] Er unterteilt daher in aktivierende Prozesse (Preisemotionen und Preisinteresse), kognitive Prozesse (Preiswahrnehmung, Preislernen/Preiskenntnisse, Preisbe-

382 Vgl. Diller 2008a, S. 72.
383 Vgl. Kahneman/Knetsch/Thaler 1986b, S. 298 f.
384 Vgl. Diller 2008a, S. 95 f.
385 Vgl. z. B. Meffert 1992, S. 47 ff.; Trommsdorff 2004, S. 36; Kroeber-Riel/Weinberg/Gröppel-Klein 2009, S. 51.
386 Kroeber-Riel/Weinberg/Gröppel-Klein 2009, S. 51.
387 Vgl. Kroeber-Riel/Weinberg/Gröppel-Klein 2009, S. 51.
388 Die Unterteilung in aktivierende, kognitive und intentionale/konative Prozesse geht bereits auf PLATO zurück, der im menschlichen Geist drei Bereiche annahm, nämlich die Kognition oder das Wissen, die Emotion oder das Gefühl und die Konation oder den Willen. Siehe hierzu z. B. Scherer 2003, S. 563.

urteilung) und Preisintentionen (Preisbereitschaft, Preispräferenzen, Preiszufriedenheit und Preisvertrauen):[389]

- Die **Preisemotionen** sind komplexe Wirkungszusammenhänge, die aus dem Erleben eines Gefühls, bestimmten neurologisch-physiologischen Prozessen sowie konkreten Verhaltensweisen bestehen und mit einem Preisreiz zusammenhängen.[390]
- Das **Preisinteresse** ist das Bedürfnis, nach Preisinformationen zu suchen und diese bei Einkaufsentscheidungen zu berücksichtigen.[391]
- Die **Preiswahrnehmung** bezeichnet die sensorische Aufnahme von Preisinformationen, bei der objektive Preise (auch: Fokalpreise) oder andere Preissignale in subjektive Preiseindrücke encodiert, d. h. in ein subjektives Kategoriensystem des Individuums eingeordnet werden.[392]
- Das **Preislernen** ist der auf Preisbeobachtungen und Preiserfahrungen beruhende Erwerb von **Preiswissen** im Langzeitgedächtnis.[393]
- An die Preiswahrnehmung schließt sich die **Preisbeurteilung** an, die alle Verhaltensweisen bei der bewusst kontrollierten Bewertung von Preisen umfasst und schließlich im Preisurteil mündet.[394]
- Die **Preisbereitschaft** ist die grundsätzliche Absicht, in „einer künftigen Kaufsituation höchstens einen bestimmten Preis für eine bestimmte Leistung zu akzeptieren".[395]
- Die **Preispräferenzen** beziehen sich nicht auf Einzelpreise, sondern auf andere Entscheidungsgegenstände beim Einkauf, bei denen das Preisinteresse der Kunden tangiert wird: Es handelt sich um „dauerhafte Verhaltensabsichten zur Bevorzugung bestimmter Einkaufsalternativen", die sich aus den individuellen Preisinteressen ergeben. Preispräferenzen können sämtliche Entscheidungen beim Einkauf beeinflussen, wie z. B. die Markenwahl, die Einkaufsstättenwahl, die Wahl der Betriebsform oder die des Einkaufszeitpunkts.[396]
- Die **Preiszufriedenheit** ist nach ZIELKE eine „affektive Reaktion (...), die aus einem Zusammenwirken kognitiver und affektiver Prozesse resultiert, die wiederum durch spezifische Erfahrungen mit verschiedenen Teilbereichen der Preiswahrnehmung

389 Vgl. Diller 1978, S. 26; Diller 2008a, S. 94. Eine andere Systematisierung findet sich bei Homburg/Koschate 2005a, die die Konstrukte nach den Phasen der Informationsaufnahme, -beurteilung und -speicherung unterteilen und ihr Augenmerk so vor allem auf die kognitiven Prozesse des Preisverhaltens richten, siehe ebd., S. 386.
390 Vgl. Izard 1977, S. 4; O´Neill/Lambert 2001, S. 218.
391 Vgl. Diller 1978, S. 26; Diller 1982a, S. 315.
392 Vgl. Diller 2008a, S. 120. Siehe auch den Aufsatz von Monroe 1973.
393 Vgl. Diller 2008a, S. 133.
394 Vgl. Schneider 1999, S. 54 f.
395 Diller 2008a, S. 155.
396 Vgl. Diller 2008a, S. 156.

ausgelöst werden. Bei den ausgelösten kognitiven Prozessen kommt der Diskonfirmation von Erwartungen eine wichtige Rolle zu."[397]

- Das **Preisvertrauen** ist definiert als die Hoffnung bzw. Erwartung eines Kunden, dass der Anbieter sich im Hinblick auf die Preisgünstigkeit oder die Preiswürdigkeit nicht einseitig eigennützig (opportunistisch) verhält.[398]

Abgesehen davon, dass zwischen den genannten Konstrukten zahlreiche Interdependenzen bestehen – worauf DILLER auch hinweist – ist diese Zuordnung nicht trennscharf: So enthält z. B. das Preisinteresse (als aktivierendes Konstrukt) auch kognitive Elemente und die Preisbeurteilung (als kognitives Konstrukt) aktivierende.

Hier wird dennoch auf den Vorschlag von DILLER zurückgegriffen: Erstens deckt er sowohl aktivierende als auch kognitive und intentionale Konstrukte ab und ist damit am umfassendsten. Zweitens stammt eine große Anzahl an (deutschsprachigen) Arbeiten zum Preisverhalten aus der Schule DILLERs, so dass auf diese Weise die Vergleichbarkeit gewährleistet ist.[399]

Für die weitere Untersuchung wurden jedoch einige Veränderungen vorgenommen, die allerdings keine Modifizierung der Systematik nach DILLER darstellen, sondern lediglich der gezielten Bearbeitung der Fragestellungen dienen. Sie betreffen die Preiswahrnehmung, die Preispräferenzen und die Preiszufriedenheit.

DILLER betrachtet das Preislernen als auf die **Preiswahrnehmung** aufbauend. Da jedoch die Preiswahrnehmung bereits mit ersten Urteilsbildungen einhergeht, werden hier erst Preiswahrnehmung und Preisbeurteilung als aufeinanderfolgend und das Preislernen sowie das Preiswissen anschließend betrachtet. Zudem werden die Preiswahrnehmungsprozesse nicht empirisch untersucht, so dass nur Informationen zu den theoretischen Grundlagen gegeben werden. Diese sollen ein besseres Verständnis für die Modellierung und empirische Erhebung derjenigen Konstrukte gewährleisten, die auf die Preiswahrnehmung aufbauen.

Außerdem ist das Konstrukt der **Preispräferenzen** nicht Gegenstand der Untersuchung, da diese sich, wie oben dargestellt, nicht auf Einzelpreise beziehen, sondern auf andere Entscheidungsobjekte (v. a. die Wahl bestimmter Einkaufsstätten). Weil vorliegend das Preisverhalten von Kunden in einem bestimmten Betriebstyp im Fokus steht – die Kunden ihre Einkaufsstättenwahl also bereits getroffen haben – werden die Preispräferenzen ausgeklammert.

---

397 Zielke 2006a, S. 5.
398 Vgl. Diller 2008a, S. 163.
399 Siehe hierzu den entsprechenden Überblick über vorliegende Untersuchungen zu den jeweiligen Konstrukten in Kap. 4.3.4.

Schließlich wurde die **Preiszufriedenheit** nicht einbezogen, da der Fokus auf anderen Konstrukten und Fragestellungen lag.[400] In Untersuchungsphase 2 gehen allerdings Überlegungen ein, die mit der Preiszufriedenheit zusammenhängen; daher finden sich einige Informationen zu diesem Konstrukt in Kap. 5.2.1. In Abb. 3-3 ist der Systematisierung nach DILLER die Modifizierung für die vorliegende Arbeit gegenübergestellt.

<table>
<tr><th></th><th colspan="2">Aktivierende Prozesse</th><th colspan="3">Kognitive Prozesse</th><th colspan="4">Preis-intentionen</th></tr>
<tr><td>Systematik nach DILLER</td><td>Preis-emotionen</td><td>Preis-interesse</td><td>Preis-wahrnehmung</td><td>Preis-lernen/-kenntnisse</td><td>Preis-beurteilung</td><td>Preis-bereitschaft</td><td>Preis-präferenzen</td><td>Preis-zufriedenheit</td><td>Preis vertrauen</td></tr>
<tr><td>Vorgehen in der vorliegenden Arbeit</td><td>Preis-emotionen</td><td>Preis-interesse</td><td>Preis-wahrnehmung</td><td>Preis-beurteilung</td><td>Preis-lernen/-kenntnisse</td><td>Preis-bereitschaft</td><td colspan="2">(Preis-zufriedenheit)</td><td>Preisvertrauen</td></tr>
</table>

Abb. 3-3: Konstruktbereiche und Konstrukte des Preisverhaltens nach DILLER und in der vorliegenden Arbeit
(Quelle: in Anlehnung an Diller 2008a, S. 94)

3.5 Entwicklung und Ausmaß der verhaltenswissen-schaftlichen Preisforschung

Aspekte des Verhaltens auf Individualebene spielten lange Zeit in der Preistheorie nur eine geringe Rolle, während mikroökonomische Modelle die Preistheorie dominierten.[401] Kritik an den Annahmen dieser Modelle führte etwa ab dem Jahr 1970 dazu, dass das Augenmerk der Forschung auf verhaltenssteuernde psychische Prozesse gelenkt wurde. In den 1980er und 1990er Jahren wurden im angloamerikanischen Raum die Forschungsbemühungen im Bereich der verhaltenswissenschaftlichen Preisforschung intensiviert, so dass von dort mittlerweile eine beträchtliche Anzahl an Arbeiten vorliegt. Der Schwerpunkt liegt dabei eher auf kognitiv geprägten Prozessen, also auf Wahrnehmung, Verarbeitung und Speicherung von Preisinformationen.[402] Vor allem in jüngerer Zeit kommt jedoch auch den emotionalen Prozessen (Preisemotionen) und anderen Konstrukten, die einen hohen Anteil aktivierender Elemente beinhalten (wie das Preisinteresse), mehr Aufmerksamkeit zu.[403]

400 Siehe zum Aufbau der Hauptuntersuchung und den Fragestellungen die Kap. 4.1 und 4.4.1.
401 Siehe auch die Darstellung des Forschungsstandes für die Konstrukte in Kap. 4.3.4.
402 Vgl. Homburg/Koschate 2005a, S. 384; Zielke 2007b, S. 250. Siehe auch den Beitrag von Schindler 2011, der vierzehn weitere Forschungsfragen für die verhaltenswissenschaftliche Preisforschung aufwirft.
403 Vgl. Homburg/Koschate 2005c, S. 515 ff.

Im deutschsprachigen Raum findet das gesamte Forschungsfeld noch immer, abgesehen von den Arbeiten DILLERS und einiger weniger anderer, vergleichsweise wenig Beachtung.[404] Erst in jüngerer Zeit – etwa ab 2003 – sind intensivere Forschungsbemühungen zu beobachten.[405] Dies ist vor allem darauf zurückzuführen, dass hier in den 1980er und 1990er Jahren eine Grundsatzdiskussion über den Sinn und Unsinn verhaltenswissenschaftlicher Ansätze in der Marketingforschung entflammte: SCHNEIDER attestierte einer verhaltenswissenschaftlich geprägten Marketingwissenschaft „Dilettantismus“ und „Theorielosigkeit“ und kritisierte ihren Einsatz stark.[406] Die daraufhin entstehende Diskussion führte dazu, dass im deutschsprachigen Raum die verhaltenswissenschaftlich orientierte Marketingwissenschaft erst spät Einzug fand.[407] Mittlerweile herrscht weitgehend Einigkeit darüber, dass die Modelle der klassischen Mikroökonomik für die Erklärung einiger in der Realität auftretender Phänomene nicht geeignet sind und insbesondere dann, wenn das Verhalten eines Individuums untersucht werden soll, verhaltenswissenschaftliche Ansätze sinnvoll sind.[408]

404 Vgl. Homburg/Koschate 2005a, S. 384.
405 So widmete sich z. B. die April-Ausgabe der Zeitschrift „Thexis“ im Jahr 2007 dem Konstrukt der Preisfairness. Siehe auch die Ausführungen in Kap. 4.3.4.
406 Vgl. z. B. Schneider 1983, S. 200.
407 Für eine Darstellung der Diskussion siehe Eschweiler 2006, S. 2.
408 Vgl. Backhaus 1992, S. 777 ff.; Franke 2002, S. 192.

4 Untersuchungsphase 1: Exploratorische Untersuchung des Preisverhaltens von Kunden in Tankstellenshops und Hypothesenformulierung

4.1 Vorüberlegungen und Vorgehensweise zur exploratorischen Untersuchung

Weil bisher – wie in Kap. 2.2.3.4 erläutert – Informationen über das Preisverhalten von Kunden in Tankstellenshops weitgehend fehlen, war für die empirische Untersuchung zunächst ein exploratorisches Vorgehen unumgänglich: Explorationsstudien dienen dazu, mehr oder weniger systematisch Informationen über den Untersuchungsgegenstand zu sammeln und so die Bildung von Hypothesen oder Theorien zu ermöglichen, die dann in späteren, konfirmatorisch angelegten Untersuchungsschritten überprüft werden.[409] In diesem Zusammenhang finden sich in der Literatur zahlreiche, teilweise grundverschieden gebrauchte Begrifflichkeiten, die im Folgenden kurz erläutert und für die vorliegende Arbeit abgegrenzt werden, und zwar die Begriffe der Exploration, der Konfirmation, der Deskription und der Explikation.

Exploration (auch: exploratorische oder explorative Forschung) bezeichnet das mehr oder weniger systematische Erkunden eines Sachverhaltes und dient der Bildung von Theorien und Hypothesen. Demgegenüber werden im Rahmen der **Konfirmation** (auch: konfirmatorische Forschung) bereits bestehende Theorien und Hypothesen überprüft.[410] Diese beiden Ansätze sind im Zuge der empirischen Forschung nicht strikt zu trennen: Durch den iterativen Charakter der Forschung ergibt sich im Forschungsprozess häufig eine Überschneidung beider Ansätze.[411] Manche Autoren bezeichnen konfirmatorische Untersuchungen auch als **explanative** Untersuchungen[412]; allerdings wird der Begriff explanativ (auch: explikativ oder explanatorisch) im Sinne von auslegend oder erläuternd verwendet und impliziert die Erklärung von Sachverhalten und Betrachtung von Zusammenhängen zwischen verschiedenen Phänomenen.[413] Daher wird er im Folgenden nicht mit dem Begriff „konfirmatorisch" gleichgesetzt. Demgegenüber dienen **deskriptive** Ansätze der Beschreibung von Populationen und der Verdichtung von Daten, ohne dass Abhängigkeiten betrachtet werden. Grundsätzlich

---

409 Vgl. Tukey 1977, S. vii; Bortz/Döring 2009, S. 354 und S. 356.

410 Vgl. Bortz/Döring 2009, S. 353. Siehe auch Reichenbach 1938, S. 6 f., auf den die Unterteilung in den Entdeckungszusammenhang („context of discovery") und den Begründungszusammenhang („context of justification") zurückgeht.

411 Siehe den Aufsatz von Tukey 1980; Schnell 1994, S. 328 f.

412 Siehe z. B. bei Bortz/Döring 2009, S. 356.

413 Vgl. Fritz 1992, S. 60.

können deskriptive und explanative Aussagen also sowohl im Rahmen der Exploration als auch der Konfirmation getroffen werden.[414] Von dem deskriptiven Ansatz weiterhin zu unterscheiden ist der **induktive** Ansatz (auch: die Inferenzstatistik), der herangezogen wird, um von Phänomenen, die in einer Stichprobe auftreten, auf die Grundgesamtheit zu schließen.[415]

BORTZ und DÖRING unterscheiden vier **Explorationsstrategien**, nämlich die theoriebasierte, die methodenbasierte, die empirisch-qualitative und die empirisch-quantitative Exploration.[416] Da die Begriffe der qualitativen und quantitativen Erhebung oder der qualitativen und quantitativen Daten in der Literatur unterschiedlich gebraucht werden, muss zunächst konkretisiert werden, wie die Autoren diese Begriffe in diesem Zusammenhang verstehen:[417] Sie bezeichnen Daten dann als qualitativ, wenn sie in nicht numerischer Form (z. B. als Gesprächsprotokolle, Briefe, Zeitungsartikel, aber auch als Bilder oder Filme usw.) vorliegen. Unter quantitativen Daten subsumieren sie hingegen numerische Daten, so dass z. B. auch durch Rating-Skalen erhobene Zufriedenheitswerte darunter fallen.[418]

Die **theoriebasierte Exploration** besteht darin, die bereits existierenden Theorien, die den Untersuchungsgegenstand berühren, systematisch zu sichten. Dabei können einerseits Alltagstheorien, andererseits wissenschaftliche Theorien herangezogen werden. Im Zuge der **methodenbasierten Exploration** liegt das Augenmerk vor allem auf den Methoden, mit denen im Rahmen der im Folgenden betrachteten Untersuchungen gearbeitet wurde. So stellt sich z. B. die Frage, ob bestimmte Ergebnisse möglicherweise durch die Untersuchungsmethode bedingt sein könnten. Die **empirisch-qualitative Exploration** basiert auf nicht numerischen Daten und versucht, auf dieser Basis Annahmen über bestimmte Wirkungszusammenhänge zu formulieren, während die **empirisch-quantitative Exploration** numerische Datenbestände auf exploratorische Weise untersucht: Statt mit Hilfe der Daten bestimmte Annahmen statistisch zu überprüfen, geht sie offener vor und hat zum Ziel, bisher unbekannte Zusammenhänge oder Muster offenzulegen und auf dieser Basis Forschungshypothesen aufzustellen.

Ziel der hier durchgeführten exploratorischen Untersuchung war es, Informationen über das Preisverhalten von Kunden in Tankstellenshops zu sammeln und auf dieser Basis Hypothesen für diesen Untersuchungsgegenstand zu formulieren. Dabei kamen alle vier dargestellten Explorationsstrategien zum Einsatz: Zunächst erfolgte im Zuge der empirisch-qualitativen und empirisch-quantitativen Exploration eine **Voruntersuchung**,

414 Vgl. ebd.
415 Vgl. Bühner/Ziegler 2009, S. 9.
416 Siehe hierzu und zu den vier Explorationsstrategien Bortz/Döring 2009, S. 357 ff.
417 Zu dieser Problematik siehe z. B. den Aufsatz von Müller 1999.
418 Vgl. Bortz/Döring 2009, S. 296 f. Siehe zum Begriff der Rating-Skalen das Kap. 4.4.1.3.

die sich aus einer Preiserhebung in Tankstellenshops und im übrigen Lebensmitteleinzelhandel sowie vier Gruppendiskussionen mit verschiedenen Kundengruppen zusammensetzte.

Begleitend dazu wurde die relevante Fachliteratur zur verhaltenswissenschaftlichen Preisforschung sowie zum Kundenverhalten in Tankstellenshops[419] aufgearbeitet (theoriebasierte Exploration). Dabei lag das Augenmerk nicht nur auf den entwickelten Theorien und Modellen, sondern auch auf den jeweiligen Messmethoden (methodenbasierte Exploration). Die Ergebnisse schlugen sich nieder in der **Modellierung der Variablen** für die empirisch-quantitative Explorationsstudie und der dort verwendeten Messmethoden. Aufgrund der Vielzahl der einbezogenen Größen konnte es dabei nicht das Ziel sein, für jedes der untersuchten Konstrukte die gesamte vorhandene Literatur darzustellen; stattdessen wurde für jedes Konstrukt ein Überblick über bisher erfolgte Messungen und den jeweiligen Erkenntnisstand in der Literatur gegeben. Um zu einem solchen Überblick zu gelangen, sind zwei Ansätze möglich, nämlich das Verfahren der Metaanalyse und des Reviews.[420]

Die **Metaanalyse** fasst den aktuellen Forschungsstand zusammen, indem sie die empirischen Ergebnisse der zu einem bestimmten Thema vorliegenden Studien statistisch aggregiert.[421] Im Gegensatz dazu stellt ein **Review** die einschlägige Literatur narrativ vor.[422] Den Vorteil der Metaanalyse sehen einige Autoren darin, dass sie an den empirischen Ergebnissen der Studien ansetzt und nicht auf sprachlicher Ebene; daher wird sie als objektiver beurteilt.[423] An Reviews wird vor allem kritisiert, dass die Auswahl und Gewichtung der einbezogenen Untersuchungen im Wesentlichen dem Verfasser überlassen bleiben und daher subjektiv erfolgen.[424] Der Vorteil eines Reviews besteht aber darin, dass sein Fokus weiter ist: Während die Metaanalyse eine statistische Effektschätzung auf der Basis verschiedener Untersuchungen liefert, befasst sich der Review neben der Darstellung empirischer Ergebnisse auch mit methodischen Fragen. Diese werden im Rahmen der Metaanalyse nur teilweise, nämlich vor allem zur Beurteilung der Vergleichbarkeit von Studien, betrachtet.[425] Für das oben formulierte Ziel der vorliegenden exploratorischen Untersuchung kam daher das Verfahren des Reviews zum Einsatz. Vorab musste hierfür die relevante Literatur identifiziert werden.

---

419 Die Darstellung der zum Thema Kundenverhalten in Tankstellenshops bereits vorliegenden Ergebnisse erfolgte in Kap. 2.2.3.

420 Vgl. Bortz/Döring 2009, S. 672.

421 Zum Verfahren der Metaanalyse siehe z. B. die Arbeiten von Cooper/Lemke 1991, Hunt 1999 oder Rustenbach 2003.

422 Zum Verfahren des Reviews siehe z. B. bei Becker 1991; Cooper/Hedges 1994.

423 Vgl. Bortz/Döring 2009, S. 672. Einen Vergleich beider Verfahren findet man z. B. bei Beaman 1991.

424 Vgl. Rustenbach 2003, S. 3 f.

425 Vgl. Beaman 1991, S. 256 f.

Dabei wurde wie folgt vorgegangen:

Abgesehen von Monographien zu den Themen Preis, Preispolitik, Kundenverhalten und zur verhaltenswissenschaftlichen Preisforschung wurden die zu diesen Kernpunkten existierenden Sammelwerke (mit dem Fokus auf dem Preis wie „Issues of Pricing“[426], „Handbuch Preispolitik“[427] oder „Pricing in Deutschland“[428] und mit dem Fokus auf dem Konsumentenverhalten wie „Handbook of Consumer Psychology“[429] oder „Perspectives in Consumer Behavior“[430]) einbezogen.

Ein besonderes Augenmerk richtete sich außerdem auf die internationale Zeitschriftendiskussion. Die für den Themenbereich relevanten Zeitschriften wurden mit Hilfe von zwei Zeitschriften-Rankings identifiziert, nämlich dem VHB-Jourqual 2[431] und dem Ranking der ACADEMY OF MARKETING SCIENCE (AMS)[432]. Dabei gehen alle im VHB-Jourqual 2 aufgeführten Marketingzeitschriften in den Review ein, sofern sie als A+-, A- oder B-Journal gerankt wurden und sich nicht explizit auf andere Spezialgebiete beziehen (wie z. B. das Journal of Advertising). Von der AMS fließen – unter derselben Bedingung auch beschränkt auf das zu untersuchende Spezialgebiet – alle unter den zwanzig bedeutendsten Zeitschriften geführten Marketingjournals ein. Auf diese Weise ergab sich eine Zusammenstellung von zwölf relevanten Zeitschriften, die um weitere sechs ergänzt wurde: drei deutschsprachige („Die Betriebswirtschaft“, „Marketing Zeitschrift für Forschung und Praxis“ sowie „Zeitschrift für betriebswirtschaftliche Forschung“) und drei englischsprachige, die entweder niedriger gerankt oder nicht den Marketingjournals zuzuordnen sind, aber zahlreiche Aufsätze aus dem Bereich der verhaltenswissenschaftlichen Preisforschung veröffentlichen („International Review of Retail, Distribution and Consumer Research“, „Journal of Economic Psychology“, „Journal of Product and Brand Management“).

In Tab. 4-1 sind die auf diese Weise ausgewählten Zeitschriften aufgeführt; alle bis zur Erhebungskonzeption erhältlichen Jahrgänge[433] wurden nach verschiedenen Schlagworten („price“ „pricing“ „behavioral pricing“ usw.) durchsucht und so die für die vorliegende Untersuchung relevanten Aufsätze identifiziert.

426 Siehe Devinney 1988.
427 Siehe Diller 2003a.
428 Siehe Diller 2005.
429 Siehe Haugtvegt 2008.
430 Siehe Kassarijan/Robertson 1981.
431 Siehe hierzu vhbonline.org, Rubrik „Service“ – „VHB-Jourqual“ – „VHB-Jourqual 2 (2008).
432 Abrufbar über den Direktlink http://www.ams-web.org/displaycommon.cfm?an=1&subarticlenbr=10.
433 Da die Erhebung 2007 stattfand, ist in die Konzeption der Erhebung die bis dahin vorliegende Literatur eingegangen. Im Nachgang erfolgte eine Durchsicht neuerer Jahrgänge, um abweichende Erkenntnisse oder solche, die für die Interpretation der Ergebnisse relevant sind, ebenfalls berücksichtigen zu können.

Zeitschrift
Advances in Consumer Research
DBW
International Journal of Research in Marketing
International Review of Retail, Distribution and Consumer Research
Journal of Applied Psychology
Journal of Business Research
Journal of Consumer Psychology
Journal of Consumer Research
Journal of Economic Psychology
Journal of Marketing
Journal of Marketing Research
Journal of Product and Brand Management
Journal of Retailing
Journal of the Academy of Marketing Science
Marketing Science
Marketing ZfP
Psychology + Marketing
zfbf

Tab. 4-1: Schwerpunktmäßig berücksichtigte Zeitschriften

Im Anschluss an die Modellierung der Variablen folgte mit Hilfe der aus der Literatur und in der Voruntersuchung gewonnenen Informationen die bereits angesprochene **empirisch-quantitative Explorationsstudie** zum Preisverhalten von Kunden in Tankstellenshops.

4.2 Voruntersuchung

4.2.1 Preiserhebung

Um zunächst einen Überblick über die Preissetzung der Betreiber in Tankstellenshops zu bekommen, wurde im Rahmen der Voruntersuchung im ersten Schritt eine Preiserhebung durchgeführt.[434]

Hierzu wurden in **28 Einkaufsstätten** im Großraum der Stadt Essen die Preise für **20 Produkte** erhoben.[435] Ziel war es, in Vorbereitung der weiteren Erhebungsschritte Informationen über die Preissetzung unterschiedlicher Betriebstypen und verschiedener Tankstellen zu generieren.

434 Weil die Pächter die Preise selbst festlegen, unterscheiden sich die Preise nicht von Marke zu Marke, sondern von Tankstelle zu Tankstelle. Siehe hierzu Kap. 2.2.4.2.

435 Detaillierte Informationen zur Preiserhebung und zu den dort einbezogenen Einkaufsstätten und Produkten finden sich in Anhang 6.

Die Gruppe der **Einkaufsstätten** setzte sich folgendermaßen zusammen: Neben 19 Tankstellenshops gingen 9 Einkaufsstätten des übrigen Lebensmitteleinzelhandels in die Betrachtung ein, darunter 3 Discounter unterschiedlicher Marken. Von den 19 untersuchten Tankstellenshops waren 18 Markentankstellen (14 von A-Gesellschaften, 4 von B-Gesellschaften) und 1 freie Tankstelle.[436]

Bei den **Produkten** handelte es sich um solche, die üblicherweise zum Sortiment eines Tankstellenshops zählen: verschiedene Getränke (z. B. Softdrinks, Bier und Spirituosen), Süßigkeiten (z. B. Schokoriegel, Weingummi, Kaugummi), salzige Snacks (z. B. Chips) und ein höherpreisiges Produkt, nämlich ein Pfund Kaffee. Für die 3 Discounter wurden die Preise derjenigen Produkte erhoben, die den Markenprodukten am nächsten kamen – hier sind deshalb Abstriche bei der Genauigkeit der Erhebung zu machen (z. B. wurde bei ALDI statt WODKA GORBATSCHOW die Eigenmarke ZARANOFF betrachtet).

Vergleicht man die Durchschnittspreise der ausgewählten Produkte, so lagen diese in den Tankstellenshops im Durchschnitt ungefähr 57 % über denen im übrigen Lebensmitteleinzelhandel. Dabei finden sich von Produkt zu Produkt große Unterschiede: Während in den Tankstellenshops die Preise für WRIGLEYS AIRWAVES-Kaugummi im Durchschnitt nur 21 % über denen im übrigen Lebensmitteleinzelhandel lagen (Durchschnittspreis im übrigen Lebensmitteleinzelhandel: 0,66 €; Durchschnittspreis in der Tankstelle: 0,79 €), kostete eine 0,33 l-Dose COCA COLA im Tankstellenshop durchschnittlich mehr als das Doppelte im Vergleich zum übrigen Lebensmitteleinzelhandel (Durchschnittspreis im übrigen Lebensmitteleinzelhandel: 0,43 €; Durchschnittspreis in der Tankstelle: 0,88 €).

Für die Tankstellenshops zeigte sich außerdem, dass die Preise über denen im übrigen Lebensmitteleinzelhandel lagen, wobei sie aber überdies von Tankstelle zu Tankstelle stark variierten. So lag z. B. der Preis für eine 0,33 l-Dose COCA COLA in den Tankstellenshops bei durchschnittlich 0,88 €; die Preise variierten aber zwischen 0,69 € und 1,09 €. Noch deutlicher wird dies bei der 0,75 l-Plastikflasche VITTEL: Hier lag der Durchschnittspreis in Tankstellenshops bei 1,34 €. Der niedrigste Preis betrug 1,10 €, der höchste 1,89 € – und das sogar in zwei Tankstellenshops derselben Marke, die nur etwa 3 km auseinanderliegen.[437]

Als Ergebnis der Preiserhebung lässt sich Folgendes festhalten:

436 Zwar wurden mehrere freie Tankstellen angefahren, jedoch waren dort entweder keine Shops vorhanden oder das Sortiment so dürftig, dass eine Preiserhebung nicht durchgeführt werden konnte.

437 Siehe Anhang 6.

- Die durchschnittlichen Preise in den Tankstellenshops liegen deutlich über den durchschnittlichen Preisen im übrigen Lebensmitteleinzelhandel.
- Die Differenz zwischen den durchschnittlichen Tankstellen-Preisen und den durchschnittlichen Preisen im übrigen Lebensmitteleinzelhandel fällt von Produkt zu Produkt sehr unterschiedlich aus.
- Die Preise unterscheiden sich darüber hinaus stark von Tankstelle zu Tankstelle, und zwar sogar bei Tankstellen derselben Marke.

4.2.2 Gruppendiskussionen

4.2.2.1 Erhebungsmethodik

Im nächsten Schritt folgten vier 90-minütige Gruppendiskussionen, die der Erhebung von Grundlageninformationen über das Einkaufs- und Preisverhalten von Kunden in Tankstellenshops dienten. Unter einer **Gruppendiskussion** versteht man die Diskussion in Kleingruppen unter Leitung eines geschulten Moderators.[438] Gruppendiskussionen können sowohl als Ton- als auch als Bildaufzeichnung dokumentiert werden, was vor allem zwei Vorteile bietet: Zum einen kann das Datenmaterial im Nachhinein mehrfach und von verschiedenen Personen betrachtet werden, was die Fehleranfälligkeit bei der Auswertung senkt, zum anderen können auch non verbale Verhaltensweisen registriert werden. Eine Aufzeichnung eröffnet danach die Möglichkeit, das Meinungsbild sowie die Prozesse, die zur Meinungsbildung in der Gruppe führen, zu analysieren.[439]

Der Erfolg einer Gruppendiskussion wird zum großen Teil von der Zusammensetzung der Gruppe, der Anzahl der Personen in einer Gruppe und der inhaltlichen Konzeption der Diskussion bestimmt.[440]

Für die **Zusammensetzung der Gruppe** wird als wichtigstes Kriterium der Grad an Homogenität der Personen in einer Gruppe betrachtet.[441] In einer homogenen ähneln sich die Teilnehmer in Bezug auf ein relevantes Kriterium oder mehrere relevante Kriterien, während die Teilnehmer heterogener Gruppen sich im Gegensatz dazu in Bezug auf dieses Kriterium (oder diese Kriterien) unterscheiden. Über die Frage, ob die Bildung homogener oder heterogener Gruppen zweckmäßiger sei, wurde in Fachkreisen

438 Vgl. Groening 1981, S. 53; Kepper 1996, S. 64. Für eine umfassende Darstellung der Methode siehe z. B. die Arbeit von Pollock 1955; den Aufsatz von Dreher/Dreher 1994; Salcher 1995, S. 44 ff.; die Arbeit von Dammer/Szymkowiak 1998; Morgan 1998, insb. S. 65 ff; die Arbeit von Lamnek 2005.

439 Vgl. Zaharia 2006, S. 74.

440 Vgl. Dreher/Dreher 1994, S. 150; Salcher 1995, S. 46.

441 Vgl. Salcher 1995, S. 46 f.

lange diskutiert.[442] Homogene Gruppen haben den Vorteil, dass die Mitglieder der Gruppe sich einer ähnlichen Sprache bedienen, die Gruppe häufig ein klares Meinungsbild entwirft und Ergebnisse liefert, die (relativ) gut zu verallgemeinern sind. Nachteilig an homogenen Gruppen ist, dass zumeist nicht verschiedene Standpunkte diskutiert werden, sondern eher eine gegenseitige Ergänzung, Bestätigung und Einigung auf eine Gruppenmeinung stattfindet; intensive Diskussionen sind daher kaum zu erwarten. Im Gegensatz dazu haben heterogene Gruppen den Vorteil, dass es zwischen den Probanden zu lebhaften Diskussionen der unterschiedlichen Standpunkte kommen kann. Nachteilig wiederum ist, dass die Mitglieder heterogener Gruppen möglicherweise zu gegensätzlich sind, so dass keine einheitliche Sprachebene gefunden und aneinander vorbeigeredet wird.[443]

Häufig wird die Homogenität oder Heterogenität der Gruppen anhand von soziodemografischen Kriterien zu erreichen versucht. Es können aber auch andere, sogenannte externe Kriterien (wie z. B. bestimmte für die Untersuchung interessante Merkmale) herangezogen werden.[444]

Ob eher die Bildung homogener als heterogener Gruppen sinnvoll ist, hängt vom Untersuchungsziel ab.[445] In der vorliegenden Studie dienten die Gruppendiskussionen dazu, im Rahmen einer exploratorischen Voruntersuchung grundlegende Informationen über das Nutzungsverhalten der Kunden hinsichtlich Tankstellen(-Shops) zu erhalten – weniger dazu, unterschiedliche Standpunkte erschöpfend zu diskutieren. Aus diesem Grunde war es sinnvoller, homogene Gruppen mit Hilfe genau dieses Kriteriums zu bilden: So ergaben sich vier Gruppen von Probanden, nämlich (1) Personen, die in der Tankstelle sowohl tanken als auch einkaufen,[446] (2) Personen, die eine Tankstelle vorrangig zum Einkaufen aufsuchen, (3) Personen, die eine Tankstelle vorrangig zum Tanken aufsuchen und dort selten oder nie einkaufen, und (4) Personen, die Tankstellen nie aufsuchen. Bei diesen handelt es sich häufig (aber nicht immer) um Personen, die kein Auto zur Verfügung haben. Mit dieser Auswahl wird auch gewährleistet, dass nicht nur tankstellenaffine Personen oder solche, von denen man diese Affinität aufgrund ihrer Soziodemografika vermuten könnte, in die Gruppendiskussionen eingehen, sondern sich stattdessen ein breites Bild von Shop-Kunden und Nicht-Shop-Kunden, Tank-Kunden und Nicht-Tank-Kunden ergibt und alle Perspektiven einbezogen werden.

---

442 Vgl. Groening 1981, S. 57 ff.; Lamnek 2005, S. 104.

443 Vgl. Dreher/Dreher 1994, S. 150; Salcher 1995, S. 46 ff.; Lamnek 2005, S. 104 ff.

444 Vgl. Lamnek 2005, S. 104.

445 Für die unterschiedlichen, mit Gruppendiskussionen verfolgten Fragestellungen siehe z. B. Lamnek 2005, S. 53 ff.

446 Diese Personen suchten die Tankstelle i. d. R. nicht extra zum Einkaufen auf, sondern kaufen in der Tankstelle ein, wenn sie zum Tanken vor Ort sind.

Als **Gruppengröße** wird eine Anzahl von 5 bis 10 Teilnehmern empfohlen.[447] In der vorliegenden Untersuchung bestanden alle Gruppen aus 10 Teilnehmern. Darunter waren jeweils 5 Damen und 5 Herren, die Altersspanne lag bei 20 bis 65 Jahren. Darüber hinaus wurde eine weitere Vorgabe hinzugefügt: Die Hälfte, also 50 % der Probanden jeder Gruppe (mit Ausnahme von Gruppe 4, den Nicht-Tankstellenkunden) sind markentreue Kunden der untersuchten Tankstellenmarke, um Aussagen mit Bezug zum ausgewählten Anbieter treffen zu können. Die Rekrutierung der Probanden erfolgte über eine Agentur. Um zu vermeiden, dass die Probanden bereits vor der Diskussion Kenntnis über die Fragestellung der Untersuchung erlangen konnten, wurden ihnen so wenige Informationen wie möglich mitgeteilt; sie wussten lediglich, dass es um Tankstellen und den Einkauf in Tankstellenshops gehen sollte. Das Thema „Preis" wurde im Vorfeld nicht erwähnt.

Die Tab. 4-2 gibt einen Überblick über die Zusammensetzung der Diskussionsgruppen.

1	**Tank- und Shop-Kunden**	3	**Tank-Kunden**
	5 Damen und 5 Herren, 23–56 Jahre alt		5 Damen und 5 Herren, 21–65 Jahre alt
2	**Shop-Kunden**	4	**Nicht-Tankstellenkunden**
	5 Damen und 5 Herren, 20–56 Jahre alt		5 Damen und 5 Herren, 20–60 Jahre alt

Tab. 4-2: Zusammensetzung der Gruppendiskussionen

Im Zuge der **inhaltlichen Konzeption** wurden Leitfäden entwickelt, die als Grundlage für die Diskussionen dienten.[448] Hierbei war zu berücksichtigen, dass es sich um vier Gruppen mit unterschiedlichen Erfahrungen in Bezug auf Tankstellenshops handelte, so dass die Leitfäden von Gruppe zu Gruppe variierten.

Der Verlauf der Gruppendiskussionen lässt sich grob in zwei Phasen unterteilen: Im ersten Teil fand eine Diskussion im klassischen Sinne statt, bei der die Teilnehmer sich zu einigen Themen – Einkaufsverhalten allgemein und Einkaufsverhalten in Tankstellenshops – äußerten. Im zweiten Teil lag der Schwerpunkt auf dem Preisverhalten der Kunden. Um sich diesem Thema zu nähern, bekamen die Probanden im ersten Schritt die Logos von Tankstellen in Form von Karten ausgehändigt (ARAL, ESSO, SHELL, JET,

447 Vgl. Dreher/Dreher 1994, S. 150; Kepper 1996, S. 66.
448 Die Leitfäden finden sich in Anhang 7.

freie Tankstelle, TOTAL)[449]. Für diese Tankstellen sollten sie das globale Niveau der Shoppreise auf einer Skala von 1 (sehr niedrig) bis 6 (sehr hoch) bewerten und dies begründen. Anschließend sollten sie diese Preisniveau-Schätzung für die Kraftstoffpreise durchführen. Im zweiten Schritt wurden den Probanden verschiedene Produkte vorgelegt. Es handelte sich dabei um eine Auswahl aus den bereits in Kap. 4.2.1 genannten Produkten, wie z. B. Kaugummis, Süßigkeiten, salzige Snacks und Getränke. Die Probanden wurden gebeten, die Preise der Produkte zu schätzen, und zwar für Tankstellenshops und für den übrigen Lebensmitteleinzelhandel. Parallel dazu beantworteten sie verschiedene Fragen, z. B. ob und wie häufig sie diese Produkte kaufen, ob und warum sie sie in Tankstellenshops teurer als im übrigen Lebensmitteleinzelhandel einschätzen und auf welche Weise ihrer Meinung nach die höheren Preise in den Tankstellenshops zustande kommen.

4.2.2.2 Auswertungsmethodik

Im Anschluss an die vier Gruppendiskussionen erfolgte die Auswertung. Diese wurde in zwei Schritten vorgenommen, wie es z. B. von SALCHER empfohlen wird:[450] Der erste Schritt beinhaltete eine Längsschnittanalyse, bei welcher der Verlauf jeder Fokusgruppe verfolgt und ausgewertet wurde. Im zweiten Schritt – in der Querschnittanalyse – wurden die einzelnen Themenbereiche über alle Fokusgruppen hinweg analysiert.

Die **Längsschnittbetrachtung** erfolgte auf Basis der qualitativen Inhaltsanalyse nach MAYRING.[451] Weil aus den Gruppendiskussionen bestimmte Inhalte systematisch gefiltert werden sollten, war die inhaltliche Strukturierung hier das Mittel der Wahl: Bei dieser Form der qualitativen Inhaltsanalyse wird das vorliegende Material zu bestimmten Themen extrahiert und in zuvor festgelegten, theoriegestützt ermittelten Kategorien zusammengefasst.[452] Als Grundlage dienten die Transkriptionen der Video- und Audioaufzeichnungen, ergänzt um Anmerkungen der Autorin, die während der Beobachtung der Gruppendiskussionen entstanden.

Die Analyse wird in Anlehnung an MAYRING mit den folgenden Schritten durchgeführt:[453]

---

449 Hierbei handelt es sich um die vier größten Anbieter (nach Anzahl an Tankstellen im deutschen Markt, siehe Kap. 2.2.4), eine freie Tankstelle sowie einen sehr preisaggressiven Anbieter, siehe hierzu auch die Ausführungen in Kap. 2.2.4.

450 Vgl. Salcher 1995, S. 41 f.

451 Vgl. Mayring 1990, S. 42 ff.

452 Vgl. Mayring 1990, S. 79 und S. 83. Diese Kategorien dürfen nach MAYRING auf der Basis der Erkenntnisse auch im Nachhinein angepasst werden.

453 Vgl. Mayring 1990, S. 83 ff. Für ein Anwendungsbeispiel in der Käuferverhaltensforschung siehe Zaharia 2006, S. 79 ff.

- Bestimmung der Analyseeinheiten: Jede Diskussionsgruppe ist als eine Analyseeinheit zu betrachten.
- Theoriegeleitete Festlegung der inhaltlichen Hauptkategorien: Die Hauptkategorien ergeben sich aus den Zielen der exploratorischen Voruntersuchung. Diese diente dazu, erste Eindrücke über das Nutzungs- und Kaufverhalten von Kunden in Bezug auf Tankstellen und Tankstellenshops zu erhalten. Die Hauptkategorien sind damit das Tankverhalten der Kunden, die Tankstellenwahl und ihre Gründe, das allgemeine Kaufverhalten, das Kaufverhalten in Tankstellenshops und die Diskussion über Preise in Tankstellenshops. Dabei ist zu beachten, dass aufgrund der unterschiedlichen Zusammensetzungen der vier Gruppen einige Themen teilweise ausgeklammert werden mussten (z. B. das Thema Tankverhalten bei der Gruppe der Nicht-Tankstellenkunden).
- Theoriegeleitete Bestimmung der Ausprägungen, Zusammenstellung des Kategoriensystems (Unterkategorien): Die Unterkategorien leiten sich aufgrund theoriegestützter Überlegungen aus den Oberkategorien ab. Für die Hauptkategorie Preise in Tankstellenshops sind die Unterkategorien zum Beispiel die Beurteilung der Niveaus von Shop- und Kraftstoffpreisen, die Schätzung der Preise ausgewählter Produkte in Tankstellenshops und anderen Einkaufsstätten und die Vorteile des Einkaufs in Tankstellenshops (als Leistungskomponente des Preiswürdigkeitsurteils).
- Formulierung von Definitionen, Ankerbeispielen und Kodierregeln zu den einzelnen Kategorien: Dieser Schritt dient im Falle von mehreren Auswertern (auch) dazu, ein einheitliches Vorgehen zu gewährleisten. Weil es hier nur eine Auswerterin gibt – die Verfasserin –, erfolgt dieser Schritt nicht formell.
- Materialdurchlauf: Fundstellenbezeichnung, Bearbeitung und Extraktion der Fundstellen;
- Überarbeitung, ggf. Revision von Kategoriensystemen und Kategoriendefinitionen;
- Paraphrasierung des extrahierten Materials;
- Zusammenfassung pro Kategorie;
- Zusammenfassung pro Hauptkategorie.

In der anschließenden **Querschnittanalyse** erfolgte ein Vergleich der Aussagen in den Haupt- und Unterkategorien über die vier Fokusgruppen hinweg.[454] Die Ergebnisse dieser beiden Analyseschritte wurden nachfolgend in einem Ergebnisprotokoll zusammengefasst.

---

454 Vgl. zur Vorgehensweise z. B. Krueger 1998, insb. S. 39 ff.

4.2.2.3 Zentrale Ergebnisse

Aus den Gruppendiskussionen ergaben sich verschiedene Erkenntnisse, die in die Konzeption der weiteren Untersuchungsschritte einflossen und die nachstehend kurz zusammengefasst werden.

Bei der **Auswahl einer Tankstelle** spielen v. a. die folgenden Gründe eine Rolle:

- Bequeme Erreichbarkeit: Aus Bequemlichkeit werden häufig gut erreichbare, in der Nähe von Wohnort oder Arbeitsplatz gelegene Tankstellen bevorzugt.
- Ausstattung: Als relevante Bestandteile der Ausstattung nennen die Teilnehmer das Sortiment, die Atmosphäre, die Inneneinrichtung, die Übersichtlichkeit, die Farbwahl und vorhandene Geldautomaten. Unaufgeräumte Tankstellen werden ebenso gemieden wie solche, deren Einfahrt ungünstig gelegen ist oder bei denen die Außenfläche als zu klein empfunden wird.
- Kraftstoffpreise und Qualität des Kraftstoffes
- Persönliche Gründe: Mehrfach genannt werden persönliche Gründe wie Kindheitserinnerungen, Verhalten der Ursprungsfamilie oder Erlebnisse, die die Teilnehmer mit bestimmten Tankstellenmarken verbinden.
- Nutzung von Kundenkarten
- Auto- und Reparatur-Service: Viele Teilnehmer beklagen, dass immer weniger Fachkräfte an Tankstellen arbeiten, die auch kleinere Reparaturen durchführen können.
- Personal: Tankstellen mit unfreundlichem Personal werden gemieden.

Die Mitglieder der Gruppe, die keine Tankstellen aufsucht, geben für ihre Einkaufsstättenwahl folgende Gründe an: Sie wählen die Einkaufsstätten aufgrund der besonders niedrigen Preise und des Vertrauens aus, das sie dem Betreiber entgegenbringen. Letzterer Punkt ist in den Augen der Teilnehmer auch ein Manko der Tankstellen: Einige Personen legen sehr großen Wert auf die Qualität der Ware und vermuten schädliche Ausdünstungen in den Tankstellen, die sich negativ auf die Produktqualität auswirken. Weitere Punkte sind soziale Aspekte wie der gleichzeitige „Bummel“ oder die Kommunikation mit dem Verkaufspersonal. Ausstattung der Einkaufsstätte und Freundlichkeit des Personals werden zwar als relevant genannt, doch besuchen die Teilnehmer trotzdem Einkaufsstätten, in denen sie beides bemängeln. Wie bei den Tankstellenkunden spielt außerdem die gute Erreichbarkeit eine Rolle. In dieser Gruppe ist dieser Punkt von besonderer Bedeutung, da es sich weitgehend um Personen handelt, die kein Auto zur Verfügung haben.

Produkte, die mit dem Einkauf in Tankstellen verbunden werden, sind Zeitschriften, Zigaretten, Süßigkeiten, Eis und Autozubehör. Zusätzlich werden Getränke, Brötchen und Backwaren als Produkte genannt, für welche die Tankstelle auch extra aufgesucht wird. Im Fall von Backwaren geschieht dies aufgrund der Qualität, im Fall der Getränke (neben den Notkäufen, s. u.) aufgrund der guten Parkmöglichkeiten und des dadurch weniger komplizierten Getränkeeinkaufs. Mit Notkaufsituationen assoziiert werden ebenfalls Getränke und solche Lebensmittel, die in den Augen der Kunden nicht zum klassischen Tankstellen-Sortiment zählen (z. B. wird Soßenbinder genannt). In Bezug auf unverpackte Lebensmittel wie Obst oder Fleischwaren wird unabhängig von der Gruppe die Befürchtung angeführt, dass diese Produkte von den „Benzindünsten" belastet sein könnten.

Folgende **Gründe und Anlässe für den Einkauf in Tankstellen** werden von den Teilnehmern genannt:

- Bequemlichkeit: Die Teilnehmer tätigen in der Tankstelle Einkäufe, für die sie sonst einen Umweg in Kauf nehmen müssten.
- Parkplatzsituation
- Schnelle Abwicklung (kurze Wartezeiten)
- Notkäufe
- Qualität der angebotenen Produkte, vor allem das Zeitschriften- und Backwarensortiment

Die **Einschätzung der Shoppreise** über alle Gruppen hinweg dokumentiert, dass die Preise am höchsten für die Marken SHELL, ESSO und ARAL eingeschätzt werden. Der Abstand zur Einschätzung von TOTAL ist bereits recht deutlich; am niedrigsten werden die Preise für die freien Tankstellen eingeschätzt.[455] Laut Annahme der Teilnehmer haben die „Drei Großen" – ESSO, SHELL und ARAL – eine Art „Monopolstellung" inne, die sie höhere Preise realisieren lässt. Daneben werden die Kraftstoffpreise als Richtwert für den Shoppreis genannt, ebenso wie bereits gesammelte Erfahrungen. Weitere Aspekte, die ein höheres Niveau für die Shoppreise in Markentankstellen vermuten lassen, sind die aufwändigere Ausstattung sowie ein besserer Service in den Shops (mehr Personal, mehr geöffnete Kassen etc.). Einige Teilnehmer nennen den Preis im Lebensmitteleinzelhandel als Richtschnur, andere verlassen sich nach eigener Angabe nur auf ihr „Bauchgefühl".

Bei der **Einschätzung der Kraftstoffpreise** zeigt sich ein ähnliches Bild. Am höchsten werden die Preise bei ESSO, ARAL und SHELL eingeschätzt, dann folgen TOTAL, JET

455 Für detaillierte Informationen zu den Preisschätzungen siehe Anhang 7.

und die freien Tankstellen. Begründet wird dies mit Erfahrungen und Beobachtungen der Preise, sowohl an den Tankstellen als auch im Internet. Auch die „grassierenden" E-Mails mit Warnungen vor bestimmten Marken spielen hier eine Rolle, ebenso wie eine grundsätzliche Verärgerung über die Kraftstoffpreise. Mehrere Teilnehmer geben außerdem an, ein „Gefühl" habe zu ihrer Schätzung geführt.

Bei der **Schätzung der Preise einzelner Produkte** weisen die Unterschiede zwischen dem Lebensmitteleinzelhandel und den Tankstellen eine große Spreizung auf: Einige Teilnehmer vermuten eine Verdopplung der Preise des Lebensmitteleinzelhandels für die Tankstellen, während andere von einem Aufschlag von 10 bis 15 % ausgehen.

Als **Mehrleistung, welche die Tankstelle bietet** und die einen möglichen Preisaufschlag rechtfertigt, sehen die Auskunftspersonen vor allem den 24-Stunden-Service bzw. die längeren Öffnungszeiten. Einige Teilnehmer nennen zudem die Bequemlichkeit, die ein Einkauf in der Tankstelle bietet, die kleine Fläche, die die Orientierung und das Aussuchen erleichtert, und die persönliche Ansprache in einer Tankstelle durch freundliches und serviceorientiertes Personal.

4.2.3 Zwischenergebnis: Arbeitsrahmen zur Untersuchung des Preisverhaltens in Tankstellenshops

Auf der Basis der bisherigen Überlegungen und der ersten Erkenntnisse aus der Voruntersuchung wird nun ein vorläufiger verhaltenswissenschaftlicher Arbeitsrahmen in Form eines S-O-R-Modells entwickelt, das für die Konzeptionierung der empirisch-quantitativen Explorationsstudie dient.

Wie in Kap. 3.2 dargestellt, wirken in einem solchen S-O-R-Modell die beobachtbaren **Inputreize** auf die psychischen Prozesse des Menschen. Aus diesen Prozessen wiederum resultieren die Reaktionen des Individuums. Als relevanter Inputreiz dient im folgenden Modell das Preisniveau der jeweiligen Tankstelle.

Zwischen diesem Inputreiz und der beobachtbaren Reaktion **intervenieren** die psychischen Konstrukte Preisemotionen, Preisinformationsspeicherung, Preisbeurteilung, Preisbereitschaft und Preisvertrauen. In einer weiteren Untersuchung außerhalb der Einkaufsstätte wurden darüber hinaus Informationen über die Preisinformationsspeicherung erhoben, wobei zusätzliche Variablen (z. B. Kaufhäufigkeit bestimmter Produkte als möglicher Bestimmungsfaktor) ebenfalls eingingen.

Bestimmte Variablen beeinflussen darüber hinaus vermutlich den Effekt zwischen dem Inputreiz und den intervenierenden Variablen. Daher bezeichnet man sie als **moderie-**

rende Variablen.[456] Im vorliegenden Modell werden als moderierende Variablen einige Eigenschaften der Situation sowie des Kunden – darunter auch das psychische Konstrukt Intensität des Preisinteresses – einbezogen.

Diese angesprochenen psychischen Prozesse münden in dem Kauf oder Nichtkauf im Tankstellenshop als Reaktion. Dabei ist eine Besonderheit zu beachten: Da die Preise für Verlagserzeugnisse und Tabakwaren gebunden und daher in jeder Einkaufsstätte gleich sind, wird hier weiter unterteilt in den Kauf preisgebundener und nicht preisgebundener Produkte.

Die Abb. 4-1 zeigt abschließend den so entwickelten Arbeitsrahmen der Untersuchung. Dabei ist zu beachten, dass es sich aufgrund des exploratorischen Charakters der Untersuchung nicht um ein unveränderliches Modell handelt, sondern um einen groben Strukturrahmen zur Systematisierung der folgenden Ausführungen.

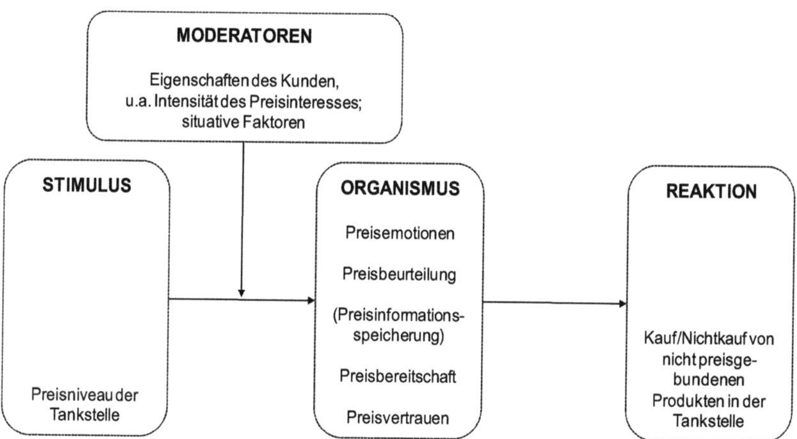

Abb. 4-1: Arbeitsrahmen der Untersuchung

4.3 Modellierung der Variablen

4.3.1 Der Kauf oder Nichtkauf von nicht preisgebundenen Produkten als beobachtbare Reaktion

Unterteilt man die Kunden der Tankstellenshops nach ihrem Kaufverhalten, wobei auch die Preisgebundenheit der Produkte berücksichtigt wird, so ergeben sich drei Gruppen: Kunden der ersten Gruppe tätigen keinen Einkauf. Sie suchen die Tankstelle entweder

456 Vgl. Urban/Mayerl 2008, S. 293.

zum Tanken auf oder nutzen ein anderes Angebot (vor allem Autowäsche). Die zweite Gruppe setzt sich aus Personen zusammen, die zwar einen oder mehrere Artikel kaufen, sich dabei aber auf das preisgebundene Sortiment beschränken (z. B. Zigaretten und Zeitschriften). Personen, die der dritten Gruppe zugeteilt werden können, kaufen mindestens ein nicht preisgebundenes Produkt aus dem Shop-Sortiment. Damit ergeben sich für die Reaktionsvariable die folgenden Ausprägungen:

- **Nichtkauf** (NK): Am Untersuchungstag wurde kein Produkt aus dem Shop-Angebot gekauft.
- **Kauf preisgebundener Produkte** (PK): Am Untersuchungstag wurde mindestens ein preisgebundenes Produkt aus dem Shop-Angebot gekauft, aber keine nicht preisgebundenen Produkte.
- **Kauf nicht preisgebundener Produkte** (K): Am Untersuchungstag wurde mindestens ein nicht preisgebundenes Produkt aus dem Shop-Angebot gekauft.

4.3.2 Das Preisniveau des Tankstellenshops als beobachtbarer Stimulus

Wie dargestellt, soll als Stimulusvariable das Preisniveau der jeweiligen Tankstelle in die Untersuchung eingehen. Die zur Ermittlung des Preisniveaus genutzten Daten stammen aus einer unternehmensinternen Erhebung des Praxispartners und basieren auf einem Warenkorb mit 42 Artikeln, die in jeder Tankstelle des Praxispartners zu finden sind.[457] Mit Hilfe dieser Daten wurde eine Einteilung der Tankstellenshops in solche mit einem hohen, mit einem durchschnittlichen und mit einem niedrigen Preisniveau vorgenommen. Um einen stärkeren Kontrast zu erreichen, gingen in die weitere Untersuchung nur Tankstellen ein, die entweder ein hohes oder ein niedriges Preisniveau aufwiesen.

Bei diesem Vorgehen ist zu beachten, dass durch die Auswahl der in den Warenkorb eingegangenen Produkte Verzerrungen entstehen könnten: Zwar wurde versucht, möglichst viele Warengruppen abzudecken und aus diesen Warengruppen solche Produkte zu wählen, die häufig gekauft werden. Dennoch ist denkbar, dass für die Wahrnehmung des Preisniveaus für Kunden andere Produkte eine größere Rolle spielen (wobei auch kundenspezifische Unterschiede existieren können) oder aber in der betreffenden Tankstelle Produkte außerhalb des Warenkorbs preislich deutlich nach oben oder unten ausschlagen, so dass das Preisniveau nicht exakt widergespiegelt werden kann. Zudem handelt es sich um das absolute Preisniveau der Tankstellenshops, bei

457 Aus diesem Warenkorb stammten auch die Artikel, die zur bereits dargestellten Preiserhebung und zur Preisschätzung in den Gruppendiskussionen dienten, siehe hierzu Kap. 4.2.

dem denkbare relativierende Faktoren wie der Wettbewerb im Umfeld oder die Kaufkraft nicht eingeflossen sind. Dem wird allerdings durch einige der moderierenden Variablen Rechnung getragen (siehe Kap. 4.3.3).

4.3.3 Die Eigenschaften der Kunden und situative Faktoren als moderierende Variablen

4.3.3.1 Eigenschaften der Kunden

Als Eigenschaften des Kunden sollen einige soziodemografische und einige psychografische Merkmale in die Untersuchung einfließen. Die Wirkung **soziodemografischer Merkmale** auf verschiedene Konstrukte des Preisverhaltens wurde schon häufig untersucht: Da z. B. das Einkommen das zur Verfügung stehende Budget festlegt und andere Merkmale wie das Alter oder die Haushaltsgröße das verfügbare Einkommen beeinflussen, wird häufig angenommen, dass Größen wie diese z. B. auf das Preisinteresse oder die Preisbereitschaft wirken.[458] Die Ergebnisse, die in diesem Zusammenhang vorliegen, sind jedoch nicht eindeutig: Zwar finden sich in zahlreichen Untersuchungen Hinweise auf ihren Einfluss, umgekehrt finden sich aber ebenso Studien, die keinen Einfluss von soziodemografischen Merkmalen auf das Preisverhalten feststellen konnten.[459] Inwieweit also tatsächlich ein relevanter Einfluss von soziodemografischen Merkmalen vorliegt und welche Regeln dabei gelten, ist unklar.

Bei den in die Untersuchung einbezogenen Merkmalen der Kunden handelt es sich um das **Alter**, das **Geschlecht**, die **Haushaltsgröße** und das **Haushaltsnettoeinkommen**. Diese vier Merkmale werden, wie in Kap. 2.2.3.2 bereits erläutert, häufig herangezogen, um Tankstellenkunden zu charakterisieren, und sind deshalb auch hier von Interesse.

Abgesehen von diesen vier soziodemografischen Merkmalen kommen zwei **psychografische Charakteristika** der Kunden zum Einsatz, nämlich der Stammkundengrad sowie das grundsätzliche Nutzungsverhalten von Tankstellen. Der **Stammkundengrad** widerspiegelt, welchen Anteil die Anzahl der Besuche in der Untersuchungstankstelle an allen Tankstellenbesuchen des Kunden ausmachen, und wurde modelliert mit der Frage „Wenn Sie fünf Mal eine Tankstelle aufsuchen, wie häufig suchen Sie diese Tankstelle hier auf?". Als Antwortmöglichkeiten dienten die Stufen einer Ordinalskala mit den Ausprägungen „heute zum ersten Mal", „1 von 5 Mal", „2 von 5 Mal", „3 von 5 Mal", „4 von 5 Mal", „jedes Mal".

---

458 Siehe z. B. die Aufsätze von Kolodinsky 1990, Urbany/Dickson/Kalapurakal 1996 und Stingel 2005.

459 Siehe detailliert zu den Befunden zu einzelnen Konstrukten die Ausführungen in Kap. 4.3.4.

In Zusammenhang mit dem **Nutzungsverhalten für Tankstellen** lassen sich drei Kundentypen identifizieren, nämlich Shop-Kunden, Tank-Kunden und Kunden, die sowohl tanken als auch einkaufen (Beides-Kunden).[460]

Nun interessiert bei der Untersuchung des Preisverhaltens in Tankstellenshops aber vor allem die Unterscheidung in solche Kunden, die grundsätzlich – und nicht nur am fraglichen Tag der Untersuchung – die Tankstelle entweder (eher) zum Einkaufen oder eher zum Tanken aufsuchen oder die in recht ausgewogenem Verhältnis sowohl das Shop-Angebot nutzen als auch tanken. Aus diesem Grunde wurden die befragten Kunden nach ihrem (angegebenen) Verhalten in die folgenden drei Gruppen aufgeteilt:

- **Dauerhafte Shop-Kunden** (S) sind Kunden, die die Tankstelle häufiger zum Einkaufen aufsuchen als zum Tanken.
- **Dauerhafte Tank-Kunden** (T) sind Kunden, die die Tankstelle häufiger zum Tanken aufsuchen als zum Einkaufen.
- **Dauerhafte Shop- und Tank-Kunden** (B) sind Kunden, die das Shop-Angebot und die Tankmöglichkeit ähnlich häufig nutzen.

Um diese drei Kundentypen zu identifizieren, wurden die Kunden nach ihrer Tank- und Einkaufshäufigkeit in Tankstellen befragt, und zwar mit den Fragen „Wie häufig tanken Sie?“ und „Wie häufig kaufen Sie in einer Tankstelle ein?“. Als Antwortmöglichkeiten standen den Kunden sechs Abstufungen zur Verfügung, nämlich die Antworten „nie“, „weniger als 1 Mal im Monat“, „1 Mal im Monat“, „2 bis 3 Mal im Monat“, „1 bis 2 Mal in der Woche“ und „häufiger“. Ihren Antworten entsprechend wurden die Kunden den drei Gruppen S, T und B zugeteilt und diese Zuteilung als moderierende Variable eingesetzt. Weil Personen, die ein Auto besitzen i. d. R. gezwungen sind zu tanken, wurde die Häufigkeit des Tankens geringer gewichtet, so dass sich die in Tab. 4-3 dargestellten Zuordnungen ergeben.

Abgesehen von diesen Größen kommt eine weitere Kundeneigenschaft als moderierende Variable zum Tragen, nämlich die **Intensität des Preisinteresses**. Bei dieser Größe handelt es sich um ein Konstrukt des Preisverhaltens, das daher in Kap. 4.3.4.3 näher beschrieben wird; es ist das Bedürfnis eines Nachfragers, nach Preisinformationen zu suchen und diese bei seinen Einkaufsentscheidungen zu berücksichtigen.[461]

---

460 Vgl. Gerhardt 2007, S. 13.
461 Vgl. Diller 1978, S. 26; Diller 1982a, S. 315.

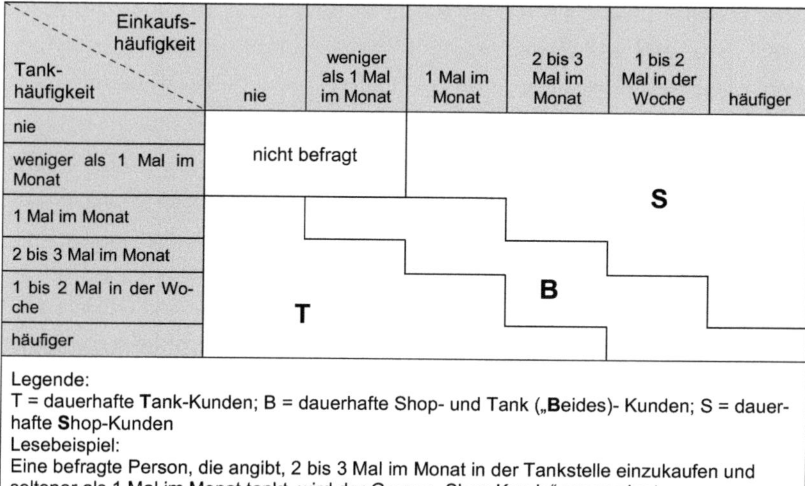

Tankhäufigkeit \ Einkaufshäufigkeit	nie	weniger als 1 Mal im Monat	1 Mal im Monat	2 bis 3 Mal im Monat	1 bis 2 Mal in der Woche	häufiger
nie	nicht befragt	nicht befragt	S	S	S	S
weniger als 1 Mal im Monat	nicht befragt	nicht befragt	S	S	S	S
1 Mal im Monat	T	B	B	S	S	S
2 bis 3 Mal im Monat	T	T	B	B	S	S
1 bis 2 Mal in der Woche	T	T	T	B	B	S
häufiger	T	T	T	T	B	B

Legende:
T = dauerhafte **T**ank-Kunden; B = dauerhafte Shop- und Tank („**B**eides)- Kunden; S = dauerhafte **S**hop-Kunden
Lesebeispiel:
Eine befragte Person, die angibt, 2 bis 3 Mal im Monat in der Tankstelle einzukaufen und seltener als 1 Mal im Monat tankt, wird der Gruppe „Shop-Kunde“ zugeordnet.

Tab. 4-3: Zuordnung zu den Kundengruppen anhand von Tank- und Einkaufshäufigkeiten

4.3.3.2 Situative Faktoren

Eine **Situation** kann im weiten Sinne definiert werden als eine Kombination von einem bestimmten Zeitpunkt und einem bestimmten Ort.[462] In zahlreichen Studien wurden situative Variablen und ihr Einfluss auf bestimmte Konstrukte des Kaufverhaltens untersucht; je nach Fragestellung der Untersuchung liegt dabei der Fokus auf unterschiedlichen situativen Faktoren.[463] BELK nahm 1975 eine umfassende Systematisierung vor, die auch heute noch in zahlreichen Studien zum Einsatz kommt.[464] Er unterscheidet fünf Gruppen von Faktoren, die situationsabhängig sind, nämlich „physical surroundings“ (physische Umgebung), „social surroundings“ (soziale Umgebung), „temporal perspective“ (zeitliche Aspekte), „task definition“ (Problemstellung) und „antedecent state“ (Umstände oder Stimmung, die der Kunde in die Situation mitbringt).[465]

Der Faktor **physische Umgebung** beinhaltet die geografische Lage der Einkaufsstätte, aber auch Aspekte der Einrichtung wie Dekorationen, Licht und Gerüche und alle sonstigen Warenpräsentations-Elemente. Im Rahmen der vorliegenden Untersuchung

462 Vgl. Belk 1975, S. 157. Siehe dort auch für einen Überblick über Definitionen zum Begriff Situation.
463 Vgl. Kakkar/Lutz 1981, S. 207. Siehe z. B. zur Untersuchung der Bedeutung von situativen Aspekten auf das Preisverhalten die Aufsätze von Urbany/Dickson/Kalapurakal 1996; Mehta/Rajiv/Srinivasan 2003..
464 Siehe z. B. die Aufsätze von Stoltman/Morgan/Anglin 1999; Roslow/Li/Nicholls 2000 und Nicholson/Clarke/Blakemore 2002.
465 Vgl. zu dieser Aussage und zur Beschreibung der fünf Gruppen von Faktoren Belk 1975, S. 159.

fließen in diesem Zusammenhang neben dem Preisniveau, das als Reiz in das Modell eingeht, zwei weitere Charakteristika der physischen Umgebung der Tankstelle ein, nämlich das Kaufkraftniveau der jeweiligen PLZ-Region und die Wettbewerbsintensität im Umfeld.

Basis für das Kaufkraftniveau in der jeweiligen PLZ-Region war die Kennzahl „GFK Kaufkraft“, die angibt, wie das Kaufkraftniveau in der interessierenden Region im Vergleich zum nationalen Durchschnitt ausfällt.[466] Die GFK Kaufkraft basiert auf der Summe aller Nettoeinkünfte in der entsprechenden Region: Sie gibt an, wie viel Geld die Konsumenten in der Region im Vergleich zum deutschen Durchschnitt pro Jahr zum Konsum zur Verfügung haben.[467] Auf dieser Grundlage wurden die Tankstellenshops in solche in Regionen mit hoher (Kaufkraftindex ≥ 110), durchschnittlicher (90 < Kaufkraftindex < 110) und niedriger Kaufkraft (Kaufkraftindex ≤ 90) eingeteilt.

Zusätzlich kam das Merkmal Wettbewerb im Umfeld zum Einsatz: Hierzu wurde das Umfeld der anhand von Preisniveau und Kaufkraft in der Umgebung vorausgewählten Tankstellen[468] analysiert und für einen Radius von einem und von zwei Kilometern um die Tankstelle herum aufgenommen, welche Lebensmitteleinzelhändler, Tankstellen und sonstige „markante Punkte“ wie Bundesstraßen, Autobahnauffahrten usw. sich dort befanden. Als Grundlage hierfür dienten Branchenbücher[469], Landkarten, die durch Google Maps zur Verfügung gestellten Satellitenaufnahmen[470] und Begehungen vor Ort bei vorausgewählten Tankstellen. Aus diesen Informationen wurde die Kennzahl „Wettbewerbsintensität im Umfeld“ generiert und die Tankstellen in solche mit einer hohen, durchschnittlichen und niedrigen Wettbewerbsintensität im Umfeld eingeteilt.

Der Faktor **soziale Umgebung** beinhaltet die Anwesenheit anderer Personen, ihre Merkmale und sozialen Rollen, aber auch die interpersonelle Kommunikation während des Einkaufsvorgangs. Soziale Faktoren, wie der gemeinsame Einkauf mehrerer Personen, wurden hier nicht explizit berücksichtigt; die Befrager waren allerdings dazu angehalten, auffällige Konstellationen (z. B. Mütter mit mehreren Kindern, Gruppen von Jugendlichen) im Fragebogen kenntlich zu machen.

Zeitliche Aspekte umfassen z. B. die Tageszeit, zu der der Kauf getätigt wird, aber auch die Jahreszeit oder die Zeit, die seit dem letzten Einkauf vergangen ist. Außer-

466 Hier ist zu beachten, dass Tankstellen über einen u. U. hohen Pendleranteil verfügen und die Kaufkraft in der PLZ-Region deshalb nur bedingt die Kaufkraft der Tankstellenkunden abbilden kann.

467 Siehe die Informationen unter www.gfk-geomarketing.de/, Rubrik „Marktdaten“ – „Marktdaten nach Thema“ – „Kaufkraft“ und Falk/Wolf 1992, S. 299 f.

468 Siehe zur Auswahl der Erhebungsorte Kap. 4.4.1.1.

469 Z. B. die „Gelben Seiten“, aber auch der unter lokales.suche.web.de abrufbare Dienst, mit dem lokale Umkreissuchen durchgeführt werden können.

470 Siehe maps.google.de/.

dem sind hier der Zeitdruck, unter dem eine Person steht, sowie die Dringlichkeit des Kaufs enthalten. Im Rahmen der vorliegenden Untersuchung geht die Unterscheidung in Werktage und Wochenendtage ein.

Der Faktor **Problemstellung** beschreibt den Anlass, aus dem ein Kunde den Einkauf tätigt. Weil im Zentrum der Betrachtung die Konstrukte des Preisverhaltens standen und die Komplexität der Befragung für den Kunden bereits recht hoch war, wurde auf die Erhebung des Einkaufsanlasses[471] verzichtet.

Antecedent States umfassen die Stimmungen oder auch sonstige Umstände, die der Kunde bereits in die jeweilige Einkaufssituation mitbringt. Dieser Faktor wurde in der Form einbezogen, als dass die Kunden angeben sollten, wohin sie gerade auf dem Weg waren – nämlich ob sie sich auf dem Arbeitsweg befanden, ob sie in der Freizeit unterwegs waren oder ob sie die Tankstelle direkt angesteuert hatten.

4.3.4 Die Konstrukte des Preisverhaltens als nicht beobachtbare psychische Prozesse im Organismus

4.3.4.1 Zur Modellierung psychischer Konstrukte

Bei den in Kap. 4.2.3 genannten und im Folgenden zu betrachtenden psychischen Prozessen handelt es sich, wie bereits erwähnt, um theoretische Konstrukte (auch: intervenierende Variablen; latente Variablen; hypothetische Konstrukte).[472] Sie zeichnen sich dadurch aus, dass sie nicht unmittelbar beobachtbar und damit auch nicht direkt quantifizierbar (messbar) sind.[473] Um theoretische Konstrukte zu messen, müssen daher beobachtbare Größen (Indikatoren) gefunden werden, die das Konstrukt hinreichend genau abbilden und die Messung ermöglichen.[474]

In diesem Zusammenhang unterscheidet man die Konzeptualisierung und die Operationalisierung von Konstrukten. Die **Konzeptualisierung** bezeichnet die Identifikation von inhaltlich relevanten Dimensionen eines Konstrukts.[475] Man differenziert dabei zwischen ein- und mehrfaktoriellen Konstrukten: Bei einem einfaktoriellen Konstrukt entspricht das Konstrukt genau einem einzigen Faktor, die Indikatoren lassen sich also direkt zum Konstrukt verdichten. Im Gegensatz dazu setzt sich ein mehrfaktorielles

471 Aus zuvor durchgeführten Studien bei demselben Praxispartner war zudem bekannt, dass die Kunden ihre Motive für den Tankstellen-Kauf nur schlecht verbalisieren können.

472 Vgl. Meffert 1992, S. 26; Homburg/Giering 1996, S. 6; Kroeber-Riel/Weinberg/Gröppel-Klein 2009, S. 34.

473 Vgl. Bagozzi/Fornell 1982, S. 24; Bagozzi/Phillips 1982, S. 465.

474 Vgl. Andritzky 1976, S. 23; Homburg/Giering 1996, S. 6.

475 Vgl. Homburg/Giering 1996, S. 5.

Konstrukt aus mindestens zwei Faktoren zusammen.[476] Mehrfaktorielle Konstrukte wiederum können als ein- und mehrdimensionale Konstrukte auftreten:[477] Bei einem eindimensionalen Konstrukt zählt jeder Faktor zu einer einzigen theoretischen Dimension.[478] Bei mehrdimensionalen Konstrukten bestehen die Konstrukte aus mehreren Dimensionen und diese abermals aus mehreren Faktoren.[479] Als Beispiel für ein mehrdimensionales Konstrukt führen HOMBURG und GIERING die Kundennähe an: Diese kann mit drei Dimensionen, nämlich der Qualität, der Flexibilität und der Interaktion konzeptualisiert werden. Dabei bestehen diese drei Dimensionen wiederum aus mehreren Faktoren. So bilden die beiden Faktoren Produkt- und Dienstleistungsqualität sowie Qualität der kundenbezogenen Prozesse die Dimension Qualität.[480] In Abb. 4-2 sind die drei genannten Arten der Konzeptualisierung von Konstrukten verdeutlicht.

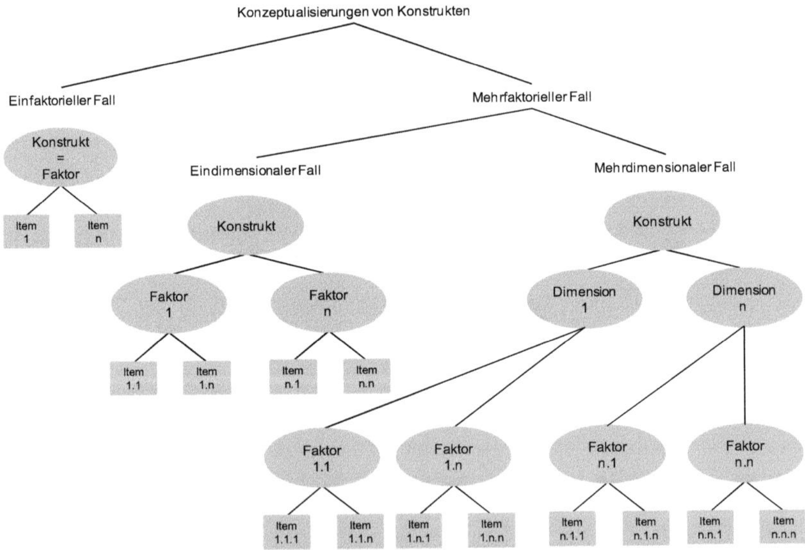

Abb. 4-2: Konzeptualisierungen von Konstrukten (Quelle: Homburg/Giering 1996, S. 6)

476 Vgl. Homburg/Giering 1996, S. 6.
477 Vgl. Bagozzi/Fornell 1982, S. 28 ff.
478 Vgl. Anderson/Gerbing/Hunter 1987, S. 435.
479 Vgl. Homburg/Giering 1996, S. 6.
480 Vgl. Homburg/Giering 1996, S. 14.

Die **Operationalisierung** umfasst die Entwicklung eines auf der Konzeptualisierung beruhenden Messinstruments.[481] Zu diesem Zweck werden messbare Größen bestimmt, die mit dem Konstrukt (oder seinen Dimensionen oder Faktoren) verknüpft werden und über deren Messung das Konstrukt quantifiziert werden kann.[482] In der Regel wird zur Messung von Konstrukten ein Mehrindikatorenansatz empfohlen, um dem Problem zu begegnen, dass ein einzelner Indikator zumeist nicht in der Lage ist, ein Konstrukt vollumfänglich mit all seinen Faktoren oder Dimensionen zu messen:[483] Das Gemeinsame verschiedener Messungen (z. B. durch parallele Messung mit mehreren Indikatoren) wird als „wahrer Kern" des Konstrukts interpretiert.[484] Alle Indikatoren, die für die Messung eines Konstrukts herangezogen werden, bezeichnet man als Messinstrument oder -skala.

Die so identifizierten Indikatoren lassen sich aufgrund der Beziehung zwischen dem Faktor und den zugeordneten Indikatoren in zwei Arten unterteilen.[485] Man spricht von **reflektiven** Indikatoren (auch: reflektive Messmodelle, wenn das gesamte Modell bezeichnet wird), wenn der zugrundeliegende Faktor die Ausprägungen der Indikatoren verursacht.[486] Die Wirkungsrichtung verläuft also von dem zu Grunde liegenden Faktor (der latenten Variablen) zu den Indikatoren; ändert sich eine Ausprägung der latenten Variablen, führt dies zu einer Änderung der Ausprägungen bei allen Indikatoren.[487] Würden alle Indikatoren die zugrundeliegende latente Variable fehlerfrei messen, müssten sie einen Korrelationskoeffizienten von eins aufweisen.[488] In der Regel ist dies allerdings nicht der Fall, vielmehr stellen die Indikatoren eine fehlerbehaftete Messung der latenten Variablen dar.[489] Da sie jedoch, wie oben dargestellt, alle die latente Variable messen und als Parallelmessung verstanden werden können, korrelieren die Indikatoren stark.[490]

Im Gegensatz dazu liegen **formative** Indikatoren (auch: formative Messmodelle, wenn Bezug auf das gesamte Modell genommen wird) vor, wenn die Indikatoren die latente Variable bilden.[491] Die Wirkungsrichtung verläuft also in die andere Richtung als bei den reflektiven Indikatoren: Ändert sich ein Indikator in seiner Ausprägung, verändert sich der Wert der latenten Variablen, nicht jedoch die Ausprägungen der übrigen Indi-

---

481 Vgl. Homburg/Giering 1996, S. 5.
482 Vgl. Churchill 1979, S. 65; Bagozzi/Phillips 1982, S. 465.
483 Vgl. z. B. Jacoby 1978, insb. S. 91; Churchill 1979, S. 65.
484 Vgl. Trommsdorff 2009, S. 37.
485 Vgl. Homburg/Giering 1996, S. 6.
486 Vgl. Hunt 1991, S. 386; Eberl 2004, S. 3.
487 Vgl. Jarvis/MacKenzie/Podsakoff 2003 S. 201.
488 Vgl. Fassott/Eggert 2005, S. 37.
489 Vgl. Götz/Liehr-Gobbers 2004, S. 727.
490 Vgl. Bollen/Lennox 1991, S. 308.
491 Vgl. Homburg/Giering 1996, S. 6; Buch 2007, S. 15.

katoren.[492] Dies ist z. B. der Fall bei der latenten Variablen sozioökonomischer Status, die z. B. mit Hilfe der Indikatoren Einkommen, Bildung und Wohnort gemessen wird.[493] Je nachdem, ob das Messmodell formativ oder reflektiv zu operationalisieren ist, liegen bestimmte Restriktionen für die spätere Auswertung vor.[494]

Im Folgenden wird für jedes hier betrachtete Konstrukt zunächst eine Abgrenzung vorgenommen und theoretische Ansätze sowie Messmethoden dargestellt, die für die Untersuchung des Konstrukts in der Literatur herangezogen werden. Anschließend erfolgt auf dieser Basis die Modellierung für die Untersuchung und die Aufarbeitung des aktuellen Forschungsstands. Für die Modellierung ist zu beachten, dass aufgrund des exploratorischen Vorgehens der Untersuchung die Zuordnung der Items zu den Faktoren lediglich vorläufigen Charakter hat und die Modellierung im Zuge ihrer Überprüfung modifiziert werden kann.

4.3.4.2 Preisemotionen

4.3.4.2.1 Abgrenzung und theoretische Ansätze der Preisemotionen

Im Zentrum der Forschung zu **Preisemotionen** steht die Frage, welche Rolle den mit Preisen verbundenen Emotionen in Bezug auf das Verhalten der Kunden zukommt.[495] Dieser Thematik wird erst in jüngerer Zeit nachgegangen: Bis heute wird das Preisverhalten bis auf wenige Ausnahmen ohne die affektive Komponente untersucht oder die affektive Komponente wird nur implizit berücksichtigt.[496] Dies gilt nicht nur für die Preisemotionen, sondern auch für die Rolle von Emotionen in der Käuferverhaltensforschung und der Marketingwissenschaft: Sie wurden lange Zeit im Vergleich zu anderen psychischen Prozessen stiefmütterlich behandelt.[497]

Im Gegensatz dazu sind **Emotionen** schon lange Gegenstand anderer Forschungsbereiche.[498] Zahlreiche Disziplinen wie die Medizin, die Psychologie, die Anthropologie

492 Vgl. Christophersen/Grape 2006, S. 117.
493 Vgl. Bollen/Lennox 1991, S. 306; Buch 2007, S. 16.
494 Siehe zu dieser Problematik z. B. den Aufsatz von Fassott/Eggert 2005.
495 Vgl. O´Neill/Lambert 2001, S. 218; Diller 2008a, S. 95 f.
496 Vgl. O´Neill/Lambert 2001, S. 217 f.; Zielke 2007b, S. 259.
497 Vgl. Holbrook/Hirschman 1982, S. 132; Havlena/Holbrook 1986, S. 394; Derbaix/Pham 1991, S. 326; Pham 1998, S. 144. Erst zu Beginn der 1980er Jahre begann man vereinzelt, auch im Rahmen der Marketingwissenschaft emotionale Prozesse zu beleuchten. Seither ist die Anzahl der Publikationen in diesem Bereich explodiert, vgl. Erevelles 1998, S. 199. Für einen Überblick über Forschungsfelder in diesem Bereich siehe Erevelles 1998, Schimmack/Crites 2005 und Cohen/Pham/Andrade 2008.
498 DARWIN veröffentlichte schon 1872 seine Abhandlung „Der Ausdruck der Gemütsbewegung bei den Menschen und den Tieren“: Darwin 1872. Weitere frühe Arbeiten stammen z. B. von JAMES (1884): James 1884 und WATSON (1919): Watson 1919.

und weitere beschäftigen sich mit ihnen.[499] Dies führt zu vielen unterschiedlichen Forschungssträngen und Betrachtungsweisen: So stellt z. B. ein Forschungsstrang eher auf die neurologisch-physiologischen Prozesse[500] ab, während ein anderer sich auf die Wirkung und Funktion von Emotionen konzentriert[501].

Die vielen verschiedenen Forschungsansätze und Theorien über das Wesen und die Bedeutung von Emotionen in Verbindung mit der Komplexität des menschlichen Gefühlslebens haben zu zahlreichen, voneinander abweichenden **Begriffsabgrenzungen** geführt. Seit einiger Zeit versuchen Psychologen deshalb, Emotionen umfassend zu konkretisieren und alle Aspekte dieser komplexen Prozesse mit einzubeziehen. So fasst IZARD 1977 zusammen:

"Most theories either explicitly or implicitly acknowledge that an emotion is not a simple phenomenon. (...) A complete definition of emotion must take into account all three (...) aspects or components: (a) the experience or conscious feeling of emotion, (b) the processes that occur in the brain and nervous system, and (c) the observable expressive patterns of emotion, particularly those on the face."[502]

Im Jahr 1991 kommt er zu der folgenden Aussage:

"An emotion is experienced as a feeling that motivates, organizes, and guides perception, thought and action".[503]

Den vorgenommenen Abgrenzungen ist gemein, dass sie Emotionen als komplexe Wirkungszusammenhänge verstehen: So kann eine erfreuliche Nachricht eine erhöhte Pulsfrequenz (physiologische Reaktion), die Interpretation der Situation als erfreulich (kognitiver Prozess) und ein Lächeln oder einen Belohnungskauf (als Verhalten) hervorrufen.

Von **Stimmungen** unterscheiden sich Emotionen insofern, als dass Letztere einen Objektbezug haben, sich also auf einen bestimmten Sachverhalt richten, und von kurzer Dauer sowie höherer Intensität sind.[504] Zudem entstehen Emotionen in sehr kurzer Zeit, während Stimmungen sich langsam aufbauen.[505] Der im Englischen häufig verwendete Begriff **Affekt** wird dort verstanden als ein bewerteter Gefühlszustand. Affekte

---

499 Vgl. Bekmeier 1989, S. 41; Meyer/Schützwohl 2001, S. 22 f. KLEINGINNA/KLEINGINNA führten schon im Jahr 1981 insgesamt 92 verschiedene Definitionen von Emotionen auf. Siehe hierzu Kleinginna/Kleinginna 1981, insb. die Auflistung auf S. 363 ff.

500 Zu den Vertretern der so genannten *physiologischen Theorien* zählt z. B. CANNON, siehe Cannon 1927.

501 Diese so genannten *evolutionären Ansätze* gehen zurück auf DARWIN. Neuere Vertreter sind z. B. PLUTCHIK (1980): Plutchik 1980 und IZARD (1981): Izard 1981.

502 Izard 1977, S. 4.

503 Izard 1991, S. 14.

504 Vgl. Erevelles 1998, S. 199; Kroeber-Riel/Weinberg/Gröppel-Klein 2009, S. 100.

505 Vgl. Ekman/von Salisch 1988, S. 21 f.

umfassen in diesem Sinne also sowohl Stimmungen als auch Emotionen.[506] Im deutschsprachigen Raum steht dieser Begriff für einen anderen Sachverhalt, nämlich ein grundlegendes, kurzfristig auftretendes Gefühl entweder von Akzeptanz oder Ablehnung oder auch eine Emotion, die kognitiv wenig kontrolliert werden kann.[507]

Wie gezeigt, existieren zahlreiche Ansätze zur Abgrenzung und Systematisierung von Emotionen, von denen im Folgenden auf zwei detaillierter eingegangen wird, da sie für die spätere Modellierung der Preisemotionen von Bedeutung sind: Dabei handelt es sich um die „differential emotions theory" und den umweltpsychologischen Ansatz.

Der oben bereits zitierte IZARD ist ein Vertreter der **„differential emotions theory"**, einer Forschungsschule, der zahlreiche bedeutende Psychologen (z. B. DARWIN, CANNON oder FREUD) angehören. Eine der wesentlichen Annahmen dieses Ansatzes ist die, dass es eine bestimmte Anzahl von fundamentalen Emotionen gibt, die sich in ihrem Erleben und ihren Funktionen unterscheiden und das grundlegende Antriebssystem des Menschen bilden.[508] IZARD unterscheidet im Rahmen seiner Theorie zehn fundamentale Emotionen – Basisemotionen –, die jeweils nach ihrer Intensität mit zwei verschiedenen Begriffen benannt werden: Interesse – Erregung, Vergnügen – Freude, Überraschung – Schreck, Traurigkeit – Schmerz, Zorn – Wut, Ekel – Abscheu, Geringschätzung – Verachtung, Furcht – Entsetzen, Scham – Erniedrigung, Schuld – Reue.[509] Diese Vorgehensweise von IZARD ist – neben der sehr ähnlichen von PLUTCHIK[510] – diejenige, die am häufigsten in der Marketingwissenschaft für Untersuchungen herangezogen wird.[511]

Einen anderen, aber ähnlichen Weg gehen die Vertreter der **Umweltpsychologie**. Diese beschäftigen sich mit der Wechselwirkung zwischen Mensch und Umwelt[512] – wie etwa zwischen einem Kunden und einer bestimmten Einkaufsstätte. Eine zentrale These dieses Ansatzes besagt, dass die Umweltreize im Zusammenspiel mit den Persönlichkeitsfaktoren zu einer emotionalen Reaktion auf die Umwelt führen, die sich wiederum in einem Annäherungs- oder Vermeidungsverhalten der Umwelt gegenüber äußert.[513] Als Dimensionen der **emotionalen Reaktion** werden Erregung-Nichterregung, Dominanz-Unterwerfung und Lust-Unlust einbezogen:[514] Die Dimension Erregung meint einen Zustand innerer Anspannung; das Individuum ist bereit zur Aus-

506 Vgl. Erevelles 1998, S. 199.
507 Vgl. Kroeber-Riel/Weinberg/Gröppel-Klein 2009, S. 101.
508 Vgl. Izard 1991, S. 40.
509 Vgl. Izard 1977, S. 85 ff. Für die deutsche Übersetzung siehe Kroeber-Riel/Weinberg/ Gröppel-Klein 2009, S. 114.
510 Siehe die Arbeit von Plutchik 1980.
511 Vgl. Erevelles 1998, S. 207.
512 Vgl. Lewin 1969, S. 34; Veitch/Arkkelin 1995, S. 4.
513 Vgl. Mehrabian/Russell 1974, S. 1 ff.
514 Vgl. Mehrabian 1976, S. 18 f.

einandersetzung mit der Umwelt. Dies äußert sich in Aufregung, Entrüstung, Spannung, Empörung usw. und führt zu einer Vielzahl von Körperreaktionen wie hohem Puls, Muskelanspannung und anderen. Dagegen beschreibt Nichterregung einen Zustand der Trägheit, Unaufmerksamkeit und Apathie. Die Dimension Lust-Unlust drückt aus, ob man sich glücklich, fröhlich und gut oder verärgert, widerwillig und schlecht fühlt. Dominanz bedeutet ein Gefühl von Überlegenheit und Kontrolle: Man fühlt sich berechtigt, sich nach Wunsch zu verhalten. Im Gegensatz dazu meint Unterwerfung das Gefühl, sich entsprechend bestimmter Vorschriften oder Konventionen verhalten zu müssen und nicht nach eigenem Gutdünken entscheiden zu können.[515]

4.3.4.2.2 Messung der Preisemotionen in der Literatur

Preiserlebnisse oder Preisemotionen sind – wie bereits erwähnt – erst in jüngerer Zeit von der verhaltenswissenschaftlichen Preisforschung in die Überlegungen einbezogen worden.[516] Zum Zeitpunkt der Konzeptionierung der vorliegenden Untersuchung lagen nur zwei Studien vor, die sich explizit mit der Frage nach den emotionalen Reaktionen auf Preise auseinandersetzen und aufgrund der bisher wenigen Erkenntnisse überblicksartig dargestellt werden.[517]

Die erste Studie stammt von O´NEILL und LAMBERT und untersucht – exploratorisch angelegt – die Beziehungen von Preisemotionen zu verschiedenen anderen Konstrukten, die mit dem Preis in Verbindung stehen. Zu diesem Zweck befragten die Autoren 271 Studierende zum Kauf von Sportschuhen. Diese sollten sich daran erinnern, wie sie sich gefühlt haben, als sie beim letzten Schuhkauf die Preise sahen. Anschließend sollten sie angeben, ob und welche Emotionen sie dabei empfunden haben. Die einbezogenen Emotionen basieren auf den von IZARD vorgeschlagenen zehn Basisemotionen, von welchen während der Vorbereitung der Studie allerdings vier als nicht zum Ziel der Studie passend ausgeschlossen wurden, nämlich Interesse, Angst, Scham/Schüchternheit und Schuld.[518] Außerdem wurden in der Studie das Produktinvolvement, das Preisbewusstsein und die internen Referenzpreise erhoben, um diese Konstrukte mit den Preisemotionen in Beziehung setzen zu können.[519]

Die zweite Untersuchung wurde von SURI, MANCHANDA und KOHLI durchgeführt. Sie bezieht sich auf die Frage, welche Emotionen zwei Preisstrategien, nämlich die Strate-

---

515 Vgl. Mehrabian 1976, S. 19.
516 Vgl. Zielke 2007b, S. 259.
517 Siehe den Aufsatz von O´Neill/Lambert 2001 und den Aufsatz von Suri/Manchanda/Kohli 2002. Im Jahr 2009 erschien eine weitere Arbeit, nämlich der Aufsatz von Peine/Heitmann/Herrmann 2009. Auch die Arbeit von Gelbrich 2011 befasst sich mit Preis-emotionen im weiteren Sinne.
518 Zum Untersuchungsdesign in der Studie siehe O´Neill/Lambert 2001, S. 223 ff.
519 Zur Erläuterung dieser Konstrukte siehe weiter unten.

gie des konstanten Preisverlaufs und die Sonderangebotspolitik, hervorrufen.[520] Die 34 Probanden sollten sich vorstellen, bei ihrem bevorzugten Händler ein T-Shirt kaufen zu wollen, wobei die Auswahl sich auf fünf beschränkte. Zu diesen fünf T-Shirts wurde, abgesehen von Informationen zu Qualität und Preis, auch die Preisentwicklung der letzten Zeit dargestellt. Vier von ihnen zeichneten sich durch die Sonderangebotspolitik aus – für sie waren Informationen über „regular price", „sale price" und „percentage off the regular price" angegeben. Das fünfte T-Shirt („Brand Name A") wurde für die Hälfte der Personen ebenfalls mit diesen Informationen präsentiert, für die andere Hälfte mit einem fixen Preis und der Information, dass es niemals mit einem Preisnachlass verkauft wird. Nachdem die Probanden die Informationen für alle fünf T-Shirts gelesen hatten, mussten sie angeben, zu welchen Gefühlen die Informationen über „Brand Name A" bei ihnen geführt hatten. Die Emotionen wurden dabei zwei Dimensionen zugeordnet, nämlich der Dimension „happy" und der Dimension „uncertain". Darüber hinaus wurden die Wahrnehmung der Preishöhe (hier definiert als „sacrifice", also das wahrgenommene Opfer, das für das T-Shirt zu bringen ist), die Wahrnehmung des Wertes und das vorher bereits bestehende Wissen über die T-Shirt-Sorte abgefragt.[521]

Eine Untersuchung von ZIELKE, die sich nicht explizit auf Preisemotionen fokussierte, bezog Emotionen allerdings als Dimension von Preisimages ein. Seine Untersuchung hatte zum Ziel, eine Konzeptualisierung von Preisimages vorzunehmen. Sie bezog sich also nicht explizit auf Preisemotionen, sondern nahm emotionale Aspekte zur Modellierung des Preisimages mit auf.[522] ZIELKE orientierte sich bei der Ableitung seiner Statements zu den Preisemotionen an den oben dargestellten, in der Umweltpsychologie betrachteten Dimensionen von Emotionen, nämlich Lust–Unlust, Erregung–Nichterregung, Dominanz–Unterwerfung.[523]

Eine weitere Studie, die sich mit Preisemotionen befasst, stammt von PEINE, HEITMANN und HERRMANN, wurde aber erst nach der Entwicklung der hier genutzten Skalen veröffentlicht. Sie hatte zum Ziel, eine Skala für die Messung von Preisemotionen zu entwerfen und grundlegende Informationen über die emotionalen Reaktionen auf Preise zu generieren.[524] Die Probanden mussten in verschiedenen Preis-Szenarien für die Buchung von innereuropäischen Flügen je 24 emotionsbezogene Items beantworten. Die Items basierten auf einer von WATSON und TELEGEN entwickelten Skala.[525] Darüber hinaus wurden einige weitere Variablen erhoben, nämlich Preisurteile, die Preisfairness

520 Zum Untersuchungsdesign der Studie siehe Suri/Manchanda/Kohli 2002, S. 163 ff.
521 Vgl. Suri/Manchanda/Kohli 2002, S. 171.
522 Vgl. Zielke 2006b, S. 299.
523 Vgl. Zielke 2006b, S. 301.
524 Vgl. Peine/Heitmann/Herrmann 2009, S. 39.
525 Siehe den Aufsatz von Watson/Tellegen 1985; Peine/Heitmann/Herrmann 2009, S. 46.

sowie die Weiterempfehlungs- und Kaufabsicht. Die Tab. 4-4 gibt einen Überblick über die in den genannten Studien genutzten Aufgabenstellungen und Items.

Quelle	Emotion/Fragestellung/Item				Skala
O´Neill/Lambert 2001, S. 223 ff.	Fragestellung: Imagine that you need a new pair of athletic shoes. Picture yourself in the store looking at the display of shoes. Remember how you felt about the array of prices you saw the last time you bought a pair? Please answer the following questions in terms of how you feel about the prices for athletic shoes.				
	surprise	surprised	astonished	amazed	5-stufige Skala very strongly–not at all
	enjoyment	delighted	joyful	happy	
	distress	downhearted	discouraged	sad	
	anger	enraged	mad	angry	
	disgust	feeling of distaste	disgusted	feeling of revulsion	
	contempt	contemptuous	scornful	disdainful	
Suri/ Manchanda/ Kohli 2002, S. 164 u. 171	Fragestellung: Please indicate how the task of evaluating the information of brand name "A" made you *feel* by responding to the items provided below. There are no right or wrong responses to these questions, we are merely in understanding how you felt while evaluating the shirt with brand name "A".				
	happy	happy	in a good mood	good	7-stufige Skala not at all – very
		excited	enthusiastic	active	
	uncertain	unsure	undecided	uncertain	
Zielke 2006, S. 303 ff.	**price pleasure**	In this store it can happen that prices make me feel angry.			5-stufige Zustimmungs-Skala
		In this store it can happen that prices make me feel happy.			
		In this store it can happen that prices make me feel furious.			
	price arousal	In this store it can happen that prices make me feel surprised.			
		In this store prices leave me completely cold.			
		In this store it can happen that prices make me feel aroused.			
	price dominance	I feel it is easy to evaluate the price level of the store.			
		I feel it is easy to evaluate the price performance relationship of this store.			
		I feel it is easy to evaluate the price fairness of this store.			
		If I buy in this store I feel I don´t have to look at each price specifically.			
		In this store I feel confident that I do not have to pay too much.			
		In this store it can happen that I feel afraid of paying too much.			
Peine/ Heitmann/ Herrmann 2009, S. 46 u. 48.	Fragestellung: When I see the price of the target offer I feel...				
	sad	unhappy	elated	astonished	11-stufige Skala not at all – very much
	anxious	sleepy	happy	relaxed	
	nervous	sluggish	pleased	calm	
	blue	excited	satisfied	still	
	drowsy	aroused	active	quiet	
	fearful	quiescent	surprised	at rest	

Tab. 4-4: Messung von Preisemotionen in der Literatur

4.3.4.2.3 Messung der Preisemotionen in der vorliegenden Untersuchung

Die Modellierung der Preisemotionen orientiert sich am Vorschlag von ZIELKE. Allerdings mussten hier aufgrund der besonderen Rahmenbedingungen in Tankstellenshops einige Modifikationen vorgenommen werden: Die Items, die sich auf die Dimension Lust–Unlust beziehen, wurden übernommen. Ebenso wurden die Aussagen zur Erregung–Nichterregung genutzt; die Items „In this store it can happen that prices make me feel aroused" („In diesem Tankstellenshop kann es passieren, dass die Preise mich anregen", adaptierte Übers. der Verfasserin) und „In this store prices leave me completely cold" („In diesem Tankstellenshop lassen die Preise mich völlig kalt", adaptierte Übers. der Verfasserin) wurden allerdings nach den beiden Pretests eliminiert, da sie von den Probanden nicht verstanden bzw. nicht beantwortet wurden.[526]

Weil den Fragen nach der Klarheit der Preisauszeichnung und der Nachvollziehbarkeit der Preise sowie der Fairness und dem „Eigennutz" des Tankstellenbetreibers besondere Bedeutung zukommt, wurden die Items zur Dimension Dominanz–Unterwerfung um einige weitere ergänzt und gesondert im Zusammenhang mit den Konstrukten der Preisfairness, Preistransparenz und Preisehrlichkeit untersucht. Sie finden daher vorläufig keine Beachtung, sondern werden in späteren Kapiteln aufgegriffen.

In die Hauptuntersuchung flossen nach diesen Überlegungen und nach den Pretests vier Items ein, um die emotionalen Aspekte des Preises zu messen. Die Tab. 4-5 zeigt die hier genutzten Items vor und nach den Pretests.

Bezeichnung	Faktor	Item
PE_1	Lust–Unlust (MEHRABIAN) Zorn–Wut (IZARD)	In diesem Tankstellenshop kann es passieren, dass ich mich über die Preise ärgere.
PE_2	Lust–Unlust (MEHRABIAN) Vergnügen–Freude (IZARD)	In diesem Tankstellenshop kann es passieren, dass ich mich über die Preise freue.
PE_3	Lust–Unlust (MEHRABIAN) Zorn–Wut (IZARD)	In diesem Tankstellenshop kann es passieren, dass die Preise mich wütend machen.
PE_4	Erregung–Nichterregung (MEHRABIAN) Überraschung–Schreck (IZARD)	In diesem Tankstellenshop kann es passieren, dass die Preise mich überraschen.
(PE_5)	Erregung–Nichterregung (MEHRABIAN) Überraschung–Schreck (IZARD)	In diesem Tankstellenshop lassen mich die Preise völlig kalt.
(PE_6)	Erregung–Nichterregung (MEHRABIAN) Überraschung–Schreck (IZARD)	In diesem Tankstellenshop kann es passieren, dass die Preise mich anregen.
Fettdruck der Bezeichnung: Item auch nach dem Pretest beibehalten; (Klammer): Item eliminiert		

Tab. 4-5: Items zur Messung der Preisemotionen in der vorliegenden Untersuchung

526 Zur Durchführung der Pretests siehe Kap. 4.4.1.3.

4.3.4.2.4 Empirische Befunde zu Preisemotionen

Wie dargestellt, liegen bisher nur wenige empirische Befunde zu Preisemotionen vor: So waren im finalen Strukturgleichungsmodell[527] der dargestellten Studie von O´NEILL und LAMBERT nur noch zwei Emotionen enthalten, nämlich die Freude und die Überraschung. Die übrigen Emotionen wurden für einen besseren Modell-Fit eliminiert.[528] In Zusammenhang mit den beiden verbliebenen Emotionen beobachteten die Autoren:

- Die Freude war umso höher, je höher das Involvement war.
- Die Überraschung war umso höher, je höher das Preisbewusstsein war.
- Die Überraschung war umso höher, je höher die Freude war.
- Die Freude war umso höher, je mehr die Probanden an einen Preis-Qualitäts-Zusammenhang glaubten.[529]

Die Autoren kommen zu dem Schluss, dass in diesem Bereich noch viel Forschungsarbeit geleistet werden muss. So vermuten sie z. B., dass das Ausklammern der negativen Emotionen weniger darauf zurückzuführen ist, dass mit dem Preis keine negativen Emotionen verbunden sind, sondern eher mit der Methodik und dem ausgewählten finalen Modell zusammenhängt.[530]

SURI, MANCHANDA und KOHLI kommen zu folgenden Ergebnissen:

- Bei konstanten Preisen sind die positiven Emotionen ausgeprägter als bei der Sonderangebotspolitik.
- Bei konstanten Preisen ist die Unsicherheit geringer als bei der Sonderangebotspolitik.[531]

Die ebenfalls erwähnte Studie von ZIELKE diente in erster Linie dazu, das Preisimage zu konzeptualisieren. Deshalb beziehen sich die Ergebnisse nur am Rande auf die Preisemotionen selbst. Folgendes lässt sich jedoch festhalten:

- Es wurden mit Hilfe von exploratorischen Faktorenanalysen[532] zwei emotional geprägte Faktoren extrahiert, nämlich der „pleasure dominance“-Faktor, der negative Items für „pleasure“ und einige Items für „dominance“ enthält, und der „evaluation process dominance“-Faktor, der angibt, wie einfach oder schwierig die Kunden den Preisbeurteilungsprozess empfinden.[533]

---

527 Siehe zu dieser Methode Kap. 5.4.1.
528 Vgl. O´Neill/Lambert 2001, S. 227 ff.
529 Vgl. O´Neill/Lambert 2001, S. 230.
530 Vgl. O´Neill/Lambert 2001, S. 232.
531 Vgl. Suri/Manchanda/Kohli 2002, S. 166.
532 Siehe hierzu das Kap. 4.4.2.1.
533 Vgl. Zielke 2006b, S. 305 f.

- Letzterer wurde später aufgrund mangelnder Konvergenzvalidität[534] eliminiert; ZIELKE weist jedoch darauf hin, dass dies möglicherweise mit den Beschränkungen der Studie zusammenhängt.[535]

In der 2009 erschienenen Arbeit von PEINE, HEITMANN und HERRMANN führten die Autoren zunächst exploratorische und konfirmatorische Faktorenanalysen durch, um ihre Skala zur Messung der Preisemotionen zu verbessern. Zielvorstellung war dabei, dass zwei emotionale Faktoren extrahiert werden sollten, nämlich positive und negative Emotionen. Im finalen Modell waren noch neun Items enthalten, nämlich „sad", „blue", „fearful", „unhappy", „sluggish" (negative Emotionen) und „elated", „happy", „pleased" und „active" (positive Emotionen). Die Autoren kommen in der anschließenden Analyse zu den folgenden Ergebnissen:[536]

- Preissteigerungen gehen mit ansteigenden negativen Preisemotionen und abnehmenden positiven Preisemotionen einher.
- Negative Preisemotionen bewirken ein passives Kundenverhalten (ausgedrückt z. B. in einer geringeren Kaufbereitschaft) und positive Preisemotionen ein aktives Kundenverhalten (ausgedrückt z. B. in einer stärkeren Weiterempfehlungsabsicht).
- Preisemotionen und kognitive Vorgänge (hier: Preisurteile und wahrgenommene Preisfairness) bewirken im Zusammenspiel die Reaktion des Kunden auf die Preissteigerungen.

Weil die Forschung im Bereich der Preisemotionen erst am Anfang steht, werden im Folgenden außerdem einige aus der **Emotionsforschung** bekannte Zusammenhänge aufgezeigt, die für die Preisemotionen ebenfalls eine Rolle spielen könnten.

Eine erste wichtige Erkenntnis betrifft die Tatsache, dass Emotionen – oder, in einem weiteren Sinne, Affekte (in der englischsprachigen Bedeutung des Wortes) – einen eigenständigen Beitrag zur Erklärung des Käuferverhaltens leisten können und demzufolge als eigenständige Variablen betrachtet werden sollten.[537] Dies mag auf den ersten Blick trivial klingen, jedoch wurden Emotionen lange Zeit nur implizit in die Untersuchung des Kaufverhaltens einbezogen, häufig etwa als ein Faktor oder eine Dimension des Konstrukts „Einstellung".[538]

---

534 Siehe hierzu Kap. 4.4.2.1.1.

535 Vgl. Zielke 2006b, S. 307 und S. 312.

536 Vgl. Peine/Heitmann/Herrmann 2009, S. 49 ff. und S. 59 f.

537 Vgl. z. B. die Aufsätze von Hirschman/Holbrook 1982, insb. S. 100.; Breckler/Wiggins 1989/5; Crites Jr./Fabrigar/Petty 1994; Pham et al. 2001.

538 Vgl. Erevelles 1998, S. 200. Der Grund liegt darin, dass die Emotionen, die ein Objekt hervorruft, stark mit der Einstellung zu diesem Objekt zusammenhängen. So schreiben FISHBEIN und AJZEN: "(...) attitude may be conceptualized as the amount of affect for or against some object", siehe Fishbein/Ajzen 1975, S. 11.

Zahlreiche Studien befassen sich mit der Wirkung von Emotionen oder Stimmungen auf verschiedene Aspekte des Konsumentenverhaltens. Überblicke geben der Aufsatz von EREVELLES aus dem Jahr 1998[539] und der Beitrag von COHEN, PHAM und ANDRADE von 2008[540]. Die relevanten Erkenntnisse lassen sich wie folgt zusammenfassen:

Eine erste Erkenntnis betrifft den Umstand, dass positive Stimmungen (nicht: Emotionen) sich auf die **Einstellung** zu Marken positiv auswirken. Personen, die in besserer Stimmung mit einer Marke konfrontiert werden, zeichnen sich durch eine bessere Einstellung dieser Marke gegenüber aus.[541] Auch besteht ein starker positiver Zusammenhang zwischen der Bewertung eines Objekts und der Einstellung zu diesem sowie den Emotionen, die es auslöst.[542]

Betrachtet man das **Entscheidungsverhalten** von Kunden, hat sich das Bild in den letzten Jahren geändert: Während man lange Zeit davon ausging, dass Kunden vor ihren Entscheidungen umfangreiche kognitive Prozesse durchlaufen und erst im Anschluss daran emotionale Prozesse folgen,[543] hat sich mittlerweile die konkurrierende Annahme gebildet, dass die affektiven Prozesse unabhängig von den kognitiven Prozessen ablaufen[544] und deshalb separat betrachtet werden müssen. Dieses Umdenken war vor allem zwei Erkenntnissen geschuldet: Erstens fand man heraus, dass mitnichten grundsätzlich längere kognitive Prozesse Kaufentscheidungen vorgeschaltet sind. Selbst bei Erstkäufen, bei teuren Produkten oder riskanten Käufen werden die kognitiven Aktivitäten offenbar stattdessen minimiert.[545] Zweitens gibt es empirische Hinweise darauf, dass den affektiven Prozessen nicht zwingend kognitive Prozesse vorgelagert sein müssen.[546] Zwar ist diese Frage noch nicht abschließend geklärt – so ist es z. B. auch vorstellbar, dass kognitive und affektive Prozesse sich nicht eindeutig trennen lassen, sondern eng miteinander verflochten sind und gleichzeitig ablaufen. Fest steht aber, dass Emotionen eine große Rolle für die Entscheidungsfindung der Konsumenten spielen.[547]

Mit der Frage, wie kognitive und affektive Prozesse zusammenwirken, beschäftigt sich auch ein weiterer Forschungsstrang. Untersucht werden die Wirkungen von Emotionen und Stimmungen auf kognitive Prozesse, und hier besonders auf die **Wahrnehmung**

539 Vgl. Erevelles 1998.
540 Vgl. Curren/Harich 1994, S. 104; Cohen/Pham/Andrade 2008.
541 Vgl. z. B. den Aufsatz von Batra/Stayman 1990.
542 Vgl. Cohen/Pham/Andrade 2008, S. 309.
543 Das sogenannte *cognitive-affective model*; siehe hierzu die Aufsätze von Lazarus 1982; Lazarus 1984; Anand/Holbrook/Stephens 1988.
544 Die sogenannte *independence hypothesis*; siehe hierzu die Aufsätze von Zajonc 1980, Zajonc/Markus 1982 und Zajonc 2000.
545 Vgl. Olshavsky/Granbois 1979, S. 98 f.; Hoyer 1984, S. 828 f.
546 Siehe hierzu die vorgestellten Ergebnisse bei Zajonc 2000.
547 Vgl. Erevelles 1998, S. 200.

und **Erinnerungsfähigkeit**.[548] So hat man z. B. festgestellt, dass positive Emotionen die Fähigkeit verstärken, sich an solche Situationen zu erinnern, in denen man ebenfalls positive Emotionen verspürte.[549] Es ließ sich nachweisen, dass die Stimmung einen Einfluss darauf hat, ob man sich eher an positive oder negative Produktmerkmale erinnert – allerdings nur dann, wenn das Produkt keine hohe Bedeutung für die betreffende Person hat, es sich also um Low-Involvement-Käufe handelt. Bei High-Involvement-Käufen scheint die Stimmung hingegen keine Rolle zu spielen.[550]

Interessanterweise verhält es sich umgekehrt bei der Wahrnehmung von Einkaufserlebnissen: Kunden, die in guter Stimmung sind, nehmen positive Einkaufserlebnisse besser wahr als Kunden in schlechter Stimmung – sofern sie stark involviert sind. Auch die **Kaufbereitschaft** steigt in diesem Fall. Negative Einkaufserlebnisse nehmen stark involvierte Personen in guter Stimmung allerdings ebenso wahr wie stark involvierte Personen in schlechter Stimmung – hier wirkt dieser „Verstärker"-Effekt also nicht. Bei nicht involvierten Kunden hatte die Stimmung keinen Einfluss auf die Beurteilung der Einkaufssituation oder auf die Kaufbereitschaft.[551]

Eng mit der Kaufbereitschaft verknüpft ist das **Ausgabeverhalten**. DONOVAN und ROSSITER stellten in ihrer Untersuchung fest, dass eine positive Einkaufsstätten-Atmosphäre, die wiederum positive Gefühle hervorruft, dazu führt, dass die Kunden mehr ausgeben, als sie geplant haben. Zudem beeinflusst die Atmosphäre die **Verweildauer** der Kunden im Geschäft und ihre Interaktion mit dem Verkaufspersonal positiv und erhöht die **Wiederkaufabsicht** in der Einkaufsstätte.[552]

4.3.4.3 Preisinteresse

4.3.4.3.1 Abgrenzung und theoretische Ansätze des Preisinteresses

Das **Preisinteresse** ist nach DILLER das Bedürfnis des Nachfragers, nach Preisinformationen zu suchen und diese bei den Einkaufsentscheidungen zu berücksichtigen.[553] Es handelt sich um ein komplexes Kernkonstrukt des Preisverhaltens, das sowohl aktivierende als auch kognitive Komponenten enthält. Das Preisinteresse stellt den Ausgangspunkt der kognitiven Leistung dar, die ein Kunde den Preisinformationen zu widmen bereit ist.[554] Es ist für verschiedene Teile der Kaufentscheidung wie die Markenwahl oder die Wahl der Einkaufsstätte relevant und betrifft diverse Teilaspekte des

548 Siehe hierzu z. B. den Aufsatz von Gilligan/Bower 1984.
549 Vgl. Kahn/Isen 1993, S. 266 ff.; Eich/Macaulay/Ryan 1994, S. 213 ff.
550 Siehe hierzu den Aufsatz von Curren/Harich 1994, insb. die Diskussion auf S. 104 f.
551 Vgl. Swinyard 1993, S 277 f.
552 Vgl. Donovan/Rossiter 1982, S. 56
553 Vgl. Diller 1978, S. 26; Diller 1982a, S. 315.
554 Vgl. Diller 1978, S. 26; Stamer 2006, S. 116.

Preises wie Rabatte oder Transportkosten. Je nach Situation tritt das Preisinteresse in unterschiedlicher Intensität auf.[555]

DILLER konzeptualisiert das Preisinteresse mit Hilfe von drei Faktoren, nämlich Preisgewichtung, Alternativenbewusstsein und Preissuche.[556] In der englischsprachigen Literatur wird dagegen vor allem auf die Preissuche („price search") abgestellt, die im deutschsprachigen Raum teilweise in den Bereich der Informationsaufnahme eingeordnet wird.[557] Weitere mit dem Preisinteresse verwandte und nicht immer überschneidungsfreie Konstrukte sind z. B. die häufig synonym gebrauchten Größen „concern for price", „value consciousness", „price consciousness" und „price sensitivity".[558] Hier wird – mit den in Kap. 4.3.4.3.3 dargestellten Modifikationen – der umfassenden Konzeptualisierung von DILLER gefolgt, die sich auch empirisch bestätigt hat.[559]

Im Rahmen dieser Konzeptualisierung umfasst die **Preisgewichtung** die Bedeutung des Preises für den Kunden innerhalb aller Kaufentscheidungskriterien: Je höher die Preisgewichtung, umso mehr richten die Kunden ihre Kaufentscheidung am Preis aus.[560] Dieser Faktor kann in zwei verschiedenen Formen auftreten: Einmal fließt nur der absolute Preis ein, so dass den Kunden im Falle einer hohen Preisgewichtung vor allem günstige absolute Preise wichtig sind (einige englischsprachige Autoren sprechen von „price consciousness"). Demgegenüber wird bei der zweiten Form als Kriterium zur Kaufentscheidung nicht der absolute Preis, sondern der Preis im Verhältnis zur Leistung herangezogen (im englischsprachigen Bereich auch als „value consciousness" bezeichnet).[561]

Der zweite Faktor – das **Alternativenbewusstsein** – ergibt sich aus dem Grad der Preisgewichtung: Es ist das Bedürfnis eines Kunden, alle objektiv verfügbaren Kaufalternativen in die Kaufentscheidung einzubeziehen. Je wichtiger der Preis im Rahmen einer Kaufentscheidung ist, desto größer ist der Wunsch danach, möglichst viele Alternativen zu prüfen.[562] Alternativen sind dabei die Kombinationen aus Marken, Varianten des Produktes und Einkaufsstätten, die für einen Käufer nutzbar sind und die er für die anstehende Kaufentscheidung als relevant betrachtet („evoked set", „relevant set" oder „consideration set").[563]

---

555 Vgl. Diller 1979, S. 68 ff.
556 Vgl. Diller 2008a, S. 101.
557 Siehe z. B. Dickson/Sawyer 1990; Grewal/Marmorstein 1994; Urbany/Dickson/Kalapurakal 1996; Srivastava/Lurie 2001. Für den deutschsprachigen Raum siehe Homburg/Koschate 2005a, S. 387.
558 Vgl. Zeithaml 1984, S. 612; Stamer 2006, S. 116.
559 Siehe hierzu z. B. die Arbeit von Diller 1978.
560 Vgl. Diller 2003b, S. 243; Stamer 2006, S. 117.
561 Vgl. Lichtenstein/Ridgway/Netemeyer 1993, S. 235; Stamer 2006, S. 117.
562 Vgl. Diller 2008a, S. 104.
563 Vgl. Howard/Sheth 1969, S. 26; Narayana/Markin 1975, S. 1; Shocker et al. 1991, S. 183; Petrov/Daghfous 1996, S. 72; Stamer 2006, S. 117.

Die **Preissuche** oder **-achtsamkeit** als dritter Faktor des Preisinteresses wird bedingt durch die Intensitäten von Preisgewichtung und Alternativenbewusstsein. Sie ist „das tatsächliche Ausmaß an preisbezogenen Informationsaktivitäten bei Kaufentscheidungen".[564] Diese Aktivitäten können sich auf Informationen innerhalb oder außerhalb von Einkaufsstätten beziehen. Neben den psychischen Kosten der Informationssuche und Informationsverarbeitung sind in der Preissuche die sonstigen Kosten wie Wege- oder Zeitkosten enthalten, die durch die Aktivitäten der Preisbeschaffung entstehen.[565]

Theoretische Modelle zur Preissuche basieren häufig auf **informationsökonomischen Modellen**: Die Preissuche wird so lange fortgesetzt, bis der erwartete Grenzertrag die Suchkosten nicht mehr übersteigt (Suchkostenansatz).[566]

Aus dem Bereich der psychologischen Modelle wird für die Analyse der Preissuche auf das **heuristisch-systematische-Modell** der sozialen Urteilsbildung zurückgegriffen. Dieses Modell berücksichtigt zwei verschiedene Arten der Informationsverarbeitung, nämlich die systematische (bei der sehr viele Informationen gesucht und ausgewertet werden) und die heuristische (bei der einfache Entscheidungsregeln angewandt werden). Das Modell nimmt darüber hinaus an, dass Kunden grundsätzlich einen geringeren Aufwand und damit die heuristische Informationsverarbeitung bevorzugen.[567]

4.3.4.3.2 Messung des Preisinteresses in der Literatur

Zur Messung des Preisinteresses und seiner Teilkonstrukte werden verschiedene Methoden herangezogen und diese in der Literatur ausführlich diskutiert. Insbesondere zur Preissuche wird dabei häufig auf **hypothetische Situationen** zurückgegriffen. So sollten die Probanden z. B. bei GREWAL und MARMORSTEIN eine Aussage darüber treffen, wie viel Zeit für die Suche sie zusätzlich aufbringen würden, um 20 $ oder 40 $ beim Kauf eines zuvor bereits (ebenfalls hypothetisch) ausgesuchten Produktes (einbezogen waren die Warengruppen Fernseher, Mikrowellenöfen und Videorekorder)[568] zu sparen.[569] Auch SRIVASTAVA und LURIE greifen auf eine hypothetische Aussage zurück: Im Rahmen ihrer Studie sollten die Probanden sich vorstellen, sie wollten eine Stereoanlage kaufen. Im ersten besuchten Geschäft war diese Anlage jedoch nicht mehr vorhanden. Sie sollten also das nächstgelegene Geschäft aufsuchen (simuliert durch eine bestimmte Anzahl an Mausklicks): Dort fanden sie das gesuchte Produkt zu einem bestimmten Preis vor. Dann sollten sie darüber entscheiden, ob sie noch weitere

564 Diller 2003b, S. 244.
565 Vgl. Stamer 2006, S. 118.
566 Siehe hierzu die Aufsätze von Stigler 1961 und Ratchford 1982.
567 Siehe hierzu die Aufsätze von Chaiken 1980 und Darke/Freedman/Chaiken 1995.
568 Vgl. Grewal/Marmorstein 1994, S. 455.
569 Vgl. Grewal/Marmorstein 1994, S. 456.

Geschäfte im Umfeld aufsuchen oder nicht und wie viele Geschäfte sie in ihre weitere Suche einbeziehen.[570]

Andere Autoren greifen stattdessen auf verschiedene **Fragen oder Statements** zurück, um das Konstrukt oder verwandte (Teil-)Konstrukte zu messen. Die (Teil-)Konstrukte, die dabei abgedeckt werden, sind sehr heterogen und reichen von Größen wie Preisgewichtung oder Preisvergleich über Preissuche (innerhalb eines Geschäfts und zwischen mehreren Geschäften) bis hin zum Qualitätsbewusstsein als Gegensatz zum Preisbewusstsein. Die Tab. 4-6 gibt einen Überblick über die untersuchten (Teil-)Konstrukte und Fragestellungen.

Quelle	(Teil-) Konstrukt	Item	Skala
Lichten-stein/ Bloch/ Black 1988, S. 247	**price conscious-ness**	I usually buy running shoes when they are on sale.	5-stufige Zustimmungs-skala
		I buy the lowest priced running shoes that will suit my needs.	
		When it comes to choosing a pair of running shoes for me I rely heavily on price.	
Lichten-stein/ Netemeyer/ Burton 1990, S. 64.	**value conscious-ness**	I am very concerned about low prices, but I am equally concerned about product quality.	7-stufige Zustimmungs-skala
		When grocery shopping, I compare the prices of different brands to be sure I get the best value for the money.	
		When purchasing a product, I always try to maximize the quality I get for the money I spend.	
Lichten-stein/ Netemeyer/ Burton 1990, S. 64.	**value conscious-ness**	When I buy products, I like to be sure that I am getting my money's worth.	7-stufige Zustimmungs-skala
		I generally shop around for lower prices on products, but they still must meet certain quality requirements before I will buy them.	
		When I shop, I usually compare the "price per ounce" information for brands I normally buy.	
		I always check prices at the grocery store to be sure I get the best value for the money I spend.	
Sorce/ Widrick 1991, S. 803	**price consciousness**	*Genaue Formulierung nicht angegeben – definiert als* „relative importance of price in the selection of a durable good"	6-stufige Skala most important – least important
Kujala/ Johnson 1993, S. 256 f.	**price importance**	How important is the price you notice in a store for your choice?	5-stufige Skalen
		How often do you choose the item on the basis of a price offer while shopping?	
		How much do you follow the prices of fruit and vegetables (fresh meat) while buying?	
	price search	How many different stores do you normally visit during one week for the purchase of fresh fruits and vegetables (fresh meat)?	

Fortsetzung der Tabelle auf der nächsten Seite

570 Vgl. Srivastava/Lurie 2001, S. 298 f.

Fortsetzung von der vorherigen Seite			
Lichten-stein/ Ridgway/ Netemeyer 1993, S. 243	**price conscious-ness**	I am not willing to go to extra effort to find lower prices.	7-stufige Zustimmungs-skala
		I will grocery shop at more than one store to take advantage of low prices.	
		The money saved by finding low prices is usually not worth the time and effort.	
		I would never shop at more than one store to find low prices.	
		The time it takes to find low prices is usually not worth the effort.	
	value conscious-ness	*Skala übernommen aus Lichtenstein/Netemeyer/ Burton 1990 (s.o.)*	
Urbany/ Dickson/ Kalapura-kal 1996, S. 95	**price compa-rison**	I compare the prices of different stores. (Schriftliche Befragung)	5-stufige Zustimmungs-skala
		I often compare the prices of fruit and vegetables at two or more grocery stores (Schriftliche Befragung)	
		How often do you compare the specific prices of grocery stores – weekly, monthly, less often, never? (Telefonbefragung)	siehe Einzelfall
		READ is a dichotomous variable identifying respondents who indicated that they regularly read print advertisements or fliers to compare prices and/or check price specials.	
		DECIDE (dichotomous) indicates that the shopper decides each week where to shop on the basis of advertisements or fliers.	
		FRIENDS (dichotomous) identifies consumers who often talk to friends about price specials before their weekly shopping	
		SPECIALS (dichotomous) identifies consumers who report regularly shopping "the price specials at one store and then the price specials at another store".	
Goldsmith/ Newell 1997, S. 166 f.	**price sensitivity**	I am less willing to buy new [product category] if I think that they will be high in price.	5-stufige Zustimmungs-skala
		I know that new [product category] are likely to be more expensive than older ones, but that doesn't matter to me.	
		In general, the price or cost of buying new [product category] is important to me.	
		I don't mind paying more to try out a new [product category] item.	
Putrevu/ Ratchford 1997, S. 481 f.	**comparing unit prices**	I compare unit prices across different package sizes.	7-stufige Skalen never – always
		I compare unit prices across brands.	
		I check unit prices of products I buy.	
		Before buying a product, I check the unit price.	
	checking price tags	I read price tags of the grocery products that I buy.	
		I check the prices of the grocery products that I purchase.	
		Before buying a product. I check the price.	
	looking for in-store promotions	I look for special deals inside the store before buying grocery products.	
		I look for unadvertised specials offered by supermarkets.	
		I look for special displays in supermarkets.	
Fortsetzung der Tabelle auf der nächsten Seite			

Fortsetzung von der vorherigen Seite			
	looking for advertised specials in newspapers/ fliers	I look for weekly store inserts in newspapers for grocery items.	
		Before going grocery shopping I check the newspaper for advertisements by various supermarkets.	
		I check the newspaper for advertised specials for grocery products.	
		I shop for advertised specials in supermarkets.	
Berné/ Múgica/ Pedraja/ Rivera 1999, S. 133 ff.	**price compari-sons across stores**	I compare the prices of different stores.	5-stufige (Zustimmungs-) skala
		I often compare the prices of fruit and vegetables at two or more grocery stores.	
		I often [compare]* the prices of meat at two or more grocery stores.	
		I often [compare]* the prices of fish at two or more grocery stores.	
		I often [compare]* the prices of frozen food at two or more grocery stores.	
		How often do you [compare]* the special prices of grocery stores?	
	price information through other sources	I take into account the information about prices of substitute products or specials showed in the store, before shopping.	5-stufige Zustimmungs-skala
		Regularly read ads or fliers to [compare]* prices and/or check price specials.	
		I decide to visit some stores before shopping.	
		Decide where to shop based upon ads/fliers I receive at home.	
		Often talk to friends about price specials before shopping.	
Berné/ Múgica/ Pedraja/ Rivera 1999, S. 133 ff.	**price information through other sources**	Regularly shop for the price specials at one store and then the price specials at another store.	
	*: *Die Autoren verwenden in ihren Items statt „compare" das Kürzel PCSB (= price comparison seeking behavior). Wie die genaue Formulierung bei der Befragung war, ist unklar.*		
Ailawadi/ Neslin/ Gedenk 2001, S. 87	**price consciousness**	I compare prices of at least a few brands before I choose one.	5-stufige Zustimmungs-skalen
		I find myself checking the prices even for small items.	
		It is important to me to get the best price for the products I buy.	
	quality consciousness	I will not give up quality for a lower price.	
		I always buy the best.	
		It is important to me to buy high-quality products.	
Biswas et al. 2002, S. 110	**search intention**	If you were to purchase a [product], how likely is it that you would search at other stores for a lower price than that offered in the ad? (very unlikely–very likely)	7-stufige Skalen, siehe Einzelfall
		How probable is it that you would shop around town looking for a price lower than that offered by the advertiser, if you had decided to buy a [product]? (not probable at all–very probable)	
		If you were going to buy the advertised [product], would you check prices at other stores in search of a price lower than that you would find at the store in the advertisement? (definitely would not check prices at other stores–definitely would check prices at other stores).	
Fortsetzung der Tabelle auf der nächsten Seite			

Fortsetzung von der vorherigen Seite

Vanhuele/ Drèze 2002, S. 84	**in-store price search**	Do you pay attention to in-store promotions?	k.A.
		Do you compare the flyers you find at the entrance of the store or in your mailbox?	
		Do you like shopping at supermarkets?	
	across-store price search	How often do you shop at different stores to buy at the best possible price?	
		Do you compare prices between different stores?	
		In how many supermarkets do you do your weekly shopping?	
Kopalle/ Lindsey-Mullikin 2003, S. 235	**price consciousness**	I will shop at more than one store to take advantage oflow prices.	7-stufige Zustimmungs-skala
		I shop a lot for specials.	
		I find myself checking the prices in the grocery storeeven for small items.	
		I usually buy [product] when they are on sale.	
Ofir 2004, S. 617	**price consciousness**	I check out the prices in more than one food store/supermarket in order to find the cheap prices.	7-stufige Zustimmungs-skala
		I am not willing to invest special effort to find cheap prices.	
		I typically seek outcheap retail outlets to buy products for the house.	
		I do not shop in more than one store to find cheap products.	
		The time I spend seeking out cheaper products is worthwhile	
		In general, the saving achieved by finding cheaper prices is not worth the time and effort.	
Mägi/Ju-lander 2005, S. 328.	**price search**	I read the ads grocery stores publish in the newspapers.	10-stufige Zustimmungs-skala
		I read the fliers that grocery stores mail to me.	
	price consciousness	I compare what I get for my money in different stores.	
		I choose where to shop based on where I can find what I need at the lowest prices.	
		I always compare the prices in the stores that are accessible to me.	
Völckner 2007, S. 374 f.	**price conscious-ness**	I am very concerned about low prices when I buy products.	7-stufige Zustimmungs-skala
		It is important for me to get the best price for the products I buy.	
	deal proneness	I often search consciously for special offers such as "two for one" or "all inclusive".	
		I am more likely to buy brands that are on special.	
		It is worth the effort to search for products that are on sale.	
	quality consciousness	I search for as much information as possible on the quality of the products before I choose one.	
		It is important for me to know exactly the quality of a product before I buy it.	
		It is important for me to buy high-quality products.	

Fortsetzung der Tabelle auf der nächsten Seite

Fortsetzung von der vorherigen Seite			
Yin/ Paswan 2007, S. 274	**price comparison propensity**	I use the internet to compare prices more often than other ways.	5-stufige Zustimmungs-skala
		I make it a rule to compare price on the internet before buying anything.	
		I often compare prices on the net.	
		It is more convenient to compare prices on the net.	
		I saves a lot of money by comparing price.	
Gauri/ Sudhir/ Talukdar 2008, S. 239 und Talukdar 2008, S. 469.	**temporal price search propensity**	I usually plan the timing of my shopping trip to a particular grocery store in such a way so as to get the best price deals offered at that store.	5-stufige Zustimmungs-skala
		There are times when I delay my shopping trip to wait for a better price deal.	
		Although planned before making a shopping trip, I often do not buy some items if I think there will be a better deal shortly.	
		I keep track of price specials offered for the grocery products at the stores I regularly buy from.	
		To get the best price deals for my groceries I often buy the items I need over two or three trips.	
	spatial price search propensity	I often compare the prices of two or more grocery stores.	
		I decide each week where to shop for my groceries based on store ads/fliers.	
		I regularly shop the price specials at one store and then the price specials at another store.	
		Before going grocery shopping I check the newspaper for advertisements by various supermarkets.	
		To get the best price deals for my groceries I often shop at two or three different stores.	

Tab. 4-6: Messung des Preisinteresses und verwandter (Teil-)Konstrukte in der Literatur

4.3.4.3.3 Messung des Preisinteresses in der vorliegenden Untersuchung

Wie aus der in Kap. 4.3.4.3.2 angeführten Übersicht ersichtlich ist, wird in der Literatur auf sehr unterschiedliche Aspekte des Preisinteresses abgestellt. Im Verlauf des folgenden Kapitels wird deshalb die Entwicklung eines Messinstrumentariums dargestellt, das erstens der von DILLER vorgeschlagenen Konzeptualisierung gerecht werden kann und zweitens die Rahmenbedingungen und zentralen Fragestellungen der Untersuchung in Tankstellenshops berücksichtigt.

Um dem ersten Punkt zu genügen, wurden die Faktoren Preisgewichtung, Alternativenbewusstsein und Preissuche bei der Messung des Preisinteresses berücksichtigt. Aufgrund der Fragestellungen der Untersuchung lag ein Schwerpunkt auf der Preisgewichtung: Es sollte nicht nur das Abwägen von Preis und Qualität untersucht werden, sondern die Relevanz des Preises in einem Bündel anderer Merkmale einer Einkaufsstätte festgemacht werden. Ein besonderes Augenmerk richtete sich dabei auf die Unterschiede zwischen den Tankstellenshops und dem übrigen Lebensmitteleinzelhandel.

Um dem zu entsprechen, wurde von der Abfrage mit Hilfe von Items abgesehen. Stattdessen diente zur Untersuchung der Preisgewichtung für den übrigen Lebensmitteleinzelhandel und für Tankstellenshops ein Rangreihenverfahren, wie es z. B. von SWOBODA für die Erhebung von Zahlungsbereitschaften vorgeschlagen wird.[571] Dabei müssen die Kunden eine Rangfolge für die Gründe, in einer bestimmten Einkaufsstätte einzukaufen, erstellen.[572] Hier wurde dieses Verfahren folgendermaßen eingesetzt:

Die befragten Personen erhielten je 20 Karten, auf denen Merkmale von Einkaufsstätten benannt waren. Sie wurden gebeten, für beliebige Geschäfte im übrigen Lebensmitteleinzelhandel die „allerwichtigsten" Merkmale aus dieser Auswahl zu ziehen. Im zweiten Schritt sollten sie die „allerunwichtigsten" Merkmale identifizieren. Anschließend wurden sie gebeten, beide Gruppen von herausgesuchten Merkmalen in eine Rangfolge gemäß ihrer „Wichtigkeit" bzw. ihrer „Unwichtigkeit" zu bringen. Weitere Vorgaben wurden nicht gemacht; die Anzahl der Merkmale je Gruppe war frei wählbar. Anschließend wurde das Verfahren für Tankstellenshops wiederholt.

Im Vorfeld waren die Merkmale zu identifizieren, die aus Kundensicht eine Bedeutung für die Wahl eines Tankstellenshops als Einkaufsort haben könnten. Diese wurden aus den Protokollen der Gruppendiskussionen extrahiert: In den Diskussionen nannten die befragten Personen u. a. Gründe, die für den Tankstellen-Einkauf und für die Bevorzugung bestimmter Tankstellen(-Marken) sprechen. Weiterhin konnte in diesem Zusammenhang auf bereits existierende Untersuchungen, die sich mit den Erwartungen der Kunden an Tankstellenshops und damit auch mit der Frage nach relevanten Merkmalen auseinandersetzen, zurückgegriffen werden.

Die Tab. 4-7 gibt einen Überblick über die in der Literatur genannten und aus den Gruppendiskussionen extrahierten Merkmale. In das Rangreihenverfahren wurden alle in den Gruppendiskussionen identifizierten Kriterien einbezogen. Dabei ist zu beachten, dass nicht alle Merkmale überschneidungsfrei sind; auf die Elimination oder Zusammenfassung wurde dennoch verzichtet, um die von den Kunden in den Gruppendiskussionen getätigten Äußerungen möglichst „ungefiltert" zu übernehmen.

---

571 Siehe den Aufsatz von Swoboda 2000b und die Ausführungen in Kap. 4.3.4.7.2.
572 Für die Beschreibung der Methode siehe Swoboda 2000b, S. 1291.

Quelle	Relevante Merkmale von Tankstellenshops aus Kundensicht	
Kirchmair 1996, S. 32 f.	Ladenöffnungszeiten	Bequemlichkeit
	Möglichkeit, schnell einzukaufen	Frischeartikel zum Schnellverzehr
	freundliche/kompetente Beratung	Verbindung von Tanken und Einkaufen
Swoboda 2000, S. 155 f.	Anmutung/Präsentation	Preisniveau
	Zusatzleistungen	Sortiment
	Qualität des Angebots	Bedienung
	Zeitdauer des Einkaufs	Öffnungszeiten
Swoboda/ Schwarz 2006, S. 412 f.	lange Öffnungszeiten	Preisniveau
	Möglichkeit, schnell einzukaufen	Sortimentsvielfalt
	freundliche/kompetente Bedienung	Verbindung von Einkaufen/Tanken
	Qualität des Angebots	Warenpräsentation
Gruppen-diskussionen	nahe am Wohnort	hohe Warenqualität
	gute Zufahrt	hohes Vertrauen in den Betreiber
	liegt günstig auf dem Weg/Erreichbarkeit	Kundenkartennutzung möglich
	angenehme Atmosphäre	freundliches Personal
	schöne Farben	guter Service
	Übersichtlichkeit	Geldautomat vorhanden
	Ordnung	gute Parkmöglichkeiten
	Sauberkeit	niedrige Preise
	Möglichkeit, schnell einzukaufen	Möglichkeit, Bekannte zu treffen
	große Produktauswahl	Möglichkeit, „Bummeln" zu gehen

Tab. 4-7: Eigenschaften von Tankstellenshops als möglicherweise relevante Stimuli

Für die Ableitung von Erkenntnissen aus dem Rangreihenverfahren können die folgenden Informationen herangezogen werden: Erstens ist von Bedeutung, ob ein Merkmal gezogen wurde oder nicht. Zweitens interessiert, ob es als wichtiges oder als unwichtiges Merkmal eingestuft wurde. Drittens ist relevant, auf welchem Rang das Merkmal eingeordnet wurde. Um diese Informationen zu extrahieren, dienten die folgenden Kennzahlen:

- N: Anzahl der Nennungen (als wichtiges oder unwichtiges Merkmal)
- N_W: Anzahl der Nennungen als wichtiges Merkmal
- N_U: Anzahl der Nennungen als unwichtiges Merkmal
- R_W: durchschnittlicher Rang bei Nennung als wichtiges Merkmal
- R_U: durchschnittlicher Rang bei Nennung als unwichtiges Merkmal
- W: $N_W \cdot R_W$, also die „Wichtigkeit" des Merkmals
- U: $N_U \cdot R_U$, also die „Unwichtigkeit" des Merkmals

Die Ränge der Nennungen wurden dabei wie folgt codiert: Weil die Wichtigkeit und die Unwichtigkeit durch Multiplikation von Rang und Anzahl der Nennungen ermittelt werden sollte, musste ein hoher Wert für den Rang mit einer hohen Wichtigkeit bzw. Unwichtigkeit einhergehen. Daher wurde der wichtigste Rang mit dem Wert 10 codiert. Nur eine sehr geringe Anzahl der Probanden wählte mehr als 10 Karten je Sortierung aus;[573] in diesen Fällen wurden alle Karten, die einen Rang jenseits der 10 erhielten, gleich gewertet. Weil die Anzahl der gezogenen Karten je Person variierte, wurde zudem für spätere Analysen ein normierter Wert der Ränge gebildet (Rang dividiert durch Anzahl gezogener Karten).[574]

Um der Konzeptionierung nach DILLER gerecht zu werden, müssen auch das Alternativenbewusstsein und die Preissuche operationalisiert werden. Hierfür wurde auf die oben angeführten Vorschläge von AILAWADI, NESLIN und GEDENK[575] sowie VANHUELE und DRÈZE[576] zurückgegriffen und die Items „Ich lese regelmäßig die Werbebeilagen in Zeitungen“, „Ich vergleiche mindestens einige Preise, bevor ich ein Produkt im Lebensmitteleinzelhandel kaufe“ und „Ich vergleiche unterschiedliche Einkaufsstätten im Lebensmitteleinzelhandel über die Preise“ einbezogen, so dass sowohl ein Item zu In-Store-Price Search als auch eines zu Across-Store-Price Search einfloss. Zusätzlich floss ein weiteres ein: „Ich informiere mich über die Preise des Lebensmitteleinzelhandels im Internet“ ergänzt das Item zur Preissuche um das Medium Internet.

In den beiden Pretests wurden die Formulierungen angepasst. Darüber hinaus wurde das Item „Ich informiere mich über Preise des Lebensmitteleinzelhandels im Internet“ eliminiert. Die Tab. 4-8 gibt einen Überblick über die Items vor und nach den Pretests.

Bezeichnung	Faktor	Item
PI_1	Preissuche	Ich lese regelmäßig die Werbebeilagen in Zeitungen.
PI_2	Alternativenbewusstsein (Diller) In-Store Price Search (Ailawadi/ Neslin/Gedenk bzw. Vanhuele/Drèze)	Ich vergleiche mindestens einige Preise, bevor ich ein Produkt im Lebensmitteleinzelhandel kaufe.
PI_3	Alternativenbewusstsein (Diller) Across-Store Price Search (Ailawadi/ Neslin/Gedenk bzw. Vanhuele/Drèze)	Ich vergleiche unterschiedliche Einkaufsstätten im Lebensmitteleinzelhandel durch die Preise.
(PI_4)	Preissuche	Ich informiere mich über Preise des Lebensmitteleinzelhandels im Internet.
Fettdruck der Bezeichnung: Item auch nach dem Pretest beibehalten; (Klammer): Item eliminiert		

Tab. 4-8: Modellierung des Preisinteresses in der vorliegenden Untersuchung

573 Für den Lebensmitteleinzelhandel betrifft dies neun Personen, für die Tankstellenshops zwei.
574 Siehe hierzu Kap. 4.4.3.
575 Vgl. Ailawadi/Neslin/Gedenk 2001, S. 87.
576 Vgl. Vanhuele/Drèze 2002, S. 84.

4.3.4.3.4 Empirische Befunde zum Preisinteresse

Die bisher durchgeführten Studien zum Preisinteresse lassen sich grob drei Bereichen zuteilen: erstens den Einflussfaktoren, zweitens dem Auftreten und der Ausprägung und drittens den Wirkungen des Preisinteresses oder seiner Teilkonstrukte.

Einflussfaktoren des Preisinteresses

Auf das Preisinteresse sowie die drei Teilkonstrukte des Preisinteresses wirken verschiedene Einflussfaktoren; die wichtigsten Treiber hierfür ergeben sich aus den Merkmalen der Käufer, der Situation und der betreffenden Produkte.[577] Zu den **kundenseitigen Einflussfaktoren** zählen soziodemografische Merkmale, Motive und das Involvement.[578] In Bezug auf die soziodemografischen Kriterien sind die bisherigen empirischen Befunde nicht eindeutig. Personen der sozialen Mittelschicht erscheinen meist preisinteressierter als Personen der übrigen sozialen Schichten.[579] Sozial schwächere Kunden zeichnen sich tendenziell durch ein geringeres Preisinteresse aus, obwohl sie weniger Geld zur Verfügung haben („poor pay more").[580] Kaum erstaunlich ist, dass die oberen sozialen Schichten ein geringeres Preisinteresse an den Tag legen als die mittleren.[581] Ein ähnliches Muster weist das Preisinteresse häufig auch in Bezug auf das Alter auf: Es scheint in den mittleren Altersklassen am höchsten zu sein, während jüngere und ältere Personen sich offenbar durch ein geringeres Preisinteresse auszeichnen – allerdings sind auch hier die Ergebnisse nicht eindeutig.[582] Ob das Geschlecht eine Rolle für das Preisinteresse spielt, ist ebenfalls unklar: Einerseits liegen Ergebnisse vor, die zeigen, dass Frauen sich beim Einkauf anders verhalten, was auch für das Preisinteresse gelten könnte.[583] Andererseits zeigen Studien, dass sich das Verhalten von Frauen und Männern z. B. bei der Preissuche nicht unterscheidet.[584] Insgesamt lassen sich also keine eindeutigen Regeln aus den soziodemografischen Charakteristika ableiten.[585]

---

577 Vgl. Diller 2008a, S. 108 f.
578 Siehe z. B. den Überblick von Einflussfaktoren der Preissuche bei Wakefield/Inman 1993, S. 218 f.
579 Siehe z. B. bei Mulhern/Padgett 1995, S. 363 für die Preissuche oder bei Herstein/Vilnai-Yavetz 2007, S. 189 für die Preisgewichtung. Kein Effekt für die Preisgewichtung fand sich bei Murphy 1978, siehe insb. S. 39.
580 Vgl. die umfangreiche und in der Literatur vielfach diskutierte Studie von Caplovitz 1967. Allerdings ist die Aussage „poor pay more" kritisch zu sehen, da dies auch durch den schlechteren Zugang zu unterschiedlichen Einkaufsstätten – z. B. mangels Auto oder weil in ärmeren Gegenden weniger Einkaufsstätten existieren – bedingt sein kann, siehe z. B. Talukdar 2008, S. 468.
581 Vgl. Diller 2008a, S. 112.
582 Vgl. Diller 2008a, S. 112. Bei Kolodinsky 1990 hatte das Alter einen negativen Einfluss: Je höher das Alter, desto weniger Zeit wurde auf die Preissuche verwendet. Siehe ebd., S. 105. Bei Urbany/Dickson/Kalapurakal 1996 hatte das Alter keinen Einfluss auf die Preissuche, s. ebd., S. 100.
583 Vgl. Kujala/Johnson 1993, S. 256; Bakewell/Mitchell 2004, S. 226 ff.
584 Vgl. Kolodinsky 1990, S. 106.
585 Vgl. Diller 2008a, S. 113.

Mit Blick auf die Motive spielen verschiedene Bedürfnisse des Menschen eine Rolle, die zu einer bestimmten Ausprägung des Preisinteresses führen. Dabei handelt es sich um Konsumbedürfnisse (die quantitative und qualitative Versorgung mit Gütern), soziale Bedürfnisse (das Prestigestreben auf der einen und das Streben nach der Rolle als Preis-Meinungsführer auf der anderen Seite) sowie das Entlastungsstreben und die Leistungsmotivation. Aus den Wechselwirkungen der Motive erwachsen Konflikte, da diese teilweise im Widerspruch zueinander stehen.[586] Beispielhaft sei hier der Konflikt zwischen dem Streben nach Entlastung einerseits und der Leistungsmotivation andererseits genannt, der zum Entlastungskonflikt führt: Das Preisinteresse wird zugunsten eines schnellen und bequemen Einkaufs zurückgestellt und dafür auf den Erfolg, das Produkt zu einem geringeren Preis erstanden zu haben, verzichtet. Ein weiteres Motiv, das im englischsprachigen Raum bereits intensiver untersucht wurde, ist das Phänomen des „market mavenism":[587] Es bezeichnet die Neigung eines Kunden, Marktinformationen (auch: Preisinformationen) zu sammeln und weiterzugeben.[588] Dieses Motiv, das in Zusammenhang mit den sozialen Bedürfnissen nach DILLER steht, führt bei hoher Ausprägung zu einer erhöhten Intensität der Preissuche.[589]

Fraglich ist, welche Bedeutung welche der Motivwurzeln für das Preisinteresse einnimmt. Fest steht nur, dass die Bedeutung der Motivwurzeln und damit das Preisinteresse von Person zu Person variieren und diese Unterschiede zu verschiedenem Verhalten führen. Diese Erkenntnis nutzten z. B. BERNÉ ET AL. und STAMER zur Kundensegmentierung in Bezug auf das Preisverhalten.[590] In Abb. 4-3 werden die diskutierten Motive sowie die daraus entstehenden Konflikte zusammengefasst.

Auch das Involvement des Kunden spielt für das Preisinteresse eine Rolle. So konnte nachgewiesen werden, dass bei Käufen mit geringem Involvement die Preissuche weniger stark ausgeprägt ist.[591] Dagegen ist die Preisgewichtung aber gerade dann eher gering, wenn das Produkt eine bedeutende Rolle für den Kunden spielt, also im Fall von hohem Involvement. Weiterhin ist es denkbar, dass Alternativenbewusstsein und Preissuche vom Involvement erhöht werden, weil sich damit Stolz verbindet (Meinungsführer-Rolle).[592]

586 Vgl. Diller 2008a, S. 109 ff.
587 Siehe den Aufsatz von Urbany/Dickson/Kalapurakal 1996.
588 Vgl. Homburg/Koschate 2005a, S. 387.
589 Vgl. Urbany/Dickson/Kalapurakal 1996, S. 101.
590 Vgl. den Aufsatz von Berné et al. 1999 sowie Stamer/Diller 2006, S. 66 ff. und die Arbeit von Stamer 2006.
591 Vgl. Kujala/Johnson 1993, S. 263.
592 Vgl. Diller 2008a, S. 113 f.

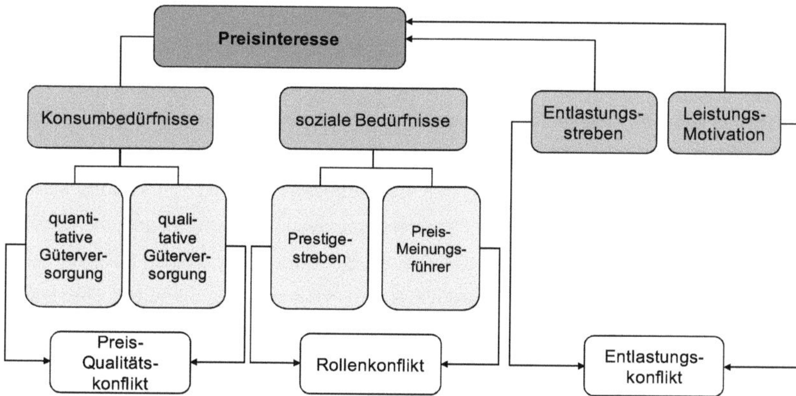

Abb. 4-3: Motivkräfte und Motivkonflikte des Preisinteresses (Quelle: Diller 2008a, S. 110)

Zu den **situativen Einflussfaktoren**, die auf das Preisinteresse wirken, zählen die Informationssituation und der Zeitdruck, unter dem der Kunde steht. Die Informationssituation bezeichnet den Grad der Preistransparenz auf dem entsprechenden Markt. So fällt auf Märkten mit hoher Preistransparenz das Preisinteresse meist höher aus als auf Märkten mit geringer Preistransparenz.[593] Eine Erklärung für dieses Verhalten ist das Entlastungsmotiv: Der Grenzertrag von zusätzlichen Preisinformationen wird höher eingestuft, je einfacher, und geringer, je schwieriger sie zu erreichen sind. Je geringer aber der Grenzertrag der Informationssuche eingestuft wird, desto weniger bemühen sich die Kunden: Alternativenbewusstsein und Preissuche fallen dann gering aus.[594]

Der Zeitdruck, unter dem ein Konsument steht, wirkt ebenfalls auf das Preisinteresse. Bei hohem Zeitdruck ist das Preisinteresse niedriger; die Zeit wird mit einem geringeren Preisinteresse und daraus resultierenden womöglich höheren Preisen „erkauft".[595]

Auch die **Eigenschaften der betreffenden Produkte** spielen bei der Intensität des Preisinteresses eine Rolle. Besonders hervorzuheben sind hier das empfundene Kaufrisiko und der Wunsch nach Abwechslung in der Kategorie: Beide Aspekte beeinflussen die Wichtigkeit des Preises beim Einkauf.[596] Obendrein haben das Preisniveau der Kategorie, die Neuigkeit der Produkte und die Glaubwürdigkeit des angegebenen Referenzpreises Einfluss auf das Preisinteresse. Unter wahrgenommenem Kaufrisiko versteht man nachteilig beurteilte Folgen des Kaufs, die im Vorfeld nicht sicher

593 Vgl. Diller 1978, S. 68 ff.
594 Vgl. Urbany/Dickson/Kalapurakal 1996, S. 100; Mehta/Rajiv/Srinivasan 2003, S. 81.
595 Vgl. Nowlis 1995, S. 292 f. Siehe hierzu auch die Arbeit von Marmorstein/Grewal/Fishe 1992.
596 Vgl. Diller 2008a, S. 115. Ähnlich auch bei Wakefield/Inman 2003, die zeigen konnten, dass die Preissensitivität bei Warengruppen, die eher hedonistische Kaufmotive ansprechen, geringer ist, siehe ebd., S. 204.

abgeschätzt werden können.[597] Ein Kaufrisiko entsteht also dann, wenn die genaue Qualitätsbeurteilung für den Käufer schwierig ist. Übersteigt das wahrgenommene Kaufrisiko die Toleranzschwelle des Kunden, kann dieser das empfundene Risiko durch eine erhöhte Preissuche kompensieren. Eine andere Möglichkeit zur Risikominderung ist der Kauf von Marken, denen der Kunde vertraut. Dies wiederum bewirkt, dass die Preisgewichtung zugunsten der Markenbedeutung sinkt.[598] Die dritte Risikoreduktionsstrategie, die sich auf das Preisinteresse auswirkt, besteht darin, die Qualität eines Produktes vor allem aufgrund des Preises zu bewerten. In diesem Fall sinkt auch die Preisgewichtung: Die Qualität wird mit einem höheren Preis erkauft.[599] Das wahrgenommene Kaufrisiko hängt dabei (u. a.) von der Produktart ab. So wiesen z. B. DARKE, FREEDMAN und CHAIKEN nach, dass das empfundene finanzielle Risiko mit dem absoluten Preisniveau der Kategorie zusammenhängt und die Preissuche beeinflusst.[600] Einen ähnlichen Effekt konnten SRIVASTAVA und LURIE nachweisen: Bei höheren Ausgangspreisen ist die Preissuche stärker ausgeprägt als bei niedrigeren Ausgangspreisen.[601]

Das Bedürfnis nach Abwechslung (Variety Seeking) – ein eigenes Motiv und damit ein anderer Sachverhalt als z. B. der Wechsel wegen Unzufriedenheit mit einem Produkt[602] – wirkt sich ebenfalls auf das Preisinteresse aus. Die Preisgewichtung wird vom Wunsch nach Abwechslung beeinflusst: So ist es z. B. möglich, dass dieser eine höhere Bedeutung als der Preis hat und somit die Preisgewichtung sinkt.[603]

Eine weitere Einflussgröße auf das Preisinteresse, und hier besonders auf die Preissuche, ist die Neuigkeit eines Angebotes für den Kunden. Je sicherer sich ein Kunde in Bezug auf das eigene Preiswissen fühlt, desto geringer ist seine Preissuche. Bei neuen Produkten ist die Preissuche deshalb häufig stärker ausgeprägt, weil auch das Vertrauen in das eigene Preiswissen mangels Erfahrung noch gering ist.[604]

Auftreten und Ausprägung des Preisinteresses

Auch hinsichtlich Auftreten und Ausprägung des Preisinteresses liegen einige Informationen vor, die sich entweder auf das Preisinteresse oder auf eines der Teilkonstrukte beziehen.

---

597 Vgl. Bauer 1960, S. 390.
598 Vgl. Diller 2008a, S. 116.
599 Vgl. Diller 2008a, S. 116.
600 Vgl. Darke/Freedman/Chaiken 1995, S. 583.
601 Vgl. Srivastava/Lurie 2001, S. 299. Dieser Effekt kann durch eine Preisrückerstattungs-Garantie gemildert werden.
602 Siehe hierzu den Aufsatz von McAlister/Pessemier 1982. Diese Determinante ist zugleich personenspezifisch, unterscheidet sich aber vermutlich auch je nach Warenkategorie.
603 Vgl. Diller 2008a, S. 116 f.
604 Vgl. Grewal/Gotlieb/Marmorstein 1994, S. 150 f.

Über das **Preisinteresse** ist bekannt, dass es selektiv, also nicht für alle Entscheidungen des Kaufprozesses gleichermaßen ausgeprägt ist.[605] In Bezug auf die **Preisgewichtung** zeichnete sich im deutschen Markt über einige Jahre ab, dass die Bedeutung des Preises zugunsten der Qualitätsorientierung sank. Ab dem Jahr 2008 kehrte sich dieser Trend um: Erstmals stieg die Preisorientierung wieder leicht an.[606]

Die **Preissuche** und auch der Wunsch, alle denkbaren Alternativen in die Suche einzubeziehen (also das **Alternativenbewusstsein**), scheinen eher wenig intensiv ausgeprägt zu sein.[607] Dies steht in Einklang mit der Annahme, dass die Kunden ihre Preissuche gerne vereinfachen und auf Heuristiken zurückgreifen, anstatt eine intensive Preissuche durchzuführen. So nehmen die Konsumenten während der Kaufphase die dargebotenen Informationen auf und konzentrieren sich eher auf den Preisvergleich im ausgewählten Geschäft sowie die dort befindlichen Sonderangebote, als dass sie sich im Vorfeld umfassend informieren – was von den verantwortlichen Händlern häufig anders eingeschätzt wird: Sie tendieren dazu, das Preiswissen der Kunden zu überschätzen und die Preissuche im Geschäft selbst zu unterschätzen.[608] Interessant ist außerdem, dass der Verzicht auf eine intensive Preissuche auch für höherwertige Güter zu beobachten ist: So gaben in einer Studie von SCHNEIDER nur 19 % der befragten Kunden an, die Preise für Bahnreisen von über 100 km „häufig oder immer" mit Preisen anderer Reisemöglichkeiten zu vergleichen.[609]

Ein bekannter Effekt mit Bezug zu der wenig intensiven Preissuche ist der Eckartikeleffekt. Er beschreibt den Umstand, dass Kunden ihre Preissuche teilweise auf bestimmte Artikel beschränken und die Preise in der gesamten Einkaufsstätte anhand dieser bekannten Preise beurteilen.[610]

Zudem besuchen offenbar nur wenige Kunden mehrere Geschäfte, um Sonderangebote zu nutzen: In einer Studie von MULHERN und PADGETT gaben 13,6 % der Kunden an, auch (nicht: nur) aufgrund von Sonderangeboten in das Geschäft gekommen zu sein – und von diesen hatte nur die Hälfte ein Produkt aus dem Sonderangebot gekauft.[611]

---

605 Vgl. Diller 2000, S. 579.
606 Vgl. GfK 2008, S. 1 und S. 4.
607 Vgl. Grewal/Marmorstein 1994, S. 453 und S. 458 f.
608 Vgl.Urbany/Dickson/Sawyer 2000, S. 252 f.
609 Vgl. Schneider 1999, S. 81.
610 Vgl. Diller 1988, S. 19; Diller 2008a, S. 131.
611 Vgl. Mulhern/Padgett 1995, S. 87. Zu anderen Ergebnissen kommen Gauri/Sudhir/Talukdar 2008, bei denen nur etwa 1/3 der Kunden nicht nach Sonderangeboten suchen, siehe ebd., S. 233.

Wirkungen des Preisinteresses

Auch einige Wirkungen des Preisinteresses sind bereits belegt: Je stärker das **Preisinteresse** ausfällt, umso niedriger liegen die absoluten oberen und unteren Preisschwellen, also diejenigen Preise, bei denen ein Kunde nicht mehr bereit ist, das Produkt zu kaufen – weil sein Preis zu gering oder zu hoch ist.[612] Ein höheres Preisinteresse geht daher auch mit einer geringeren Bereitschaft einher, für ein Gut bestimmter Leistung einen höheren Preis zu bezahlen bzw. bei Überschreitung einer Preisobergrenze das Produkt überhaupt zu kaufen.[613] Ein höheres Preisinteresse bewirkt also eine gesteigerte Preissensitivität und eine geringere Preisbereitschaft.[614] Zudem führt ein höheres Preisinteresse dazu, dass die Kunden eher in ihre eigenen Kenntnisse über Preise vertrauen.[615]

Dies lässt sich auch für das Teilkonstrukt **Preisgewichtung** nachweisen: Von ihrer Ausprägung hängt ab, ob die Kunden bereit sind, einen höheren Preis zu zahlen (bzw. überhaupt zu kaufen, wenn die Toleranzschwelle überschritten wird). Je wichtiger ein niedriger Preis ist, desto geringer ist die Bereitschaft, einen höheren Preis zu zahlen.[616]

Über die Wirkungen der **Preissuche** und des **Alternativenbewusstseins** liegen nur wenige Erkenntnisse vor, was im Hinblick auf die intensive Auseinandersetzung vor allem mit ersterem Teilkonstrukt verwundert.[617] CARLSON und GIESEKE stellten fest, dass eine höhere Intensität der Preissuche zu geringeren durchschnittlichen Einkaufskosten führt. Dies wiederum wirkt sich auf die Kaufmenge aus und stellt einen Anreiz dar, die Preissuche weiterzuführen, wobei sie sich allerdings durch sinkende Grenzerträge auszeichnet.[618]

4.3.4.4 Preiswahrnehmung

4.3.4.4.1 Abgrenzung und theoretische Ansätze der Preiswahrnehmung

Wie in Kap. 3.4 erläutert, werden als Grundlage für die folgenden Ausführungen zur Preisbeurteilung und zum Preislernen einige theoretische Grundlagen zur Preiswahrnehmung skizziert, bevor näher auf die Preisbeurteilung eingegangen wird.

Unter der **Preiswahrnehmung** versteht DILLER die sensorische Aufnahme von Preisinformationen, bei der objektive Preise (auch: Fokalpreise) oder andere Preissignale in

---

612 Vgl. Sorce/Widrick 1991, S. 803 ff. Zu Preisschwellen siehe Kap. 4.3.4.4.2.
613 Preisinteressierte Kunden weisen also ein geringeres mittleres Preisempfinden auf, siehe auch Kap. 4.3.4.5 und den Aufsatz von Bell/Lattin 2000.
614 Vgl. Monroe 1971a, S. 461 f.; siehe zur Preisbereitschaft und ihren Einflussfaktoren Kap. 4.3.4.7.
615 Vgl. Pechtl 2008, S. 493.
616 Vgl. Monroe/Petroshius 1981, S. 44; Stamer 2006, S. 117.
617 Vgl. Homburg/Koschate 2005a, S. 389.
618 Vgl. Carlson/Gieseke 1983, S. 365.

subjektive Preiseindrücke encodiert, also in ein subjektives Kategoriensystem des Individuums eingeordnet werden.[619]

Dieser Prozess mündet im Preisempfinden (auch: subjektiver Preis), einer Vorstufe des Preisurteils. Die Bildung des Preisempfindens ist – im Gegensatz zur bewussten Bewertung im Zuge von Preisurteilen, siehe hierzu Kap. 4.3.4.5 – ein weitgehend unbewusster Prozess, bei dem die objektiven Preise unter Berücksichtigung des jeweiligen Preiskontextes und der subjektiven Preisempfindungsskala kategorisiert und „geframt" werden: Eine Kategorisierung wird z. B. dann vorgenommen, wenn bestimmte Preise von vornherein als nicht akzeptabel festgelegt sind und die entsprechenden Produkte bereits in der Wahrnehmungsphase für weitere Bewertungen ausgeschlossen werden. „Framing" bezeichnet das Umwandeln des Preises in ein subjektives System, wie z. B. das Umrechnen eines Packungspreises in Portionspreise.[620]

Weil bereits während der Wahrnehmungsphase erste Beurteilungen vorgenommen werden, sind Preiswahrnehmung und Preisbeurteilung eng miteinander verknüpft. Der wesentliche Unterschied besteht nach DILLER darin, dass die Wahrnehmungsprozesse (weitgehend) unbewusst ablaufen, während die Beurteilung die bewusste Bewertung von Preisen beinhaltet.[621] Dennoch ist es vorstellbar, dass bereits während der Preiswahrnehmung bewusste Bewertungen vorgenommen werden oder dass während der Preisbeurteilung unbewusste Kategorisierungen eine Rolle spielen. Die Trennung beider Konstrukte soll hier dennoch beibehalten werden.

Das Grundmodell der Preiswahrnehmung nach DILLER ist in Abb. 4-4 veranschaulicht.

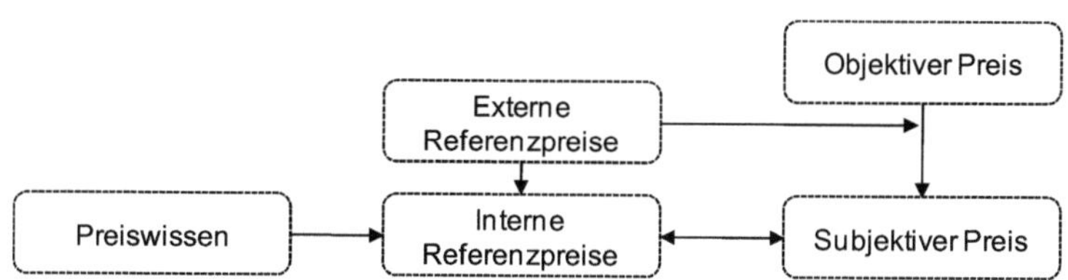

Abb. 4-4: Grundmodell der Preiswahrnehmung nach Diller (Quelle: in Anlehnung an Diller 2008a, S. 120)

Die Enkodierung des objektiven Preises in den subjektiven Preiseindruck – also der Wahrnehmungsprozess – wird in diesem Modell von zwei Faktoren beeinflusst. Zum einen sind die **externen Referenzpreise** relevant. Dies sind alle Preisinformationen, die mit dem Fokalpreis zeitgleich wahrgenommen werden, also sowohl die Art der

619 Vgl. Diller 2008a, S. 120. Siehe auch den Aufsatz von Monroe 1973.
620 Vgl. Diller 2008a, S. 120 f.
621 Vgl. Diller 2008a, S. 120 f. und S. 138 f.

Preisetikettierung und die Preisoptik als auch die Preise anderer Produkte im Umfeld, Preise aus der Werbung usw. Es können auch alle übrigen Reize einfließen, aus denen der Kunde Preisinformationen ableiten kann. Dies betrifft z. B. die Ladengestaltung oder die Anzahl der Mitarbeiter vor Ort. Zum anderen spielen die **internen Referenzpreise** des Kunden eine Rolle. Diese ergeben sich aus zurückliegenden Preiserfahrungen und den Preiskenntnissen des Kunden und werden auch als mittleres Preisempfinden (MPE) bezeichnet.[622] DILLER sieht in seinem Modell außerdem die Preisoptik als dritten Einflussfaktor auf die Preiswahrnehmung vor; da allerdings die Preisoptik auch zu den externen Referenzpreisen gezählt werden kann, wird sie hier unter diesem Aspekt behandelt.

Bei Untersuchung der Preiswahrnehmungsprozesse wird eine Reihe von Theorien aus der Psychologie als Basis herangezogen:[623]

Die **Psychophysik** als Teilgebiet der Wahrnehmungspsychologie beschäftigt sich mit der Wechselwirkung von objektiven physischen Reizen wie Licht oder Geräuschen und dem subjektiven Erleben dieser Reize.[624] Weil es sich bei Preisen jedoch nicht um rein physische Reize handelt, sondern die inhaltliche Bedeutung des Preises gemeint ist, ist die Übertragung der Erkenntnisse aus der Psychophysik auf die Preiswahrnehmung allerdings umstritten.[625] Eine zentrale Gesetzmäßigkeit aus diesem Bereich, die sich für das Preisverhalten untersuchen lässt, ist das Weber-Fechner´sche Gesetz, das besagt, dass die „Wahrnehmbarkeit des Unterschieds zweier Reizintensitäten proportional zum absoluten Niveau dieser Reize"[626] ist. In Bezug auf die Preiswahrnehmung müsste also bei einem niedrigen Preisniveau der gleiche absolute Preisunterschied von Kunden als höher wahrgenommen werden als bei einem hohen Preisniveau.[627]

Die **Adaptionsniveautheorie** befasst sich mit der Frage, anhand welcher Referenzgrößen ein Urteil über ein wahrgenommenes Objekt gefällt wird. In Bezug auf den Preis ist interessant, was ausschlaggebend dafür ist, dass ein Kunde einen Preis als hoch oder niedrig empfindet. Begründet wurde diese Theorie von HELSON, der die These aufgestellt hat, dass die Wahrnehmung eines Reizes abhängig ist vom Kontext, in dem der Reiz wahrgenommen wird.[628] An diesen Kontext wird die Wahrnehmung angepasst (adaptiert). In Übertragung auf die Preiswahrnehmung bedeutet dies, dass

---

622 Vgl. Diller 1978, S. 169.
623 Siehe den Aufsatz von Homburg/Koschate 2005a und Diller 2008a, S. 121 ff.
624 Vgl. Behrens 2001, S. 1440 f. Mit der Übertragung dieser Theorie auf das Preisverhalten beschäftigte sich vor allem MONROE. Siehe Monroe 1971a und Monroe 1973.
625 Siehe z. B. die Diskussion von Kamen/Toman 1970, Gabor/Granger/Sowter 1971 und Monroe 1971b. Vgl. Kaas/Hay 1984, S. 336.
626 Homburg/Koschate 2005a, S. 385.
627 Vgl. Behrens 1982, S. 55 ff.; Homburg/Koschate 2005a, S. 385.
628 Siehe hierzu die Arbeit von Helson 1964, insb. S. 48 ff.

auch das Umfeld, in dem ein Preis wahrgenommen wird, auf die Wahrnehmung des Preises wirkt. Zu diesem Umfeld zählen die Preisoptik und alle übrigen Preisinformationen, die mit dem jeweiligen Preis gemeinsam wahrgenommen werden (also die externen Referenzpreise). Aus der Summe der verfügbaren Preisinformationen (inklusive des bereits vorhandenen Preiswissens) bildet der Kunde das Adaptionsniveau. Dieses stellt den internen Referenzpreis oder das mittlere Preisempfinden dar, mit dessen Hilfe der interessierende Preis beurteilt wird.[629]

Die **Range-Theorie** postuliert, dass die Wahrnehmung und Einordnung eines Reizes von seiner „Entfernung" zum minimalen und maximalen Wert im jeweiligen Kontext abhängig sind.[630] In Bezug auf die Preiswahrnehmung würde dies bedeuten, dass Individuen die Spannweite ihres durch Erfahrung erworbenen Preiswissens nutzen, um eine untere und obere Grenze festzulegen (oder aber die höchsten und niedrigsten Preise vor Ort als Extremwerte annehmen). Zwischen diesen wird dann der tatsächliche Preis eingeordnet.[631]

Eine Erweiterung der Range-Theorie ist die **Range-Frequency-Theorie**. Diese besagt, dass die Wahrnehmung der Preise nicht nur von den oberen und unteren Grenzen im Kontext abhängt, sondern auch von der Verteilung der anderen Reize im jeweiligen Kontext: Die Kunden vergleichen den Preisreiz mit allen übrigen präsenten Preisen.[632]

Die **Assimilations-Kontrast-Theorie** untersucht, wie verschieden ein Reiz vom Adaptionsniveau (hier: vom internen Referenzpreis) sein darf, um noch assimiliert zu werden – also der entsprechenden Klasse des internen Referenzpreises zugeordnet zu werden. Wird der Reiz nicht mehr als „ähnlich genug" wahrgenommen, wird er kontrastiert und damit als einer anderen Klasse zugehörig empfunden.[633]

4.3.4.4.2 Empirische Befunde zur Preiswahrnehmung

Die wissenschaftliche Forschung hat sich schon verhältnismäßig früh der Preiswahrnehmung gewidmet, so dass heute zahlreiche Studien zu verschiedenen Aspekten dieses Bereiches vorliegen. Diese Untersuchungen greifen vor allem die folgenden Ansatzpunkte auf:

- Welche Reize sind für die Bildung der externen und internen Referenzpreise relevant?
- Wie werden diese relevanten Reize zu den Referenzpreisen verknüpft?

---

629 Vgl. Winer 1986, S. 255; Kalwani et al. 1990, S. 252; Kalyanaram/Winer 1995, S. 162.
630 Vgl. Volkmann 1951, S. 277.
631 Vgl. Homburg/Koschate 2005a, S. 395. Siehe auch den Aufsatz von Niedrich et al. 2009.
632 Siehe hierzu den Aufsatz von Parducci 1965 und Homburg/Koschate 2005a, S. 395.
633 Vgl. Sherif/Taub/Hovland 1958, S. 154; Homburg/Koschate 2005a, S. 396.

- Wie verschieden darf ein Preis sein, um adaptiert zu werden, und ab wann wird er kontrastiert?
- Welche Effekte der Preiswahrnehmung bieten (welche) Ansatzpunkte für das preispolitische Instrumentarium?

Die ersten drei Fragen betreffen den zentralen Gegenstand der **Theorie der Referenzpreise**, einem bedeutenden Strang der verhaltenswissenschaftlichen Preisforschung. Diese Theorie geht vor allem auf die oben dargestellte Adaptionsniveautheorie zurück und wurde von MONROE[634] begründet. Zahlreiche spätere Studien haben sie überwiegend bestätigt.[635] Die zentrale These besagt, dass die Kundenreaktion auf einen bestimmten Preis nicht nur von der absoluten Höhe des Preises abhängt, sondern von der Differenz dieses Preises zu einem Preisanker (also einem internen oder externen Referenzpreis), an dem die Kunden den Fokalpreis messen.[636]

Relevante Reize für die Bildung von Referenzpreisen

Die Wirkung von externen Referenzpreisen (ERP) konnte bereits vielfach empirisch belegt werden.[637] Die bisher durchgeführten Studien in diesem Bereich beschäftigen sich vor allem mit zwei Themen, nämlich mit dem Einfluss der Höhe von ERP und mit dem Einfluss der Art von ERP. Studien zur Bedeutung der Höhe von ERP unterscheiden häufig in plausibel und unplausibel hohe ERP innerhalb von Werbeanzeigen, indem für den unplausiblen Fall der angegebene Referenzpreis in den Werbeanzeigen (z. B. „regulär 3,99 € – jetzt 2,49 €") den tatsächlichen Normalpreis vor der Aktion deutlich überschreitet.[638] Sie untersuchen dann den Einfluss der Höhe der ERP auf verschiedene Größen wie beispielsweise die wahrgenommene Ersparnis, die Einstellung der Kunden oder die Kaufabsicht.[639] Die Ergebnisse zeigen Folgendes: Offenbar stehen die Kunden hohen ERP zwar skeptisch gegenüber; dennoch scheinen unplausibel hohe ERP einen größeren Einfluss auf das Kundenverhalten zu haben als plausible ERP.[640]

---

634 Siehe hierzu den Aufsatz von Monroe 1973.

635 Überblicke über die Arbeiten zur Theorie der Referenzpreise liefern Kalyanaram/Winer 1995, Niedrich/Sharma/Wedell 2001 und Mazumdar/Raj/Sinha 2005.

636 Vgl. Monroe 1973, S. 78; Mazumdar/Raj/Sinha 2005, S. 84. Die zumeist englischsprachige Literatur in diesem Bereich legt ein besonderes Augenmerk auf die Untersuchung der internen Referenzpreise.

637 Vgl. Biswas/Wilson/Licata 1993, S. 243. Siehe hierzu z. B. die Aufsätze von Monroe/Della Bitta/Downey 1977; Berkowitz/Walton 1980 und Blair/Landon Jr. 1981.

638 Siehe z. B. bei Keiser/Krum 1976, S. 27 f.

639 Für einen detaillierten Überblick über bereits vorliegende Studien und ihre Ergebnisse siehe Eschweiler 2006, S. 96 ff. Es handelt sich dabei grundsätzlich um Studien, die ERP in Anzeigenwerbung untersuchen, wie z. B. die Arbeiten von Keiser/Krum 1976, Grewal/Marmorstein/Sharma 1996 oder Alford/Engelland 2000.

640 Vgl. Eschweiler 2006, S. 101.

Über die Wirkung der verschiedenen Arten von ERP liegen ebenfalls einige Erkenntnisse vor. So hat die Darbietung von aktuellen Wettbewerbspreisen in der Werbung als externer Preisreiz offenbar eine stärkere Wirkung als die Angabe von älteren Preisen des aktuellen Anbieters.[641] Dabei ist die Wirkung umso höher, je konkreter das Vergleichsangebot dargestellt wird.[642] Handelt es sich jedoch um die Darstellung von Preisinformationen für Sonderangebote innerhalb der Einkaufsstätte, empfiehlt es sich, den regulären Preis als Vergleich anzugeben.[643]

Auch zur Wirkung bestimmter Gestaltungsmerkmale von externen Preisinformationen, also der Preisoptik, liegen einige Ergebnisse vor. Hier spielen Vereinfachungsprozesse und dadurch weniger komplex gestaltete Wahrnehmungsprozesse beim Kunden eine Rolle, da dieser generell nach Entlastung strebt.

Einer der Effekte, die mit der Vereinfachung von (externen) Preisreizen zusammenhängen, ist der Preisrundungseffekt: Vor allem im Lebensmitteleinzelhandel ist zu beobachten, dass die Preise meist knapp unter runden (Preise mit einer 0-er Endung, z. B. 1,60 €) oder glatten (volle Euro-Beträge, z. B. 10 €) Beträgen liegen.[644] Offenbar wird von der Anbieterseite vorausgesetzt, dass Preise über dieser Schwelle im Sinne der Assimilations-Kontrast-Theorie kontrastiert werden, also bestimmte Preisschwellen vorliegen, über denen der Preis in die nächsthöhere Kategorie einsortiert wird.[645] Für diese Annahme lassen sich zwei Erklärungen finden, die STIVING und WINER als Niveau- und Imageeffekte bezeichnen: Niveau-Effekte sind dadurch bedingt, dass die Kunden ihre Informationsprozesse vereinfachen. Dies führt z. B. dazu, dass Preise entweder abgerundet oder von links nach rechts gelesen werden, oder aber dass nur die linken Ziffern erinnert werden. Imageeffekte beziehen sich darauf, dass die Kunden die 9er-Endung als Signal für einen Preisnachlass oder auch für eine minderwertige Qualität interpretieren.[646] Es liegen zahlreiche Studien vor, die sich mit der Wirkung von runden und gebrochenen Preisendungen auf den Absatz, die Einstellung der Kunden, Preiserinnerungen und andere Größen beschäftigen – allerdings mit unterschiedlichen Ergebnissen:[647] So kommen einige Studien z. B. zu dem Ergebnis,

---

641 Vgl. Eschweiler 2006, S. 177; Krishnan/Biswas/Netemeyer 2006, S. 102.

642 Vgl. Krishnan/Biswas/Netemeyer 2006, S. 102.

643 Vgl. Krishna et al. 2002, S. 116. Zu ähnlichen Effekten bei Internetauktionen siehe Kamins/Drèze/Folkes 2004 und Popkowski Leszczyc et al. 2009.

644 Vgl. Kaas/Hay 1984, S. 333; Diller/Brambach 2002, S. 237. Überblicke über bereits vorliegende Erkenntnisse und Studien liefert z. B. Schindler 1991.

645 Detailliert zu den Preisschwellen siehe weiter unten.

646 Vgl. Stiving/Winer 1997, S. 58.

647 Siehe z. B. die Aufsätze von Lambert 1975, Schindler/Kibarian 1996, Schindler/Kirby 1997, Bizer/Schindler 2005 und Thomas/Morwitz 2005 oder Manning/Sprott 2009. Siehe für eine Übersicht über vorliegende Studien und ihre Ergebnisse die Auflistung bei Gedenk/Sattler 1999a, S. 36 f. und Gedenk/Sattler 1999b, S. 36.

dass sich mit 9er-Endungen der Absatz steigern lässt,[648] während andere Untersuchungen keinen Effekt nachweisen.[649] Teilweise wird auch vermutet, dass gerade die im Handel übliche Bepreisung dazu führt, dass „gelernte" Preisschwellen entstehen.[650]

Eng im Zusammenhang mit dem Preisrundungseffekt steht der Preisfigureneffekt. Möglicherweise führen Preise mit „Preisfigur", die aufgrund der Leseweise von links nach rechts entsteht, zu einer Anmutung mit Wahrnehmungseffekten, wie z. B. einer höheren Aufmerksamkeit. Beispiele für Preise dieser Art sind absteigende (4,32 €), konstante (8,88 €) oder aufsteigende Ziffernfolgen (2,34 €).[651]

Bei einem weiteren Effekt – dem Preisfärbungseffekt – handelt es sich um Generalisierungen von gelernten Zusammenhängen wie „große Schrift im Preisschild = Sonderangebot = billig".[652] Der Preisfärbungseffekt ist schon mehrfach empirisch nachgewiesen worden. So veränderte sich z. B. in einer Studie von DILLER das Preisempfinden der Kunden durch eine veränderte Schriftgröße um 10 %[653]; LICHTENSTEIN, BURTON und KARSON wiesen nach, dass bestimmte semantische Etikettierungen eine Auswirkung auf das Preisempfinden haben.[654]

Dass in Zusammenhang mit der Preiswahrnehmung auch der **interne Referenzpreis (IRP)** eine große Rolle spielt, ist ebenfalls bereits empirisch belegt worden. So zeigte WINER anhand von Paneldatenanalysen, dass IRP-Effekte grundsätzlich existieren.[655]

In der Literatur werden zahlreiche Variablen als Einflussgrößen auf den IRP diskutiert – ebenso viele Konzeptionierungen des IRP gibt es. LOWENGART zählt im Jahr 2002 schon 26 verschiedene Konzeptionierungen auf.[656] Als Einflussfaktoren kommen z. B. Kundenspezifika wie soziodemografische Kriterien, Kauferfahrungen oder das Preisinteresse infrage, ebenso wie Merkmale des Anbieters (z. B. sein Image, das Vertrauen ihm gegenüber[657] oder die Häufigkeit und Intensität von Sonderangeboten[658]), des Produktes oder des Kaufs (z. B. kann es eine Rolle spielen, ob es sich um einen Gewohnheitskauf oder eine extensive Kaufentscheidung handelt)[659]. Dass einige dieser

---

648 Siehe z. B. die Studien von Schindler/Kibarian 1996 und Stiving/Winer 1997.
649 Siehe z. B. die Studie von Diller/Brielmaier 1996.
650 Vgl. Kaas/Hay 1984, S. 345, die von einer „self-fullfilling prophecy" sprechen.
651 Vgl. Diller 2003c, S. 273.
652 Vgl. Diller 2003c, S. 274.
653 Vgl. Diller 1982b, S. 7; zu ähnlichen Ergebnissen kommen auch Coulter/Coulter 2005, siehe S. 72.
654 Vgl. Lichtenstein/Burton/Karson 1991, S. 388.
655 Vgl. Winer 1986, S. 255. Weitere Studien wie z. B. die von Mayhew/Winer 1992, Briesch et al. 1997 und Bell/Lattin 2000 bestätigen dies.
656 Vgl. Lowengart 2002, S. 149 f. Zwar bezieht sich LOWENGART auf Referenzpreise, also nicht nur auf IRP – aus der (auf einem Vorschlag von WINER basierenden) im Aufsatz herangezogenen Definition geht jedoch hervor, dass IRP im Vordergrund stehen. Ein Referenzpreis ist hier „an internal price to which consumers compare observed prices", siehe Lowengart 2002, S. 145.
657 Zu letzterem Aspekt siehe den Aufsatz von Thomas/Menon 2007.
658 Siehe hierzu die Arbeiten von Kalwani/Yim 1992 und Lalwani/Monroe 2005.
659 Vgl. Mazumdar/Raj/Sinha 2005, S. 85.

Größen eine Rolle spielen, ist nach derzeitigem Forschungsstand unstrittig; wie diese Rolle jedoch ausfällt und in welchen Situationen welche Referenzpreise wirksam werden, ist bisher weitgehend ungeklärt.[660]

Verknüpfung von Preisreizen zu Referenzpreisen

Bedingt durch die zahlreichen Konzeptionierungen für Referenzpreise ergeben sich vielfache Modelle zur Bildung von Referenzpreisen, die auch der empirischen Überprüfung standhalten. Grundsätzlich werden sie unterteilt in kontextbasierte Modellierungen (die auf den Einfluss von externen Referenzpreisen fokussieren) und vergangenheitsbasierte Modellierungen (die auf den in der Vergangenheit gezahlten Preisen basieren und eher mit dem Konstrukt des IRP korrespondieren).[661]

Die **kontextbasierten Modelle** ermöglichen es erstens, den Referenzpreis als ein Mittel aller Preisinformationen im Kontext zu modellieren. So stellte ANTILLA bereits in den 1970er Jahren fest, dass der Referenzpreis – den er an dem Punkt festlegte, an dem die Kunden einen Preis als weder billig noch teuer einstuften – ungefähr beim Mittelwert aller vorhandenen Preisreize lag.[662] Dies entspricht dem Adaptionsniveau bei HELSON.[663] Wählt man die Range-Theorie als Ausgangspunkt, so sind die „Referenzen", an denen ein Preis gemessen wird, die Extrempunkte der Kontextreize. Im Fall des Kaufs einer Flasche Wasser könnten z. B. alle Preise für Wasser-Flaschen einbezogen werden. Falls der niedrigste Preis bei 1 € liegt und der höchste bei 4 €, werden diese beiden Preise als Referenzen genutzt, um den Fokalpreis einzuordnen.[664] Eine weitere Möglichkeit besteht darin, den Referenzpreis als eine Funktion der Preisverteilung im Kontext zu betrachten. Diese Vorgehensweise berücksichtigt den empirisch nachgewiesenen Umstand, dass auch die Schiefe und die Endpunkte der Preisverteilung einen Einfluss auf das Preisempfinden haben und stimmt mit den Annahmen der Range-Frequency-Theorie überein.[665]

NIEDRICH, SHARMA und WEDELL testeten alle drei genannten kontextbasierten Modelle und verglichen deren Genauigkeit. Als Inputgrößen flossen die tatsächlichen Preise (in diesem Fall für Flugtickets und für kohlensäurehaltige Getränke) ein. Outputgröße war ein Konstrukt namens „price attractiveness", gemessen auf einer neunstufigen Skala

660 Siehe z. B. die Diskussion bei Lowengart 2002, S. 151 ff., die Darstellung bisher vorliegender Ergebnisse bei Mazumdar/Raj/Sinha 2005 oder die Arbeit von Mazumdar/Papatla 2000, die Kunden nach der Nutzung von ERP und IRP segmentieren, sowie Moon/Voss 2008.
661 Vgl. Rajendran/Tellis 1994, S. 24.
662 Vgl. Antilla 1977, S. 147.
663 Vgl. Helson 1964, S. 58.
664 Vgl. Rajendran/Tellis 1994, S. 30.
665 Vgl. Janiszewski/Lichtenstein 1999, S. 366; Niedrich/Sharma/Wedell 2001, S. 352.

von (1) „a very attractive price“ bis (9) „a very unattractive price“[666]. Die Autoren kommen dabei zu dem Schluss, dass das Range-Frequency-Modell die besten Ergebnisse produziert, also die Referenzpreise sich bei den untersuchten Kaufentscheidungen am ehesten als Funktion der Preisverteilung im Kontext abbilden lassen.[667]

Vergangenheitsbasierte Modelle modellieren den Referenzpreis als Funktion der zuletzt gezahlten Preise. Die Anwendbarkeit dieser Modelle belegen z. B. KALYANARAM und LITTLE[668] sowie BRIESCH, KRISHNAMURTHI und MAZUMDAR[669]. Der Referenzpreis RPr_{hjt} für Produkt j bei Haushalt h zum Zeitpunkt t ergibt sich damit als:[670]

$$RPr_{\mathrm{hjt}} = aPr_{\mathrm{jh(t-1)}} + (1-a)RPr_{\mathrm{jh(t-1)}}$$

Der so genannte „carryover parameter“ a stellt die Gewichtung dar, mit der die Preise in Abhängigkeit zu der Zeitspanne von der Wahrnehmung des alten Preises zur jetzigen Preiswahrnehmung in den Referenzpreis eingehen. Er beziffert sich in den Studien zwischen 0,6 und 0,88: Preise, die näher am aktuellen Kauf liegen, gehen mit einem höheren Gewicht in den Referenzpreis ein.[671]

Weil man in der Realität beobachten kann, dass offenbar nicht alle Preiserfahrungen mit der gleichen Gewichtung in die Referenzpreise einfließen, beschäftigen sich einige Studien mit der Frage, wie die Art des Einkaufs und die Einkaufsumgebung sich auf die Stärke des Einflusses von Vergangenheitspreisen auswirken. So konnten ALBA, MELA, SHIMP und URBANY zeigen, dass Preiserfahrungen bei Käufen zu Normalpreisen stärker in den internen Referenzpreis einfließen als Preiserfahrungen bei Aktionskäufen.[672] Beim Kauf von „fast moving consumer goods“, also schnelldrehenden Verbrauchsgütern, haben die Preise aus der Vergangenheit einen höheren Einfluss als beim Kauf von langlebigen Gebrauchsgütern (weil bei langlebigen Gebrauchsgütern die Kaufzyklen länger sind).[673]

Assimilation und Kontrastierung von Preisen

Bei der Frage nach der Adaption von Reizen ist interessant, wie sehr sich ein Reiz vom Adaptionsniveau unterscheiden darf, um noch als ähnlich eingeordnet und assimiliert zu werden. Dass Assimilations- und Kontrastierungseffekte auch in Bezug auf Preise auftreten, konnten LICHTENSTEIN und BEARDEN nachweisen: In ihrer Studie wurden bei

666 Vgl. Niedrich/Sharma/Wedell 2001, S. 343.
667 Siehe den Aufsatz von Niedrich/Sharma/Wedell 2001.
668 Vgl. den Aufsatz von Kalyanaram/Little 1994, insb. S. 415.
669 Vgl. den Aufsatz von Briesch et al. 1997.
670 Vgl. Briesch et al. 1997, S. 206.
671 Vgl. Briesch et al. 1997, S. 212.
672 Vgl. Alba et al. 1999, S. 111.
673 Vgl. Winer 1986, S. 255; Bridges/Yim/Briesch 1995, S. 77.

Preisreduzierungen einige Preise assimiliert (wenn sie in einer bestimmten Spanne von Preisen lagen), und andere kontrastiert (wenn sie unter dieser Spanne lagen).[674] Diese Erkenntnisse stehen in Einklang mit den Annahmen der Psychophysik: Besonders das oben erläuterte Weber-Fechner´sche Gesetz scheint zumindest teilweise für die Preiswahrnehmung zuzutreffen:[675] Danach wird eine absolute Preisänderung um z. B. 5 € bei einem Produkt von 10 € stärker wahrgenommen als bei einem Produkt von 100 € – in letzterem Fall wird der erhöhte Preis also eher adaptiert, in ersterem eher kontrastiert, obwohl es sich um den gleichen absoluten Betrag handelt. Dies bedeutet, dass die Preiswahrnehmung relative Betrachtungen beinhaltet: Preisunterschiede werden offenbar ins Verhältnis zum absoluten Preis gesetzt.

Das Wissen um Assimilations- und Kontrastierungseffekte stellt eine Grundlage für die Betrachtung von Preisschwellen (und damit auch für die in der Praxis häufig auftretenden gebrochenen Preise) dar. Unter **Preisschwellen** versteht man die Schnittstellen von Vergröberungskategorien von Preisen, also die Stellen, an denen sich die Grenze zwischen Assimilation und Kontrastierung befindet. Bis zu dieser Schwelle werden die Preise als ähnlich wahrgenommen, darüber oder darunter als unähnlich: An den Preisschwellen befinden sich die Übergänge, an denen sich das Preisempfinden sprunghaft ändert (z. B. von „teuer“ zu „sehr teuer“).[676] Weil diese Schwellen bereits mit bestimmten Reaktionsmustern verbunden sein können (beispielsweise ändert sich an diesen Schwellen unter Umständen die Bereitschaft, ein Produkt zu kaufen), handelt es sich teilweise nicht um reine Wahrnehmungsschwellen, sondern bereits um Reaktionsschwellen.[677] Ändert sich die Bereitschaft des Kunden, ein Produkt zu kaufen, an einer bestimmten Preisschwelle, so bezeichnet man diese auch als absolute Preisschwelle: Sie kennzeichnet die Grenzen des vom Kunden als akzeptabel empfundenen Preisbereichs. Produkte, deren Preis über oder unter diesen Schwellen liegt, werden nicht gekauft. Die Existenz von Preisschwellen wurde bereits mehrfach bestätigt.[678] Unklar ist allerdings, wo genau die Preisschwellen liegen und durch welche Faktoren ihre Lage beeinflusst wird. Bisher wurden nur einige dieser Faktoren identifiziert. Eine Rolle spielen[679]

---

674 Vgl. Lichtenstein/Bearden 1989, S. 63.

675 Siehe hierzu den Aufsatz von Monroe 1971a. Es gibt auch Gegenbelege bzw. Theorien, die einen anderen Ansatz verfolgen. So weisen z. B. KAMEN und TOMAN die Überlegenheit ihrer „Fair-Price-Theory“ über die Annahmen des WEBER-FECHNER´schen Gesetzes nach, siehe Kamen/Toman 1970, S. 34 ff. Die Grundidee ihres Ansatzes besteht in der Annahme, dass die Kunden eine ungefähre Vorstellung davon haben, welcher Preis in einer bestimmten Kaufsituation „fair“ ist. Sie sind bereit, diesen oder einen niedrigeren Preis zu zahlen. Siehe Kamen/Toman 1970, S. 27.

676 Siehe z. B. den Aufsatz von Ofir 2004, insb. S. 612.

677 Vgl. Kaas/Hay 1984, S. 339.

678 Siehe z. B. die Aufsätze von Kamen/Toman 1970, Monroe 1971a und Pauwels/Srinivasan/Franses 2007.

679 Vgl. Diller 2003c, S. 271 f.

- die objektive Preisverteilung: Wenn die Anbieter bestimmten Mustern folgen, so beziehen die Kunden ihre Erfahrung in die Bildung von Preisschwellen ein (siehe z. B. die erwähnte Diskussion von glatten und gebrochenen Preisen);
- die Anzahl der Produkte in der Warengruppe und die Preisspanne dieser Produkte (Range-Theorie und Range-Frequency-Theorie): In einer Warengruppe mit wenigen Produkten und nahe beieinanderliegenden Preisen sind weniger Preisschwellen zu erwarten als in einer Warengruppe mit vielen Produkten und breit gestreuten Preisen;
- die Stärke des Preisinteresses und das Involvement: Steigen diese Größen, ist der Kunde zu einer erhöhten Informationsverarbeitung bereit und greift weniger auf komplexitätsreduzierende Heuristiken zurück. Die Kunden sind allerdings bei hohem Preisinteresse auch preissensibler und akzeptieren eine geringere Spannweite von Preisen, die obere und absolute Preisschwelle rücken also näher aneinander.[680]

4.3.4.5 Preisbeurteilung

4.3.4.5.1 Abgrenzung und theoretische Ansätze der Preisbeurteilung

Eng an die Preiswahrnehmungsprozesse schließt sich die **Preisbeurteilung** an, die das Ergebnis der Verarbeitung von Preisinformationen ist und alle Verhaltensweisen bei der bewussten Bewertung von Preisen beinhaltet. Die Preisbeurteilung mündet im Preisurteil.[681] Für einen ersten Überblick zeigt Abb. 4-5 das Grundmodell der Preiswahrnehmung und Preisbeurteilung nach DILLER.[682]

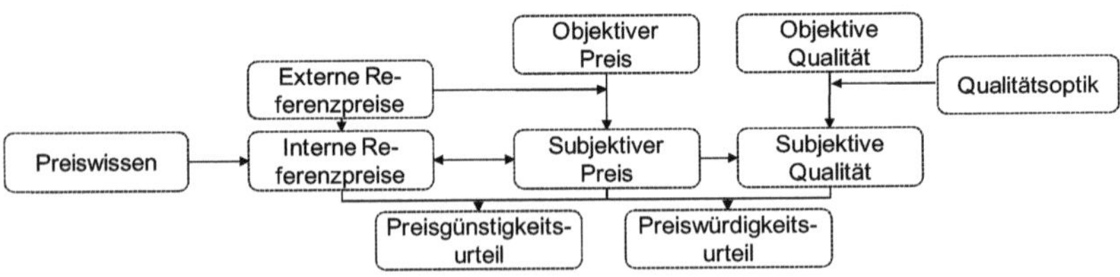

Abb. 4-5: Grundmodell der Preisbeurteilung (Quelle: modifiziert nach Diller 2008a, S. 138)

680 Vgl. Lichtenstein/Bloch/Black 1988, S. 250.
681 Vgl. Schneider 1999, S. 54 f.; Diller 2008a, S. 138.
682 Ähnliche Modelle für die Preisbeurteilung schlagen auch DODDS und MONROE sowie DODDS, MONROE und GREWAL bei der Diskussion des Einflusses von Preisen auf die Produktbeurteilung vor. Siehe Dodds/Monroe 1985, S. 86 und Dodds/Monroe/Grewal 1991, S. 308.

Basierend auf den Arbeiten von EMERY[683] und BLUMENFELD[684] entwickelte DILLER schon früh eine Typologie von Preisurteilen. Hierbei unterscheidet er je nach Komplexität des Urteils für den Kunden fünf Typen, die in Abb. 4-6 im Überblick dargestellt sind.[685] Kritik an dieser Typologie betrifft vor allem die willkürliche Differenzierung und die ebenfalls willkürliche Zuordnung der Typen zu ihrem Komplexitätsgrad. Da jedoch jede Urteilsart schon empirisch bestätigt werden konnte, wird hier trotz dieser Kritik auf die Typologie von DILLER zurückgegriffen.[686]

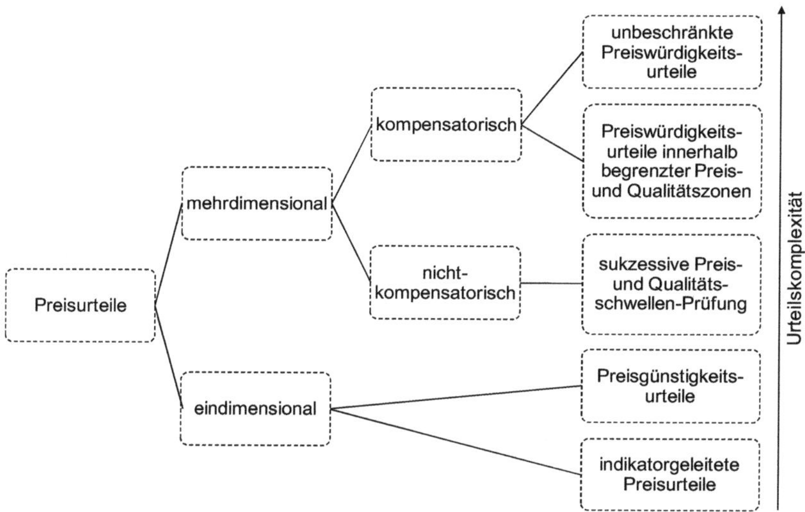

Abb. 4-6: Typologie von Preisurteilstechniken (Quelle: in Anlehnung an Diller 1978, S. 194)

Indikatorgeleitete Preisurteile zeichnen sich dadurch aus, dass der Kunde sich an leicht identifizierbaren Merkmalen des Urteilsobjektes orientiert (z. B. Gestaltung der Verpackung, Image der Einkaufsstätte). Hierbei handelt es sich um eine Generalisierung früherer Erfahrungen.

Preisgünstigkeitsurteile berücksichtigen nur den absoluten Preis. Anker für diese Urteile sind deshalb nur die absoluten Preise von als ähnlich empfundenen Objekten. Qualitätsunterschiede fließen nicht ein; sie werden entweder als irrelevant betrachtet (z. B. weil vermutet wird, dass es keine Unterschiede gibt) oder bereits durch die Vorauswahl von qualitativ als ähnlich eingestuften Ankern ausgeschlossen.

683 Vgl. Emery 1969, S. 106; siehe auch Hay 1987, S. 22 und Schneider 1999, S. 55.
684 Vgl. Blumenfeld 1969, S. 131.
685 Vgl. für diese Aussage und die folgenden Ausführungen Diller 1978, S. 193 ff.
686 Siehe hierzu die Diskussion bei Hay 1987, S. 25 f.

Beinhaltet die Preisbeurteilung die **sukzessive Überprüfung der Über- und Unterschreitung von Preis- und Qualitätszonen**, liegt bereits ein mehrdimensionaler Urteilsprozess vor. In diesem Fall werden sowohl der Preis als auch die Qualität berücksichtigt. Beide Aspekte werden aber nicht verknüpft: Das Individuum prüft, ob Preis und Qualität sich (unabhängig voneinander) innerhalb eines akzeptablen Bereichs befinden.

Im Rahmen von **Preiswürdigkeitsurteilen innerhalb subjektiv begrenzter Preis- und Qualitätszonen** geht das Individuum in zwei Schritten vor: Im ersten, nicht kompensatorischen Schritt werden Qualität und Preis auf getrennten Skalen auf ein Über- oder Unterschreiten der akzeptablen Zone geprüft. Liegen beide Größen innerhalb des akzeptablen Bereiches, werden sie im zweiten, kompensatorischen Schritt miteinander verknüpft. In diesem zweiten Schritt können also „schlechte" Werte in einem der beiden Bereiche durch „gute" Werte im jeweils anderen Bereich kompensiert werden.

Der komplexeste Typ der Urteilsfindung ist das **unbeschränkte Preiswürdigkeitsurteil**. Hierbei werden die urteilsrelevanten Merkmalsausprägungen auf einem metrischen Preiswürdigkeitskontinuum gegeneinander verrechnet.

Besondere Bedeutung im Rahmen der verhaltenswissenschaftlichen Preisforschung kommt den Formen des Preisgünstigkeitsurteils und des unbeschränkten Preiswürdigkeitsurteils zu, die hier ebenfalls in die Untersuchung eingehen.[687]

Verschiedene theoretische Ansätze spielen bei der Analyse von Preisurteilen eine Rolle. Zu nennen sind hier besonders die Prospect-Theorie, das Mental Accounting als Erweiterung der Prospect-Theorie und die Assimilations-Kontrast-Theorie.

Die **Prospect-Theorie** nach KAHNEMAN und TVERSKY befasst sich mit der Frage, wie Individuen Entscheidungen unter Unsicherheit treffen und sie bewerten. Eine zentrale Aussage dieser Theorie ist, dass die Erwartungen („prospects"), anhand derer die Entscheidungsmöglichkeiten gemessen werden, wesentlich für den Bewertungsvorgang sind. Übertrifft die tatsächliche Erfahrung nach dem Kauf die Erwartung, wird dies als Gewinn („gain") bewertet; unterschreitet sie die Erwartung, handelt es sich um einen Verlust („loss").[688] Bezogen auf die Beurteilung von Preisen würde dies bedeuten, dass günstigere Preise als erwartet als Gewinn bewertet werden und ein positives Preisurteil generieren würden, während höhere als Verlust bewertet werden und ein negatives Preisurteil hervorrufen – wobei als Anker die Referenzpreise dienen.[689]

---

687 Vgl. z. B. Schneider 1999, S. 55 und Diller 2008a, S. 139.
688 Vgl. den Aufsatz von Kahneman/Tversky 1979. Siehe auch den Aufsatz von Putler 1992.
689 Vgl. Diller 2008a, S. 140 f.

Aufbauend auf der Prospect-Theorie entwickelte THALER seine Theorie des **Mental Accounting**.[690] Sie weitet die Prospect-Theorie auf solche Fälle aus, bei denen gemischte Teilergebnisse der Entscheidungsmöglichkeiten im Vergleich vorliegen. Bei Preisurteilen können z. B. mehrere Preisbestandteile unterschiedlich bewertet werden und diese Einzelurteile anschließend zu einem Urteil zusammengefasst werden. THALER postuliert, dass Individuen über „Unterkonten" für verschiedene Komponenten verfügen, auf denen die Gewinne und Verluste verbucht werden.[691] Diese Buchung erfolgt dabei mit subjektiven Gewichtungen und Verrechnungen und in einer hedonistisch verzerrten Art („hedonic-editing").[692] In Bezug auf Transaktionen und ihre Bewertung unterscheidet THALER zwei Arten von Nutzen, aus denen sich der Gesamtnutzen einer Transaktion bildet, nämlich den Transaktionsnutzen und den Akquisitionsnutzen:[693] Der Transaktionsnutzen (TN) ergibt sich aus der Differenz zwischen dem mittleren Preisempfinden (MPE) und dem bezahlten Preis (pr). Es handelt sich also um die Nutzenbewertung der Freude darüber, dass der tatsächliche Preis unter dem Referenzpreis liegt (oder des Ärgers darüber, dass der tatsächliche Preis höher ist als der Referenzpreis); danach kommt im Transaktionsnutzen die Preisgünstigkeit des Produktes zum Ausdruck:

$$TN = MPE - pr.$$ [694]

Der Akquisitionsnutzen (AN) bezieht sich im Gegensatz dazu auf die Relation zwischen dem tatsächlichen Preis und der Leistung. Er ergibt sich aus der Differenz zwischen dem monetären Äquivalent der Leistung aus Sicht des Individuums (also dem Reservationspreis pr_r) und dem tatsächlichen Preis:

$$AN = pr_r - pr.$$

Damit kommt im Akquisitionsnutzen die Preiswürdigkeit zum Ausdruck.[695] Bildet man aus beiden Nutzenbestandteilen die Summe, so erhält man den Gesamtnutzen (GN) des Kaufs:

$$GN = TN + AN = (MPE - pr) + (pr_r - pr).$$ [696]

Auch die Aussagen der **Assimilations-Kontrast-Theorie**, auf die bereits im Rahmen der Preiswahrnehmung eingegangen wurde, spielen bei der Preisbeurteilung eine Rolle: An den Preisschwellen (siehe Kap. 4.3.4.4.2) erfolgt ein Wechsel von einer Urteils-

690 Siehe die Aufsätze von Thaler 1980 und Thaler 1985. Eine Erweiterung um emotionale Komponenten liefern Levav/MacGraw 2009.
691 Vgl. Thaler 1985, S. 199.
692 Vgl. insb. Thaler/Johnson 1990, S. 646 ff.
693 Siehe hierzu und zu den folgenden Ausführungen Thaler 1985, S. 205.
694 Vgl. Pechtl 2005, S. 33 f.
695 Vgl. Eschweiler 2006, S. 58.
696 Vgl. Schmitt 2005, S. 42.

kategorie in die nächste, der Preis wird also z. B. aus der Kategorie „teuer" in die gorie „sehr teuer" hochgestuft.

4.3.4.5.2 Messung der Preisbeurteilung in der Literatur

In der Literatur wird häufig, wie bereits angesprochen, auf Preisgünstigkeitsurteile und Preiswürdigkeitsurteile abgestellt, die sich auch in den Arbeiten von THALER wiederfinden. THALER sowie KAHNEMAN und TVERSKY greifen dazu auf hypothetische Situationen zurück. So formuliert THALER z. B. folgendermaßen, um die Existenz von Transaktionsnutzen und Akquisitionsnutzen zu belegen:

Du liegst an einem heißen Tag am Strand. Alles, was du zu trinken hast, ist kaltes Wasser. Die ganze letzte Stunde hast du daran gedacht, wie gerne du jetzt eine schöne kalte Flasche Deines liebsten Bieres genießen würdest. Ein Begleiter von dir steht auf, um einen Telefonanruf zu erledigen und bietet dir an, ein Bier vom einzigen Ort im Umkreis mitzubringen, wo es Bier gibt, nämlich [einem feinen Ressort-Hotel] ODER [einem kleinen, heruntergekommenen Lebensmittelgeschäft]. Er sagt, dass das Bier dort teuer sein könnte und fragt, wie viel du bereit wärest, dafür zu zahlen. Er wird das Bier nur kaufen, wenn es den von dir genannten Preis oder weniger kostet; wenn es teurer ist, wird er es nicht kaufen. Du vertraust Deinem Freund und es gibt keine Möglichkeit, mit dem [Barkeeper] ODER [dem Besitzer des Geschäftes] zu handeln. Welchen Preis nennst du ihm?[697]

Die Probanden nannten für beide Szenarien sehr unterschiedliche Preise: Während für das Szenario „feines Hotel" im Mittel 2,65 $ akzeptiert wurden, wurden für das kleine Geschäft nur 1,50 $ gebilligt. Dies sieht THALER als Beweis für sein Konzept des Transaktionsnutzens und Akquisitionsnutzens. Er argumentiert folgendermaßen: Das Bier ist in beiden Fällen dasselbe, der Kunde trinkt es in beiden Fällen am selben Ort (er bezahlt also nicht für Atmosphäre) und es gibt keine Möglichkeit der strategischen Nennung des akzeptierten Preises. Damit wird die Leistung konstant gehalten, der Akquisitionsnutzen ist in beiden Fällen derselbe. Da aber das mittlere Preisempfinden für den Kauf eines Bieres in einem feinen Hotel höher liegt als für den Kauf in einem kleinen Lebensmittelgeschäft, steigt die Preisbereitschaft des Kunden in dieser Situation, so dass sich beide Elemente des Transaktionsnutzens, nämlich MPE und der Preis, auf einem höheren Niveau befinden.[698]

Andere Autoren nähern sich der Preisbeurteilung über die Abfrage von Items. Dabei sind die eingehenden (Teil-)Konstrukte in diesem Zusammenhang sehr heterogen und reichen von Größen wie dem „perceived worth" oder „perceived value" über die „store price perceptions" bis zum „store price image" – die tatsächlich darunter subsumierten

---

697 Vgl. Thaler 1985, S. 206. Übersetzung der Verfasserin.
698 Vgl. Thaler 1985, S. 207.

Fragestellungen ähneln sich jedoch weitgehend. Die Tab. 4-9 gibt einen detaillierten Überblick.

Quelle	(Teil-)Konstrukt	Item/Fragestellung	Skala
Berkowitz/ Walton 1980, S. 352		*Die Probanden mussten Angebote in Anzeigen mit den folgenden Skalen beurteilen:*	
	perceived worth	excellent buy for the money–bad buy for the money	7-stufige Skalen
	perceived value	not a good value for the money–extremely good value for the money	
Dodds/ Monroe/ Grewal 1991, S. 318	**perceived quality**	This product is a: (very good value for the money–very poor value for the money)	7-stufige Skalen, siehe Einzelfall
		At the price shown the product is: (very economical–very uneconomical)	
		The product is considered to be a good buy (strongly agree–strongly disagree)	
		The price shown for the product is: (very acceptable–very unacceptable)	
		This product appears to be a bargain (strongly agree–strongly disagree)	
Kaicker/ Bearden/ Manning 1995, S. 235	**perceived value**	*Die Probanden sollten Produkte bzw. Produktbündel mit Hilfe der folgenden Skala bewerten:* very poor value for the money–very good value for the money.	7-stufige Skalen, siehe Einzelfall
		The [product/bundle] represents an excellent buy for the money: (7-stufige Zustimmungsskala)	
		The price shown for the [product/bundle] is: (very acceptable–very unacceptable).	
Schneider 1999, S. 204 ff.	**Preisgünstigkeit**	Bitte beurteilen Sie die Aussage "Die Bahn bietet einige preisgünstige Angebote" in Bezug auf die nachstehenden Angebote der Deutschen Bahn AG. Falls Sie eines der Angebote nicht kennen, geben Sie bitte dennoch Ihre Einschätzung ab. (Beurteilung für 6 Angebote der Deutschen Bahn)	5-stufige Zustimmungs-skala
	Preiswürdigkeit	Wie beurteilen Sie die Qualität der Bahn insgesamt im Verhältnis zu den Fahrpreisen der Bahn? Wie bewerten Sie das Preis-Leistungs-Verhältnis?	Schulnoten 1 (sehr gut) – 6 (ungenügend)
		Beurteilen Sie bitte die folgenden Unternehmen im Hinblick auf ihre Preiswürdigkeit (Preis-Leistungs-Verhältnis). Kreuzen Sie bitte das von Ihnen als preiswürdigstes Unternehmen eingestufte Unternehmen gesondert in der rechten Spalte an. (Bewertung von 9 Unternehmen)	5-stufige Skala 1 = besonders preiswürdig – 5 = gar nicht preiswürdig
Diller 1997, S. 19	**Angemessenheit der Preise**	Wenn ich den Service und das Warenangebot in diesem Geschäft im Vergleich zu anderen Läden betrachte, finde ich, dass die verlangten Preise in Ordnung sind.	7-stufige Zustimmungs-skala
	Preis-Leistungs-Verhältnis	In dieser Einkaufsstätte kann ich beim Kauf von [Produktgruppe] darauf vertrauen, eine gute Qualität zu einem günstigen Preis einzukaufen.	

Fortsetzung der Tabelle auf der nächsten Seite

Fortsetzung von der vorherigen Seite

Kukar-Kinney/ Walters/ MacKenzie 2007, S. 216	**store price perceptions**	Compared to its competitors, the overall prices at this store are most likely: (lower than average–higher than average).	9-stufige Skalen, siehe Einzelfall
		Relative to other electronic stores, the prices at this store are most likely: (low–high).	
		I expect the overall prices at this store to be: (very low–very high).	
		This store's prices are likely to be higher than average market prices of the same products: (strongly disagree–strongly agree).	
Srivasta-va/Lurie 2001, S. 299	**perceptions of [store´s] prices**	[Store] is offering a good deal on the [product].	7-stufige Zustimmungs-skala
		I am confident that [store´s] prices are among the lowest.	
Biswas et al. 2002, S. 110 u. 114.	**perceptions of offer value**	The [Product] offered by the merchant will be: (a bad buy for the money–an excellent buy for the money).	7-stufige Skalen, siehe Einzelfall
		The advertised offer represents: (no savings at all–an extremely large saving).	
		The price charged by the merchant for the [product] will be: (an extremely unfair price–an extremely fair price).	
		The [product] offered by the merchant will be: (not a good value for the money–an extremely good value for the money).	
	store price image	*Die Probanden mussten Geschäfte auf den folgenden drei Skalen beurteilen:*	
		unattractive prices–attractive prices.	7-stufige Skalen, siehe Einzelfall
		Unreasonable prices for the value–reasonable prices for the value.	
		Prices much lower than other stores–prices much higher than other stores.	
Lurie/ Srivastava 2005, S. 152.	**perceptions of the product at the store as expensive or inexpensive**	The price of the [product] at [store] is: (very low–very high).	7-stufige Skalen, siehe Einzelfall
		The price of [product] is high: (strongly disagree–strongly agree).	
	perceptions of the store as expensive or inexpensive	The overall prices at [store] are most likely to be: (lower than average–higher than average).	
		Relative to other electronic stores, the prices at [store] are most likely: (very low–very high).	
	perceptions of Value	The [product] at [store] is an excellent buy for the money: (strongly disagree–strongly agree).	
		I am getting a good bargain for the [product] at [store]: (strongly disagree–strongly agree).	
Müller 2003, S. XXXIX (Anhang 3)	**Preisgünstigkeit**	Das Preisniveau der Normalwaren bei Globus ist sehr günstig.	5-stufige Zustimmungs-skala
	Preiswürdigkeit	Die Preise sind bei Globus im Verhältnis zum gebotenen Sortiment sehr günstig.	
		Die Preise sind im Verhältnis zur gebotenen Produktqualität sehr günstig.	

Fortsetzung der Tabelle auf der nächsten Seite

Fortsetzung von der vorherigen Seite			
Suri/ Monroe 2003, S. 103	**perceptions of sacrifice**	The advertised price for this [product] was: very high–very low.	7-stufige Skala, siehe Einzelfall
		I felt that the [product] was: very expensive–very cheap.	
		I felt that the manufacturer's advertised price for the [product] was: very high–very low.	
	perceptions of value	I think that given this [product] attributes, it is a good value for money.	7-stufige Zustimmungs-skala
		At the advertised price, I feel that I am getting a good quality [product] for a reasonable price.	
		If I bought this [product] at the advertised price, I feel I would be getting my money's worth.	
Danziger/ Segev 2006, S. 540	**price attractiveness**	*Die Probanden mussten einen Preis auf der folgenden Skala bewerten*: very cheap price–very expensive price.	9-stufige Skala, siehe Beschreibung
Zielke 2006, S. 302	**price level image**	The regular price level (without special offers) is very low.	5-stufige Zustimmungs-skala
		In this store I pay less for the same quality than elsewhere.	
		This store also sells products in the lower price range.	
		This store also sells products in the upper price range.	
		I think that this store reacts to the price changes of competitors quickly.	
	price value image	In relation to store attributes, such as product range and service quality, prices are very good.	
		In relation to product quality, e.g. freshness, prices are very good.	
		If I buy fruit and vegetables in this store I´m confident I´ll get good quality for a good price.	
		If I compare store attributes, such as the product range and service quality in relation to other stores, I think the prices are acceptable.	
Herrmann et al. 2007, S. 53 f.	**price perception**	The price of the new [product] is appropriate relative to its performance.	7-stufige Zustimmungs-skala
		The price of the new [product] meets my expectations.	
		The price of the new [product] is good value for money comparing to other [product category].	
Lowe/Alpert 2007, S. 135 f.	**transaction value**	*Die Probanden mussten auf drei Skalen das folgende Item* bewerten: Compared to what I expect [brand name] would normally sell for, the advertised price of [brand name] is:	
		low–high.	7-stufige Skalen, siehe Einzelfall
		inexpensive–expensive.	
		underpriced–overpriced.	
	akquisition value	Overall, the price of [brand name] is: (very poor value for money–very good value for money).	
		Das Konstrukt wurde mit drei Statements gemessen, die anderen beiden werden nicht angegeben.	

Tab. 4-9: Messung der Preisbeurteilung in der Literatur

4.3.4.5.3 Messung der Preisbeurteilung in der vorliegenden Untersuchung

Wie aus Tab. 4-9 ersichtlich ist, existieren verschiedene, aber ähnliche Skalen zur Messung von Preisurteilen. Diese sind (auch) betriebstypen- und produktgruppenabhängig: So spielt z. B. die Produktqualität in Warengruppen wie Frischfleisch, Obst und Gemüse eine andere Rolle als in standardisierten Warengruppen wie Konserven oder ähnlichem.

Zur Vorbereitung der Untersuchung wurde auf der Basis der in Kap. 4.3.4.5.2 dargestellten Vorschläge eine Skala für die Messung des Preisgünstigkeitsurteils (PGU) und des Preiswürdigkeitsurteils (PWU) für Tankstellenshops entwickelt.

Da von ZIELKE bereits eine recht umfassende Skala vorliegt, lehnt sich die hier ausgearbeitete Skala stark an seinen Vorschlag an. Sie wurde lediglich so umformuliert, dass sie auf den Untersuchungsgegenstand der Tankstelle anwendbar ist. In Tab. 4-10 ist die vorliegend genutzte Modellierung vor und nach den Pretests enthalten.

Bezeichnung	Faktor	Item
PGU_1	Preisgünstigkeitsurteil	Das Preisniveau (ohne Sonderangebote) ist hier sehr niedrig.
PGU_2	Preisgünstigkeitsurteil	In diesem Tankstellenshop zahle ich für die gleiche Qualität weniger als in anderen Tankstellenshops.
PGU_3	Preisgünstigkeitsurteil	Dieser Tankstellenshop verkauft auch Produkte der unteren Preisklassen.
(PGU_4)	Preisgünstigkeitsurteil	Dieser Tankstellenshop verkauft auch Produkte der oberen Preisklassen.
(PGU_5)	Preisgünstigkeitsurteil	Ich glaube, dass dieser Tankstellenshop schnell auf die Preisänderungen der Konkurrenz reagiert.
PWU_1	Preiswürdigkeitsurteil	Wenn man Eigenschaften der Tankstelle wie Auswahl, Service oder Öffnungszeiten miteinbezieht, sind die Preise hier akzeptabel.
PWU_2	Preiswürdigkeitsurteil	Wenn man Eigenschaften der Tankstelle wie Auswahl, Service oder Öffnungszeiten miteinbezieht, sind die Preise hier sehr gut.
PWU_3	Preiswürdigkeitsurteil	Wenn man Eigenschaften der Produkte wie Qualität oder Frische miteinbezieht, sind die Preise hier sehr gut.
Fettdruck der Bezeichnung: Item auch nach dem Pretest beibehalten; (Klammer): Item eliminiert		

Tab. 4-10: Modellierung der Preisbeurteilung in der vorliegenden Untersuchung

4.3.4.5.4 Empirische Befunde zur Preisbeurteilung

Abgesehen von den in Kap. 4.3.4.4.2 bereits dargestellten Befunden zur Bildung von Referenzpreisen – die als Anker für die Preisbeurteilung dienen – und den ebenfalls dort dargestellten Preisschwelleneffekten beschäftigt sich die Forschung vor allem mit der Frage, ob die theoretischen Modellierungen der Preisurteile sich auch empirisch bestätigen lassen, welche Effekte bei der Preisbeurteilung je nach Ausgangslage auftreten und welche Auswirkungen Preisurteile haben können.

Empirische Bestätigung der Modellierung von Preisurteilen

Die Modelle zum **Preisgünstigkeitsurteil (PGU)** basieren auf den oben dargestellten Erkenntnissen zur Preiswahrnehmung und der Prospect-Theorie. Das mittlere Preisempfinden (MPE) dient in diesen Modellen als Anker, also als Erwartung im Sinne der Prospect-Theorie. Damit ergibt sich für die Modellierung des Preisgünstigkeitsurteils die oben dargestellte Differenzfunktion aus dem mittleren Preisempfinden und dem tatsächlichen Preis:[699]

$$PGU_i = (MPE_i - pr_i)^a$$

wobei

PGU_i =	Preisgünstigkeitsurteil für die Leistung i
MPE_i =	mittleres Preisempfinden für die Leistung i
pr_i =	Fokalpreis für die Leistung i
a =	Funktionsparameter

Der Exponent a bestimmt den Verlauf der Funktion: Beträgt a = 1, verläuft sie linear. In diesem Fall liegt ein negatives Urteil vor, sofern der Preis höher ist als das mittlere Preisempfinden, und ein positives Urteil, sofern der Preis geringer ist als das mittlere Preisempfinden.

Bezieht man neben der Höhe des absoluten Preises auch die Leistung mit ein, handelt es sich nach der Definition in Kap. 4.3.4.5.1 um ein **Preiswürdigkeitsurteil (PWU)**. Die Beurteilung betrifft damit nicht den Preis allein, sondern das Preis-Leistungs-Verhältnis. Daraus ergibt sich, dass die Modellierung von Preiswürdigkeitsurteilen deutlich komplexer ist als die von Preisgünstigkeitsurteilen, da die Modellierung der Leistungskomponente eine große Herausforderung darstellt. In der Literatur findet man verschiedene Ansätze zur Erfassung dieser Komponente; bisher gibt es allerdings keine einheitliche Vorgehensweise.[700] Problematisch ist insbesondere die Tatsache, dass die Wahrnehmung der Leistung für die Bildung von Preiswürdigkeitsurteilen aus der (subjektiven) Sicht eines Individuums zu modellieren ist und sich deshalb (unter Umständen stark) von der objektiven Leistung unterscheidet.[701] So fließen je nach Individuum zahlreiche Aspekte in die Beurteilung der Leistungskomponente ein. Im Falle des Einkaufs in Tankstellenshops kann z. B. sowohl die Leistung eines Produktes bewertet werden als auch die Bequemlichkeit des Einkaufs selbst.

---

699 Vgl. Schneider 1999, S. 57.
700 Siehe hierzu die Aufsätze von Zeithaml 1988 und Levin/Johnson 1984.
701 Vgl. den Überblick über Studien bei Zeithaml 1988, S. 4.

Ein weiteres Problem bei der Modellierung von Preiswürdigkeitsurteilen ergibt sich daraus, dass die Preiskomponente auf verschiedene Weisen einfließen kann: Sie kann entweder als ein negatives Qualitätsmerkmal einbezogen werden oder aber als Gegenstück zur Leistung. In letzterem Fall müsste deshalb das Urteil über das Preis-Leistungs-Verhältnis (also der Bewertung des Akquisitionsnutzens nach THALER, die auch als Preiswürdigkeitsurteil interpretiert werden kann) mit dem Urteil über die absolute Preishöhe (über die Preisgünstigkeit, also mit der Bewertung des Transaktionsnutzens nach THALER) verknüpft werden, um das Preiswürdigkeitsurteil zu modellieren.[702] THALER spricht in diesem Fall vom Gesamtnutzen eines Einkaufs und verwendet zur Verknüpfung beider Teilnutzen, wie oben dargestellt, ein additives Modell. URBANY ET AL. testeten dieses Modell und konnten es weitgehend bestätigen. Ergänzend führten sie Gewichtungsfaktoren, die sie als situationsabhängig charakterisieren, für beide Teilnutzen ein.[703]

Obwohl es also empirische Belege für diese Modellierung von Preiswürdigkeitsurteilen gibt, wird vor allem die Annahme derart komplexer Urteilsfindungen bei Kunden bezweifelt und kritisiert.[704] Wahrscheinlich ist es situationsabhängig, wie hoch die Komplexität von Preiswürdigkeitsurteilen ausfällt und ob tatsächlich auf unbeschränkte Preiswürdigkeitsurteile oder auf Vereinfachungen wie z. B. indikatorgeleitete Urteile oder Urteile innerhalb von Kategorien zurückgegriffen wird.

Effekte bei der Bildung von Preisurteilen

Im Zuge der Bildung von Preisurteilen treten verschiedene Effekte auf. Die bisherige empirische Überprüfung dieser Effekte bezieht sich zumeist auf Preisgünstigkeitsurteile.

Ein solcher Effekt, der im Rahmen der Prospect-Theorie und des Mental Accounting untersucht wurde, besteht darin, dass die Beurteilung der Möglichkeiten im Sinne eines komplexitätsreduzierenden Verhaltens vereinfacht wird. Beispielsweise werden Preise gerundet, oder es wird auf ähnliche vereinfachende Heuristiken zurückgegriffen.[705] Dies kann sogar soweit gehen, dass einfach zu errechnende Differenzen zwischen Preisen besser und schwierig zu errechnende schlechter beurteilt werden – obwohl sie gleich groß sind – oder dass unter Zeitdruck der Preis eher als ein Indikator für die

702 Vgl. Diller 2008a, S. 148 f.

703 Vgl. den Aufsatz von Urbany et al. 1997. Die Autoren betrachten Situationen, in denen die Probanden sich über die Qualität eines Angebots eher sicher bzw. eher unsicher sind.

704 Vgl. z. B. Schneider 1999, S. 59.

705 Siehe hierzu auch den Aufsatz von Stiving/Winer 1997.

Qualität herangezogen wird.[706] Ebenfalls in diesen Bereich fällt ein Effekt, den THALER als „hedonic-editing“ beschreibt, nämlich das „Schönrechnen“ derjenigen Möglichkeiten, die der Kunde bevorzugt.[707] Dieser Effekt steht auch in Einklang mit der Dissonanz-Theorie nach FESTINGER, nach der nicht vereinbare Kognitionen einen negativen Gefühlszustand hervorrufen und durch verschiedene Strategien – wie z. B. das Ignorieren unerwünschter Informationen – kompatibel gemacht werden.[708]

Eine weitere Erkenntnis betrifft den Verlauf der Wertfunktion eines Individuums: Sie verläuft im positiven Bereich streng konkav, im negativen Bereich streng konvex (sinkender Grenzwert/Grenzschaden), hat also einen s-förmigen Verlauf:[709] Befindet sich ein Preis in einem weiten Abstand zum Referenzpunkt, werden gleiche Zugewinne oder Verluste geringer bewertet.[710] Konsequenz ist, dass ein Individuum einen Komplettpreis angenehmer empfindet als mehrere Einzelpreise – Verluste werden tendenziell lieber als „Bündel“ gezahlt. Umgekehrt zieht ein Individuum mehrere Preisnachlässe einem gleich hohen Gesamtnachlass vor.[711]

In Bezug auf die Wertfunktion ist noch ein weiterer Effekt bekannt, und zwar der „Besitzstandseffekt“ oder „Endowment Effect“: Die Wertfunktion verläuft im Verlustbereich steiler als im Gewinnbereich; am Referenzpunkt zeigt die Kurve einen Knick. Dieser Verlauf gibt die Verlustaversion wieder: Menschen verteidigen eher ihre Besitztümer, als dass sie um Zugewinne kämpfen und fordern häufig für die Herausgabe von Eigentum ein Vielfaches davon, was sie für dieses Eigentum zu zahlen bereit wären.[712]

Auswirkungen von Preisurteilen

Die in der Literatur vorherrschend diskutierte Wirkung von Preisurteilen besteht in ihrem Einfluss auf die **Kaufbereitschaft**. Beurteilt ein Konsument eine Leistung als „zu billig“ (z. B. wegen damit einhergehender vermuteter Qualitätsmängel) oder als „zu teuer“, wird er die Leistung nicht kaufen.[713] Zwischen diesen beiden absoluten Preis-

---

706 Siehe zum ersten Aspekt den Aufsatz von Thomas/Morwitz 2009 insb. S. 84 und S. 90 f., zum zweiten die Studie von Suri/Monroe 2003.

707 Vgl. Thaler/Johnson 1990, S. 646 ff. Einen weiteren Nachweis erbringt COWLEY in Bezug auf Verluste beim Spielen, siehe den Aufsatz von Cowley 2008.

708 Vgl. Festinger 1957, S. 2 ff. Siehe hierzu auch Kap. 4.3.4.8.1.

709 Vgl. Kahneman/Tversky 1979, S. 277 ff.

710 Vgl. Thaler 1985, S. 201.

711 Vgl. Kahneman/Tversky 1979, S. 278; Thaler 1985, S. 204. Insbesondere aus dem Bereich des Mental Accounting liegen weitere Erkenntnisse darüber vor, wie Teilurteile entweder zusammengefasst betrachtet werden oder aber getrennt und welche Präferenzen die Kunden bezüglich der Höhe von Preiskomponenten haben. Siehe z. B. die Arbeiten von Thaler/Johnson 1990, Gourville/Soman 1998, Prelec/Loewenstein 1998 oder Hamilton/ Srivastava 2008.

712 Vgl. z. B. die Arbeiten von Weber 1993, insb. S. 487 f.; Kalwani et al. 1990; Mayhew/Winer 1992.

713 Vgl. Müller 1981, S. 44.

schwellen nimmt die Kaufwahrscheinlichkeit ab, je schlechter das Preisurteil ausfällt.[714] Eine weitere Wirkung besteht in der Generalisierung von Preisurteilen zum **Preisimage**. Da in dieses Konstrukt allerdings neben den Preisurteilen verschiedene weitere Faktoren einfließen und es sich zudem um eine spezielle Form der Preisinformationsspeicherung handelt, wird dieser Aspekt in Kap. 4.3.4.6 behandelt.

4.3.4.6 Preisinformationsspeicherung

4.3.4.6.1 Abgrenzung und theoretische Ansätze zur Preisinformationsspeicherung

Grundsätzlich lassen sich für die Speicherung von Preisinformationen mehrere Konstrukte unterscheiden. Das **Preislernen** ist der auf Preisbeobachtungen und Preiserfahrungen beruhende Erwerb von **Preiswissen** im Langzeitgedächtnis.[715] Die **Preiskenntnis** ist das Resultat aus diesem Prozess. Dabei sind die Begriffe Preiswissen und Preiskenntnis nicht trennscharf und werden häufig – auch im Rahmen dieser Arbeit – synonym verwendet (engl. „Knowledge“).[716]

Unter **Preiswissen** versteht man die Fähigkeit, sich an Preise zu erinnern. Dabei werden das explizite und das implizite Preiswissen unterschieden: Ersteres enthält diejenigen Informationen, die bewusst erinnert werden. Letzteres meint die Anwendung von unbewusst gespeicherten Preisinformationen, woraus also z. B. das „Gefühl“ dafür resultiert, ob ein Preis angemessen ist oder nicht.[717]

Für die theoretische Fundierung des Preislernens und des Preiswissens werden mehrere (vor allem kognitionspsychologische) Konzepte herangezogen.

Aus der **Lernpsychologie** stammt die Unterscheidung in bewusstes und unbewusstes Lernen.[718] Bewusstes, absichtliches Lernen setzt voraus, dass der Kunde Anstrengungen unternimmt, um bestimmte Informationen zu Preisen im Gedächtnis zu speichern, mit dem Ziel, sich später wieder an sie erinnern zu können. Beim unbewussten Lernen werden dagegen während anderer Tätigkeiten Preisinformationen „zufällig“ abgespeichert (z. B. bei der Suche nach einem Produkt).[719] Das Lernen von Preisen steht in diesem Fall also nicht im Vordergrund der Anstrengungen des Kunden.

---

714 Vgl. Schneider 1999, S. 52.
715 Vgl. Diller 2008a, S. 133.
716 Vgl. Diller 1988, S. 18; Homburg/Koschate 2005b, S. 502.
717 Vgl. Homburg/Koschate 2005b, S. 502.
718 Vgl. den Aufsatz von Mazumdar/Monroe 1990.
719 Vgl. Bettman 1979, S. 87 ff.

Dies steht auch in Einklang mit einem **Gedächtnismodell**, welches die Existenz eines expliziten und eines impliziten Gedächtnisses im Langzeitgedächtnis unterstellt[720]. Ersteres enthält Informationen in Verbindung mit bewussten Erinnerungen an ein bestimmtes Ereignis. Dieses Ereignis kann der Kunde bewusst abrufen (z. B. den Moment, in dem er den Preis abspeicherte). Das implizite Gedächtnis enthält dagegen unbewusste Informationen. Treten bestimmte Umstände auf, so wirken diese als Schlüsselreiz, der dazu führt, dass unbewusste Gedächtnisinhalte, die mit diesen Umständen unbewusst verknüpft waren, wieder bewusst werden. Dies wiederum bewirkt ein Vertrautheitsgefühl, ohne dass die Situation bewusst abgerufen wird.[721] Kunden können also über Preiswissen verfügen, ohne sich explizit an einen bestimmten Preis zu erinnern.

Ein weiterer Forschungsbereich, der zur Untersuchung des Preislernens und Preiswissens herangezogen wird, ist die Forschung zur **Verarbeitung numerischer Informationen**. Dieser Bereich der Kognitionspsychologie konzentriert sich darauf, wie Zahlen und arithmetische Informationen im Gedächtnis repräsentiert und in kognitiven arithmetischen Aufgaben verwendet werden. Hierzu liegen verschiedene Modelle vor, die im Triple-Code-Modell von DEHAENE sowie von DEHAENE und AKHAVEIN integriert werden:[722] Sie gehen von einer dreifachen Codierung numerischer Informationen aus, nämlich einer auditiven[723], einer visuellen[724] und einer analogen[725]. Als Konsequenz dieser Annahme folgt, dass das Preiswissen in den drei angesprochenen Formen im Gedächtnis vorliegt und daher auch in diesen drei Formen abgerufen werden kann.

4.3.4.6.2 Messung der Preisinformationsspeicherung in der Literatur

Die Messung des Preiswissens ist nicht unproblematisch und hat bereits zu zahlreichen und kontroversen Diskussionen geführt; denn sehr häufig wird in den bereits durchgeführten Studien nur die kurzfristige Erinnerung an den Kaufpreis direkt nach dem Kauf oder sogar nach der Produktentnahme aus dem Regal abgefragt (engl. „pri-

720 Im Langzeitgedächtnis werden Informationen als „Wissen" abgelegt, um später wieder darauf zugreifen zu können. Siehe hierzu z. B. Zimbardo/Gerrig 2006, S. 298 und S. 309.
721 Vgl. für einen Überblick über das Gedächtnismodell z. B. Jacoby 1991 und Roediger/McDermott 1993; vgl. Homburg/Koschate 2005b, S. 503.
722 Vgl. die Aufsätze von Dehaene 1992 und Dehaene/Akhavein 1995.
723 Akustische Repräsentation der Zahl.
724 Bezieht sich auf die Speicherung des optischen Symbols.
725 Die analoge Codierung umfasst die Abspeicherung einer ungefähren Größe, z. B. ein Wert zwischen 1 € und 2 €.

ce recall").[726] Anschließend wird berechnet, wie viele Personen den tatsächlichen Kaufpreis erinnern können und wie hoch der durchschnittliche prozentuale Abweichungsfehler ist. Diese Größe ergibt sich folgendermaßen:

$$\frac{erinnerter\ Preis - tatsaechlicher\ Preis}{tatsaechlicher\ Preis}$$

Die kurzfristige Erinnerung wird dann als Preiswissen interpretiert und der prozentuale Abweichungsfehler zur Beurteilung der „Güte" des Preiswissens herangezogen – ein fragwürdiges Vorgehen, da hier nur das explizite Preiswissen abgefragt wird. Insbesondere vor dem Hintergrund des Entlastungsstrebens der Konsumenten und der begrenzten Informationsspeicherungskapazität ist fraglich, ob tatsächlich ein präzises explizites Preiswissen benötigt wird oder ob nicht vereinfachte Einkaufsheuristiken völlig ausreichen.

Diesem Gedanken trägt z. B. DILLER Rechnung, der auch das implizite Preiswissen in seine Untersuchungen einbezieht: Er betrachtet Preiskenntnis bereits als gegeben, sofern die Auskunftsperson einen Preis nennen kann – ohne dass die Genauigkeit oder Richtigkeit der genannten Preise eine Rolle spielte. In seiner Untersuchung wurden die Kunden nicht direkt nach dem Kauf vor Ort, sondern telefonisch befragt.[727] DILLER schlägt im Gegensatz zu den oben dargestellten Ansätzen eine mehrfaktorielle Konzeptualisierung des Preiswissens vor und unterscheidet als Merkmale die Genauigkeit, die Verfügbarkeit, die Selbstsicherheit über das Preiswissen, den Umfang, den Inhalt und die Form des Preiswissens[728] – als bedeutendste Merkmale nennt jedoch auch er den Inhalt, den Umfang und die Genauigkeit des Preiswissens.[729]

Auch andere Autoren vermeiden die direkte Abfrage nach dem Kauf und befragen die Kunden stattdessen vor dem Kauf oder außerhalb der Einkaufsstätte, um so das langfristig gespeicherte Wissen über Preise – also den internen Referenzpreis der Kunden – zu messen. Teilweise wird diese Preiseinschätzung dann mit einem Durchschnittspreis abgeglichen, wobei das Problem auftritt, dass die Preise in der Realität teilweise stark variieren und daher die Ermittlung der Referenzgröße problematisch ist.[730] In Tab. 4-11 ist eine Zusammenfassung der Literatur über die Messung dieser Art gegeben.

---

726 Vgl. Estelami/Lehmann 2001, S. 44; Homburg/Koschate 2005b, S. 504. Siehe z. B. Connover 1986, Estelami 1998 und die Studien von Dickson/Sawyer 1990, die innerhalb von 30 Sekunden nach der Produktentnahme direkt am Regal befragten. Auch Vanhuele/Laurent/Drèze 2006 beschäftigten sich mit dem Kurzzeitspeichern von Preisinformationen, zielten dabei jedoch vor allem auf den Einfluss unterschiedlich codierter numerischer Informationen und ähnliche Effekte (Silbenanzahl der Preise etc.) ab.

727 DILLER führte allerdings stichprobenartige Überprüfungen durch, um ein Gefühl für die Genauigkeit der genannten Preise zu bekommen. Er stellte dabei fest, dass „es um die Genauigkeit der Kenntnisse durchaus nicht schlecht bestellt ist", Diller 1988, S. 22 f.

728 Vgl. für die Konzeptualisierung Diller 1988, S. 17.

729 Vgl. Diller 2008a, S. 133.

730 Zu diesem Problem siehe z. B. die Arbeit von Aalto-Setälä/Raijas 2003.

Quelle	(Teil-) Konstrukt	Item/Fragestellung	Skala
Urbany/ Dickson 1991, S. 46	**normal price estimate**	*Die Probanden mussten auf einer Skala von 0-4 $ (in 2 ct-Schritten) die „normalen Preise" anzeigen, wobei als „normaler Preis" diejenige Preisspanne definiert war, die ein Händler für das Produkt verlangt, wenn es nicht im Sonderangebot ist.*	siehe Beschreibung
		Später (nach einigen anderen Fragen) bekamen die Probanden für diese 20 Produkte Preise vorgelegt und mussten diese als „ low", „normal" oder „high" einordnen.	3-stufige Skala
Folkes/ Wheat 1995, S. 322	**fair price**	What would you consider a fair price for the product?	offene Fragen
	expected price	What do you think would be a reasonable price for the product?	
Biswas et al. 2002, S. 111	**reference price**	*Die Probanden sollten den höchsten Marktpreis schätzen.*	offene Frage
Aalto-Setälä/ Raijas 2003, S. 184.	**price estimation**	*Die Probanden sollten den „normalen Marktpreis" für bestimmte Produkte nennen.*	offene Frage
Garbarino/ Slonom 2003, S. 238	**fair price**	What do you think is a fair price for one of these [products]?	offene Fragen
	expected price	How much would you expect to pay for one of these [products]?	
Kopalle/ Lindsey-Mullikin 2003, S. 234	**price expectations**	Approximately how much would you expect to pay for a [product] at a regular-price department store?	offene Frage
Evan-schitzky/ Kenning/ Vogel 2004, S. 398	**price estimation**	*Die Probanden sollten für 69 Produkte den „normal price", den „low price" und den „high price" schätzen*	offene Fragen
Lurie/ Srivastava 2005, S. 152	**estimation of lowest market price**	My best estimate of the lowest price at which the [product] can be obtained in the market is $_____.	offene Fragen
	estimation of average market price	The amount that I would expect to pay for a [product-category] like the [product] is $_____.	
Thomas/ Menon 2007, S. 406	**price estimate**	What do you think would be the price of this [product] at an office supplies store?	offene Frage
Lowe/Alpert 2007, S. 136	**expected price**	What do you expect to pay for this product?	offene Fragen
	fair price	What is your best estimate of a fair price for this product?	
Pechtl 2008, S. 489		*Die Probanden wurden beim Verlassen einer Einkaufsstätte befragt. Sie konnten sich ein Produkt ihrer Wahl aus fünf Warengruppen (Kaffee; Schokolade; Sekt; Wasch-, Putz-, Reinigungsmittel; Papierhandtücher) auswählen – die nicht im Warenkorb vorhanden sein mussten – und zu diesem die folgenden Preise nennen:*	
	isomorphic product-price knowledge	actual price of this product in a specific package size in the store	offene Fragen
		normal price of this item in the city	
	inferential product-price knowledge	upper reservation price (maximum willingness to pay)	
		price paid for this item on the last purchase occasion prior to the survey date	

Tab. 4-11: Messung von Schätzpreisen und internen Referenzpreisen in der Literatur

Einen noch anderen Weg gehen z. B. KUJALA und JOHNSON im Rahmen der bereits aufgeführten Untersuchung von Abhängigkeiten zwischen Preisinteresse und Preiswissen.[731] Sie operationalisieren das Preiswissen mit einem einzelnen Item, das nicht das tatsächliche Preiswissen abbildet, sondern das vom Kunden für sich selbst wahrgenommene Preiswissen. Diese Größe gibt damit wieder, wie sicher oder unsicher sich ein Kunde in Bezug auf das eigene Preiswissen ist, so dass hier ein starker Zusammenhang zur Preissuche zu vermuten ist.[732] Zwar kann auf diese Weise nicht das „tatsächliche" Preiswissen einer Person gemessen werden; die Sicherheit oder Unsicherheit über den eigenen Informationsstand hat allerdings häufig einen größeren Einfluss auf die tatsächlichen Informationsaktivitäten (also z. B. die Preissuche) als der tatsächlich vorhandene Wissensstand.[733] Die Tab. 4-12 zeigt die Modellierung des Preiswissens auf diese Art von KUJALA und JOHNSON sowie weiteren Autoren, wobei teilweise das subjektiv empfundene und das „objektive" Preiswissen im Sinne des oben angesprochenen Recalls gegenübergestellt werden.

Quelle	(Teil-) Konstrukt	Item	Skala
Kujala/ Johnson 1993, S. 256 f.	**price knowledge**	While buying fruit and vegetables (fresh meat) how well do you suppose that you know the normal prices of those products?	5-stufige Skala
Mägi/Julander 2005, S. 328	**subjective knowledge**	I have good knowledge about prices on groceries.	10-stufige Zustimmungsskala
		Compared to most other people, I know less about current prices on groceries.	
		When it comes to grocery prices, I think I know a lot.	
Yin/ Paswan 2007, S. 273 f.	**self assessed price knowledge**	I can remember the accurate prices of the products I often buy.	5-stufige Zustimmungsskala
		The accuracy of my price recall on frequently purchased products falls within +/-5 % to +/-10 %.	
		I still remember the price of the products I recently bought.	
		I can tell if the price of a product is increased or decreased.	

Tab. 4-12: Messung des wahrgenommenen Preiswissens in der Literatur

4.3.4.6.3 Messung der Preisinformationsspeicherung in der vorliegenden Untersuchung

Das Ziel der Untersuchung lag nicht darin, die Genauigkeit oder Richtigkeit der bei den Kunden vorhandenen Preiskenntnis in Bezug auf Tankstellenshops zu ermitteln. Vielmehr sollten erste Erkenntnisse über die Einschätzung der Preise in Tankstellenshops

731 Siehe den Aufsatz von Kujala/Johnson 1993. Siehe auch Kap. 4.3.4.3.2.
732 Vgl. Kujala/Johnson 1993, S. 250.
733 Siehe hierzu z. B. den Aufsatz von Park/Lessig 1981.

und die Selbstsicherheit über dieses „Wissen“ aus Kundensicht gewonnen werden. Abgesehen von dieser Zielsetzung ist es von Interesse, wie stark die Preisschätzungen für Tankstellenshops von denen für den übrigen Lebensmitteleinzelhandel abweichen.

Die Erhebung dieser Informationen erfolgte in zwei verschiedenen Untersuchungsschritten an zwei verschiedenen Orten.[734] In der Tankstelle selbst wurde das oben aufgeführte Item von KUJALA und JOHNSON mit einer Modifikation übernommen: Sie betrifft das Objekt, auf das sich die Kunden bei der Beantwortung der Frage beziehen sollten. KUJALA und JOHNSON befragten die Kunden zu den Warengruppen Obst und Gemüse sowie Frischfleisch. Weil die vorliegende Untersuchung (zunächst) offen durchgeführt werden sollte, wurde auf einen konkreten Objektbezug verzichtet. Stattdessen sollten sich die Kunden auf von ihnen bevorzugte Lebensmittel beziehen. Damit ähnelt die Modellierung sehr dem Vorschlag von YIN und PASWAN, deren Arbeit allerdings erst nach Konzeptionierung der vorliegenden Studie erschien. Die Tab. 4-13 zeigt das so modellierte Item, das auch nach den Pretests beibehalten wurde.

Bezeichnung	Konstrukt	Item
PW_1	Preiswissen	Ich kenne die Preise meiner bevorzugten Produkte ziemlich gut.

Tab. 4-13: Modellierung des wahrgenommenen Preiswissens in der vorliegenden Untersuchung

Außerhalb der Tankstelle[735] fand eine weitere, gesonderte Untersuchung des Preiswissens statt, die auf das implizite Preiswissen sowie die Schätzpreise für die Tankstelle und für den übrigen Lebensmitteleinzelhandel (und damit die internen Referenzpreise für diese beiden Arten von Einkaufsstätten) abzielte. Für vier im Vorfeld ausgewählte Produkte (MARS Schokoriegel, im Folgenden kurz „MARS“; WRIGLEYS AIRWAVES Menthol-Mint Kaugummis, kurz AIRWAVES; COCA COLA in der 0,5l-Plastikflasche, kurz COCA COLA; MUMM DRY, 0,7l, kurz MUMM) wurde im ersten Schritt erfragt, wie häufig dieses Produkt von der betreffenden Person gekauft wird. Dabei diente eine Abstufung in 6 Antwortkategorien als Skala (1 = nie; 2 = seltener als 1 Mal im Monat; 3 = 1 Mal im Monat; 4 = 2–3 Mal im Monat; 5 = 1–2 Mal pro Woche und 6 = häufiger als 1–2 Mal in der Woche). Sofern es mindestens ein Mal im Monat (MARS, AIRWAVES, COCA COLA) bzw. überhaupt (MUMM) gekauft wurde, sollten die Befragten angeben, wo das Produkt in der Regel gekauft wird und ob auch die Tankstelle als Einkaufsort genutzt wird. Anschließend wurden sie gebeten, den Preis für das Produkt in der Tankstelle und wei-

734 Siehe hierzu Kap. 4.4.1.1.
735 Damit sollte gewährleistet werden, dass es sich bei den Schätzpreisen nicht um kurzfristig abgespeichertes Wissen über den soeben erfolgten Kauf handelte. Siehe hierzu auch Kap. 4.4.1.1.

terhin ihre Sicherheit in Bezug auf diese Schätzung anzugeben. Hierzu diente eine Skala von 0 bis 100 (0 = unsicher; 100 = sicher). Die letzten zwei Fragen waren nachfolgend auch für den übrigen Lebensmitteleinzelhandel zu beantworten. Die Tab. 4-14 zeigt die Modellierung der Preiskenntnis im Überblick.

Preiswissen: Modellierung vor und nach den Pretests
Wie häufig kaufen Sie [Produkt] ein?
Wo kaufen Sie [Produkt] ein?
Kaufen Sie [Produkt] an der Tankstelle?
Was kostet [Produkt] in einer [MÖG-Name]* Tankstelle?
Wie sicher sind Sie sich?
Was kostet [Produkt] bei [Lebensmitteleinzelhändler, den der Proband als regelmäßig aufgesuchte Einkaufsstätte genannt hatte]?
Wie sicher sind Sie sich?
*: vom Probanden als diejenige Tankstelle genannt, in der er einkauft

Tab. 4-14: Modellierung des Preiswissens in der vorliegenden Untersuchung

4.3.4.6.4 Empirische Befunde zur Preisinformationsspeicherung

Erkenntnisse zum Preislernen und zum Preiswissen betreffen vor allem drei Bereiche, nämlich die Einflussfaktoren des Preiswissens, das Ausmaß des Preiswissens und seine Wirkungen. Dabei konzentriert sich die englischsprachige Literatur vor allem auf den Umfang und die Genauigkeit des Preiswissens.[736]

Einflussfaktoren des Preiswissens

In der Fachliteratur werden zahlreiche Größen als Einflussfaktoren des Preiswissens diskutiert.[737] Diese reichen von verschiedenen **kundenbezogenen Faktoren**, wie Alter und Geschlecht, aber auch Einkaufshäufigkeiten und Bedeutung des Preises für den Kunden, über **produkt- oder warengruppenbezogene Faktoren**, wie die Art der Produktgruppe oder die Häufigkeit von Sonderangeboten, die Preisvolatilität[738] und die Preis-Präsentation (z. B. glatte vs. gebrochene Preise[739]), bis hin zu **situativen Faktoren** bei der Durchführung der Studie, wie die vorgegebenen Antwortkategorien (Vorhandensein der Antwortmöglichkeit „weiß nicht") oder die Vergabe von Incentives.

Unter anderem deshalb, weil das Preiswissen – wie oben dargestellt – auf sehr verschiedene Art konzeptualisiert und erhoben wird, kommen die bisher durchgeführten

736 Siehe die Übersicht bei Homburg/Koschate 2005b, S. 506 ff.
737 Siehe die Übersicht bei Homburg/Koschate 2005b, S. 506 ff.
738 Siehe z. B. den Aufsatz von Yin/Paswan 2007.
739 Siehe z. B. den Aufsatz von Schindler/Wiman 1989.

Studien zu unterschiedlichen Ergebnissen. Betrachtet man z. B. die Untersuchungen, die den Einfluss von soziodemografischen Variablen auf das Preiswissen untersuchen, finden sich folgende Aussagen: In Bezug auf das Alter wird teilweise ein negativer Zusammenhang nachgewiesen,[740] teilweise hat das Alter keinen Einfluss auf das Preiswissen[741]. Ähnliche Unterschiede zeigen sich im Hinblick auf den Einfluss des Geschlechts. Während einige Autoren zu dem Ergebnis kommen, dass Männer über ein besseres Preiswissen verfügen,[742] und sich in anderen Studien Frauen durch ein besseres Preiswissen auszeichnen,[743] hat das Geschlecht in wiederum anderen Untersuchungen keinen Einfluss[744]. Ein solches Bild zeigt sich auch für die Haushaltsgröße[745] und das Einkommen[746]. Auch für die übrigen in der Literatur diskutierten Einflussfaktoren ergeben sich ähnliche Unterschiede.

Anzunehmen ist aber, dass das Preiswissen bei Produkten, die öfter gekauft werden, höher ist, weil der Kunde häufiger die Gelegenheit hat, Preisinformationen bewusst oder unbewusst zu speichern.[747]

Ausmaß des Preiswissens

In Bezug auf das tatsächliche Ausmaß des Preiswissens beim Kunden kommen die meisten empirischen Arbeiten zu dem Ergebnis, dass der Umfang und die Genauigkeit des Preiswissens gering sind.[748] Hierbei ist allerdings zu beachten, dass die Erhebung zumeist wie bereits beschrieben erfolgt, nämlich, indem nur die **kurzfristige Erinnerung** an den exakten Kaufpreis direkt nach dem Kauf abgefragt wird.

Definiert man das Preiswissen wie DILLER in der bereits erwähnten Studie, in der Preiskenntnis schon dann als gegeben galt, wenn die befragte Person einen Preis nannte – unabhängig davon, wie exakt sie den tatsächlichen Preis traf –, lässt sich ein deutlich umfangreicheres Preiswissen nachweisen. Abb. 4-7 zeigt einige Ergebnisse.[749]

---

740 Z. B. bei Zeithaml/Fuerst 1983 und Diller 1988.
741 Z. B. bei McGoldrick/Marks 1987 und Wakefield/Inman 1993.
742 Z. B. bei Krishna/Currim/Shoemaker 1991.
743 Z. B. bei Rosa-Díaz 2004.
744 Z. B. bei Diller 1988 und Wakefield/Inman 1993.
745 Einen positiven Zusammenhang zwischen Haushaltsgröße und Preiswissen wies z. B. Diller 1988 nach. Keinen Zusammenhang konnten z. B. Vanhuele/Drèze 2002 nachweisen, während z. B. McGoldrick/Marks 1987 einen negativen Zusammenhang zeigen konnten.
746 Ein positiver Zusammenhang ergab sich z. B. bei Diller 1988, ein negativer z. B. bei Wakefield/Inman 1993 und kein Zusammenhang z. B. bei Goldman 1977.
747 Einen Nachweis für diese Vermutung erbringen z. B. Estelami 1998 und Estelami/de Maeyer 2004. Bei Pechtl 2008 war die Genauigkeit des Preiswissens bei höherer Kaufhäufigkeit besser, der Umfang des Preiswissens allerdings nicht, siehe ebd., S. 493. Keinen Zusammenhang konnten z. B. Dickson/Sawyer 1990 nachweisen.
748 Andererseits konnten Uhl/Brown 1971 belegen, dass Veränderungen der Preise durchaus von den Kunden bemerkt werden.
749 Vgl. Diller 1988, S. 23.

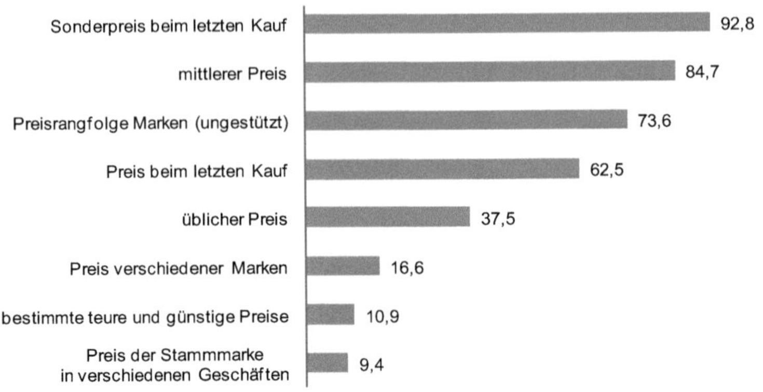

Abb. 4-7: Kenntnisquoten (in % der jeweiligen Befragten) von ausgewählten Elementen des Preiswissens (Quelle: in Anlehnung an Diller 1988, S. 23 und Diller 2008a, S. 135)

Zu ähnlichen Ergebnissen wie DILLER kommen auch andere Autoren in ihren Studien, die geringere Anforderungen an das Preiswissen stellten.[750]

Wirkungen des Preiswissens

Während zu den Einflussfaktoren des Preiswissens zahlreiche Studien vorliegen, beschäftigen sich nur sehr wenige Autoren mit den Wirkungen des Preiswissens.[751] So untersuchten KOSENKO und RAHTZ in ihrer Studie die Wirkung des Preiswissens auf die akzeptierte **Preisspannweite**. Die Studie kommt zu dem Ergebnis, dass das Preiswissen sich positiv auf die absoluten Preisschwellen auswirkt – sowohl auf die untere als auch auf die obere: Beide Preisschwellen liegen höher. Zudem wirkt es sich negativ auf die Variabilität der oberen Preisschwelle aus und führt zu einer geringeren Breite der akzeptierten Preisspannweite (wobei in letzterem Fall der Zusammenhang nur schwach signifikant war).[752] Das Ergebnis wird gestützt durch eine Studie von RAO und SIEBEN, die den Einfluss des Wissens über die Produkte (nicht explizit über den Preis) auf die akzeptierte Preisspannweite untersuchten und ebenfalls zu dem Ergebnis kommen, dass ein höheres Wissen mit höher liegenden unteren und oberen Preisschwellen einhergeht.[753]

750 Siehe zur Sinnhaftigkeit eines solchen Vorgehens auch den Aufsatz von Monroe/Lee 1999. Studien, die das implizite Preiswissen mit einbeziehen, stammen z. B. von MAZUMDAR und MONROE: Mazumdar/Monroe 1990 und Mazumdar/Monroe 1992; allerdings wird hier in der Regel auf das Wiedererkennen von Preisen abgestellt („recognition"); siehe außerdem die Arbeit von Lawson/Bhagat 2002 sowie die Arbeit von Evanschitzky/Kenning/Vogel 2004 für eine Messung, bei der die Kunden nurden „normalen", „hohen" und „niedrigen" Preis für einige Produkte nennen mussten.

751 Vgl. Homburg/Koschate 2005b, S. 505.

752 Siehe hierzu den Aufsatz von Kosenko/Rahtz 1988.

753 Vgl. Rao/Sieben 1992, S. 267.

Ein Effekt, der in einem weiteren Sinne als eine Wirkung des Preiswissens betrachtet werden kann, ist die Generalisierung von Preisinformationen zu einem **Preisimage**, also der Ganzheit von subjektiven Wahrnehmungen, Kenntnissen, Gefühlen und Einstufungen von Preismerkmalen bestimmter Urteilsobjekte, das als Teil des Gesamtimages handlungssteuernd wirkt:[754] Erfahrungen, die mit bestimmten Objekten gemacht wurden, werden auf andere Objekte übertragen, ein ähnlicher Reiz führt zu einer gleichen Reaktion. So wird ein Kunde, der schon häufiger die Erfahrung gemacht hat, dass Produkte bei einem bestimmten Händler immer teurer sind als bei anderen Händlern, dies auch für die übrigen (noch nicht gekauften) Produkte bei dem „teureren" Händler vermuten.[755] Diese Generalisierung geschieht offenbar stufenweise, und zwar von der Artikel- auf die Sortimentsgruppenebene und schließlich auf die Geschäfts- und Institutionenebene,[756] sie können aber zudem auch durch die Außendarstellung eines Unternehmens (z. B. der Herausstellung der Dauerniedrigpreisstrategie) entstehen.[757] Im Laufe der Zeit entstehen so unterschiedlich differenzierte Preisimages. Vor dem Hintergrund des Entlastungsstrebens spielen Preisimages bei komplexen Beurteilungsobjekten – also z. B. bei Einkaufsstätten – eine wichtige Rolle.[758] Hat sich ein Preisimage verfestigt, wirkt es sogar wahrnehmungssteuernd: Reize, die zum Preisimage passen, werden in diesem Fall stärker wahrgenommen als solche, die nicht zum Preisimage passen.[759]

4.3.4.7 Preisbereitschaft

4.3.4.7.1 Abgrenzung und theoretische Ansätze der Preisbereitschaft

Die **Preisbereitschaft** ist die grundsätzliche Absicht, in „einer künftigen Kaufsituation höchstens einen bestimmten Preis für eine bestimmte Leistung zu akzeptieren".[760] Sie kann sich auf verschiedene Aspekte beziehen, z. B. auf eine Kategorie, ein Produkt oder eine bestimmte Einkaufsstätte. Begriffe, die häufig synonym zu Preisbereitschaft verwendet werden, sind Zahlungsbereitschaft, Maximalpreis oder Reservationspreis und im englischsprachigen Bereich „reservation price" oder „willingness to pay".[761] Ein weiteres Konstrukt, das häufig in diesem Zusammenhang genannt und untersucht wird,

---

754 Vgl. Diller 1991, S. 60.
755 Vgl. Müller 2003, S. 38 ff.
756 Vgl. Nyström 1970, S. 120.
757 Siehe hierzu den Aufsatz von White/Yuan 2012.
758 Siehe hierzu auch die Aufsätze von Brown 1969, Büyükkurt 1986, Alba et al. 1994, Desai/Talukdar 2003, Mägi/Julander 2005 und Desmet/La Nagard 2005.
759 Vgl. Müller 2003, S. 112 f. Müller konzeptualisiert deshalb das Preisimage als Einstellungen, die durch wiederholte in Preiszufriedenheitsurteilen erfassbare Preiserfahrungen geprägt werden, siehe Müller 2003, S. 113 ff. Zu Preisimages siehe auch den Aufsatz von Zielke 2010.
760 Diller 2008a, S. 155.
761 Vgl. Balderjahn 2003, S. 389.

ist die Preistoleranz: Sie stellt die Differenz zwischen dem gezahlten Preis und dem maximal akzeptierten Preis dar.[762]

Einige Autoren verstehen unter der Preisbereitschaft nicht den Maximalpreis, den ein Individuum zu zahlen bereit ist (also die absolute obere Preisschwelle), sondern die akzeptierte Preisspannweite (also den Bereich zwischen der absoluten unteren und der absoluten oberen Preisschwelle).[763] Vorliegend wird auf die erstgenannte Definition fokussiert, da im weiteren Verlauf der Untersuchung die Frage interessant ist, welchen Preisaufschlag die Kunden für den Einkauf in Tankstellenshops im Vergleich zu anderen Einkaufsstätten des Lebensmitteleinzelhandels maximal akzeptieren.

Die Preisbereitschaft hängt unmittelbar mit dem wahrgenommenen Nutzen der Leistung zusammen, denn deren monetäres Äquivalent stellt die individuelle Preisbereitschaft dar.[764] Aus diesem Grund werden zur Untersuchung der Preisbereitschaft häufig nutzentheoretische Überlegungen angestellt. Da davon auszugehen ist, dass der Kunde für eine Leistung maximal so viel zahlen wird, dass die Gesamtkosten und der Gesamtnutzen der Transaktion für ihn gleich hoch sind,[765] lässt sich für die Preisbereitschaft folgendermaßen formulieren:

$$PNU_i + TN_i = PB_i + TK_i \Leftrightarrow PB_i = PNU_i + TN_i - TK_i$$

wobei

PNU_i=	Produktnutzen von Produkt i
TN_i=	Transaktionsnutzen für den Kauf von Produkt i
PB_i=	Preisbereitschaft für Produkt i
TK_i=	Transaktionskosten für den Kauf von Produkt i

Damit sind für die Bildung der Preisbereitschaft drei Faktoren relevant, nämlich der Produktnutzen selbst, der Transaktionsnutzen (hier weiter gefasst als bei THALER, siehe unten) und die Transaktionskosten. Die Preisbereitschaft ergibt sich aus der Summe von Produktnutzen und Transaktionsnutzen abzüglich der Transaktionskosten.

Der **Produktnutzen** wird durch die individuelle Präferenzstruktur und die Eigenschaften des Guts sowie seine vorgesehene Verwendung bedingt.[766] Da es sich im Folgenden um die Preisbereitschaft für Einkaufsstätten handelt, ist der Produktnutzen

---

762 Vgl. Wricke 2000, S. 6.
763 Vgl. z. B. die Aufsätze von Monroe 1973, Cummings/Ostrom 1982, Wang/Venkatesh/Chatterjee 2007 und Simon/Fassnacht 2008, S. 174.
764 Vgl. Kalish/Nelson 1991, S. 328.
765 Vgl. die Ausführungen bei Voeth 2000, S. 6 und S. 23.
766 Vgl. Voeth 2000, S. 23.

konstant, denn er ist unabhängig von der Einkaufsstätte, in der das Produkt erworben wird.

Der Begriff des **Transaktionsnutzens** stammt aus der bereits erläuterten Mental-Accounting-Theorie nach THALER. Bei ihm bezieht sich der Transaktionsnutzen aber auf den Einkaufserfolg und stellt die Differenz zwischen dem Referenzpreis und dem tatsächlich gezahlten Preis dar, zielt also auf die Preisgünstigkeit ab. Eine Transaktion weist jedoch auch weitere Nutzenelemente auf, so dass unter dem Transaktionsnutzen im Folgenden der Nutzen einer Transaktion verstanden wird, der nicht auf dem Produkt selbst beruht. Er ergibt sich aus der Einkaufsstätigkeit selbst und anderen konsumunterstützenden Eigenschaften.[767] Als Bestandteile des Transaktionsnutzens werden in der Literatur drei Komponenten angeführt, nämlich der utilitaristische Nutzen, der hedonistische Nutzen und der Nutzen durch demonstrativen Einkauf in bestimmten Einkaufsstätten.[768]

Der utilitaristische Nutzen entsteht dann, wenn der Konsument den Einkauf schnell und effizient abwickeln und so seine Transaktionskosten senken kann. Darüber hinaus bezieht er sich auf die Lernprozesse des Kunden: Jeder Einkauf führt dazu, dass der Kunde weitere Erfahrungen sammelt und so in die Lage versetzt wird, dieses Wissen in künftigen Einkaufssituationen einzusetzen.[769] Der hedonistische Nutzen bezieht sich indessen auf die positiven Emotionen, die durch den Einkauf entstehen.[770] Ein weiterer Nutzenbestandteil kann durch den Veblen-Effekt[771] hervorgerufen werden: Möchte ein Konsument mit dem Einkauf in bestimmten Einkaufsstätten auf seinen sozialen Status hinweisen, so entsteht ihm durch den demonstrativen Konsum in bestimmten prestigeträchtigen Einkaufsstätten ein zusätzlicher Nutzen.[772] Sehr ähnliche Auswirkungen hat der Snob-Effekt, bei dem ein zusätzlicher Nutzen dadurch entsteht, dass die Leistung durch andere Haushalte nur in geringem Maße in Anspruch genommen wird (z. B., weil sich nicht alle Haushalte den Einkauf in einer bestimmten Einkaufsstätte leisten können).[773]

---

767 Vgl. Lei 1995, S. 384 f.

768 In der englischsprachigen Literatur wird vor allem der utilitaristische und der hedonistischen Nutzen diskutiert, siehe z. B. den Aufsatz von Babin/Darden/Griffin 1994. KAAS schlägt zudem noch den Nutzen vor, der durch den demonstrativen Einkauf in bestimmten Einkaufsstätten entstehen kann, siehe Kaas 1994, S. 255.

769 Vgl. Babin/Darden/Griffin 1994, S. 645 f.

770 Vgl. die Aufsätze von Hirschman/Holbrook 1982 und Holbrook/Hirschman 1982.

771 Der Veblen-Effekt beschreibt den Umstand, dass bei einigen Gütern die Nachfrage bei steigenden Preisen *steigt* anstatt zu sinken. Der Grund für diesen Effekt liegt im demonstrativen Konsums prestigeträchtiger oder teurer Güter, womit finanzielle Stärke gezeigt werden soll („conspicious consumption"). Siehe die Arbeit von Veblen 1899; im Nachdruck: Veblen 1965, S. 68.

772 Vgl. Kaas 1994, S. 255.

773 Siehe hierzu und zur Abgrenzung von Veblen-Effekt und Snob-Effekt den Aufsatz von Leibenstein 1950, insb. S. 199 ff. (Snob-Effekt) und S. 202 ff. (Veblen-Effekt).

Das dritte maßgebliche Element der Preisbereitschaft sind die Transaktionskosten. Die Kosten, die in diesem Zusammenhang betrachtet werden, umfassen alle neben dem Produktpreis anfallenden monetären und nicht monetären Kosten einer Transaktion. Für die Betrachtung der Preisbereitschaft ist deshalb der **Transaktionskostenansatz** ebenfalls relevant. Er befasst sich als Ansatz der Neuen Institutionenökonomik mit der Frage, welche monetären und nicht monetären Kosten bei Transaktionen (d. h., bei der Übertragung von Verfügungsrechten) anfallen. Man unterscheidet vier Arten von Transaktionskosten, nämlich Anbahnungskosten (z. B. Kosten der Informationssuche im Vorfeld eines Kaufs), Vereinbarungskosten (z. B. Kosten für die Vertragsverhandlung), Kontrollkosten (z. B. Kosten zur Überwachung der Termineinhaltung) und Anpassungskosten (z. B. Kosten der Reklamation).[774] Je nachdem, welche Leistungen eine Einkaufsstätte anbietet, unterscheidet sich die Höhe der Transaktionskosten für den Verbraucher, so dass hier ein Ansatzpunkt für die Händler besteht, die Kosten einer Transaktion – und damit die Preisbereitschaft für das Produkt – zu beeinflussen. So führt z. B. eine schnelle Kassenabwicklung zu geringeren Zeitkosten, während lange Öffnungszeiten die Planungskosten der Verbraucher verringern.[775] Die Tab. 4-15 gibt einen Überblick über Handelsleistungen und die mit diesen Leistungen in Verbindung stehenden Transaktionskosten des Kunden.

Handelsleistungen	Transaktionskosten des Kunden, die mit der Handelsleistung in Verbindung stehen
Standort	Wege- und Transportkosten
Sortiment	Lagerhaltungskosten
Ressourcen zur Zahlungsabwicklung	Zeitkosten
Öffnungszeiten	Planungskosten
Bereitstellung von Produktinformationen	Kosten der Informationsbeschaffung
Einkaufsatmosphäre	„psychische Kosten“
Zuverlässigkeit der Warenbereitstellung	Kosten einer möglichen Rationierung

Tab. 4-15: Handelsleistungen und damit verbundene Transaktionskosten der Kunden (Quelle: leicht modifiziert nach Posselt/Gensler 2000, S. 185)

Da es sich bei der Preisbereitschaft um die obere absolute Preisschwelle handelt, werden vorliegend neben in der Literatur diskutierten Ansätzen zur Abwägung von Transaktionskosten und Transaktionsnutzen die bereits in den Kap. 4.3.4.4 und 4.3.4.5 dargestellten Ansätze (vor allem die Adaptionsniveau-Theorie, die Assimilations-

774 Vgl. Picot 1986, S. 3.
775 Vgl. Posselt/Gensler 2000, S. 183.

Kontrast-Theorie, das Referenzpreis-Konzept und die Prospect-Theorie) herangezogen.[776]

4.3.4.7.2 Messung der Preisbereitschaft in der Literatur

Bisher existierende Studien zur Preisbereitschaft beziehen sich in der Regel auf die Messung der Preisbereitschaft für einzelne Produkte (z. B. im Rahmen von Neuprodukteinführungen) und nutzen meist verschiedene Arten von Auktionen hierfür.[777] Dagegen liegen zur Messung der Preisbereitschaft von Kunden auf der Ebene der Einkaufsstätten kaum Vorschläge vor.[778] SWOBODA untersuchte deshalb in Supermärkten und Tankstellenshops, inwieweit verschiedene Methoden für die Erhebung von Preisbereitschaften auf der Ebene von Einkaufsstätten geeignet sind.[779]

In seinen Vergleich gingen die folgenden Methoden ein: Expertenbefragungen, Kundenbefragungen (direkte Befragungen und Conjoint-Analysen), Preisexperimente und die Analyse von Marktdaten.[780]

Im Fall von **Expertenbefragungen** kommen SIMON und KUCHER zu dem Ergebnis, dass sie für die Schätzung von Preisabsatzfunktionen durchaus als nützlich zu werten sind.[781] Problematisch ist allerdings laut SWOBODA, dass aus der (notwendigen) Befragung mehrerer Experten uneinheitliche Meinungen resultieren, und seitens der Experten wenig Bereitschaft besteht, diese im Nachhinein zu korrigieren, so dass es zu keinem Konsens kommen kann.[782] Expertenurteile sind darüber hinaus nur geeignet, um Einschätzungen über die Reaktion der Kunden auf bestimmte Preise abzugeben; sie eignen sich aber nicht dazu, die Preisbereitschaft von Kunden zu messen.

Kundenbefragungen, die sich auf die Preisbereitschaft gegenüber Einkaufsstätten beziehen, können auf verschiedene Weise durchgeführt werden. SWOBODA unterscheidet fünf Arten von Verfahren, nämlich Pauschalurteile, produktgruppenspezifische Urteile, Rangreihenverfahren und bipolare Messung, Polaritätsprofile und Conjoint-Measurement.

Pauschalurteile können sich auf das gesamte Sortiment einer Einkaufsstätte beziehen („Finden Sie das Angebot in [Einkaufsstätte] generell teuer, angemessen oder billig in

776 Siehe die Übersicht bei Wricke 2000, S. 27 f.

777 Siehe z. B. die Aufsätze von Backhaus et al. 2005b und Völckner 2006 sowie die dort diskutierten Studien; Breidert 2006, S. 37 ff. Studien dieser Art stammen z. B. von Jedidi/Zhang 2002 und Jedidi/Jagpal/Manchanda 2003. MILLER et al. testen verschiedene Messmethoden, beziehen sich jedoch auch auf einzelne Produkte: siehe Miller et al. 2011.

778 Vgl. Swoboda 2000b, S. 1282. Eine Arbeit, die einige Aspekte aufgreift, liegt von Grewal/Baker 1994 vor.

779 Vgl. Swoboda 2000b, S. 1282.

780 Vgl. Swoboda 2000b, S. 1284.

781 Vgl. Simon/Kucher 1988, S. 176 f.

782 Vgl. Swoboda 2000b, S. 1286.

Anbetracht der Annehmlichkeiten, die Ihnen der Einkauf bei [Einkaufsstätte] bietet?").[783] Sie können außerdem einen Vergleich zwischen mehreren Einkaufsstätten betreffen („Denken Sie, dass [Einkaufsstätte 1] und [Einkaufsstätte 2] gleich teuer sind, [Einkaufsstätte 1] teurer ist oder [Einkaufsstätte 2] teurer ist?"), eine Einschätzung des Unterschieds zwischen verschiedenen Anbietern erfragen („Wie viel Prozent liegt das Preisniveau in [Einkaufsstätte 1] über dem von [Einkaufsstätte 2]?") oder sich auf den akzeptierten Preisaufschlag im Vergleich der Einkaufsstätten zueinander beziehen („Wie viel Preisaufschlag wären Sie bereit, bei [Einkaufsstätte 1] unter Berücksichtigung der Annehmlichkeiten, die diese Ihnen bietet, zu akzeptieren?"). Fragen dieser Art sind geeignet, Tendenzen oder Tendenzänderungen wiederzugeben, und sind außerdem für Interviewer einfach abzufragen und für Befragte gut verständlich. Sie erlauben zudem, Unterschiede in verschiedenen Kundengruppen zu interpretieren. Ihr Nachteil besteht darin, dass die Kunden vermutlich nicht in der Lage sind, für gesamte Sortimente die Preisunterschiede korrekt zu quantifizieren, so dass die Antworten auf die oben angeführten Fragen, obwohl sie in Zahlen ausgedrückt werden, nur als Tendenzen zu werten sind.[784]

Produktgruppenspezifische Urteile werden ähnlich abgefragt wie die Pauschalurteile, beziehen sich aber auf einzelne Produkte oder Warengruppen. SWOBODA unterscheidet Fragen, die sich auf die Preiskenntnis beziehen („Wie viel kostet eine Tafel Schokolade in [Einkaufsstätte 1]?"), und solche, die sich auf den akzeptierten Preis beziehen („Wie viel wären Sie bereit, für eine Tafel Schokolade in [Einkaufsstätte 1] zu bezahlen?"). Er schlägt vor, diese Fragestellungen für verschiedene Produktgruppen zu untersuchen und die Differenzen zwischen den artikulierten Schätzwerten und Akzeptanzen für unterschiedliche Betriebstypen zu interpretieren. Gleichzeitig weist er jedoch auf die Nachteile der Produktauswahl und die mangelnde Preistransparenz für den Kunden hin.[785] Problematisch ist hier vor allem, dass unter den Kunden vermutlich solche sind, die die vorab ausgewählten Produkte häufig kaufen, und solche, die diese nie kaufen, so dass die Interpretation der Ergebnisse kaum aussagekräftig ist.

An der direkten Abfrage von Zahlungsbereitschaften wird insgesamt kritisiert, dass sie das Augenmerk zu sehr auf den Preis lenkt und möglicherweise dazu verleitet, strategisch zu antworten – also bewusst niedrige Preise zu nennen, um eine Preissenkung

783 Diese Frage bezieht sich nach der Definition in der vorliegenden Arbeit also auf das Preiswürdigkeitsurteil und wurde ähnlich für die Erhebung eben dieses Konstrukts formuliert, siehe Kap. 4.3.4.5.3. Für die Formulierung dieser und der folgenden Fragen bei SWOBODA siehe Swoboda 2000a, S. 1287.

784 Vgl. Swoboda 2000b, S. 1287 ff. Siehe auch den Aufsatz von Miller et al. 2011.

785 Vgl. Swoboda 2000b, S. 1290.

zu erreichen.[786] Eine weitere Art der Messung findet sich bei GREWAL und BAKER, die den Einfluss der Einkaufsumgebung auf die Preisakzeptanz untersuchen, indem sie die geäußerten Akzeptanzwerte für unterschiedlich ausgestattete Einkaufsstätten vergleichen. Zu diesem Zweck befragten sie Kunden, denen sie im Vorfeld Videos dieser Einkaufsstätten gezeigt hatten, nach der Akzeptanz des Preises für ein bestimmtes Produkt.[787]

Im Zuge von **Rangreihenverfahren** und der **bipolaren Messung** müssen die Kunden entweder eine Rangfolge bilden für die Gründe, in einer bestimmten Einkaufsstätte einzukaufen, oder aber jeweils für Merkmalspaare angeben, welches ihnen wichtiger ist (z. B. Preis vs. Bequemlichkeit). Da diese Messung aber auf die Wichtigkeit des Preises in Relation zu anderen Merkmalen abzielt, wird vorliegend ein ähnliches Verfahren für die Erhebung der Preisgewichtung angewandt und kommt für die Messung der Preisbereitschaft nicht zum Einsatz.[788]

Auf ähnliche Informationen fokussiert auch das Vorgehen im Rahmen der **Polaritätsprofile**, die von SWOBODA ebenfalls zur Messung von Preisbereitschaften vorgeschlagen werden. Hierbei ist zwischen eindimensionalen Verfahren, bei denen für verschiedene Merkmale die Wichtigkeit aus Kundensicht erhoben wird (z. B. auf einer Skala von 1 (völlig unwichtig) bis 5 (sehr wichtig)) und multiattributiven Verfahren zu unterscheiden, bei denen einerseits die Wichtigkeit, andererseits die Beurteilung für den Anbieter erhoben und anschließend beide verknüpft werden.[789] Auch dieses Vorgehen fokussiert auf die Erhebung der Preisgewichtung bzw. die Gewichtung unterschiedlicher Merkmale. In Kombination mit der Beurteilung der Merkmale für den Anbieter lässt sich diese Methode der Zufriedenheitserhebung zurechnen.[790]

Das letzte von SWOBODA betrachtete Verfahren im Bereich der Kundenbefragungen ist das **Conjoint-Measurement**. Hierbei muss der Proband zahlreiche Auswahlentscheidungen zwischen Merkmalen in unterschiedlichen Ausprägungen treffen (z. B. erlebnisreiche Warenpräsentation und Preise, die 25 % über Supermarktniveau liegen vs. Einkauf der Waren aus Kartons und Preise auf Supermarktniveau). Auf der Basis aller getroffenen Entscheidungen werden Nutzenwerte errechnet, so dass für jedes einzelne Merkmal – unter anderem auch für das Preisniveau – Präferenzwerte ermittelt werden

---

786 Siehe hierzu den Aufsatz von Backhaus et al. 2005a und den dortigen Überblick über die Kritik, S. 441 f.

787 Vgl. Grewal/Baker 1994, S. 110 f.

788 Für die Beschreibung der Methode siehe Swoboda 2000b, S. 1291; für die modifizierte Anwendung zur Messung der Preisgewichtung siehe Kap. 4.3.4.3.3.

789 Vgl. Swoboda 2000b, S. 1291 ff.

790 Ein ähnliches Vorgehen wird in Kap. 5 vorgestellt und angewandt.

können.[791] Die großen Vorteile dieser Methode liegen in den zahlreichen durchzuführenden Trade-Off-Entscheidungen, die den Entscheidungen in der Realität nachempfunden sind, sowie in der indirekten Ermittlung von Preisbereitschaften im Gegensatz zur direkten Abfrage. Nachteilig ist allerdings die hohe Komplexität des Verfahrens, sowohl was die Vorbereitung und Datenerhebung betrifft, vor allem aber auch, was die Anforderungen an die kognitive Leistung der Probanden angeht.[792]

Preisexperimente sind ein weiteres Verfahren, das zur Ermittlung von Preisbereitschaften angewendet werden kann. Sie könnten in der realen Kaufsituation erfolgen, in dem Preise tatsächlich variiert werden (was allerdings in der Realität aus praktischen Gründen nur schwerlich durchzuführen ist; auch kann die häufige Änderung von Preisen imageschädigend wirken).[793] Eine Alternative ist die Durchführung von Laborexperimenten, die häufig in Form unterschiedlicher Arten von Auktionen erfolgen.[794] Alle Verfahren dieser Art beziehen sich allerdings auf die Messung von Preisbereitschaften für Produkte und nicht für Einkaufsstätten und werden daher hier nicht ausführlicher betrachtet.

Die Analyse von **Marktdaten**, wie sie z. B. in den Panels der GfK und von ACNielsen zur Verfügung gestellt werden, kann insofern Hinweise auf Preisbereitschaften liefern, als dass auf dieser Basis Preis-Absatz-Funktionen geschätzt werden können. Problematisch ist allerdings, dass Daten dieser Art erstens nur die Vergangenheit abbilden und zweitens die Bedingungen der einzelnen Standorte nicht ausreichend einfließen können.[795]

4.3.4.7.3 Messung der Preisbereitschaft in der vorliegenden Untersuchung

Vorliegend war es nicht das Ziel, einen exakt quantifizierten Maximalpreis für den Einkauf in Tankstellenshops bei bestimmten Produkten zu messen. Vielmehr sollte ein „Gespür“ für die Preisbereitschaft von Kunden in Tankstellenshops erhoben werden (auch im Vergleich zum übrigen Lebensmitteleinzelhandel). Fragen in diesem Zusammenhang waren z. B.:

- Wie groß ist die Preistoleranz, also die Differenz zwischen tatsächlich gezahltem Preis und maximal akzeptiertem Preis?

791 Für die Erhebung und die Verrechnung der Auswahlentscheidungen zu Nutzenwerten gibt es zahlreiche unterschiedliche Verfahren, siehe hierzu und für eine genaue Beschreibung der Verfahren z. B. Lausberg 2002, insb. S. 99 ff.
792 Vgl. Swoboda 2000b, S. 1294 ff.
793 Vgl. Swoboda 2000b, S. 1297.
794 Siehe z. B. zu den Methoden das Arbeitspapier von Kaas/Ruprecht 2003 und den Aufsatz von Stingel 2005.
795 Vgl. Swoboda 2000b, S. 1301.

- Wie groß ist der „Aufschlag“ auf den Preis des übrigen Lebensmitteleinzelhandels, den die Kunden für akzeptabel halten?
- Wovon hängt die Preisbereitschaft möglicherweise ab?
- Was bewirkt die Preisbereitschaft?

Als Erhebungsmethode wurde daher die direkte Abfrage gewählt, die es ermöglicht, die interessierenden Tendenzaussagen zu ermitteln, und die zudem aus Kundensicht erfolgt. Die übrigen in Kap. 4.3.4.7.2 dargestellten Methoden waren nicht geeignet, da sie entweder nicht aus Kundensicht operieren (Expertenrunden), andere Fragestellungen verfolgen (z. B. die Polaritätsprofile, die die Preisgewichtung messen), auf hypothetischen Situationen beruhen und sich auf im Vorhinein festgelegte Produkte beziehen (das Vorgehen von GREWAL/BAKER) oder für die geplante Befragung in der Tankstelle, bei der die Preisbereitschaft einer von mehreren Aspekten war, zu komplex waren (Conjoint-Measurement).

Die von SWOBODA empfohlene Vorgehensweise wurde in mehreren Punkten angepasst. Die erste Modifikation betrifft das Objekt, über das der Kunde die Aussage machen sollte: Von einem Pauschalurteil über die gesamten Anbieter (z. B. „Wie viel Preisaufschlag zu dem übrigen Lebensmitteleinzelhandel wären Sie bereit, in Tankstellenshops zu zahlen?“) wurde aus zwei Gründen abgesehen: Erstens ist eine solche Frage für den Kunden sehr komplex und kaum zu beantworten, da er gezwungen wäre, die gesamten Sortimente zu beurteilen und zu vergleichen. Zweitens sind die Vergleichsmaßstäbe unklar, weil die Kunden in unterschiedlichen Geschäften des übrigen Lebensmitteleinzelhandels einkaufen und zudem verschiedene Produkte kaufen, die sie als Maßstab herangezogen hätten. Letzterer Punkt hätte vermieden werden können, indem nach konkreten Produkten gefragt worden wäre – in diesem Fall aber wären die Aussagen von Personen, die mit diesen Produkten vertraut sind, in die Untersuchung ebenso eingegangen wie diejenigen von Personen, die das Produkt nie oder sehr selten kaufen.

Um diesen Problemen aus dem Weg zu gehen, wurden die Fragen zur Preisbereitschaft auf den konkreten, soeben erfolgten realen Einkauf bezogen. Dies hatte einen weiteren Vorteil: Die Kunden hatten kurz zuvor die Kaufentscheidung getroffen, so dass sie nicht der zusätzlichen Schwierigkeit ausgesetzt waren, sich in eine hypothetische Situation hineinversetzen zu müssen.[796] Dieses Vorgehen hat allerdings auch Nachteile: Erstens variieren die absoluten Werte, da sich die Aussagen der Kunden auf unterschiedliche Bonhöhen und Produkte beziehen. Zweitens – und dieser Punkt ist gravierender – konnten nur Personen befragt werden, die an dem Untersuchungstag in

---

796 Zur Vorteilhaftigkeit von Befragungen in/zu realen Kaufsituationen siehe auch Kap. 4.4.1.1.

der Tankstelle ein Produkt gekauft hatten und die daher grundsätzlich eine Zahlungsbereitschaft aufweisen, die mindestens bei den in der Tankstelle geforderten Preisen liegt. Um das Problem der für unterschiedliche Objekte geäußerten Preisbereitschaften zu lösen, wird für die folgenden Analysen auf Verhältniskennzahlen (z. B. Verhältnis des maximal in der Tankstelle akzeptierten Preises für das jeweilige Objekt zum tatsächlich gezahlten Preis) zurückgegriffen. Das zweite Problem lässt sich nicht völlig eliminieren; da aber auch Informationen darüber vorliegen, ob die betreffenden Kunden am Untersuchungstag im Tankstellenshop einkauften oder nicht und ob sie eher den Shop-, Tank- oder Beides-Kunden zugehören, kann zumindest analysiert werden, inwiefern sich diese Gruppen jeweils voneinander unterscheiden. Die einzige Gruppe, die nicht betrachtet werden kann, sind Nichtkäufer; dies muss bei der späteren Interpretation der Preisbereitschaften berücksichtigt werden.

Die zweite Modifikation betrifft die Formulierung der Fragen. Die von SWOBODA angeführten Fragestellungen, die unter anderem auch Preisschätzungen enthalten, waren aufgrund der konkreten Aufgabenstellung hier nicht zweckmäßig. Ausgehend vom tatsächlich gezahlten Betrag wurde stattdessen erfragt, wie viel maximal für das Produkt gezahlt worden wäre, wo das Produkt noch gekauft wird und welche Summe der Kunde bei dem alternativen Anbieter zu zahlen bereit gewesen wäre. Aus diesen Überlegungen ergab sich folgende, in Tab. 4-16 dargestellte Modellierung der Preisbereitschaft:

Modellierung der Preisbereitschaft
Sie haben gerade ___________ gekauft und____ € bezahlt. Ab welchem Preis hätten Sie das Produkt nicht mehr gekauft? ____ €
Wo kaufen Sie dieses Produkt sonst noch ein?
Was wären Sie dort bereit zu zahlen? ____ €
Wie kommt der Unterschied zustande? / Warum genauso viel?

Tab. 4-16: Modellierung der Preisbereitschaft in der vorliegenden Untersuchung

Weil ein Teil der Kunden sowohl getankt als auch eingekauft hatte, und es zudem Kunden gab, die preisgebundene (vor allem Zeitschriften, Zeitungen, Zigaretten) und nicht preisgebundene Produkte gekauft hatten, konnten in diesen Fällen nur Teile des Bons in die Abfrage eingehen. Um die Beantwortung der Fragen für die Kunden weniger komplex zu gestalten, war es ihnen freigestellt, ob sie ihre Aussage auf alle nicht preisgebundenen Elemente des Bons (ohne Kraftstoff) beziehen oder sich für eine Auswahl (z. B. ein einzelnes Produkt) entscheiden wollten. Der Nachteil dieses Vorgehens besteht darin, dass die Interpretation der absoluten Werte nicht sinnvoll ist. Für die Analyse wurden daher drei Verhältniskennzahlen gebildet:

- Verhältnis des maximal in der Tankstelle akzeptierten Preises zum tatsächlich gezahlten Preis (im Folgenden Preistoleranz 1 oder kurz PT 1):

$$PT\,1 = \frac{Maximal\ in\ der\ Tankstelle\ akzeptierter\ Preis}{Tatsaechlich\ gezahlter\ Preis}$$

- Verhältnis des maximal in der Tankstelle akzeptierten Preises zum maximal im übrigen Lebensmitteleinzelhandel akzeptierten Preis (Preistoleranz 2 oder PT 2):

$$PT\,2 = \frac{Maximal\ in\ der\ Tankstelle\ akzeptierter\ Preis}{Maximal\ im\ uebrigen\ LEH\ akzeptierter\ Preis}$$

- Verhältnis des tatsächlich gezahlten Preises zum maximal im übrigen Lebensmitteleinzelhandel akzeptierten Preis (Preistoleranz 3 oder PT 3):

$$PT\,3 = \frac{Tatsaechlich\ gezahlter\ Preis}{Maximal\ im\ uebrigen\ LEH\ akzeptierter\ Preis}$$

Alle nachfolgenden Analysen zur Preisbereitschaft beziehen sich aus den oben genannten Gründen nicht auf die absoluten Werte, sondern auf diese drei Verhältniskennzahlen.

4.3.4.7.4 Empirische Befunde zur Preisbereitschaft

Da sich, wie oben dargestellt, die meisten Studien zur Preisbereitschaft auf die Preisbereitschaft für einzelne Produkte beziehen, liegen bisher nur wenige Erkenntnisse zur Preisbereitschaft der Kunden gegenüber Einkaufsstätten vor. GREWAL und BAKER konnten nachweisen, dass die Preisakzeptanz mit der Ausstattung der Einkaufsstätten (Einrichtung, Design, Vorhandensein von Personal) zusammenhängt: In erstklassig ausgestatteten Einkaufsstätten war der Preis für die Kunden akzeptabler als in geringwertig ausgestatteten.[797] Die bereits erwähnte Studie von SWOBODA bezieht sich – abgesehen von der Eignung der einzelnen Messmethoden, die bereits dargelegt wurden – auf die Unterschiede der Preiseinschätzung und Preisbereitschaft zwischen Supermärkten und Tankstellenshops und wurde daher bereits in Kap. 2.2.3 dargestellt. Zentrales Ergebnis war, dass die Kunden für Tankstellen-Preise durchschnittlich einen maximalen Pauschalaufschlag von 22 % auf Supermarktpreise akzeptierten, aber den Tankstellenshop um etwa 30 % teurer im Vergleich zum Supermarkt einschätzten. Bei der Befragung in Bezug auf bestimmte Produktgruppen (und nicht als Pauschalaufschlag für die gesamten Produkte einer Tankstelle) variierten die akzeptierten Preis-

797 Siehe den Aufsatz von Grewal/Baker 1994, insb. S. 111 f.

aufschläge jedoch sehr stark und reichten von etwa 30 % bis etwa 68 % – im Schnitt lag der akzeptierte Preisaufschlag in diesem Fall bei 49 %.[798]

Basierend auf den Studien zur Preisbereitschaft für Produkte werden in der Literatur verschiedene Determinanten der Preisbereitschaft diskutiert: Demnach wirken zahlreiche Größen – von situativen über persönlichkeitsbedingte Faktoren bis hin zu bestimmten Verhaltensregeln oder Prinzipien innerhalb einer Gesellschaft – auf die Preisbereitschaft ein.[799] Ein höheres Preisinteresse führt dazu, dass der Referenzpreis des Kunden für ein Produkt niedriger liegt; aus diesem Grunde ist auch die Preisbereitschaft bei preisinteressierten Kunden geringer.[800] Umgekehrt gehen eine hohe Kundenbindung und eine hohe Kundenzufriedenheit mit einer erhöhten Preisbereitschaft einher.[801]

4.3.4.8 Preisvertrauen

4.3.4.8.1 Abgrenzung und theoretische Ansätze des Preisvertrauens

Das **Preisvertrauen** ist definiert als die Hoffnung bzw. Erwartung eines Kunden, dass der Anbieter sich im Hinblick auf die Preisgünstigkeit oder die Preiswürdigkeit nicht eigennützig (opportunistisch) verhält.[802] In diesem Zusammenhang ist ein zweites Konstrukt von zentraler Bedeutung, nämlich die **Preisfairness** als die Größe, auf die einerseits die Kunden vertrauen müssen und die andererseits der Anbieter signalisieren kann. Die Preisfairness stellt die subjektive Bewertung eines Nachfragers dar, inwieweit ein Preis (oder eine Preisdifferenz) angemessen oder berechtigt ist.[803]

Die Preisfairness wird erst seit jüngerer Zeit untersucht. Deshalb existiert bisher keine einheitliche Konzeptualisierung und Einordnung in die übrigen Konstrukte des Preisverhaltens und auch explizite Definitionen sind selten.[804] So wird die Preisfairness zum Teil als zentrales Konstrukt des Preisvertrauens betrachtet,[805] manchmal als eigenes Konstrukt angesehen[806] und bisweilen bei der Preiszufriedenheit eingeordnet[807]. Dem

---

798 Vgl. Swoboda 2000b, S. 1290, Swoboda/Schwarz 2006, S. 411 und die Ausführungen in Kap. 2.2.3.4.

799 Vgl. Stingel 2005, S. 171. Diskutierte Größen sind z. B. die Verwendung von Kreditkarten und Charaktereigenschaften wie Unsicherheit oder Wissensdurst, siehe Prelec/Simester 2001, S. 11 f. und den Aufsatz von Suri/Monroe 2001. Zu letzterem Punkt siehe z. B. die Arbeit von Amir/Ariely 2007.

800 Siehe hierzu den Aufsatz von Bell/Lattin 2000.

801 Vgl. Wricke 2000, S. 210; Koschate 2002, S. 152; Krishnamurthi/Papatla 2003, S. 133; Herrmann et al. 2004, S. 546.

802 Vgl. Diller 2008a, S. 163.

803 Vgl. Zielke 2007a, S. 17. Ähnlich auch Diller 2008a, S. 164.

804 Vgl. Homburg/Koschate 2005b, S. 403.

805 So geht z. B. Diller 2008a vor, siehe S. 163 ff.

806 Z. B. bei Monroe 2005, S. 164 ff.

807 Z. B. bei Matzler/Würtele/Renzl 2006, S. 219.

Vorschlag von DILLER folgend, wird die Preisfairness hier als zentrales Konstrukt des Preisvertrauens betrachtet.[808] In Bezug auf das Preisvertrauen und die Preisfairness wird vor allem auf den Prinzipal-Agenten-Ansatz, die Attributionstheorie, das Dual-Entitlement-Prinzip, die Theorie der kognitiven Dissonanz und die Equitytheorie, auch mit ihrer Erweiterung, dem Mehrprinzipienansatz, zurückgegriffen.[809]

Der **Prinzipal-Agenten-Ansatz** dient in diesem Zusammenhang zur Erklärung der Notwendigkeit für den Kunden, sich auf sein Vertrauen zu einem Anbieter zu verlassen: Informationsasymmetrien führen auf Seiten sowohl des Käufers als auch des Verkäufers zur Möglichkeit opportunistischen Verhaltens und damit für die jeweilige Gegenseite zu Risiken.[810] Aus Kundensicht besteht Unsicherheit über die Eigenschaften der Ware (hidden characteristics), über die Absichten des Verkäufers (hidden intentions) und die Verhaltensweisen des Verkäufers (hidden actions).[811] Diese Unsicherheiten können nicht vollständig abgebaut werden, zumal die Kunden aufgrund ihres Entlastungsstrebens nicht dazu bereit sind, alle Unsicherheiten durch Informationsaktivitäten zu beseitigen:[812] Die Kunden werden nur so lange Maßnahmen zur Unsicherheitsreduktion ergreifen, wie der Nutzen es rechtfertigt. Bei Gütern des täglichen Bedarfs, die zumeist nur geringe Kaufrisiken bergen, müssen sie sich deshalb auf ihr Vertrauen zu dem Anbieter verlassen.[813]

Die **Attributionstheorie** postuliert, dass Individuen dem eigenen und dem fremden Verhalten bestimmte Ursachen zuschreiben (attribuieren).[814] Diese Ursachen können in Eigenschaften von Personen, Umweltreizen und in besonderen Umständen der Situation begründet liegen. Individuen bewerten Verhaltensweisen insofern abhängig davon, ob positive oder negative Motive unterstellt werden.[815] So kann z. B. eine Preiserhöhung, die darauf gründet, dass Mehrgewinne wohltätigen Zwecken zugeführt werden, als fair wahrgenommen werden, während eine Preiserhöhung in derselben Höhe, die auf das Ausnutzen einer Angebotsverknappung zurückgeführt wird, als unfair wahrgenommen wird.

Das **Dual-Entitlement-Prinzip** geht zurück auf KAHNEMAN, KNETSCH und THALER. Sie gehen davon aus, dass eine „Referenztransaktion“ existiert, die sich aus einem Refe-

---

808 DILLER argumentiert, dass die Preiszufriedenheit sich eher auf das Angebot und Ergebnis einer Transaktion bezieht, das Preisvertrauen aber auf deren Zustandekommen; vgl. Diller 2008a, S. 163.

809 Vgl. Homburg/Koschate 2005a, S. 403 f.

810 Siehe zur Agency-Theorie den Aufsatz von Elschen 1991; vgl. Williamson 1985, S. 30; Kaas 1995, S. 25.

811 Vgl. Kaas 1995, S. 26.

812 Vgl. Diller 2008a, S. 163 f.

813 Vgl. Plötner 1995, S. 78.

814 Siehe hierzu die Aufsätze von Kelley 1973, Folkes 1988 und Weiner 2000.

815 Vgl. Campbell 1999b, S. 189 ff.

renzpreis für den Kunden und einem positiven Referenzgewinn für den Anbieter ergibt und damit sowohl Kunden- als auch Anbieteransprüche einbezieht. Diese Referenztransaktion dient als Anker für die Wahrnehmung der Fairness eines Preises.[816] Von bestimmten Ereignissen können die Ansprüche von Kunden und Anbieter bedroht werden: Eine Preiserhöhung bedroht die Ansprüche des Kunden, eine Kostenerhöhung bedroht die Gewinnansprüche des Anbieters. Im Falle einer gleichzeitigen Bedrohung der Ansprüche beider Seiten haben die des Anbieters dem Dual-Entitlement-Prinzip zufolge Vorrang – sofern also z. B. durch gestiegene Rohstoffpreise Kostenerhöhungen auftreten, wird es als fair wahrgenommen, wenn der Anbieter wegen seiner erhöhten Kosten die Preise erhöht.[817]

Die zentrale These von FESTINGERs **Theorie der kognitiven Dissonanz** besagt, dass Individuen nach einem inneren gedanklichen Gleichgewicht streben. Dies ist dann gegeben, wenn alle gedanklichen Elemente wie Einstellungen, Erfahrungen usw. zueinander passen und miteinander vereinbar sind. Ist dies nicht der Fall, liegt eine kognitive Dissonanz vor. Diese Dissonanz wird laut FESTINGER durch verschiedene Mechanismen abgebaut, und zwar kann entweder das Verhalten angepasst werden – z. B. werden keine Produkte mehr gekauft, bei denen der Preis nach einer Preiserhöhung als „unfair“ empfunden wird – oder aber es wird diese Empfindung angepasst:[818] So kann z. B. eine Preiserhöhung als „fair“ wahrgenommen werden, um eine kognitive Dissonanz zu vermeiden.[819]

Zentrales Thema der **Equity-Theorie** ist die Gerechtigkeit von Austauschbeziehungen.[820] Die Theorie postuliert, dass Individuen das eigene Input-Outcome-Verhältnis mit dem anderer Individuen vergleichen; sind beide Verhältnisse gleich, liegt Gerechtigkeit vor, weichen sie voneinander ab, liegt dagegen Ungerechtigkeit vor.[821] Letztere wiederum versuchen die Individuen zu beheben (z. B. durch eine Änderung des Kaufverhaltens).

Der **Mehrprinzipienansatz** ist eine Weiterentwicklung der Equity-Theorie: Er geht davon aus, dass die Gerechtigkeit verschiedener Aspekte bei einer Transaktion beurteilt wird, nämlich die Verteilungsgerechtigkeit, die Verfahrensgerechtigkeit und die Interaktionsgerechtigkeit.[822] Die Verteilungsgerechtigkeit bezieht sich auf das oben dargestellte Referenzverhältnis von Preis und Gewinn bei dem Kunden und dem Anbieter. Die

816 Vgl. Kahneman/Knetsch/Thaler 1986a, S. 729 f.
817 Vgl. Kahneman/Knetsch/Thaler 1986a, S. 730.
818 Vgl. Festinger 1957, S. 1 f.
819 Vgl. Homburg/Koschate 2005a, S. 404.
820 Vgl. Walster/Walster/Berscheid 1978, S. 6.
821 Vgl. Homans 1961, S. 235; Walster/Walster/Berscheid 1978, S. 10.
822 Siehe hierzu den Aufsatz von Deutsch 1975; Leventhal 1976, S. 230.

Verfahrensgerechtigkeit betrifft den Prozess (einer Transaktion) selbst: Gehen beide Parteien unvoreingenommen vor, liegen die richtigen und vollständigen Informationen zugrunde und werden ethische Standards eingehalten, so wird das Verfahren als fair wahrgenommen:[823] Sogar die Ankündigung von Preiserhöhungen im Vorfeld wird als fair wahrgenommen, weil sich die Käufer in diesem Fall bevorraten können.[824] Die Interaktionsgerechtigkeit beschreibt die Art und Weise des Interaktionsablaufs. Verhalten sich beide Parteien solidarisch zueinander, pflegen also auch im Konfliktfall ihre Beziehungen, so empfinden sich die Partner gegenseitig als fair.[825]

4.3.4.8.2 Messung des Preisvertrauens in der Literatur

Aufgrund der Tatsache, dass das Preisvertrauen und die Preisfairness noch recht junge Konstrukte sind, finden sich sehr unterschiedliche Operationalisierungen in der Literatur. Insbesondere im englischsprachigen Raum wird häufig darauf abgestellt, die oben skizzierten Theorien (z. B. die Dual-Entitlement-Theorie oder die Attributionstheorie) zu belegen oder aber Wirkungen bestimmter Rahmenbedingungen auf die wahrgenommene Preisfairness zu untersuchen. Daher wird in der Regel auf hypothetische Szenarien zurückgegriffen, bei denen die Probanden z. B. angeben sollen, für wie fair sie einen Preishalten oder welchen Betrag sie für einen fairen Preis halten würden.[826]

Um die Preisfairness oder das Preisvertrauen vor Ort zu erheben, wird häufig nur auf einzelne Aspekte abgestellt, die sich unter diesem Oberbegriff subsumieren lassen. So stellt z. B. DILLER auf die Preisehrlichkeit als Element des Preisvertrauens ab.[827] Diese misst er mit 11 Faktoren, nämlich der Preisklarheit, der Preiswahrheit, der Preisschönung (bzw. des Verzichtes darauf), der Übersichtlichkeit der Preisinformationen, der Eigennützigkeit des Kalkulationsverhaltens, der Angemessenheit der Preise, der Durchschaubarkeit der Preisstellung, der Einheitlichkeit der Preisstellung, der Flexibilität der Preisstellung, der Kulanz des Anbieters und dem Preis-Leistungsverhältnis der Produkte, die sich dann auf 5 Dimensionen reduzieren lassen, nämlich die Preisinformation, das durchgängige Preis-Leistungsverhältnis, die Kulanz, die Dynamik der Preisstellung und den Eigennutz des Anbieters.[828] In einer späteren Studie geht er etwas anders vor und konzeptualisiert die Preisgerechtigkeit, die Preisehrlichkeit, die Preiszuverlässigkeit, den Einfluss bzw. das Mitspracherecht, die Kulanz, den persönli-

---

823 Vgl. Leventhal/Karuza/Fry 1980, S. 215 f.
824 Vgl. Diller 2008a, S. 166.
825 Vgl. Diller 2008a, S. 166; siehe auch den Aufsatz von Kaufmann/Stern 1988.
826 Vgl. Herrmann et al. 2004, S. 544. Siehe z. B. die Aufsätze von Urbany/Madden/Dickson 1989, Kalapurakal/Dickson/Urbany 1991, Dickson/Kalapurakal 1994, Campbell 1999b oder Bolton/Warlop/Alba 2003.
827 Siehe den Aufsatz von Diller 1997.
828 Vgl. Diller 1997, S. 18 ff.

chen Respekt und die Achtung sowie das konsistente Verhalten als Komponenten der Preisfairness.[829] MÜLLER nimmt für ihre Untersuchung des Preisimages die Dimension der Preiskommunikation mit auf und stellt dabei u. a. auf die Klarheit der Preise ab.[830] ZIELKE greift die Vorschläge beider auf und kombiniert sie für die Messung der Preisfairness im Sinne von Opportunismus und Transparenz der Preise im Rahmen der Konzeptualisierung des Preisimages.[831] Die Tab. 4-17 gibt einen Überblick über die Modellierung in den ausgewählten Studien.

Quelle	(Teil-)Konstrukt	Item	Skala
Berkowitz/ Walton 1980, S. 352	**price acceptability**	*Die Probanden mussten Angebote in Anzeigen mit der folgenden Skala beurteilen:*	
		extremely unfair price–extremely fair price	7-stufige Skala
Diller 1997, S. 18 ff.	**Preisinformation**	In diesem Geschäft sind XX (Produktgattung) so ausgezeichnet, dass ich den verlangten Preis manchmal nicht gut erkennen kann. (Item zur Preisklarheit)	7-stufige Zustimmungsskala
		Ich finde, dass es in diesem Geschäft ganz angebracht ist, nach dem Bezahlen die Preise auf dem Kassenzettel zu kontrollieren. (Item zur Preiswahrheit)	
		In diesem Geschäft wird meiner Meinung nach immer mal wieder versucht, Produkte günstiger darzustellen, als sie eigentlich sind. (Item zur Preisschönung)	
		In diesem Geschäft fällt es mir eher schwer, Produkte bezüglich des Preises miteinander zu vergleichen. (Item zur Übersichtlichkeit der Preisinformation)	
		In diesem Geschäft kann ich die Preise vieler Produkte nicht nachvollziehen. (Item zur Durchschaubarkeit der Preisstellung)	
	Eigennützigkeit des Kalkulations-verhaltens	In diesem Geschäft werde ich so neutral beraten, dass es manchmal durchaus auch zum Nachteil für den Laden sein kann. (Item zur Eigennützigkeit)	
	Dynamik	Wenn ich den Service und das Warenangebot in diesem Geschäft im Vergleich zu anderen Läden betrachte, finde ich, dass die verlangten Preise in Ordnung sind. (Item zur Angemessenheit der Preise)	
		Ich habe den Eindruck, dass in diesem Geschäft schnell auf Preisänderungen der Konkurrenz reagiert wird. (Item zur Preisflexibilität)	
	Preis-Leistungs-Verhältnis/ Preisfairness	Ich habe das Gefühl, dass die Preise in diesem Geschäft einheitlich kalkuliert sind. (Item zur Einheitlichkeit der Preisstellung)	
		In dieser Einkaufsstätte kann ich beim Kauf von XX (Produktgruppe) darauf vertrauen, eine gute Qualität zu einem günstigen Preis einzukaufen. (Item zum Preis-Leistungsverhältnis)	

Fortsetzung der Tabelle auf der nächsten Seite

829 Vgl. Diller 2008a, S. 167. Ähnlich auch bei Diller 2008b, S. 254.
830 Vgl. Müller 2003, S. 92 und XXXV.
831 Vgl. Zielke 2006b, S. 303.

Fortsetzung von der vorherigen Seite			
	Kulanz	Nach meiner Erfahrung verhält sich dieses Geschäft bei Beschwerden recht kulant (Umtauschrecht, Preisnachlass bei mangelhafter Qualität etc.). (Item zur Kulanz)	
Campbell 1999a, S. 148	**perceived unfairness**	*Die Probanden mussten für unterschiedliche Szenarien (variierende Hintergründe für Preiserhöhungen) die Fairness auf der folgenden Skala bewerten:*	
		very fair–very unfair	7-stufige Skala
Maxwell 2002, S. 200	**fair price**	This is exactly the price I would expect to pay.	7-stufige Zustimmungs-skala
		I deserve to pay this price.	
	fair pricing	They base the fare on anticipated costs in the airline market.	
		They provide a choice of ticket prices based on cost of providing different levels of service.	
		They base the fare on lower costs they expect to have after gaining experience on a new route.	
Darke/ Dahl 2003, S. 335		*Participants rated the extent to which they thought the price they paid was...*	
	price fairness	fair	6-stufige Zustimmungs-skala
		questionable	
		justified	
		honest	
		unfair	
		a "rip-off"	
Bolton/ Warlop/ Alba 2003, S. 479	**price fairness**	How fair do you think the store price is?	7-stufige Skala
Müller 2003, S. XXXV	**Preiskommu-nikation**	Die Preisauszeichnung ist bei Globus sehr übersichtlich.	5-stufige Zustimmungs-skala
		Globus wirbt intensiv mit seinen Preisen.	
Homburg/ Hoyer/ Koschate 2005, S. 44	**price fairness**	How do you judge the fairness of the price increase?	7-stufige Skala very fair – very unfair
Zielke 2006, S. 303	**price fairness (opportunism and transparency)**	Price advertising for this store is extensive.	5-stufige Zustimmungs-skala
		Price labeling is very clear.	
		Prices for fruit and vegetables are often labeled in a way that makes it difficult to identify the right price.	
		In my opinion, it is advisable to check the prices on the receipt after paying.	
		This retailer sometimes tries to present prices as being cheaper than they really are.	
		In this store I find it difficult to compare the prices of the different products.	
		In this store I cannot reconstruct the prices of many products.	
Fortsetzung der Tabelle auf der nächsten Seite			

Fortsetzung von der vorherigen Seite			
Herrmann et al. 2007, S. 53 f.	**price offer fairness**	The price of the new car of this dealer is clear understandable.	7-stufige Zustimmungs-skala
		All customers are treated equally by the dealer's pricing.	
		I think the price of this dealer is based on cost.	
		The price of the car is independent of customer's needs.	
	pricing procedure fairness	The terms of this dealer are fair.	
		The procedure of buying the car from the dealer is fair.	

Tab. 4-17: Messung des Preisvertrauens bzw. der Preisfairness in der Literatur

Wie die Tabelle verdeutlicht, ist die Modellierung des Preisvertrauens oder der Preisfairness und weiteren verwandten Konstrukten bisher nicht einheitlich und teilweise sogar widersprüchlich. So ist z. B. unklar, warum das Item „Wenn ich den Service und das Warenangebot in diesem Geschäft im Vergleich zu anderen Läden betrachte, finde ich, dass die verlangten Preise in Ordnung sind" der Dynamik der Preissetzung zugeordnet wird und nicht dem Preisurteil.

4.3.4.8.3 Messung des Preisvertrauens in der vorliegenden Untersuchung

Für die Messung des Preisvertrauens in Tankstellenshops war vorab eine Skala zu entwickeln. Grundsätzlich lehnt sich diese an die dargestellten Vorschläge von DILLER und ZIELKE an, wurde aber für die Anwendung in Tankstellenshops leicht modifiziert.

In das Preisvertrauen gingen drei Faktoren ein, nämlich die Preisfairness und die Preisehrlichkeit als die beiden Größen, auf die die Kunden vertrauen müssen, und die Preistransparenz als Größe, die es den Kunden ermöglicht, die Preise zu überprüfen und somit Vertrauen aufzubauen.

Die **Preisfairness** wurde dabei weiter gefasst, als es bei DILLER der Fall ist: Hier sollte zusätzlich berücksichtigt werden, inwieweit die Tankstellenbetreiber die Notlage der Kunden ausnutzen (weil diese z. B. am Wochenende einkaufen), ähnlich, wie auch HERRMANN ET AL. es formulieren.[832] Weiterhin ging ein eher emotional geprägtes Item ein, wie von XIA, MONROE und COX[833] im Rahmen von theoretischen Überlegungen vorgeschlagen wird, nämlich die Angst davor, zu viel zu bezahlen.

---

832 Vgl. Herrmann et al. 2007, S. 53 f.

833 Vgl. Xia/Monroe/Cox 2004, S. 2. Die Autoren schlagen vor, die Fairness nicht nur mit einer kognitiven Komponente, sondern auch mit einer emotionalen Komponente zu konzeptualisieren. Dabei stellen sie vor allem auf negative Emotionen ab (z. B. Schuldbewusstsein, wenn die betreffende Person besser gestellt ist als das Gegenüber und Wut, wenn sie schlechter gestellt ist).

Die **Preisehrlichkeit** wird von ZIELKE als „opportunism“ bezeichnet und bezieht sich auf die Frage, inwieweit die Kunden glauben, dass sie die gezahlten Preise kontrollieren müssen.

Die **Preistransparenz** bezeichnet die Erkennbarkeit und Klarheit der Preisinformationen und findet sich sowohl in der Konzeptualisierung von ZIELKE wieder als auch in der von DILLER („Preisinformation“).

Insbesondere die Items zur Preisfairness und zur Preisehrlichkeit weisen damit auch Elemente der – in Kap. 4.3.4.2 behandelten – emotionalen Reaktion Dominanz-Unterwerfung aus den umweltpsychologischen Ansätzen auf.

Auf die weiteren von DILLER vorgeschlagenen Faktoren wurde aus den folgenden Gründen verzichtet:

Die **Eigennützigkeit** des Kalkulationsverhaltens in dem Sinne, in dem DILLER es versteht, ist für Tankstellenshops nicht haltbar: Hier werden in der Regel solche Produkte verkauft, die nicht beratungsintensiv sind, so dass die Beratung selbst nicht zum Vor- oder Nachteil des Tankstellenshops ausfallen kann. Die **Dynamik** der Preissetzung wurde aus zwei Gründen nicht betrachtet: Das erste von DILLER in diesem Zusammenhang vorgeschlagene Item bildet die Preiswürdigkeit ab und ging daher in sehr ähnlicher Form bereits in die Messung dieses Konstrukts ein. Auf das zweite vorgeschlagene Item wurde verzichtet, weil den Kunden – wie in den Gruppendiskussionen deutlich wurde – bekannt ist, dass die Kraftstoffpreise in Tankstellenshops sehr flexibel sind und die Preisfestlegung häufig konkurrenzorientiert stattfindet; dadurch bedingte Ausstrahlungseffekte auf die Beurteilung der Shoppreise sollten jedoch vermieden werden.

Der vorgeschlagene Faktor der **Kulanz** wurde nicht aufgegriffen, weil das Umtauschrecht bei Konsumgütern des kurzfristigen Bedarfs in Tankstellen aufgrund des tendenziell geringen Kaufrisikos nur eine nachrangige Bedeutung hat und angesichts der standardisierten Qualität in Tankstellenshops kaum Preisnachlässe infolge von Qualitätsmängeln zu erwarten sind.[834]

So ergibt sich die in Tab. 4-18 gezeigte Modellierung für das Preisvertrauen mit den Faktoren der Preisfairness, der Preistransparenz und der Preisehrlichkeit vor und nach den Pretests:

---

834 Siehe zum wahrgenommenen Kaufrisiko und seinen Einflussfaktoren z. B. Schröder 2005, S. 182, und die Arbeit von Bohlmann 2007.

Bezeichnung	Faktor	Item
$PFair_1$	Preisfairness	Die Preise in diesem Tankstellenshop sind fair.
$PFair_2$		Die Preise in diesem Tankstellen Shop sind so hoch, weil die Tankstelle die Notlage der Leute ausnutzt.
$PFair_3$		Wenn ich hier einkaufe, bin ich zuversichtlich, dass ich nicht zu viel bezahle.
$PFair_4$		Wenn ich hier einkaufe, habe ich Angst davor, dass ich zu viel bezahle.
$PFair_5$		Die Preise in diesem Tankstellenshop sind gar nicht so hoch.
$PEhr_1$	Preisehrlichkeit	Wenn ich hier einkaufe, habe ich das Gefühl, dass ich jeden einzelnen Preis nachsehen muss.
$PEhr_2$		Ich glaube, dass es hier empfehlenswert ist, die Preise auf dem Bon nach dem Bezahlen zu überprüfen.
$PEhr_3$		Dieser Tankstellen-Betreiber versucht immer wieder, die Preise günstiger darzustellen, als sie sind.
$PTra_1$	Preistransparenz	Die Preise sind häufig so angebracht, dass es schwierig ist, sie den Produkten zuzuordnen.
$PTra_2$		In diesem Tankstellen Shop finde ich es schwierig, die Preise zu vergleichen.
$PTra_3$		In diesem Tankstellenshop kann ich die Preise vieler Produkte nicht nachvollziehen.
$PTra_4$		Die Preisauszeichnung ist hier sehr klar.
($PTra_5$)		Ich glaube, dass dieser Tankstellenshop schnell auf Preisänderungen der Konkurrenz reagiert.
Fettdruck der Bezeichnung: Item auch nach dem Pretest beibehalten; (Klammer): Item eliminiert		

Tab. 4-18: Modellierung des Preisvertrauens in der vorliegenden Untersuchung

4.3.4.8.4 Empirische Befunde zum Preisvertrauen

Die bisherigen empirischen Befunde zur **Preisfairness** decken grob zwei Bereiche ab: Erstens liegen Erkenntnisse zu den Einflussfaktoren der Preisfairness vor, zweitens wurden in einigen Studien die Auswirkungen der Preisfairness untersucht.[835] Dabei ist allerdings zu beachten, dass die Messung, wie in Kap. 4.3.4.8.2 dargestellt, oft auf unterschiedliche Art erfolgte, so dass die Vergleichbarkeit der Studien nicht (immer) gewährleistet ist.

Einflussfaktoren der wahrgenommenen Preisfairness

In Bezug auf die Einflussfaktoren der Preisfairness wurden bisher vor allem folgende Fragen betrachtet:[836]

835 Vgl. Homburg/Koschate 2005a, S. 405 ff.

836 Vgl. Homburg/Koschate 2005a, S. 405. Etwas anders unterteilen Xia, Monroe und Cox, die auf Referenzgrößen, Motive des Anbieters, soziale Standards und Metawissen über Preisbildungsprozesse, sowie den Einfluss von Preisvertrauen und Preiszufriedenheit abstellen, siehe Xia/Monroe/Cox 2004, S. 2.

- Welche Auswirkungen hat die Veränderung des Unternehmensgewinns auf die Preisfairness (vor allem bei Preiserhöhungen)?
- Welche Auswirkungen haben die (unterstellten) Motive für Preiserhöhungen auf die Preisfairness?
- Wie wirken sich bestimmte kognitive Referenzgrößen auf die Preisfairness aus?
- Wie wirken sich bestimmte Kontextfaktoren auf die Preisfairness aus?

KAHNEMAN, KNETSCH und THALER gingen vor allem der ersten Frage nach. Sie arbeiteten als wichtigste Größe für die wahrgenommene Preisfairness bei Preiserhöhungen die **Veränderung des Gewinns** bei dem Unternehmen heraus. Nach ihren Erkenntnissen werden Preiserhöhungen dann als unfair betrachtet, wenn das Unternehmen dadurch den Gewinn vermehrt. Als fair werden Preiserhöhungen wahrgenommen, die durch gestiegene Kosten verursacht sind, bei denen also der Gewinn des Unternehmens gleich bleibt. Im Gegenzug wird jedoch – dem Dual-Entitlement-Prinzip folgend – das Beibehalten des Preises im Falle von Kostensenkungen als fair beurteilt.[837]

Mit der Frage, inwieweit die für Preiserhöhungen unterstellten **Motive** die Preisfairness beeinflussen, befasste sich z.B CAMPBELL.[838] Sie stellte fest, dass Kunden – im Einklang mit der Attributionstheorie – bei einem positiven Motiv für die Preiserhöhung (z. B. Zuführen der Mehrgewinne zu wohltätigen Zwecken) diese als fair beurteilen, bei einem negativen Motiv (z. B. Ausnutzen von Engpässen bei Produkten mit hoher Nachfrage) als unfair.[839] Dies steht auch in Einklang mit den Erkenntnissen anderer Studien: So werden Preiserhöhungen, die aufgrund von Übernachfrage und wegen hoher Marktmacht vorgenommen werden, als unfair beurteilt.[840] Umgekehrt wird es nicht als unfair angesehen, wenn ein Abnehmer (der sich in der schwächeren Position wähnt) zwei oder mehrere Anbieter gegeneinander ausspielt, indem er z. B. argumentiert, dass er eine bestimmte Leistung anderswo günstiger bekommen könnte.[841] Preiserhöhungen, die auf gestiegene Kosten zurückzuführen sind, werden (in Einklang mit den Ergebnissen von KAHNEMAN, KNETSCH und THALER) als fair beurteilt.[842] Dabei wird eine Erhöhung der Preise auf Grund von händlerexternen Kosten als fairer beurteilt als eine Erhöhung auf Grund von händlerinternen Kosten.[843]

---

837 Vgl. den Aufsatz von Kahneman/Knetsch/Thaler 1986a.

838 Siehe die Arbeiten von Campbell 1999a und Campbell 1999b. Ähnlich auch die Untersuchung von Homburg/Hoyer/Koschate 2005.

839 Vgl. den Aufsatz von Campbell 1999b, vor allem S. 191.

840 Vgl. Frey/Pommerehne 1993, S. 305; Dickson/Kalapurakal 1994, S. 443.

841 Vgl. Kalapurakal/Dickson/Urbany 1991, S. 791 f. Umgekehrt wird es als unfair betrachtet, wenn ein Anbieter mehrere Nachfrager gegeneinander ausspielt.

842 Vgl. Urbany/Madden/Dickson 1989, S. 22; Bolton/Alba 2006, S. 264.

843 Vgl. den Aufsatz von Vaidyanathan/Aggarwal 2003.

Auch bestimmte **Referenzpreise** wirken sich auf die Preisfairness aus. BOLTON, WARLOP und ALBA befassten sich mit der Frage nach diesen Größen und stellten fest, dass offenbar der aktuelle Preis und Preise aus der Vergangenheit einen Anker für die Beurteilung der Preisfairness darstellen. Auch die Preise von Wettbewerbern sowie die Angabe von bestimmten Kostenbestandteilen spielen offenbar eine Rolle.[844]

Darüber hinaus scheinen einige **Kontextreize** die Beurteilung der Preisfairness zu beeinflussen. So wirkt sich die Reputation eines Anbieters offenbar auf das Urteil des Kunden über die Preisfairness aus, weil bei einer guten Reputation eher ein positives Motiv für Preiserhöhungen unterstellt wird als bei einer schlechten.[845] Dies lässt sich mit dem Ergebnis von BOLTON, WARLOP und ALBA in Einklang bringen, wonach erstens das Image eines Geschäfts (günstig/teuer) einen Einfluss auf die Preisfairness hat[846] und zweitens das Preisverhalten des Anbieters in der Vergangenheit eine Rolle für die Beurteilung der (gegenwärtigen) Preisfairness spielt[847]. Zudem konnten sowohl die Wirkung der Zufriedenheit des Kunden[848] als auch von Emotionen auf die wahrgenommene Preisfairness nachgewiesen werden: Empfindet eine Person positive Emotionen (im Experiment nicht auf den Preis bezogen), so nimmt sie die Fairness von Preissteigerungen als höher wahr als bei negativen Emotionen, wobei allerdings der Umfang der Preiserhöhung ebenfalls eine Rolle spielt.[849]

Auswirkungen der wahrgenommenen Preisfairness

Über die Auswirkungen der empfundenen Preisfairness liegen bisher Untersuchungen zu ihrem Einfluss auf die (Wieder)Kaufabsicht, die Zufriedenheit und die Einstellung gegenüber dem Anbieter, auf das Preisbewusstsein und auf emotionale Prozesse vor.[850]

So besteht ein positiver Zusammenhang zwischen dem unterstellten Motiv einer Preiserhöhung und den **Kaufabsichten**, aber ein negativer Zusammenhang zwischen dem angenommenen relativen Gewinn des Anbieters und den Kaufabsichten. Diese beiden Größen wiederum beeinflussen die Preisfairness, so dass dieser hier eine moderierende Rolle zukommt.[851] Eine Studie von HOMBURG, HOYER und KOSCHATE belegt ebenfalls den positiven Zusammenhang zwischen der wahrgenommenen Fairness einer

844 Siehe hierzu den Aufsatz von Bolton/Warlop/Alba 2003.
845 Vgl.Campbell 1999b, S. 194.
846 Vgl. Bolton/Warlop/Alba 2003, S. 478.
847 Vgl. Bolton/Warlop/Alba 2003, S. 476.
848 Vgl. Homburg/Hoyer/Koschate 2005, S. 41.
849 Vgl. Huber et al. 2007, S. 31.
850 Vgl. die Übersichten bei Xia/Monroe/Cox 2004, S. 10 ff., und bei Homburg/Koschate 2005a, S. 410 ff.
851 Vgl. Campbell 1999b, S. 193.

Preiserhöhung und den Wiederkaufabsichten; hier nahm die Kundenzufriedenheit eine moderierende Rolle ein: Bei zufriedenen Kunden war der Einfluss der Preisfairness höher als bei unzufriedenen.[852]

Der **Zufriedenheit** kommt jedoch nicht nur eine moderierende Rolle für die Preisfairness zu, sondern sie wird zudem direkt von der wahrgenommenen Preisfairness beeinflusst: Eine hohe wahrgenommene Preisfairness steigert die Kundenzufriedenheit.[853] Gleichermaßen konnte ein positiver Effekt von als fair wahrgenommenen Preisen auf die **Einstellung** des Kunden dem Anbieter gegenüber nachgewiesen werden. Die positive Einstellung wiederum mündet in einer gesteigerten Kaufabsicht[854] Auf die **„price consciousness"** übt die wahrgenommene Preisfairness ebenso eine Wirkung aus: In solchen Warengruppen, in denen die Preisfairness als gering wahrgenommen wird – also die Preise als unfair angesehen werden – steigt die „price consciousness".[855] Darüber hinaus ist anzunehmen, dass Preisunfairness beim Kunden **emotionale** Reaktionen wie Ärger und Zorn auslöst.[856]

Weil, wie oben erwähnt, die in der Literatur dargestellte Messung der Preisfairness nicht einheitlich vorgenommen wurde, decken die zuvor aufgeführten Ergebnisse häufig auch die **Preisehrlichkeit** und die **Preistransparenz** als Bestandteile der Preisfairness ab. In spezieller Form liegen nur wenige Informationen über diese beiden Größen vor: DILLER stellt fest, dass die Preisklarheit und Preisübersichtlichkeit den Suchaufwand der Kunden senken und die Preissicherheit erhöhen. Negativ wirken sich z. B. nicht direkt zuzuordnende Etiketten an den Regalen, die schlechte Lesbarkeit oder die fehlende Auszeichnung der Mehrwertsteuer aus, positiv dagegen z. B. geordnete Preisübersichten an Regalen oder einfach vergleichbare Stückzahlen in den Verpackungen.[857]

---

852 Vgl. Homburg/Hoyer/Koschate 2005, S. 43.

853 Vgl. Maxwell/Nye/Maxwell 1999, S. 558 (hier allerdings bei Preisverhandlungen für den Gebrauchtwagenkauf); Herrmann/Wricke/Huber 2003, S. 173. Umgekehrt scheint auch die Treue eines Kunden zu einem Händler Einfluss auf die wahrgenommene Fairess zu haben, zumindest bei geringen Preissteigerungen. Siehe hierzu den Aufsatz von Martin et al. 2009.

854 Vgl. Maxwell 2002, S. 209 f.

855 Vgl. Sinha/Batra 1999, S. 247. Wie in Kap. 4.3.4.3 dargestellt, wird der Begriff price consciousness nicht einheitlich verwendet. Sinha/Batra definieren sie nach Monroe/Petroshius 1981, S. 44 wie folgt: "a consumer's reluctance to pay for the distinguishing features of a product if the price difference for these features is too large", siehe S. 238.

856 Vgl. Xia/Monroe/Cox 2004, S. 7.

857 Vgl. Diller 1997, S. 18 f.

4.4 Empirisch-quantitative Exploration

4.4.1 Konzeption und Durchführung der Erhebung für die empirisch-quantitative Exploration

4.4.1.1 Methode und Ablauf der Datenerhebung

Die empirisch-quantitative Exploration basiert auf den Ergebnissen der Literaturarbeit und der Voruntersuchung. Ziel der Erhebung war, Erkenntnisse über das Einkaufs- und Preisverhalten von Kunden in Tankstellenshops auf der Basis einer großen Fallzahl zu erlangen und so eine fundierte Grundlage für die Formulierung der Hypothesen zu schaffen. **Zentrale Fragen** der empirisch-quantitativen Exploration waren z. B.:

- Welche Relevanz hat der Preis für den Einkauf in Tankstellenshops, auch im Vergleich zu anderen Merkmalen?
- Welche Relevanz hat der Preis für den Einkauf im übrigen Lebensmitteleinzelhandel, auch im Vergleich zu anderen Merkmalen und zu den Ergebnissen für Tankstellenshops?
- Wie gut kennen die Kunden die Preise in Tankstellenshops? Wie schätzen sie die Preise dort im Vergleich zum übrigen Lebensmitteleinzelhandel ein?
- Wie ist die Preisbeurteilung für Tankstellenshops? (Wie) Unterscheiden sich das Preisgünstigkeitsurteil und das Preiswürdigkeitsurteil?
- Empfinden die Kunden die Preise in Tankstellenshops als fair? Fühlen sie sich übervorteilt?
- Akzeptieren die Kunden in Tankstellenshops höhere Preise als im übrigen Lebensmitteleinzelhandel?
- Welche soziodemografischen und situativen Faktoren haben Auswirkungen auf das Preisverhalten?
- Welche sonstigen Aussagen lassen sich über das Preisverhalten von Kunden in Tankstellenshops treffen? Welche Zusammenhänge bestehen zwischen den untersuchten Variablen?

Erhoben wurden diese Informationen im Rahmen von **zwei standardisierten persönlichen Befragungen**, von denen eine in ausgewählten Tankstellenshops erfolgte (im Folgenden als Teil 1 der empirisch-quantitativen Exploration bezeichnet) und die andere in Form einer Passantenbefragung stattfand (im Folgenden als Teil 2 der empirisch-quantitativen Exploration bezeichnet).[858] Die Erhebungsmethode der standardisierten persönlichen Befragung zeichnet sich insbesondere durch zwei Merkmale aus:[859]

- Art des Kontaktes: Die Erhebung erfolgt in der persönlichen Befragungssituation „face-to-face". Befragter und Befrager befinden sich am gleichen Ort und kommunizieren direkt miteinander.
- Ausmaß der Standardisierung: Die Fragen sind vor dem Interview schriftlich festgelegt und werden bei allen befragten Personen im selben Wortlaut und in derselben Reihenfolge gestellt.

Die Auswahl dieser Erhebungsmethode war hier vor allem durch die folgenden Überlegungen begründet: Erstens war durch die Befragung in der tatsächlichen Kauf- oder Tanksituation (soweit möglich – siehe unten) beabsichtigt, die größtmögliche Nähe zur Situation, die erhoben werden sollte, zu gewährleisten. Zweitens: In Teil 1 kam neben einigen offenen und geschlossenen Fragen ein Rangreihenverfahren zum Einsatz, das erklärungsbedürftig war und erforderte, dass die Interviewer den Befragten Hilfestellung leisten konnten.[860] Drittens ermöglichen persönliche Befragungen die Berücksichtigung hoher Fallzahlen und gehen mit geringen Ausfallquoten einher.[861] Der vierte Grund für die Auswahl dieses Erhebungsinstrumentes lag in der Kontrollierbarkeit der Befragungssituation: Die Reihenfolge und das Verständnis der Fragen, der Zeitpunkt der Befragung und die Befragungssituation selbst lassen sich bei dieser Vorgehensweise kontrollieren.[862] Insbesondere der Einhaltung der Fragenreihenfolge kam aufgrund des hier untersuchten Themas eine besondere Bedeutung zu: Die Aufmerksamkeit der Befragten sollte nicht zu früh auf die Preise gelenkt werden.

Neben diesen Vorteilen weist die gewählte Datenerhebungsmethode auch Nachteile auf, von denen Interviewereffekte die gravierendsten sind.[863] Dies sind Verzerrungen der Untersuchungsergebnisse, die der Interviewer (meist unbewusst) hervorruft.[864] Sie entstehen z. B. durch die wahrnehmbaren sozialen Merkmale der interagierenden Personen, wie Geschlecht, Alter, Klassenmerkmale, äußeres Erscheinungsbild, Bildungs-

858 Für die Begründung zur Zweiteilung der Untersuchung siehe weiter unten.

859 Siehe zur standardisierten persönlichen Befragung und zu den weiteren Befragungsformen sowie ihren Vor- und Nachteilen z. B. Hammann/Erichson 2000, S. 96 ff.; Berekoven/Eckert/Ellenrieder 2006, S. 98 ff.; Bortz/Döring 2009, S. 236 ff.

860 Detailliert zu dem angewandten Verfahren siehe Kap. 4.3.4.3.3. Die Tatsache, dass bei der persönlichen Befragung durch den Interviewer Verständnisprobleme gelöst werden können, ist ein grundsätzlicher Vorteil der mündlichen im Vergleich zur schriftlichen Befragung, siehe z. B. Bortz/Döring 2009, S. 256.

861 Vgl. Bortz/Döring 2009, S. 256.

862 Vgl. Meffert 1992, S. 202 f.; Bortz/Döring 2009, S. 256.

863 Vgl. Meffert 1992, S. 203; Hammann/Erichson 2000, S. 99; Berekoven/Eckert/Ellenrieder 2006, S. 104 f.

864 Vgl. Bortz/Döring 2009, S. 246.

grad, Auftreten und Sprache.[865] Die bewusste oder unbewusste Einordnung des nübers auf Basis von derartigen Merkmalen kann zu Anpassungsmechanismen führen, die in einer inhaltlichen Verzerrung der Ergebnisse münden können: So ist denkbar, dass ein männlicher Kunde sich einer weiblichen Interviewerin gegenüber als großzügiger, gebildeter oder wohlhabender darstellt, als er ist – was sich vorliegend in den Antworten zur Zahlungsbereitschaft oder zum Haushaltsnettoeinkommen niederschlagen könnte.

Probleme dieser Art sind naturgemäß nicht völlig auszuschließen, da sie Bestandteil der Interaktion zwischen zwei Personen sind. Stattdessen muss erreicht werden, dass die Auswirkungen des verbalen und non verbalen Interaktionsprozesses zwischen Befrager und Befragtem auf das Ergebnis so gering wie möglich sind. Dies kann einerseits durch einen neutral gestalteten und mit verständlichen Interviewerhinweisen versehenen Fragebogen geschehen, andererseits trägt die sorgfältige Auswahl und Schulung der Befrager zu möglichst verzerrungsfreien Interviewergebnissen bei.[866] Hier dienten daher die folgenden Maßnahmen der Qualitätssicherung: Zum einen handelte es sich bei den (Haupt-[867])Interviewern um fünf Studierende im Projektteam „Das Preisverhalten von Kunden in Tankstellenshops" der Speziellen Betriebswirtschaftslehre „Marketing und Handel" am Fachbereich Wirtschaftswissenschaften der Universität Duisburg-Essen, die bereits zu Beginn des Vorhabens über Hintergrundwissen zum Ziel des Forschungsprojektes sowie über Kenntnisse der Fragebogenerstellung und des Forschungsprozesses verfügten. Zum anderen fanden mehrere Interviewerschulungen und Einweisungen durch die Verfasserin statt, in denen die geplante Untersuchung und alle im Fragebogen enthaltenen Fragen diskutiert und das Vorgehen bei der Dokumentation der Antworten sowie der Ansprache der Befragten festgelegt wurden. Auch Verhaltensregeln für die Erhebungssituation (Neutralität, äußeres Auftreten, Reaktion auf Verweigerer oder unangemessene Reaktionen der Interviewten usw.) wurden auf diese Weise fixiert.[868] Schließlich konnten sich die Interviewer in mehreren Pretests mit den Fragebögen vertraut machen.[869]

Die Erhebung im Zuge von Teil 1 fand in acht Tankstellenshops in Nordrhein-Westfalen statt. Um die **Erhebungsorte** auszuwählen, wurden drei Kriterien herangezogen, die einen Aspekt des Anbieters, einen Aspekt der Kundenseite und einen Aspekt des Wettbewerbs aufgreifen, nämlich die in Kap. 4.3.2 erläuterte Variable „Preisniveau der

865 Vgl. Berekoven/Eckert/Ellenrieder 2006, S. 104 f.
866 Vgl. Berekoven/Eckert/Ellenrieder 2006, S. 105.
867 Aufgrund des hohen Arbeits- und Zeitaufwandes wurden die Interviewer zeitweise durch weitere Studierende unterstützt.
868 Siehe zu den im Rahmen von Interviewerschulungen zu vermittelnden Sachverhalten Schnell/Hill/Esser 2008, S. 352; Bortz/Döring 2009, S. 247 f.
869 Siehe hierzu Kap. 4.4.1.3.

Tankstelle“ sowie die in Kap. 4.3.3.2 dargestellten Größen „Kaufkraftniveau in der PLZ-Region“ und „Wettbewerbsintensität im Umfeld“.[870] Aus der Kombination dieser drei Kriterien ergab sich eine Auswahl von acht Tankstellenshops: Von diesen zeichnete sich jeweils die Hälfte durch eine hohe bzw. niedrige Kaufkraft, ein hohes bzw. niedriges Preisniveau und eine hohe bzw. niedrige Wettbewerbsintensität im Umfeld aus. In jeder der acht Tankstellen wurden 120 Personen befragt, so dass sich zunächst eine Stichprobe von 8 x 120, also 960 Personen ergab.

Die Tab. 4-19 zeigt die ausgewählten Tankstellenshops mit ihren Merkmalsausprägungen und der Anzahl der dort befragten Personen.[871]

Tankstelle	Preisniveau der Tankstelle	Kaufkraft-niveau in der PLZ-Region	Wettbewerbs-intensität im Umfeld	Befragte Personen
TS 1	hoch	hoch	hoch	120
TS 2	hoch	hoch	niedrig	120
TS 3	hoch	niedrig	hoch	120
TS 4	hoch	niedrig	niedrig	120
TS 5	niedrig	hoch	hoch	120
TS 6	niedrig	hoch	niedrig	120
TS 7	niedrig	niedrig	hoch	120
TS 8	niedrig	niedrig	niedrig	120
			$\sum$	960

Tab. 4-19: Auswahl der Erhebungsorte

Die Befragungen im Rahmen von Teil 1 der empirisch-quantitativen Exploration wurden zwischen dem 08.06.2007 und dem 15.07.2007 unter Anleitung und Überwachung der Verfasserin durchgeführt. Um Verzerrungen durch die Befragung zu bestimmten Tageszeiten (z. B. Nichtberücksichtigung von Berufstätigen oder von bestimmten Berufsgruppen) zu vermeiden, wurde an allen Wochentagen und von 09:00 Uhr bis 21:30 Uhr befragt.

Teil 2 der empirisch-quantitativen Exploration befasste sich mit der Preisinformationsspeicherung für Tankstellenshops. Die Untersuchung zielte allerdings, wie in Kap. 4.3.4.6.3 bereits erläutert, nicht auf das kurzfristig gespeicherte Wissen der Befragten ab. Stattdessen sollten Anhaltspunkte dafür gesammelt werden, wie Kunden die Preise in Tankstellenshops (auch im Vergleich zum übrigen Lebensmitteleinzelhandel) einschätzen. Um möglichst unvoreingenommene Antworten zu erhalten, war

---

870 Für die erweiterte Betrachtung siehe Kap. 5.

871 Die Antworten von insgesamt 14 Personen mussten später aus der Analyse ausgeschlossen werden, siehe hierzu Kap. 4.4.3.

es zweckmäßig, die Untersuchung in einer Umgebung durchzuführen, die (vermutlich) von den befragten Personen nicht mit Tankstellen assoziiert wird.[872] Als Erhebungsort wurde daher die Essener Innenstadt gewählt. Die Befragung erfolgte – ebenfalls unter Anleitung der Verfasserin – im Zeitraum vom 16.11.2007 bis 22.02.2008.[873] Auch in diesem Erhebungsschritt wurde aus den oben angeführten Gründen an allen Wochentagen und zu allen Tageszeiten befragt.

Die Teilnehmer beider Erhebungen wurden auf den wissenschaftlichen Zweck der Untersuchung hingewiesen. Es wurde ihnen zudem Anonymität zugesichert.

4.4.1.2 Grundgesamtheit und Stichprobenbildung

Die relevante **Grundgesamtheit** der Untersuchung bestand für **Teil 1** aus den Kunden der untersuchten Tankstellenshop-Marke, die zudem über ein Mindestmaß an Erfahrung mit Tankstellen verfügten: Es wurden solche Personen berücksichtigt, die mindestens ein Mal im Monat eine Tankstelle zum Einkaufen oder Tanken aufsuchen.

Aus dieser Grundgesamtheit musste eine nach wissenschaftlichen Regeln identifizierte Teilmenge (Stichprobe) gezogen werden.[874] Grundsätzlich lassen sich zwei Arten von **Stichproben-Auswahlverfahren** unterscheiden, nämlich die Zufallsauswahl und die bewusste oder systematische Auswahl.[875] Verfahren der Zufallsauswahl zeichnen sich dadurch aus, dass für jedes Element der Grundgesamtheit eine angebbare und positive Wahrscheinlichkeit existiert, in die Stichprobe aufgenommen zu werden.[876] Demgegenüber wird die Stichprobe im Rahmen von Verfahren der bewussten Auswahl nach sachrelevanten Merkmalen konstruiert, wobei sie die Grundgesamtheit so gut wie möglich abbilden soll.[877]

Da im späteren Verlauf der Analyse verschiedene inferenzstatistische Verfahren für die Auswertung herangezogen werden sollten, hätte hier streng genommen eine Zufallsauswahl angewendet werden müssen.[878] Allerdings bestand keine Möglichkeit, alle Elemente der Grundgesamtheit zu identifizieren und so die Grundanforderung an die Zufallsauswahl zu erfüllen. Daher wird im späteren Verlauf der Datenauswertung der häufigen Praxis gefolgt, trotz fehlender Zufallsauswahl inferenzstatistische Methoden

---

872 Zur Diskussion der Sinnhaftigkeit von Erhebungen der Preisinformationsspeicherung direkt nach dem Kauf siehe Kap. 4.3.4.6.2.

873 Der relativ lange Zeitraum ergab sich dadurch, dass Verzerrungen durch die (Vor-) Weihnachtszeit vermieden werden sollten.

874 Vgl. Hammann/Erichson 2000, S. 127.

875 Siehe z. B. Meffert 1992, S. 189 ff.; Hammann/Erichson 2000, S. 130 ff.; Atteslander 2006, S. 257 ff.

876 Vgl. Schnell/Hill/Esser 2008, S. 273.

877 Vgl. Atteslander 2006, S. 259.

878 Vgl. Schnell/Hill/Esser 2008, S. 267 f. Siehe auch den Aufsatz von von der Lippe/Kladroba 2002.

anzuwenden, um zu prüfen, ob die Effekte in der Stichprobe systematischer oder zufälliger Natur sind.[879]

Weiterhin kam für die Auswahl der Erhebungseinheiten in Teil 1 der folgende Aspekt zum Tragen: Wie bereits in Kap. 4.3.3.1 erläutert, lassen sich in Tankstellen drei Kundengruppen antreffen, nämlich Shop-Kunden, Tank-Kunden und Beides-Kunden. Weil diese drei Gruppen sich im Hinblick auf ihr Kaufverhalten in Tankstellenshops unterscheiden, sollten für alle drei Gruppen ausreichend große Fallzahlen erhoben werden. Darüber, welche Fallzahlen wünschenswert sind, finden sich in der Literatur unterschiedliche Aussagen: So empfiehlt z. B. SCHEFFLER mindestens 80 Fälle je ausgewiesene Gruppe, während BORTZ und DÖRING darauf hinweisen, dass für das Testen unspezifischer Hypothesen (also Hypothesen, bei denen keine vorgegebenen Effektgrößen überprüft werden) keine genauen Angaben über wünschenswerte Fallzahlen gemacht werden können.[880]

Nach diesen Vorüberlegungen wurde die **Auswahl der Erhebungseinheiten** wie folgt vorgenommen: Um genügend große Fallzahlen für die drei Gruppen Shop-Kunden, Tank-Kunden und Beides-Kunden zu produzieren, wurde im ersten Schritt nach diesem Merkmal quotiert: Aus jeder der drei Gruppen sollten 320 Personen befragt werden. Im zweiten Schritt musste die Auswahl der Erhebungseinheiten innerhalb der drei Gruppen festgelegt werden. Weil kein reiner Zufallsprozess zur Auswahl der Erhebungseinheiten herangezogen werden konnte, waren die Befrager dazu angehalten, jede Person anzusprechen, die die Tankstelle betrat – sofern die Befrager nicht gerade ein Interview führten. Somit kam das Verfahren der Quotenauswahl zum Einsatz.[881] Dieses Auswahlverfahren sieht sich der Kritik ausgesetzt, dass die Stichprobe unter Umständen keinen Rückschluss auf die Grundgesamtheit ermöglicht, weil sie nicht in der Lage ist, die Grundgesamtheit abzubilden (z. B. weil nur zu bestimmten Tageszeiten befragt wird, weil die Quotierung die Verteilung der Gruppen in der Grundgesamtheit nicht abbildet oder weil die Interviewer – bewusst oder unbewusst – Personen zur Befragung systematisch auswählen).[882] Um diesem Problem zu begegnen, erstreckten sich erstens die Befragungszeiträume auf verschiedene Wochentage (so war für jede Tankstelle neben einigen Werktagen mindestens ein Wochenend- oder Feiertag eingeplant) und Uhrzeiten, zweitens sollten möglichst alle in der Tankstelle anzutreffenden Kunden um die Teilnahme an der Befragung gebeten werden. Dennoch lässt sich die

879 Vgl. Esser 2002, S. 123 und die dort zitierten Studien. Darüber hinaus ist fraglich, ob eine Zufallsauswahl überhaupt möglich ist – so entsteht u. U. bereits eine systematische Verzerrung durch Verweigerer, vgl. Schnell/Hill/Esser 2008, S. 312 ff.

880 Vgl. Scheffler 1999, S. 67, und Bortz/Döring 2009, S. 71.

881 Vgl. Scheffler 1999, S. 64.

882 Vgl. Häder 2010, S. 220 ff.

oben angeführte Kritik hier nicht ganz ausräumen; dies muss bei der Interpretation der Ergebnisse berücksichtigt werden.

Für **Teil 2** enthielt die relevante Grundgesamtheit alle in Essen einkaufenden Personen, die mindestens eines der vier Produkte, auf die sich die Befragung bezog, ein Mal im Monat oder häufiger kaufen. Die Beschränkung auf die Stadt Essen ergab sich aus dem Umstand, dass die Preisschätzungen der Befragten mit den in der Preiserhebung protokollierten – in Essen erhobenen – tatsächlichen Preisen verglichen werden sollten. Für die Ziehung der Stichprobe per Zufallsauswahl bestand auch hier das Problem, dass die Grundgesamtheit nicht bekannt war und daher nicht angegeben werden konnte, mit welcher Wahrscheinlichkeit eine Erhebungseinheit in die Stichprobe gelangen würde. In solchen Fällen wird häufig, um das Erreichbarkeitsproblem zu vermeiden und aus Kostengründen auf Studentenstichproben zurückgegriffen.[883] Hier wurde darauf allerdings verzichtet, da zumindest unterschiedliche Ausprägungen soziodemografischer Merkmale einfließen sollten; folglich wurde die Erhebung als Fußgängerbefragung durchgeführt. Auch hier wurde eine Quotierung vorgegeben: Das Ziel war, für jedes der vier Produkte mindestens 20 Personen zu erreichen, die dieses Produkt ein Mal im Monat oder häufiger kaufen. Darüber hinaus sollte die Gesamtstichprobe 150 Personen oder mehr umfassen. Auch in diesem Fall sind daher im weiteren Verlauf der Untersuchung durchgeführten Signifikanztests unter dem Gesichtspunkt der fehlenden Zufallsauswahl zu interpretieren.

4.4.1.3 Aufbau der Fragebögen für die empirisch-quantitative Exploration

Der Fragebogen in **Teil 1** besteht aus sieben Fragenblöcken.[884]

- Der erste enthält die Qualifizierungs- und Quotierungsfragen, nach denen die Kunden in die Gruppen Shop-Kunden, Beides-Kunden und Tank-Kunden eingeteilt wurden (Fragen 1-1 bis 1-4).
- Der zweite dient der Erhebung von Hintergrundinformationen, wie z. B. dem Stammkundengrad der betreffenden Person (Fragen 2-1 bis 2-4).
- Der dritte umfasst die erste Hälfte des in Kap. 4.3.4.3.3 erläuterten Rangreihenverfahrens und bezieht sich auf Einkaufsstätten des übrigen Lebensmitteleinzelhandels (Fragen 3-1 und 3-2).

---

883 So beruhen zahlreiche der in Kap. 4.3.4 dargestellten Studien auf Studentenstichproben, siehe z. B. die Arbeiten von Alba et al. 1994; Grewal/Marmorstein/Sharma 1996; O´Neill/Lambert 2001; Bolton/Alba 2006; Coulter/Coulter 2007.

884 Siehe den Fragebogen in Anhang 8.

- Der vierte enthält die zweite Hälfte des Rangreihenverfahrens, diesmal im Hinblick auf Tankstellenshops. Außerdem werden hier weitere Informationen erhoben, die sich auf den Einkauf am Befragungstag, die Motive für den Einkauf in Tankstellenshops und die Gründe für dessen Ablehnung sowie das Verhalten bei Out-of-Stock-Situationen[885] beziehen (Fragen 4-1 bis 4-9).
- Der fünfte dient der Erhebung des Preisinteresses und des subjektiv empfundenen Preiswissens. Zuerst werden die Kunden gebeten, ihre Preisinformationsaktivitäten zu beschreiben. Anschließend erfolgt die Abfrage der in Kap. 4.3.4.3.3 und 4.3.4.6.3 hergeleiteten Items zur Messung des Preisinteresses und des subjektiv empfundenen Preiswissens. An dieser Stelle wird erstmals konkret das Preisverhalten angesprochen (Fragen 5-1 und 5-2).
- Der sechste widmet sich weiteren Konstrukten des Preisverhaltens: Er beginnt mit einer Preisniveauschätzung von fünf Tankstellenmarken und freien Tankstellen. Anschließend folgen die in Kap. 4.3.4 hergeleiteten Statements und Fragen zum Preisurteil, zum Preisvertrauen, zur Preisbereitschaft und zu den Preisemotionen (Fragen 6-1 bis 6-10).
- Der siebente erfasste abschließend die soziodemografischen Merkmale der Befragten (Fragen 7-1 bis 7-5).

Der Fragebogen für **Teil 2** ist deutlich kürzer, da er sich nur auf ein Konstrukt sowie zusätzliche Informationen bezieht. Er besteht aus vier Fragenblöcken:[886]

- Der erste dient der Erhebung von Hintergrundinformationen über die befragte Person, z. B. Einkaufshäufigkeiten und bevorzugte Einkaufsstätten. Außerdem werden die Intensität des Preisinteresses und das subjektiv empfundene Preiswissen erhoben (Fragen 1-1 bis 1-3).
- Der zweite befasst sich mit dem Nutzungsverhalten der Befragten in Bezug auf Tankstellenshops und enthält die Quotierungsfragen aus Teil 1, ergänzt um die Frage, welche Tankstellen von der befragten Person aufgesucht werden (Fragen 2-1 bis 2-3).
- Der dritte stellte den zentralen Teil der Befragung dar: Hier werden für die in Kap. 4.3.4.6.3 genannten Produkte die dort beschriebenen Fragen über Einkaufshäufigkeit und Einkaufsort gestellt sowie der Schätzpreis für die Produkte im übrigen Lebensmitteleinzelhandel und in Tankstellenshops abgefragt. Darüber hinaus

885 Einige der Fragen – wie z. B. die nach dem Verhalten bei Out-of-Stock-Situationen oder die Preisniveauschätzung unterschiedlicher Tankstellenmarken in Fragebogenteil sechs – wurden auf Wunsch des Praxispartners zur Gewinnung zusätzlicher Informationen über das Kundenverhalten aufgenommen. Sie gehen nicht in die spätere Analyse ein.

886 Siehe Anhang 9.

sollen die Befragten die subjektive Sicherheit für ihre Preisschätzungen angeben (Fragen 3-1-1 bis 3-4-9).

- Der vierte schließt mit der Erhebung einiger soziodemografischer Informationen (Fragen 4-1 bis 4-4).

In den Fragebögen kommen verschiedene **Messniveaus**, nämlich Nominalskalen, Intervallskalen und Ratingskalen zum Einsatz.[887] Nominalskalen dienten z. B. der Erhebung des Geschlechts. Intervallskalenniveau weisen mehrere Fragen zur Preisbereitschaft auf, die Geldbeträge in € zur Antwort haben. Ratingskalen werden für die Messung einiger Konstrukte genutzt (z. B. Preisurteile oder Preisvertrauen).

Bei Einsatz von Ratingskalen müssen die Befragungsteilnehmer für das Untersuchungsobjekt (z. B. das Item „Das Preisniveau ... ist hier sehr niedrig") einen Messwert von einer vorgegebenen Skala zuordnen (z. B. „stimme zu" – „stimme eher zu" – „weder noch" – „stimme eher nicht zu" – „stimme nicht zu").[888] Der große Vorteil von Ratingskalen besteht in der Einfachheit ihrer Verwendung: Sie sind bei der Erhebung gut verständlich und auch bei der Auswertung einfach zu handhaben, weswegen Skalen dieser Art in den Sozialwissenschaften sehr häufig eingesetzt werden.[889]

Obwohl es sich bei Ratingskalen streng genommen zumeist um Ordinalskalen handelt und die damit einhergehenden messtheoretischen Probleme in der Fachliteratur stark diskutiert werden, herrscht weitgehend Einigkeit darüber, dass Ratingskalen für die Auswertung als intervallskaliert interpretiert werden dürfen.[890] Voraussetzung ist, dass sie sorgfältig konstruiert und die befragten Personen genau instruiert werden, so dass die Abstände zwischen den Rängen von den befragten Personen als annähernd gleich interpretiert werden.[891] Darüber hinaus konnten z. B. BAKER, HARDYCK und PETRINOVICH belegen, dass sogar solche Ratingskalen, bei denen die Abstände zwischen den Rängen systematisch verzerrt wurden, zu nahezu denselben statistischen Entscheidungen führten wie intervallskalierte Daten. Damit ist sogar die ungleiche Interpretation der Rangunterschiede durch die befragten Personen weniger problematisch.[892]

---

887 Für die detaillierte Beschreibung unterschiedlicher Messniveaus und Skalierungen siehe z. B. Meffert 1992, S. 183 ff.; Hammann/Erichson 2000, S. 87 ff.; Atteslander 2006, S. 215 ff.; Berekoven/Eckert/Ellenrieder 2006, S. 71 ff.

888 Vgl. Meffert 1992, S. 185; Bortz/Döring 2009, S. 176 ff.

889 Siehe hierzu den Beitrag von McReynolds/Ludwig 1987 sowie Bortz/Döring 2009, S. 176.

890 Vgl. Meffert 1992, S. 185.

891 Siehe die Zusammenfassung der Diskussion bei Bortz/Döring 2009, S. 181 f.

892 Siehe den Aufsatz von Baker/Hardyck/Petrinovich 1966. Vorsicht ist allerdings geboten bei der Interpretation von Mittelwerten, siehe hierzu Bortz/Döring 2009, S. 182. Ob letztendlich parametrische Verfahren für die Auswertung der Daten genutzt werden können, hängt von anderen Kriterien (z. B. der Verteilung) ab, siehe hierzu Kap. 4.4.4.1.

Ratingskalen können auf verschiedene Weise konstruiert werden: So können z. B. numerische, grafische oder verbale Skalenbezeichnungen zum Einsatz kommen.[893] Vorliegend wurde eine Kombination von numerischen und verbalen Skalenbezeichnungen verwendet, um die Vorteile beider Methoden zu nutzen: Numerische Bezeichnungen sind eindeutig und betonen die Äquidistanz zwischen den Skalenwerten. Verbale Bezeichnungen helfen den befragten Personen, die abstrakten Zahlenwerte besser zu verstehen. Zudem ist es möglich, die Skala monopolar oder bipolar zu konstruieren: Bei der bipolaren findet sich an den beiden Endpunkten der Skala ein Gegensatzpaar, z. B. „billig" und „teuer" oder „maskulin" und „feminin". Ist die Skala monopolar konstruiert, greift sie Abstufungen eines Begriffs auf.[894] Hier wurde eine monopolare Skala eingesetzt. Die Abb. 4-8 zeigt die für die Konstruktmessung genutzte Ratingskala, die den Untersuchungsteilnehmern im Format DIN A4 vorgelegt wurde.

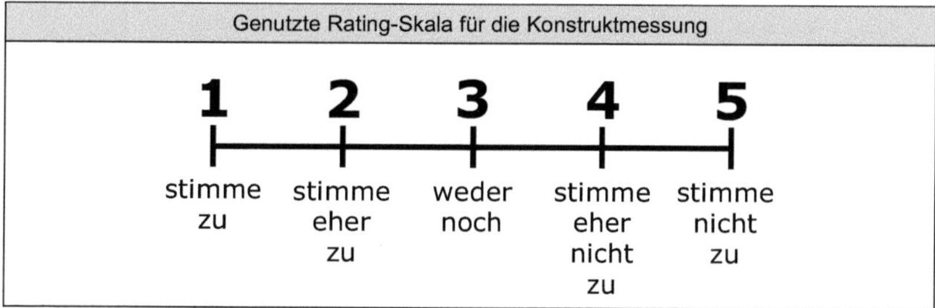

Abb. 4-8: Genutzte Ratingskala für die Konstruktmessung

Um im Vorfeld die Verständlichkeit und Anwendbarkeit der Fragebögen zu verifizieren, wurden mehrere **Pretests** durchgeführt. Für den Fragebogen in Teil 1 fanden zwei statt: Im ersten Durchlauf befragten die Interviewer und die Verfasserin einige Personen, um die Verständlichkeit und Frageformulierung zu überprüfen, mit den Befragten zu diskutieren und sich mit dem Fragebogen vertraut zu machen. Ergänzend wurden die Befragten im ersten Pretest um ein detailliertes Feedback gebeten, so dass im Anschluss die Frageformulierungen und Interviewer-Hinweise angepasst werden konnten. Im zweiten Pretest für Teil 1 wurden etwa hundert Kunden in zwei Tankstellenshops, also in der späteren Erhebungsumgebung, befragt.

Die Fragebögen für Teil 2 wurden ebenfalls einem Pretest unterzogen: Die Interviewer testeten den Fragebogen vorab mit einigen Personen, um Unklarheiten bei der Frageformulierung zu beseitigen; ein Pretest in der realen Befragungssituation wurde hier nicht durchgeführt.

893 Vgl. Bortz/Döring 2009, S. 177 ff.
894 Vgl. Berekoven/Eckert/Ellenrieder 2006, S. 76.

4.4.1.4 Soziodemografische Merkmale der Stichproben

Im Rahmen der empirisch-quantitativen Exploration wurden, wie in Kap. 4.3.3.1 geschildert, das Alter, das Geschlecht, die Haushaltsgröße und das Haushaltsnettoeinkommen der befragten Personen erhoben.

Die Stichprobe in **Teil 1** weist die folgende Struktur auf:

- 61,9 % der befragten Personen sind männlich.
- Das Durchschnittsalter liegt bei 39,1 Jahren. 41,0 % der Personen sind unter 35 Jahre alt.
- 57,1 % der befragten Personen leben in einem Ein- oder Zweipersonenhaushalt.
- 80 % derjenigen Personen, die bereit waren, Auskunft über ihr Haushaltsnettoeinkommen zu geben (etwa 83 % der Gesamtstichprobe), beziffern es auf mindestens 1.500 €.

Die Tab. 4-20 zeigt die soziodemografische Struktur der Stichprobe im Detail.

Geschlecht (n = 946)	
Männlich	Weiblich
61,9 % (586)	38,1 % (360)

Alter (n = 944; Ø = 39,1)				
Unter 20 Jahre	20–34 Jahre	35–49 Jahre	50–64 Jahre	Ab 65 Jahre
5,8 % (55)	35,2 % (332)	36,0 % (340)	16,8 % (159)	6,1 % (58)

Haushaltsgröße (n = 946)			
1 Person	2 Personen	3 Personen	Ab 4 Personen
25,1 % (237)	32,0 % (303)	18,0 % (170)	24,9 % (236)

Haushaltsnettoeinkommen (n = 786)*								
Bis 500 €	500–999 €	1.000–1.499 €	1.500–1.999 €	2.000–2.499 €	2.500–2.999 €	3.000–3.499 €	3.500–3.999 €	Ab 4.000 €
3,2 % (25)	5,3 % (42)	11,5 % (90)	14,8 % (116)	17,9 % (141)	13,0 % (102)	10,3 % (81)	8,4 % (66)	15,6 % (123)

Zahlen in Klammern geben absolute Werte an.
*16,9 % der Gesamtstichprobe verweigerten die Auskunft. Die Prozentzahlen beziehen sich auf die restlichen 83,1 % der Gesamtstichprobe.

Tab. 4-20: Soziodemografische Struktur der Stichprobe in Teil 1 der empirisch-quantitativen Exploration

Die Stichprobe für **Teil 2** setzt sich wie folgt zusammen:

- 47,1 % der befragten Personen sind männlich.
- Das Durchschnittsalter liegt bei 36,1 Jahren. 59,0 % der Personen sind unter 35 Jahre alt.

- 70 % der befragten Personen leben in einem Ein- oder Zweipersonenhaushalt.
- 68,7 % derjenigen Personen, die bereit waren, Auskunft über ihr Haushaltsnettoeinkommen zu geben (etwa 94 % der Gesamtstichprobe), beziffern es auf mindestens 1.500 €.

Die folgende Tab. 4-21 zeigt auch für Phase 1.2 die soziodemografische Struktur der Stichprobe.

Geschlecht (n = 157)								
Männlich				Weiblich				
47,1 % (74)				52,9 % (83)				
Alter (n = 157; Ø = 36)								
Unter 20 Jahre	20–34 Jahre	35–49 Jahre	50–64 Jahre	Ab 65 Jahre				
3,2 % (5)	54,8 % (86)	25,5 % (40)	12,7 % (20)	3,8 % (6)				
Haushaltsgröße (n = 157)								
1 Person	2 Personen	3 Personen	Ab 4 Personen					
31,8 % (50)	38,2 % (60)	17,2 % (27)	12,7 % (20)					
Haushalts-Nettoeinkommen (n = 147)*								
Bis 500 €	500–999 €	1.000–1.499 €	1.500–1.999 €	2.000–2.499 €	2.500–2.999 €	3.000–3.499 €	3.500–3.999 €	Ab 4.000 €
5,4 % (8)	12,9 % (19)	12,9 % (19)	18,4 % (27)	15,0 % (22)	10,9 % (16)	12,9 % (19)	3,4 % (5)	8,2 % (12)
Zahlen in Klammern geben absolute Werte an. *6,4 % der Gesamt-Stichprobe verweigerten die Auskunft. Die Prozentzahlen beziehen sich auf die restlichen 93,6 % der Gesamtstichprobe.								

Tab. 4-21: Soziodemografische Struktur der Stichprobe in Teil 2 der empirisch-quantitativen Exploration

4.4.2 Überprüfung der Modellierung

4.4.2.1 Vorüberlegungen zur Überprüfung der Modellierung von psychischen Konstrukten

4.4.2.1.1 Gütekriterien der Messung

Wie erläutert, wurden vorliegend zahlreiche Konstrukte des Preisverhaltens von Kunden untersucht. Weil psychische Konstrukte nicht direkt, sondern nur indirekt messbar sind, muss die Messgüte für die operationalisierten Konstrukte vor der Ergebnisinterpretation geprüft werden. Um hier Aussagen machen zu können, werden die Kriterien Objektivität, Reliabilität (Zuverlässigkeit) und Validität (Gültigkeit) herangezogen.[895]

Objektivität liegt dann vor, wenn die Messergebnisse unabhängig von den Durchführenden sind: Verschiedene Untersuchungsleiter müssen zum selben Ergebnis gelangen, wenn sie unabhängig voneinander Daten erfassen.[896] Man unterscheidet drei Arten der Objektivität, nämlich die Durchführungsobjektivität (Erhebung ist frei von Einflüssen der durchführenden Personen), die Auswertungsobjektivität (die Auswertung erfolgt mit so wenig Spielraum wie möglich) und die Interpretationsobjektivität (die Ergebnisse werden frei von subjektiven Eindrücken der Forscher interpretiert).[897] Bei standardisiertem Vorgehen wie im vorliegenden Fall wird die Objektivität dadurch gewährleistet, dass die Vorgehensweise bei der Erhebung genau festgelegt ist und alle beteiligten Personen entsprechend geschult und vorbereitet sind.[898]

Reliabilität ist dann gegeben, wenn die Messwerte bei konstanten Messbedingungen präzise und stabil sind.[899] Deshalb gilt ein Messinstrument dann als reliabel, wenn mehrere Messungen, die unter gleichen Voraussetzungen erfolgen, zu denselben Ergebnissen führen.[900] Dies wiederum bedeutet, dass die verschiedenen zu einem Konstrukt gehörigen Indikatoren als reliables Messinstrument gelten können, wenn ein wesentlicher Teil der Varianz ihrer erzielten Messwerte durch den zugrundeliegenden Faktor (das Konstrukt) erklärt wird.[901]

Validität eines Messvorgangs liegt dann vor, wenn gemessen wird, was gemessen werden soll. Sie beschreibt also die konzeptionelle Genauigkeit des Messinstruments in Bezug auf das Konstrukt.[902] Eine Messung gilt dann als valide, wenn sie sowohl von unsystematischen als auch von systematischen Fehlern frei ist.[903] Man unterscheidet mehrere Arten der Validität; der **Konstruktvalidität** wird die größte Bedeutung zugemessen.[904] Diese bezeichnet den Deckungsgrad zwischen dem „wahren Kern" des Konstrukts und der erfolgten Messung.[905] Um die Konstruktvalidität in empirischen Da-

---

895 Vgl. Lienert/Raatz 1998, S. 7; Berekoven/Eckert/Ellenrieder 2006, S. 87. Diese drei Kriterien gelten als Hauptgütekriterien; als Nebengütekriterien kommen z. B. die Normierung, die Vergleichbarkeit, die Ökonomie und die Nützlichkeit zum Einsatz, siehe Lienert/Raatz 1998, S. 7.

896 Vgl. Berekoven/Eckert/Ellenrieder 2006, S. 87; Bühner 2006, S. 34 f.

897 Vgl. Berekoven/Eckert/Ellenrieder 2006, S. 87; Kepper 1996, S. 195

898 Vgl. Bühner 2006, S. 34; siehe auch die Ausführungen zum Fragebogenaufbau in Kap. 4.4.1.3 und zur Schulung der Befrager in Kap. 4.4.1.1.

899 Vgl. Peter 1979, S. 6; Peter/Churchill Jr., 1986, S. 4.

900 Vgl. Churchill 1979, S. 65.

901 Vgl. Peter 1979, S. 7; Homburg/Giering 1996, S. 6.

902 Vgl. Heeler/Ray 1972, S. 361; Homburg/Giering 1996, S. 7.

903 Vgl. Churchill 1979, S. 65.

904 Vgl. Churchill 1979, S. 70; Peter 1981, S. 133; Bagozzi/Phillips 1982, S. 468.

905 Vgl. Peter 1981, S. 133.

ten nachzuweisen, wird auf die Überprüfung der Konvergenzvalidität, der Diskriminanzvalidität und der nomologischen Validität zurückgegriffen.[906]

Die **Konvergenzvalidität** gibt an, in welchem Umfang mehrere Messungen eines Konstrukts, mit unterschiedlichen Messmethoden durchgeführt, übereinstimmen.[907] Sie spiegelt sich in der Stärke des Zusammenhangs derjenigen Indikatoren, die einem Konstrukt zugeordnet werden: Je stärker die Messungen mehrerer Indikatoren übereinstimmen, desto höher ist die Konvergenzvalidität.[908]

Im Gegensatz dazu beschreibt die **Diskriminanzvalidität**, wie sehr sich die Messungen verschiedener Konstrukte, mit den gleichen Messmethoden durchgeführt, voneinander unterscheiden.[909] Dies zeigt sich in der Stärke (bzw. in der Schwäche) des Zusammenhangs zwischen denjenigen Indikatoren, die verschiedenen Konstrukten zugeordnet sind: Die Zusammenhänge zwischen Indikatoren, die unterschiedliche Konstrukte messen, müssen geringer sein als die Zusammenhänge zwischen Indikatoren, die dasselbe Konstrukt messen.[910]

Die **nomologische Validität** bezeichnet das Ausmaß, mit dem eine Prognose in einem Hypothesensystem zu bestätigen ist.[911] Sie ist also ein Maß dafür, inwieweit die Konzeptionierung und Operationalisierung sich in den weiteren theoretischen Kontext einfügen und theoriegeleitet aufgebaut wurden.[912] Nomologische Validität gilt dann als gegeben, wenn Konvergenz- und Diskriminanzvalidität erfüllt sind.[913]

4.4.2.1.2 Vorgehen bei der Überprüfung der Messgüte

Um die Güte der Messung sicherzustellen, wird auf die in der Literatur vorgeschlagenen Reliabilitäts- und Validitätskriterien der **ersten Generation** zurückgegriffen, nämlich zur Überprüfung der **Konstruktvalidität** auf die Ergebnisse der exploratorischen Faktorenanalyse und zur Überprüfung der **Reliabilität** auf Cronbachs Alpha sowie die Item-to-total-Korrelation.[914]

Die **exploratorische Faktorenanalyse** verdichtet eine Menge an Indikatoren auf die zugrundeliegende Faktorenstruktur.[915] Dabei ist es – im Gegensatz zur konfirmatorischen Faktorenanalyse, s. u. – nicht nötig, bereits im Vorfeld Hypothesen über die Fak-

906 Vgl. Hildebrandt 1984, S. 91.
907 Vgl. Bagozzi/Phillips 1982, S. 468.
908 Vgl. Homburg/Giering 1996, S. 7.
909 Vgl. Campbell 1960, S. 548; Peter 1981, S. 136 f.
910 Vgl. Bagozzi/Yi/Phillips 1991, S. 425.
911 Vgl. Bagozzi 1979a, S. 14.
912 Vgl. Peter 1981, S. 135; Homburg/Giering 1996, S. 7.
913 Vgl. Trommsdorff 2009, S. 40.
914 Vgl. den Aufsatz von Churchill 1979; Homburg/Giering 1996, S. 8.
915 Vgl. Überla 1977, S. 2 f.

torenzuordnung zu formulieren.[916] Sind die zugrundeliegenden Faktoren identifiziert, lässt sich mit Hilfe der Faktorladungen auf die Diskriminanz- und Konvergenzvalidität rückschließen: Sofern alle Items sich eindeutig einem Faktor zuordnen lassen – also auf einen Faktor hoch laden und auf die übrigen Faktoren gering – liegen Diskriminanz- und Konvergenzvalidität vor.[917]

Bevor allerdings eine exploratorische Faktorenanalyse durchgeführt werden kann, müssen die Indikatoren auf ihre Eignung zu dieser Analyse überprüft werden. Hierzu werden das Kaiser-Meyer-Olkin-Kriterium (KMO-Kriterium) und der Bartlett-Test herangezogen. Das **KMO-Kriterium** ergibt sich wie folgt:[918]

$$KMO = \frac{\sum\sum r_{ij}^2}{\sum\sum r_{ij}^2 + \sum\sum r_{ij.z}^2}, i \neq j$$

wobei

r_{ij}^2 =	quadrierter Korrelationskoeffizient zwischen Variablen i und j
$r_{ij.z}^2$ =	quadrierter Korrelationskoeffizient zwischen Variablen i und j nach Auspartialisierung der restlichen Variablen
i ... j =	Korrelationen der Variablen mit sich selbst werden nicht berücksichtigt

Es zeigt an, in welchem Umfang die Ausgangsindikatoren zusammengehören, und basiert auf den Korrelationen bzw. den Korrelationsmatrizen der Variablen.[919] Der Grundgedanke der Analyse liegt darin, dass eine Faktorenanalyse nur wenig sinnvoll ist, sofern die Indikatoren kaum miteinander korrelieren – denn dann existieren keine gemeinsamen zugrundeliegenden Faktoren.[920] Das KMO-Kriterium kann Werte zwischen 0 und 1 annehmen, wobei die Eignung der Indikatoren zur exploratorischen Faktorenanalyse umso höher ist, je höher das KMO-Maß ist.

Nach KAISER ist für das KMO-Kriterium ein Wert von zumindest 0,8 wünschenswert.[921] Nimmt das KMO-Kriterium einen Wert von unter 0,5 an, ist die Korrelationsmatrix nicht für die Faktorenanalyse geeignet.[922] In der Literatur wird teilweise auch eine etwas strengere Schwelle von 0,6 genannt, die hier ebenfalls angesetzt wird.[923]

Zur Beurteilung der Eignung dient die Tab. 4-22.

---

916 Vgl. Homburg/Giering 1996, S. 8; Backhaus et al. 2003, S. 260.
917 Vgl.Homburg/Giering 1996, S. 8.
918 Vgl. Bühner 2006, S. 206.
919 Vgl. Backhaus et al. 2003, S. 276. Siehe auch die Aufsätze von Kaiser 1970 und Kaiser 1974.
920 Vgl. Brosius 2006, S. 770 f.
921 Vgl. Kaiser 1970, S. 405.
922 Vgl. Backhaus et al. 2003, S. 276.
923 Siehe z. B. Bühner 2006, S. 210.

Wert	Beurteilung
0,9 bis 1,0	marvelous (erstaunlich)
0,8 bis unter 0,9	meritorious (verdienstvoll)
0,7 bis unter 0,8	middling (ziemlich gut)
0,6 bis unter 0,7	mediocre (mittelmäßig)
0,5 bis unter 0,6	miserable (kläglich)
unter 0,5	unacceptable (untragbar)

Tab. 4-22: Bewertung der Ergebnisse des KMO-Kriteriums
(Quelle: Kaiser 1974, S. 35; Übersetzung nach Backhaus et al. 2003, S. 276)

Der **Bartlett-Test auf Sphärizität** testet die Hypothese, dass die Stichprobe einer Grundgesamtheit entstammt, in der die Variablen unkorreliert sind.[924] Ist der Test nicht signifikant, dann korrelieren die Indikatoren nicht stark genug und sind damit nicht für die Faktorenanalyse geeignet.[925]

Nachdem mit Hilfe des KMO-Kriteriums und des Bartlett-Tests die Eignung der Daten für die Faktorenanalyse überprüft wurde, kann sie – sofern die Voraussetzungen erfüllt sind – durchgeführt werden. Es wurden die folgenden Einstellungen genutzt: Für die Extraktion der Faktoren diente die **Hauptkomponenten-analyse**. Diese beantwortet die Frage, wie sich alle Indikatoren, die auf einen Faktor laden, durch diesen beschreiben lassen. Dabei sind die Items, die hoch auf den Faktor laden, bei der Interpretation von besonderer Bedeutung.[926] Als Rotationsmethode wurde das **direkte Oblimin-Verfahren** mit einem Delta-Wert von 0[927] gewählt, da anzunehmen ist, dass die Faktoren untereinander korrelieren. Die extrahierten Faktoren sollten obendrein dem **Kaiser-Kriterium** entsprechen, also einen Eigenwert von mindestens 1 aufweisen.[928] Die Indikatoren gelten auf Basis der Empfehlung von HOMBURG und GIERING dann als valide Messung, wenn sie auf einen Faktor hoch (mindestens mit 0,4) und auf die anderen Faktoren niedriger laden.[929] Indikatoren, die keine Ladung in dieser Höhe auf einen Faktor aufweisen, werden eliminiert. Ebenso werden solche Indikatoren eliminiert oder nur auf der Indikatorebene betrachtet, die hohe Querladungen zu anderen Faktoren aufweisen, sich also nicht eindeutig einem Faktor zuordnen lassen. Außerdem soll der

924 Vgl. Dziuban/Shirkey 1974, S. 358 ff.; Backhaus et al. 2003, S. 274. Zur Logik des Hypothesentestens und zum Vorgehen hierbei siehe Kap. 4.4.4.1.
925 Vgl. Brosius 2006, S. 769 f.
926 Vgl. Hammann/Erichson 2000, S. 261 ff.; Bühner 2006, S. 196.
927 In diesem Fall wird die Stärke der Faktorenkorrelation maximal gesetzt.
928 Vgl. Backhaus et al. 2003, S. 295.
929 Vgl. Homburg/Giering 1996, S. 8.

kumulierte Varianzerklärungsanteil aller extrahierten Faktoren mindestens 50 % betragen.[930]

Im nächsten Schritt wird die Reliabilität mit Hilfe von **Cronbachs Alpha** überprüft, das sich wie folgt ergibt:[931]

$$\alpha = \frac{c}{c-1} \cdot \left(1 - \frac{\sum_{i=1}^{j} S_i^2}{S_x^2}\right)$$

wobei

S_i^2 = Varianz des Items

c = Anzahl der Items

S_x^2 = Varianz des Gesamtwertes der Skala

Cronbachs Alpha misst damit die interne Konsistenz einer Menge von Indikatoren:[932] Es gibt den Mittelwert aller Korrelationen an, die sich ergeben, wenn man die Menge der Indikatoren auf jede denkbare Art halbiert und die Hälften jeweils miteinander korreliert.[933] Cronbachs Alpha kann Werte zwischen 0 und 1 annehmen; die Reliabilität ist umso höher, je größer der Wert ist. Welcher Schwellenwert genutzt werden sollte, um ein Messinstrument als reliabel einzustufen, ist nicht eindeutig geklärt; eine häufig in der Literatur vertretene Meinung orientiert sich an der Empfehlung von NUNNALLY, der einen Wert von mindestens 0,7 fordert.[934] Dieser Wert wird auch im Folgenden als Schwellenwert herangezogen. Eine Ausnahme besteht allerdings dann, wenn ein Messinstrument weniger als vier Indikatoren aufweist: Da Cronbachs Alpha von einer hohen Zahl an Indikatoren positiv beeinflusst wird, gilt in diesem Fall ein Schwellenwert von 0,4.[935]

Falls bei dem Messinstrument für ein Konstrukt Cronbachs Alpha unter dem geforderten Schwellenwert liegt, wird die **Item-to-total-Korrelation** herangezogen, um zu entscheiden, welche Items eliminiert werden sollten.[936] Die Item-to-total-Korrelation gibt an, wie hoch die Korrelation zwischen einem Item und der Summe aller anderen dem Konstrukt zugeordneten Items ist.[937] Fällt sie für ein Item niedrig aus, lässt sich Cronbachs Alpha durch die Elimination dieses Items erhöhen.[938]

---

930 Vgl. Homburg/Giering 1996, S. 12.

931 Vgl. Cronbach 1951, S. 299; Bühner 2006, S. 132.

932 Vgl. Homburg/Giering 1996, S. 8.

933 Siehe den Aufsatz von Cronbach 1951 sowie Carmines/Zeller 1979, S. 45.

934 Vgl. Nunnally 1978, S. 245.

935 Siehe für eine ausführliche Diskussion der Abhängigkeit von Cronbachs Alpha von der Itemanzahl den Aufsatz von Cortina 1993 sowie Nunnally 1978, insb. S. 245.

936 Vgl. Nunnally 1978, S. 279 f.

937 Vgl. Homburg/Giering 1996, S. 8.

938 Vgl. Churchill 1979, S. 68.

Generell ist allerdings darauf zu achten, dass eine Elimination von Items immer mit Blick auf den Inhalt zu erfolgen hat: Eine Menge von Items, die nur eine bestimmte Facette des Konstrukts abdeckt, weist aufgrund der Ähnlichkeit der Items einen höheren Wert für Cronbachs Alpha auf, bildet das Konstrukt aber weniger gut ab als eine Skala, die unterschiedliche Facetten erfasst. Items sollten also nur dann eliminiert werden, wenn dies auch inhaltlich sinnvoll erscheint.[939]

Die Tab. 4-23 zeigt die genutzten Gütekriterien, ihre Schwellenwerte bei der Überprüfung der Messgüte sowie das Vorgehen bei Nichterfüllung der Anforderung.

Methode/Kriterium	Schwellenwert	Vorgehen bei Nichterfüllung
Exploratorische Faktorenanalyse		
>> KMO-Kriterium	≥ 0,6	Keine Faktorenanalyse
>> Signifikanz Bartlett-Test	< 0,05	Keine Faktorenanalyse
>> Faktorladung	≥ 0,4 auf einen Faktor < 0,4 auf alle anderen Faktoren	Elimination der Indikatoren/Betrachtung nur auf Indikatorebene
>> Kumulierter Varianz-Erklärungsanteil	≥ 50 %	Elimination von Indikatoren mit geringen Faktorladungen
Cronbachs Alpha	≥ 0,7 (bei mehr als 3 Indikatoren) ≥ 0,4 (bei weniger als 3 Indikatoren)	Elimination der Indikatoren mit der niedrigsten Item-To-Total-Korrelation

Tab. 4-23: Kriterien bei der Überprüfung der Messgüte

Weil die hier aufgeführten Ansätze der ersten Generation zur Überprüfung der Messgüte einige Schwachstellen aufweisen – so werden z. B. die teilweise restriktiven Annahmen und die Überprüfung aufgrund von „Faustregeln“ statt von inferenzstatistischen Methoden kritisiert – wurden die Ansätze der **zweiten Generation** entwickelt, die auf der Methode der konfirmatorischen Faktorenanalyse beruhen.[940] Ihr Unterschied zur exploratorischen Faktorenanalyse besteht vor allem darin, dass bereits vor Durchfüh-

939 Vgl. Bühner 2006, S. 148.
940 Zur Diskussion der Schwächen siehe z. B. Bagozzi/Phillips 1982; Gerbing/Anderson 1988; Bagozzi/Yi/Phillips 1991.

rung der Analyse Hypothesen über die zugrundeliegende Faktorenstruktur getroffen werden, die dann mit Hilfe der erhobenen Daten überprüft werden.[941] Zur Beurteilung der Messgüte sind zahlreiche Größen entwickelt worden, die eine detaillierte Untersuchung von Reliabilität und Validität gewährleisten.[942] Die Schwachstelle dieser Ansätze liegt allerdings in ihrer Grundvoraussetzung: Für die Durchführung der konfirmatorischen Faktorenanalyse ist es notwendig, bereits „genaue und gesicherte Vorstellungen über mögliche Beziehungszusammenhänge zu besitzen“[943]. Dies ist häufig – auch hier – nicht der Fall, weswegen hier auf die Verwendung von Ansätzen der zweiten Generation verzichtet werden muss.

4.4.2.2 Zugrundeliegende Faktorstruktur und ihre Messgüte

Im ersten Schritt wurde die zugrundeliegende Faktorenstruktur über alle Items in Teil 1 analysiert.[944] Hier gingen die oben hergeleiteten Items ein, die zur Messung der Konstrukte oder Faktoren der Preisemotionen, des Preisinteresses, des Preisgünstigkeitsurteils, des Preiswürdigkeitsurteils, der Preisfairness, der Preistransparenz und der Preisehrlichkeit hergeleitet wurden. Dabei ist zu beachten, dass aufgrund des explorativen Vorgehens die Itemzuordnungen zu den Faktoren bisher nur vorläufig vorgenommen wurden. Negativ codierte Items wurden für die Analyse umcodiert.

Zunächst erfolgte eine Faktorenanalyse in der in Kap. 4.4.2.1.2 dargestellten Form. Von der Eignung der Items kann bei einem Wert für das KMO-Kriterium von 0,859 („meritorious“) und einem signifikanten Ergebnis des Bartlett-Tests ausgegangen werden.

Die Tab. 4-24 zeigt die identifizierte Struktur der Faktoren.

941 Vgl. Bühner 2006, S. 236.

942 Siehe den Überblick bei Homburg/Giering 1996, S. 9 ff.

943 Backhaus et al. 2000, S. 409. Für die Voraussetzungen zur konfirmatorischen Faktorenanalyse siehe auch Bühner 2006, S. 236 f.

944 Für Teil 2 ist dies aufgrund der Art der Befragung zur Preisinformationsspeicherung (siehe Kap. 4.3.4.6.3) nicht möglich. Stattdessen wurde für diese Phase überprüft, ob sich die Modellierung des Preisinteresses bestätigt.

Item	Komponente						
	1	2	3	4	5	6	7
Preise unter Einbeziehung der Tankstelleneigenschaften sehr gut (PWU_2)	0,859						
Preise unter Einbeziehung der Tankstelleneigenschaften akzeptabel (PWU_1)	0,800						
Preise unter Einbeziehung der Produkt-Eigenschaften sehr gut (PWU_3)	0,768						
Preise fair ($PFair_1$)	0,692						
Zuversicht, hier nicht zu viel zu bezahlen ($PFair_3$)	0,583						0,335
Preise gar nicht so hoch ($PFair_5$)	0,353					-0,349	
Preisvergleich für Produkte (PI_2)		0,805					
Preisvergleich für Geschäfte (PI_3)		0,805					
Sicherheit über Preiskenntnis (PW_1)		0,730					
Lesen von Werbebeilagen (PI_1)		0,520					
Zuordnung der Preise schwierig* ($PTra_1$)			0,788				
Preisauszeichnung sehr klar ($PTra_4$)			0,744				
Preisvergleich schwierig* ($PTra_2$)			0,496				
Preisärger (PE_1)				0,691			
Preiswut (PE_3)				0,662			
Preisüberraschung (PE_4)				0,644			
Tankstellenbetreiber stellt Preise günstiger dar* ($PEhr_3$)					0,802		
Tankstelle nutzt Notlage aus* ($PFair_2$)					0,535		
Preise nicht nachzuvollziehen* ($PTra_3$)					0,505		
Für gleiche Qualität Preise hier niedriger (PGU_2)						-0,721	
Untere Preisklassen vorhanden (PGU_3)						-0,645	
Preisfreude (PE_2)				0,430		-0,556	
Preisniveau sehr niedrig (PGU_1)						-0,480	
Bon hinterher überprüfen* ($PEhr_2$)							0,760
Angst, zu viel zu bezahlen* ($PFair_4$)							0,513
Jeden Preis nachsehen* ($PEhr_1$)							0,481
Eigenwert	5,491	2,541	2,005	1,344	1,172	1,097	0,977
Varianzerklärungsanteil	21,12	9,77	7,71	5,12	4,51	4,22	3,76
Kumulierter Varianzerklärungsanteil	21,12	30,89	38,61	43,77	48,28	52,50	56,25

Methode: Hauptkomponentenanalyse mit Kaiser-Normalisierung
KMO-Kriterium: 0,859; Bartlett-Test/Signifikanzniveau: 0,000
Angezeigt werden alle Ladungen ≥ 0,3
Grau unterlegt: Problematische Items
* umcodierte Items

Tab. 4-24: Zugrundeliegende Faktorenstruktur

Wie aus Tab. 4-24 ersichtlich ist, lassen sich aus den 26 Items 7 Komponenten extrahieren, die 56,25 % der Gesamtvarianz aufklären. Hierbei ist zu beachten, dass die letzte aufgeführte Komponente das Kaiser-Kriterium nicht erfüllt, da ihr Eigenwert unter 1 liegt. Vier Gründe sprechen jedoch für das Einbeziehen dieser Komponente: Erstens unterschreitet der Eigenwert die definierte Schwelle von 1 mit einem Wert von 0,977 nur sehr knapp. Zweitens ist der Abstand zum nächsten denkbaren Faktor, also dem achten Faktor, im Verhältnis zu den darauf folgenden Abständen sehr groß: Der achte Faktor hat einen Eigenwert von 0,896, der neunte einen Eigenwert von 0,873. Drittens ist nach FABRIGAR ET AL. eine Überfaktorisierung unproblematischer als eine Unterfaktorisierung.[945] Viertens und letztens erscheint hier auch aufgrund der in Kap. 4.3.4 dargestellten inhaltlichen Überlegungen der siebente Faktor inhaltlich plausibel, denn die sieben Faktoren können folgendermaßen interpretiert werden:

Die erste extrahierte Komponente kann, ähnlich wie modelliert, als **Preiswürdigkeitsurteil** erklärt werden. Abgesehen von den drei hierfür entwickelten Items laden jedoch auch die Items „Die Preise in diesem Tankstellenshop sind fair" und „Wenn ich hier einkaufe, bin ich zuversichtlich, dass ich nicht zu viel bezahle" auf diese Komponente. Während dies für das zweite genannte Item nachvollziehbar ist – da in der Formulierung „zu viel" bereits eine Wertung in Bezug auf die Leistung gegeben sein kann – ist die Zuordnung des Items zur Preisfairness auf den ersten Blick verwunderlich: Dieses Item sollte einen zentralen Indikator für die Preisfairness als Dimension des Preisvertrauens darstellen, das in der Literatur häufig als eigenständiges Konstrukt behandelt wird. Bei Betrachtung der inhaltlichen Bedeutung des Begriffs der Fairness, nämlich das ausgeglichene Input-Output-Verhältnis für Betreiber und Kunden, ist die Zuordnung zur Komponente „Preiswürdigkeit" jedoch nachvollziehbar: Denn demnach enthält die Preisfairness ein Abwägen der Leistung und des dafür zu erbringenden „Opfers" in Form der monetären Gegenleistung. Daher kann fortan nicht mehr der Annahme gefolgt werden, dass die Preisfairness ein Bestandteil des Preisvertrauens ist – stattdessen geht sie ins Preiswürdigkeitsurteil ein.[946]

Die zweite Komponente enthält die drei Items, die für das **Preisinteresse** formuliert wurden. Darüber hinaus findet sich in dieser Komponente das Item, das das subjektiv wahrgenommene Preiswissen ausdrückt. Dies erscheint inhaltlich plausibel, da anzunehmen ist, dass Personen mit einem hohen Preisinteresse und damit verbunden stär-

945 Siehe den Aufsatz von Fabrigar et al. 1999 sowie Bühner 2006, S. 202.
946 Siehe zu diesem Punkt auch die Anmerkungen in Kap. 6.

keren Preissuch-Aktivitäten von sich vermuten, über ein hohes Preiswissen zu gen.[947]

Die dritte Komponente umfasst drei Items, die die empfundene **Preistransparenz** abbilden. Ein weiteres, im Vorfeld hier zugeordnetes Item („Preise schlecht nachzuvollziehen") entfällt auf eine andere Komponente („Eigennutz", siehe unten).

Die vierte Komponente enthält drei der vier gemessenen **Preisemotionen**, nämlich die Preiswut, den Preisärger und die Preisüberraschung – und weist damit eine negative Tendenz auf. Die Preisfreude lädt stärker auf eine andere Komponente, nämlich die sechste (die als Preisgünstigkeitsurteil interpretiert werden kann, siehe unten); dies kann als Hinweis darauf aufgefasst werden, dass sich emotionale und kognitive Aspekte des Preisverhaltens nicht oder nur kaum trennen lassen. Die Preisfreude hat allerdings eine hohe Querladung zur vierten Komponente (emotionaler Aspekt), so dass sie gemäß den oben dargestellten Überlegungen zu eliminieren wäre. Um die Informationen, die sich aus der Erhebung mit Hilfe dieses Items ergaben, nicht völlig auszuklammern, wird jedoch auf die Elimination verzichtet und stattdessen das Item weiterhin – als einzelner Indikator, und nicht auf der Aggregationsebene der Komponenten – zusammen mit den übrigen Emotionen behandelt.

Die fünfte Komponente kann als wahrgenommener **Eigennutz** des Betreibers interpretiert werden: Wie sehr nutzt der Betreiber es aus, dass die Kunden Notkäufe tätigen? Auch der Hang zur Preisschönung wird mit dieser Komponente abgedeckt. Das Item zur Preisnachvollziehbarkeit scheint von den Probanden nicht im Hinblick auf die Klarheit und Einfachheit der Preissetzung verstanden worden zu sein, sondern in seiner umgangs-sprachlichen Bedeutung mit einer negativen Konnotation („Das kann ich nicht nachvollziehen") und fließt somit in die Komponente „Eigennutz" ein.

Die sechste Komponente widerspiegelt das **Preisgünstigkeitsurteil**. Es enthält die hierfür modellierten drei Items. Ein weiteres Item („In diesem Tankstellenshop sind die Preise gar nicht so hoch") kann von den Probanden offenbar nicht richtig zugeordnet werden: Es lädt nahezu gleich stark auf das Preiswürdigkeitsurteil wie auf das Preisgünstigkeitsurteil und wird daher eliminiert.

Die siebente und letzte zu berücksichtigende Komponente lässt sich schlussendlich als wahrgenommene **Preisehrlichkeit** interpretieren.

947 Dies deckt sich auch mit bisher vorliegenden Erkenntnissen, siehe z. B. bei Pechtl 2008, S. 493.

4.4.2.3 Messgüte für die einzelnen Komponenten

Wie dargestellt, bilden drei der angenommenen vier Items für die **Preisemotionen** eine eigenständige Komponente, die als emotionaler Aspekt des Preisverhaltens mit einer negativen Tendenz interpretiert werden kann. Die vierte Emotion (Freude) lädt außerdem auf das Preisgünstigkeitsurteil und lässt sich daher nicht eindeutig zuordnen. Im Folgenden wird der Indikator daher einzeln als „Preisfreude“ betrachtet und nicht mit anderen Items zusammengefasst.

Auch die übrigen drei Items werden nicht zu einer Komponente verdichtet: Die Items sind für die Faktorenanalyse nicht geeignet, da sie den kritischen KMO-Wert mit einem Wert von 0,559 unterschreiten. Auf die Faktorenanalyse und die Reliabilitätsanalyse wird daher verzichtet und die Indikatoren werden im Folgenden einzeln betrachtet. Dies hat den Nachteil, dass jede Emotion nur durch einen einzelnen Indikator gemessen wird. Dem steht jedoch der Vorteil gegenüber, dass keine der erhobenen Informationen über diese vier verschiedenen Emotionen verloren geht.

Die vier Indikatoren zur Messung des **Preisinteresses** und des **subjektiven Preiswissens**, die gemeinsam eine Komponente bilden, wurden ebenfalls einer weiteren exploratorischen Faktorenanalyse und der Reliabilitätsanalyse unterzogen. Die Überprüfung des KMO-Kriteriums zeigt einen Wert von 0,719, die Signifikanz nach Bartlett ist gegeben. Damit kann für die vier Items eine Faktorenanalyse durchgeführt werden. Diese und die Betrachtung von Cronbachs Alpha zeigen, dass die vier Items zu einer Komponente, die im Folgenden als „Intensität des Preisinteresses“ (IPI) bezeichnet wird, zusammengefasst werden dürfen: Diese Komponente erklärt 53,7 % der Gesamtvarianz für die Items und weist einen Eigenwert von über 2 auf, so dass das Kaiser-Kriterium erfüllt ist. Alle vier Items laden ausreichend hoch auf den extrahierten Faktor. Auch Cronbachs Alpha ist mit 0,704 hoch genug. Die Analyse der Item-to-Total-Korrelationen zeigt, dass durch die Elimination eines Items (Item PI_1 in folgender Tab. 4-25) eine geringfügige Erhöhung von Cronbachs Alpha auf 0,713 erreicht werden könnte; da dies jedoch nur eine minimale Änderung wäre und zudem aus inhaltlichen Gründen das Beibehalten des Items wünschenswert ist, wird das Item nicht eliminiert.

Die Tab. 4-25 gibt einen Überblick über die Messgüte der Skala zur Intensität des Preisinteresses in Teil 1 der empirisch-quantitativen Exploration.

Item		Komponente 1	Cronbachs Alpha
PI_1	Ich lese regelmäßig die Werbebeilagen in Zeitungen.	0,606	0,704
PI_2	Ich vergleiche mindestens einige Preise, bevor ich Lebensmittel kaufe.	0,828	
PI_3	Ich vergleiche unterschiedliche Geschäfte für Lebensmittel durch die Preise.	0,795	
PW_1	Ich kenne die Preise meiner bevorzugten Produkte ziemlich gut.	0,680	
Eigenwert		2,146	
Varianzerklärungsanteil		53,65 %	

Tab. 4-25: Überblick über die Messgüte der Skala zur Intensität des Preisinteresses in Teil 1 der empirisch-quantitativen Exploration

Im Folgenden können die vier Items daher für die weitere Analyse auf die Kennzahl „Intensität des Preisinteresses" verdichtet werden.Es existieren verschiedene Verfahren zur Verdichtung: So ist es möglich, die Werte der Items zu addieren (gewichtet oder ungewichtet) oder zu multiplizieren.[948] Hier wird aus allen einer Komponente zugeordneten Items der Mittelwert gebildet, ohne die Items zu gewichten. Dies erleichtert die Interpretation, da alle so gebildeten Kennzahlen erstens dieselbe Skala aufweisen und sie zweitens skaliert sind wie die Items selbst. Problematisch ist dieses Verfahren dann, wenn die Items hohe Querladungen zu anderen Komponenten aufweisen – in solchen Fällen wird empfohlen, die Itemwerte mit den Faktorladungen zu gewichten.[949] Hier kann auf die Gewichtung zugunsten der besseren Interpretierbarkeit verzichtet werden, da die Querladungen gering ausfallen: In allen Fällen bis auf einen liegen sie unter 0,3, in dem einen abweichenden aber noch immer unter dem kritischen Wert von 0,4.[950]

Zur Bildung der Kennzahl „Intensität des Preisinteresses" werden daher die Zahlenwerte für die vier Items summiert und durch vier dividiert, so dass sich für die Intensität des Preisinteresses Werte zwischen 1 und 5 ergeben, die in Schritten von 0,25 abgestuft sind. Dabei bedeutet durch die beschriebene Codierung ein hoher Wert eine geringe Intensität des Preisinteresses.

Auch in Teil 2 wurden die Items zur Messung des Preisinteresses und des subjektiven Preiswissens genutzt. In diesem Fall bilden sie, wie die Faktorenanalyse zeigt (KMO-Kriterium: 0,680, Signifikanz des Bartlett-Tests: 0,000), ebenfalls eine Komponente. Dabei erklärt die extrahierte Komponente 54,4 % der Gesamtvarianz und weist einen Eigenwert von über 2 auf. Alle vier Items laden zudem ausreichend hoch auf die extra-

948 Vgl. Bortz/Döring 2009, S. 145.
949 Vgl. Moosbrugger/Hartig 2002, S. 154.
950 Siehe hierzu die Tab. 4-24.

hierte Komponente. Cronbachs Alpha liegt bei 0,701. Die Tab. 4-26 zeigt die Messgüte für die Intensität des Preisinteresses in Teil 2.

Item		Komponente 1	Cronbachs Alpha
PI_1	Ich lese regelmäßig die Werbebeilagen in Zeitungen.	0,483	0,701
PI_2	Ich vergleiche mindestens einige Preise, bevor ich Lebensmittel kaufe.	0,856	
PI_3	Ich vergleiche unterschiedliche Geschäfte für Lebensmittel durch die Preise.	0,845	
PW_1	Ich kenne die Preise der von mir häufig gekauften Produkte ziemlich gut.	0,703	
Eigenwert		2,175	
Varianzerklärungsanteil		54,36 %	

Tab. 4-26: Überblick über die Messgüte der Skala zur Intensität des Preisinteresses in Teil 2 der empirisch-quantitativen Exploration

Im Folgenden kann auch für Teil 2 die Kennzahl Intensität des Preisinteresses analog zum Vorgehen für Teil 1 durch Mittelwertbildung errechnet werden.

Wie in Kap. 4.4.2.2 bereits dargestellt, zeigt die dort beschriebene exploratorische Faktorenanalyse im Vergleich zur Modellierung eine abweichende Zusammensetzung der beiden Komponenten zur **Preisbeurteilung**. In die weitere Analyse gehen daher die in Tab. 4-27 aufgeführten Items ein:

Item		Komponente
PGU_1	Das Preisniveau (ohne Sonderangebote) ist hier sehr niedrig.	Preisgünstigkeitsurteil
PGU_2	In diesem Tankstellenshop zahle ich für die gleiche Qualität weniger als in anderen Tankstellenshops.	Preisgünstigkeitsurteil
PGU_3	Dieser Tankstellenshop verkauft auch Produkte der unteren Preisklassen.	Preisgünstigkeitsurteil
PWU_1	Wenn man Eigenschaften der Tankstelle wie Auswahl, Service oder Öffnungszeiten miteinbezieht, sind die Preise hier akzeptabel.	Preiswürdigkeitsurteil
PWU_2	Wenn man Eigenschaften der Tankstelle wie Auswahl, Service oder Öffnungszeiten miteinbezieht, sind die Preise hier sehr gut.	Preiswürdigkeitsurteil
PWU_3	Wenn man Eigenschaften der Produkte wie Qualität oder Frische miteinbezieht, sind die Preise hier sehr gut.	Preiswürdigkeitsurteil
$PFair_1$	Die Preise in diesem Tankstellenshop sind fair.	Preiswürdigkeitsurteil
$PFair_3$	Wenn ich hier einkaufe, bin ich zuversichtlich, dass ich nicht zu viel bezahle.	Preiswürdigkeitsurteil

Tab. 4-27: Modellierung der Preisbeurteilung nach der exploratorischen Faktorenanalyse

Im nächsten Schritt wird nun eine exploratorische Faktorenanalyse über die in Tab. 4-27 aufgeführten Items durchgeführt. Bei einem Wert für das KMO-Kriterium von 0,855 und einer Signifikanz des Bartlett-Tests von 0,000 sind die acht Items für die

Faktorenanalyse geeignet. Sie zeigt erwartungsgemäß die Aufsplittung der Preisbeurteilung in zwei Komponenten, die als Preisgünstigkeitsurteil und Preiswürdigkeitsurteil interpretiert werden können. Diese beiden Komponenten erklären zusammen 58,6 % der Varianz. Die anschließend durchgeführte Reliabilitätsanalyse mit Hilfe von Cronbachs Alpha zeigt zudem, dass alle acht Items zu einer Kennzahl aggregiert werden können (Cronbachs Alpha für alle acht Items: 0,800) und auch eine Aggregation der Items für jede einzelne Dimension möglich ist (Cronbachs Alpha für die Items zum Preisgünstigkeitsurteil: 0,530 bei drei Items; für das Preiswürdigkeitsurteil 0,835). Die Tab. 4-28 gibt einen Überblick über die Ergebnisse der Analyse.

<table>
<tr><th colspan="2" rowspan="2">Item</th><th colspan="2">Komponente</th><th colspan="2" rowspan="2">Cronbachs Alpha</th></tr>
<tr><th>1</th><th>2</th></tr>
<tr><td>PGU_1</td><td>Das Preisniveau (ohne Sonderangebote) ist hier sehr niedrig.</td><td>0,519</td><td></td><td rowspan="3">0,530</td><td rowspan="8">0,800</td></tr>
<tr><td>PGU_2</td><td>In diesem Tankstellenshop zahle ich für die gleiche Qualität weniger als in anderen Tankstellenshops.</td><td>0,829</td><td></td></tr>
<tr><td>PGU_3</td><td>Dieser Tankstellenshop verkauft auch Produkte der unteren Preisklassen.</td><td>0,718</td><td></td></tr>
<tr><td>PWU_1</td><td>Wenn man Eigenschaften der Tankstelle wie Auswahl, Service oder Öffnungszeiten miteinbezieht, sind die Preise hier akzeptabel.</td><td></td><td>0,830</td><td rowspan="5">0,835</td></tr>
<tr><td>PWU_2</td><td>Wenn man Eigenschaften der Tankstelle wie Auswahl, Service oder Öffnungszeiten miteinbezieht, sind die Preise hier sehr gut.</td><td></td><td>0,865</td></tr>
<tr><td>PWU_3</td><td>Wenn man Eigenschaften der Produkte wie Qualität oder Frische miteinbezieht, sind die Preise hier sehr gut.</td><td></td><td>0,799</td></tr>
<tr><td>$PFair_1$</td><td>Die Preise in diesem Tankstellenshop sind fair.</td><td></td><td>0,790</td></tr>
<tr><td>$PFair_3$</td><td>Wenn ich hier einkaufe, bin ich zuversichtlich, dass ich nicht zu viel bezahle.</td><td></td><td>0,602</td></tr>
<tr><td colspan="2">Eigenwert
Varianzerklärungsanteil</td><td>3,556
44,45 %</td><td>1,128
14,10 %</td><td colspan="2"></td></tr>
<tr><td colspan="2">Kumulierter Varianzerklärungsanteil</td><td>44,45 %</td><td>58,55 %</td><td colspan="2"></td></tr>
<tr><td colspan="4">Angezeigt werden alle Ladungen ≥ 0,3</td><td colspan="2"></td></tr>
</table>

Tab. 4-28: Überblick über die Messgüte der Skala zur Preisbeurteilung

Obwohl es möglich wäre, alle acht Items zu einer Kennzahl zu verdichten, wird auf die Aggregation verzichtet. Denn es erscheint aus inhaltlichen Überlegungen wenig sinnvoll, beide Komponenten zu vermischen: So wird im Fall des Preiswürdigkeitsurteils das Preis-Leistungs-Verhältnis beurteilt, während dies im Fall das Preisgünstigkeitsurteils jedoch explizit vermieden wird – womit die Aussage einer aggregierten Größe unklar wäre. Daher werden für die folgende Analyse zwei Kennzahlen im Rahmen der Preisbeurteilung gebildet:

- Das Preisgünstigkeitsurteil (PGU) wird errechnet, indem der Mittelwert über die drei einbezogenen Items gebildet wird. Damit ergeben sich Werte, die in 0,33-er Schritten abgestuft sind und zwischen 1 (bestes PGU) und 5 (schlechtestes PGU) liegen.
- Für das Preiswürdigkeitsurteil (PWU) ergeben sich durch das analoge Vorgehen 0,2-er Abstufungen zwischen den beiden Extremwerten 1 (bestes PWU) und 5 (schlechtestes PWU).

Auch für das **Preisvertrauen** und die **Preisfairness** ergibt sich aus der Faktorenanalyse eine Struktur der Komponenten, die von der vorhergehenden Modellierung abweicht: Zwei Items, die zur Messung der Preisfairness entwickelt wurden, fallen nun der Preiswürdigkeit zu. Inhaltliche Überlegungen zeigen, wie zuvor diskutiert, dass dies plausibel ist; Konsequenz ist hier eine Neumodellierung der Faktoren: Die Komponente Preisfairness im Sinne der Wahrnehmung eines ausgeglichenen Input-Output-Verhältnisses entfällt im Folgenden, da sie bereits im Preiswürdigkeitsurteil abgedeckt ist. Stattdessen ergeben sich neben der Preistransparenz zwei weitere Dimensionen, nämlich der wahrgenommene Eigennutz des Betreibers sowie die Preisehrlichkeit. In die weitere Analyse gehen daher die folgenden Items ein:

Item		Komponente
$PTra_1$	Die Preise sind häufig so angebracht, dass es schwierig ist, sie den Produkten zuzuordnen.	Preistransparenz
$PTra_2$	In diesem Tankstellenshop finde ich es schwierig, die Preise zu vergleichen.	Preistransparenz
$PTra_4$	Die Preisauszeichnung ist hier sehr klar.	Preistransparenz
$PFair_2$	Die Preise in diesem Tankstellenshop sind so hoch, weil die Tankstelle die Notlage der Leute ausnutzt.	Eigennutz
$PEhr_3$	Dieser Tankstellenbetreiber versucht immer wieder, die Preise günstiger darzustellen, als sie sind.	Eigennutz
$PTra_3$	In diesem Tankstellenshop kann ich die Preise vieler Produkte nicht nachvollziehen.	Eigennutz
$PFair_4$	Wenn ich hier einkaufe, habe ich Angst davor, dass ich zu viel bezahle.	Preisehrlichkeit
$PEhr_1$	Wenn ich hier einkaufe, habe ich das Gefühl, dass ich jeden einzelnen Preis nachsehen muss.	Preisehrlichkeit
$PEhr_2$	Ich glaube, dass es hier empfehlenswert ist, die Preise auf dem Bon nach dem Bezahlen zu überprüfen.	Preisehrlichkeit

Tab. 4-29: Modellierung des Preisvertrauens nach der exploratorischen Faktorenanalyse

Auch für die Items zum Preisvertrauen ist die Eignung zur Faktorenanalyse mit einem Wert für das KMO-Kriterium von 0,748 und einer Signifikanz für den Bartlett-Test von 0,000 gegeben. Die Items bilden drei Komponenten, die gemeinsam 53,9 % der gesamten Varianz aufklären. Die anschließend durchgeführte Reliabilitätsanalyse zeigt, dass alle neun Items nicht zu einer Kennzahl aggregiert werden können (Cronbachs Alpha für alle neun Items: 0,679), wobei der Schwellenwert von 0,7 nur knapp unterschritten wird. Die Aggregation der Items für jede einzelne Dimension ist hingegen möglich (Cronbachs Alpha für die Items zur Preistransparenz: 0,544 bei drei Items; für den Eigennutz: 0,524 bei drei Items; für die Preisehrlichkeit: 0,555 bei drei Items). Die Tab. 4-30 zeigt die Ergebnisse der Analyse.

<table>
<tr><th colspan="2" rowspan="2">Item</th><th colspan="3">Komponente</th><th colspan="2" rowspan="2">Cronbachs Alpha</th></tr>
<tr><th>1</th><th>2</th><th>3</th></tr>
<tr><td>PTra$_1$</td><td>Die Preise sind häufig so angebracht, dass es schwierig ist, sie den Produkten zuzuordnen.*</td><td>0,802</td><td></td><td></td><td rowspan="3">0,544</td><td rowspan="9">0,679</td></tr>
<tr><td>PTra$_2$</td><td>In diesem Tankstellenshop finde ich es schwierig, die Preise zu vergleichen.*</td><td>0,539</td><td></td><td></td></tr>
<tr><td>PTra$_4$</td><td>Die Preisauszeichnung ist hier sehr klar.</td><td>0,784</td><td></td><td></td></tr>
<tr><td>PFair$_2$</td><td>Die Preise in diesem Tankstellenshop sind so hoch, weil die Tankstelle die Notlage der Leute ausnutzt.*</td><td></td><td>0,692</td><td></td><td rowspan="3">0,524</td></tr>
<tr><td>PEhr$_3$</td><td>Dieser Tankstellenbetreiber versucht immer wieder, die Preise günstiger darzustellen, als sie sind.*</td><td></td><td>0,666</td><td></td></tr>
<tr><td>PTra$_3$</td><td>In diesem Tankstellenshop kann ich die Preise vieler Produkte nicht nachvollziehen.*</td><td></td><td>0,590</td><td></td></tr>
<tr><td>PFair$_4$</td><td>Wenn ich hier einkaufe, habe ich Angst davor, dass ich zu viel bezahle.*</td><td></td><td></td><td>0,641</td><td rowspan="3">0,555</td></tr>
<tr><td>PEhr$_1$</td><td>Wenn ich hier einkaufe, habe ich das Gefühl, dass ich jeden einzelnen Preis nachsehen muss.*</td><td></td><td></td><td>0,626</td></tr>
<tr><td>PEhr$_2$</td><td>Ich glaube, dass es hier empfehlenswert ist, die Preise auf dem Bon nach dem Bezahlen zu überprüfen.*</td><td></td><td></td><td>0,812</td></tr>
<tr><td colspan="2">Eigenwert
Varianzerklärungsanteil</td><td>1,306
14,51 %</td><td>2,526
28,10 %</td><td>1,011
11,24 %</td><td colspan="2"></td></tr>
<tr><td colspan="2">Kumulierter Varianzerklärungsanteil</td><td>14,51 %</td><td>42,61 %</td><td>53,85 %</td><td colspan="2"></td></tr>
<tr><td colspan="5">* Items für die Analyse umcodiert
Angezeigt werden alle Ladungen ≥ 0,3</td><td colspan="2"></td></tr>
</table>

Tab. 4-30: Überblick über die Messgüte der Skala zum Preisvertrauen

Es ergeben sich daher drei Kennzahlen, die in die weiteren Analysen eingehen:

- Die wahrgenommene Preistransparenz (TRA) ergibt sich aus den Mittelwerten über die drei zugeordneten Items. Damit ergeben sich Werte zwischen 1 (bester Wert, die Preistransparenz wird als hoch wahrgenommen) und 5 (schlechtester

Wert, die Preistransparenz wird als niedrig wahrgenommen). Die Werte sind in 0,33-er Schritten abgestuft.

- Der wahrgenommene Eigennutz (EIG) ergibt sich auf dieselbe Weise, wobei ein Wert von 1 bedeutet, dass der Betreiber als uneigennützig wahrgenommen wird.
- Die Berechnung der wahrgenommenen Preisehrlichkeit (EHR) erfolgt analog. Auch hier entspricht der Wert von 1 einer hohen wahrgenommenen Preisehrlichkeit.

4.4.3 Deskriptive Ergebnisse

Bevor in Kap. 4.4.4 die betrachteten Variablen auf Zusammenhänge untersucht werden, dient das vorliegende Kapitel dazu, einen deskriptiven Überblick über die Ergebnisse für Teil 1 und 2 der empirisch-quantitativen Exploration zu geben. Dieser orientiert sich jeweils am Ablauf des Fragebogens.

Wie bereits erläutert, sollte die Stichprobe in **Teil 1** aus je einem Drittel Shop-Kunden, Tank-Kunden und Beides-Kunden bestehen, so dass sich eine Gesamtstichprobe von 960 Personen ergeben hätte. Vierzehn Fragebögen mussten jedoch bei der ersten Durchsicht eliminiert werden, da sie Unstimmigkeiten aufwiesen. So ergibt sich für die Auswertung eine Gesamtstichprobe von 946 Personen, die wie folgt verteilt sind: 320 sind Shop-Kunden, 310 Tank-Kunden und 316 Beides-Kunden (S: 33,8 %, T: 32,8 %, B: 33,4 %). Es wurde darüber hinaus festgehalten, welcher der drei Gruppen diejenigen Personen angehörten, die nicht mehr interviewt wurden, weil die angestrebte Menge für diese Kundengruppe bereits erreicht war. Die so ermittelte Zusammensetzung entspricht nahezu der Quotierung: Es wurden insgesamt 1007 Personen angesprochen, von denen 320 den Shop-Kunden, 343 den Tank-Kunden und 344 den Beides-Kunden angehörten (S: 31,8 %,T: 34,1 %, B: 34,2 %). Für die folgenden Ausführungen wird daher davon ausgegangen, dass die Quotierung bei der Stichprobenziehung proportional vorgenommen wurde und die Anteile der drei Gruppen in der Stichprobe denen in der Grundgesamtheit entsprechen.

Das **Nutzungsverhalten** der Kunden in Bezug auf die Tankstelle stellt sich in der Stichprobe für Teil 1 wie folgt dar: Am Untersuchungstag hatten 43 % der befragten Personen nur getankt und 36 % nur eingekauft, 16 % hatten beides getan; die übrigen 5 % entfallen auf Personen, die weder eingekauft noch getankt hatten, sondern sich aus anderen Gründen an der Tankstelle aufhielten (Kleinreparaturen, Autowäsche usw.). Damit hatten 52 % der Kunden einen Einkauf getätigt. Von diesen 52 % kauften zwei Drittel mindestens ein nicht preisgebundenes Produkt, was etwa 31 % der Gesamtstichprobe entspricht.

Insgesamt 43 % gaben an, mindestens ein Mal in der Woche in Tankstellen einzukaufen, 47 % tanken mindestens ein Mal in der Woche. Weiter berichteten 45 % der befragten Personen, dass sie höchstens bei einem von fünf Tankstellenbesuchen sowohl tanken als auch einkaufen. Der Stammkundengrad bei der untersuchten Tankstellenmarke ist hoch: 42 % der befragten Kunden nutzen mindestens bei jedem vierten von fünf Tankstellenbesuchen die untersuchte Tankstelle. In Tab. 4-31 sind die Ergebnisse im Detail dokumentiert.

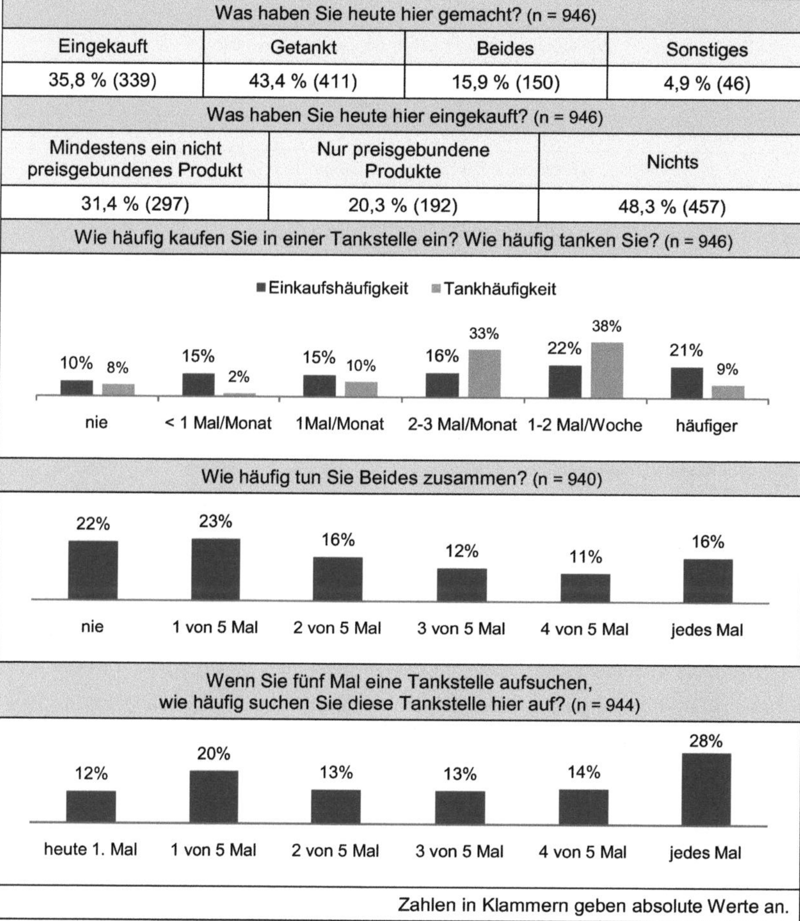

Was haben Sie heute hier gemacht? (n = 946)			
Eingekauft	Getankt	Beides	Sonstiges
35,8 % (339)	43,4 % (411)	15,9 % (150)	4,9 % (46)

Was haben Sie heute hier eingekauft? (n = 946)		
Mindestens ein nicht preisgebundenes Produkt	Nur preisgebundene Produkte	Nichts
31,4 % (297)	20,3 % (192)	48,3 % (457)

Wie häufig kaufen Sie in einer Tankstelle ein? Wie häufig tanken Sie? (n = 946)

Wie häufig tun Sie Beides zusammen? (n = 940)

Wenn Sie fünf Mal eine Tankstelle aufsuchen, wie häufig suchen Sie diese Tankstelle hier auf? (n = 944)

Zahlen in Klammern geben absolute Werte an.

Tab. 4-31: Nutzungsverhalten von Tankstellen in Teil 1 der empirisch-quantitativen Exploration

Die **Umstände**, unter welchen die befragten Personen die Tankstelle am betreffenden Tag aufsuchten, lassen sich folgendermaßen zusammenfassen: Die überwiegende

Mehrheit, nämlich 86 %, kam mit dem PKW zur Tankstelle. Der Rest entfiel vor allem auf Fußgänger (8 %) und Fahrradfahrer (4 %). Der größte Anteil der befragten Personen befand sich in der Freizeit (64 %), 27 % waren auf dem Weg zur Arbeit oder von der Arbeit nach Hause und 6 % hatten die betreffende Tankstelle direkt angesteuert. Die Befragung fand an allen sieben Wochentagen statt; die meisten Interviews wurden samstags geführt (19 %), der geringste Anteil entfällt auf den Montag (7 %). Auch die Tageszeiten variierten, wobei zwischen 14:01 und 16:00 Uhr die meisten Befragungen stattfanden (33 %). Die Tab. 4-32 fasst die Ergebnisse zusammen.

Wie sind Sie heute hierher gekommen? (n = 945)					
PKW	Zu Fuß	Fahrrad	Mofa/ Motorrad	LKW	ÖPNV
85,5 % (808)	7,7 % (73)	3,9 % (37)	1,9 % (18)	0,7 % (7)	0,2 % (2)

Wohin sind Sie heute unterwegs? (n = 944)			
Freizeit	Weg Arbeitsplatz	Zu dieser Tankstelle	Sonstiges
64,2 % (606)	26,9 % (254)	5,6 % (53)	3,3 % (31)

Befragungstag (n = 946)						
Mo	Di	Mi	Do	Fr	Sa	So
7,0 % (66)	11,7 % (111)	16,6 % (157)	14,3 % (135)	15,0 % (142)	18,9 % (179)	16,5 % (156)

Befragungsuhrzeit (n = 946)				
9:01-11:30	11:31-14:00	14:01-16:30	16:31-19:00	ab 19:01
11,3 % (107)	24,1 % (228)	33,1 % (313)	24,4 % (231)	7,1 % (67)
Zahlen in Klammern geben absolute Werte an.				

Tab. 4-32: Verkehrsmittel und Ziel der befragten Personen, Befragungstage und -uhrzeiten in Teil 1 der empirisch-quantitativen Exploration

Im folgenden **Rangreihenverfahren** (siehe Kap. 4.3.4.3.3) wurden die Befragten gebeten, aus einem Pool von zwanzig Merkmalen von Einkaufsstätten im ersten Schritt die aus ihrer Sicht wichtigsten Merkmale, im zweiten Schritt die unwichtigsten Merkmale zu ziehen und im dritten Schritt beide Gruppen von Merkmalen in eine Rangfolge zu bringen. Daraus ergeben sich die folgenden, bereits erläuterten Kennzahlen:

- N: Merkmal gezogen
- N_W: Merkmal als wichtig gezogen
- N_U: Merkmal als unwichtig gezogen
- R_W: mittlerer Rang bei Ziehung als wichtig
- R_U: mittlerer Rang bei Ziehung als unwichtig
- W: $N_W \cdot R_W$ (Wichtigkeit)
- U: $N_U \cdot R_U$ (Unwichtigkeit)

Insgesamt wurden für den übrigen Lebensmitteleinzelhandel 7.360 Karten und für Tankstellenshops 5.814 Karten gezogen. Betrachtet man im Detail die Ziehung der Karte *niedrige Preise*, so zeigt sich, dass sie für den übrigen Lebensmitteleinzelhandel von 435 Personen gezogen wurde, von 511 Personen jedoch nicht. Von den erstgenannten stuften sie 406 als wichtig ein, 29 als unwichtig. Der mittlere Rang R_W liegt bei 8,27 (wobei 10 der wichtigste Rang ist), R_U bei 7,21 (wobei 10 der unwichtigste Rang ist). Die Wichtigkeit liegt für die *niedrigen Preise* im Mittel bei 3.358, die Unwichtigkeit bei 209. Die Tab. 4-33 zeigt die entwickelten Kennzahlen für die Ziehung der Karte *niedrige Preise*. Die weiteren Ergebnisse für den übrigen Lebensmitteleinzelhandel finden sich in Anhang 10.

N	435	N_W	406	R_W	8,27	W	3.358
		N_U	29	R_U	7,21	U	209

Tab. 4-33: Kennzahlen für die Ziehung der Karte „niedrige Preise" in Bezug auf den übrigen Lebensmitteleinzelhandel

Betrachtet man die Wichtigkeit des Merkmals *niedrige Preise* im Zusammenhang mit den übrigen Merkmalen, so zeigt sich: Für den übrigen Lebensmitteleinzelhandel ist nach dieser Sortierung das Merkmal *Sauberkeit* mit Abstand am wichtigsten (W: 4.140), gefolgt von *freundliches Personal* (3.474), *große Produktauswahl* (3.382) und schließlich *niedrige Preise* (3.358). Mit größerem Abstand folgen *hohe Warenqualität* (2.814), *Übersichtlichkeit* (2.700) und *gute Parkmöglichkeiten* (2.565). Die Abb. 4-9 zeigt die Wichtigkeiten der Merkmale.

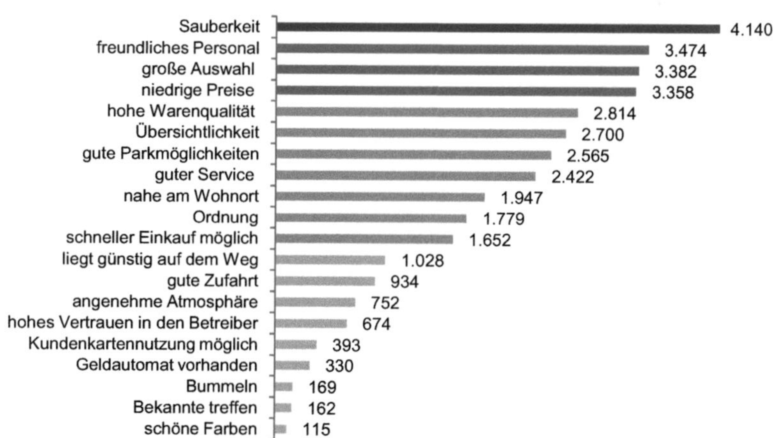

Abb. 4-9: Wichtigkeitsränge für Merkmale der Einkaufsstätten im übrigen Lebensmitteleinzelhandel (n = 946)

Anschließend wurde die gleiche Aufgabe für **Tankstellenshops** gestellt. Hier ergibt sich ein anderes Bild: 693 Personen zogen die Karte *niedrige Preise* nicht. Von den verbleibenden 253 Personen stuften sie 198 als wichtig ein und 55 Personen als unwichtig. Der mittlere Rang R_W liegt bei 8,40, während R_U sich mit 7,95 beziffert. Die Wichtigkeit ergibt sich daher mit einem Wert von 1.663, die Unwichtigkeit mit einem Wert von 437. Die Tab. 4-34 gibt einen Überblick.

N	253	N_W	198	R_W	8,40	W	1.663
		N_U	55	R_U	7,95	U	437

Tab. 4-34: Kennzahlen für die Ziehung der Karte „niedrige Preise" in Bezug auf Tankstellenshops

Das Merkmal *schneller Einkauf* ist hier mit Abstand das wichtigste (W: 3.393), gefolgt von *freundliches Personal* (2.878); danach schließen sich an *Sauberkeit* (2.494), *liegt günstig auf dem Weg* (2.428) und *guter Service* (2.172). Erst dann folgt mit einigem Abstand *niedrige Preise* (1.663). Die nachstehende Abb. 4-10 zeigt die Ergebnisse in Bezug auf die Wichtigkeit. Die übrigen Ergebnisse des Rangreihenverfahrens für Tankstellenshops finden sich in Anhang 10.

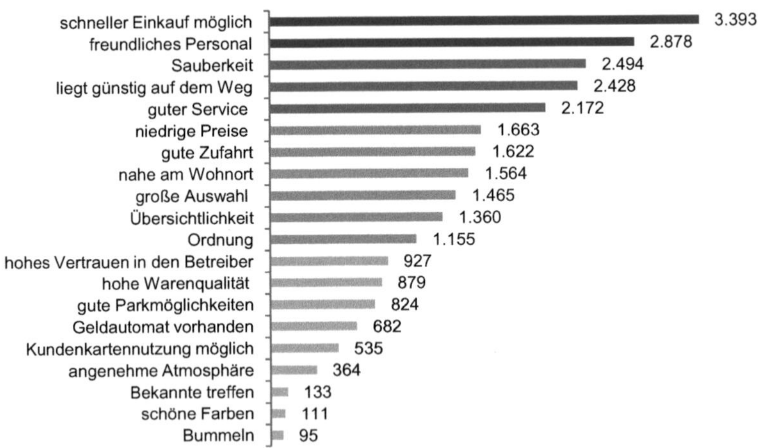

Abb. 4-10: Wichtigkeitsränge für die Merkmale von Einkaufsstätten für Tankstellenshops (n = 946)

Der nächste Teil des Fragebogens beinhaltet die Abfrage der Items zu den oben dargestellten übrigen Konstrukten. Betrachtet man die Mittelwerte über die wie in Kap. 4.4.2.3 beschrieben aggregierten Konstrukt-Kennzahlen, so zeigt sich, dass die Intensität des Preisinteresses der befragten Personen im Durchschnitt knapp über dem

Skalenmittelwert liegt, nämlich bei 2,69 (höchste Intensität: 1). In Bezug auf die weiteren untersuchten Konstrukte schneidet der Tankstellenshop am besten für die Preistransparenz ab: Der Mittelwert liegt bei 1,6, und damit weit über dem Skalenmittel von 3 (bester Wert: 1). Auch die Preisehrlichkeit wird als hoch empfunden (Mittelwert: 2,01). Der schlechteste Wert findet sich mit einem Mittelwert von 3,57 für das Preisgünstigkeitsurteil – das nahezu eine Skalenstufe schlechter ausfällt als das Preiswürdigkeitsurteil mit einem Mittelwert von 2,59. Abgesehen von den Mittelwerten sowie Minimum und Maximum für ein Konstrukt wird im Folgenden die Standardabweichung angegeben; diese ergibt sich als Wurzel der Varianz, also der Streuung der Werte für eine Variable um den Mittelwert, und ist damit ein Maß dafür, wie stark die Werte um den Mittelwert streuen bzw. wie nah sie aneinander liegen.[951] Vorliegend weist die Intensität des Preisinteresses die höchste Streuung, die Preistransparenz die geringste auf.

In der Tab. 4-35 finden sich die Ergebnisse im Überblick.

	n	Minimum	Maximum	Mittelwert	Standard-abweichung
IPI	941	1	5	2,69	1,11
PGU	492	1	5	3,57	0,84
PWU	789	1	5	2,59	0,93
EIG	663	1	5	2,20	0,93
EHR	899	1	5	2,01	1,02
TRA	802	1	5	1,61	0,70
Legende IPI: Intensität des Preisinteresses; PGU: Preisgünstigkeitsurteil; PWU: Preiswürdigkeitsurteil; EIG: Preiseigennutz; EHR: Preisehrlichkeit; TRA: Preistransparenz					

Tab. 4-35: Lagemaße der Konstrukte in Teil 1 der empirisch-quantitativen Exploration

Anschließend folgten die Fragen zur Preisbereitschaft. Betrachtet man die Antworten der Befragten, ist festzustellen: Im Durchschnitt hätten die Kunden maximal 58 % mehr bezahlt als den tatsächlichen Preis. Im Vergleich zum übrigen Lebensmitteleinzelhandel ergibt sich ein Aufschlag von 71 %. Stellt man den tatsächlich gezahlten Preis in der Tankstelle dem Preis gegenüber, den die Kunden maximal im übrigen Lebensmitteleinzelhandel akzeptiert hätten, so zeigt sich, dass sie im Durchschnitt in der Tankstelle 5 % mehr gezahlt haben, als sie maximal im übrigen Lebensmitteleinzelhandel zu zahlen bereit gewesen wären.

951 Vgl. Bühner/Ziegler 2009, S. 45 ff.

Diese Ergebnisse, insbesondere die hohen Werte für Preistoleranz 1 und Preistoleranz 2, erstaunen und geben Anlass, in der zweiten Untersuchungsphase die Preisbereitschaft intensiver zu betrachten (siehe Kap. 5). Nachstehende Tab. 4-36 gibt einen Überblick über die ermittelten Werte.

	n	Minimum	Maximum	Mittelwert	Standardabweichung
PT1 (Preisbereitschaft in der Tankstelle/bezahlter Betrag)	275	0,16	6,67	1,58*	0,66
PT2 (Preisbereitschaft in der Tankstelle/Preisbereitschaft im übrigen Lebensmitteleinzelhandel)	210	0,12	6,25	1,71	0,84
PT3 (Bezahlter Betrag/ Preisbereitschaft im übrigen Lebensmitteleinzelhandel)	221	0,30	8,27	1,05	0,76
*Lesebeispiel: Im Durchschnitt liegt die geäußerte Preisbereitschaft in der Tankstelle 58 % über dem tatsächlich gezahlten Betrag.					

Tab. 4-36: Mittelwert und Lagemaße der Größen zur Preisbereitschaft

Der nächste Teil des Fragebogens widmet sich den Preisemotionen. Da diese, wie in Kap. 4.4.2.2 und 4.4.2.3 erläutert, nicht zu einer Kennzahl aggregiert werden können, werden die Items einzeln betrachtet. Für alle vier Emotionen liegt der Mittelwert in der Stichprobe im Bereich der Indifferenz oder der Ablehnung: Die Kunden kommunizieren für den Einkauf in Tankstellenshops wenig Emotionen. Die Tab. 4-37 zeigt die Ergebnisse im Detail.

	n	Minimum	Maximum	Mittelwert	Standardabweichung
Preisärger	921	1	5	3,81	1,40
Preisfreude	922	1	5	4,11	1,15
Preiswut	924	1	5	4,38	1,07
Preisüberraschung	920	1	5	3,36	1,41

Tab. 4-37: Mittelwert und Lagemaße der Preisemotionen in Teil 1 der empirisch-quantitativen Exploration

Teil 2 der Befragung konzentrierte sich auf die Preisinformationsspeicherung. Vorab wurden einige Informationen über das Einkaufsverhalten und das Nutzungsverhalten der Befragten in Bezug auf Tankstellen erhoben. Auf die Frage, wie häufig in der Woche allgemein Lebensmittel eingekauft werden, gaben nahezu 69 % an, mindestens zwei Mal in der Woche einzukaufen; 33 % der befragten Personen kaufen nie in Tankstellen ein, 37 % jedoch mindestens zwei Mal im Monat. Etwa ein Drittel (27 %) der Stichprobe tankt nie, 56 % mindestens zwei Mal im Monat. Wendet man auf die Stichprobe in Teil 2 ebenfalls die oben dargestellte Zuordnung in die Gruppen Shop-

Kunden, Tank-Kunden und Beides-Kunden an, zeigt sich, dass 18 % der Befragten den Shop-Kunden, 33 % den Tank-Kunden und 31 % den Beides-Kunden zuzuordnen sind. Von dieser Stichprobe wären 18 % bei der Befragung in Teil 1 nicht interviewt worden, da sie „nie“ oder „seltener als ein Mal im Monat“ tanken und in der Tankstelle einkaufen.

Auch die Kaufhäufigkeiten für die in die Untersuchung einbezogenen Produkte (COCA COLA in der 0,5 l-Plastikflasche, MARS Schokoriegel, MUMM DRY 0,7 l, AIRWAVES Kaugummi) wurden erhoben. COCA COLA ist das am häufigsten gekaufte Produkt (Ø Kaufhäufigkeit: 2,47, wobei 1 = nie und 6 = häufiger als 1–2 Mal in der Woche), das am seltensten gekaufte Produkt ist MUMM (Ø Kaufhäufigkeit: 1,52). Etwa ähnlich viele Kunden geben an, MARS, AIRWAVES und COCA COLA auch in Tankstellenshops zu kaufen (55, 60 und 55 Personen), während nur etwa halb so viele Personen MUMM in Tankstellen besorgen (27 Personen).

Die Tab. 4-38 zeigt die Ergebnisse im Detail.

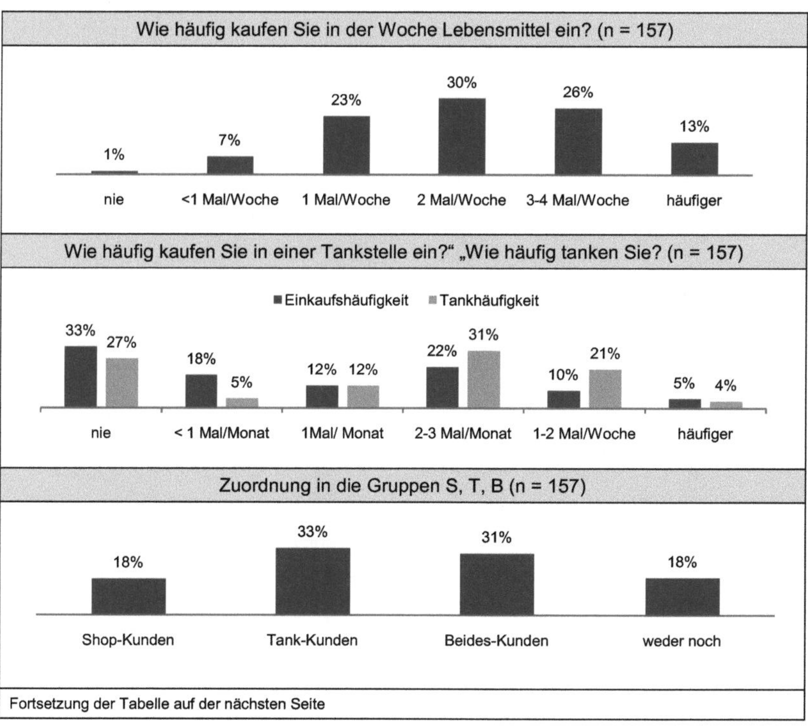

Fortsetzung der Tabelle auf der nächsten Seite

Fortsetzung von der vorherigen Seite

Kaufhäufigkeiten für die untersuchten Produkte					
	n	Minimum	Maximum	Mittelwert	Standard-abweichung
MARS	157	1	5	1,78	1,12
AIRWAVES	157	1	6	2,33	1,48
COCA COLA	157	1	6	2,47	1,61
MUMM	157	1	5	1,52	0,83
1 = nie; 2 = <1 Mal im Monat; 3 = 1 Mal im Monat; 4 = 2–3 Mal im Monat; 5 = 1–2 Mal pro Woche; 6 = häufiger					

Kaufen Sie das Produkt auch in der Tankstelle ein?				
	n	Ja	Nein	Keine Angabe
MARS	157	55	71	31
AIRWAVES	157	60	81	16
COCA COLA	157	55	74	28
MUMM	157	27	112	18

Tab. 4-38: Nutzungsverhalten der Kunden in Bezug auf Tankstellen und die untersuchten Produkte in Teil 2 der empirisch-quantitativen Exploration

Die Intensität des Preisinteresses liegt in Teil 2 bei 2,84, und damit knapp unter dem Skalenmittelwert (siehe Tab. 4-39).

	n	Minimum	Maximum	Mittelwert	Standard-abweichung
IPI	151	1	5	2,84	1,04

Tab. 4-39: Mittelwert und Lagemaße der Intensität des Preisinteresses in Teil 2 der empirisch-quantitativen Exploration

Im nächsten Schritt waren die Preise für die vier Produkte MARS, AIRWAVES, COCA COLA und MUMM zu schätzen, und zwar sowohl für Tankstellen als auch für den übrigen Lebensmitteleinzelhandel. Insgesamt ist festzustellen, dass die **Schätzungen** für den übrigen Lebensmitteleinzelhandel wie für die Tankstellenshops eine große Spreizung aufweisen und zudem tendenziell – für beide Betriebstypen – über den in der Preiserhebung ermittelten Durchschnittspreisen liegen (siehe Kap. 4.2.1). Einige Einschränkungen sind jedoch zu beachten: Die Preiserhebung wurde zwar, wie die Befragung zur Preisinformationsspeicherung auch, in der Stadt Essen durchgeführt; zwischen beiden Erhebungen lag allerdings der Zeitraum von einem Jahr. Darüber hinaus ist nicht bekannt, in welchem Umfeld die Probanden die Produkte tatsächlich einkaufen und ob die ermittelten Durchschnittswerte daher subjektiv die „tatsächlichen" Preise darstellen; die Ergebnisse sind folglich bestenfalls für die Ableitung von Tendenzaussagen zu nutzen und werden nur deskriptiv dargestellt, gehen also nicht in die spätere exploratorisch-quantitative Auswertung ein.

Der Preis für **MARS** in Tankstellen wird im Durchschnitt auf 1,02 € geschätzt (wobei hier, wie auch später, nur die Schätzwerte derjenigen Personen in die Berechnung eingehen, die eine Schätzsicherheit von größer als 0 angeben). Auch der ermittelte Durchschnittspreis liegt bei 1,02 €. Dafür unterschätzen die Kunden allerdings den Preis im übrigen Lebensmitteleinzelhandel: Der durchschnittliche Schätzpreis liegt bei 0,73 € (ermittelter Durchschnittspreis: 0,81 €).

In Bezug auf **AIRWAVES** zeigt sich ein anderes Bild: Die Kunden vermuten für Tankstellenshops einen Preis, der deutlich höher ist als der erhobene Durchschnittspreis und im Mittel bei 1,04 € liegt (erhobener Durchschnittspreis: 0,79 €). Auch für den übrigen Lebensmitteleinzelhandel überschätzen sie den Preis: Sie nehmen an, dass die Kaugummis dieser Marke im übrigen Lebensmitteleinzelhandel ungefähr 0,77 € kosten, wobei der ermittelte Durchschnittspreis bei 0,65 € liegt.

Für **COCA COLA** werden die Preise für beide Betriebstypen ebenfalls überschätzt. Die befragten Personen nehmen für Tankstellenshops einen Preis von 1,44 € an (erhobener Durchschnittspreis: 1,17 €), für den übrigen Lebensmitteleinzelhandel 0,95 € (erhobener Durchschnittspreis: 0,79 €).

Die letzte Schätzung betrifft das Produkt **MUMM**. Hier werden die Preise in beiden Betriebstypen nicht über-, sondern unterschätzt: Für die Tankstelle vermuten die befragten Personen einen Preis von 7,74 €, für den übrigen Lebensmitteleinzelhandel 4,91 €. Tatsächlich liegt der ermittelte Durchschnittspreis in den Tankstellenshops bei 8,48 € und im übrigen Lebensmitteleinzelhandel bei 5,07 €.

Eine weitere Frage behandelt die **Sicherheit** der Probanden für ihre Preisschätzungen. Bei dem Produkt MARS in Tankstellenshops geben die befragten Personen eine Sicherheit von 61 (auf einer Skala von 0 = unsicher bis 100 = sicher) an, für die Schätzung im übrigen Lebensmitteleinzelhandel eine von durchschnittlich 59. In Bezug auf AIRWAVES nennen sie für den Tankstellenshop im Durchschnitt eine Sicherheit von 57, für den übrigen Lebensmitteleinzelhandel von 58, bei COCA COLA liegt die Sicherheit beim geschätzten Preis für den Tankstellenshop durchschnittlich bei 56, im übrigen Lebensmitteleinzelhandel bei 57. Etwas unsicherer scheinen sie sich in Bezug auf die Preise von MUMM in Tankstellenshops zu sein: Für den geschätzten Preis im Tankstellenshop liegt die Sicherheit bei 47, für den übrigen Lebensmitteleinzelhandel bei 55.

Abschließend gibt Tab. 4-40 einen Überblick über die geschilderten deskriptiven Ergebnisse zur Preisinformationsspeicherung aus Teil 2.

Preisschätzung und Sicherheit – MARS									
P_{STS}		P_{TTS}		S_{STS}	P_{SLEH}		P_{TLEH}		S_{SLEH}
von–bis	Ø	von–bis	Ø	Ø	von–bis	Ø	von–bis	Ø	Ø
0,35–2,00	1,02	0,90–1,15	1,02	61	0,30–1,79	0,73	0,69–0,89	0,81	59
Preisschätzung und Sicherheit – AIRWAVES									
P_{STS}		P_{TTS}		S_{STS}	P_{SLEH}		P_{TLEH}		S_{SLEH}
von–bis	Ø	von–bis	Ø	Ø	von–bis	Ø	von–bis	Ø	Ø
0,50–3,00	1,04	0,69 – 0,89	0,79	57	0,35 – 1,80	0,77	0,65 – 0,65	0,65	58
Preisschätzung und Sicherheit – COCA COLA									
P_{STS}		P_{TTS}		S_{STS}	P_{SLEH}		P_{TLEH}		S_{SLEH}
von–bis	Ø	von–bis	Ø	Ø	von–bis	Ø	von–bis	Ø	Ø
0,49 – 3,00	1,44	0,99 – 1,30	1,17	56	0,10 – 2,50	0,95	0,69 – 0,89	0,79	57
Preisschätzung und Sicherheit –MUMM									
P_{STS}		P_{TTS}		S_{STS}	P_{SLEH}		P_{TLEH}		S_{SLEH}
von–bis	Ø	von–bis	Ø	Ø	von–bis	Ø	von–bis	Ø	Ø
2,00 – 15,00	7,74	6,99 – 10,99	8,48	47	1,00 – 11,50	4,91	3,99 – 5,99	5,07	55

P_{STS}: Schätzpreis für die Tankstelle
P_{TTS}: Tatsächlicher Preis in der Tankstelle, ermittelt in der Preiserhebung
S_{STS}: Sicherheit bei der Schätzung des Preises für die Tankstelle
P_{SLEH}: Schätzpreis für den übrigen Lebensmitteleinzelhandel
P_{TLEH}: Tatsächlicher Preis für den übrigen Lebensmitteleinzelhandel, ermittelt in der Preiserhebung
S_{SLEH}: Sicherheit bei der Schätzung des Preises für den übrigen Lebensmitteleinzelhandel

Alle Angaben, sofern nicht anders gekennzeichnet, in €
n je nach Produkt und Variable zwischen 124 und 144

Tab. 4-40: Übersicht über die Ergebnisse der Preisschätzung

4.4.4 Exploratorische Untersuchung der Wirkungszusammenhänge zwischen den Variablen

4.4.4.1 Testverfahren zur Untersuchung von Wirkungszusammenhängen zwischen den Variablen

Zur Analyse quantitativ-exploratorisch erhobener Daten existieren zahlreiche Verfahren, wie z. B. einfache deskriptive Analysen oder die Augenscheinbeurteilung grafischer Darstellungen bei der Dateninspektion (z. B. Stem-and-Leaf-Plots, Box-Plots oder Scatter-Plots.).[952] Auch ist es möglich, ohne die vorherige Formulierung der Hypothesen exploratorische Signifikanztests[953] durchzuführen und daraus Hypothesen abzuleiten, die in weiteren Untersuchungen überprüft werden.[954] Dieses Vorgehen kommt hier zum Einsatz. Ergänzend zu den zuvor dargestellten deskriptiven Ergebnissen werden die Resultate dieser exploratorischen Signifikanztests im Folgenden diskutiert und dienen – gemeinsam mit den in Kap. 4.3.4 dargestellten Erkenntnissen aus bereits durchgeführten Untersuchungen – als Basis für die Formulierung der Hypothesen.

Als Arbeitsrahmen für die exploratorischen Signifikanztests wird das in Kap. 4.2.3 entwickelte S-O-R-Modell herangezogen. Da im Vorfeld des exploratorischen Signifikanztestens keine Annahmen über Wirkungsrichtungen oder -stärken vorliegen, werden zunächst alle denkbaren Kombinationen von Variablen untersucht. Dabei können die Stimulus-, Organismus-, Moderator- und Reaktionsvariablen in den Signifikanztests unterschiedliche Rollen einnehmen: Je nach Betrachtungsweise gehen sie als unabhängige, abhängige oder moderierende Variablen ein. So ist es denkbar, dass das Alter – im Arbeitsrahmen als moderierende Variable für den Effekt zwischen dem Preisniveau und den Konstrukten modelliert – (auch) direkt mit dem Preisniveau oder einem Konstrukt zusammenhängt. Daher kann es die Rolle als abhängige Variable (wenn z. B. die Altersverteilung vom Preisniveau abhängt), als unabhängige Variable (wenn z. B. das Preiswürdigkeitsurteil vom Alter abhängt) oder als moderierende Variable (wenn z. B. das Alter den Effekt des Preisniveaus auf das Preiswürdigkeitsurteil beeinflusst) übernehmen.

Um im ersten exploratorischen Untersuchungsschritt keinen Informationsverlust zu erleiden, werden zahlreiche denkbare Kombinationen der Variablen getestet, auch dann, wenn sie nicht exakt die Modellierung des Arbeitsrahmens – der, wie bereits erwähnt, nicht als unveränderliches Modell, sondern als Ausgangsbasis dienen soll –

952 Siehe hierzu z. B. die Arbeiten von Tukey 1977 oder Schnell 1994.
953 Zu Zweck und Vorgehen bei Signifikanztests siehe weiter unten.
954 Vgl. Bortz/Döring 2009, S. 379 f.

widerspiegeln. Dabei sind die Tests im ersten Schritt bivariat angelegt, d. h., es werden jeweils Kombinationen aus zwei Variablen betrachtet. Im nächsten Schritt erfolgt die Erweiterung auf multivariate Betrachtungen, bei denen zusätzlich moderierende Effekte eingehen.

Bevor die Ergebnisse der Untersuchungen dargestellt werden, folgt zunächst ein Überblick über Signifikanztests im Allgemeinen und die hier genutzten Verfahren im Besonderen.

Signifikanztests dienen dazu, die Übertragbarkeit der Ergebnisse in der Stichprobe auf die Grundgesamtheit zu überprüfen. Sie gehen der Frage nach, ob ein Effekt, der in der Stichprobe auftritt (z. B.: „Kunden in Regionen mit niedriger Kaufkraft unterscheiden sich von Kunden in Regionen mit hoher Kaufkraft in Bezug auf ihre Preisbereitschaft") zufällig entstanden sein kann, wenn man annimmt, dass in der Grundgesamtheit kein Effekt besteht.[955] Dabei ist es im Rahmen von exploratorischen Signifikanztests nicht nötig (und auch nicht möglich), im Vorhinein theoriebasierte Hypothesen inhaltlich zu formulieren. Rein formal müssen allerdings für die Berechnung des Signifikanztests dennoch zwei Hypothesen aufgestellt werden, nämlich die **Nullhypothese** (im Folgenden $\mathbf{H_0}$), die besagt, dass *kein Effekt* vorliegt, und die **Arbeitshypothese** (auch: Alternativhypothese, im Folgenden $\mathbf{H_1}$), die besagt, dass *ein Effekt* vorliegt.[956]

Im Rahmen eines Signifikanztests überprüft man, mit welcher Wahrscheinlichkeit H_0 in der Stichprobe abgelehnt wird, obwohl sie in der Grundgesamtheit zutrifft, inwieweit man also aufgrund des Stichprobenergebnisses einen Unterschied akzeptiert, obwohl in der Realität keiner vorhanden ist. Man nennt diese Wahrscheinlichkeit auch **Irrtumswahrscheinlichkeit** (in der Regel bezeichnet mit dem Buchstaben p, auch: α-Fehler). Ist sie sehr gering, kann die Alternativhypothese nicht abgelehnt werden. Welche Irrtumswahrscheinlichkeit man im Rahmen seiner Untersuchung zu akzeptieren bereit ist, das sogenannte **Signifikanzniveau**, muss im Vorhinein festgelegt werden.[957]

In der Literatur kommen verschiedene Signifikanzniveaus zum Einsatz. Üblich ist, bei einer Irrtumswahrscheinlichkeit, die kleiner als 5 % ist, von Signifikanz, und bei einer Irrtumswahrscheinlichkeit, die kleiner als 1 % ist, von starker oder hoher Signifikanz zu sprechen.[958] In der Tab. 4-41 sind die genutzten Signifikanzniveaus enthalten.

---

955 Vgl. Schnell/Hill/Esser 2008, S. 447 f.; Bortz/Döring 2009, S. 494.
956 Vgl. Berekoven/Eckert/Ellenrieder 2006, S. 230. Siehe auch die Ausführungen in Kap. 4.4.5.1 zur Hypothesenbildung.
957 Vgl. Hildebrandt 1999, S. 45; Atteslander 2006, S. 266 f.
958 Vgl. Atteslander 2006, S. 267.

Irrtumswahrscheinlichkeit p	Interpretation
$p < 0{,}01$	hoch signifikant
$0{,}01 \le p < 0{,}05$	signifikant
$p \ge 0{,}05$	nicht signifikant

Tab. 4-41: In der Untersuchung genutzte Signifikanzniveaus

Weiterhin ist zu entscheiden, ob die Signifikanztests **ein- oder zweiseitig** erfolgen (auch: gerichtet oder ungerichtet). Im Fall des zweiseitigen Tests wird im Vorhinein nicht festgelegt, in welche Richtung der potenzielle Effekt wirkt, während bei einer einseitigen Testung vorab die Wirkungsrichtung bestimmt wird.[959] Da hier exploratorisch vorgegangen wird, werden alle nachstehend beschriebenen Tests zweiseitig vorgenommen.

Darüber hinaus ist bei der Entscheidung über die Ablehnung oder Nichtablehnung einer Hypothese, abgesehen vom oben angesprochenen α-Fehler, eine weitere Fehlentscheidung denkbar: nämlich dann, wenn H_0 angenommen wird, obwohl in der Population H_1 zutrifft (auch bezeichnet als **β-Fehler**).[960] Die Tab. 4-42 zeigt einen Überblick zu möglichen (Fehl-) Entscheidungen beim Hypothesentesten.

		Realität	
		H_0	H_1
Testentscheidung	H_0	✓	β-Fehler
	H_1	α-Fehler	✓

Tab. 4-42: Mögliche (Fehl-) Entscheidungen beim Hypothesentesten (Quelle: leicht modifiziert nach Biemann 2009, S. 207)

Um eine Entscheidung über die Ablehnung oder Annahme einer Hypothese besser absichern zu können, wird daher häufig empfohlen, neben dem α-Fehler auch den β-Fehler heranzuziehen.[961] Allerdings ist der β-Fehler nur berechenbar, wenn im Vorfeld die zu erwartende Effektstärke (z. B. die Stärke des Mittelwertunterschieds beim Vergleich der Mittelwerte für zwei Gruppen)[962] festgelegt werden kann.[963] Hier ist dies allerdings aufgrund des exploratorischen Charakters der Untersuchung nicht möglich; für solche Fälle schlägt FISHER vor, nur auf das α-Fehler-Niveau zurückzugreifen. Folglich kann nur über die Ablehnung der H_0 entschieden werden – nicht jedoch darüber, ob H_1

959 Vgl. z. B. Bühner/Ziegler 2009, S. 166 f.
960 Vgl. Biemann 2009, S. 207; Bühner/Ziegler 2009, S. 188 ff.
961 Vgl. Klarmann 2008, S. 104 ff.; Bühner/Ziegler 2009, S. 191.
962 Zu Effektstärken siehe weiter unten.
963 Siehe den Aufsatz von Neyman/Pearson 1928.

wahrscheinlich ist oder nicht.[964] Daher wird H_0 abgelehnt und H_1 beibehalten, sofern ein Test signifikant ausfällt.

Für das folgende exploratorisch-quantitative Signifikanztesten steht eine große Anzahl an **Testverfahren** zur Verfügung, aus denen je nach Fragestellung, Anzahl an Beobachtungen, Skalenniveau, Verteilung der vorliegenden Daten sowie Anzahl und Art der Stichproben das passende ausgewählt werden muss.[965] Bei der Untersuchung der Variablen im Rahmen der empirisch-quantitativen Exploration kamen mehrere Verfahren zum Einsatz, die nachstehend erläutert werden.

Grundsätzlich lassen sich die hier verwendeten Tests einteilen in solche, die **Unterschiede** zwischen Gruppen im Hinblick auf bestimmte Variablen testen und solche, die **Zusammenhänge** zwischen Variablen prüfen.[966] Allerdings ist zu beachten, dass häufig beide Verfahren zum Einsatz kommen können: Möchte man z. B. testen, ob das Preisinteresse die Preisbereitschaft beeinflusst, kann entweder auf einen Zusammenhang zwischen den Kennzahlen Preisbereitschaft und Preisinteresse getestet werden, oder aber es können Personengruppen gebildet werden, die sich durch unterschiedlich hohes Preisinteresse auszeichnen, und diese auf Unterschiede bei der Preisbereitschaft überprüft werden.

Allen hier im Zuge der bivariaten Analysen genutzten Tests ist gemein, dass es sich um nicht parametrische Testverfahren handelt. Der wesentliche Vorteil dieser Methoden ist, dass sie keine Normalverteilungsannahme der Messwerte voraussetzen – eine Grundannahme, die hier durchgängig verletzt ist.[967] Nachteile ergeben sich durch die Anwendung der nicht parametrischen Tests vor allem bei der Interpretation der Effekte.[968]

Um Gruppen auf **Unterschiede** in Bezug auf bestimmte Variablen zu testen, kommen hier die folgenden Tests zur Anwendung:[969]

- X^2-Test
- Mann-Whitney-U-Test (U-Test)
- Kruskal-Wallis-H-Test (H-Test)
- X^2-Test von McNemar
- Vorzeichenrangtest nach Wilcoxon
- Friedman-Test

---

964 Siehe den Beitrag von Ostmann/Wutke 1994.
965 Vgl. Hildebrandt 1999, S. 45.
966 Vgl. Bortz/Döring 2009, S. 505 ff.
967 Siehe hierzu weiter unten im vorliegenden Kapitel sowie die Ausführungen in Kap. 0.
968 Vgl. Bühner/Ziegler 2009, S. 265; siehe auch weiter unten im vorliegenden Kapitel.
969 Ein Überblick über die in diesem Zusammenhang verwendeten Testverfahren gibt Tab. 4-43 weiter unten in diesem Kapitel.

Mittels des **X^2-Tests** überprüft man, ob sich Gruppen hinsichtlich eines nominal skalierten Merkmals unterscheiden und sich daher ein Zusammenhang zwischen der Gruppenvariablen (z. B. Geschlecht) und weiteren nominalskalierten Variablen ableiten lässt:[970] Ist z. B. von den befragten Frauen (Gruppe 1) ein größerer Anteil der Gruppe „Shop-Kunde" zuzurechnen (nominalskalierte Variable) als von den Männern (Gruppe 2)? Um Fragen dieser Art zu beantworten, werden Kreuztabellen gebildet und die Abweichungen der tatsächlichen von den erwarteten Häufigkeiten analysiert.[971] Der Interpretation dienen dabei die korrigierten standardisierten Residuen der jeweiligen Zellen: Werte über 2 deuten auf eine signifikante Abweichung hin.[972]

Der **U-Test nach Mann und Whitney** prüft für zwei unabhängige Stichproben und für mindestens ordinal skalierte Daten die Nullhypothese, dass in der Grundgesamtheit kein Unterschied in zwei Gruppen für ein bestimmtes Merkmal vorliegt. Während bei parametrischen Verfahren – das entsprechende wäre im Fall des U-Tests der parametrische t-Test – für die Überprüfung der Nullhypothese auf Mittelwertunterschiede abgezielt wird, konzentriert sich der nicht parametrische U-Test stattdessen auf die Ränge der Werte für ein Merkmal in den Gruppen: Falls in der Grundgesamtheit kein Unterschied existiert, müssen in beiden Gruppen gleich viele Rangplatzunterschreitungen und -überschreitungen vorliegen, wenn man die Werte aus den beiden zu vergleichenden Gruppen zu einer Gruppe zusammenfasst und aufsteigend sortiert.[973]

Da für einige Variablen nicht nur zwei, sondern auch mehrere Gruppen auf Unterschiede geprüft werden müssen, kommt der mit dem U-Test verwandte **H-Test nach Kruskal und Wallis** zum Einsatz.[974] Dieser ist, ebenso wie der Mann-Whitney-Test, robust gegenüber nicht normalverteilten Daten und stellt geringe Ansprüche an die Skalierung, so dass auch hier ordinal skalierte Daten ausreichen. Der Kruskal-Wallis-Test geht ähnlich vor wie der Mann-Whitney-Test: Er bildet aus allen Werten der zu vergleichenden Stichproben eine gemeinsame Rangfolge und testet dann die Nullhypothese, dass die mittleren Ränge aller Stichproben gleich sind.[975] Um weiterhin zu untersuchen, zwischen welchen der analysierten Gruppen Unterschiede bestehen und wie diese ausfallen, müssen in einem zweiten Schritt Paarvergleiche mit Hilfe des Mann-Whitney-Tests durchgeführt werden. Hierbei ist zu beachten, dass die akzeptierte Irrtumswahrscheinlichkeit angepasst werden muss: Da nun die Signifikanztests nicht

---

970 Vgl. Backhaus et al. 2003, S. 230 ff.

971 Vgl. Brosius 2006, S. 418.

972 Siehe hierzu den Aufsatz von Haberman 1973.

973 Siehe den Aufsatz von Mann/Whitney 1947. Für eine ausführliche Darstellung des Tests siehe Brosius 2006, S. 850 ff., Bortz/Lienert/Boehnke 2008, S. 200 ff., und Bühner/Ziegler 2009, S. 277 ff.

974 Vgl. den Aufsatz von Kruskal/Wallis 1952; für eine Beschreibung des Tests siehe Bortz/Lienert/Boehnke 2008, S. 222 ff.

975 Vgl. Brosius 2006, S. 855.

mehr für die gesamte Hypothese, sondern nur für einzelne Bestandteile daraus gerechnet werden, darf nicht mehr das zuvor gewählte Signifikanzniveau herangezogen werden. Hier wird auf die häufig eingesetzte konservative **Bonferroni-Korrektur** zurückgegriffen: Das Signifikanzniveau wird dabei durch die Anzahl der Paarvergleiche geteilt.[976] Da z. B. bei den drei Gruppen Shop-Kunden, Tank-Kunden und Beides-Kunden drei Paarvergleiche durchzuführen sind, ergibt sich für das Niveau *signifikant* ein p-Wert von 0,05/3 = 0,017 und für das Niveau *stark signifikant* ein p-Wert von 0,01/3 = 0,003. Für andere Anzahlen von Paarvergleichen ist das Vorgehen analog.

Alle drei bisher dargestellten Tests dienen der Untersuchung von unabhängigen Stichproben: Bei diesen ist die Wahrscheinlichkeit für eine bestimmte Person, in die eine Stichprobe (Gruppe, z. B. Kunden bei niedrigem Preisniveau) zu gelangen, unabhängig davon, welche Personen in die andere Stichprobe (z. B. Kunden bei hohem Preisniveau) gelangen.[977] Im Rahmen von Untersuchungsphase 1 sollen jedoch auch für verbundene Stichproben Unterschiede überprüft werden. Hierfür werden die Werte verschiedener Variablen (oder gleicher Variablen zu verschiedenen Messzeitpunkten) bei denselben Personen verglichen. Dies ist z. B. dann der Fall, wenn untersucht werden soll, ob im Rahmen des beschriebenen Rangreihenverfahrens von Merkmalen für Einkaufsstätten bestimmte Karten für den Tankstellenshop weniger häufig gezogen wurden als für den übrigen Lebensmitteleinzelhandel, oder wenn die Ränge der gezogenen Karten für beide Betriebstypen auf Abweichungen hin untersucht werden sollen: Im erstgenannten Fall und bei ähnlichen Fragestellungen kommt der **X^2-Test nach McNemar** zum Einsatz.[978] Dieser ist für nominal skalierte Merkmale (z. B. „Karte gezogen"/„Karte nicht gezogen") in verbundenen Stichproben geeignet. Er legt sein Augenmerk auf die Fälle, in denen sich die Werte für beide Variablen unterscheiden (wenn also z. B. eine bestimmte Karte einmal gezogen wurde und einmal nicht). Wären die Unterschiede zufällig, dann müssten diese Fälle im Verhältnis zur Häufigkeit der einzelnen Werte selbst mit gleicher Häufigkeit auftreten. Ist das nicht der Fall, muss die Nullhypothese abgelehnt werden, und die Unterschiede können als nicht zufällig interpretiert werden.

Für ähnliche Fragestellungen, die aber ordinal skalierte Daten als Grundlage haben, wird der **Vorzeichenrangtest nach Wilcoxon** genutzt.[979] Beispielsweise kommt er zum Einsatz, wenn die Ränge eines bestimmten Merkmals für die Tankstellenshops

976 Siehe z. B. Bühner/Ziegler 2009, S. 550.

977 Siehe hierzu und zu verbundenen (gepaarten) Stichproben Brosius 2006, S. 472.

978 Siehe den Aufsatz von McNemar 1947. Für eine Beschreibung des Tests und seine Anwendung siehe Brosius 2006, S. 863; Bortz/Lienert/Boehnke 2008, S. 160 ff.

979 Siehe die Aufsätze von Wilcoxon 1945 und Wilcoxon 1947. Für eine Beschreibung der Methode siehe Brosius 2006, S. 862.

und den übrigen Lebensmitteleinzelhandel auf Unterschiede getestet werden. Der Wilcoxon-Test überprüft die Nullhypothese, die beiden Stichproben stammten aus einer Grundgesamtheit mit gleicher Verteilung. Dazu erstellt er – ähnlich wie der Mann-Whitney-U-Test für zwei unabhängige Stichproben – eine Rangfolge aller Werte aus beiden Gruppen und vergleicht dann die Ränge der Wertepaare miteinander. Zu diesem Zweck nutzt er die Differenz zwischen den beiden Rängen eines Paares (also z. B. die Differenz zwischen dem Rang für die Wichtigkeit eines Merkmals im übrigen Lebensmitteleinzelhandel und dem in Tankstellenshops) und ermittelt den durchschnittlichen Rang für alle positiven und für alle negativen Differenzen.

Ähnlich geht auch der **Friedman-Test** vor, der in Fällen von mehr als zwei verbundenen Stichproben angewendet wird. Er untersucht die Frage, ob mehrere verbundene Stichproben derselben Grundgesamtheit angehören. Sofern der Friedman-Test signifikant ausfällt, müssen wie beim Kruskal-Wallis-Test auch hier anschließend Paarvergleiche durchgeführt und das Signifikanzniveau entsprechend angepasst werden.

Die Tab. 4-43 zeigt im Überblick die eingesetzten nicht parametrischen Testmethoden für die bivariate Betrachtung von Unterschiedshypothesen mit ihren wesentlichen Merkmalen.

	Abhängigkeit der Stichproben	
Messniveau der Daten, Anzahl der Grupen	unabhängige Stichproben	verbundene Stichproben
nominal skalierte Daten, beliebig viele Gruppen	X^2-Test	X^2-Test nach McNemar
mindestens ordinal skalierte Daten, 2 Gruppen	Mann-Whitney-U-Test	Vorzeichenrangtest nach Wilcoxon
mindestens ordinal skalierte Daten, mehr als 2 Gruppen	Kruskal-Wallis-H-Test	Friedman-Test

Tab. 4-43: Eingesetzte verteilungsfreie Testmethoden zum Prüfen auf Unterschiede mit ihren wesentlichen Merkmalen

Um **Zusammenhänge** zwischen Variablen zu testen, können hier ebenfalls zwei verschiedene nicht parametrische Methoden zum Einsatz kommen, nämlich

- Spearmans Rho sowie
- Kendalls Tau-b.

Beide Verfahren sind der Rangkorrelationsanalyse zuzuordnen. **Spearmans Rho** wird berechnet, indem die Kovarianz zwischen den beiden Variablen durch das Produkt ihrer beider Standardabweichungen dividiert wird. Dabei gehen nicht die Variablenwerte selbst, sondern ihre Ränge in die Berechnung ein.[980] **Kendalls Tau-b** vergleicht im Gegensatz dazu alle Beobachtungspaare der Stichprobe miteinander und analysiert, inwiefern die Reihenfolge der Werte einer Variablen mit der Reihenfolge der Werte der anderen Variablen für alle Beobachtungspaare übereinstimmt.[981] Im Rahmen der vorliegenden Fragestellungen können prinzipiell beide Rangkorrelationskoeffizienten interpretiert werden; der Unterschied besteht vor allem darin, dass Spearmans Rho die Annahme zugrunde legt, die Abstände zwischen den in der Skala genutzten Rängen seien gleich groß.[982] Weil Kendalls Tau-b daher weniger anfällig gegenüber Ausreißerwerten ist – und insbesondere die drei Kennzahlen zur Preisbereitschaft einige Ausreißerwerte aufweisen –, wird hier auf diesen zurückgegriffen.[983]

Alle erläuterten Testverfahren dienen zur Beantwortung der Frage, ob sich Unterschiede zwischen Gruppen oder Zusammenhänge zwischen Variablen finden lassen. Häufig ist bereits von Interesse, ob überhaupt ein Effekt auftritt (z. B. ob sich Männer und Frauen in Bezug auf die Beurteilung der Preise in Tankstellenshops unterscheiden oder ob der Preisärger mit der Preisehrlichkeit zusammenhängt). Abgesehen davon ist es jedoch auch von Interesse, die Stärke des Effektes genauer zu betrachten. Für die Interpretation der **Effektstärken** haben sich, ähnlich wie für die Akzeptanz bestimmter Fehlerwahrscheinlichkeiten, einige Konventionen herausgebildet, die im Wesentlichen auf COHEN zurückgehen. Bei der Anwendung von Korrelationsanalysen gilt für **Zusammenhangshypothesen**, dass der Korrelationskoeffizient r wie folgt beurteilt wird:[984]

r = 0,1:	kleiner Effekt
r = 0,3:	moderater Effekt
r = 0,5:	starker Effekt.

Falls der Betrag der Effektstärkte zwischen zwei dieser Grenzen liegt, bezeichnet man die Stärke als klein bis moderat und moderat bis stark, so dass hier die folgende Sprachregelung gilt:

980 Siehe die Aufsätze von Spearman 1904 und Spearman 1906. Für eine Beschreibung des Tests siehe z. B. Bortz/Lienert/Boehnke 2008, S. 414.

981 Siehe den Aufsatz von Kendall 1942. Für eine Beschreibung des Tests siehe z. B. Bühner 2006, S. 397 ff.

982 Vgl. Bühner 2006, S. 398.

983 Vgl. Bühner/Ziegler 2009, S. 620. Dabei wurden generell beide Verfahren gerechnet, produzierten jedoch keine wesentlich voneinander abweichenden Ergebnisse, weswegen zur besseren Übersichtlichkeit nur die des Tests mit Kendalls Tau-b dargestellt werden.

984 Vgl. Cohen 1988, S. 82.

r ≤ 0,15:	kleiner Effekt
0,16 < r ≤ 0,25:	kleiner bis moderater Effekt
0,26 < r ≤ 0,35:	moderater Effekt
0,36 < r ≤ 0,45:	moderater bis starker Effekt
r≥ 0,46:	starker Effekt.

Insgesamt ist allerdings zu beachten, dass diese Konventionen bestenfalls als Anhaltspunkte dienen, da – je nach Fragestellung – auch kleine Effekte durchaus hohe praktische Relevanz haben können.[985]

Für **Unterschiedshypothesen** wird der im Rahmen von parametrischen Tests beobachtete Mittelwertunterschied zwischen zwei Gruppen i. d. R. durch die Standardabweichung dividiert und das Ergebnis als Effektgröße interpretiert. Da jedoch bei nicht parametrischen Testverfahren und schiefen Verteilungen die Standardabweichung nicht sinnvoll interpretiert werden kann, wird die Effektgröße stattdessen in Abhängigkeit von der dem Test zugrundeliegenden Verteilung geschätzt:[986] Für Tests, bei denen die Prüfgröße ein z-Wert[987] ist, ermittelt sich die Effektgröße φ wie folgt:

$$\varphi = \sqrt{\frac{z^2}{n}} = \frac{z}{\sqrt{n}}$$

Falls es sich bei der Prüfgröße um einen X^2-Wert[988] handelt, wird die Effektgröße ω wie folgt berechnet:

$$\omega = \sqrt{\frac{X^2}{n}}$$

Die oben dargestellten Konventionen für die Korrelationskoeffizienten gelten für die Effektstärken φ und ω ebenso.

Wie erläutert, basieren die nicht parametrischen Verfahren zum Testen auf signifikante Unterschiede auf Rängen (und nicht auf Mittelwertunterschieden). Weil allerdings die von den Tests ausgegebenen Rangsummen und mittleren Ränge von der Fallzahl im jeweiligen Test abhängen und daher schwierig zu interpretieren sind, werden in der folgenden Diskussion die Mittelwerte für die jeweilige Variable in den einzelnen Gruppen dargestellt. Diese sind erstens für alle untersuchten Variablen – mit Ausnahme der

985 Vgl. Bühner/Ziegler 2009, S. 181 f.

986 Siehe im Detail zu den Grundlagen des Signifikanztestens z. B. bei Bühner/Ziegler 2009, S. 140 ff., für unterschiedliche zugrundegelegte Verteilungen insb. S. 216 ff.

987 Dies betrifft vorliegend den U-Test sowie den Wilcoxon-Test.

988 Dies betrifft vorliegend den X^2-Test, den X^2-Test nach McNemar, den H-Test sowie den Friedman-Test.

Preisbereitschaft – auf der gleichen Skala abgebildet und weisen zweitens die gleiche Skala auf wie die zugrundeliegenden Items, nämlich jeweils von 1 (höchster Wert) bis 5 (niedrigster Wert). Die Mittelwerte dienen jedoch nur dem besseren Verständnis; ausschlaggebend für die Interpretation und die Ableitung von Hypothesen sind die geschätzten Effektstärken auf der Basis der im vorliegenden Kapitel geschilderten Testverfahren.

Abgesehen von bivariaten Analysen werden auch **Moderatoreffekte** modelliert. Hierzu sind mehrere Vorgehensweisen möglich. Grundsätzlich differenziert man Verfahren auf Basis der Mehrgruppenanalyse und Verfahren, die mit Interaktionstermen operieren.[989]

Bei der **Mehrgruppenanalyse** wird wie folgt vorgegangen: Auf der Basis der Ausprägungen der moderierenden Variablen teilt man die Stichprobe auf, beispielsweise für die Variable Geschlecht in die Gruppen Männer und Frauen. Dann wird untersucht, ob sich der Effekt (z. B. der Zusammenhang zwischen Preisniveau und Preiswürdigkeitsurteil) in den Gruppen voneinander unterscheidet.[990] Der große Vorteil dieses Vorgehens besteht in der einfachen Interpretation der Ergebnisse, weswegen auch bei metrischen Variablen als Moderatoren häufig auf dieses Verfahren zurückgegriffen wird: Zu diesem Zweck wird die Stichprobe z. B. durch einen Mediansplit oder mittels Extremgruppenverfahren in zwei Gruppen geteilt. Bei letzterem setzen sich die beiden Gruppen durch diejenigen Elemente der Stichprobe zusammen, die sich durch besonders hohe oder besonders niedrige Werte für die moderierende Variable auszeichnen.[991]

Untersucht man die Moderatoreffekte mit Hilfe von **Interaktionstermen**, wird im Modell neben der unabhängigen (hier: Preisniveau) und der moderierenden Variablen auch das Produkt dieser beiden Variablen als weitere unabhängige Variable berücksichtigt (der sogenannte Interaktionsterm).[992] Der Vorteil dieses Verfahrens besteht darin, dass für metrische Variablen keine Informationen durch die Gruppenbildung verloren gehen. Der größte Nachteil liegt hingegen in der schwierigen Interpretation der Ergebnisse.[993]

Um nun Moderatoreffekte zu testen, können zunächst alle oben dargestellten Verfahren unter Einbeziehung von Mehrgruppenanalysen oder Interaktionstermen berechnet werden. Darüber hinaus bieten sich jedoch einige Methoden an, bei denen der Interaktionseffekt nicht isoliert betrachtet, sondern neben anderen Variablen ins Modell einbe-

989 Vgl. Klarmann 2008, S. 68 f.; Urban/Mayerl 2008, S. 294.
990 Vgl. Urban/Mayerl 2008, S. 300 ff.
991 Vgl. Klarmann 2008, S. 69.
992 Vgl. Urban/Mayerl 2008, S. 294 ff.
993 Vgl. Urban/Mayerl 2008, S. 297 ff.

zogen wird. Welche dieser Methodenim konkreten Fall sinnvollerweise zum Einsatz kommt, hängt dabei von der Anzahl und vom Skalenniveau der unabhängigen und der abhängigen Variablen ab.[994]

Hier ist die unabhängige Variable Preisniveau dichotom modelliert, sie weist die beiden Ausprägungen niedrig und hoch auf. Die abhängigen Variablen – die Konstrukte – sind metrisch skaliert. Für solche Fälle wird i. d. R. die **Varianzanalyse** eingesetzt.[995] Ihr Grundgedanke ist, dass die Streuung der abhängigen Variablen auf die unabhängigen Variablen zurückgeführt wird.[996] Dabei werden die Elemente der Stichprobe zunächst aufgrund der Ausprägungen der unabhängigen Variablen zerlegt (also hier in eine Gruppe bei niedrigem, eine bei hohem Preisniveau). Anschließend werden für die Werte der abhängigen Variablen je Gruppe Mittelwerte gebildet und geprüft, ob sich diese signifikant voneinander unterscheiden, wobei das Verhältnis der Varianz innerhalb jeder Gruppe und zwischen den Gruppen zur Berechnung der Prüfgröße herangezogen wird.[997] Grundsätzlich handelt es sich daher um ein parametrisches Verfahren zur Prüfung auf Mittelwertunterschiede, so dass im Fall einer dichotomen unabhängigen Variablen und einer einzigen abhängigen Variablen die Ergebnisse der Varianzanalyse dieselben sind wie die eines t-Tests. Allerdings ermöglicht es die Varianzanalyse, mehrere unabhängige Variablen sowie Interaktionseffekte zwischen diesen zu berücksichtigen: Zu diesem Zweck werden in das Modell neben der Stimulusvariablen weitere nominale Variablen („feste Faktoren") oder metrische („Kovariaten") sowie ihre Interaktionseffekte als unabhängige Variablen aufgenommen.[998]

Der Varianzanalyse liegen zwei wesentliche **Grundannahmen** zugrunde: Erstens müssen die Werte der Variablen in der Grundgesamtheit normalverteilt sein, was im Folgenden mit Hilfe des Kolmogorov-Smirnov-Tests überprüft wird.[999] Zweitens muss Varianzhomogenität vorliegen, d. h., die Streuung in den Gruppen muss gleich groß sein. Zur Überprüfung dieser Annahme dient der Levene-Test.[1000] Vor allem die erste Annahme ist hier – wie später noch gezeigt wird – nicht erfüllt; die Varianzanalyse ist allerdings robust gegen Verletzungen der Grundannahmen und wird, sofern die verglichenen Gruppen nahezu gleich groß sind, auch dann empfohlen, wenn die Voraussetzungen nicht erfüllt sind.[1001] Daher wird im Folgenden bei Verletzung der Grundan-

994 Vgl. Backhaus et al. 2003, S. 8.
995 Vgl. Backhaus et al. 2003, S. 10.
996 Vgl. Herrmann/Seilheimer 1999, S. 267.
997 Vgl. Schnell/Hill/Esser 2008, S. 457.
998 Vgl. Müller 2009, S. 241.
999 Siehe hierzu z. B. Brosius 2006, S. 401.
1000 Siehe hierzu z. B. Bühner/Ziegler 2009, S. 373.
1001 Vgl. Backhaus et al. 2003, S. 151.

nahmen überprüft, ob die Gruppen annähernd gleich groß sind. Wie noch zu zeigen sein wird, ist dies für die meisten Variablenkombinationen der Fall.

Für die folgende **Darstellung der Ergebnisse** ergibt sich aufgrund der zwei Teiluntersuchungen der empirisch-quantitativen Exploration eine Zweiteilung. Zunächst werden die Ergebnisse von Untersuchungsteil 1 referiert, anschließend folgt die Darstellung der Ergebnisse aus Untersuchungsteil 2 zur Preisinformationsspeicherung.

Als Analyseinstrument diente das Statistik-Programm PASW Statistics in der Version 18.0.0.

4.4.4.2 Ergebnisse aus Teil 1 der empirisch-quantitativen Exploration: Einkaufs- und Preisverhalten von Kunden in Tankstellenshops

4.4.4.2.1 Überblick und Vorgehen bei der Ergebnisdarstellung

Folgende Variablen gehen in die Analyse zum Einkaufsverhalten und Preisverhalten von Kunden in Tankstellenshops ein:

- **Stimulus**: Preisniveau (PN)
- **moderierende Variablen**: Alter (ALT), Geschlecht (GE), Haushaltsgröße (GR), Haushaltsnettoeinkommen (EK), Intensität des Preisinteresses (IPI), Stammkundengrad (SKG), Kundengruppe Shop-Kunde, Tank-Kunde, Beides-Kunde (STB), Kaufkraft (KK), Wettbewerbsintensität (WB), Werktag oder Wochenende (WT), Ziel (ZI). Weiterhin werden aus dem Rangreihenverfahren zwei weitere Kennzahlen gebildet, die aussagen, ob eine Person die Karte *niedrige Preise* für den übrigen Lebensmitteleinzelhandel oder für Tankstellenshops als wichtig oder als unwichtig gezogen hat oder ob die Karte nicht gezogen wurde (RPI_LEH, RPI_TS). Zusätzlich erfolgt die weitere Analyse von Informationen aus dem Rangreihenverfahren.
- **Organismus**: Als Organismusvariablen gehen die Variablen Preisärger (ÄRG), Preisfreude (FREU), Preiswut (WUT), Preisüberraschung (ÜB), Preisgünstigkeitsurteil (PGU), Preiswürdigkeitsurteil (PWU), Preistoleranz 1 bis 3 (PT1, PT2, PT3), Preistransparenz (TRA), Eigennutz (EIG), Preisehrlichkeit (EHR) ein.
- **Reaktion**: Kauf von nicht preisgebundenen Produkten, Kauf von preisgebundenen Produkten, kein Kauf (K)

Wie bereits erwähnt, wurden zunächst bivariate Analysen der Wirkungszusammenhänge durchgeführt. Der Übersichtlichkeit halber findet sich die umfangreiche Tabelle mit den Ergebnissen für alle Tests in Anhang 11.[1002] Im Folgenden werden die Ergebnisse der signifikant ausgefallenen Tests dargestellt, eine Übersichtstabelle findet sich am Ende eines jeden Kapitels. Die Diskussion der Ergebnisse sowie die Herleitung von Hypothesen erfolgt in Kap. 4.4.5.

4.4.4.2.2 Zusammenhänge zwischen Stimulus und moderierenden Variablen

Zwischen dem Stimulus und den moderierenden Variablen bestehen einige signifikante Zusammenhänge: So sind die Kunden in Tankstellen mit niedrigem Preisniveau älter. Weiterhin finden sich hier überproportional viele Personen, welche die Karte *niedrige Preise* für den Tankstellenshop nicht, und weniger Personen, die sie als wichtig oder unwichtig zogen. Bei Tankstellen mit niedrigem Preisniveau sind zudem überproportional mehr Personen an Wochentagen (und nicht am Wochenende oder an Feiertagen) anzutreffen; dies kann jedoch mit der Quotierung und der Verteilung der Befragungstage auf die Tankstellen zusammenhängen und lässt daher keine eindeutigen Rückschlüsse auf das Kundenverhalten zu. Weiterhin steuern bei niedrigem Preisniveau überproportional viele Personen die Tankstelle direkt an. Die Ergebnisse dieser Beobachtungen sind in Tab. 4-44 zusammengefasst.

Preisniveau					
	Test	p	|Effektstärke|	Ø ... bei niedrigem PN	Ø ... bei hohem PN
Alter	U-Test	0,000	0,19	41,71	36,47
	Test	p	|Effektstärke|	Effekt	
RPI_TS	X^2-Test*	0,002	0,11	Bei niedrigem PN mehr Personen, die *niedrige Preise* nicht ziehen	
Werktag- oder Wochenendtag	X^2-Test*	0,017	0,08	Bei niedrigem PN mehr Personen an Werktage befragt	
Ziel	X^2-Test*	0,013	0,10	Bei niedrigem PN mehr Personen, die die Tankstelle direkt ansteuern	
Übrige Details (z. B. Fallzahlen und z- bzw. X^2-Werte) finden sich in Anhang 11. * die Kreuztabellen zu den signifikanten X^2-Tests finden sich in Anhang 12.					

Tab. 4-44: Ergebnisse signifikant ausgefallener Tests für Kombinationen aus Stimulus und moderierenden Variablen

4.4.4.2.3 Zusammenhänge zwischen Stimulus und Organismusvariablen

Vier der bivariaten Tests für Zusammenhänge zwischen dem Stimulus (Preisniveau) und den psychischen Konstrukten zeigen signifikante Ergebnisse, nämlich für den

1002 Aufgrund der umfangreichen Tabellen können die Anhänge 11-16 sowie 19-22 auf Wunsch zugesandt werden. Informationen hierzu finden sich auf der ersten Seite des Anhangs.

Preisärger, das Preiswürdigkeitsurteil, die Preistransparenz und den Eigennutz. So fällt der Preisärger bei niedrigem Preisniveau stärker aus als bei hohem, allerdings jeweils auf recht geringem Niveau. Das Preiswürdigkeitsurteil ist bei niedrigem Preisniveau besser; die Preistransparenz wird höher empfunden, ein Umstand, der schließlich zu einer Modellerweiterung für die nächste Untersuchungsphase führt (siehe Kap. 5.1). Darüber hinaus zeigt sich, dass der Eigennutz bei niedrigem Preisniveau höher empfunden wird. Die Tab. 4-45 fasst diese Ergebnisse überblicksartig zusammen.

Preisniveau					
	Test	p	|Effektstärke|	Ø ... bei niedrigem PN	Ø ... bei hohem PN
Preisärger	U-Test	0,006	0,09	3,71	3,90
Preiswürdigkeits-urteil		0,014	0,09	2,52	2,67
Preistransparenz		0,003	0,10	1,53	1,69
Eigennutz		0,024	0,09	2,28	2,10
Übrige Details (z. B. Fallzahlen und z- bzw. X^2-Werte) finden sich in Anhang 11.					

Tab. 4-45: Ergebnisse signifikant ausgefallener Tests für Kombinationen aus Stimulus und Organismusvariablen

4.4.4.2.4 Zusammenhänge zwischen moderierenden Variablen

Zwischen den moderierenden Variablen finden sich zahlreiche Zusammenhänge, nämlich die folgenden:

- für das **Alter** mit den Variablen Geschlecht, Haushaltsgröße, Haushaltsnettoeinkommen, Intensität des Preisinteresses, Gruppeneinteilung nach Ziehung der Karte *niedrige Preise* für den Tankstellenshop, Stammkundengrad, Einteilung in Shop-, Tank- und Beides-Kunden und Kaufkraft;
- für das **Geschlecht** mit den Variablen Alter, Haushaltsgröße, Haushaltsnettoeinkommen, Intensität des Preisinteresses, Wettbewerbsintensität und Ziel;
- für die **Haushaltsgröße** mit den Variablen Alter, Geschlecht, Haushaltsnettoeinkommen, Stammkundengrad, Kaufkraft und Wettbewerbsintensität;
- für das **Haushaltsnettoeinkommen** mit den Variablen Alter, Geschlecht, Haushaltsgröße, Intensität des Preisinteresses, Gruppeneinteilung nach Ziehung der Karte *niedrige Preise* für den übrigen Lebensmitteleinzelhandel, Einteilung in die Gruppen Shop-, Tank- und Beides-Kunden, Unterscheidung in Werk- und Wochen-endtage, Kaufkraft und Ziel;
- für die **Intensität des Preisinteresses** mit den Variablen Alter, Geschlecht, Haushaltsnettoeinkommen, Gruppeneinteilung nach Ziehung der Karte *niedrige Preise* für den übrigen Lebensmitteleinzelhandel, Gruppeneinteilung nach Ziehung der Karte *niedrige Preise* für den Tankstellenshop, Einteilung in die Gruppen Shop-, Tank- und Beides-Kunden sowie Kaufkraft;

- für die **Gruppeneinteilung nach Ziehung der Karte *niedrige Preise* für den übrigen Lebensmitteleinzelhandel** mit den Variablen Haushaltsnettoeinkommen, Intensität des Preisinteresses und Gruppeneinteilung nach Ziehung der Karte *niedrige Preise* für den Tankstellenshop;
- für die **Gruppeneinteilung nach Ziehung der Karte *niedrige Preise* für den Tankstellenshop** mit den Variablen Alter, Intensität des Preisinteresses und Gruppeneinteilung nach Ziehung der Karte *niedrige Preise* für den übrigen Lebensmitteleinzelhandel;
- für den **Stammkundengrad** mit den Variablen Alter, Haushaltsgröße, Einteilung in die Gruppen Shop-, Tank- und Beides-Kunden, Kaufkraft und Ziel;
- für die **Einteilung in die Gruppen Shop-, Tank- und Beides-Kunden** mit den Variablen Alter, Haushaltsnettoeinkommen, Intensität des Preisinteresses, Stammkundengrad und Ziel;
- für die **Kaufkraft** mit den Variablen Alter, Haushaltsgröße, Haushaltsnettoeinkommen, Intensität des Preisinteresses, Stammkundengrad, Unterscheidung in Werk- und Wochenendtage und Ziel;
- für die **Wettbewerbsintensität** mit den Variablen Geschlecht und Haushaltsgröße;
- für die **Unterscheidung in Werk- und Wochenendtage** mit den Variablen Haushaltsnettoeinkommen, Kaufkraft und Ziel;
- für das **Ziel** mit den Variablen Geschlecht, Haushaltsnettoeinkommen, Einteilung in die Gruppen Shop-, Tank- und Beides-Kunden, Kaufkraft und Unterscheidung in Werk- und Wochenendtage.

Um im Folgenden Dopplungen zu vermeiden, werden die Detailergebnisse gemäß der Reihenfolge in der obigen Aufzählung referiert, so dass z. B. die Variablenkombination Alter-Haushaltsnettoeinkommen in Zusammenhang mit dem Alter dargestellt wird (und nicht – erneut – mit dem Haushaltsnettoeinkommen).

Die befragten Männer sind im Durchschnitt **älter** als die Frauen. Ein steigendes Alter geht mit einer sinkenden Haushaltsgröße und einem steigendem Haushaltsnettoeinkommen einher. Darüber hinaus nimmt die Intensität des Preisinteresses zu (der negative Korrelationskoeffizient in Tab. 4-48 zum Zusammenhang zwischen Alter und Intensität des Preisinteresses ergibt sich durch die Kodierung der Intensität des Preisinteresses – höhere Werte bedeuten eine geringere Intensität). Umgekehrt sind jedoch Personen, die für Tankstellenshops die Karte *niedrige Preise* als wichtig zogen, jünger als diejenigen, die sie nicht zogen.

Weil, wie in Kap. 4.3.4.3.4 erläutert, bisher existierende Studien zu dem Ergebnis kamen, dass für den Zusammenhang zwischen Alter und Preisinteresse ein umgekehrt-u-förmiger Verlauf vorliegt, wurde eine gesonderte Betrachtung der Abhängigkeit dieser beiden Variablen vorgenommen, indem die Stichprobe zunächst in 3 Altersgruppen aufgeteilt wurde und anschließend die Gruppen paarweise verglichen wurden. Hierbei zeigt sich in der höchsten Altersgruppe (ab 60 Jahre) kein Unterschied für die Intensität des Preisinteresses im Vergleich zu der nächstjüngeren Altersgruppe (36 bis 59 Jahre), so dass sich hier kein Indiz für einen umgekehrt u-förmigen Verlauf der Abhängigkeit von Alter und Preisinteresse findet. Die folgende Tab. 4-46 zeigt die Ergebnisse dieser Analyse.

<table>
<tr><th></th><th>Test</th><th>p
(U-Test)</th><th>|Effektstärke|
(U-Test)</th><th>Ø IPI in
Altersgruppe ...</th><th>Ø IPI in
Altersgruppe ...</th></tr>
<tr><td rowspan="3">Altersgruppen</td><td rowspan="3">H-Test; anschließend paarweiser U-Test mit Bonferroni-Korrektur</td><td>0,000</td><td>0,14</td><td>bis 35 Jahre:
2,86</td><td>36–59 Jahre:
2,59</td></tr>
<tr><td>0,001</td><td>0,15</td><td>bis 35 Jahre:
2,86</td><td>ab 60 Jahre:
2,47</td></tr>
<tr><td>0,214
(n. s.)</td><td>kein Effekt</td><td colspan="2">36-59 Jahre vs. ab 60 Jahre</td></tr>
</table>

Tab. 4-46: Vergleich der Intensität des Preisinteresses in verschiedenen Altersgruppen

Weiterhin korreliert das Alter positiv mit dem Stammkundengrad. Zudem sind die Tank-Kunden älter als Shop- und Beides-Kunden und Beides-Kunden älter als Shop-Kunden. Das Alter ist darüber hinaus bei Kunden in Regionen mit niedriger Kaufkraft geringer.

Für das **Geschlecht** erweisen sich folgende Effekte: Die befragten Männer leben in größeren Haushalten als die befragten Frauen, sie geben ein höheres Haushaltsnettoeinkommen an und weisen eine geringere Intensität des Preisinteresses auf. Bei niedriger Wettbewerbsintensität finden sich unter den Befragten überproportional mehr Männer. Darüber hinaus sind überproportional mehr Männer auf dem Weg zur Arbeit und deutlich weniger zu einer Freizeitaktivität.

Die **Haushaltsgröße** zeigt einen positiven Zusammenhang mit dem Haushaltsnettoeinkommen und dem Stammkundengrad. Sie ist sie in Regionen mit niedriger Kaufkraft oder hoher Wettbewerbsintensität geringer.

Das **Haushaltsnettoeinkommen** korreliert mit der Intensität des Preisinteresses: Letztere sinkt bei steigendem Haushaltsnettoeinkommen. Zu einem ähnlichen Ergebnis kommt man mit Blick auf die Gruppeneinteilung nach Ziehung der Karte *niedrige Preise* für den übrigen Lebensmitteleinzelhandel: Die Gruppe, die die Karte als wichtig zog, weist ein geringeres Haushaltsnettoeinkommen auf als die beiden anderen Gruppen.

Auch für das Einkommen wird, ähnlich wie für das Alter, häufig ein umgekehrt-u-förmiger Verlauf der Abhängigkeit von Preisinteresse und Einkommen angenommen: In diesem Fall müsste die Intensität des Preisinteresses in den mittleren Einkommensgruppen am höchsten und in den unteren und oberen Einkommensgruppen am geringsten sein. Um hier nähere Aussagen machen zu können, wurde zusätzlich zur

Korrelationsanalyse wie folgt vorgegangen: Zunächst wurden die neun erhobenen Einkommensklassen zu drei Gruppen zusammengefasst, die ein niedriges, mittleres und hohes Haushaltsnettoeinkommen abbilden. Anschließend wurden Paarvergleiche zwischen den drei Gruppen vorgenommen. Hierbei zeigt sich, dass in der obersten Einkommensgruppe die Intensität des Preisinteresses am geringsten ist, und zwar sowohl verglichen mit der untersten Einkommensklasse, als auch verglichen mit der mittleren. Weiterhin wurden die beiden untersten Einkommensklassen aus der neunstufigen Skalierung auf Unterschiede im Hinblick auf die Intensität des Preisinteresses überprüft, um Hinweise darauf zu erlangen, ob die Intensität des Preisinteresses in der untersten Einkommensklasse möglicherweise geringer ist als bei etwas höherem Einkommen. Der Test fällt jedoch nicht signifikant aus, so dass kein Hinweis dafür vorliegt, dass die Intensität des Preisinteresses bei sehr niedrigem Einkommen wieder abnimmt. Die folgende Tab. 4-47 zeigt die Ergebnisse der Zusatzanalysen.

<table>
<tr><th></th><th>Test</th><th>p
(U-Test)</th><th>|Effektstärke|
(U-Test)</th><th>Ø IPI in
Gruppe ...</th><th>Ø IPI in
Gruppe ...</th></tr>
<tr><td rowspan="4">Einkommens-
gruppen</td><td rowspan="3">H-Test;
anschließend
paarweiser U-
Test mit
Bonferroni-
Korrektur</td><td>0,633</td><td>kein Effekt</td><td colspan="2">unter 500 €–1.499 €:
vs. 1.500 €–2.999 €:</td></tr>
<tr><td>0,000</td><td>0,19</td><td>unter 500 €–
1.499 €:
2,53</td><td>ab 3.000 €:
2,98</td></tr>
<tr><td>0,000</td><td>0,18</td><td>1.500 €–
2.999 €:
2,58</td><td>ab 3.000 €:
2,98</td></tr>
<tr><td>U-Test der
beiden
untersten
Einkommens-
gruppen der
neunstufigen
Skala</td><td>0,298
(n. s.)</td><td>kein Effekt</td><td colspan="2">unter 500 € vs. 500–999 €</td></tr>
</table>

Tab. 4-47: Vergleich der Intensität des Preisinteresses in verschiedenen Einkommensgruppen

Weiterhin haben Shop-Kunden ein geringeres Haushaltsnettoeinkommen als Tank-Kunden und Beides-Kunden. Dass das Haushaltsnettoeinkommen bei niedriger Kaufkraft geringer ist als bei hoher, kann nicht überraschen. Kunden, die sich am Wochenende in der Tankstelle aufhalten, zeichnen sich durch ein geringeres Haushaltsnettoeinkommen aus als solche, die an Werktagen die Tankstelle aufsuchen. Personen, die sich auf dem Weg zum Arbeitsplatz oder vom Arbeitsplatz nach Hause befinden, haben ein höheres Haushaltsnettoeinkommen als Personen, die in der Freizeit die Tankstelle aufsuchen oder diese direkt ansteuern; am niedrigsten ist das Haushaltsnettoeinkommen bei letztgenannten.

Die **Intensität des Preisinteresses** unterscheidet sich in den Gruppen, die sich nach der Ziehung der Karte *niedrige Preise* für den übrigen Lebensmitteleinzelhandel bilden lassen: Die Gruppe, welche die Karte als wichtig zog, weist eine höhere Intensität des Preisinteresses auf als die beiden anderen. Auch bei Gruppenbildung anhand der Ziehung für den Tankstellenshop finden sich Unterschiede: Die Gruppe, die die Karte nicht zog, ist weniger preisinteressiert als die Gruppe, die sie als wichtig zog, und preisinteressierter, als die Gruppe, die sie als unwichtig zog. Weiterhin unterscheiden sich Shop- von Tank-Kunden: Shop-Kunden zeigen eine geringere Intensität des Preisinteresses. Darüber hinaus ist diese bei niedriger Kaufkraft stärker ausgeprägt.

Vergleicht man die **Rangreihenverfahren** für Tankstellenshops und den übrigen Lebensmitteleinzelhandel, so wird deutlich, dass die Kunden sich für beide Betriebstypen überproportional häufig bei der Ziehung gleich verhalten, also die Karte entweder für beide Betriebstypen als wichtig oder unwichtig ziehen oder aber sie nicht ziehen. Weitere Detailergebnisse zum Rangreihenverfahren finden sich weiter unten in diesem Kapitel.

Für den **Stammkundengrad** zeigt sich, dass Shop-Kunden einen höheren Stammkundengrad als Tank- und Beides-Kunden aufweisen. Bei geringer Kaufkraft ist der Stammkundengrad höher. Zudem haben Personen, deren Ziel die Tankstelle ist, einen höheren Stammkundengrad als solche, die auf dem Weg zur Arbeit sind oder die Tankstelle in der Freizeit aufsuchen. Die Gruppen **Shop-, Tank- und Beides-Kunden** unterscheiden sich teilweise in Bezug auf ihr Ziel: Shop-Kunden steuern die Tankstelle überproportional häufig direkt an, Beides-Kunden tun dies seltener.

Am Wochenende oder an Feiertagen wurden überproportional mehr Personen in Regionen mit geringer **Kaufkraft** befragt. Hier ist allerdings zu beachten, dass dies mit der Quotierung der Stichprobe und der Einteilung der Befragungstage zusammenhängen kann und daher keinen Rückschluss auf das Kaufverhalten der Kunden in bestimmten Kaufkraftregionen zulässt. Darüber hinaus unterscheiden sich die Kunden im Umfeld mit niedriger Kaufkraft in Bezug auf das Ziel, das sie ansteuern: Bei niedriger Kaufkraft sind die Kunden seltener auf dem Arbeitsweg, dafür häufiger in der Freizeit bzw. steuern die Tankstelle direkt an, was in Zusammenhang mit dem zuvor geschilderten Umstand sowie dem folgenden stehen kann: An **Werktagen** sind die Kunden überproportional häufig auf dem Weg zur Arbeit und seltener während der Freizeit unterwegs.

Die nachstehende Tab. 4-48 zeigt die beschriebenen Ergebnisse im Überblick.

Alter					
	Test	p	|Effektstärke|	Ø Alter in Gruppe ...	Ø Alter in Gruppe ...
Geschlecht	U-Test	0,008	0,09	Männer: 40,07	Frauen: 37,53
	Test	p	Effektstärke (Korrelationskoeffizient)		
Haushaltsgröße	Kendall	0,011	-0,06		
Haushaltsnetto-einkommen	Kendall	0,000	0,19		
Intensität des Preisinteresses	Kendall	0,000	-0,12		
	Test	p (U-Test)	|Effektstärke| (U-Test)	Ø Alter in Gruppe ...	Ø Alter in Gruppe ...
Gruppeneinteilun g nach Zieh-ung der Karte *niedrige Preise* für Tankstellen-shops	H-Test; dann paar-weiser U-Test mit Bonferroni-Korrektur	0,013	0,08	nicht gezogen: 39,79	als wichtig gezogen: 37,12
	Test	p	Effektstärke (Korrelationskoeffizient)		
Stammkunden-grad	Kendall	0,021	0,04		
	Test	p (U-Test)	|Effektstärke| (U-Test)	Ø Alter in Gruppe ...	Ø Alter in Gruppe ...
Einteilung in Shop-, Tank- und Beides-Kunden	H-Test; dann paar-weiser U-Test mit Bonferroni-Korrektur	0,000	0,34	T: 44,64	S: 35,06
		0,000	0,25	T: 44,64	B: 37,80
		0,000	0,14	S: 35,06	B: 37,80
Kaufkraft	U-Test	0,000	0,13	niedrige KK: 37,10	hohe KK: 41,11
Geschlecht					
	Test	p	|Effektstärke|	Ø ... für Männer	Ø ... für Frauen
Haushaltsgröße	U-Test	0,003	0,10	2,64	2,35
Haushaltsnetto-einkommen	U-Test	0,000	0,17	5,84	5,05
Intensität des Preisinteresses	U-Test	0,000	0,20	2,87	2,40
	Test	p	|Effektstärke|	Effekt	
Wettbewerbs-intensität	X^2-Test*	0,006	0,09	Bei niedriger Wettbewerbs-intensität wurden mehr Männer befragt	
Ziel	X^2-Test*	0,000	0,13	Mehr Männer sind auf dem Weg zur Arbeit und weniger in der Freizeit unterwegs	
Haushaltsgröße					
	Test	p	Effektstärke (Korrelationskoeffizient)		
Haushaltsnetto-einkommen	Kendall	0,000	0,33		
Stammkunden-grad	Kendall	0,003	0,08		
	Test	p	|Effektstärke|	Ø GR in Gruppe ...	Ø GR in Gruppe ...
Kaufkraft	U-Test	0,000	0,17	KK niedrig: 2,27	KK hoch: 2,79

Fortsetzung der Tabelle auf der nächsten Seite

Fortsetzung von der vorherigen Seite

Wettbewerbs-intensität	U-Test	0,018	0,08	WB niedrig: 2,64	WB hoch: 2,41
Haushaltsnettoeinkommen					
	Test	p	Effektstärke (Korrelationskoeffizient)		
Intensität des Preisinteresses	Kendall	0,000	0,20		
	Test	p (U-Test)	|Effektstärke| (U-Test)	Ø EK in Gruppe ...	Ø EK in Gruppe ...
Gruppeneinteilung nach Ziehung der Karte *niedrige Preise* für den übrigen Lebensmitteleinzelhandel	H-Test; dann paarweiser U-Test mit Bonferroni-Korrektur	0,000	0,15	als wichtig gezogen: 5,13	nicht gezogen: 5,82
		0,008	0,14	als wichtig gezogen: 5,13	als unwichtig gezogen: 6,48
Einteilung in Shop-, Tank- und Beides-Kunden	H-Test; dann paarweiser U-Test mit Bonferroni-Korrektur	0,000	0,24	S: 4,89	T: 6,00
		0,000	0,20	S: 4,89	B: 5,77
Kaufkraft	U-Test	0,011	0,09	niedrige KK: 5,32	hohe KK: 5,75
Werktag oder Wochenendtag	U-Test	0,004	0,10	Wochentag: 5,71	Wochen-endtag: 5,24
Ziel	H-Test; dann paarweiser U-Test mit Bonferroni-Korrektur	0,002	0,12	Arbeit: 6,02	Freizeit: 5,45
		0,000	0,24	Arbeit: 6,02	Tankstelle: 4,37
		0,004	0,12	Freizeit: 5,45	Tankstelle:4,37
Intensität des Preisinteresses					
	Test	p (U-Test)	|Effektstärke| (U-Test)	Ø IPI in Gruppe ...	Ø IPI in Gruppe ...
Gruppeneinteilung nach Ziehung der Karte *niedrige Preise* für den übrigen Lebensmitteleinzelhandel	H-Test; dann paarweiser U-Test mit Bonferroni-Korrektur	0,000	0,13	gezogen als wichtig: 2,52	nicht gezogen: 2,81
		0,001	0,17	gezogen als wichtig: 2,52	gezogen als unwichtig: 3,22
Gruppeneinteilung nach Ziehung der Karte *niedrige Preise* für Tankstellenshops	H-Test; dann paarweiser U-Test mit Bonferroni-Korrektur	0,008	0,17	nicht gezogen: 2,69	gezogen als wichtig: 2,60
		0,015	0,09	nicht gezogen: 2,69	gezogen als unwichtig: 3,05

Fortsetzung der Tabelle auf der nächsten Seite

Fortsetzung von der vorherigen Seite					
Einteilung in Shop-, Tank- und Beides-Kunden	H-Test; dann paarweiser U-Test mit Bonferroni-Korrektur	0,013	0,10	S: 2,78	T: 2,57
Kaufkraft	U-Test	0,028	0,07	niedrige KK: 2,62	hohe KK: 2,77
Gruppeneinteilung nach Ziehung der Karte *niedrige Preise* für den übrigen Lebensmitteleinzelhandel					
	Test	p	|Effektstärke|	Effekt	
Gruppeneinteilung nach Ziehung der Karte *niedrige Preise* für Tankstellenshops	X^2-Test*	0,000	0,28	Häufig dasselbe Verhalten für beide Ziehungen (für beide Fälle wird *niedrige Preise* als wichtig oder unwichtig gezogen bzw. nicht gezogen)	
Stammkundengrad					
	Test	p (U-Test)	|Effektstärke| (U-Test)	Ø SKG in Gruppe ...	Ø SKG in Gruppe ...
Einteilung in Shop-, Tank- und Beides-Kunden	H-Test; dann paarweiser U-Test mit Bonferroni-Korrektur	0,000	0,14	S: 4,20	T: 3,69
		0,000	0,20	S: 4,20	B: 3,51
Kaufkraft	U-Test	0,000	0,18	KK niedrig: 4,13	KK hoch: 3,48
Ziel	H-Test; dann paarweiser U-Test mit Bonferroni-Korrektur	0,004	0,16	Tankstelle: 4,49	Arbeit: 3,74
		0,003	0,15	Tankstelle: 4,49	Freizeit: 3,76
Einteilung in Shop-, Tank- und Beides-Kunden					
	Test	p	|Effektstärke|	Effekt	
Ziel	X^2-Test*	0,005	0,13	Shop-Kunden steuern die Tankstelle häufiger direkt an, Beides-Kunden tun dies seltener	
Kaufkraft					
	Test	p	|Effektstärke|	Effekt	
Werktag oder Wochenendtag	X^2-Test*	0,000	0,26	Bei geringer Kaufkraft mehr Personen an Wochenendtagen befragt	
Ziel	X^2-Test*	0,001	0,13	Bei niedriger Kaufkraft sind mehr Personen in der Freizeit unterwegs oder steuern die Tankstelle direkt an	
Werktag oder Wochenendtag					
	Test	p	|Effektstärke|	Effekt	
Ziel	X^2-Test*	0,000	0,31	An Wochentagen sind die Kunden häufiger auf dem Arbeitsweg und seltener in der Freizeit unterwegs	

* die Kreuztabellen zu den signifikanten X^2-Tests finden sich in Anhang 12.
Übrige Details (z. B. Fallzahlen und z- bzw. X^2-Werte) finden sich in Anhang 11.

Tab. 4-48: Ergebnisse signifikant ausgefallener Tests für Kombinationen aus je zwei moderierenden Variablen

Wie erläutert, werden die im **Rangreihenverfahren** erhobenen Daten einer weiteren Analyse unterzogen. Diese lässt sich in vier Schritte gliedern: Erstens wird überprüft, ob die Probanden sich bereits in Bezug auf die Ziehung der Karte *niedrige Preise* für den übrigen Lebensmitteleinzelhandel und für Tankstellenshops unterscheiden, unabhängig davon, ob das Merkmal als wichtig oder als unwichtig und auf welchem Rang es eingestuft wird. Der McNemar-Test für verbundene Stichproben zeigt, dass hier in der Tat ein Unterschied besteht: Während 408 Personen die Karte für keinen der beiden Betriebstypen und 150 Personen sie für beide zogen, stehen den 285 Personen, die die Karte nur für den übrigen Lebensmitteleinzelhandel auswählten, lediglich 103 Personen gegenüber, die sie nur für Tankstellenshops wählten.

Zweitens stellt sich die Frage, ob diejenigen 150 Personen, die für beide Betriebstypen die Karte *niedrige Preise* zogen, sich bei der Zuordnung dieses Merkmals zu den wichtigen und den unwichtigen Merkmalen unterscheiden. Der McNemar-Test fällt für diesen Fall nicht signifikant aus, wobei allerdings die festgelegte Schwelle nur knapp unterschritten wird (p = 0,064): Während 122 Personen die *niedrige[n] Preise* für beide Betriebstypen als wichtig einstuften, beurteilten 9 Personen sie für beide Fälle als unwichtig. Für den übrigen Lebensmitteleinzelhandel sortierten 14 Personen das Merkmal als wichtig ein und für Tankstellenshops als unwichtig; 5 Personen verhielten sich umgekehrt.

Drittens interessiert ein Vergleich der Ränge, auf denen das Merkmal für beide Betriebstypen einsortiert wurde – und zwar dann, wenn das Merkmal für beide als wichtig oder – im Gegenteil – als unwichtig eingestuft wurde. Der Wilcoxon-Test zeigt für diejenigen 122 Personen, die das Merkmal jeweils als wichtig einordneten, ein nicht signifikantes Ergebnis – wobei allerdings auch hier die Schwelle nur knapp unterschritten wird (p = 0,066): Insgesamt 50 von 122 Personen stuften das Merkmal für die Tankstelle auf einem weniger wichtigem Rang ein als für den übrigen Lebensmitteleinzelhandel, bei 27 Personen verhielt es sich umgekehrt. Die übrigen 45 Personen ordneten die Karte für beide Betriebstypen auf dem gleichen Rang ein. Die Fallzahl derer, die das Merkmal jeweils als unwichtig einordneten, ist zu gering, um Signifikanztests durchzuführen.

Zu beachten ist viertens, dass für den übrigen Lebensmitteleinzelhandel im Durchschnitt mehr Karten gezogen wurden als für Tankstellenshops (Ø Anzahl gezogener Karten für den übrigen Lebensmitteleinzelhandel: 4,68; Ø Anzahl gezogener Karten für Tankstellenshops: 3,40), so dass ein hoher Rangplatz für den Tankstellenshop eine höhere Gewichtung haben kann als für den übrigen Lebensmitteleinzelhandel. Daher werden im vierten Schritt die Ränge mit der Anzahl gezogener Karten normiert und wiederum ein Vergleich zwischen den Rangplätzen für beide Betriebstypen durchgeführt. Der erneut durchgeführte Wilcoxon-Test zeigt ein nicht signifikantes Ergebnis. Die Tab. 4-49 enthält abschließend die erläuterten Detailergebnisse des Rangreihenverfahrens im Überblick.

Schritt 1: Analyse der Ziehung von *niedrige Preise*: Unterscheiden die Probanden bereits in Bezug auf die Ziehung der Karte für beide Betriebstypen?			
		Ziehung für TS	
		nein	ja
Ziehung für den übrigen Lebensmitteleinzelhandel	nein	408	103
	ja	285	150
McNemar-Test; $p = 0{,}000$; $X^2 = 84{,}44$; $n = 946$; $\omega = 0{,}30$			
Schritt 2: Analyse der Ziehung als wichtig oder unwichtig: Unterscheiden diejenigen Personen, welche die Karte in beiden Fällen gezogen haben, bei der Zuordnung zu den wichtigen und unwichtigen Merkmalen zwischen beiden Betriebstypen?			
		Ziehung für TS	
		unwichtig	wichtig
Ziehung für den übrigen Lebensmitteleinzelhandel	unwichtig	9	5
	wichtig	14	122
McNemar-Test; $p = 0{,}066$; $X^2 = 4{,}26$; $n = 150$; $\omega = 0{,}17$			
Schritt 3: Analyse der nicht normierten Ränge bei Ziehung als wichtig: Unterscheiden sich die nicht normierten Ränge bei den Personen, die das Merkmal in beiden Fällen als wichtig einstuften?			
Preise für die Tankstelle auf weniger wichtigem Rang als für den übrigen Lebensmitteleinzelhandel			50 Personen
Preise für die Tankstelle auf wichtigerem Rang als für den übrigen Lebensmitteleinzelhandel			27 Personen
Beide Ränge gleich			45 Personen
Wilcoxon-Test; $p = 0{,}066$; $z = -1{,}84$; $n = 122$; $\varphi = -0{,}17$			
Schritt 4: Analyse der normierten Ränge bei Ziehung als wichtig: Unterscheiden sich die normierten Ränge bei den Personen, die das Merkmal in beiden Fällen als wichtig einstuften?			
Preise für die Tankstelle auf weniger wichtigem Rang als für den übrigen Lebensmitteleinzelhandel			47 Personen
Preise für die Tankstelle auf wichtigerem Rang als für den übrigen Lebensmitteleinzelhandel			47 Personen
Beide Ränge gleich			28 Personen
Wilcoxon-Test; $p = 0{,}871$; $z = -0{,}16$; $N=122$; $\varphi = -0{,}02$			

Tab. 4-49: Ergebnisse des Rangreihenverfahrens

4.4.4.2.5 Zusammenhänge zwischen moderierenden Variablen und Organismusvariablen

Auch für die Variablenkombinationen aus moderierenden Variablen und psychischen Prozessen ergeben sich einige Zusammenhänge. Eine ausreichend hohe Signifikanz weisen die Tests für die folgenden Variablenkombinationen auf:

- für das **Alter** mit den Variablen Preisärger, Preisüberraschung, Preiswürdigkeitsurteil und Preistransparenz;

- für das **Geschlecht** mit der Variablen Preisehrlichkeit;
- für die **Haushaltsgröße** mit der Variablen Preisüberraschung;
- für das **Haushaltsnettoeinkommen** mit den Variablen Preisärger, Preiswut und Preisüberraschung;
- für die **Intensität des Preisinteresses** mit den Variablen Preisärger, Preiswut, Preisüberraschung, Preiswürdigkeitsurteil, Preistransparenz und Preisehrlichkeit;
- für die **Gruppeneinteilung nach Ziehung der Karte *niedrige Preise* für den übrigen Lebensmitteleinzelhandel** mit den Variablen Preisärger, Preiswut, Preiswürdigkeitsurteil, Preistoleranz 2, Preistoleranz 3 und Preisehrlichkeit;
- für die **Gruppeneinteilung nach Ziehung der Karte *niedrige Preise* für den Tankstellenshop** mit den Variablen Preisärger, Preiswut, Preiswürdigkeitsurteil, Preistransparenz, Eigennutz und Preisehrlichkeit;
- für den **Stammkundengrad** mit den Variablen Preisärger, Preisgünstigkeitsurteil, Preiswürdigkeitsurteil, Preistransparenz, Preistoleranz 1 und Preisehrlichkeit;
- für die **Einteilung in die Gruppen Shop-, Tank- und Beides-Kunden** mit den Variablen Preisfreude, Preisgünstigkeitsurteil, Preiswürdigkeitsurteil und Preisehrlichkeit;
- für die **Kaufkraft** mit der Variablen Preiswürdigkeitsurteil;
- für die **Unterscheidung in Werk- und Wochenendtage** mit den Variablen Preisärger und Preisgünstigkeitsurteil;
- für das **Ziel** mit den Variablen Preiswürdigkeitsurteil, Preistoleranz 1 und Preisehrlichkeit.

Preisärger und Preisüberraschung nehmen mit zunehmendem **Alter** ab (die Vorzeichen der Korrelationskoeffizienten sind durch die Kodierung der Konstrukte bedingt). Demgegenüber verbessert sich das Preiswürdigkeitsurteil, und die wahrgenommene Preistransparenz nimmt zu.

Das **Geschlecht** spielt eine Rolle für die wahrgenommene Preisehrlichkeit: Männer empfinden sie als höher. Zudem nimmt mit steigender **Haushaltsgröße** die Preisüberraschung zu und ein höheres **Haushaltsnettoeinkommen** geht mit geringerem Preisärger, geringerer Preiswut und geringerer Preisüberraschung einher. Auch die **Intensität des Preisinteresses** korreliert mit dem Preisärger, der Preiswut und der Preisüberraschung: Eine höhere Intensität des Preisinteresses ist mit stärkeren Emotionen verbunden. Auch fällt das Preiswürdigkeitsurteil bei hoher Intensität des Preisinteresses besser aus, und die Preistransparenz wird als höher empfunden. Eine hohe Intensität des Preisinteresses geht jedoch mit einer als geringer wahrgenommenen Preisehrlichkeit einher.

Unterteilt man die Kunden nach der **Ziehung der Karte *niedrige Preise* für den übrigen Lebensmitteleinzelhandel,** so unterscheiden sich diejenigen, die sie als wichtig zogen, von denjenigen, die sie nicht zogen in Bezug auf einige Konstrukte: Preisärger und Preiswut fallen bei Erstgenannten stärker aus, das Preiswürdigkeitsurteil schlechter. Weiterhin nehmen diese Personen den Betreiber als weniger ehrlich wahr, Preistoleranz 2 fällt bei ihnen höher aus und Preistoleranz 3 geringer.

Auch bei der **Ziehung für die Tankstellenshops** unterscheiden sich diejenigen, die *niedrige Preise* als wichtig zogen, von denjenigen, die sie nicht zogen. Dies ist der Fall für die Preiswut, die in erstgenannter Gruppe stärker ausfällt, und für das Preiswürdigkeitsurteil, welches schlechter ist. Die Preistransparenz wird von ihnen ebenfalls schlechter empfunden, der Eigennutz stärker und die Preisehrlichkeit geringer. Zudem fällt der Preisärger stärker aus als bei denjenigen, die *niedrige Preise* als unwichtig zogen.

Der **Stammkundengrad** korreliert mit Preisärger, Preisgünstigkeitsurteil, Preiswürdigkeitsurteil, Preistransparenz, Preisehrlichkeit und Preistoleranz 1: Ein steigender Stammkundengrad geht mit geringerem Preisärger, einem besseren Preisgünstigkeits- und Preiswürdigkeitsurteil, einer geringeren Preistoleranz 1 sowie einer als höher wahrgenommenen Preistransparenz und Preisehrlichkeit einher.

Shop-Kunden und Tank-Kunden unterscheiden sich in Bezug auf Preisfreude, Preisgünstigkeitsurteil, Preiswürdigkeitsurteil und Preisehrlichkeit. Die Shop-Kunden empfinden mehr Preisfreude und geben bessere Preisurteile ab als Tank-Kunden. Darüber hinaus nehmen sie die Preise als ehrlicher wahr. Hingegen empfinden Beides-Kunden mehr Preisfreude als die Tank-Kunden und nehmen die Preise ehrlicher wahr.

Auch wird bei niedriger **Kaufkraft** im Umfeld ein besseres Preiswürdigkeitsurteil abgegeben als bei hoher.

Zudem empfinden die Kunden an **Werktagen** weniger Preisärger als am Wochenende und geben ein besseres Preisgünstigkeitsurteil ab. Personen, die die Tankstelle direkt ansteuern, beurteilen die Preiswürdigkeit und die Preisehrlichkeit besser als Personen, die in der Freizeit unterwegs sind. Die Tab. 4-50 zeigt die ausgeführten Ergebnisse im Überblick.

Alter					
	Test	p	Effektstärke (Korrelationskoeffizient)		
Preisärger	Kendall	0,001	0,09		
Preisüber-raschung	Kendall	0,002	0,08		
Preiswürdigkeits-urteil	Kendall	0,000	-0,11		
Preistransparenz	Kendall	0,009	-0,07		
Geschlecht					
	Test	p	|Effektstärke|	Ø ... für Männer	Ø ... für Frauen
Preisehrlichkeit	U-Test	0,009	0,09	1,95	2,12
Fortsetzung der Tabelle auf der nächsten Seite					

Fortsetzung von der vorherigen Seite

Haushaltsgröße					
	Test	p	Effektstärke (Korrelationskoeffizient)		
Preisüber-raschung	Kendall	0,026	-0,06		
Haushaltsnettoeinkommen					
	Test	p	Effektstärke (Korrelationskoeffizient)		
Preisärger	Kendall	0,002	0,09		
Preiswut	Kendall	0,015	0,07		
Preisüber-raschung	Kendall	0,005	0,08		
Intensität des Preisinteresses					
	Test	p	Effektstärke (Korrelationskoeffizient)		
Preisärger	Kendall	0,006	0,07		
Preiswut	Kendall	0,014	0,07		
Preisüber-raschung	Kendall	0,008	0,07		
Preiswürdigkeits-urteil	Kendall	0,020	0,06		
Preistransparenz	Kendall	0,000	0,09		
Preisehrlichkeit	Kendall	0,000	-0,15		
Gruppeneinteilung nach Ziehung der Karte *niedrige Preise* für den übrigen Lebensmitteleinzelhandel					
	Test	p (U-Test)	|Effektstärke| (U-Test)	Ø ... in Gruppe ...	Ø ... in Gruppe ...
Preisärger	H-Test; dann paarweiser U-Test mit Bonferroni-Korrektur	0,001	0,11	als wichtig gezogen: 3,62	nicht gezogen: 3,95
Preiswut		0,000	0,13	als wichtig gezogen: 4,22	nicht gezogen: 4,52
Preiswürdigkeits-urteil		0,012	0,09	als wichtig gezogen: 2,70	nicht gezogen: 2,51
Preistoleranz 2		0,002	0,22	als wichtig gezogen: 1,83	nicht gezogen: 1,63
Preistoleranz 3		0,001	0,22	als wichtig gezogen: 0,89	nicht gezogen: 1,11
Preisehrlichkeit		0,002	0,11	als wichtig gezogen: 2,15	nicht gezogen: 1,91
Gruppeneinteilung nach Ziehung der Karte *niedrige Preise* für Tankstellenshops					
	Test	p (U-Test)	|Effektstärke| (U-Test)	Ø in Gruppe ...	Ø in Gruppe ...
Preisärger	H-Test; dann paarweiser U-Test mit Bonferroni-Korrektur	0,005	0,18	als wichtig gezogen: 3,59	als unwichtig gezogen: 4,23
Preiswut		0,009	0,09	als wichtig gezogen: 4,22	nicht gezogen: 4,42
Preiswürdigkeits-urteil		0,011	0,09	als wichtig gezogen: 2,79	nicht gezogen: 2,55
Preistransparenz		0,015	0,09	als wichtig gezogen: 1,76	nicht gezogen: 1,57
Eigennutz		0,001	0,13	als wichtig gezogen: 2,44	nicht gezogen: 2,14
Preisehrlichkeit		0,001	0,11	als wichtig gezogen: 2,25	nicht gezogen: 1,96

Fortsetzung der Tabelle auf der nächsten Seite

Fortsetzung von der vorherigen Seite

Stammkundengrad

	Test	p	Effektstärke (Korrelationskoeffizient)
Preisärger	Kendall	0,006	0,07
Preisgünstig-keitsurteil	Kendall	0,018	-0,08
Preiswürdigkeits-urteil	Kendall	0,000	-0,20
Preistoleranz 1	Kendall	0,049	-0,09
Preistransparenz	Kendall	0,013	-0,07
Preisehrlichkeit	Kendall	0,000	-0,14

Unterteilung in Shop-, Tank- und Beides-Kunden

	Test	p (U-Test)	|Effektstärke| (U-Test)	Ø ... in Gruppe...	Ø ... in Gruppe...
Preisfreude	H-Test; dann paarweiser U-Test mit Bonferroni-Korrektur	0,001	0,13	S: 4,00	T: 4,32
		0,005	0,11	B: 4,04	T: 4,32
Preisgünstig-keitsurteil		0,000	0,20	S: 3,43	T: 3,77
Preiswürdigkeits-urteil		0,000	0,16	S: 2,43	T: 2,75
Preisehrlichkeit		0,000	0,24	S: 1,84	T: 2,30
		0,000	0,18	B: 1,95	T: 2,30

Kaufkraft

	Test	p	|Effektstärke|	Ø ... bei niedriger KK	Ø ... bei hoher KK
Preiswürdigkeits-urteil	U-Test	0,013	0,09	2,52	2,67

Werktag oder Wochenendtag

	Test	p	|Effektstärke|	Ø ... Werktag	Ø ... Wochenende
Preisärger	U-Test	0,030	0,07	3,88	3,67
Preisgünstig-keitsurteil	U-Test	0,002	0,14	3,48	3,71

Ziel

	Test	p (U-Test)	|Effektstärke| (U-Test)	Ø in Gruppe ...	Ø in Gruppe ...
Preiswürdigkeits-urteil	H-Test; dann paarweiser U-Test mit Bonferroni-Korrektur	0,008	0,11	Tankstelle: 2,18	Freizeit: 2,65
Preisehrlichkeit		0,016	0,10	Tankstelle: 1,72	Freizeit: 2,06

Übrige Details (z. B. Fallzahlen und z- bzw. X^2-Werte) finden sich in Anhang 11.

Tab. 4-50: Ergebnisse signifikant ausgefallener Tests für Kombinationen aus moderierenden Variablen und Organismusvariablen

4.4.4.2.6 Zusammenhänge zwischen Stimulus und Reaktion sowie moderierenden Variablen und Reaktion

Für die Variablenkombination **Stimulus und Reaktion** zeigt sich kein signifikanter Zusammenhang: Bei unterschiedlichem Preisniveau unterscheiden sich die Kunden nicht im Hinblick auf den Kauf von nicht preisgebundenen Produkten und preisgebundenen Produkten – offenbar spielt das Preisniveau keine Rolle für das tatsächliche Kaufverhalten.

Das **Alter** der Nichtkäufer unterscheidet sich von dem der Käufer preisgebundener Produkte bzw. nicht preisgebundener Produkte: Die Kundengruppe Nichtkäufer ist älter als die beiden anderen, und sie weist abgesehen davon das höchste **Haushaltsnettoeinkommen** auf. Bei der Variablen **Stammkundengrad** unterscheiden sich hingegen die Käufer preisgebundener Produkte von den beiden anderen Kundengruppen: Sie haben den höchsten Stammkundengrad. Ein weiteres signifikantes Ergebnis findet sich bei der Einteilung der Stichprobe in **Shop-, Tank- und Beides-Kunden** – was vermutlich darin begründet liegt, dass diese Einteilung (auch) auf den angegebenen Einkaufshäufigkeiten beruht: Es zeigt sich, dass unter den Tank-Kunden weniger Personen am fraglichen Tag eingekauft haben (sowohl was preisgebundene als auch nicht preisgebundene Produkte betrifft). Für die Shop-Kunden verhält es sich umgekehrt.

Darüber hinaus haben bei niedriger **Wettbewerbsintensität** weniger Personen nicht preisgebundene Produkte gekauft. Die Tab. 4-51 zeigt die Ergebnisse im Überblick.

Kauf preisgebundener Produkte in der Tankstelle					
	Test	p (U-Test)	|Effektstärke| (U-Test)	Ø ... in Gruppe ...	Ø ... in Gruppe ...
Alter	H-Test; dann paarweiser U-Test mit Bonferroni-Korrektur	0,001	0,14	Nichtkäufer: 41,73	Käufer preisgebunden: 37,89
		0,000	0,21	Nichtkäufer: 41,73	Käufer nicht preisgebunden: 35,86
Haushaltsnetto-einkommen		0,000	0,18	Nichtkäufer: 6,00	Käufer preisgebunden: 5,15
		0,000	0,19	Nichtkäufer: 6,00	Käufer nicht preisgebunden: 5,10
Stammkunden-grad		0,015	0,10	Käufer preisgebunden: 4,17	Nichtkäufer: 3,81
		0,000	0,17	Käufer preisgebunden: 4,17	Käufer nicht preisgebunden: 3,56

Fortsetzung der Tabelle auf der nächsten Seite

Fortsetzung von der vorherigen Seite

	Test	p	|Effektstärke|	Effekt
Einteilung in Shop-, Tank- und Beides-Kunden	X^2-Test*	0,000	0,51	Tank-Kunden kaufen seltener ein (sowohl preisgebundene als auch nicht preisgebundene Produkte), Shop-Kunden häufiger
Wettbewerbs-intensität	X^2-Test*	0,024	0,09	Bei niedriger Wettbewerbsintensität kaufen weniger Personen nicht preisgebundene Produkte

Übrige Details (z. B. Fallzahlen und z- bzw. X^2-Werte) finden sich in Anhang 11.

Tab. 4-51: Ergebnisse signifikant ausgefallener Tests für Kombinationen aus Organismusvariablen und Reaktionsvariable

4.4.4.2.7 Zusammenhänge zwischen Organismusvariablen

Die Organismusvariablen weisen zahlreiche Zusammenhänge auf. Für die folgenden Kombinationen zeigen sich signifikante Effekte:

- für den **Preisärger** mit den Variablen Preisfreude, Preiswut, Preisüberraschung, Preisgünstigkeitsurteil, Preiswürdigkeitsurteil, Preistransparenz, Eigennutz, Preistoleranz 3 und Preisehrlichkeit;
- für die **Preisfreude** mit den Variablen Preisärger, Preiswut, Preisüberraschung, Preisgünstigkeitsurteil und Preiswürdigkeitsurteil;
- für die **Preiswut** mit den Variablen Preisärger, Preisfreude, Preisüberraschung, Preisgünstigkeitsurteil, Preiswürdigkeitsurteil, Preistransparenz, Eigennutz, Preistoleranz 2, Preistoleranz 3 und Preisehrlichkeit;
- für die **Preisüberraschung** mit den Variablen Preisärger, Preisfreude, Preiswut, Eigennutz und Preisehrlichkeit;
- für das **Preisgünstigkeitsurteil** mit den Variablen Preisärger, Preisfreude, Preiswut, Preiswürdigkeitsurteil, Eigennutz und Preisehrlichkeit;
- für das **Preiswürdigkeitsurteil** mit Preisärger, Preisfreude, Preiswut, Preisgünstigkeitsurteil, Preistransparenz, Eigennutz, Preistoleranz 3 und Preisehrlichkeit;
- für die **Preistoleranz 2** mit der Variablen Preiswut;
- für die **Preistoleranz 3** mit den Variablen Preisärger, Preiswut und Preiswürdigkeitsurteil;
- für die **Preistransparenz** mit den Variablen Preisärger, Preiswut, Preiswürdigkeitsurteil, Eigennutz und Preisehrlichkeit;
- für den **Eigennutz** mit den Variablen Preisärger, Preiswut, Preisüberraschung, Preisgünstigkeitsurteil, Preiswürdigkeitsurteil, Preistransparenz und Preisehrlichkeit;
- für die **Preisehrlichkeit** mit den Variablen Preisärger, Preiswut, Preisüberraschung, Preisgünstigkeitsurteil, Preiswürdigkeitsurteil, Preistransparenz und Eigennutz.

Alle vier **Preisemotionen** korrelieren positiv miteinander – auch vermeintlich gegensätzliche wie Preiswut und Preisfreude. Der **Preisärger** korreliert im Gegensatz dazu negativ mit den Variablen Preisgünstigkeitsurteil, Preiswürdigkeitsurteil, Preistransparenz, Eigennutz und Preisehrlichkeit: Je höher also der Preisärger empfunden wird, desto schlechter fallen beide Urteile (Preisgünstigkeit und Preiswürdigkeit) aus, und desto schlechter werden die drei Konstrukte des Preisvertrauens bewertet. Abgesehen davon findet sich eine positive Korrelation mit Preistoleranz 3. Die **Preisfreude** weist hingegen positive Zusammenhänge zu beiden Preisurteilen auf: Je höher die Preisfreude, desto besser fallen sie aus. Für die **Preiswut** zeigt sich ein ähnliches Bild wie für den Preisärger, nämlich negative Zusammenhänge mit den Preisurteilen und den drei Konstrukten des Preisvertrauens. Demgegenüber findet sich eine negative Korrelation mit Preistoleranz 2 sowie eine positive – wie auch für Preisärger – mit Preistoleranz 3. Die **Preisüberraschung** korreliert nicht mit den Preisurteilen, dafür aber – ebenfalls negativ – mit Preistransparenz, Eigennutz und Preisehrlichkeit.

Preisgünstigkeitsurteil und Preiswürdigkeitsurteil stehen in positivem Zusammenhang. Weil zudem im Rahmen der deskriptiven Analysen in Kap. 4.4.3 aufgefallen war, dass das Preisgünstigkeitsurteil und das Preiswürdigkeitsurteil sich um nahezu einen Skalenschritt unterscheiden, wurde ein zusätzlicher Wilcoxon-Test durchgeführt, um diese beiden Konstrukte miteinander zu vergleichen. Er zeigt, dass das Preiswürdigkeitsurteil in der Tat bei den meisten Personen besser ausfällt als das Preisgünstigkeitsurteil: 392 Personen beurteilen die Preiswürdigkeit besser als die Preisgünstigkeit, 15 Personen beurteilen beide gleich – und nur 65 beurteilen letztere besser als erstere (p=0,000, siehe Tab. 4-52).

Beurteilung der Preisgünstigkeit im Verhältnis zur Preiswürdigkeit	
PWU besser als PGU	392 Personen
PGU besser als PWU	65 Personen
Beide Urteile gleich	15 Personen
Wilcoxon-Test; p = 0,000; z = -16,40; n = 472; φ = -0,76	

Tab. 4-52: Beurteilung der Preisgünstigkeit im Verhältnis zur Preiswürdigkeit

Darüber hinaus ergeben sich für das Preisgünstigkeitsurteil weitere positive Zusammenhänge mit Eigennutz und Preisehrlichkeit – je besser das Preisgünstigkeitsurteil ausfällt, desto höher schätzen die Kunden auch diese beiden Variablen ein.

Das **Preiswürdigkeitsurteil** weist Zusammenhänge zu zahlreichen anderen Konstrukten auf: Es korreliert – abgesehen von den bereits genannten Größen – positiv mit den drei Variablen des Preisvertrauens. Überdies ist Preistoleranz 3 umso geringer, je besser das Preiswürdigkeitsurteil ausfällt. Die drei Variablen der **Preisbereitschaft** weisen keine weiteren Zusammenhänge als zu den bereits erwähnten Konstrukten auf, während die drei Variablen **Preistransparenz, Eigennutz** und **Preisehrlichkeit** untereinander allesamt positiv korrelieren. Die Tab. 4-53 zeigt die Ergebnisse.

Preisärger			
	Test	p	Effektstärke (Korrelationskoeffizient)
Preisfreude	Kendall	0,000	0,11
Preiswut	Kendall	0,000	0,54
Preisüberraschung	Kendall	0,000	0,23
Preisgünstigkeitsurteil	Kendall	0,000	-0,15
Preiswürdigkeitsurteil	Kendall	0,000	-0,27
Preistoleranz 3	Kendall	0,005	0,15
Preistransparenz	Kendall	0,000	-0,18
Eigennutz	Kendall	0,000	-0,29
Preisehrlichkeit	Kendall	0,000	-0,31
Preisfreude			
	Test	p	Effektstärke (Korrelationskoeffizient)
Preiswut	Kendall	0,000	0,12
Preisüberraschung	Kendall	0,000	0,19
Preisgünstigkeitsurteil	Kendall	0,000	0,27
Preiswürdigkeitsurteil	Kendall	0,000	0,14
Preiswut			
	Test	p	Effektstärke (Korrelationskoeffizient)
Preisüberraschung	Kendall	0,000	0,18
Preisgünstigkeitsurteil	Kendall	0,000	-0,14
Preiswürdigkeitsurteil	Kendall	0,000	-0,24
Preistoleranz 2	Kendall	0,007	-0,15
Preistoleranz 3	Kendall	0,001	0,17
Preistransparenz	Kendall	0,000	-0,22
Eigennutz	Kendall	0,000	-0,28
Preisehrlichkeit	Kendall	0,000	-0,32
Preisüberraschung			
	Test	p	Effektstärke (Korrelationskoeffizient)
Preistransparenz	Kendall	0,048	-0,06
Eigennutz	Kendall	0,003	-0,09
Preisehrlichkeit	Kendall	0,000	-0,11
Preisgünstigkeitsurteil			
	Test	p	Effektstärke (Korrelationskoeffizient)
Preiswürdigkeitsurteil	Kendall	0,000	0,32
Eigennutz	Kendall	0,000	0,14
Preisehrlichkeit	Kendall	0,000	0,12
Preiswürdigkeitsurteil			
	Test	p	Effektstärke (Korrelationskoeffizient)
Preistoleranz 3	Kendall	0,038	-0,11
Preistransparenz	Kendall	0,000	0,25
Eigennutz	Kendall	0,000	0,31
Preisehrlichkeit	Kendall	0,000	0,31
Preistransparenz			
	Test	p	Effektstärke (Korrelationskoeffizient)
Eigennutz	Kendall	0,000	0,27
Preisehrlichkeit	Kendall	0,000	0,21
Fortsetzung der Tabelle auf der nächsten Seite			

Fortsetzung von der vorherigen Seite

Eigennutz			
	Test	p	Effektstärke (Korrelationskoeffizient)
Preisehrlichkeit	Kendall	0,000	0,30
Übrige Details (z. B. Fallzahlen und z- bzw. X^2-Werte) finden sich in Anhang 11.			

Tab. 4-53: Ergebnisse signifikant ausgefallener Tests für Kombinationen aus je zwei Organismusvariablen

4.4.4.2.8 Zusammenhänge zwischen Organismusvariablen und Reaktionsvariable

Bei drei Variablenkombinationen, die sich aus der Reaktionsvariablen und je einer Organismusvariablen zusammensetzen, wird das festgelegte Signifikanzniveau erreicht:

So unterscheidet sich das **Preiswürdigkeitsurteil** der Nichtkäufer und der Käufer nicht preisgebundener Produkte; es fällt bei Nichtkäufern schlechter aus. Der jeweils empfundene **Eigennutz** der Käufer von nicht preisgebundenen und preisgebundenen Produkten ist ebenfalls unterschiedlich; Käufer von nicht preisgebundenen Produkten empfinden den Betreiber als weniger eigennützig.

Die Käufer nicht preisgebundener Produkte unterscheiden sich darüber hinaus bei der Variablen **Preisehrlichkeit** von den beiden anderen Gruppen: Sie empfinden die Preisehrlichkeit als deutlich höher. Die Tab. 4-54 zeigt die Ergebnisse im Überblick.

Kauf nicht preisgebundener Produkte in der Tankstelle					
	Test	p (U-Test)	|Effektstärke| (U-Test)	Ø ... in Gruppe ...	Ø ... in Gruppe ...
Preiswürdigkeitsurteil	H-Test; dann paarweiser U-Test mit Bonferroni-Korrektur	0,001	0,13	kein Kauf: 2,69	nicht preisgebundener Kauf: 2,45
Eigennutz		0,004	0,15	preisgebundener Kauf: 2,37	nicht preisgebundener Kauf: 2,08
Preisehrlichkeit		0,000	0,14	kein Kauf: 2,13	nicht preisgebundener Kauf: 1,81
Preisehrlichkeit		0,016	0,11	preisgebundener Kauf: 2,06	nicht preisgebundener Kauf: 1,81
Übrige Details (z. B. Fallzahlen und z- bzw. X^2-Werte) finden sich in Anhang 11.					

Tab. 4-54: Ergebnisse signifikant ausgefallener Tests für Kombinationen aus Organismusvariablen und Reaktionsvariable

4.4.4.2.9 Zusammenhänge zwischen Stimulus und Organismus-variablen bei Berücksichtigung von moderierenden Effekten

Im nächsten Schritt werden die Moderatoreffekte der verschiedenen personen- und situationsbezogenen Variablen betrachtet. Vor der Ergebnisdarstellung wird das Prozedere bei der Analyse begründet. Dies betrifft zuerst die Frage, ob mehrere moderierende Variablen simultan getestet werden oder nicht, dann wie bei unterschiedlich skalierten moderierenden Variablen vorzugehen ist und schließlich wie die Interaktionseffekte zu interpretieren sind.

Grundsätzlich ist es möglich, alle Moderatoreffekte **simultan** zu überprüfen; allerdings besteht bei vielen moderierenden Variablen die Gefahr, dass die Fallzahlen zu klein werden: Wenn z. B. für mehrere moderierende Variablen (Geschlecht, Kaufkraft, Niveau der Wettbewerbsintensität) Mehrgruppen-Analysen durchgeführt werden, ergeben sich schon für diese drei Variablen 8 Einzelgruppen, in denen der Effekt überprüft werden muss – und bei mehr moderierenden Variablen (wie im vorliegenden Fall) entsprechend mehr Gruppen. Daher wird im Folgenden auf die simultane Betrachtung der Moderatoreffekte verzichtet und jede moderierende Variable einzeln betrachtet. Dieses Vorgehen ist auch deshalb zweckmäßig, weil Interaktionseffekte bei Einbeziehung von mehreren moderierenden Variablen kaum noch inhaltlich interpretierbar sind.[1003]

Das **Vorgehen** bei der Analyse von Moderatoreffekten ist nun folgendermaßen: Zunächst wird für die interessierende Variablenkombination aus Stimulus, Konstrukt und moderierender Variable eine Varianzanalyse durchgeführt. Dabei werden drei Effekte modelliert, nämlich zwei Haupteffekte (die direkten Effekte des Stimulus und der moderierenden Variablen als unabhängige Variablen auf das Konstrukt als abhängige Variable) und der Interaktionseffekt (der Effekt des Interaktionsterms aus Stimulus und moderierender Variable auf das Konstrukt). Im Fall von dichotomen oder dreistufigen moderierenden Variablen kann anschließend die Interpretation der Effekte erfolgen (siehe hierzu weiter unten), im Fall von intervallskalierten moderierenden Variablen ist dies jedoch nicht ohne Weiteres möglich: Denn die Varianzanalyse zeigt dann nur an, ob ein Effekt besteht – nicht jedoch, wie dieser Effekt wirkt. Daher werden, sofern der Interaktionseffekt sich als signifikant erweist, zur besseren Interpretierbarkeit die moderierenden Variablen dichotomisiert. Dies geschieht mit Hilfe des Mediansplits, wobei diejenigen Fälle, bei denen die Variable den Wert des Medians annimmt, ausgeschlossen werden. Anschließend erfolgt die Interpretation wie bei dichotomen moderierenden Variablen. Falls sich zeigt, dass gegen beide Grundannahmen der Varianzanalyse ver-

1003 Vgl. Backhaus et al. 2003, S. 139.

stoßen wird, wird zusätzlich auf Mehrgruppenvergleiche mit Hilfe des U- oder H-Tests zurückgegriffen.

Für die **Interpretation** werden sowohl die Haupteffekte als auch die Interaktionseffekte herangezogen, ebenso werden Interaktionsdiagramme berücksichtigt. Letztere bilden für alle entstehenden Gruppen (z. B. bei der moderierenden Variablen Geschlecht die Gruppen PN niedrig/Männer, PN niedrig/Frauen, PN hoch/Männer, PN hoch/Frauen) die Zellenmittelwerte der abhängigen Variablen ab: Zu diesem Zweck werden die Werte der abhängigen Variablen auf der y-Achse und die Faktorstufen für eine der unabhängigen Variablen auf der x-Achse abgetragen. Für die Stufen der zweiten unabhängigen Variablen werden Linienzüge eingezeichnet, die die Mittelwerte der Faktorstufenkombinationen darstellen. Anschließend erstellt man ein zweites Diagramm, bei dem die Faktoren die umgekehrte Rolle einnehmen.[1004] Je nach Verlauf der Linien können die Effekte interpretiert werden:[1005] Bei der **ordinalen Interaktion** verlaufen die Grafen in beiden Diagrammen gleichsinnig, z. B. beide aufsteigend oder beide abfallend. In diesem Fall darf man beide Haupteffekte global interpretieren. Liegt dagegen eine **hybride Interaktion** vor, d. h. die Grafen verlaufen nur in einem von beiden Diagrammen gleichsinnig, darf nur ein Faktor global interpretiert werden, während der andere differenziert für die aus den Stimulus-Moderatorkombinationen gebildeten Gruppen betrachtet werden muss. Im Fall der **disordinalen Interaktion**, bei der die Grafen in beiden Diagrammen nicht gleichsinnig verlaufen, kann keiner der beiden Faktoren global interpretiert werden; alle Zellenmittelwerte müssen differenziert untersucht werden.[1006]

Im Folgenden werden die so identifizierten signifikanten Effekte dargestellt. Jeweils am Ende eines Abschnittes zu einem Stimulus-Konstrukt-Zusammenhang findet sich eine Tabelle mit den Ergebnissen zu den moderierenden Effekten.[1007]

Bevor im Detail auf die signifikanten Ergebnisse eingegangen wird, ist festzuhalten, dass die **Normalverteilungsannahme** in allen Fällen verletzt wird: Der Kolmogorov-Smirnov-Test fällt für alle Variablen hoch signifikant aus (p = 0,000). Wie in Kap. 4.4.4.1 erläutert, ist die Varianzanalyse robust gegen Verletzungen der Grundannahmen, sofern die Gruppen, auf die sich die Analyse bezieht, in etwa gleich groß sind. Für die Einteilung der Kunden nach Ziehung der Karte *niedrige Preise* in beiden Rangreihenverfahren und für die Einteilung nach dem angesteuerten Ziel ist dies nicht ge-

1004 Siehe die Ausführungen bei Bortz/Döring 2009, S. 531 ff.
1005 Siehe hierzu den Aufsatz von Leigh/Kinnear 1980.
1006 Vgl. Bortz/Döring 2009, S. 534.
1007 Alle übrigen Details zu den Varianzanalysen enthält Anhang 13.

geben; die Gruppengrößen variieren stark, so dass diese Variablen für die folgende Analyse nicht berücksichtigt werden.

Für den Zusammenhang zwischen Stimulus und **Preisärger** lassen sich drei moderierende Effekte nachweisen, nämlich bei Geschlecht, Haushaltsnettoeinkommen und Wettbewerbsintensität, wobei für Geschlecht und Wettbewerbsintensität keine Varianzhomogenität vorliegt. Die Interaktionsdiagramme für die Variable Geschlecht zeigen eine disordinale Interaktion: In beiden Diagrammen verlaufen die Grafen nicht gleichsinnig, die Zellenmittelwerte müssen also für alle Gruppen differenziert interpretiert werden; hier ist keiner der beiden Haupteffekte signifikant. Der Mehrgruppenvergleich zeigt, dass Männer bei hohem Preisniveau geringeren Preisärger äußern, während sich bei Frauen kein Unterschied findet.

Auch für die intervallskalierte moderierende Variable Haushaltsnettoeinkommen ermittelt die Varianzanalyse einen signifikanten Moderatoreffekt. Die folgende Betrachtung mit Hilfe der dichotomisierten Variablen Haushaltsnettoeinkommen bestätigt dies, wobei eine ordinale Interaktion vorliegt: Zunächst unterscheiden sich Personen mit hohem Haushaltsnettoeinkommen grundsätzlich von Personen mit niedrigem bei dem Preisärger; dieser ist bei letzteren höher. Darüber hinaus wird bei niedrigem Preisniveau mehr Preisärger geäußert, wie schon weiter oben im Zuge der bivariaten Tests festgestellt – allerdings fällt dieser Haupteffekt unter Einbeziehung des Moderatoreffekts nicht signifikant aus, so dass über den Einfluss des Preisniveaus auf den Preisärger später noch zu diskutieren sein wird (siehe Kap. 4.4.5.3.1). Der moderierende Effekt des Haushaltsnettoeinkommens auf den Preisärger zeigt sich im Mehrgruppenvergleich: Personen mit hohem Haushaltsnettoeinkommen äußern bei niedrigem Preisniveau mehr Preisärger, während bei Personen mit niedrigem kein Unterschied festzustellen ist.

Für die Wettbewerbsintensität liegt keine Varianzhomogenität vor. Der Mehrgruppenvergleich verdeutlicht, dass ein moderierender Effekt vorliegt: Demnach ist nur bei hoher Wettbewerbsintensität für niedriges Preisniveau der Preisärger stärker ausgeprägt.

Die nachstehende Tab. 4-55 zeigt die Ergebnisse der Mehrgruppenvergleiche für die auftretenden moderierenden Effekte zwischen Preisniveau und Preisärger.

	Geschlecht	
	Ø Preisärger für Männer	Ø Preisärger für Frauen
Preisniveau niedrig	**3,67 (n = 281)**	3,77 (n = 181)
Preisniveau hoch	**4,04 (n = 288)**	3,68 (n = 171)
	U-Test; p = 0,000; z = -3,706; φ = -0,16	U-Test; p = 0,791 (n. s.)
	Haushaltsnettoeinkommen	
	Ø Preisärger für niedriges Haushaltsnettoeinkommen	**Ø Preisärger für hohes Haushaltsnettoeinkommen**
Preisniveau niedrig	3,62 (n = 141)	**3,74 (n = 180)**
Preisniveau hoch	3,69 (n = 123)	**4,28 (n = 181)**
	U-Test; p = 0,531 (n. s.)	**U-Test; p = 0,000; z = -4,665; φ = -0,25**
	Wettbewerbsintensität	
	Ø Preisärger für niedrige Wettbewerbsintensität	**Ø Preisärger für hohe Wettbewerbsintensität**
Preisniveau niedrig	3,74 (n = 231)	**3,68 (n = 231)**
Preisniveau hoch	3,83 (n = 231)	**3,98 (n = 228)**
	U-Test; p = 0,150 (n. s.)	**U-Test; p = 0,014; z = -2,466; φ = -0,12**
Fettdruck: Signifikante Unterschiede zwischen den Gruppen		

Tab. 4-55: Ergebnisse der Mehrgruppenvergleiche bei auftretenden moderierenden Effekten zwischen Preisniveau und Preisärger

Mit Blick auf die **Preisfreude** ergibt sich nur ein Moderatoreffekt, nämlich von der Wettbewerbsintensität. Die Interaktion ist disordinal, weswegen keine globalen Effekte interpretiert werden können – was sich auch darin zeigt, dass die Haupteffekte nicht signifikant ausfallen –, sondern die einzelnen Zellenmittelwerte von Belang sind: Nur bei niedriger Wettbewerbsintensität wird für hohes Preisniveau weniger Preisfreude geäußert.

Abgesehen davon liegen zwei Fälle vor, in denen die Annahme der Varianzhomogenität nicht erfüllt ist, nämlich für die Einteilung in Shop-, Tank- und Beides-Kunden sowie für die Kaufkraft. Die Mehrgruppenvergleiche zeigen jedoch, dass keine Moderatoreffekte auftreten. Die folgende Tab. 4-56 zeigt die Ergebnisse des Mehrgruppenvergleichs bei dem signifikanten moderierenden Effekt.

	Wettbewerbsintensität	
	Ø Preisfreude für niedrige Wettbewerbsintensität	Ø Preisfreude für hohe Wettbewerbsintensität
Preisniveau niedrig	**3,98 (n = 231)**	4,21
Preisniveau hoch	**4,18 (n = 230)**	4,09
	U-Test; p = 0,011; z = -2,547; φ = -0,12	U-Test; p = 0,223 (n. s.)
Fettdruck: Signifikante Unterschiede zwischen den Gruppen		

Tab. 4-56: Ergebnisse der Mehrgruppenvergleiche bei auftretenden moderierenden Effekten zwischen Preisniveau und Preisfreude

In Bezug auf die **Preiswut** findet sich kein Moderatoreffekt. Für die Wettbewerbsintensität liegt keine Varianzhomogenität vor; der Mehrgruppenvergleich kommt zu dem Ergebnis, dass kein Moderatoreffekt existiert.

Für die **Preisüberraschung** werden zwei signifikante Moderatoreffekte identifiziert, nämlich in Bezug auf das Geschlecht und das Haushaltsnettoeinkommen. In beiden Fällen handelt es sich um disordinale Interaktionen: Nur Männer äußern ausschließlich bei hohem Preisniveau weniger Preisüberraschung. Für das Haushaltsnettoeinkommen wird zur besseren Interpretierbarkeit eine Dichotomisierung vorgenommen, die ebenfalls eine disordinale Interaktion offenbart: Während sich in der Gruppe mit niedrigem Haushaltsnettoeinkommen kein Effekt belegen lässt, ist in der Gruppe mit hohem die Preisüberraschung für niedriges Preisniveau ausgeprägter. Gleichzeitig ist auch der Haupteffekt für das Haushaltsnettoeinkommen signifikant.

Darüber hinaus liegt für die Wettbewerbsintensität keine Varianzhomogenität vor; der Mehrgruppenvergleich zeigt keinen Moderatoreffekt. Die folgende Tab. 4-57 zeigt die Ergebnisse der Mehrgruppenvergleiche für die auftretenden moderierenden Effekte.

	Geschlecht	
	Ø Preisüberraschung für Männer	Ø Preisüberraschung für Frauen
Preisniveau niedrig	**3,18 (n = 280)**	3,47 (n = 182)
Preisniveau hoch	**3,51 (n = 288)**	3,31 (n = 170)
	U-Test; p = 0,005; z = -2,831; φ = -0,12	U-Test; p = 0,270 (n. s.)
	Haushaltsnettoeinkommen	
	Ø Preisüberraschung für niedriges Haushaltsnettoeinkommen	Ø Preisüberraschung hohes Haushaltsnettoeinkommen
Preisniveau niedrig	3,34 (n = 142)	**3,32 (n =180)**
Preisniveau hoch	3,23 (n = 123)	**3,72 (n = 180)**
	U-Test; p = 0,582 (n. s.)	**U-Test; p = 0,005; z = -2,832; φ = -0,15**
Fettdruck: Signifikante Unterschiede zwischen den Gruppen		

Tab. 4-57: Ergebnisse der Mehrgruppenvergleiche bei auftretenden moderierenden Effekten zwischen Preisniveau und Preisüberraschung

Auch für das **Preisgünstigkeitsurteil** findet sich nur ein moderierender Effekt – disordinaler Art – und zwar für die Wettbewerbsintensität: Ist diese niedrig, fällt das Preisgünstigkeitsurteil bei hohem Preisniveau schlechter aus. Bei hoher Wettbewerbsintensität tritt kein Unterschied zutage, wobei allerdings die Signifikanzschwelle nur knapp unterschritten wird; der Effekt wäre hier genau gegenläufig. Weiterhin ist für den Test zur Kaufkraft keine Varianzhomogenität gegeben. Der aus diesem Grund durchgeführte Mehrgruppenvergleich zeigt keinen moderierenden Effekt.

Die nachstehende Tab. 4-58 enthält die Ergebnisse zum Mehrgruppenvergleich des auftretenden Moderatoreffekts zwischen Preisniveau und Preisgünstigkeitsurteil.

	Wettbewerbsintensität	
	Ø Preisgünstigkeitsurteil für niedrige WB	Ø Preisgünstigkeitsurteil für hohe WB
Preisniveau niedrig	**3,49 (n = 125)**	3,63 (n = 120)
Preisniveau hoch	**3,71 (n = 141)**	3,40 (n = 106)
	U-Test; p = 0,030; z = -2,168; φ = -0,13	U-Test; p = 0,058 (n. s.)
Fettdruck: Signifikante Unterschiede zwischen den Gruppen		

Tab. 4-58: Ergebnisse der Mehrgruppenvergleiche bei auftretenden moderierenden Effekten zwischen Preisniveau und Preisgünstigkeitsurteil

Zahlreiche Moderatoreffekte werden hingegen für den Einfluss des Preisniveaus auf das **Preiswürdigkeitsurteil** registriert. Diese betreffen Geschlecht, Haushaltsnettoeinkommen, die Einteilung in Shop-, Tank- und Beides-Kunden, Kaufkraft, Wettbewerbsintensität und Einteilung in Werk- und Wochenendtage.

Für das Geschlecht ist Varianzhomogenität nicht gegeben. Der Mehrgruppenvergleich zeigt, dass nur Männer bei hohem Preisniveau die Preiswürdigkeit schlechter bewerten.

Dichotomisiert man die intervallskalierte Variable Haushaltsnettoeinkommen, für welche die Varianzanalyse ebenfalls einen moderierenden Effekt nachweist, so kommt der Mehrgruppenvergleich jedoch zu dem Ergebnis, dass in beiden Einkommensgruppen kein Unterschied für das Preiswürdigkeitsurteil besteht, wobei allerdings die Signifikanzsschwelle für die Gruppe mit niedrigem Einkommen nur knapp unterschritten wird: Es ist die Tendenz auszumachen, dass nur bei niedrigem Haushaltsnettoeinkommen das Preiswürdigkeitsurteil für niedriges Preisniveau besser ausfällt.

Ebenso spielt es eine Rolle, ob der Befragte den Shop-, Tank- oder Beides-Kunden angehört, wobei der Interaktionseffekt auch hier disordinal ist: Shop- und Beides-Kunden beurteilen die Preiswürdigkeit jeweils bei hohem Preisniveau schlechter. Bei Tank-Kunden unterscheidet sich das Preiswürdigkeitsurteil hingegen nicht für die beiden Preisniveaus, was möglicherweise mit den Einkaufserfahrungen – und damit einhergehend der besseren Fähigkeit zur Beurteilung – zusammenhängt.

Auch die Kaufkraft weist einen disordinalen Interaktionseffekt mit dem Preisniveau auf: Nur bei niedriger Kaufkraft wird die Preiswürdigkeit für niedriges Preisniveau besser bewertet.

Die Wettbewerbsintensität zeigt einen ordinalen Interaktionseffekt: Bei hoher Wettbewerbsintensität oder bei niedrigem Preisniveau beurteilen die Kunden die Preiswürdigkeit besser.

Der letzte – disordinale – Interaktionseffekt, der sich in Bezug auf das Preiswürdigkeitsurteil identifizieren lässt, betrifft die Unterteilung in Wochen- und Wochenendtage: Ausschließlich an Wochenenden bewerten die Kunden die Preiswürdigkeit für niedriges Preisniveau besser. Die Tab. 4-59 fasst die Mehrgruppenvergleiche für die identifizierten moderierenden Effekte zusammen.

	Geschlecht		
	Ø Preiswürdigkeitsurteil für Männer	Ø Preiswürdigkeitsurteil für Frauen	
Preisniveau niedrig	**2,43 (n = 241)**	2,65 (n = 160)	
Preisniveau hoch	**2,65 (n = 247)**	2,71 (n = 141)	
	U-Test; p = 0,020; z = -2,323; φ = -0,11	U-Test; p = 0,457 (n. s.)	
	Einteilung in Shop-, Tank- und Beides-Kunden		
	Ø Preiswürdigkeitsurteil Shop-Kunden	Ø Preiswürdigkeitsurteil Tank-Kunden	**Ø Preiswürdigkeitsurteil Beides-Kunden**
Preisniveau niedrig	**2,32 (n = 152)**	2,81 (n = 112)	**2,49 (n = 137)**
Preisniveau hoch	**2,55 (n = 148)**	2,69 (n = 109)	**2,78 (n = 131)**
	U-Test; p = 0,018; z = -2,356; φ = -0,14	U-Test; p = 0,380 (n. s.)	**U-Test; p = 0,009; z = -2,627; φ = -0,16**
	Kaufkraft		
	Ø Preiswürdigkeitsurteil bei niedriger KK	Ø Preiswürdigkeitsurteil bei hoher KK	
Preisniveau niedrig	**2,37 (n = 207)**	2,67 (n = 194)	
Preisniveau hoch	**2,67 (n = 210)**	2,66 (n = 178)	
	U-Test; p = 0,000; z = -3,791; φ = -0,19	U-Test; p = 0,779 (n. s.)	
	Wettbewerbsintensität		
	Ø Preiswürdigkeitsurteil für niedrige WB	**Ø Preiswürdigkeitsurteil für hohe WB**	
Preisniveau niedrig	2,58 (n =195)	**2,46 (n = 206)**	
Preisniveau hoch	3,71 (n = 196)	**2,78 (n = 192)**	
	U-Test; p = 791 (n. s.)	**U-Test; p = 0,000; z = -3,703; φ = -0,19**	
	Unterscheidung in Werktage und Wochenendtage		
	Ø Preiswürdigkeitsurteil für Werktage	**Ø Preiswürdigkeitsurteil für Wochenendtage**	
Preisniveau niedrig	2,55 (n = 239)	**2,46 (n = 162)**	
Preisniveau hoch	2,57 (n = 261)	**2,86 (n = 127)**	
	U-Test; p = 0,734 (n. s.)	**U-Test; p = 0,000; z = -3,787; φ = -0,22**	
Fettdruck: Signifikante Unterschiede zwischen den Gruppen			

Tab. 4-59: Ergebnisse der Mehrgruppenvergleiche bei auftretenden moderierenden Effekten zwischen Preisniveau und Preiswürdigkeitsurteil

Für die drei Kennzahlen, die die **Preisbereitschaft** betreffen, liegen keine Moderatoreffekte vor. Varianzhomogenität ist in einem einzigen Fall nicht gegeben, nämlich für die

Wirkung der Kaufkraft auf den Effekt zwischen Preisniveau und Preistoleranz 1. Der Mehrgruppenvergleich zeigt hier ebenfalls keinen Moderatoreffekt.

Ähnlich wie für das Preiswürdigkeitsurteil lassen sich auch für den Einfluss des Preisniveaus auf die **Preistransparenz** in der Varianzanalyse einige moderierende Effekte nachweisen, und zwar in Bezug auf das Alter, den Stammkundengrad, die Unterteilung in Shop-, Tank- und Beides-Kunden, die Kaufkraft, die Wettbewerbsintensität und die Einteilung in Werk- und Wochenendtage.

Nach der Dichotomisierung wird offensichtlich, dass für das Alter ein hybrider Interaktionseffekt vorliegt. Daher lässt sich einer der Haupteffekte – der Effekt des Preisniveaus – global interpretieren. Bei niedrigem Preisniveau wird die Preistransparenz generell höher empfunden, was sich im signifikanten Haupteffekt und ebenso in den bivariaten Analysen in Kap. 4.4.4.2.3 zeigt. Die Wirkung des Alters ist jedoch differenziert zu sehen. Hier offenbart der Mehrgruppenvergleich, der darüber hinaus wegen mangelnder Varianzhomogenität angeraten ist, dass nur jüngere Kunden (unter 38 Jahren) die Preistransparenz bei niedrigem Preisniveau besser bewerten als bei hohem.

Dichotomisiert man den Stammkundengrad, so lässt sich zunächst feststellen, dass – anders als bei der Analyse für die stetige Variable – mit der Varianzanalyse kein Interaktionseffekt mehr nachweisbar ist, wobei jedoch das geforderte Signifikanzniveau nur sehr knapp unterschritten wird. Da auch keine Varianzhomogenität vorliegt, erfolgt ein Mehrgruppenvergleich, der einen Moderatoreffekt zeigt: Nur Personen mit hohem Stammkundengrad bewerten die Preistransparenz für niedriges Preisniveau besser.

Auch für die Einteilung in Shop-, Tank- und Beides-Kunden lässt sich ein Interaktionseffekt nachweisen, der hybrider Natur ist: Während sich der Effekt des Preisniveaus global interpretieren lässt, gilt dies für den Effekt der Gruppeneinteilung nicht. Der Mehrgruppenvergleich (der auch deshalb sinnvoll ist, da keine Varianzhomogenität vorliegt) kommt zu dem Ergebnis, dass Shop- und Beides-Kunden bei niedrigem Preisniveau die Preistransparenz als höher empfinden.

Die Kaufkraft im Umfeld wirkt ebenfalls moderierend mit einem ordinalen Effekt, d. h., beide Haupteffekte könnten global interpretiert werden – signfikant fällt jedoch nur der Haupteffekt des Preisniveaus aus. Der Mehrgruppenvergleich zeigt, dass nur bei niedriger Kaufkraft die Preistransparenz für niedriges Preisniveau höher wahrgenommen wird. Für die Wettbewerbsintensität ist keine Varianzhomogenität gegeben. Der Mehrgruppenvergleich verdeutlicht, dass ein moderierender Effekt besteht: Nur bei hoher Wettbewerbsintensität wird die Preistransparenz für niedriges Preisniveau höher empfunden.

Der letzte moderierende Effekt für die Wirkung des Preisniveaus auf die Preistransparenz liegt für die Einteilung in Wochen- und Wochenendtage vor. Die Interaktion ist hier hybrider Art: Kunden empfinden nur an Wochenenden bei niedrigem Preisniveau die Preise als transparenter. Die Tab. 4-60 zeigt die Ergebnisse der Mehrgruppenvergleiche zu den auftretenden moderierenden Effekten im Überblick.

	Alter		
	Ø Preistransparenz für niedriges Alter	Ø Preistransparenz für hohes Alter	
Preisniveau niedrig	**1,50 (n = 168)**	1,54 (n = 207)	
Preisniveau hoch	**1,74 (n = 251)**	1,64 (n = 146)	
	U-Test; p = 0,000; z = -3,597; φ = -0,18	U-Test; p = 0,766 (n. s.)	
	Stammkundengrad		
	Ø Preistransparenz für niedrigen Stammkundengrad	**Ø Preistransparenz für hohen Stammkundengrad**	
Preisniveau niedrig	1,64 (n = 164)	**1,46 (n = 171)**	
Preisniveau hoch	1,69 (n = 184)	**1,72 (n = 179)**	
	U-Test; p = 0,893 (n. s.)	**U-Test; p = 0,000; z = -3,567; φ = -0,19**	
	Einteilung in Shop-, Tank- und Beides-Kunden		
	Ø Preistransparenz Shop-Kunden	Ø Preistransparenz Tank-Kunden	**Ø Preistransparenz Beides-Kunden**
Preisniveau niedrig	1,47 (n = 147)	1,63 (n = 113)	**1,49 (n= 131)**
Preisniveau hoch	1,72 (n = 156)	1,67 (n = 120)	**1,67 (n = 135)**
	U-Test; p = 0,019; z = -2,342; φ = -0,15	U-Test; p = 0,828 (n. s.)	**U-Test; p = 0,012; z = -2,524; φ = -0,16**
	Kaufkraft		
	Ø Preistransparenz für geringe Kaufkraft	Ø Preistransparenz für hohe Kaufkraft	
Preisniveau niedrig	**1,53 (n = 202)**	1,52 (n = 189)	
Preisniveau hoch	**1,70 (n = 224)**	1,67 (n = 187)	
	U-Test; p = 0,004; z = -2,900; φ = -0,14	U-Test; p = 0,259 (n. s.)	
	Wettbewerbsintensität		
	Ø Preistransparenz für geringe WB	**Ø Preistransparenz für hohe WB**	
Preisniveau niedrig	1,60 (n = 196)	**1,45 (n = 204)**	
Preisniveau hoch	1,70 (n = 204)	**1,68 (n = 198)**	
	U-Test; p = 0,593 (n. s.)	**U-Test; p = 0,000; z = -3,670 φ = -0,18**	
	Unterscheidung in Werktage und Wochenendtage		
	Ø Preistransparenz für Werktage	**Ø Preistransparenz für Wochenendtage**	
Preisniveau niedrig	1,56 (n = 233)	**1,47 (n = 158)**	
Preisniveau hoch	1,65 (n = 280)	**1,77 (n = 131)**	
	U-Test; p = 0,303 (n. s.)	**U-Test; p = 0,000; z = -3,800; φ = -0,22**	
Fettdruck: signifikante Unterschiede zwischen den Gruppen			

Tab. 4-60: Ergebnisse der Mehrgruppenvergleiche bei auftretenden moderierenden Effekten zwischen Preisniveau und Preistransparenz

Für den Einfluss des Preisniveaus auf den **Eigennutz** zeigen sich drei Moderatoreffekte. Mit der dichotomisierten Variablen Alter wird ein Mehrgruppenvergleich durchgeführt, da für diese Variable keine Varianzhomogenität gegeben ist. Hier zeigt sich, dass nur ältere Kunden den Eigennutz bei hohem Preisniveau geringer wahrnehmen.

Auch für Haushaltsgröße ist keine Varianzhomogenität gegeben; der Mehrgruppenvergleich belegt allerdings keinen Moderatoreffekt. Dies gilt auch für die Intensität des Preisinteresses.

Für den Stammkundengrad liegt ebenfalls keine Varianzhomogenität vor, weder für die intervallskalierte noch für die dichotomisierte Variable. Der anschließende Mehrgruppenvergleich zeigt, dass sich nur für Kunden mit niedrigem Stammkundengrad Unterschiede finden: Diese nehmen den Betreiber bei niedrigem Preisniveau eigennütziger wahr als bei hohem Preisniveau.

Die Kaufkraft wirkt gleichfalls moderierend, wobei der Interaktionseffekt hybrid ausfällt. Nur bei hoher Kaufkraft und hohem Preisniveau wird der Eigennutz geringer empfunden. Die Tab. 4-61 zeigt die Mehrgruppenvergleiche zu den auftretenden Moderatoreffekten.

	Alter	
	Ø Eigennutz für niedriges Alter	**Ø Eigennutz für hohes Alter**
Preisniveau niedrig	2,17 (n = 146)	**2,33 (n = 178)**
Preisniveau hoch	2,11 (n =206)	**2,10 (n = 107)**
	U-Test; p = 0,686 (n. s.)	**U-Test; p = 0,048; z = -1,979; φ = -0,12**
	Stammkundengrad	
	Ø Eigennutz für niedrigen Stammkundengrad	Ø Eigennutz für hohen Stammkundengrad
Preisniveau niedrig	**2,44 (n = 148)**	2,15 (n = 143)
Preisniveau hoch	**2,07 (n = 133)**	2,12 (n = 152)
	U-Test; p = 0,001; z = -3,462; φ = -0,21	U-Test; p = 0,771 (n. s.)
	Kaufkraft	
	Ø Eigennutz für niedrige Kaufkraft	**Ø Eigennutz für hohe Kaufkraft**
Preisniveau niedrig	2,22	**2,35 (n = 167)**
Preisniveau hoch	2,19	**1,99 (n = 140)**
	U-Test; p = 0,961 (n. s.)	**U-Test; p = 0,001; z = -3,242; φ = -0,19**
Fettdruck: signifikante Unterschiede zwischen den Gruppen		

Tab. 4-61: Ergebnisse der Mehrgruppenvergleiche bei auftretenden moderierenden Effekten zwischen Preisniveau und Eigennutz

Für die **Preisehrlichkeit** findet sich nur ein – disordinaler – Interaktionseffekt: Lediglich am Wochenende empfinden die Kunden die Preisehrlichkeit bei niedrigem Preisniveau ausgeprägter als bei hohem. Die nachstehende Tab. 4-62 zeigt die Ergebnisse des Mehrgruppenvergleichs zum moderierenden Effekt.

	Unterscheidung in Werktage und Wochenendtage	
	Ø Preisehrlichkeit für Werktage	**Ø Preisehrlichkeit für Wochenendtage**
Preisniveau niedrig	2,09 (n = 277)	**1,91 (n = 176)**
Preisniveau hoch	1,94 (n = 298)	**2,14 (n = 148)**
	U-Test; p = 0,081 (n. s.)	**U-Test; p = 0,041; z = -2,046; φ = -0,11**
Fettdruck: signifikante Unterschiede zwischen den Gruppen		

Tab. 4-62: Ergebnisse der Mehrgruppenvergleiche bei auftretenden moderierenden Effekten zwischen Preisniveau und Preisehrlichkeit

4.4.4.3 Ergebnisse aus Teil 2 der empirisch-quantitativen Exploration: Preisinformationsspeicherung von Kunden für Tankstellenshops

4.4.4.3.1 Überblick und Vorgehen bei der Ergebnisdarstellung in Teil 2

Wie in Kap. 4.4.1.1 dargestellt, wurden in einem zweiten Untersuchungsschritt einige Informationen über die Preisinformationsspeicherung in Bezug auf die Preise in Tankstellenshops erhoben, um Anhaltspunkte über die Preiseinschätzung der Befragten für die Tankstellenshops zu sammeln. Hierzu wurden Schätzpreise (SP) für die vier in Kap. 4.3.4.6.3 bereits im Detail beschriebenen Produkte (MARS, AIRWAVES, COCA COLA und MUMM) jeweils für Tankstellenshops und den übrigen Lebensmitteleinzelhandel erfragt. Abgesehen vom absoluten Wert dieser Schätzungen lässt sich ein relativer Wert errechnen, der das Verhältnis des Schätzpreises im Tankstellenshop zum Schätzpreis im übrigen Lebensmitteleinzelhandel angibt, und zwar als Quotient beider Schätzpreise für das jeweilige Produkt. Diese Variable wird im Folgenden als geschätzte Differenz (Diff) bezeichnet. Darüber hinaus wurden die Befragten gebeten, ihre Sicherheit (SI) für jede einzelne Schätzung anzugeben.

Außer der Erweiterung um diese Variablen wird jedoch auch eine Eingrenzung vorgenommen, denn in Teil 2 finden nicht alle Variablen des in Kap. 4.2.3 vorgestellten Bezugsrahmens Berücksichtigung. Neben den oben dargestellten Variablen (Schätzpreise, Sicherheit und geschätzte Differenzen jeweils für die vier Produkte) werden Alter, Geschlecht, Haushaltsgröße, Haushaltsnettoeinkommen und die Unterteilung in Shop-, Tank- und Beides-Kunden (mit der Erweiterung um die vierte Gruppe der Nicht-Kunden) sowie die Intensität des Preisinteresses einbezogen. Weiterhin fließen zwei neue Variablen in die Untersuchung ein, nämlich die Kaufhäufigkeit (KH) für die vier Produkte und eine Einteilung der Befragten in Personen, die das Produkt in der Tankstelle kaufen, und solche, die dies nicht tun (KTS). Die aufgeführten Variablen stellen somit einen (modifizierten) Ausschnitt aus dem in Kap. 4.2.3 erarbeiteten Bezugsrahmen dar. Da kein Stimulus in das Modell eingeht (das Preisniveau der Tankstelle oder eine andere Variable), ist die Analyse von Moderatoreffekten nicht möglich.

Auch hier werden im Zuge der exploratorischen Betrachtung bivariate Analysen durchgeführt, um Zusammenhänge zwischen den Variablen aufzudecken. Dabei können alle Variablen entweder als unabhängige oder als abhängige in die Untersuchung eingehen. Korrespondierend zu Teil 1 findet sich die entsprechende Tabelle der Übersicht halber im Anhang, hier in Anhang 14. Im Folgenden werden die Ergebnisse für die signifikant ausgefallenen Tests beschrieben. Die Diskussion erfolgt ebenfalls in Kap. 4.4.5.3.4.

4.4.4.3.2 Zusammenhänge zwischen moderierenden Variablen in Teil 2

Wie schon in Teil 1 treten auch hier zahlreiche Interdependenzen zwischen denjenigen Variablen auf, die Eigenschaften der Befragten abbilden. Signifikante Zusammenhänge bestehen für die folgenden Variablenkombinationen:

- für das **Alter** mit dem Haushaltsnettoeinkommen, der Intensität des Preisinteresses, der Einteilung in Shop-, Tank-, Beides- und Nicht-Kunden, den Kaufhäufigkeiten für AIRWAVES und COCA COLA sowie dem Kauf von MARS und COCA COLA in Tankstellen;
- für das **Geschlecht** mit der Einteilung in Shop-, Tank-, Beides- und Nicht-Kunden sowie dem Kauf von COCA COLA in Tankstellen;
- für die **Haushaltsgröße** mit dem Haushaltsnettoeinkommen, der Intensität des Preisinteresses und dem Kauf von AIRWAVES und COCA COLA in Tankstellen;
- für das **Haushaltsnettoeinkommen** mit dem Alter, der Haushaltsgröße und der Einteilung in Shop-, Tank-, Beides- und Nicht-Kunden;
- für die **Intensität des Preisinteresses** mit dem Alter, der Haushaltsgröße, der Kaufhäufigkeit von MARS sowie dem Kauf von AIRWAVES und COCA COLA in Tankstellen;
- für die **Einteilung in Shop-, Tank-, Beides- und Nicht-Kunden** mit dem Alter, dem Geschlecht, dem Haushaltsnettoeinkommen, den Kaufhäufigkeiten für AIRWAVES und MUMM sowie dem Kauf von MARS, AIRWAVES, COCA COLA und MUMM in Tankstellen;
- für die **Kaufhäufigkeit von MARS** mit dem Haushaltsnettoeinkommen, der Kaufhäufigkeit von COCA COLA sowie dem Kauf von MARS, AIRWAVES und COCA COLA in Tankstellen;
- für die **Kaufhäufigkeit von AIRWAVES** mit dem Alter, den Kaufhäufigkeiten von MARS und COCA COLA sowie dem Kauf von AIRWAVES in Tankstellen;
- für die **Kaufhäufigkeit von COCA COLA** mit dem Alter, den Kaufhäufigkeiten von MARS und AIRWAVES sowie dem Kauf von COCA COLA in Tankstellen;
- für die **Kaufhäufigkeit von MUMM** mit der Einteilung in Shop-, Tank-, Beides- und Nicht-Kunden;
- für den **Kauf von MARS in Tankstellen** mit dem Alter, der Einteilung in Shop-, Tank-, Beides- und Nicht-Kunden sowie der Kaufhäufigkeit von MARS;

- für den **Kauf von AIRWAVES in Tankstellen** mit der Haushaltsgröße, der Intensität des Preisinteresses, der Einteilung in Shop-, Tank-, Beides- und Nicht-Kunden sowie den Kaufhäufigkeiten von MARS und AIRWAVES;
- für den **Kauf von COCA COLA in Tankstellen** mit dem Alter, dem Geschlecht, der Haushaltsgröße, der Intensität des Preisinteresses, der Einteilung in Shop-, Tank-, Beides- und Nicht-Kunden, den Kaufhäufigkeiten von MARS und COCA COLA sowie dem Kauf von MUMM in Tankstellen;
- für den **Kauf von MUMM in Tankstellen** mit der Einteilung in Shop-, Tank-, Beides- und Nicht-Kunden, der Kaufhäufigkeit von MUMM sowie dem Kauf von MARS und COCA COLA in Tankstellen.

Analog zu den Ausführungen in Kap. 4.4.4.2 sind die signifikanten Zusammenhänge zeilenweise gemäß der Tabelle in Anhang 14 dargestellt.

Das **Alter** korreliert positiv mit dem Haushaltsnettoeinkommen und mit der Intensität des Preisinteresses. Tank-Kunden sind deutlich älter als Shop-Kunden und Beides-Kunden. Weiterhin korreliert das Alter negativ mit der Kaufhäufigkeit von AIRWAVES und COCA COLA; Kunden, die MARS oder COCA COLA in Tankstellen kaufen, sind jünger als solche, die dies nicht tun.

Für das **Geschlecht** ergeben sich nur zwei signifikante Zusammenhänge: Erstens sind unter den Frauen mehr Nicht-Kunden zu finden, zweitens kaufen weniger Frauen als Männer COCA COLA in der Tankstelle.

Die **Haushaltsgröße** korreliert positiv mit dem Haushaltsnettoeinkommen, was nachvollziehbar ist, da mehr Personen gemeinsam mehr Haushaltsnettoeinkommen erwirtschaften. Abgesehen davon zeichnen sich größere Haushalte durch eine höhere Intensität des Preisinteresses aus. Personen, die AIRWAVES oder COCA COLA in Tankstellen kaufen, leben in kleineren Haushalten als Nichtkäufer.

Zudem unterscheiden sich Tank-Kunden von Nicht-Kunden in Bezug auf das **Haushaltsnettoeinkommen**: Tank-Kunden haben ein deutlich höheres Einkommen.

Die **Intensität des Preisinteresses** korreliert mit der Kaufhäufigkeit von MARS: Eine steigende Intensität des Preisinteresses geht mit einer steigenden Kaufhäufigkeit einher. Hingegen weisen Personen, die AIRWAVES in der Tankstelle kaufen, eine geringere Intensität des Preisinteresses auf als Nichtkäufer, was auch für das Produkt COCA COLA gilt.

Betrachtet man weitere Unterschiede der Gruppen **Shop-, Tank-, Beides- und Nicht-Kunden**, so zeigt sich, dass Tank-Kunden die Produkte AIRWAVES und MUMM grundsätzlich seltener kaufen als Shop-Kunden. Abgesehen davon kaufen Shop-Kunden und

Beides-Kunden alle vier Produkte überproportional häufig in der Tankstelle ein, was nicht überraschend ist.

Die **Kaufhäufigkeit von MARS** korreliert positiv mit der von COCA COLA. Weiterhin ist sie bei den Personen stärker ausgeprägt, die MARS auch in der Tankstelle kaufen. Umgekehrtes gilt für diejenigen, die AIRWAVES in der Tankstelle kaufen: Hier ist die Kaufhäufigkeit von MARS geringer ausgeprägt. Kunden, die COCA COLA grundsätzlich in der Tankstelle kaufen, weisen wiederum eine höhere Kaufhäufigkeit von MARS auf. Die **Kaufhäufigkeit von AIRWAVES** korreliert positiv mit der von COCA COLA. Personen, die AIRWAVES in Tankstellen kaufen, weisen grundsätzlich eine höhere Kaufhäufigkeit für dieses Produkt auf als die anderen. Letzteres gilt auch für die **Kaufhäufigkeit von COCA COLA**: Diese ist bei denjenigen höher, die COCA COLA auch in der Tankstelle kaufen; für die **Kaufhäufigkeit von MUMM** zeigt sich dieses Ergebnis ebenso, aber auf niedrigerem Niveau.

Betrachtet man für jeden Befragten einzeln, welche der vier Produkte grundsätzlich in Tankstellen gekauft werden, so zeigen sich drei signifikante Ergebnisse ergänzend zu den zuvor dargestellten: Das betrifft erstens die Kombination der Produkte MARS und MUMM: Während 10 Personen beide Produkte in Tankstellen kaufen und 64 Personen keines von beiden, kaufen 36 Personen nur MARS (und nicht MUMM) im Vergleich zu 3 Personen, die nur MUMM an Tankstellen kaufen. MARS wird also eher an Tankstellen gekauft als MUMM.

Zweitens ergibt sich ein sehr ähnliches Bild für die Kombination von AIRWAVES und MUMM und für die Kombination COCA COLA und MUMM: 18 Personen kaufen sowohl AIRWAVES als auch MUMM an Tankstellen ein, 76 Personen keines der beiden Produkte. Eine Person kauft nur MUMM, aber nicht AIRWAVES dort ein, für 29 Personen verhält es sich umgekehrt.

Für die dritte und letzte Produktkombination resultiert beim Vergleich Folgendes: 10 Personen kaufen in Tankstellen beide Produkte, also COCA COLA und MUMM, 70 Personen keines von beiden. Den 38 Personen, die nur COCA COLA dort kaufen, stehen 2 Personen gegenüber, die nur MUMM in Tankstellen einkaufen. Die Tab. 4-63 zeigt die dargestellten Ergebnisse im Überblick.

Alter			
	Test	p	Effektstärke (Korrelationskoeffizient)
Haushaltsnetto-einkommen	Kendall	0,000	0,35
Intensität des Preisinteresses	Kendall	0,002	-0,25

Fortsetzung der Tabelle auf der nächsten Seite

Fortsetzung von der vorherigen Seite

	Test	p (U-Test)	|Effektstärke| (U-Test)	Ø Alter in Gruppe ...	Ø Alter in Gruppe ...
Einteilung in Shop-, Tank-, Beides- und Nicht-Kunden	H-Test; dann paarweiser U-Test mit Bonferroni-Korrektur	0,000	0,36	T: 41,38	S: 29,71
		0,004	0,29	T: 41,38	B: 32,79
	Test	p	Effektstärke (Korrelationskoeffizient)		
Kaufhäufigkeit AIRWAVES	Kendall	0,000	-0,34		
Kaufhäufigkeit COCA COLA	Kendall	0,000	-0,38		
	Test	p	|Effektstärke|	Ø Alter in Gruppe ...	Ø Alter in Gruppe ...
Kauf MARS in TS	U-Test	0,001	0,29	Käufer: 30,49	Nichtkäufer: 39,89
Kauf COCA COLA in TS	U-Test	0,001	0,29	Käufer: 30,29	Nichtkäufer: 40,16
Geschlecht					
	Test	p	|Effektstärke|	Effekt	
Einteilung in Shop-, Tank-, Beides- und Nicht-Kunden	X^2-Test*	0,027	0,24	Unter den Frauen sind mehr Nicht-Kunden zu finden	
Kauf COCA COLA in TS	X^2-Test*	0,022	0,20	Weniger Frauen kaufen COCA COLA in Tankstellen	
Haushaltsgröße					
	Test	p	Effektstärke (Korrelationskoeffizient)		
Haushaltsnetto-einkommen	Kendall	0,000	0,56		
IPI	Kendall	0,028	-0,18		
	Test	p	|Effektstärke|	Ø GR in Gruppe ...	Ø GR in Gruppe ...
Kauf AIRWAVES in TS	U-Test	0,044	0,17	Käufer: 1,93	Nichtkäufer: 2,37
Kauf COCA COLA in TS	U-Test	0,014	0,21	Käufer: 1,84	Nichtkäufer: 2,39
Haushaltsnettoeinkommen					
	Test	p (U-Test)	|Effektstärke| (U-Test)	Ø EK in Gruppe ...	Ø EK in Gruppe ...
Einteilung in Shop-, Tank-, Beides- und Nicht-Kunden	H-Test; dann paarweiser U-Test mit Bonferroni-Korrektur	0,001	0,37	T: 5,37	N: 3,71
Intensität des Preisinteresses					
	Test	p	Effektstärke (Korrelationskoeffizient)		
Kaufhäufigkeit MARS	Kendall	0,008	-0,22		

Fortsetzung der Tabelle auf der nächsten Seite

Fortsetzung von der vorherigen Seite

	Test	p	|Effektstärke|	Ø IPI in Gruppe ...	Ø IPI in Gruppe ...
Kauf AIRWAVES in TS	U-Test	0,016	0,21	Käufer: 3,12	Nichtkäufer: 2,66
Kauf COCA COLA in TS	U-Test	0,002	0,27	Käufer: 3,22	Nichtkäufer: 2,58
Einteilung in Shop-, Tank-, Beides- und Nicht-Kunden					
	Test	p (U-Test)	|Effektstärke| (U-Test)	Ø ... in Gruppe ...	Ø ... in Gruppe ...
Kaufhäufigkeit AIRWAVES	H-Test; anschließend paarweiser U-Test mit Bonferroni-Korrektur	0,003	0,34	T: 1,92	S: 2,96
Kaufhäufigkeit MUMM	H-Test; anschließend paarweiser U-Test mit Bonferroni-Korrektur	0,001	0,36	T: 1,29	S: 1,71
	Test	p	|Effektstärke|	Effekt	
Kauf MARS in TS	X^2-Test*	0,000	0,61	Shop-Kunden und Beides-Kunden kaufen das Produkt häufiger in Tankstellen ein	
Kauf AIRWAVES in TS	X^2-Test*	0,000	0,44	Shop-Kunden und Beides-Kunden kaufen das Produkt häufiger in Tankstellen ein	
Kauf COCA COLA in TS	X^2-Test*	0,000	0,61	Shop-Kunden und Beides-Kunden kaufen das Produkt häufiger in Tankstellen ein	
Kauf MUMM in TS	X^2-Test*	0,001	0,34	Shop-Kunden und Beides-Kunden kaufen das Produkt häufiger in Tankstellen ein	
Kaufhäufigkeit MARS					
	Test	p	Effektstärke (Korrelationskoeffizient)		
Kaufhäufigkeit COCA COLA	Kendall	0,014	0,20		
	Test	p	|Effektstärke|	Ø KH MARS in Gruppe ...	Ø KH MARS in Gruppe ...
Kauf MARS in TS	U-Test	0,003	0,26	Käufer: 2,35	Nichtkäufer: 1,68
Kauf AIRWAVES in TS	U-Test	0,016	0,22	Käufer: 1,72	Nichtkäufer: 1,86
Kauf COCA COLA in TS	U-Test	0,043	0,18	Käufer: 1,96	Nichtkäufer: 1,76
Kaufhäufigkeit AIRWAVES					
	Test	p	Effektstärke (Korrelationskoeffizient)		
Kaufhäufigkeit COCA COLA	Kendall	0,039	0,17		

Fortsetzung der Tabelle auf der nächsten Seite

Fortsetzung von der vorherigen Seite					
	Test	p	|Effektstärke|	Ø KH AIRWAVES in Gruppe ...	Ø KH AIRWAVES in Gruppe ...
Kauf AIRWAVES in TS	U-Test	0,003	0,26	Käufer: 3,32	Nichtkäufer: 1,86
Kaufhäufigkeit COCA COLA					
	Test	p	|Effektstärke|	Ø KH AIRWAVES in Gruppe...	Ø KH AIRWAVES in Gruppe...
Kauf COCA COLA in TS	U-Test	0,000	0,42	Käufer: 3,42	Nichtkäufer: 2,15
Kaufhäufigkeit MUMM					
	Test	p	|Effektstärke|	Ø KH AIRWAVES in Gruppe ...	Ø KH AIRWAVES in Gruppe ...
Kauf MUMM in TS	U-Test	0,000	0,44	Käufer: 2,07	Nichtkäufer: 1,46

Kauf von MARS und MUMM in der Tankstelle			
		Kauf von MUMM in der Tankstelle	
		ja	nein
Kauf von MARS in der Tankstelle	ja	10	36
	nein	3	64
McNemar-Test; p = 0,000; X^2 = 26,26; n = 113; ω = 0,48			
Kauf von AIRWAVES und MUMM in der Tankstelle			
		Kauf von MUMM in der Tankstelle	
		ja	nein
Kauf von AIRWAVES in der Tankstelle	ja	18	29
	nein	1	76
McNemar-Test; p = 0,000; X^2 = 24,30; n = 124; ω = 0,44			
Kauf von COCA COLA und MUMM in der Tankstelle			
		Kauf von MUMM in der Tankstelle	
		ja	nein
Kauf von COCA COLAin der Tankstelle	ja	10	38
	nein	2	70
McNemar-Test; p = 0,000; X^2 = 30,63; n = 120; ω = 0,51			
Übrige Details (z. B. Fallzahlen und z- bzw. X^2-Werte) finden sich in Anhang 14. * Die Kreuztabellen zu den signifikanten X^2-Tests finden sich in Anhang 15.			

Tab. 4-63: Ergebnisse signifikant ausgefallener Tests für Kombinationen aus je zwei moderierenden Variablen in Teil 2

4.4.4.3.3 Zusammenhänge zwischen moderierenden Variablen und Organismusvariablen in Teil 2

Für die Kombinationen, die sich aus je einer Eigenschaft der Befragten und einer Variablen der Preisinformationsspeicherung ergeben, finden sich ebenfalls einige signifikante Zusammenhänge:

- für das **Alter** mit der geschätzten Differenz für AIRWAVES und mit der Schätzsicherheit für MUMM im übrigen Lebensmitteleinzelhandel;

- für das **Geschlecht** mit dem Schätzpreis für AIRWAVES im übrigen Lebensmitteleinzelhandel und mit der Schätzsicherheit für AIRWAVES in Tankstellenshops;
- für das **Haushaltsnettoeinkommen** mit dem Schätzpreis für MUMM in beiden Betriebstypen;
- für die **Intensität des Preisinteresses** mit dem Schätzpreis für MARS im übrigen Lebensmitteleinzelhandel sowie den Schätzsicherheiten für MARS in beiden Betriebstypen, AIRWAVES im übrigen Lebensmitteleinzelhandel, COCA COLA sowie MUMM in beiden Betriebstypen;
- für die **Einteilung in Shop-, Tank-, Beides- und Nicht-Kunden** mit dem Schätzpreis für MARS im Tankstellenshop, der geschätzten Differenz für MARS und dem Schätzpreis für COCA COLA im Tankstellenshop;
- für die **Kaufhäufigkeit von MARS** mit den Schätzsicherheiten für MARS in beiden Betriebstypen;
- für die **Kaufhäufigkeit von AIRWAVES** mit den geschätzten Differenzen für AIRWAVES und MUMM sowie den Schätzsicherheiten für AIRWAVES in beiden Betriebstypen;
- für die **Kaufhäufigkeit von COCA COLA** mit den Schätzsicherheiten für COCA COLA in beiden Betriebstypen;
- für die **Kaufhäufigkeit von MUMM** mit dem Schätzpreis für AIRWAVES im übrigen Lebensmitteleinzelhandel, dem Schätzpreis für MUMM in beiden Betriebstypen, der Schätzsicherheit für COCA COLA im Tankstellenshop sowie den Schätzsicherheiten für MUMM in beiden Betriebstypen;
- für den **Kauf von MARS in Tankstellen** mit dem Schätzpreis für MARS im Tankstellenshop, der geschätzten Differenz für COCA COLA sowie den Schätzsicherheiten für MARS und AIRWAVES im Tankstellenshop;
- für den **Kauf von AIRWAVES in Tankstellen** mit dem Schätzpreis für MARS im übrigen Lebensmitteleinzelhandel, dem Schätzpreis für AIRWAVES im Tankstellenshop, der geschätzten Differenz für AIRWAVES sowie den Schätzsicherheiten für AIRWAVES in beiden Betriebstypen;
- für den **Kauf von MUMM in Tankstellen** mit der geschätzten Differenz für MARS, der Schätzsicherheit für AIRWAVES im Tankstellenshop sowie den Schätzsicherheiten für MUMM in beiden Betriebstypen.

Das **Alter** korreliert positiv mit der geschätzten Differenz für AIRWAVES: Je älter eine Person, desto größer ist der Unterschied zwischen der Preisschätzung für den übrigen Lebensmitteleinzelhandel und die Tankstelle. Außerdem besteht ein positiver Zusammenhang mit dem Schätzpreis für MUMM im übrigen Lebensmitteleinzelhandel – mit dem Alter steigt die Höhe des geschätzten Preises – und mit der Schätzsicherheit für MUMM im übrigen Lebensmitteleinzelhandel, die auch mit zunehmendem Alter steigt.

Unterteilt man die Befragten nach **Geschlecht**, so wird deutlich, dass Männer den Preis für AIRWAVES im übrigen Lebensmitteleinzelhandel niedriger einschätzen als

Frauen. Vergleicht man diese Werte mit den ermittelten tatsächlichen Preisen – trotz aller oben diskutierter Probleme – so liegt die Schätzung der Männer näher am ermittelten Durchschnittspreis von 0,65 €. Abgesehen davon sind sich die Männer auch bei ihrer Preisschätzung für AIRWAVES – allerdings nur in der Tankstelle – sicherer als Frauen.

Das **Haushaltsnettoeinkommen** korreliert positiv mit dem Schätzpreis für MUMM, und zwar für beide Betriebstypen.

Für die **Intensität des Preisinteresses** finden sich zahlreiche Korrelationen: Zunächst ist der negative Zusammenhang mit dem Schätzpreis für MARS im übrigen Lebensmitteleinzelhandel festzuhalten. Die übrigen Zusammenhänge betreffen alle die Schätzsicherheit: Die Intensität des Preisinteresses korreliert – durchweg positiv – mit der Schätzsicherheit für MARS, COCA COLA und MUMM in beiden Betriebstypen sowie mit der für AIRWAVES im übrigen Lebensmitteleinzelhandel. Je höher die Intensität des Preisinteresses, desto sicherer sind sich die Kunden, dass sie die Preise richtig einschätzen. Interessanterweise findet sich aber kein Zusammenhang zwischen der Intensität des Preisinteresses und den Schätzpreisen – abgesehen von dem einen oben genannten –, d. h., die preisinteressierten Befragten schätzen die Preise ähnlich ein wie die übrigen Personen. Dies bestätigt sich auch, wenn man die Stichprobe per Mediansplit in eine Gruppe mit niedriger und eine Gruppe mit hoher Intensität des Preisinteresses aufteilt: Nur für das Produkt MARS im übrigen Lebensmitteleinzelhandel unterscheiden sich die Schätzpreise zwischen den beiden Gruppen; bei der Gruppe mit hoher Intensität des Preisinteresses liegt er niedriger, wobei die Schätzungen der Personen mit geringer Intensität des Preisinteresses näher am ermittelten Durchschnittspreis von 0,81 € liegen.[1008]

Betrachtet man Unterschiede zwischen **Shop-, Tank-, Beides- und Nicht-Kunden**, so wird deutlich: Zwar fällt der H-Test insgesamt signifikant aus für den Schätzpreis von MARS in der Tankstelle, keiner der paarweisen Vergleiche der vier Gruppen produziert jedoch ein signifikantes Ergebnis nach der Bonferroni-Korrektur. Gleiches gilt für die geschätzte Differenz für MARS sowie für den Schätzpreis von COCA COLA in der Tankstelle.

Die **Kaufhäufigkeit von MARS** korreliert positiv mit der diesbezüglichen Schätzsicherheit für beide Betriebstypen, allerdings nicht mit den Schätzpreisen selbst.

Die **Kaufhäufigkeit von AIRWAVES** korreliert negativ mit der geschätzten Differenz für AIRWAVES: Je häufiger AIRWAVES gekauft wird, desto ähnlicher sind sich beide Schätz-

1008 Die Detailergebnisse zu dieser Zusatzanalyse finden sich im Anhang 16.

preise. Auch korreliert sie mit der geschätzten Differenz für MUMM – hier allerdings positiv: Je häufiger AIRWAVES gekauft wird, desto größer ist die Differenz zwischen den beiden Schätzpreisen für MUMM. Darüber hinaus wird deutlich, dass die Befragten sich ihrer Preisschätzungen für AIRWAVES für beide Betriebstypen umso sicherer sind, je häufiger sie dieses Produkt generell kaufen. Zusammenhänge zu den Schätzpreisen selbst finden sich jedoch auch hier nicht.

Für die **Kaufhäufigkeit von COCA COLA** besteht ein positiver Zusammenhang mit der Sicherheit über beide dieses Produkt betreffende Preisschätzungen, jedoch auch hier – wie in den beiden obigen Fällen – nicht mit den Schätzpreisen.

Ein etwas anderes Bild zeigt sich für die **Kaufhäufigkeit von MUMM**: Diese korreliert positiv mit dem Schätzpreis für AIRWAVES in der Tankstelle, ebenso mit dem Schätzpreis für MUMM, und zwar für Tankstellenshops und den übrigen Lebensmitteleinzelhandel. Weitere positive Korrelationen finden sich für die Schätzsicherheit von COCA COLA (Tankstelle) und von MUMM (beide Betriebstypen).

Mit dem Umstand, ob **MARS grundsätzlich in Tankstellen gekauft wird** oder nicht, werden vier Zusammenhänge offensichtlich: Befragte, die MARS in der Tankstelle kaufen, schätzen den Preis für dieses Produkt dort geringer ein als diejenigen, die MARS dort nicht kaufen. Die Schätzung der Nichtkäufer liegt dabei näher am ermittelten Durchschnittswert von 1,02 €. Auch liegen die Schätzpreise für COCA COLA bei Käufern von MARS in Tankstellen näher aneinander, d. h. die geschätzte Differenz ist geringer. Sie sind sich zudem sicherer, was die Richtigkeit ihrer Preisschätzungen für MARS und AIRWAVES in Tankstellen betrifft.

Käufer von AIRWAVES in Tankstellen schätzen den Preis von MARS im übrigen Lebensmitteleinzelhandel geringer ein, wobei die Schätzpreise der Nichtkäufer näher am ermittelten Durchschnittswert von 0,81 € liegen. Weiterhin schätzen sie den Preis für AIRWAVES in der Tankstelle geringer ein und liegen damit auch näher am ermittelten Durchschnittswert, der 0,79 € beträgt. Zudem ist die geschätzte Differenz für AIRWAVES geringer und die Befragten sind sich deutlich sicherer in Bezug auf ihre Preisschätzungen für AIRWAVES in beiden Betriebstypen.

Bei **Kunden, die MUMM in Tankstellen kaufen**, liegt die geschätzte Differenz für MARS deutlich höher und sie sind sich über ihre Preisschätzung für AIRWAVES in der Tankstelle sicherer. Auch ist ihre Schätzsicherheit für MUMM in beiden Betriebstypen höher. Die Tab. 4-64 zeigt die dargestellten Ergebnisse im Überblick.

Alter					
	Test	p	Effektstärke (Korrelationskoeffizient)		
Geschätzte Differenz Airwaves	Kendall	0,047	0,17		
Schätzpreis Mumm ÜLEH	Kendall	0,027	0,19		
Schätzsicherheit Mumm ÜLEH	Kendall	0,030	0,19		
Geschlecht					
	Test	p	|Effektstärke|	Ø ... für Männer	Ø ... für Frauen
Schätzpreis Airwaves ÜLEH	U-Test	0,033	0,18	0,72 €	0,81 €
Schätzsicherheit Airwaves TS	U-Test	0,007	0,23	63 %	52 %
Haushaltsnettoeinkommen					
	Test	p	Effektstärke (Korrelationskoeffizient)		
Schätzpreis Mumm TS	Kendall	0,015	0,22		
Schätzpreis Mumm ÜLEH	Kendall	0,003	0,26		
Intensität des Preisinteresses					
	Test	p	Effektstärke (Korrelationskoeffizient)		
Schätzpreis Mars ÜLEH	Kendall	0,002	0,28		
Schätzsicherheit Mars TS	Kendall	0,006	-0,24		
Schätzsicherheit Mars ÜLEH	Kendall	0,004	-0,26		
Schätzsicherheit Airwaves ÜLEH	Kendall	0,025	-0,19		
Schätzsicherheit Coca Cola TS	Kendall	0,016	-0,21		
Schätzsicherheit Coca Cola ÜLEH	Kendall	0,009	-0,23		
Schätzsicherheit Mumm TS	Kendall	0,023	-0,20		
Schätzsicherheit Mumm ÜLEH	Kendall	0,001	-0,28		
	Test	p	|Effektstärke|	Ø ... bei niedriger IPI	Ø ... bei hoher IPI
Schätzpreis Mars ÜLEH	U-Test	0,003	0,27	0,65 €	0,80 €
Kaufhäufigkeit Mars					
	Test	p	Effektstärke (Korrelationskoeffizient)		
Schätzsicherheit Mars TS	Kendall	0,024	0,20		
Schätzsicherheit Mars ÜLEH	Kendall	0,022	0,20		
Kaufhäufigkeit Airwaves					
	Test	p	Effektstärke (Korrelationskoeffizient)		
Geschätzte Differenz Airwaves	Kendall	0,014	-0,20		
Geschätzte Differenz Mumm	Kendall	0,002	0,27		
Schätzsicherheit Airwaves TS	Kendall	0,000	0,33		
Schätzsicherheit Airwaves ÜLEH	Kendall	0,000	0,36		
Kaufhäufigkeit Coca Cola					
	Test	p	Effektstärke (Korrelationskoeffizient)		
Schätzsicherheit Mars TS	Kendall	0,014	0,22		
Schätzsicherheit Mars ÜLEH	Kendall	0,019	0,20		

Fortsetzung der Tabelle auf der nächsten Seite

Fortsetzung von der vorherigen Seite					
Kaufhäufigkeit MUMM					
	Test	p	Effektstärke (Korrelationskoeffizient)		
Schätzpreis AIRWAVES TS	Kendall	0,045	0,17		
Schätzpreis MUMM TS	Kendall	0,040	0,18		
Schätzpreis MUMM ÜLEH	Kendall	0,008	0,23		
Schätzsicherheit COCA COLA TS	Kendall	0,008	0,23		
Schätzsicherheit MUMM TS	Kendall	0,000	0,32		
Schätzsicherheit MUMM ÜLEH	Kendall	0,001	0,29		
Kauf von MARS in Tankstellen					
	Test	p	|Effektstärke|	Ø ... von Nichtkäufern	Ø ... von Käufern
Schätzpreis MARS TS	U-Test	0,006	0,25	1,07 €	0,93 €
Geschätzte Differenz COCA COLA	U-Test	0,010	0,25	0,69	0,39
Schätzsicherheit MARS TS	U-Test	0,029	0,20	58 %	68 %
Schätzsicherheit AIRWAVES TS	U-Test	0,027	0,20	52 %	63 %
Kauf von AIRWAVES in Tankstellen					
	Test	p	|Effektstärke|	Ø ... von Nichtkäufern	Ø ... von Käufern
Schätzpreis MARS ÜLEH	U-Test	0,019	0,21	0,79 €	0,66 €
Schätzpreis AIRWAVES TS	U-Test	0,039	0,18	1,12 €	0,95 €
geschätzte Differenz AIRWAVES	U-Test	0,046	0,17	0,41	0,29
Schätzsicherheit AIRWAVES TS	U-Test	0,000	0,45	47 %	70 %
Schätzsicherheit AIRWAVES ÜLEH	U-Test	0,001	0,28	53 %	66 %
Kauf von MUMM in Tankstellen					
	Test	p	|Effektstärke|	Ø ... von Nichtkäufern	Ø ... von Käufern
geschätzte Differenz MARS	U-Test	0,019	0,22	0,42	0,89
Schätzsicherheit AIRWAVES TS	U-Test	0,002	0,27	52 %	70 %
Schätzsicherheit MUMM TS	U-Test	0,000	0,33	43 %	64 %
Schätzsicherheit MUMM ÜLEH	U-Test	0,008	0,23	52 %	68 %
Übrige Details (z. B. Fallzahlen und z-Werte) finden sich im Anhang 14.					

Tab. 4-64: Ergebnisse signifikant ausfallender Tests für Kombinationen aus moderierenden Variablen und Organismusvariablen in Teil 2

4.4.4.3.4 Zusammenhänge zwischen Organismusvariablen in Teil 2

Zwischen den Variablen der Preisinformationsspeicherung bestehen ebenfalls zahlreiche Interdependenzen, auch zwischen den jeweiligen **Schätzpreisen**: Grundsätzlich korrelieren für jedes Produkt die Schätzungen für beide Betriebstypen. Doch auch darüber hinaus bestehen zwischen Schätzpreisen Zusammenhänge. Ebenso finden sich für alle sechs denkbaren bivariaten Kombinationen aus den **geschätzten Differenzen** positive Korrelationen.

Bei der Kombination **Schätzpreise** und **Schätzsicherheit** für die Produkte besteht dagegen nur in einem Fall ein Zusammenhang, nämlich bei den Tankstellenpreisen von Mumm: Hier wird der Preis umso höher eingeschätzt, je sicherer die Person sich in Bezug auf ihre Schätzung ist. Weiterhin korrelieren die **Schätzsicherheiten** für alle Produkte untereinander. Abgesehen davon finden sich zahlreiche weitere Korrelationen, z. B. zwischen den Schätzpreisen für ein bestimmtes Produkt und den Schätzsicherheiten für andere Produkte – für Details siehe nachstehende Tab. 4-65.

Schätzpreis Mars TS			
	Test	p	Effektstärke (Korrelationskoeffizient)
Schätzpreis Mars ÜLEH	Kendall	0,000	0,63
Schätzpreis Airwaves TS	Kendall	0,001	0,30
Schätzpreis Airwaves ÜLEH	Kendall	0,029	0,19
Schätzpreis Coca Cola TS	Kendall	0,001	0,29
Schätzsicherheit Airwaves TS	Kendall	0,005	-0,25
Schätzsicherheit Airwaves ÜLEH	Kendall	0,027	-0,20
Schätzpreis Mars ÜLEH			
	Test	p	Effektstärke (Korrelationskoeffizient)
Schätzpreis Airwaves TS	Kendall	0,005	0,25
Schätzpreis Airwaves ÜLEH	Kendall	0,001	0,30
Schätzsicherheit Coca Cola ÜLEH	Kendall	0,008	0,24
Geschätzte Differenz Mumm	Kendall	0,027	-0,21
Schätzsicherheit Airwaves TS	Kendall	0,003	-0,26
Schätzsicherheit Airwaves ÜLEH	Kendall	0,001	-0,29
Schätzsicherheit Coca Cola TS	Kendall	0,005	-0,25
Schätzsicherheit Coca Cola ÜLEH	Kendall	0,007	-0,25
Schätzsicherheit Mumm ÜLEH	Kendall	0,40	-0,19
Geschätzte Differenz Mars			
	Test	p	Effektstärke (Korrelationskoeffizient)
Geschätzte Differenz Airwaves	Kendall	0,000	0,37
Geschätzte Differenz Coca Cola	Kendall	0,000	0,34
Geschätzte Differenz Mumm	Kendall	0,001	0,30
Schätzsicherheit Coca Cola TS	Kendall	0,027	0,20
Schätzsicherheit Coca Cola ÜLEH	Kendall	0,001	0,30
Schätzsicherheit Mumm TS	Kendall	0,006	0,25
Schätzsicherheit Mumm ÜLEH	Kendall	0,008	0,24
Schätzpreis Airwaves TS			
	Test	p	Effektstärke (Korrelationskoeffizient)
Schätzpreis Airwaves ÜLEH	Kendall	0,000	0,70
Schätzpreis Coca Cola TS	Kendall	0,000	0,45
Geschätzte Differenz Coca Cola	Kendall	0,013	0,22
Schätzpreis Airwaves ÜLEH			
	Test	p	Effektstärke (Korrelationskoeffizient)
Schätzpreis Coca Cola TS	Kendall	0,004	0,25
Schätzpreis Coca Cola ÜLEH	Kendall	0,024	0,20

Fortsetzung der Tabelle auf der nächsten Seite

Fortsetzung von der vorherigen Seite

Schätzsicherheit MUMM TS	Kendall	0,026	0,20
Geschätzte Differenz AIRWAVES			
	Test	p	Effektstärke (Korrelationskoeffizient)
Schätzpreis COCA COLA TS	Kendall	0,000	0,33
Geschätzte Differenz COCA COLA	Kendall	0,000	0,34
Schätzpreis COCA COLA TS			
	Test	p	Effektstärke (Korrelationskoeffizient)
Schätzpreis COCA COLA ÜLEH	Kendall	0,000	0,44
Geschätzte Differenz MUMM	Kendall	0,019	0,22
Schätzsicherheit COCA COLA ÜLEH	Kendall	0,012	0,22
Schätzsicherheit MUMM TS	Kendall	0,038	0,19
Geschätzte Differenz COCA COLA			
	Test	p	Effektstärke (Korrelationskoeffizient)
Geschätzte Differenz MUMM	Kendall	0,014	0,23
Schätzsicherheit COCA COLA ÜLEH	Kendall	0,004	0,25
Schätzsicherheit MUMM ÜLEH	Kendall	0,028	0,20
Schätzpreis MUMM TS			
	Test	p	Effektstärke (Korrelationskoeffizient)
Schätzpreis MUMM ÜLEH	Kendall	0,000	0,85
Schätzsicherheit MUMM TS	Kendall	0,004	0,25
Schätzsicherheit MUMM ÜLEH	Kendall	0,010	0,22
geschätzte Differenz MUMM			
	Test	p	Effektstärke (Korrelationskoeffizient)
Schätzsicherheit COCA COLA TS	Kendall	0,011	0,24
Schätzsicherheit COCA COLA ÜLEH	Kendall	0,025	0,21
Schätzsicherheit MUMM TS	Kendall	0,002	0,26
Schätzsicherheit MUMM ÜLEH	Kendall	0,002	0,27
Schätzsicherheit MARS TS			
	Test	p	Effektstärke (Korrelationskoeffizient)
Schätzsicherheit MARS ÜLEH	Kendall	0,000	0,79
Schätzsicherheit AIRWAVES TS	Kendall	0,000	0,47
Schätzsicherheit AIRWAVES ÜLEH	Kendall	0,000	0,40
Schätzsicherheit COCA COLA TS	Kendall	0,000	0,64
Schätzsicherheit COCA COLA ÜLEH	Kendall	0,000	0,65
Schätzsicherheit MUMM TS	Kendall	0,000	0,44
Schätzsicherheit MUMM ÜLEH	Kendall	0,000	0,34
Schätzsicherheit MARS ÜLEH			
	Test	p	Effektstärke (Korrelationskoeffizient)
Schätzsicherheit AIRWAVES TS	Kendall	0,000	0,47
Schätzsicherheit AIRWAVES ÜLEH	Kendall	0,000	0,49
Schätzsicherheit COCA COLA TS	Kendall	0,000	0,58
Schätzsicherheit COCA COLA ÜLEH	Kendall	0,000	0,60
Schätzsicherheit MUMM TS	Kendall	0,000	0,44
Schätzsicherheit MUMM ÜLEH	Kendall	0,000	0,38

Fortsetzung der Tabelle auf der nächsten Seite

Fortsetzung von der vorherigen Seite			
Schätzsicherheit AIRWAVES TS			
	Test	p	Effektstärke (Korrelationskoeffizient)
Schätzsicherheit AIRWAVES LEH	Kendall	0,000	0,76
Schätzsicherheit COCA COLA TS	Kendall	0,000	0,61
Schätzsicherheit COCA COLA ÜLEH	Kendall	0,000	0,48
Schätzsicherheit MUMM TS	Kendall	0,000	0,64
Schätzsicherheit MUMM ÜLEH	Kendall	0,000	0,47
Schätzsicherheit Airwaves ÜLEH			
	Test	p	Effektstärke (Korrelationskoeffizient)
Schätzsicherheit COCA COLA TS	Kendall	0,000	0,56
Schätzsicherheit COCA COLA ÜLEH	Kendall	0,000	0,45
Schätzsicherheit MUMM TS	Kendall	0,000	0,50
Schätzsicherheit MUMM ÜLEH	Kendall	0,000	0,39
Schätzsicherheit COCA COLA TS			
	Test	p	Effektstärke (Korrelationskoeffizient)
Schätzsicherheit COCA COLA ÜLEH	Kendall	0,000	0,81
Schätzsicherheit MUMM TS	Kendall	0,000	0,69
Schätzsicherheit MUMM ÜLEH	Kendall	0,000	0,57
Schätzsicherheit COCA COLA ÜLEH			
	Test	p	Effektstärke (Korrelationskoeffizient)
Schätzsicherheit MUMM TS	Kendall	0,000	0,55
Schätzsicherheit MUMM ÜLEH	Kendall	0,000	0,48
Schätzsicherheit MUMM TS			
	Test	p	Effektstärke (Korrelationskoeffizient)
Schätzsicherheit MUMM ÜLEH	Kendall	0,000	0,81
Übrige Details (z. B. Fallzahlen und z-Werte) finden sich in Anhang 14.			

Tab. 4-65: Ergebnisse signifikant ausfallender Tests für Kombinationen aus je zwei Organismusvariablen in Teil 2

Von Interesse sind noch zusätzliche Analysen, die in der obigen Tabelle der besseren Übersicht halber nicht aufgeführt sind:[1009] Es stellt sich z. B. die Frage, inwieweit die Schätzsicherheit in Abhängigkeit vom Produkt und vom Betriebstyp variiert. Um dieser Frage nachzugehen, wird zunächst für jedes Produkt die Schätzsicherheit für die Tankstelle und für den übrigen Lebensmitteleinzelhandel verglichen. Der durchgeführte Wilcoxon-Test zeigt, dass sich die Schätzsicherheit für MARS und für MUMM voneinander unterscheiden: Für MARS sind die Befragten sich sicherer bei dem Tankstellenpreis, für MUMM jedoch bei dem Preis im übrigen Lebensmitteleinzelhandel.

Vergleicht man die Schätzsicherheiten für die vier Produkte untereinander je Betriebstyp, so finden sich ebenfalls Unterschiede. Für Tankstellenshops zeigt der Friedman-Test, dass die vier Sicherheiten voneinander abweichen. Weitere Paarvergleiche machen deutlich, dass für fünf der sechs Vergleiche Unterschiede bestehen: Lediglich die

1009 Die Detailanalysen für alle untersuchten Variablenkombinationen finden sich in Anhang 16.

Schätzsicherheit für COCA COLA und AIRWAVES unterscheiden sich nicht signifikant voneinander. Die Schätzsicherheit für MARS ist generell am höchsten und für MUMM am geringsten. Bei gleichem Vorgehen für die Schätzsicherheiten im übrigen Lebensmitteleinzelhandel produziert der Friedman-Test ebenfalls ein signifikantes Ergebnis. Der paarweise Vergleich fördert jedoch nur einen Unterschied zutage: Lediglich die Schätzsicherheiten für MARS und MUMM differieren. Auch hier ist sie für MARS höher als für MUMM.

Ebenfalls mit einem Test für verbundene Stichproben lässt sich untersuchen, inwiefern die Differenzen zwischen den vier untersuchten Produkten variieren. Der Friedman-Test macht deutlich, dass ein Unterschied vorliegt. Drei der sechs Paarvergleiche produzieren signifikante Ergebnisse, nämlich MARS im Vergleich mit MUMM sowie AIRWAVES im Vergleich mit COCA COLA und MUMM. Dabei ist die Differenz, die sich aus den Preisschätzungen ergibt, für COCA COLA am höchsten und für AIRWAVES am geringsten. Die Tab. 4-66 zeigt die zuletzt referierten signifikanten Ergebnisse aus den Tests für verbundene Stichproben im Überblick.

Schätzsicherheit MARS – TS vs. ÜLEH	
Sicherheit für TS höher als für ÜLEH	bei 33 Personen
Sicherheit für ÜLEH höher als für TS	bei 16 Personen
Beide Ränge gleich	bei 82 Personen
Wilcoxon-Test; p = 0,030; z = -2,17; n = 131; φ = -0,19	
Schätzsicherheit MUMM – TS vs. ÜLEH	
Sicherheit für TS höher als für ÜLEH	bei 14 Personen
Sicherheit für ÜLEH höher als für TS	bei 47 Personen
Beide Ränge gleich	bei 71 Personen
Wilcoxon-Test; p = 0,000; z = -4,39; n = 132; φ = -0,38	
MARS TS vs. AIRWAVES TS vs. COCA COLA TS vs. MUMM TS	
Friedman-Test; p = 0,000; X^2 = 57,75; n = 107; ω = 0,74	
MARS TS vs. AIRWAVES TS	
Sicherheit für MARS höher als für AIRWAVES	bei 55 Personen
Sicherheit für AIRWAVES höher als für MARS	bei 29 Personen
Beide Ränge gleich	bei 43 Personen
Wilcoxon-Test (zum paarweisen Vergleich nach Friedman-Test; Bonferroni-korrigiert); p = 0,005; z = -2,80; n = 127; φ = -0,25	
MARS TS vs. COCA COLA TS	
Sicherheit für MARS höher als für COCA COLA	bei 55 Personen
Sicherheit für COCA COLA höher als für MARS	bei 21 Personen
Beide Ränge gleich	bei 45 Personen
Wilcoxon-Test (zum paarweisen Vergleich nach Friedman-Test; Bonferroni-korrigiert); p = 0,001; z = -3,36; n = 121; φ = -0,31	
Fortsetzung der Tabelle auf der nächsten Seite	

Fortsetzung von der vorherigen Seite	
MARS TS vs. MUMM TS	
Sicherheit für MARS höher als für MUMM	bei 70 Personen
Sicherheit für MUMM höher als für MARS	bei 14 Personen
Beide Ränge gleich	bei 31 Personen
Wilcoxon-Test (zum paarweisen Vergleich nach Friedman-Test; Bonferroni-korrigiert); $p = 0{,}000$; $z = -6{,}05$; $n = 115$; $\varphi = -0{,}56$	
AIRWAVES TS vs. MUMM TS	
Sicherheit für AIRWAVES höher als für MUMM	bei 63 Personen
Sicherheit für MUMM höher als für AIRWAVES	bei 26 Personen
Beide Ränge gleich	bei 35 Personen
Wilcoxon-Test (zum paarweisen Vergleich nach Friedman-Test; Bonferroni-korrigiert); $p = 0{,}000$; $z = -4{,}20$; $n = 124$; $\varphi = -0{,}38$	
COCA COLA TS vs. MUMM TS	
Sicherheit für COCA COLA höher als für MUMM	bei 62 Personen
Sicherheit für MUMM höher als für COCA COLA	bei 15 Personen
Beide Ränge gleich	bei 38 Personen
Wilcoxon-Test (zum paarweisen Vergleich nach Friedman-Test; Bonferroni-korrigiert); $p = 0{,}000$; $z = -4{,}85$; $n = 115$; $\varphi = -0{,}45$	
MARS ÜLEH vs. AIRWAVES ÜLEH vs. COCA COLA ÜLEH vs. MUMM ÜLEH	
Friedman-Test; $p = 0{,}002$; $X^2 = 14{,}73$; $n = 110$; $\omega = 0{,}37$	
MARS ÜLEH vs. MUMM ÜLEH	
Sicherheit für MARS höher als für MUMM	bei 58 Personen
Sicherheit für MUMM höher als für MARS	bei 28 Personen
Beide Ränge gleich	bei 33 Personen
Wilcoxon-Test (zum paarweisen Vergleich nach Friedman-Test; Bonferroni-korrigiert); $p = 0{,}008$; $z = -2{,}66$; $n = 119$; $\varphi = -0{,}24$	
Geschätzte Differenz MARS vs. AIRWAVES vs. COCA COLA vs. MUMM	
Friedman-Test; $p = 0{,}007$; $X^2 = 12{,}19$; $n = 107$; $\omega = 0{,}34$	
Geschätzte Differenz MARS vs. MUMM	
Geschätzte Differenz für MARS höher als für MUMM	bei 44 Personen
Geschätzte Differenz für MUMM höher als für MARS	bei 66 Personen
Beide Ränge gleich	bei 5 Personen
Wilcoxon-Test (zum paarweisen Vergleich nach Friedman-Test; Bonferroni-korrigiert); $p = 0{,}005$; $z = -2{,}80$; $n = 115$; $\varphi = -0{,}26$	
Geschätzte Differenz AIRWAVES vs. COCA COLA	
Geschätzte Differenz für AIRWAVES höher als für COCA COLA	bei 42 Personen
Geschätzte Differenz für COCA COLA höher als für AIRWAVES	bei 74 Personen
Beide Ränge gleich	bei 8 Personen
Wilcoxon-Test (zum paarweisen Vergleich nach Friedman-Test; Bonferroni-korrigiert); $p = 0{,}000$; $z = -3{,}74$; $n = 124$; $\varphi = -0{,}34$	
Geschätzte Differenz AIRWAVES vs. MUMM	
Geschätzte Differenz für AIRWAVES höher als für MUMM	bei 42 Personen
Geschätzte Differenz für MUMM höher als für AIRWAVES	bei 76 Personen
Beide Ränge gleich	bei 6 Personen
Wilcoxon-Test (zum paarweisen Vergleich nach Friedman-Test; Bonferroni-korrigiert); $p = 0{,}000$; $z = -4{,}23$; $n = 124$; $\varphi = -0{,}38$	

Tab. 4-66: Ergebnisse signifikant ausgefallener Test der Zusatzanalysen für verbundene Stichproben in Teil 2

4.4.5 Diskussion der Ergebnisse und Hypothesenformulierung

4.4.5.1 Vorüberlegungen zur Hypothesenformulierung

Im Folgenden gilt es, aus den Ergebnissen der Literaturrecherche und der exploratorischen Untersuchung Forschungshypothesen aufzustellen, die danach anhand von empirischen Daten überprüft werden können. Forschungshypothesen sind generalisierbare Aussagen über ein Phänomen, deren Gültigkeit nicht an bestimmte räumlich-zeitliche Bedingungen geknüpft ist und die aus eigenen Untersuchungen, Beobachtungen, Überlegungen oder existierenden wissenschaftlichen Theorien abgeleitet sind.[1010]

Sie können als Zusammenhangshypothesen, Unterschiedshypothesen oder Veränderungshypothesen formuliert werden. Zusammenhangshypothesen postulieren, dass zwischen zwei Merkmalen ein Zusammenhang besteht (z. B. „Je höher das Preisinteresse, desto schlechter fällt das Preiswürdigkeitsurteil aus"). Unterschiedshypothesen beziehen sich auf zwei Populationen, die sich hinsichtlich einer oder mehrerer Variablen differenzieren (z. B. „Kunden in Regionen mit hoher Kaufkraft unterscheiden sich von solchen in Regionen mit niedriger Kaufkraft in Bezug auf das Preisinteresse"). Veränderungshypothesen formulieren eine Annahme darüber, wie sich Variablen im Verlauf der Zeit verändern (z. B.: „Nach der Preissenkung fällt das Preisurteil besser aus als zuvor").[1011]

Hypothesen bestehen daher aus zwei Teilsätzen, einer Wenn-Komponente (oder einer Je-Komponente) und einer Dann-Komponente (oder einer Desto-Komponente). Der erste Teilsatz enthält die Bedingung, die zu der Aussage im zweiten Teilsatz führt. Dabei bestimmt die Wenn-Komponente den Allgemeinheitsgrad der Aussage, während die Dann-Komponente die Präzision festlegt.[1012] Hypothesen lassen sich als deterministische Aussagen verfassen („Wenn x, dann immer y") oder als stochastische Aussagen („Wenn x, dann mit z %iger Wahrscheinlichkeit y").[1013] Außerdem können Hypothesen gerichtet oder ungerichtet formuliert werden: Kann die Wirkungsrichtung einer Beziehung eindeutig bestimmt und daher in die Hypothese aufgenommen werden, handelt es sich um eine gerichtete Formulierung; ist dies nicht der Fall, bildet man die Hypothese ungerichtet, es wird also keine Wirkungsrichtung vorgegeben.[1014]

1010 Vgl. Hildebrandt 1999, S. 40; Bortz/Döring 2009, S. 491 f. HILDEBRANDT weist darauf hin, dass diese enge Auslegung, die sich vor allem auf die Naturwissenschaften bezieht, für die Konsumentenforschung nur bedingt haltbar ist.
1011 Vgl. Bortz/Döring 2009, S. 492.
1012 Vgl. Albert 1964, S. 25 ff.; Popper 1989, S. 83 ff.
1013 Vgl. Hildebrandt 1999, S. 42.
1014 Vgl. Bortz/Döring 2009, S. 493.

Wie in Kap. 4.4.4.1 erläutert, ist es für die spätere Überprüfung von Hypothesen sinnvoll, diese so zu formulieren, dass nicht nur der α-Fehler (also die Wahrscheinlichkeit, dass H_0 abgelehnt wird, obwohl sie zutrifft), sondern auch der β-Fehler (also die Wahrscheinlichkeit, dass H_0 angenommen wird, obwohl H_1 zutrifft) berechnet werden kann. Abgesehen von der besseren Absicherung der Hypothesentests ermöglicht dies auch die Formulierung von Nullhypothesen als Forschungshypothesen.[1015] Daher werden die Hypothesen im Folgenden so präzise wie möglich konzipiert: Abgesehen von der Wirkungsrichtung wird, sofern möglich, die erwartete Effektgröße formuliert.

Im Folgenden werden zunächst, als Grundlage für die spätere Hypothesenformulierung, die aufgedeckten Zusammenhänge zwischen den Moderatorvariablen zusammengefasst. Anschließend erfolgt die Diskussion und Hypothesenformulierung für die Konstrukte des Preisverhaltens.

4.4.5.2 Zusammenfassung der Beziehungen moderierender Variablen untereinander

Wie in Kap. 4.4.4.2.4 und 4.4.4.3.2 dargestellt, liegen zahlreiche Zusammenhänge zwischen den moderierenden Variablen untereinander vor, die im weiteren Verlauf der Hypothesenformulierung berücksichtigt werden müssen.

Insbesondere das Alter und das Haushaltsnettoeinkommen weisen zahlreiche Interdependenzen zu anderen moderierenden Variablen auf. Zunächst ist festzuhalten, dass auch diese beiden Variablen miteinander korrelieren: Mit steigendem Alter steigt auch das Haushaltsnettoeinkommen. Gleichzeitig ist der Altersdurchschnitt in Regionen mit hoher Kaufkraft höher.

Betrachtet man die Zusammenhänge des **Alters** mit anderen moderierenden Variablen, so zeigt sich, dass die befragten Männer älter sind als die Frauen – was darin begründet liegen kann, dass, wie in Kap. 2.2.3.2 bereits beschrieben, Frauen erst in jüngerer Zeit einen größeren Anteil der Tankstellenkunden ausmachen und zu vermuten ist, dass eher jüngere Frauen diesen Anteil stellen. Zudem sinkt mit zunehmendem Alter die Haushaltsgröße, wohingegen der Stammkundengrad steigt. Interessant sind zudem zwei weitere Beobachtungen: Erstens steigt die allgemeine Intensität des Preisinteresses mit zunehmendem Alter, ein Effekt, der sich in beiden Teilen der empirisch-quantitativen Exploration zeigte.[1016] Dies gilt aber nicht für die Wichtigkeit der Preise in Tankstellenshops, denn diejenigen Personen, die die Karte niedrige Preise als wichtig zogen, waren im Durchschnitt jünger als diejenigen, die sie nicht zogen. Möglicherwei-

1015 Vgl. Bortz/Döring 2009, S. 650 ff.
1016 Siehe hierzu auch Kap. 4.4.5.3.2.

se liegt dies darin begründet, dass ältere Personen sich zwar durch eine höhere allgemeine Intensität des Preisinteresses auszeichnen, aufgrund von Erfahrungen jedoch über differenziertere Ansprüche und auch Referenzpreise für unterschiedliche Kaufsituationen verfügen – so dass für den Einkauf in Tankstellenshops andere „Regeln" gelten als für den übrigen Einkauf. Zweitens sind Tank-Kunden die älteste Kundengruppe, Shop-Kunden die jüngsten, ein Effekt, der sich ebenfalls in beiden Erhebungsteilen zeigte. Dies könnte darin begründet liegen, dass jüngere Kunden seltener über ein eigenes Auto verfügen und daher seltener tanken.

Für das **Haushaltsnettoeinkommen** ergibt sich zunächst ein Zusammenhang mit der Kaufkraft, der nicht überraschend ist: In Regionen mit hoher Kaufkraft ist das Haushaltsnettoeinkommen höher. Es steigt mit zunehmender Haushaltsgröße – was ebenfalls nicht verwundern kann, da in größeren Haushalten mehr Personen über eigenes Einkommen verfügen – und ist bei Männern im Durchschnitt höher, was damit zusammenhängen könnte, dass die befragten Männer im Durchschnitt älter sind und zudem in größeren Haushalten leben. Interessant ist die Beobachtung, dass das Preisinteresse mit zunehmendem Haushaltsnettoeinkommen abnimmt. Dies schlägt sich in mehreren Effekten nieder: Erstens sinkt die Intensität des Preisinteresses mit zunehmendem Haushaltsnettoeinkommen. Zweitens ist die Intensität des Preisinteresses in Regionen mit hoher Kaufkraft im Durchschnitt geringer. Drittens haben die beiden Gruppen, die für den übrigen Lebensmitteleinzelhandel die Karte *niedrige Preise* nicht oder als unwichtig zogen, im Durchschnitt ein höheres Einkommen. Weiterhin ergeben sich einige Effekte, die vermutlich auf die Arbeitssituation der betreffenden Personen zurückzuführen sind: An Wochentagen sowie bei Kunden, die auf dem Arbeitsweg anzutreffen sind, ist das Haushaltsnettoeinkommen durchschnittlich höher – was auch damit zusammenhängen könnte, dass Personen auf dem Arbeitsweg eher Männer sind –, und bei geringer Kaufkraft steuern mehr Personen die Tankstelle direkt an bzw. befinden sich in ihrer Freizeit. Ersteres ist allerdings vermutlich auch darauf zurückzuführen, dass bei hoher Kaufkraft weniger Kunden an den Wochenenden befragt wurden. Bei niedriger Kaufkraft ist zudem der Stammkundengrad höher, was möglicherweise durch eine geringere Mobilität dieser Personen hervorgerufen wird.

Außerdem zeichnen sich Tank-Kunden durch das höchste Haushaltsnettoeinkommen aus, Shop-Kunden hingegen durch das niedrigste, was wiederum mit der Altersstruktur in diesen Kundengruppen zusammenhängen könnte.

Abgesehen von diesen zahlreichen Beziehungen von Variablen mit dem Alter und dem Haushaltsnettoeinkommen sind weitere Zusammenhänge im Folgenden zu berücksichtigen:

- Männer zeichnen sich durch eine geringere Intensität des Preisinteresses als Frauen aus.
- Bei niedriger Wettbewerbsintensität wurden mehr Männer befragt.
- Haushaltsgröße und Stammkundengrad korrelieren positiv miteinander.
- Die Haushaltsgröße ist bei hoher Kaufkraft höher.
- Die Haushaltsgröße ist bei niedriger Wettbewerbsintensität höher.
- Die Intensität des Preisinteresses ist bei Shop-Kunden geringer als bei Tank-Kunden.
- Shop-Kunden zeichnen sich durch den höchsten Stammkundengrad im Vergleich zu Tank- und Beides-Kunden aus.
- Personen, die die Tankstelle direkt angesteuert haben, zeichnen sich durch den höchsten Stammkundengrad im Vergleich zu denjenigen, die auf dem Arbeitsweg oder in der Freizeit unterwegs waren, aus.
- Shop-Kunden steuern die Tankstelle eher direkt an als Tank- oder Beides-Kunden.

4.4.5.3 Diskussion und Hypothesenformulierung zum Preisverhalten von Kunden in Tankstellenshops

4.4.5.3.1 Hypothesen: Preisemotionen

Betrachtet man die vier erhobenen Preisemotionen (Preisärger, Preisfreude, Preiswut, Preisüberraschung), so zeigt sich, dass der Preisärger bei hohem **Preisniveau** geringer ausfällt als bei niedrigem. Dies erstaunt; es wäre naheliegend, dass die Befragten sich bei niedrigem Preisniveau weniger ärgern, eine Annahme, die auch durch die in Kap. 4.3.4.2.4 dargestellten Ergebnisse von PEINE, HEITMANN und HERRMANN gestützt wird: In deren Studie nahmen negative Emotionen bei Preissteigerungen – und so bei höheren Preisen – zu.[1017]

Zwei Erklärungen für das hier auftretende Phänomen sind denkbar. Erstens könnte der beschriebene Effekt damit zusammenhängen, dass die Befragten für Tankstellenshops grundsätzlich von höheren Preisen ausgehen und der Preisärger bei hohen Preisen deshalb geringer ausfällt, da diese ihren Erwartungen entsprechen. Zweitens ist es möglich, dass der höhere Preisärger in den Tankstellen mit niedrigem Preisniveau durch andere Faktoren als das Preisniveau produziert wird. Diese Vermutung wird durch die Ergebnisse der oben dargestellten Varianzanalysen gestützt: In zahlreichen Fällen, in denen signifikante Effekte auftreten, ist gerade der Haupteffekt des Preisni-

1017 Vgl. Peine/Heitmann/Herrmann 2009, S. 49.

veaus nicht signifikant. Dies betrifft die Effekte beim Alter (nur Haupteffekt ALT signifikant), Geschlecht (nur Interaktionseffekt PN*GE signifikant), Haushaltsnettoeinkommen (Haupteffekt EK und Interaktionseffekt PN*EK signifikant, auch bei dichotomisierter EK-Variable), Intensität des Preisinteresses (nur Haupteffekt IPI signifikant), Stammkundengrad (nur Haupteffekt SKG signifikant) und Einteilung in Wochen- und Wochenendtage (nur Haupteffekt WT signifikant). Die Analyse in Bezug auf die Unterteilung in Shop-, Tank- und Beides-Kunden, Kaufkraft und Wettbewerbsintensität ergibt hingegen, dass der Haupteffekt des Preisniveaus signifikant ist.

Festzuhalten bleibt daher, dass der Preisärger bei hohem Preisniveau zumindest nicht höher ist als bei niedrigem Preisniveau. Auch die übrigen Emotionen unterscheiden sich nicht. Daher wird hier eine Nullhypothese als Forschungshypothese formuliert:[1018]

H_{EMO-1}: *In Tankstellenshops ist der Preisärger bei hohem Preisniveau nicht höher als bei niedrigem Preisniveau. Auch die übrigen Emotionen unterscheiden sich nicht.*

Es finden sich direkte zahlreiche Effekte zwischen Preisemotionen und **moderierenden Variablen**, und zwar vor allem für Preisärger und Preiswut, also diejenigen Preisemotionen, die negativ besetzt sind, sowie die Preisüberraschung, für die sich in der Faktorenanalyse ebenfalls eine negative Tendenz zeigte. Für die **Preisfreude** hingegen offenbart sich lediglich ein direkter Effekt. Dieser betrifft die Unterteilung in **Shop-, Tank- und Beides-Kunden**: Tank-Kunden empfinden weniger Preisfreude als Shop-Kunden und Beides-Kunden. Fraglich ist hier, in welcher Richtung der Zusammenhang zu interpretieren ist: So ist es durchaus möglich, dass Shop-Kunden mehr Preisfreude empfinden und deshalb in der Tankstelle einkaufen. Umgekehrt ist es denkbar, dass im Sinne der Dissonanztheorie von den Shop-Kunden die Preise „schöngeredet“ werden und mehr Freude über die Preise kommuniziert wird.

Für die Preisfreude in Verbindung mit moderierenden Variablen lässt sich daher die folgende Hypothese formulieren:

H_{EMO-2}: *Tank-Kunden empfinden weniger Preisfreude als Shop-Kunden und Beides-Kunden. Der Effekt ist klein bis moderat.*

Betrachtet man die beiden negativ gefärbten Emotionen **Preisärger** und **Preiswut**, so finden sich im Gegensatz zur Preisfreude zahlreiche direkte Effekte. Zunächst zeigt sich Zusammenhang zwischen Preisärger und **Alter**, was sich auch bei einem Blick auf die Ergebnisse der Varianzanalyse bestätigt: Hier ist ebenfalls der Haupteffekt des Alters signifikant, Interaktionseffekt und Haupteffekt des Preisniveaus hingegen nicht –

1018 Zur „Bestätigung“ von Nullhypothesen siehe z. B. bei Bortz/Döring 2009, S. 650 ff.

mit steigendem Alter wird der Preisärger weniger stark formuliert. Möglicherweise ist dies durch die durch das Alter wachsenden Erfahrungen, und damit verbunden einer weniger starken Erregbarkeit, begründet. Das **Haushaltsnettoeinkommen** – das mit dem Alter positiv in Zusammenhang steht – weist für den Preisärger und auch für die Preiswut eine Korrelation auf. Beide Emotionen werden mit zunehmendem Haushaltsnettoeinkommen weniger stark geäußert. Gleichzeitig hängen das Haushaltsnettoeinkommen und die Intensität des Preisinteresses negativ zusammen, so dass die Verbindung zwischen diesen Variablen möglich ist.

Mit steigender **Intensität des Preisinteresses** nehmen auch die Emotionen Preisärger und Preiswut zu, was mit dem oben erwähnten Effekt zwischen Haushaltsnettoeinkommen und Intensität des Preisinteresses zusammenhängen könnte. Dieser Zusammenhang bestätigt sich bei einem Blick auf die Gruppen für den übrigen Lebensmitteleinzelhandel und den Tankstellenshop, die mit Hilfe des **Rangreihenverfahrens** gebildet wurden: In denjenigen Gruppen, in denen der Preis als wichtiges Merkmal genannt wird, sind die Emotionen tendenziell stärker ausgeprägt. Hierbei zeigt für den übrigen Lebensmitteleinzelhandel die Analyse für Preisärger und Preiswut signifikante Ergebnisse, für den Tankstellenshop lediglich die in Bezug auf Preisärger. Interessant sind zwei Umstände: Erstens korrelieren nur die negativen Emotionen mit der Intensität des Preisinteresses, nicht jedoch die Preisfreude – preisinteressiertere Personen empfinden also eher negative Emotionen in Tankstellen, jedoch nicht seltener oder häufiger positive. Zweitens empfinden Personen, denen der Preis im übrigen Lebensmitteleinzelhandel wichtig ist, stärkeren Preisärger und stärkere Preiswut, diejenigen, denen er speziell im Tankstellenshop wichtig ist, jedoch nur stärkeren Preisärger und damit die schwächere der beiden negativen Emotionen.

Der **Stammkundengrad**, der seinerseits wiederum positiv mit dem Alter und der Haushaltsgröße korreliert, weist einen negativen Zusammenhang zum Preisärger auf: je höher der Stammkundengrad, desto geringer der Preisärger (und umgekehrt). Ob hier der Stammkundengrad deshalb höher ist, weil der Preisärger geringer ausfällt, oder ob es sich umgekehrt verhält, kann hier nicht beurteilt werden.

Ein weiterer Effekt tritt zwischen Preisärger und der Unterteilung in **Werktage und Wochenendtage** auf: An Werktagen wird weniger Preisärger geäußert. Dies hängt möglicherweise mit einem Effekt zwischen den Moderatorvariablen zusammen, denn an Werktagen ist das Einklommen höher – und bei höherem Einkommen wird weniger Preisärger geäußert. Möglich ist es jedoch auch, dass die Kunden an Werktagen stärker unter Zeitdruck stehen, daher weniger stark auf die Preise achten und damit weniger Preisärger empfinden.

Zusammenfassend lässt sich festhalten, dass negative Preisemotionen –Preisärger und Preiswut – mit steigendem Alter, steigendem Haushaltsnettoeinkommen, steigendem Stammkundengrad und sinkender Intensität des Preisinteresses sowie an Werktagen weniger stark geäußert werden. Dabei weisen die moderierenden Variablen untereinander Korrelationen auf, so dass Überschneidungen der Effekte zu vermuten sind. Als Hypothesen werden wie folgt formuliert:

H_{EMO-3}: *Mit steigendem Alter empfinden die Kunden in Tankstellenshops weniger Preisärger. Der Effekt ist klein.*

H_{EMO-4}: *Mit steigendem Haushaltsnettoeinkommen empfinden die Kunden in Tankstellenshops weniger Preisärger und Preiswut. Die Effekte sind klein.*

H_{EMO-5}: *a) Mit sinkender Intensität des Preisinteresses und geringerer Preisgewichtung für den übrigen Lebensmitteleinzelhandel empfinden die Kunden in Tankstellenshops weniger Preisärger und weniger Preiswut. Die Effekte sind klein.*
b) Mit sinkender Preisgewichtung für den Tankstellenshop empfinden die Kunden in Tankstellenshops weniger Preisärger. Der Effekt ist klein.

H_{EMO-6}: *Mit steigendem Stammkundengrad empfinden die Kunden in Tankstellenshops weniger Preisärger. Der Effekt ist klein.*

H_{EMO-7}: *An Werktagen empfinden die Kunden in Tankstellenshops weniger Preisärger. Der Effekt ist klein.*

Die **Preisüberraschung** ist, wie die Faktorenanalyse zeigt, hier grundsätzlich mit einer negativen Tendenz belegt, so dass die Ergebnisse denen für Preisärger und Preiswut ähneln: Auch die Preisüberraschung wird mit zunehmendem **Alter**, zunehmendem **Haushaltsnettoeinkommen** und sinkender **Intensität des Preisinteresses** weniger stark ausgedrückt. Letzterer Zusammenhang bestätigt die Ergebnisse von O´NEILL und LAMBERT: In ihrer Studie stieg die Preisüberraschung ebenfalls mit zunehmendem Preisbewusstsein.[1019] Darüber hinaus findet sich ein weiterer Effekt nur für die Preisüberraschung: Mit zunehmender **Haushaltsgröße** wird eine stärkere Preisüberraschung formuliert. Über die Ursachen für diese Beobachtung kann man jedoch nur spekulieren. Für die Preisüberraschung ergeben sich die folgenden Hypothesen:

H_{EMO-8}: *Mit steigendem Alter empfinden die Kunden in Tankstellenshops weniger Preisüberraschung. Der Effekt ist klein.*

1019 Vgl. O´Neill/Lambert 2001, S. 230; siehe auch Kap. 4.3.4.2.4

H_{EMO-9}: *Mit steigendem Haushaltsnettoeinkommen empfinden die Kunden in Tankstellenshops weniger Preisüberraschung. Der Effekt ist klein.*

H_{EMO-10}: *Mit sinkender Intensität des Preisinteresses empfinden die Kunden in Tankstellenshops weniger Preisüberraschung. Der Effekt ist klein.*

H_{EMO-11}: *Mit steigender Haushaltsgröße empfinden die Kunden in Tankstellenshops mehr Preisüberraschung. Der Effekt ist klein.*

Wie oben bereits dargelegt, zeigt die Varianzanalyse zahlreiche **moderierende Effekte** für die Zusammenhänge zwischen Preisemotionen und Preisniveau. Dies betrifft vor allem – aber nicht nur – den Preisärger:

- Nur Männer äußern bei niedrigem Preisniveau mehr Preisärger.
- Nur Personen mit hohem Einkommen äußern bei niedrigem Preisniveau mehr Preisärger – ebenso, wie sie dort auch mehr Preisüberraschung äußern.
- Nur bei hoher Wettbewerbsintensität äußern die Befragten bei niedrigem Preisniveau mehr Preisärger, und umgekehrt äußern nur bei niedriger Wettbewerbsintensität die Kunden mehr Preisfreude bei niedrigem Preisniveau.

Über die Ursachen für diese beobachteten Effekte lässt sich nur spekulieren. Festzuhalten bleibt daher weiterhin die in H_{EMO-1} formulierte Annahme, dass der Preisärger in Tankstellen mit hohem Preisniveau zumindest nicht stärker ausfällt als bei niedrigem Preisniveau. Offenbar existert im vorliegenden Fall eine bestimmte Kundengruppe, die sogar bei niedrigem Preisniveau mehr Preisärger äußerte, so dass anzunehmen ist – was aber vorliegend nicht untersucht wurde – dass bestimmte personenbezogene Eigenschaften und weniger die Eigenschaften und das Preisniveau der Tankstelle selbst dazu führen, ob eine Person in Tankstellenshops eher negative, positive oder keine Preisemotionen empfindet:

H_{EMO-12}: *Die empfundenen Preisemotionen von Kunden in Tankstellenshops lassen sich <u>nicht</u> auf das Preisniveau zurückführen, sondern liegen verschiedenen personenbezogenen Variablen begründet.*

Für die Beziehungen zu anderen **Organismusvariablen** finden sich ebenfalls einige Effekte: Die **Preisemotionen** korrelieren alle miteinander, und zwar alle positiv, egal ob es sich um eher positiv belegte Emotionen (Preisfreude) oder negativ belegte (Preisärger, Preiswut) handelt.[1020] Am größten ist der Effekt dabei für die Korrelation zwischen Preisärger und Preiswut, am geringsten für die Zusammenhänge zwischen

1020 Bei O'NEILL und LAMBERT korrelierten die Preisfreude und die Preisüberraschung ebenfalls positiv; weitere Emotionen wurden nicht in das Modell aufgenommen. Siehe ebd., S. 230 und in Kap. 4.3.4.2.4.

Preisfreude und Preisärger sowie zwischen Preisfreude und Preiswut. Demnach scheinen also generell stärkere Äußerungen einer Emotion mit stärkeren Äußerungen anderer Emotionen einherzugehen.

Preisärger, Preisfreude und Preiswut korrelieren mit dem **Preisgünstigkeitsurteil**; dabei ist die Korrelation für Preisärger und Preiswut negativ, für Preisfreude positiv. Daraus kann gefolgert werden, dass die Emotionen – als aktivierende Konstrukte – einen Zusammenhang mit der Preisbeurteilung – als kognitives Konstrukt – aufweisen.[1021] Der Effekt tritt ebenso für das **Preiswürdigkeitsurteil** auf. Interessant sind hier die Intensitäten der Zusammenhänge: Während die Korrelation zwischen Preisärger und Preiswut mit dem Preisgünstigkeitsurteil zwar negativ, aber gering ausfällt, ist sie für das Preiswürdigkeitsurteil recht markant. Umgekehrt ist der – positive – Zusammenhang von Preisfreude mit dem Preisgünstigkeitsurteil deutlich ausgeprägt, mit dem Preiswürdigkeitsurteil aber nur gering. Eine mögliche Schlussfolgerung ist daher, dass die Preisgünstigkeit zu positiven Emotionen führt (wenn das Urteil gut ausfällt), aber kaum zu negativen Emotionen (wenn das Urteil schlecht ausfällt) – es sich für das Preiswürdigkeitsurteil allerdings umgekehrt darstellt.[1022]

Zusammenhänge zwischen den Preisemotionen und den **Preisbereitschaften** finden sich kaum. Lediglich für die beiden negativen Emotionen lassen sich signifikante Ergebnisse aufdecken: Erstens korreliert die Preiswut negativ mit Preistoleranz 2: Mehr Preiswut geht damit einher, eine höhere Differenz zwischen Tankstellenpreis und Preis im übrigen Lebensmitteleinzelhandel zu akzeptieren (Aufschlag). Denkbar ist als Ursache ein niedrigerer akzeptierter Betrag im übrigen Lebensmitteleinzelhandel, der sich in einer höheren Preistoleranz 2 niederschlägt. Gleichzeitig finden sich positive Korrelationen von Preisärger und Preistoleranz 3 sowie Preiswut und Preistoleranz 3: Die Preistoleranz 3 drückt das Verhältnis aus zwischen dem in der Tankstelle gezahlten Preis und dem maximal im übrigen Lebensmitteleinzelhandel akzeptierten; abnehmende Emotionen gehen mit größeren Werten für Preistoleranz 3 einher. Folglich nimmt der Abstand zwischen gezahltem Preis in der Tankstelle und dem im übrigen Lebensmitteleinzelhandel akzeptierten Preis zu, so dass sich die Personen, die im übrigen Lebensmitteleinzelhandel geringere Preise toleriert werden, was auch den Effekt in Bezug auf Preistoleranz 2 erkärt. Der Effekt kann hier jedoch nicht überprüft werden, da aus den in Kap. 4.3.4.7.3 genannten inhaltlichen Gründen die Betrachtung der absoluten Kennzahlen zur Preisbereitschaft nicht möglich ist.

1021 Ähnlich auch bei Peine/Heitmann/Herrmann 2009, S. 59 f.

1022 Möglicherweise ist das PGU eine Begeisterungseigenschaft, das PWU eine Basiseigenschaft gemäß dem Vorgehen bei der Kano-Methode; siehe dazu die späteren Ausführungen in Kap. 5.2.1.2.

Während sich für Preisfreude kein Zusammenhang mit einer der Variablen aus dem Bereich des **Preisvertrauens** identifizieren lässt, hängen Preisärger, Preiswut und Preisüberraschung mit den drei Variablen jeweils negativ zusammen: Je stärker diese drei Emotionen ausgeprägt sind, desto geringer werden Preistransparenz sowie Preisehrlichkeit wahrgenommen und desto eigennütziger wird der Betreiber empfunden. Die Effektstärken variieren dabei zwischen klein (für die Preisüberraschung) und moderat (für Preiswut und Preisärger).

Für die Zusammenhänge der Preisemotionen mit Organismusvariablen ergeben sich die folgenden Hypothesen:

$H_{EMO\text{-}13}$: *Die vier Emotionen korrelieren in Tankstellenshops alle positiv miteinander. Die stärksten Effekte existieren dabei zwischen Emotionen ähnlicher Richtung (Preisärger und Preiswut; starker Effekt), die geringsten zwischen Emotionen verschiedener Richtung (Preisfreude und Preisärger sowie Preisfreude und Preiswut, kleiner Effekt). Die Effekte für die Zusammenhänge mit der Preisüberraschung sind von der Stärke her alle im kleinen bis moderaten Bereich.*

$H_{EMO\text{-}14}$: *Preisärger und Preiswut in Tankstellenshops korrelieren negativ mit dem Preisgünstigkeitsurteil (kleiner Effekt). Die Preisfreude korreliert positiv mit dem Preisgünstigkeitsurteil (mittlerer Effekt).*

$H_{EMO\text{-}15}$: *Preisärger und Preiswut in Tankstellenshops korrelieren negativ mit dem Preiswürdigkeitsurteil (mittlerer Effekt). Die Preisfreude korreliert positiv mit dem Preiswürdigkeitsurteil (kleiner Effekt).*

$H_{EMO\text{-}16}$: *Die Preiswut in Tankstellenshops korreliert negativ mit der Preistoleranz 2: Stärkere Preiswut geht mit einer höheren Differenz zwischen dem maximal im Tankstellenshop und dem maximal im übrigen Lebensmitteleinzelhandel akzeptierten Preis einher. Der Effekt ist klein. Preisärger und Preiswut in Tankstellenshops korrelieren positiv mit Preistoleranz 3: Stärkerer Preisärger oder stärkere Preiswut gehen mit einem geringeren akzeptierten Abstand zwischen gezahltem Preis und Preis im übrigen Lebensmitteleinzelhandel einher. Der Effekt ist klein bis moderat.*

$H_{EMO\text{-}17}$: *Preisärger, Preiswut und Preisüberraschung in Tankstellenshops korrelieren negativ mit Preistransparenz, Eigennutz und Preisehrlichkeit: Je stärker die Emotionen ausgeprägt sind, desto schlechter werden die drei Größen des Preisvertrauens wahrgenommen. Für Preisärger und Preiswut ist der Effekt von moderater Stärke, für die Preisüberraschung von kleiner.*

Interessant ist darüber hinaus, dass sich in Bezug zur **Reaktionsvariablen** keine Beziehungen mit den Preisemotionen aufdecken lassen. Die drei gebildeten Gruppen (Käufer nicht preisgebundener Produkte, Käufer preisgebundener Produkte und Nichtkäufer) unterscheiden sich also nicht im Hinblick auf die Preisemotionen, woraus gefolgert werden kann, dass das Empfinden von positiven oder negativen Preisemotionen in Tankstellenshops keinen Einfluss auf das beobachtbare Kaufverhalten hat. Interessant ist hier, dass sich die Kundengruppen Shop-, Tank- und Beides-Kunden zum Teil im Hinblick auf die Preisemotionen unterscheiden – hierbei handelt es sich allerdings nicht um das direkt beobachtbare, sondern um das geäußerte Verhalten. Als Hypothese wird daher formuliert:

$H_{EMO\text{-}18}$: *Das Empfinden positiver oder negativer Preisemotionen hat in Tankstellenshop keinen Einfluss auf das direkt beobachtbare Kaufverhalten: Nichtkäufer, Käufer preisgebundener Produkte und Käufer nicht preisgebundener Produkte unterscheiden sich nicht im Hinblick auf die Preisemotionen.*

4.4.5.3.2 Hypothesen: Preisinteresse

Das Preisinteresse ist hier zwar als moderierende Variable in das Modell eingegangen, wird aber dennoch – da es ein Konstrukt des Preisverhaltens darstellt – detaillierter betrachtet, und zwar in Bezug auf Zusammenhänge zum Stimulus und zu den anderen moderierenden Variablen. Dabei fließen alle drei auf das Preisinteresse bezogenen Variablen, also die Intensität des Preisinteresses sowie die Ergebnisse aus den Rangreihenverfahren für den übrigen Lebensmitteleinzelhandel und Tankstellenshops, in die Überlegungen ein. Zusammenhänge zu den übrigen Konstrukten werden dort diskutiert.

Die Intensität des Preisinteresses sowie die Einteilung im Rangreihenverfahren nach Ziehung der Karte *niedrige Preise* für den übrigen Lebensmitteleinzelhandel zeigen für das **Preisniveau** keine Zusammenhänge, die Einteilung nach Ziehung von *niedrige Preise* für den Tankstellenshop jedoch schon: Bei niedrigem Preisniveau finden sich überproportional viele Personen, die die Karte nicht zogen, und weniger, die sie als wichtig oder unwichtig zogen. Dies erscheint zunächst widersprüchlich, denn es wäre zu vermuten, dass in Tankstellen mit geringem Preisniveau eher Kunden anzutreffen sind, denen niedrige Preise dort wichtig sind. Kombiniert man diese Erkenntnis mit dem nicht signifikanten Ergebnis für die Intensität des Preisinteresses und die Einteilung nach dem Rangreihenverfahren für den übrigen Lebensmitteleinzelhandel, so resultiert hier eine Nullhypothese als Forschungshypothese:

H_{PI-1}: *In Tankstellenshops mit niedrigem Preisniveau sind die Kunden nicht preisinteressierter als in Tankstellenshops mit hohem Preisniveau.*

Für die **moderierenden Variablen** zeigen sich einige Effekte: So korreliert das **Alter** positiv mit der Intensität des Preisinteresses, ältere Kunden sind also preisinteressierter. Wie in Kap. 4.3.4.3.4 erläutert, kommen bisherige Studien zu unterschiedlichen Ergebnissen für den Zusammenhang zwischen Alter und Preisinteresse; häufig wird ein umgekehrt-u-förmiger Verlauf angenommen, was sich hier jedoch nicht bestätigt. Auch bei zusätzlicher Betrachtung von Unterschieden zwischen verschiedenen Altersgruppen zeichnet sich die älteste Gruppe nicht durch eine geringere Intensität des Preisinteresses aus. Möglicherweise liegt dies darin begründet, dass die Personen, die sich aus der Altersgruppe 60+ in Tankstellenshops befinden, im Vergleich zu einigen ihrer Altersgenossen mobiler und „jugendlicher" sind und daher in Bezug auf ihr Verhalten eher der mittleren Altersgruppe ähneln, so dass sich der in einigen anderen Studien beobachtete Effekt hier nicht zeigt.

Weiterhin weisen **Frauen** eine höhere Intensität des Preisinteresses auf als Männer. Auch hier kommen, wie in Kap. 4.3.4.3.4 geschildert, bisher durchgeführte Studien zu unterschiedlichen Ergebnissen; vorliegend zeigt sich der Effekt mit einer kleinen bis moderaten Ausprägung recht deutlich.

Darüber hinaus korreliert die Intensität des Preisinteresses negativ mit dem **Haushaltsnettoeinkommen**. Dieser Effekt wird zudem bei der Betrachtung von Unterschieden bei den beiden Kaufkraftniveaus bestätigt – bei geringer **Kaufkraft** ist die Intensität des Preisinteresses höher. Der in Kap. 4.3.4.3.4 bereits dargestellten umstrittenen These, dass Personen mit geringem Einkommen ein geringeres Preisinteresse aufweisen, kann daher hier nicht gefolgt werden; stattdessen sinkt die Intensität des Preisinteresses offenbar mit zunehmendem Einkommen.

Die Intensität des Preisinteresses variiert weiterhin je nach Gruppe **Shop-, Tank- oder Beides-Kunde**: Tank-Kunden zeichnen sich durch eine höhere Intensität des Preisinteresses aus als Shop-Kunden, was insofern nachvollziehbar ist, da die preisinteressierten Tank-Kunden die Tankstelle eher zum Tanken als zum Einkaufen aufsuchen.

Zur allgemeinen – d. h., nicht auf die Tankstellenshops bezogenen – Intensität des Preisinteresses der Kunden in Tankstellenshops lassen sich daher die folgenden Hypothesen formulieren:

H_{PI-2}: *Die Intensität des Preisinteresses der Kunden in Tankstellenshops steigt mit zunehmendem Alter. Der Effekt ist klein.*

$H_{PI\text{-}3}$: *Frauen in Tankstellenshops sind preisinteressierter als Männer in Tankstellenshops. Der Effekt ist klein bis moderat.*

$H_{PI\text{-}4}$: *Die Intensität des Preisinteresses der Kunden in Tankstellenshops sinkt mit zunehmendem Haushaltsnettoeinkommen. Der Effekt ist klein bis moderat.*

$H_{PI\text{-}5}$: *Die Intensität des Preisinteresses ist bei geringer Kaufkraft höher als bei hoher Kaufkraft. Der Effekt ist klein.*

$H_{PI\text{-}6}$: *Tank-Kunden zeichnen sich durch eine höhere Intensität des Preisinteresses aus als Shop-Kunden. Der Effekt ist klein.*

Bei Betrachtung der Ergebnisse zum **Rangreihenverfahren** für den übrigen Lebensmitteleinzelhandel und für Tankstellenshops finden sich ebenfalls einige Effekte. Interessant ist, dass sich für den Tankstellenshop ein zur obigen $H_{PI\text{-}2}$ gegenläufiger Effekt zeigt: Die Personen der Gruppe, die die Preise als wichtiges Merkmal einordneten, sind **jünger** als diejenigen, welche die Karte nicht zogen. Offenbar ist also für jüngere Kunden speziell in der Tankstelle der Preis wichtiger.

Weiterhin hat diejenige Gruppe, die *niedrige Preise* für den übrigen Lebensmitteleinzelhandel als wichtig zog, ein geringeres **Haushaltsnettoeinkommen** als die beiden anderen Gruppen. Für die Unterteilung mit Hilfe des Rangreihenverfahrens für den Tankstellenshop hingegen findet sich hingegen kein Effekt, die drei Gruppen verfügen über ein ähnliches Haushaltsnettoeinkommen: Offenbar ist die Preisgewichtung für den übrigen Lebensmitteleinzelhandel also einkommensabhängig, die für Tankstellenshops hingegen nicht. Diese Assymetrie zeigt sich auch bei Betrachtung des Zusammenhang zwischen der Intensität des Preisinteresses und den beiden Preisgewichtungen: Die Gruppe, die den Preis im übrigen Lebensmitteleinzelhandel für wichtig hält, weist eine höhere Intensität des Preisinteresses auf als die beiden anderen Gruppen. Für die Tankstelle unterscheidet sich hingegen diejenige Gruppe, die *niedrige Preise* als unwichtig zog von den beiden übrigen: sie zeichnet sich durch eine geringere Intensität des Preisinteresses aus als die beiden anderen Gruppen.

In eine ähnliche Richtung weisen auch die Erkenntnisse aus der **tiefergehenden Betrachtung des Rangreihenverfahrens**. So wurde die Karte *niedrige Preise* für den übrigen Lebensmitteleinzelhandel häufiger als für Tankstellenshops gezogen. Dies lässt vermuten, dass der Preis in ersteren eine größere Rolle spielt als in letzteren. Für die Analyse der Ziehung als wichtig oder unwichtig sind hier die Fallzahlen recht gering, da hier nur diejenigen berücksichtigt werden, die die Karte in beiden Fällen zogen; Gleiches gilt auch für den Vergleich der Ränge, wo nur diejenigen einbezogen werden konnten, die in beiden Fällen die Karte als wichtig oder als unwichtig gezogen hatten. Die Betrachtung der absoluten Zahlen deutet jedoch darauf hin – auch, wenn die Signifikanzschwelle beide Male (knapp) unterschritten wird – dass die Gewichtung für den übrigen Lebensmitteleinzelhandel höher ist als für Tankstellenshops.

Für die isolierte Betrachtung der Preisgewichtung ergeben sich damit die folgenden Annahmen:

H_{PI-7}: *Kunden, denen der Preis in Tankstellenshops wichtig ist, sind jünger als solche, die den Preis weder als wichtig noch als unwichtig empfinden. Der Effekt ist klein.*

H_{PI-8}: *Kunden, denen der Preis im übrigen Lebensmitteleinzelhandel wichtig ist, haben ein geringeres Haushaltsnettoeinkommen als die Kunden, für die er unwichtig ist, und als diejenigen, die die Karte nicht ziehen. Die Effekte sind klein bis moderat. Hingegen ist die Preisgewichtung für Tankstellenshops nicht einkommensabhängig.*

H_{PI-9}: *Personen, denen die Preise im übrigen Lebensmitteleinzelhandel wichtig sind, zeichnen sich durch eine höhere Intensität des Preisinteresses aus als Personen, denen die Preise gleichgültig oder unwichtig sind. Der Effekt ist klein.*

H_{PI-10}: *Personen, denen die Preise in Tankstellenshops unwichtig sind, zeichnen sich durch eine geringere Intensität des Preisinteresses aus als Personen, denen die Preise gleichgültig oder wichtig sind. Der Effekt ist klein.*

H_{PI-11}: *Die Preise im übrigen Lebensmitteleinzelhandel sind für die Kunden wichtiger als die in Tankstellenshops. Der Effekt ist klein bis moderat.*

Auf die Zusammenhänge zwischen Preisinteresse und Preisemotionen wurde bereits in Kap. 4.4.5.3.1 eingegangen.

Interessante Ergebnisse produziert zudem die Betrachtung von Zusammenhängen zur **Reaktionsvariablen**: Personen, die ein preisgebundenes, ein nicht preisgebundenes oder kein Produkt kauften, unterscheiden sich nicht im Hinblick auf die drei betrachteten Variablen mit Bezug zum Preisinteresse. Untersucht man hingegen das geäußerte Verhalten, also die Einteilung in Shop-, Tank- und Beides-Kunden, so zeigte sich der oben genannte Effekt. Für den Zusammenhang zwischen der Reaktionsvariablendem und dem Preisinteresse ergibt sich damit die folgende Hypothese:

H_{PI-12}: *Das Preisinteresse hat in Tankstellenshops keinen Einfluss auf das direkt beobachtbare Kaufverhalten: Nichtkäufer, Käufer preisgebundener Produkte und Käufer nicht preisgebundener Produkte unterscheiden sich weder im Hinblick auf die Intensität des Preisinteresses, noch gewichten sie Preise für den übrigen Lebensmitteleinzelhandel oder für Tankstellen verschieden.*

4.4.5.3.3 Hypothesen: Preisbeurteilung

Während das Preisgünstigkeitsurteil sich für unterschiedliche **Preisniveaus** nicht unterscheidet, fällt das Preiswürdigkeitsurteil bei niedrigem Preisniveau besser aus. Denkbar ist, dass die absoluten Preise in Tankstellenshops generell als hoch beurteilt werden, wobei eine Variation in den Preisniveaus – zumindest innerhalb eines gewissen Rahmens, der noch zu untersuchen wäre – keinen Unterschied macht. Für die Beurteilung des Preis-Leistungs-Verhältnisses kann es allerdings durchaus eine Rolle spielen, auf welchem Niveau die Preise liegen; hier urteilen die Kunden möglicherweise differenzierter. Diese Annahme wird auch dadurch gestützt, dass das Preiswürdigkeitsurteil nahezu einen Skalenschritt besser ausfällt als das Preisgünstigkeitsurteil.

H_{PU-1}: *a) Das Preisgünstigkeitsurteil unterscheidet sich nicht bei unterschiedlichem Preisniveau.*

b) Demgegenüber differenzieren die Kunden bei der Beurteilung der Preiswürdigkeit: Dieses fällt bei niedrigem Preisniveau besser aus als bei hohem. Der Effekt ist klein.

c) Generell fällt das Preiswürdigkeitsurteil besser aus als das Preisgünstigkeitsurteil. Der Effekt ist sehr stark.

Für die **moderierenden Variablen** finden sich zahlreiche direkte Zusammenhänge, und zwar vor allem für das Preiswürdigkeitsurteil: So verbessert sich das Preiswürdigkeitsurteil mit zunehmendem **Alter**. Möglicherweise führt die zunehmende (Lebens-)Erfahrung zu geringeren Ansprüchen an die Leistung oder den Preis. Dieser Effekt bestätigt sich auch mit Blick auf die Varianzanalyse, denn hier ist für das Preiswürdigkeitsurteil der Haupteffekt des Alters neben dem Haupteffekt des Preisniveaus signifikant.

Weiterhin korreliert das Preiswürdigkeitsurteil positiv mit der **Intensität des Preisinteresses** (der Effekt ist allerdings sehr klein). Je höher die Intensität des Preisinteresses ist, umso besser fällt das Preiswürdigkeitsurteil für Tankstellenshops aus – was aufgrund der in Kap. 4.3.4.3.4 dargestellten Befunde verwundert, denn eine geringere Intensität des Preisinteresses müsste demnach zu einem geringeren Referenzpreis führen, und damit zu einem schlechteren Preiswürdigkeitsurteil. Eine Erklärung für diesen Zusammenhäng wäre, dass Personen, die sich durch eine hohe Intensität des Preisinteresses auszeichnen, aber am Untersuchungstag in der Tankstelle angetroffen wurden (und dort auch einkauften), einen höheren Drang zur Rechtfertigung ihres Handels verspürten und daher ein besseres Preiswürdigkeitsurteil fällten. Denkbar ist auch, dass das Verhalten von Kunden in Tankstellenshops anderen Gesetzen folgt als das im übrigen Lebensmitteleinzelhandel, so dass eine hohe Intensität des Preisinteresses – die allgemeiner Natur ist und sich nicht allein auf den Tankstellenshop bezieht – nicht zu Auswirkungen auf das Preisurteil für Tankstellenshops führt.

Ein etwas anderes und eher den bisher vorliegenden Erkenntnissen zum Preisinteresse entsprechendes Bild ergibt sich für die gesonderte Betrachtung der Preisgewichtung: Für die **Rangreihenverfahren** mit Bezug zum übrigen Lebensmitteleinzelhandel wie auch für die Tankstellenshops fällt jeweils die Gruppe, die *niedrige Preise* als wichtiges Merkmal zog, ein schlechteres Preiswürdigkeitsurteil als die Gruppe, die die Karte nicht zog.

Sowohl das Preisgünstigkeits- als auch das Preiswürdigkeitsurteil korrelieren mit dem **Stammkundengrad**: Je höher der Stammkundengrad ist, desto besser fällt das Urteil aus. Für das Preisgünstigkeitsurteil ist der Effekt klein, für das Preiswürdigkeitsurteil mittelstark. Die Wirkungsrichtung ist hier unklar: Entweder werden Kunden deshalb zu Stammkunden, weil sie die Preise besser beurteilen, oder sie beurteilen die Preise besser, weil sie Stammkunden sind.

Zu ähnlichen Ergebnissen kommt man auch bei Betrachtung der Unterschiede zwischen **Shop-, Tank- und Beides-Kunden**: Shop-Kunden, und damit diejenigen, die häufiger in Tankstellen einkaufen, beurteilen sowohl die Preisgünstigkeit als auch die Preiswürdigkeit besser als die Tank-Kunden, was sich auch in der Varianzanalyse bestätigt (signifikante Haupteffekte der Gruppenzuteilung für beide Tests). Auch hier lässt sich jedoch keine Aussage über die Kausalität und die potenzielle Wirkungsrichtung machen. Auch die Beobachtung des Umstands, dass sich das Preiswürdigkeitsurteil je nach dem Ziel der Kunden unterscheidet, weist in eine ähnliche Richtung: Personen, die die Tankstelle direkt ansteuern, beurteilen die Preiswürdigkeit besser als Personen, die Freizeit haben.

Abgesehen von diesen Effekten fällt das Preiswürdigkeitsurteil bei niedriger **Kaufkraft** etwas besser aus als bei hoher, was sich auch in der Varianzanalyse bestätigt (signifikanter Haupteffekt von Kaufkraft).

Interessant ist ein weiterer Aspekt: Die Kunden beurteilen die Preisgünstigkeit an **Werktagen** besser als am Wochenende. Abgesehen von einer etwas anderen Kundenstruktur an Werktagen (das Einkommen ist durchschnittlich höher), die eine Ursache sein könnte, ist ein Rechtfertigungsprozess denkbar, da an Werktagen eher die Möglichkeit besteht, auf andere Einkaufsstätten auszuweichen.

Zusammenfassend lässt sich festhalten, dass zahlreiche der moderierenden Variablen einen direkten Zusammenhang mit dem Preiswürdigkeitsurteil zeigen. Besonders interessant ist der Umstand, dass Personen, die tendenziell eher in Tankstellen einkaufen oder die spezielle Tankstelle häufiger aufsuchen, zu einem besseren Preiswürdigkeitsurteil und sogar auch zu einem besseren Preisgünstigkeitsurteil – also dem urteil ohne Einbeziehung der Leistung – tendieren. Dies wirft die grundsätzliche Frage auf, inwiefern die Preisurteile über die Tankstelle an das eigene Verhalten angepasst werden.

Folgende Hypothesen für die direkten Effekte zwischen den untersuchten moderierenden Variablen und den Preisurteilen werden daher formuliert:

H_{PU-2}: *Mit steigendem Alter wird das Preiswürdigkeitsurteil in Tankstellenshops besser. Der Effekt ist klein.*

H_{PU-3}: *Sowohl das Preisgünstigkeitsurteil als auch das Preiswürdigkeitsurteil in Tankstellenshops fallen bei steigender Intensität des Preisinteresses nicht schlechter aus.*

H_{PU-4}: *a) Das Preiswürdigkeitsurteil in Tankstellenshops von Personen, denen der Preis in Tankstellen oder im übrigen Lebensmitteleinzelhandel wichtig ist, fällt schlechter aus, als das von Personen, denen der Preis in Tankstellen oder im übrigen Lebensmitteleinzelhandel gleichgültig ist. Die Effekte sind klein.*
b) Für das Preisgünstigkeitsurteil in Tankstellenshops finden sich keine Unterschiede zwischen den Gruppen.

H_{PU-5}: *Personen, die die spezielle Tankstelle häufiger aufsuchen, sie extra zum einkaufen ansteuern oder generell häufiger in Tankstellenshops einkaufen, fällen bessere Preisurteile. Dies äußert sich in folgenden Effekten:*
a) Je höher der Stammkundengrad, desto besser fallen das Preisgünstigkeitsurteil und das Preiswürdigkeitsurteil in Tankstellenshops aus. Die Effekte sind klein bzw. moderat.
b) Shop-Kunden beurteilen die Preisgünstigkeit und die Preiswürdigkeit in Tankstellenshops besser als Tank-Kunden. Die Effekte sind klein.
c) Personen, die die Tankstelle direkt ansteuern, beurteilen die Preiswürdigkeit in Tankstellenshops besser als Personen, die in der Freizeit unterwegs sind. Der Effekt ist klein.

H_{PU-6}: *Bei niedriger Kaufkraft fällt das Preiswürdigkeitsurteil in Tankstellenshops besser aus als bei hoher. Der Effekt ist klein.*

H_{PU-7}: *An Werktagen fällt das Preisgünstigkeitsurteil in Tankstellenshops besser aus als am Wochenende. Der Effekt ist klein.*

Neben diesen direkten Effekten der moderierenden Variablen auf die Preisurteile lassen sich auch **moderierende Effekte** feststellen. Es zeigt sich, dass die Preisurteile bei niedrigem Preisniveau in den einigen Gruppen besser ausfallen:

- Nur Männer beurteilen bei niedrigem Preisniveau die Preiswürdigkeit besser.
- Shop-Kunden und Beides-Kunden beurteilen bei niedrigem Preisniveau die Preiswürdigkeit besser.
- Nur Personen in Regionen mit geringer Kaufkraft beurteilen bei niedrigem Preisniveau die Preiswürdigkeit besser.
- Nur Personen in Regionen mit hoher Wettbewerbsintensität beurteilen bei niedrigem Preisniveau die Preiswürdigkeit besser.
- Nur Personen in Regionen mit niedriger Wettbewerbsintensität beurteilen bei niedrigem Preisniveau die Preisgünstigkeit besser.
- Nur am Wochenende wird die Preiswürdigkeit bei niedrigem Preisniveau besser beurteilt.

Interessant ist hier, dass das bessere Preisurteil in den Tankstellenshops mit niedrigerem Preisniveau aus bestimmten Kundengruppen zu stammen scheint. Offenbar besteht die Tendenz, dass bei häufigeren Einkaufserlebnissen in der Tankstelle – Männer kaufen häufiger dort ein[1023] und Shop- bzw. Beides-Kunden tun dies per Definition mehr als Tank-Kunden – sowie bei Wochenendbesuchen ein differenzierteres Preisurteil gefällt wird und die Personen daher in der Lage sind, das niedrigere Preisniveau zu erkennen und zu bewerten. Über die Ursachen des Effekts, der in Bezug auf die Wettbewerbsintensität beobachtet wird, lässt sich nur spekulieren – möglicherweise betrachten die Kunden bei hoher Wettbewerbsintensität die Preise intensiver und fällen so ein komplexeres Urteil, während bei niedriger Wettbewerbsintensität das einfachere Preisgünstigkeitsurteil eine größere Rolle spielt.

Es werden daher die folgende Hypothesen in Bezug auf die Moderatoreffekte formuliert:

$H_{PU\text{-}8}$: Einige Personengruppen sind aufgrund ihrer Erfahrung mit dem Einkauf in Tankstellenshops in der Lage, differenziertere Preisurteile zu treffen und daher Tankstellenshops mit niedrigem Preisniveau besser zu beurteilen. Dies äußert sich in den folgenden moderierenden Effekten, die alle klein ausfallen:
a) Das Geschlecht wirkt für das Preiswürdigkeitsurteil in Tankstellenshops moderierend: Nur Männer beurteilen bei niedrigem Preisniveau die Preiswürdigkeit besser.

1023 Diese Beobachtung ergibt sich aus der Einzelbetrachtung der Antworten auf die Fragen, die zur Einordnung der Befragten in die Gruppen Shop-, Beides- und Tank-Kunden dienten. Auch, wenn Frauen und Männer genauso häufig in diese beiden Gruppen fallen, unterscheiden sie sich im Hinblick auf ihre Tank- und Einkaufshäufigkeit in Tankstellen: Für Männer fällt beides höher aus. Siehe im Detail Anhang 17.

b) Die Kaufkraft wirkt moderierend auf das Preiswürdigkeitsurteil in Tankstellenshops: Nur für niedrige Kaufkraft wird die Preiswürdigkeit bei niedrigem Preisniveau besser beurteilt als bei hohem Preisniveau. Bei hoher Kaufkraft gilt dies nicht.

c) Die Gruppenzugehörigkeit der Befragten zu den Gruppen Shop-, Tank- oder Beides-Kunden wirkt moderierend: Shop-Kunden und Beides-Kunden beurteilen die Preiswürdigkeit in Tankstellenshops bei niedrigem Preisniveau besser als bei hohem Preisniveau. Für Tank-Kunden gilt dies nicht.

$H_{PU\text{-}9}$: *Die Kunden von Tankstellenshops greifen in Abhängigkeit zur Wettbewerbssituation auf unterschiedlich komplexe Preisurteilstechniken zurück und können daher unterschiedlich differenzierte Urteile treffen. Dies äußert sich in moderierenden Effekten – die Wettbewerbsintensität wirkt moderierend auf das Preisgünstigkeitsurteil und das Preiswürdigkeitsurteil in Tankstellenshops: Für niedriges Preisniveau fällt nur bei niedriger Wettbewerbsintensität das Preisgünstigkeitsurteil besser aus (kleiner Effekt), während das Preiswürdigkeitsurteil nur bei hoher Wettbewerbsintensität besser ausfällt (kleiner bis moderater Effekt).*

$H_{PU\text{-}10}$: *Am Wochenende beurteilen die Kunden die Preise in Tankstellenshops differenzierter als an Werktagen. Dies äußert sich in einem moderierenden Effekt: Nur am Wochenende wird die Preiswürdigkeit von Tankstellenshops bei niedrigem Preisniveau besser beurteilt. Der Effekt ist klein.*

Weiterhin finden sich zahlreiche Korrelationen der Preisurteile mit den anderen **Organismusvariablen**: Die beiden **Preisurteile** korrelieren mit einer mittleren Stärke positiv miteinander, was nicht verwundern kann. Wie bereits angeführt, fällt das Preisgünstigkeitsurteil dabei schlechter aus als das Preiswürdigkeitsurteil.

Mit der **Preistransparenz** korreliert dagegen nur das Preiswürdigkeitsurteil. Möglicherweise wird die Preistransparenz als Leistungskomponente wahrgenommen, denn je höher die Preistransparenz, desto besser das Preiswürdigkeitsurteil. Sowohl das Preisgünstigkeitsurteil als auch das Preiswürdigkeitsurteil hängen mit dem **Eigennutz** zusammen: Je weniger eigennützig der Betreiber wahrgenommen wird, desto besser werden die Preise beurteilt. Dabei ist der Effekt für das Preisgünstigkeitsurteil klein, für das Preiswürdigkeitsurteil mittelstark. Ebenso wie für den Eigennutz fällt auch der Zusammenhang zwischen den Preisurteilen und der **Preisehrlichkeit** aus.

Das Preiswürdigkeitsurteil korreliert abgesehen davon negativ mit der **Preistoleranz 3:** Ein gutes Preiswürdigkeitsurteil geht also mit einer geringeren Differenz zwischen tatsächlich gezahltem Preis und maximal akzeptiertem Preis im übrigen Lebensmitteleinzelhandel einher. Für das Preisgünstigkeitsurteil findet sich kein Effekt.

Für die Beziehungen zwischen den Preisurteilen und Organismusvariablen lassen sich daher die folgenden Hypothesen formulieren:

H_{PU-11}: *Preiswürdigkeitsurteil und Preisgünstigkeitsurteil in Tankstellenshops korrelieren positiv miteinander. Der Effekt ist moderat.*

H_{PU-12}: *Preiswürdigkeitsurteil und Preistransparenz in Tankstellenshops korrelieren positiv miteinander. Der Effekt ist klein bis moderat.*

H_{PU-13}: *a) Preisgünstigkeitsurteil und Eigennutz in Tankstellenshops korrelieren positiv miteinander, der Effekt ist klein.*
b) Preiswürdigkeitsurteil und Eigennutz in Tankstellenshops korrelieren positiv miteinander, der Effekt ist moderat.

H_{PU-14}: *a) Preisgünstigkeitsurteil und Preisehrlichkeit in Tankstellenshops korrelieren positiv miteinander, der Effekt ist klein.*
b) Preiswürdigkeitsurteil und Preisehrlichkeit in Tankstellenshops korrelieren positiv miteinander, der Effekt ist moderat.

H_{PU-15}: *Preiswürdigkeitsurteil und Preistoleranz 3 in Tankstellenshops korrelieren positiv miteinander. Der Effekt ist klein.*

Weiterhin zeigt sich ein Zusammenhang mit der **Reaktionsvariablen**: Die Personen, die nichts gekauft haben, beurteilen die Preiswürdigkeit schlechter als diejenigen, die ein nicht preisgebundenes Produkt erworben haben. Ob die Personen allerdings deshalb ein nicht preisgebundenes Produkt gekauft haben, weil sie die Preiswürdigkeit gut beurteilen, oder ob es sich umgekehrt verhält (oder ob weitere Gründe eine Rolle spielen), kann nicht geklärt werden.

H_{PU-16}: *Das Preiswürdigkeitsurteil in Tankstellenshops ist bei Käufern nicht preisgebundener Produkte besser als bei Nichtkäufern. Der Effekt ist klein.*

4.4.5.3.4 Hypothesen: Preisinformationsspeicherung

Für die Preisinformationsspeicherung werden, wie bereits erläutert, vier verschiedene Produkte betrachtet. Der Formulierung der Hypothesen geht daher jeweils eine kurze Zusammenfassung der wesentlichen Erkenntnisse voraus. Die Hypothesen beziehen die Ergebnisse für alle vier Produkte mit ein und sind daher weniger konkret als die zu den übrigen Konstrukten. Effektgrößen lassen sich hier nicht postulieren, da anzunehmen ist, dass diese produktabhängig sind.

Betrachtet man die **Schätzpreise**, so wird zunächst offensichtlich, dass nur wenige Zusammenhänge mit den modellierten potenziellen Einflussfaktoren bestehen: Mit dem **Alter** korreliert nur der Schätzpreis von MUMM für den übrigen Lebensmitteleinzelhandel, und zwar positiv. Für das **Geschlecht** findet sich ein Unterschied in Bezug auf den Schätzpreis für AIRWAVES: Männer schätzen ihn für den übrigen Lebensmitteleinzelhandel niedriger ein als Frauen und liegen mit ihrer Schätzung näher am ermittelten Durchschnittswert. Mit wachsendem **Haushaltsnettoeinkommen** steigen die Schätzpreise von MUMM sowohl für den übrigen Lebensmitteleinzelhandel als auch für die Tankstelle, wobei der Effekt recht deutlich ausfällt. Der Schätzpreis von MARS für den übrigen Lebensmitteleinzelhandel ist umso höher, je geringer die **Intensität des Preisinteresses** ausfällt. Einzig für MUMM lässt sich ein Zusammenhang zwischen **Kaufhäufigkeit** und Schätzpreis nachweisen: Je häufiger das Produkt gekauft wird, desto höher fällt der Schätzpreis aus. Für MARS und AIRWAVES kann ein Einfluss des **Kaufs in Tankstellen** nachgewiesen werden. In beiden Fällen ist der Schätzpreis für die Tankstelle höher, wenn das Produkt nicht in der Tankstelle gekauft wird – im Fall von MARS liegen die Nichtkäufer dabei näher am ermittelten Durchschnittspreis, im Fall von AIRWAVES die Käufer.

Was lässt sich aus diesen Informationen ableiten? Zunächst fällt auf, dass das einzige höherpreisige und zudem weniger häufig gekaufte Produkt – nämlich MUMM – Ergebnisse offenbart, die von denen der drei übrigen Produkte abweichen. So unterscheidet sich der Schätzpreis für MUMM bei Personen, die erfahrener mit diesem Produkt sind (ältere, die naturgemäß schon häufiger mit MUMM oder ähnlichen Produkten konfrontiert wurden; Personen mit höherem Einkommen, von denen anzunehmen ist, dass sie häufiger ein Genussmittel wie Sekt kaufen; Personen, die eine höhere Kaufhäufigkeit für MUMM aufweisen) – von dem Schätzpreis der Personen, die MUMM vermutlich nicht so gut kennen. Anders ist dies bei den anderen drei Produkten, bei denen sich solche Zusammenhänge kaum finden lassen. Dies kann darauf hinweisen, dass bei COCA COLA, AIRWAVES und MARS stabile(re) interne Referenzpreise existieren, da die Befragten vermutlich häufiger damit konfrontiert werden. Denkbar ist daher, dass sich die internen Referenzpreise durch die Erfahrung bilden, ab einem bestimmten Punkt allerdings durch zusätzliche Erfahrungen keine Veränderung mehr eintritt. So können ab einem bestimmten Grad zusätzliche Produktkontakte keine neuen Preisinformationen mehr liefern, die zu Anpassungsmechanismen führen würden. Daraus lässt sich ableiten, dass zusätzliche Erfahrungen mit abnehmenden Grenz"erträgen" für die Bildung von Referenzpreisen einhergehen.

Weiterhin ist auffällig, dass die Befragten die Preise in Tankstellenshops dann niedriger einschätzen, wenn sie das jeweilige Produkt dort kaufen – damit aber nicht unbedingt präzisere Schätzungen abgeben. Hier könnten Anpassungsmechanismen, wie sie in der Dissonanztheorie formuliert werden, eine Rolle spielen.

Betrachtet man die **Zusammenhänge zwischen den Schätzpreisen**, so zeigt sich zunächst, dass die Schätzpreise für ein Produkt bei beiden Betriebstypen stark positiv miteinander korrelieren. Auch einige andere Korrelationen zwischen den Preisen finden sich, wobei allerdings auffällt, dass mit den Schätzpreisen für MUMM keine einzige Korrelation existiert, sondern sich diese auf die drei übrigen Produkte beschränken. Dies ist ein Indiz dafür, dass es aus Kundensicht unterschiedliche Produktarten gibt, für die jeweils ein anderes Preisempfinden existiert.

Darüber hinaus liegen einige Korrelationen zwischen den Schätzpreisen und den **Sicherheiten** vor. Dabei ist vor allem Folgendes interessant: Für die Schätzpreise von MARS im übrigen Lebensmitteleinzelhandel und in Tankstellenshops sind alle existierenden Korrelationen mit Schätzsicherheiten negativ; je höher also der Schätzpreis für MARS, desto geringer die Schätzsicherheit für einige andere Produkte – oder umgekehrt formuliert: Personen, die eine eher geringe Schätzsicherheit in Bezug auf (einige) Preise angeben, schätzen den Preis für das Produkt MARS höher ein.

Alle anderen Korrelationen zwischen Schätzpreisen und Schätzsicherheiten sind dagegen positiv – je höher also die Schätzsicherheit, desto höher auch die Schätzpreise, und umgekehrt. Ebenfalls auffällig ist, dass nur für COCA COLA und MUMM eine Korrelation zwischen dem Schätzpreis für das jeweilige Produkt und den Schätzsicherheiten für das Produkt vorliegt, in beiden Fällen für den Schätzpreis in der Tankstelle und die Sicherheit in beiden Betriebstypen. Hier wird der Preis jeweils umso höher geschätzt, je höher die subjektiv wahrgenommene Sicherheit über die eigene Preiskenntnis ist. Dies kann auch in Zusammenhang mit den in Kap. 4.3.4.6.4 dargestellten Befunden von KOSENKO und RAHTZ stehen, die feststellten, dass bei einem stärker ausgeprägten Preiswissen die Preisschwellen höher liegen – scheinbar gilt dies nicht nur für das tatsächliche Preiswissen, sondern auch für die subjektiv empfundene Sicherheit darüber.

Aus diesen Erkenntnissen im Zusammenhang mit den Schätzpreisen ergeben sich die folgenden Hypothesen:

$H_{INFO\text{-}1}$: *Der interne Referenzpreis speist sich aus den vorhergegangenen Erfahrungen mit einem Produkt. Dabei nimmt der jeweilige „Ertrag“ einer zusätzlichen Erfahrung ab, so dass ab einem bestimmten Punkt ein stabiler interner Referenzpreis bei dem Kunden existiert.*

$H_{INFO\text{-}2}$: *Kunden, die ein bestimmtes Produkt in Tankstellen kaufen, schätzen seinen Preis dort geringer ein als Kunden, die das Produkt nicht in Tankstellen kaufen.*

H_{INFO-3}: *Für jedes Produkt korrelieren die geschätzten Preise für den übrigen Lebensmitteleinzelhandel positiv mit den geschätzten Preisen für Tankstellenshops.*

H_{INFO-4}: *Kunden unterteilen verschiedene Produktgruppen, für die unterschiedliche Preisempfindungen existieren.*

H_{INFO-5}: *Ob die Kunden bei höherer Sicherheit über ihre Preisschätzungen (also die subjektive Preiskenntnis) die Preise eher höher oder niedriger einschätzen, ist produktabhängig. Es besteht eine Tendenz, bei höherer Schätzung eine höhere Sicherheit zu empfinden bzw. bei höherer Sicherheit eine höhere Schätzung abzugeben.*

Für die **geschätzten Differenzen**, also das Verhältnis der jeweils geschätzten Preise für die ausgewählten Produkte in Tankstellenshops und im übrigen Lebensmitteleinzelhandel, zeigen sich nur wenige Zusammenhänge. So ist die geschätzte Differenz für AIRWAVES umso höher, je **älter** eine Person ist. Dies kann mit folgendem Ergebnis zusammenhängen: Ältere Kunden kaufen seltener AIRWAVES, und die geschätzte Differenz ist umso geringer, je häufiger das Produkt gekauft wird. Demnach wäre nicht das Alter, sondern die **Kaufhäufigkeit** und u. U. damit einhergehend die Sicherheit über die Preisschätzung, die Begründung für den Zusammenhang zwischen Alter und geschätzter Differenz. Betrachtet man die Unterschiede zwischen den Käufern und Nichtkäufern von Produkten in Tankstellenshops und den Differenzen, so zeigt sich darüber hinaus: Personen, die AIRWAVES oder MARS **in Tankstellen kaufen**, zeichnen sich durch eine geringere geschätzte Differenz zwischen den Preisen im übrigen Lebensmitteleinzelhandel und in Tankstellen aus, sofern Unterschiede existieren. Personen, die allerdings MUMM in Tankstellen kaufen, beziffern eine größere Differenz. Dies führt zu der Annahme, dass die Kunden, die MUMM in Tankstellen kaufen (ein Produkt, bei dem der beobachtete Preisaufschlag in der Tat mit Abstand der höchste der vier Produkte ist, siehe Tab. 4-40), aus dieser Erfahrung gelernt haben und diese auf andere Produkte übertragen. Dies ist ein deutlicher Hinweis auf die Generalisierung dieser Erfahrung und die Bildung von Preisimages.

Weiterhin finden sich einige Zusammenhänge zwischen den geschätzten Differenzen und den **Sicherheiten**. Dabei sind alle Korrelationen positiv: Je sicherer sich die Kunden sind, desto höher ist die geschätzte Differenz zwischen dem Preis in Tankstellenshops und im übrigen Lebensmitteleinzelhandel. Dies gilt nicht für alle Produkte, zeigt sich aber durchgängig in den Fällen, in denen signifikante Ergebnisse produziert werden.

Als Hypothesen ergeben sich die folgenden:

H_{INFO-6}: *Die Kunden übertragen ihre Erfahrungen aus einem Produktkauf in Tankstellenshops auf die Schätzung von Preisen für andere Produkte in Tankstellenshops: Sie generalisieren die Preise zu einem Preisimage.*

H_{INFO-7}: *Wenn die geschätzte Preisdifferenz und die Schätzsicherheit zusammenhängen, dann liegen positive Zusammenhänge vor: je höher die geschätzte Preisdifferenz, desto höher die Schätzsicherheit.*

Mit Blick auf die **Schätzsicherheiten** zeigt sich: Für das **Alter** liegt nur ein Effekt vor – die Schätzsicherheit für MUMM in Tankstellen steigt mit zunehmendem Alter. **Männer** – die, wie oben dargestellt, den Preis für AIRWAVES im übrigen Lebensmitteleinzelhandel niedriger schätzen als Frauen und mit ihrer Schätzung näher am ermittelten Durchschnittswert liegen – sind sich über ihre Preisschätzung für dieses Produkt, allerdings in Tankstellen, sicherer als Frauen. Weitere Zusammenhänge ergeben sich mit der **Intensität des Preisinteresses**: Hier ist die Schätzsicherheit für alle Kombinationen aus Produkten und Betriebstypen mit Ausnahme von AIRWAVES (Tankstelle) umso höher, je höher die Intensität des Preisinteresses ist; preisinteressierte Kunden sind also selbstsicherer im Hinblick auf ihre Preisschätzungen und vertrauen ihren Einschätzungen eher.[1024] Weiterhin ist die Sicherheit jeweils abhängig von der **Kaufhäufigkeit** für die Produkte: Je häufiger die Produkte gekauft werden, desto sicherer sind sich die Kunden in Bezug auf die Preisschätzung, vermutlich deshalb, weil mehr Erfahrung mit mehr Sicherheit einhergeht. Dies gilt jeweils für die Kaufhäufigkeit des Produktes, auf das sich auch die Schätzung bezieht, mit einer Ausnahme: Mit der Kaufhäufigkeit von MUMM steigt auch die Schätzsicherheit für COCA COLA in der Tankstelle.

Außer bei COCA COLA ist die Schätzsicherheit für die Tankstellenpreise dann höher, wenn das Produkt auch **in der Tankstelle gekauft** wird. Für AIRWAVES und MUMM gilt das außerdem für die Sicherheit bei dem Lebensmitteleinzelhandelspreis; daneben gibt es einige Ausstrahlungseffekte: Beispielsweise sind sich Käufer von MARS in Tankstellenshops bei der Preisschätzung für AIRWAVES sicherer als Nichtkäufer. Insgesamt kann man festhalten, dass Personen, die in Tankstellen einkaufen, sicherer in Bezug auf die Preiseinschätzungen dort sind. Dies gilt v. a. dann, wenn das betreffende Produkt gekauft wird, aber auch für andere Produkte.

Desweiteren wird offensichtlich, dass die Schätzsicherheiten für unterschiedliche Produkte sowie gleiche Produkte in unterschiedlichen **Betriebstypen** teilweise voneinan-

1024 Ein ähnliches Ergebnis zeigte sich auch bei der Faktorenanalyse für Teil 1 und 2, wo das Item, welches das subjektive Preiswissen messen sollte, mit einer positiven Faktorladung in den Faktor Intensität des Preisinteresses einging.

der abweichen: Für MARS sind sich die Kunden sicherer über den Preis in Tankstellen als über den im übrigen Lebensmitteleinzelhandel, für MUMM verhält es sich umgekehrt. Bei den beiden anderen Produkten ist die Schätzsicherheit für beide Betriebstypen gleich groß. Es zeigt sich außerdem, dass deutlich mehr Personen MARS in Tankstellenshops kaufen als MUMM, weswegen dieses Ergebnis die Hypothese stützt, dass die Schätzsicherheit von der Kaufhäufigkeit (auch: dem Kauf in Tankstellen) abhängt.

Ein Vergleich der **geschätzten Differenzen** zeigt, dass sie eine sehr große Spannweite zeigen und von Produkt zu Produkt stark variieren. Offenbar ist den Kunden bewusst, dass sich die Tankstellen-Preise stark unterscheiden und die Bepreisung anderen Regeln folgt als im übrigen Lebensmitteleinzelhandel.

Für die Schätzsicherheiten lassen sich auf Basis dieser Ergebnisse folgende Hypothesen formulieren:

H_{INFO-8}: *Wenn ein Produkt selten gekauft wird, steigt die Schätzsicherheit mit dem Alter.*

H_{INFO-9}: *a) Je preisinteressierter ein Kunde ist, desto sicherer fühlt er sich in Bezug auf seine Preiseinschätzung.*
b) Diese Preiseinschätzung selbst hängt hingegen <u>nicht</u> von der Intensität des Preisinteresses ab.

$H_{INFO-10}$: *Je höher die Kaufhäufigkeit für ein Produkt, desto höher ist die Schätzsicherheit für die Preise dieses Produkts.*

$H_{INFO-11}$: *a) Käufer eines bestimmten Produktes in Tankstellenshops fühlen sich sicherer in Bezug auf die Schätzung seines Preises in Tankstellenshops.*
b) Käufer eines bestimmten Produktes in Tankstellenshops fühlen sich auch insgesamt sicherer in Bezug auf die Schätzung der Preise allgemein in Tankstellenshops.

$H_{INFO-12}$: *Die Kunden schätzen die Preisdifferenzen zwischen übrigem Lebensmitteleinzelhandel und Tankstellenshop von Produkt zu Produkt sehr unterschiedlich ein. Es gibt <u>keinen</u> vermuteten pauschalen Aufschlag.*

4.4.5.3.5 Hypothesen: Preisbereitschaft

Die drei Kennzahlen der Preisbereitschaft weisen keinen Zusammenhang mit dem **Preisniveau** der Tankstelle auf, Kunden in Tankstellen mit niedrigem Preisniveau unterscheiden sich daher nicht von denen in Tankstellen mit hohem Niveau. Dies ist insofern interessant, als dass unterschiedliche Preisbereitschaften offenbar nicht die wahl bestimmter Tankstellen beeinflussen:

H_{PB-1}: *In Tankstellenshops unterscheiden sich die drei relativen Kennzahlen zur Preisbereitschaft bei hohem Preisniveau nicht von denen bei niedrigem Preisniveau.*

Die drei Kennzahlen der Preisbereitschaft weisen auch wenige andere Zusammenhänge auf; abgesehen von denen mit den Preisemotionen (die Preiswut korreliert positiv mit Preistoleranz 2, Preisärger und Preiswut negativ mit Preistoleranz 3) finden sich nur Hinweise auf Interdependenzen mit dem Preisinteresse und dem Stammkundengrad, also mit **moderierenden Variablen**.

Der bivariate Test für die Variablenkombination aus **Intensität des Preisinteresses** und Preistoleranz 1 – also der Relation zwischen dem maximal für die Tankstelle akzeptierten Preis und dem tatsächlich gezahlten Preis – produziert ein Ergebnis, das die Signifikanzschwelle nur sehr knapp unterschreitet, während alle anderen Tests nicht signifikant ausfallen. Es deutet sich an, dass mit einer steigenden Intensität des Preisinteresses die Preistoleranz 1 sinkt. Dies deckt sich mit bisher existierenden Erkenntnissen (siehe Kap. 4.3.4.3.4). Bemerkenswert ist, dass der Zusammenhang des Preisinteresses mit der Preistoleranz in Tankstellenshops – sofern er überhaupt besteht – nur sehr schwach ausgeprägt ist: Der Korrelationskoeffizient hat einen Wert von 0,08.

H_{PB-2}: *Die Intensität des Preisinteresses und die drei relativen Kennzahlen zur Preisbereitschaft für Tankstellenshops hängen entweder nicht oder nur sehr schwach negativ zusammen.*

Ebenso wird deutlich, dass die Gruppe, die im **Rangreihenverfahren** die Karte *niedrige Preise* als wichtig für den übrigen Lebensmitteleinzelhandel zog, sich von derjenigen Gruppe unterscheidet, die sie nicht zog, und zwar für Preistoleranz 2 und Preistoleranz 3 – beides diejenigen Toleranzen, die den maximal akzeptierten Preis für den übrigen Lebensmitteleinzelhandel beinhalten. Preistoleranz 2 (die Relation zwischen dem maximal in der Tankstelle und dem maximal im übrigen Lebensmitteleinzelhandel akzeptierten Betrag) in der fällt in erstgenannter Gruppe höher aus, während Preistoleranz 3 (die Relation zwischen dem gezahlten und dem maximal im übrigen Lebensmitteleinzelhandel akzeptierten Betrag) einen geringeren Wert annimmt. Der Effekt ist in beiden Fällen klein. Weil die absoluten Beträge aufgrund der Messweise nicht interpretierbar sind, kann über die Ursachen dieser Effekte nur spekuliert werden, so dass hier keine begründete Hypothese abgeleitet werden kann.

Außerdem sinkt die Preistoleranz 1 mit steigendem **Stammkundengrad**. Denkbar ist z. B., dass Personen mit einem hohen Stammkundengrad die betreffende Tankstelle als gewohnheitsmäßige Einkaufsstätte betrachten und weniger für Notkäufe nutzen, so dass ihre Toleranz für höhere Preise geringer ist.

H_{PB-3}: *Je höher der Stammkundengrad ist, desto geringer fällt die Preistoleranz 1 aus. Der Effekt ist klein.*

Betrachtet man die **Reaktionsvariable**, so zeigt sich auch hier interessanterweise kein Zusammenhang: Unterschiedliche Preisbereitschaften führen damit nicht zu einem unterschiedlichen beobachtbaren Kaufverhalten:

H_{PB-4}: *Die drei relativen Kennzahlen zur Preisbereitschaft haben in Tankstellenshops keinen Einfluss auf das direkt beobachtbare Kaufverhalten: Nichtkäufer, Käufer preisgebundener Produkte und Käufer nicht preisgebundener Produkte unterscheiden sich nicht im Hinblick auf diese Kennzahlen.*

Insgesamt ist bemerkenswert, dass sich nur wenige Hinweise darauf finden, welche Faktoren die Preisbereitschaft beeinflussen und welche Wirkungen sie hat, weswegen dieses Konstrukt in Kap. 5 eingehender beleuchtet wird.

4.4.5.3.6 Hypothesen: Preisvertrauen

Für zwei von den drei Variablen des Preisvertrauens treten direkte Zusammenhänge mit dem **Preisniveau** auf. Dies betrifft Preistransparenz und Eigennutz: Die Preistransparenz fällt bei niedrigem Preisniveau deutlich besser aus. Umgekehrt wird der Eigennutz bei hohem Preisniveau besser bewertet – der Betreiber wird hier als weniger eigennützig wahrgenommen. Im ersten Fall liegt möglicherweise nicht das Preisniveau, sondern folgender Umstand dem Ergebnis zugrunde: Bei der untersuchten Tankstellenmarke ist derzeit ein Modernisierungsprozess im Gange. Diejenigen Tankstellen, die ein niedriges Preisniveau aufwiesen, waren überwiegend (drei von vieren) modernisiert und wirkten daher klarer strukturiert und aufgeräumter, während von den Tankstellen mit hohem Preisniveau nur eine (von vieren) modernisiert war. Einen zusätzlichen Hinweis gibt auch eine weitere Varianzanalyse: Bezieht man den Umbaustatus der Tankstelle (neben dem Preisniveau) als zusätzlichen festen Faktor und die Konstrukte als abhängige Variablen ein, so ist die Preistransparenz die einzige Variable, bei welcher der Haupteffekt des Preisniveaus – obwohl im bivariaten Test ein signifikantes Ergebnis erzielt wird – nicht mehr signifikant ist, während der Effekt des Umbaustatus´ jedoch fast das angestrebte Signifikanzniveau erreicht. Im nächsten Untersuchungsschritt, der in Kap. 5 beschrieben wird, dient daher der Modernisierungsgrad der Tankstelle als zusätzliche Variable; für die Hypothesenbildung wird dieser Umstand bereits berücksichtigt:

$H_{VER\text{-}1}$: *Die Preistransparenz wird in modernisierten Tankstellen als höher empfunden.*

Betrachtet man den Zusammenhang zwischen Preisniveau und Eigennutz, so lässt sich über die Hintergründe ebenfalls nur spekulieren, denn es erscheint zunächst nicht plausibel, dass die Kunden gerade bei hohem Preisniveau geringen Eigennutz des Betreibers empfinden. Denkbar sind z. B. Anpassungsmechanismen der Kunden, die sich ihren eigenen Einkauf in Tankstellen mit hohen Preisen im Sinne der Dissonanztheorie rechtfertigen. Genauso möglich ist jedoch, dass andere Aspekte eine Rolle spielen, die sich eher auf die Zufriedenheit der Kunden mit der Tankstelle und ihrem Leistungsangebot beziehen; dies wird im folgenden Kapitel berücksichtigt. Ähnlich wie in Bezug auf die Variable Preisärger wird daher hier die Forschungshypothese als Nullhypothese formuliert:

$H_{VER\text{-}2}$: *Der Betreiber eines Tankstellenshops wird bei hohem Preisniveau <u>nicht</u> eigennütziger wahrgenommen als bei niedrigem Preisniveau.*

Im Hinblick auf die **moderierenden Variablen** zeigen sich für die Preistransparenz, die Preisehrlichkeit und den wahrgenommenen Eigennutz zahlreiche Effekte. Für die **Preistransparenz** lässt sich insbesondere festhalten, dass sie bei zunehmender Erfahrung mit Preisen steigt. Dies zeigt sich z.B. im Effekt des **Alters**: Der direkte – allerdings kleine – Effekt tritt insofern auf, als dass die wahrgenommene Preistransparenz mit dem Alter steigt. Auch der moderierende Effekt weist in eine ähnliche Richtung: Während bei höherem Alter kein Unterschied für die Preistransparenz bei hohem und niedrigem Preisniveau (also vermutlich bei unterschiedlichem Modernisierungsgrad) festzustellen ist, nehmen jüngere Kunden bei niedrigem Preisniveau (und überwiegend renovierten Tankstellenshops) die Preistransparenz besser wahr als bei hohem. Zu berücksichtigen ist hierbei, dass die Tankstellenkunden grundsätzlich relativ jung sind und nur wenige Personen Altersgruppen angehören, die körperlich eingeschränkt sind und z. B. Probleme mit dem Lesen von Preisauszeichnungen haben könnten und bei denen daher die wahrgenommene Preistransparenz abnehmen könnte.

Auch bei steigender (allgemeiner) **Intensität des Preisinteresses** wird die Preistransparenz besser wahrgenommen, was möglicherweise damit zusammenhängt, dass preisinteressierte Kunden mehr auf Preise achten und daher über mehr Erfahrungen mit Preisen verfügen – und diese dann als transparenter wahrnehmen. Interessant ist die Beobachtung, dass diejenige Kundengruppe, die die Karte ***niedrige Preise*** für Tankstellenshops nicht zog, die Preistransparenz besser beurteilt als diejenigen, die sie als wichtig zogen. Offenbar wirkt also die auf den Tankstellenshop bezogene Preisgewichtung in die entgegengesetzte Richtung: Wenn die Preise in Tankstellenshops wichtig sind, wird die Transparenz schlechter beurteilt – möglicherweise werden strengere Maßstäbe angelegt.

In Verbindung mit der Beobachtung, dass die wahrgenommene Preistransparenz bei steigenden Erfahrungen zunimmt, tritt ein weiterer Effekt auf: Je höher der **Stammkundengrad**, desto transparenter werden die Preise wahrgenommen. Dieser Effekt könnte ebenfalls damit zu erklären sein, dass Kunden, die die Tankstelle häufiger aufsuchen, mehr Erfahrungen mit der Preisauszeichnung vor Ort gesammelt haben und die Preise aufgrund ihres erworbenen Wissens als transparenter registrieren. Darüber hinaus wirkt der Stammkundengrad moderierend: Bei einem hohen Stammkundengrad wird die Preistransparenz bei niedrigem Preisniveau (und damit in modernisierten Tankstellen) höher wahrgenommen als bei hohem Preisniveau. Die Preistransparenz wird damit von den Stammkunden nicht nur als höher wahrgenommen, sondern sie differenzieren ihr Urteil auch nach Modernisierungsgrad. Ein ähnlicher Effekt zeigt sich auch bei Einteilung in **Shop-, Tank- und Beides-Kunden** – diejenigen Kunden, die in Tankstellen einkaufen, nehmen die Preistransparenz in modernisierten Tankstellen als höher wahr. Eine ähnliche Beobachtung lässt sich auch bei niedriger **Kaufkraft** (die allerdings einen Zusammenhang mit einer hohen Intensität des Preisinteresses aufweist, so dass dieser Effekt vermutlich aus diesem Umstand rührt) und hoher **Wettbewerbsintensität** machen, also in solchen Regionen, in denen zu vermuten ist, dass die Kunden mehr Vergleichsmöglichkeiten haben. Eine ähnliche Tendenz weist die Beobachtung auf, dass nur an **Wochenendtagen** – an denen zu vermuten ist, dass die Kunden über mehr Zeit verfügen und sich daher stärker mit den Preisen auseinandersetzen – in modernisierten Tankstellen die Preistransparenz als höher wahrgenommen wird.

Aus diesen Beobachtungen ergeben sich die folgenden Hypothesen in Bezug zur Preistransparenz in Tankstellenshops:

$H_{VER\text{-}3}$: *Die wahrgenommene Preistransparenz in Tankstellenshops steigt mit zunehmender Erfahrung des Probanden mit Preisen im Allgemeinen und der untersuchten Tankstelle im Speziellen. Dies äußert sich in positiven Zusammenhängen der Preistransparenz in Tankstellenshops mit*
a) dem Alter (kleiner Effekt),
b) der (allgemeinen) Intensität des Preisinteresses (kleiner Effekt) und
c) dem Stammkundengrad (kleiner Effekt).

$H_{VER\text{-}4}$: *Kunden, denen der Preis speziell in Tankstellenshops wichtig ist, stellen höhere Ansprüche an die Preistransparenz in Tankstellenshops. Dies äußert sich in einer als schlechter wahrgenommenen Preistransparenz bei diesen Personen (kleiner Effekt).*

$H_{VER\text{-}5}$: *Jüngere Personen, Personen, die über größere Erfahrungen mit dem Einkauf in der speziellen Tankstelle oder in Tankstellen im Allgemeinen verfügen und Personen in Regionen mit mehr Vergleichsmöglichkeiten oder mehr Zeit, sich mit den Preisen auseinanderzusetzen, nehmen die Preistransparenz in modernisierten Tankstellen als höher wahr. Dies äußert sich in moderierenden Effekten*
a) des Alters (kleiner Effekt), jüngere Kunden beurteilen die Preistransparenz in modernisierten Tankstellenshops besser;
b) des Stammkundengrades (kleiner Effekt), bei hohem Stammkundengrad wird die Preistransparenz in modernisierten Tankstellenshops besser beurteilt;
c) der Einteilung in Shop-, Tank- und Beides-Kunden (kleiner Effekt), Shop- und Beides-Kunden beurteilen die Preistransparenz in modernisierten Tankstellenshops besser;
d) der Kaufkraft (kleiner Effekt), bei niedriger Kaufkraft (und damit höherem Preisinteresse) wird die Preistransparenz in modernisierten Tankstellen besser beurteilt;
e) der Wettbewerbsintensität (kleiner Effekt), bei hoher Wettbewerbsintensität wird die Preistransparenz in modernisierten Tankstellen besser beurteilt;
f) der Unterscheidung in Werktage und Wochenendtage (kleiner Effekt), an Wochenendtagen wird die Preistransparenz in modernisierten Tankstellen besser beurteilt.

Für die **Preisehrlichkeit** zeigt sich ein Einfluss des **Geschlechts**: Männer nehmen die Preisehrlichkeit etwas höher wahr als Frauen. Dieser Effekt könnte auch mit dem Umstand in Verbindung stehen, dass Frauen preisinteressierter sind und die Preisehrlichkeit mit steigender Intensität des Preisinteresses geringer wahrgenommen wird. Diese Beobachtung – der Zusammenhang zwischen **Intensität des Preisinteresses** und Preisehrlichkeit – wird bekräftigt durch die Unterschiede zwischen den anhand des **Rangreihenverfahrens** für den übrigen Lebensmitteleinzelhandel und die Tankstellenshops gebildeten Gruppen: Die Preisehrlichkeit wird in der Gruppe derjenigen, die *niedrige Preise* als wichtig zog, schlechter beurteilt als von derjenigen, die sie nicht zog. Da sich kein Zusammenhang zwischen der Kartenziehung und dem Geschlecht des Probanden zeigte, ist davon auszugehen, dass erstens Frauen und zweitens preisinteressierte Personen die Preisehrlichkeit in Tankstellenshops geringer empfinden.

Dagegen steht der **Stammkundengrad** in positivem Zusammenhang mit der Preisehrlichkeit: Je höher der Stammkundengrad, desto höher wird die Preisehrlichkeit wahrgenommen. Ob der Stammkundengrad deshalb höher ist, weil die Preisehrlichkeit her empfunden wird, ob es sich umgekehrt verhält oder ob andere Gründe eine Rolle für den beobachteten Effekt spielen, kann hier nicht geklärt werden. Eine ähnliche Tendenz, nämlich eine bessere Beurteilung der Ehrlichkeit bei stärkerer Nutzung des Tankstellenshops, zeigt sich bei Betrachtung der Einteilung in Shop-, Tank- und Beides-Kunden: Tank-Kunden unterscheiden sich von Beides- und Shop-Kunden, sie nehmen die Preisehrlichkeit am geringsten wahr.

Ebenfalls in eine ähnliche Richtung geht die Beobachtung, dass Personen, die die Tankstelle **direkt ansteuern**, die Preisehrlichkeit besser beurteilen als diejenigen, die in der Freizeit unterwegs sind. Ob hier wiederum Anpassungsmechanismen eine Rolle spielen und die Kunden die Tankstelle deshalb besser beurteilen, weil sie sie direkt ansteuern, oder ob es sich umgekehrt verhält, kann nicht geklärt werden.

Weiterhin zeigt sich ein moderierender Effekt der Unterteilung in **Werktage und Wochenendtage**: Nur an Wochenendtagen wird die Preisehrlichkeit in Tankstellen mit niedrigem Preisniveau höher empfunden. Hier kann über die Ursachen nur spekuliert werden; möglicherweise besteht eine Verbindung zwischen dem Zeitdruck, unter dem die Tankstelle aufgesucht wird, und der Wahrnehmung der Preisehrlichkeit.

Es lässt sich also in Bezug auf die Preisehrlichkeit Folgendes festhalten:

H_{VER-6}: *Männer nehmen die Preisehrlichkeit in Tankstellenshops höher wahr als Frauen. Der Effekt ist klein.*

H_{VER-7}: *Mit steigendem Preisinteresse wird die Preisehrlichkeit in Tankstellenshops geringer empfunden. Dies äußert sich in den folgenden Effekten:*
a) Mit steigender (allgemeiner) Intensität des Preisinteresses sinkt die wahrgenommene Preisehrlichkeit in Tankstellenshops. Der Effekt ist klein.
b) Personen, denen der Preis im übrigen Lebensmitteleinzelhandel wichtig ist, beurteilen die Preisehrlichkeit in Tankstellenshops schlechter Personen, die dem Preis neutral gegenüberstehen. Der Effekt ist klein.
c) Personen, denen der Preis in Tankstellenshops wichtig ist, beurteilen die Preisehrlichkeit in Tankstellenshops schlechter als Personen, die dem Preis neutral gegenüberstehen. Der Effekt ist klein.

H_{VER-8}: *Personen, die eine höhere Affinität zu Tankstellenshops haben, bewerten die Preisehrlichkeit in Tankstellenshops besser als andere Personen. Dies äußert sich wie folgt:*
a) Je höher der Stammkundengrad in Bezug auf die untersuchte Tankstelle, desto höher wird die Preisehrlichkeit in Tankstellenshops wahrgenommen. Der Effekt ist klein.

b) Tank-Kunden nehmen die Preisehrlichkeit in Tankstellenshops geringer wahr als Shop-Kunden und Beides-Kunden. Die Effekte sind klein bis moderat.

c) Personen, die die Tankstelle direkt angesteuert haben, nehmen die Preisehrlichkeit in Tankstellenshops höher wahr als Personen, die die Tankstelle auf dem Weg zu einer Freizeitaktivität ansteuern. Der Effekt ist klein.

$H_{VER\text{-}9}$: *Die Art des Tages und damit der Zeitdruck, unter dem ein Kunde steht – gemessen an der Unterteilung in Werktage und Wochenendtage – wirkt moderierend auf den Effekt zwischen Preisniveau und wahrgenommener Preisehrlichkeit. An Wochenendtagen empfinden die Kunden in Tankstellenshops die Preisehrlichkeit bei niedrigem Preisniveau als niedriger. Der Effekt ist klein.*

Für den **Eigennutz** zeigt sich nur ein direkter Effekt mit moderierenden Variablen. So bewerten Personen, die den **Preis in Tankstellenshops als wichtig** erachten, den Betreiber als eigennütziger, sie fühlen sich eher übervorteilt:

$H_{VER\text{-}10}$: *Die Kunden, die die Preise in Tankstellen für wichtig erachten, bewerten den Eigennutz in Tankstellenshops höher als diejenigen, die dem Preis neutral gegenüberstehen. Der Effekt ist klein.*

Weiterhin finden sich drei moderierende Effekte: **Ältere** Personen, Personen mit einem niedrigen **Stammkundengrad** und Personen bei hoher **Kaufkraft** empfinden den Eigennutz gerade in denjenigen Tankstellen, in denen das Preisniveau verhältnismäßig niedrig ist, als hoch.

Über die Ursachen kann nur spekuliert werden; denkbar sind auch hier z. B. Rechtfertigungprozesse im Sinne der Attributionstheorie: So ist es möglich, dass Personen mit geringem Stammkundengrad in der untersuchten Tankstelle diese Tankstelle vor allem dann, wenn sie positive Merkmale aufweist, schlechter beurteilen – um die von ihnen präferierten Tankstellen im Vergleich besser dastehen zu lassen. Diese Vermutungen können jedoch nur spekulativ sein, weswegen auf die Formulierung einer Hypothese verzichtet wird.

Hypothesen für die Zusammenhänge zwischen Preisvertrauen und den übrigen **Organismusvariablen** wurden bereits formuliert: Für die Preisemotionen in Kap. 4.4.5.3.1, für die Preisbeurteilung in Kap. 4.4.5.3.3. Die weitere Betrachtung zeigt, dass alle drei Variablen des **Preisvertrauens** miteinander korrelieren, was nicht verwundern kann. Die Korrelationen sind durchweg positiv und moderat.

$H_{VER\text{-}11}$: *Die drei Variablen Preistransparenz, Eigennutz und Preisehrlichkeit korrelieren in Tankstellenshops untereinander jeweils mit mittlerer Stärke.*

Darüber hinaus finden sich für Eigennutz und Preisehrlichkeit auch Zusammenhänge mit der **Reaktionsvariablen**. Käufer nicht preisgebundener Produkte bewerten beide Größen besser als Käufer von preisgebundenen. Zudem bewerten sie die Preisehrlichkeit besser als Nichtkäufer. Dies steht in Zusammenhang mit der oben formulierten Hypothese $H_{VER\text{-}8}$ und lässt zwei Deutungen zu: Entweder, die Kunden werden deshalb zu Käufern nicht preisgebundener Produkte, weil sie den Betreiber als weniger eigennützig und als preisehrlich empfinden – oder es spielen auch hier Anpassungsmechanismen eine Rolle, die dazu führen, dass der Tankstellenshop besser bewertet wird, weil dort eingekauft wird.

$H_{VER\text{-}12}$: *a) Käufer von nicht preisgebundenen Produkten bewerten den Eigennutz des Betreibers in Tankstellenshops weniger hoch und die Preisehrlichkeit höher als Käufer von preisgebundenen Produkten.*
b) Käufer von nicht preisgebundenen Produkten bewerten die Preisehrlichkeit in Tankstellenshops höher als Nichtkäufer. Die Effekte sind klein.

5 Untersuchungsphase 2: Weiterführende Untersuchung ausgewählter Aspekte des Preisverhaltens von Kunden in Tankstellen-shops und Hypothesenprüfung

5.1 Zielsetzung und Erweiterung

Wie in Kap. 4.4.5 bereits erwähnt, wirft die exploratorische Untersuchung neue Fragen auf. Insbesondere die Ergebnisse für das Preiswürdigkeitsurteil und die Preisbereitschaft bieten Anlass zu ergänzenden Überlegungen: So wird deutlich, dass das **Preiswürdigkeitsurteil** für Tankstellenshops weitaus besser als das Preisgünstigkeitsurteil ausfällt. Offenbar gleicht also die vom Kunden wahrgenommene Leistung des Tankstellenshops das hohe absolute Preisniveau aus; in diesem Zusammenhang ist es für die Betreiber der Tankstellenshops von Interesse, ob es bestimmte Leistungsbestandteile sind, die von den Kunden als relevant empfunden werden und diesen Effekt hervorrufen.

Für die **Preisbereitschaft** kommt die exploratorische Untersuchung zu dem Ergebnis, dass sie sehr stark von Person zu Person variiert und zudem der maximal akzeptierte Preis für den Tankstellenshop sowohl über dem tatsächlich gezahlten Betrag als auch über dem für den übrigen Lebensmitteleinzelhandel gebilligten liegt. Allerdings lässt sich in Untersuchungsphase 1 nicht feststellen, welche Faktoren zu diesen Effekten führen.

Aus diesen Gründen verfolgte die nächste Untersuchungsphase zwei **Ziele**, nämlich erstens die Überprüfung der in Phase 1 formulierten Hypothesen in Bezug auf das Preiswürdigkeitsurteil und die Preisbereitschaft und zweitens die Identifikation von (weiteren) Einflussfaktoren für diese zwei Größen. Weil für beide Zielsetzungen die Leistung des Tankstellenshops eine große Rolle spielt, da das Preiswürdigkeitsurteil auf das Preis-Leistungs-Verhältnis abzielt und die Preisbereitschaft das monetäre Äquivalent zum wahrgenommenen Nutzen der Leistung abbildet, wird das **Modell erweitert** und die Wahrnehmung der Tankstellenleistung aus Kundensicht berücksichtigt. Darüber hinaus wird, wie bereits angesprochen, der Umbaustatus der Tankstelle als Variable berücksichtigt und, um auch warengruppenspezifische Unterschiede des Verhaltens analysieren zu können, ferner der Kauf aus bestimmten Warengruppen als Variable aufgenommen.

5.2 Modellierung der neu eingeführten Variablen und erweiterter Arbeitsrahmen

5.2.1 Leistungskomponente des Tankstellenshops aus Kundensicht

5.2.1.1 Vorüberlegungen zur Messung der Leistungskomponente

Um die wahrgenommene Leistung aus Kundensicht zu modellieren, existieren zahlreiche Ansätze, wie bereits in Kap. 4.3.4.5 erwähnt wurde. Eine einheitliche Vorgehensweise hat sich bisher nicht etabliert. Problematisch ist insbesondere, dass die Leistungskomponente individuell erfasst werden muss, und anzunehmen ist, dass für jedes Individuum unterschiedliche Aspekte der Leistung von Tankstellenshops von Bedeutung sind: So kann für den einen Kunden z. B. die Schnelligkeit des Einkaufs entscheidend sein, während für den nächsten das Angebot bestimmter Produkte im Sortiment ausschlaggebend ist. Daraus ergibt sich, dass nicht nur die Beurteilung von Leistungskomponenten des Tankstellenshops eine Rolle spielt, sondern auch die Bedeutung dieser Leistungskomponente für den jeweiligen Kunden in die Messung einbezogen werden muss.

Einen Ansatz, der dies berücksichtigt und sowohl reliable als auch valide Aussagen zulässt,[1025] liefert die KANO-Methode, die teilweise auch bei der Untersuchung der Zufriedenheit – auch der Preiszufriedenheit – eingesetzt wird, wenn asymmetrische Beziehungen zwischen der Wahrnehmung bestimmter Merkmale und der Zufriedenheit modelliert werden sollen.[1026] Asymmetrische Beziehungen bestehen dann, wenn wie im oben angeführten Beispiel die Leistungskomponenten unterschiedliche Bedeutung für die Kunden haben: Betrachtet ein Kunde es als Selbstverständlichkeit, dass Einkaufsstätten sauber sind, so wird die Erfüllung dieser Erwartung kaum zu Zufriedenheit führen – die Nichterfüllung aber zu Unzufriedenheit. Mit der Asymmetrie der Zufriedenheit beschäftigen sich die aus der Prospect-Theorie[1027] entwickelten Ansätze und die Zwei-Faktor-Theorie nach HERZBERG sowie das KANO-Modell.

Die **Zwei-Faktor-Theorie** nach HERZBERG postuliert, dass es zwei unterschiedliche Typen von Anforderungen an Objekte gibt, die die Zufriedenheit beeinflussen. Dabei handelt es sich um „Hygiene"-Faktoren und „Motivator"-Faktoren. Während Hygiene-Faktoren nur zur Vermeidung von Unzufriedenheit führen, aber keine Zufriedenheit

1025 Siehe hierzu z. B. die Arbeit von Sauerwein 2000.
1026 Siehe hierzu z. B. die Arbeit von Zielke 2006a.
1027 Siehe hierzu die Erläuterungen in Kap. 4.3.4.5.

erzeugen, rufen Motivator-Faktoren Zufriedenheit hervor (wenn die Erwartungen an sie erfüllt sind), aber keine Unzufriedenheit (wenn sie nicht erfüllt sind).[1028] Diese Theorie liefert damit die Basis für die Betrachtung asymmetrischer Beziehungen zwischen der Wahrnehmung und der Zufriedenheit.[1029]

Eine Weiterentwicklung der Zwei-Faktor-Theorie stellt das **Kano-Modell** dar. KANO, SERAKU, TAKAHASHI und TSUIJ schlagen vor, die zwei Faktoren von HERZBERG um weitere vier zu erweitern, und unterscheiden in:[1030]

- Basis-Anforderungen (Must-be Quality Elements): entsprechen den Hygiene-Faktoren bei HERZBERG;
- Begeisterungsanforderungen (Attractive Quality Elements): entsprechen den Motivator-Faktoren bei HERZBERG;
- Leistungsanforderungen (One-Dimensional Quality Elements): stiften bei Erfüllung Zufriedenheit und bei Nichterfüllung Unzufriedenheit;
- indifferente Anforderungen (Indifferent Quality Elements): stiften weder Zufriedenheit noch Unzufriedenheit;
- entgegengesetzte Anforderungen (Reverse Quality Elements): stiften bei Erfüllung Unzufriedenheit und bei Nichterfüllung Zufriedenheit;
- Fragwürdige Anforderungen (Seceptical Answer): führen bei Erfüllung und bei Nichterfüllung zu Zufriedenheit oder bei Erfüllung und Nichterfüllung zu Unzufriedenheit.[1031]

Die Zuordnung der Leistungskomponenten zu den Anforderungsarten für jeden einzelnen Kunden kann anschließend mit der Beurteilung dieser Komponenten durch den Kunden verknüpft werden: Auf diese Weise wird gewährleistet, dass für jeden Kunden nur diejenigen Aspekte in die Beurteilung der Tankstellenleistung einfließen, die für ihn relevant sind.

5.2.1.2 Messung der Leistungskomponente in der vorliegenden Untersuchung

Für die Anwendung der KANO-Methode waren im Vorfeld drei Fragen zu klären, nämlich: Welche Leistungskomponenten werden berücksichtigt? Wie werden die Leis-

---

1028 Vgl. Herzberg/Mausner/Snyderman 1959, S. 71 ff.; Herzberg 1966, S. 113 ff. Die Theorie bezieht sich auf die Erklärung der Arbeitszufriedenheit, wurde aber in der Folgezeit auf die Zufriedenheit mit Produkten oder Dienstleistungen übertragen, siehe z. B. die Aufsätze von Maddox 1981 und Johnston 1995.

1029 Vgl. Zielke 2006a, S. 9.

1030 Vgl. den Aufsatz von Kano et al. 1984.

1031 Vgl. den Aufsatz von Kano et al. 1984; die deutsche Übersetzung der Anforderungsarten stammt von Bailom et al. 1996, S. 118 ff.

tungskomponenten zu den genannten Anforderungsarten zugordnet? Wie wird das Urteil über die jeweilige Leistungskomponente erhoben?

Um die Vergleichbarkeit mit den in Untersuchungsphase 1 erhobenen Informationen zu gewährleisten, kommen die aus den Gruppendiskussionen extrahierten **Leistungskomponenten** von Tankstellenshops, die bereits im Rangreihenverfahren genutzt wurden, prinzipiell auch hier zur Anwendung. Allerdings ist die Abfrage mit Hilfe der KANO-Methode recht komplex und zeitaufwendig (siehe hierzu weiter unten in diesem Kapitel), so dass eine Begrenzung und leichte Umformulierung der einbezogenen Merkmale vorgenommen wird. In die Untersuchungsphase 2 gehen ein:

- nahe am Wohnort,
- Erreichbarkeit,
- gute Zufahrt,
- Parkmöglichkeiten,
- Vertrauenswürdigkeit des Betreibers,
- Übersichtlichkeit,
- Möglichkeit, schnell einzukaufen,
- Möglichkeit, bequem einzukaufen,
- angenehme Atmosphäre,
- Freundlichkeit des Personals,
- guter Service,
- große Produktauswahl,
- niedrige Preise,
- Sauberkeit,
- hohe Warenqualität.

Zur **Erhebung der Anforderungsart** sieht die KANO-Methode folgendes Vorgehen vor: Die Probanden müssen für jedes Merkmal zwei Fragen beantworten, nämlich eine funktionale und eine dysfunktionale. Die funktionale Frage misst das Zufriedenheitspotenzial, die dysfunktionale das Unzufriedenheitspotenzial des jeweiligen Merkmals.Die Tab. 5-1 dokumentiert die eingesetzte Fragetechnik.[1032]

1032 Vgl. Bailom et al. 1996, S. 120, für die Formulierung der Fragen und Antwortkategorien in deutscher Sprache.

Art der Frage	Frage	Antwortmöglichkeiten
funktional	Wie denken Sie beim Einkauf in Tankstellen-shops ganz allgemein darüber, wenn [Merkmal] vorhanden ist?	1 = Das würde mich sehr freuen. 2 = Das setze ich voraus. 3 = Das ist mir egal. 4 = Das könnte ich evtl. in Kauf nehmen. 5 = Das würde mich sehr stören.
dysfunktional	Und wie denken Sie über den umgekehrten Fall, wenn also [Merkmal] nicht vorhanden ist?	

Tab. 5-1: Vorgehen nach der KANO-Methode in der vorliegenden Untersuchung

Aus der Kombination beider Antworten ergibt sich für jeden Kunden die Einstufung des Merkmals in die genannten sechs Anforderungsarten. Zu diesem Zweck entwickelten KANO et al. ein Kategorisierungsschema, das auch hier der Einordnung dient (siehe Abb. 5-1).

		Dysfunktionale Frage				
		Das würde mich sehr freuen.	Das setze ich voraus.	Das ist mir egal.	Das könnte ich evtl. in Kauf nehmen.	Das würde mich sehr stören.
Funktionale Frage	Das würde mich sehr freuen.	FR	BE	BE	BE	LE
	Das setze ich voraus.	EN	IN	IN	IN	BA
	Das ist mir egal.	EN	IN	IN	IN	BA
	Das könnte ich evtl. in Kauf nehmen.	EN	IN	IN	IN	BA*
	Das würde mich sehr stören.	EN	EN	EN	EN	FR

BA: Basisanforderung; BE: Begeisterungsanforderung; EN: Entgegengesetzte Anforderung; FR: Fragwürdige Anforderung; IN: Indifferente Anforderung; LE: Leistungsanforderung

* Lesebeispiel: Antwortet ein Proband auf die funktionale Frage mit „Das könnte ich evtl. in Kauf nehmen“ und auf die dysfunktionale mit „Das würde mich sehr stören“, handelt es sich bei dem Merkmal für diesen Kunden um eine Basisanforderung.

Abb. 5-1: Kategorisierungsschema für die Anwendung der KANO-Methode (Quelle: In Anlehnung an Bailom et al. 1996, S. 121; Zielke 2006a, S. 22)

Um die so erhobenen Daten zu aggregieren und Aussagen über das Zufriedenheits- und Unzufriedenheitspotenzial der jeweiligen Merkmale über alle Kunden treffen zu können, werden die Häufigkeiten der Einstufungen gezählt und Koeffizienten gebildet, die zum Ausdruck bringen, in welchem Ausmaß die jeweiligen Merkmale Zufriedenheit und Unzufriedenheit stiften.[1033] Diese Koeffizienten berechnen sich wie folgt:

$$CS^{-} = (O + M) : (A + O + M + I)$$

$$CS^{+} = (A + O) : (A + O + M + I)$$

wobei

CS^- =	Unzufriedenheitspotenzial
CS^+ =	Zufriedenheitspotenzial
A =	Anzahl der Einstufungen als Begeisterungsanforderung
I =	Anzahl der Einstufungen als indifferente Anforderung
M =	Anzahl der Einstufungen als Basisanforderung
O =	Anzahl der Einstufungen als Leistungsanforderung

Fragwürdige Einstufungen werden bei der Koeffizientenbildung nicht berücksichtigt, da die Probanden in diesen Fällen wahrscheinlich fehlerhaft geantwortet haben (wenn für eine Eigenschaft die Antwort sowohl auf die funktionale als auch auf die dysfunktionale Frage lautet: „Das würde mich sehr freuen“ oder „Das würde mich sehr stören“). Entgegengesetzte Anforderungen gehen gemäß der oben genannten Berechnungsformel für die Koeffizienten ebenfalls nicht ein, könnten aber entsprechend den Antworten auf die funktionale und dysfunktionale Frage ebenso wie die übrigen Einstufungen berücksichtigt werden; da im Folgenden keine nicht wünschenswerten Eigenschaften abgefragt werden (und, wie in Kap. 5.5 zu sehen sein wird, die Probanden so gut wie keine entgegengesetzten Einstufungen vorgenommen haben), wird dem obigen Vorschlag gefolgt und sie werden außen vor gelassen.

Mit Hilfe der KANO-Methode ist es also möglich, für jeden Kunden zu ermitteln, in welche der Anforderungsarten die Merkmale aus seiner Sicht einzuordnen sind – womit sich die für ihn relevanten Merkmale, die also für ihn Zufriedenheit oder Unzufriedenheit stiften, ermitteln lassen. Diese Information kann mit der **Beurteilung** der Tankstellenmerkmale eines jeden Kunden kombiniert und so eine individuelle Bewertung der Tankstelle erhoben werden. Um die Beurteilung der Tankstellenmerkmale zu messen, wurde bei Erstellung des Fragebogens auf eine fünfstufige Skala zurückgegriffen, die durch ihre Ähnlichkeit mit Schulnoten für die Probanden einfach zu verstehen ist: Die Kunden mussten jedes der fünfzehn Merkmale auf einer Skala von 1 (sehr gut) bis 5 (sehr schlecht) beurteilen. Um nun ein Globalurteil zu ermitteln, wird das arithmetische

1033 Siehe hierzu und zur Bildung der folgenden Koeffizienten den Aufsatz von Berger/Blauth/ Boger 1993.

Mittel aus den Beurteilungen eines jeden Kunden über die für ihn relevanten Merkmale errechnet.

5.2.2 Umbaustatus der Tankstelle

Wie in Kap. 4.4.5.3 dargestellt, ergibt sich aus der exploratorischen Untersuchung die Vermutung, dass der Umbaustatus ebenfalls einen Einfluss auf das Preisverhalten der Kunden haben könnte. Dies scheint insbesondere für die Preistransparenz zu gelten, was insofern nachvollziehbar ist, als im Zuge der Modernisierung auch die Preisauszeichnung angepasst wurde. Zwar steht in Untersuchungsphase 2 die Preistransparenz nicht im Fokus; da es jedoch denkbar ist, dass für die Wahrnehmung der Leistung einer Tankstelle der Umbau- und damit der Modernisierungsstatus auch eine Rolle spielen könnte, geht er ebenfalls in die Untersuchung ein. Dabei wird folgendermaßen vorgegangen:

Zunächst werden alle acht Tankstellen – fünf umgebaute und drei nicht umgebaute – einbezogen, die auch in Untersuchungsphase 1 als Erhebungsorte dienten. Um die gleiche Anzahl von umgebauten und nicht umgebauten Erhebungsorten zu haben, werden noch zwei nicht umgebaute Tankstellen in der Untersuchung berücksichtigt. Diese wurden so ausgewählt, dass sie in Bezug auf die übrigen Merkmale je ein umgebautes Pendant aufweisen. Damit setzen sich die Erhebungsorte für Phase 2 wie in Tab. 5-2 dargestellt zusammen:

	Preisniveau	Kaufkraftindex	Wettbewerbs-intensität im Umfeld	Umbaustatus	In Phase 1 berück-sichtigt?
TS 1	hoch	hoch	hoch	umgebaut	ja
TS 2	hoch	hoch	niedrig	nicht umgebaut	ja
TS 3	hoch	niedrig	hoch	nicht umgebaut	ja
TS 4	hoch	niedrig	niedrig	nicht umgebaut	ja
TS 5	niedrig	hoch	hoch	umgebaut	ja
TS 6	niedrig	hoch	niedrig	umgebaut	ja
TS 7	niedrig	niedrig	hoch	umgebaut	ja
TS 8	niedrig	niedrig	niedrig	umgebaut	ja
TS 9	hoch	hoch	hoch	nicht umgebaut	nein; Pendant zu TS 1
TS 10	niedrig	niedrig	hoch	nicht umgebaut	nein; Pendant zu TS 7

Tab. 5-2: Auswahl der Erhebungsorte für Untersuchungsphase 2

5.2.3 Kauf in bestimmten Warengruppen

Um auch zu untersuchen, ob das Preisverhalten sich danach unterscheidet, auf welche Warengruppe der Kunde seine Aussage bezieht, wird im Folgenden in drei Kundengruppen unterschieden:

- Kunden, die ein oder mehrere Produkte aus der Kassenzone kauften, aber keine anderen Produkte;
- Kunden, die nur Getränke kauften;
- Kunden, die Sonstiges – also Produkte aus anderen Bereichen, z. B. Autozubehör, Tiefkühlprodukte oder Süßwaren von außerhalb der Kassenzone – kauften.

Die Berücksichtigung dieser drei Kundengruppen resultiert aus den folgenden Überlegungen: Generell wird angenommen, dass in der **Kassenzone**, mit der die Kunden während des Wartens auf den Bezahlvorgang in Berührung kommen, häufiger Impulskäufe[1034] stattfinden. Aufgrund der geringen kognitiven Steuerung von Impulskäufen liegt die Schlussfolgerung nahe, dass der Preis in diesen Fällen eine geringe Rolle spielt und daher das Preiswürdigkeitsurteil besser und die Preisbereitschaft höher ausfallen könnten. Die Kassenzone umfasst den gesamten Bereich unter dem Kassentresen, auf den Theken und hinter dem Kassenpersonal. Nicht zum Kassenzonenbereich gehören diejenigen Regale, die sich beim Kassiervorgang im Rücken der Kunden befinden.

Die Warengruppe **Getränke** wird ausgewählt, weil sie für die Tankstellenshops eine hohe Umsatzbedeutung hat und einen beträchtlichen Teil des Sortiments ausmacht – weshalb Informationen über das Kaufverhalten in dieser Warengruppe für Tankstellenbetreiber besonders relevant sind.

Die Gruppe **Sonstiges** erfasst Kunden, die außer den Getränken Produkte von außerhalb der Kassenzone kauften, die also bewusst einen bestimmten Bereich des Tankstellenshops ansteuerten, um dort ein Produkt auszuwählen. Möglicherweise erfolgen solche Käufe bewusster – d. h. mit einer höheren kognitiven Steuerung –, so dass auch der Preis hier eine höhere Rolle spielen könnte. Andererseits könnte es sich bei diesen Käufen auch um Notkäufe handeln, die für den Kunden eine Ausnahmesituation darstellen, und in der er bereit sein könnte, einen höheren Preis als üblicherweise zu zahlen.

1034 Unter einem Impulskauf versteht man einen Kauf, der (fast) nur auf affektiven Prozessen beruht und kaum kognitiv gesteuert wird, vgl. Kroeber-Riel/Weinberg/Gröppel-Klein 2009, S. 448. Siehe auch die Arbeiten von Baun 2003 und Posch 2005.

5.2.4 Zwischenergebnis: Angepasstes Modell zur Untersuchung des Preisverhaltens von Kunden in Tankstellenshops

Durch die erläuterten Erweiterungen ergibt sich für die folgende Untersuchung ein modifiziertes Modell, das – abgesehen von den bisher betrachteten Variablen – die drei neu eingeführten berücksichtigt und in der Abb. 5-2 dargestellt wird.

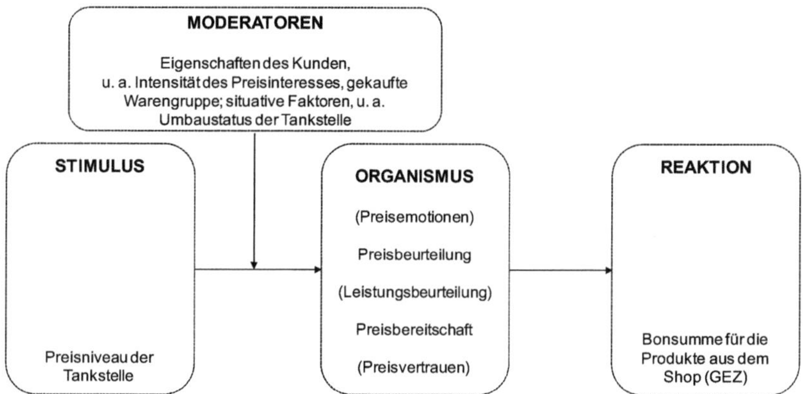

Abb. 5-2: Angepasstes Modell für Untersuchungsphase 2

Ähnlich wie in der in Kap. 4 beschriebenen Untersuchung wird auch hier ein Ausschnitt des S-O-R-Modells betrachtet: Es interessiert vor allem, welche Faktoren auf das Preiswürdigkeitsurteil und die Preisbereitschaft wirken, so dass diesen beiden Konstrukten hier – als abhängige Variablen – eine besondere Beachtung zukommt. Neu ist, dass der Umbaustatus der Tankstelle sowie die gekaufte Warengruppe als moderierende Variablen einbezogen werden, während die Leistungsbeurteilung den Konstrukten im Organismus zuzurechnen ist; vor allem die Wirkung der Variablen auf Preiswürdigkeitsurteil und Preisbereitschaft wird untersucht. Die Preisemotionen sowie das Preisvertrauen (und in diesem Zusammenhang wie zuvor die Preistransparenz, der Preiseigennutz und die Preisehrlichkeit) wurden erhoben, um die in Phase 1 aufgestellten Hypothesen testen zu können. Sie werden also nur im Zusammenhang mit Preiswürdigkeitsurteil und Preisbereitschaft betrachtet und sind daher in Abb. 5-2 in Klammern dargestellt. Zu beachten ist ferner, dass die Preisbereitschaft in dieser Untersuchungsphase etwas anders erhoben wurde: Anders als in Phase 1 wurden die Befragten nun gebeten, die Summe für alle im Shop gekauften Produkte als Maßstab heranzuziehen; die Interviewer waren den Befragten bei der Berechnung behilflich, sofern sie Unterstützung benötigten.[1035] Die Berücksichtigung der Gesamtsumme für den Shop-Einkauf hat den Vorteil, dass im Folgenden auch die absoluten Beträge in die Analyse eingehen können. Damit ist eine der Kennzahlen, die in Zusammenhang mit der Preisbereitschaft erhoben wurden, direkt beobachtbar und daher im Modell die Reaktionsvariable. Bei der folgenden Analyse wird sie gemeinsam mit den übrigen Variablen zur Preisbereitschaft behandelt, denn der tatsächlich gezahlte Betrag ist die „Mindest"-Preisbereitschaft des jeweiligen Befragten.

5.3 Konzeption und Durchführung der Erhebung in Untersuchungsphase 2

5.3.1 Methode und Ablauf der Datenerhebung in Untersuchungsphase 2

Auch für Untersuchungsphase 2 erfolgte die Erhebung durch eine **standardisierte persönliche Befragung**. Bei den Interviewern handelte es sich wieder um Studierende des Fachs Marketing und Handel, die im Vorfeld geschult wurden und die Gelegenheit hatten, sich mit dem Fragebogen auseinanderzusetzen und diesen zu diskutieren. Die Erhebung fand in zehn Tankstellenshops in Nordrhein-Westfalen statt. Anders als in Phase 1 wurde für die Auswahl der zu befragenden Kunden keine Quotierung festgelegt; es wurden stattdessen an allen Erhebungsorten möglichst viele Personen befragt, die mindestens ein nicht preisgebundenes Produkt gekauft hatten. So ergab sich für Untersuchungsphase 2 eine Gesamtstichprobe von 374 Personen. Die Tab. 5-3 zeigt die ausgewählten Tankstellenshops mit ihren Merkmalsausprägungen und der Anzahl der dort befragten Personen.[1036]

Die Befragungen fanden zwischen dem 05.03.2008 und dem 05.04.2008 unter Anleitung und Überwachung der Verfasserin statt. Um Verzerrungen durch die Befragung zu bestimmten Tageszeiten (z. B. Nichtberücksichtigung von Berufstätigen oder von bestimmten Berufsgruppen) zu vermeiden, wurde wiederum an allen Wochentagen und von 07:00 Uhr bis 21:00 Uhr befragt, wobei allerdings auch hier – wie schon in Phase 1 – die meisten Befragungen außerhalb der frühen Morgen- und späten Abendstunden stattfanden. Die Teilnehmer der Erhebung wurden auch in diesem Fall auf den wissenschaftlichen Zweck der Untersuchung hingewiesen. Es wurde ihnen Anonymität zugesichert.

1035 In Phase 1 blieb es den Befragten selbst überlassen, ob sie den Preis für ein einzelnes Produkt oder für mehrere heranziehen wollten, siehe hierzu Kap. 4.3.4.7.3.

1036 Insgesamt 11 Personen mussten später aus der Analyse ausgeschlossen werden, siehe hierzu Kap. 5.4.1.

	Preisniveau	Kaufkraftindex	Wettbewerbs-intensität im Umfeld	Umbaustatus	Befragte Personen
TS 1	hoch	hoch	hoch	umgebaut	40
TS 2	hoch	hoch	niedrig	nicht umgebaut	45
TS 3	hoch	niedrig	hoch	nicht umgebaut	55
TS 4	hoch	niedrig	niedrig	nicht umgebaut	18
TS 5	niedrig	hoch	hoch	umgebaut	26
TS 6	niedrig	hoch	niedrig	umgebaut	24
TS 7	niedrig	niedrig	hoch	umgebaut	45
TS 8	niedrig	niedrig	niedrig	umgebaut	39
TS 9	hoch	hoch	hoch	nicht umgebaut	41
TS 10	niedrig	niedrig	hoch	nicht umgebaut	41
					∑ 374

Tab. 5-3: Erhebungsorte und Anzahl befragter Personen in Untersuchungsphase 2

5.3.2 Grundgesamtheit und Stichprobenbildung in Untersuchungsphase 2

Wie in Untersuchungsphase 1 umfasst auch in Phase 2 die relevante Grundgesamtheit alle Kunden der untersuchten Tankstellenmarke – hier allerdings mit einer Einschränkung: Da Phase 2 insbesondere auf die Preisbereitschaft abzielte, wurden nur solche Kunden befragt, die mindestens ein nicht preisgebundenes Produkt gekauft hatten. Wie in Untersuchungsphase 1 können die der relevanten Grundgesamtheit angehörenden Personen nicht identifiziert werden; daher ergeben sich auch hier für die Stichprobenziehung und die folgenden inferenzstatistischen Auswertungsmethoden die bereits in Kap. 4.4.1.2 diskutierten Probleme, die bei der Interpretation der Ergebnisse zu berücksichtigen sind. Die zu befragenden Personen wurden genauso wie für Untersuchungsphase 1 ausgewählt: Die Befrager sprachen jede Person an, die ein nicht preisgebundenes Produkt kaufte, und baten sie um Teilnahme an der Untersuchung.

5.3.3 Aufbau des Fragebogens in Untersuchungsphase 2

Der Fragebogen in Untersuchungsphase 2 besteht aus sieben Fragenblöcken:[1037]

- Der erste enthält die Qualifizierungs- und Quotierungsfragen, die bereits in Phase 1 zum Einsatz kamen, sowie Fragen zu Hintergrundinformationen (Fragen 1-1 bis 1-6).
- Der zweite dient der Erhebung aller für die Anwendung der Kano-Methode notwendigen Informationen: Zunächst beurteilen die Kunden die Eigenschaften der Tankstelle. Anschließend folgt für jedes Merkmal die funktionale und dysfunktionale Frage (Fragen 2-1 bis 2-2).
- Der dritte umfasst die auch in Phase 1 eingesetzten Statements zur Ermittlung von Intensität des Preisinteresses, Preisgünstigkeitsurteil, Preiswürdigkeitsurteil, Preistransparenz, Preiseigennutz und Preisehrlichkeit (Frage 2-3).
- Der vierte enthält die Fragen zur Preisbereitschaft (Fragen 2-4 bis 2-7).
- Der fünfte dient der Erhebung der Preisemotionen. Die Items sind gleich wie in Phase 1 formuliert (Frage 2-8).
- Der sechste Fragenblock wurde auf Wunsch des Praxispartners eingefügt und erlaubt die Einordnung der Kunden in bestimmte vom Praxispartner gebildete Kundengruppen. Diese Einordnung spielt im weiteren Verlauf der vorliegenden Arbeit keine Rolle (Fragen 2-9 bis 2-10).
- Der siebente erhebt abschließend die soziodemografischen Merkmale der Probanden.

5.3.4 Soziodemografische Merkmale der Stichprobe in Untersuchungsphase 2

Die Stichprobe in Phase 2 weist die folgende Struktur auf:[1038]

- 65,6 % der befragten Personen sind männlich.
- Das Durchschnittsalter liegt bei 34,3 Jahren. 55,4 % der Personen sind unter 35 Jahre alt.
- 53,2 % der befragten Personen leben in einem Ein- oder Zweipersonenhaushalt.
- 79,2 % derjenigen Personen, die bereit waren, Auskunft über ihr Haushaltsnettoeinkommen zu geben (etwa 75 % der Gesamtstichprobe), beziffern es auf mindestens 1.500 €.

1037 Siehe den Fragebogen in Anhang 18.
1038 Die Daten beziehen sich auf die für die Anwendung der konfirmatorischen Faktorenanalyse bereits bereinigte Stichprobe mit 363 Befragten, siehe hierzu Kap. 5.4.1.

Die Tab. 5-4 zeigt die soziodemografische Struktur der Stichprobe in der zweiten Erhebungsphase im Detail.

<table>
<tr><th colspan="9">Geschlecht (n = 363)</th></tr>
<tr><td colspan="4">Männlich</td><td colspan="5">Weiblich</td></tr>
<tr><td colspan="4">65,6 % (238)</td><td colspan="5">34,4 % (125)</td></tr>
<tr><th colspan="9">Alter (n = 359; Ø=34,3)</th></tr>
<tr><td colspan="2">Unter 20 Jahre</td><td colspan="2">20–34 Jahre</td><td colspan="2">35–49 Jahre</td><td colspan="2">50–64 Jahre</td><td>Ab 65 Jahre</td></tr>
<tr><td colspan="2">8,6 % (31)</td><td colspan="2">46,8 % (168)</td><td colspan="2">34,0 % (122)</td><td colspan="2">9,2 % (33)</td><td>1,4 % (5)</td></tr>
<tr><th colspan="9">Haushaltsgröße (n = 359)</th></tr>
<tr><td colspan="2">1 Person</td><td colspan="2">2 Personen</td><td colspan="2">3 Personen</td><td colspan="3">Ab 4 Personen</td></tr>
<tr><td colspan="2">27,9 % (100)</td><td colspan="2">25,3 % (91)</td><td colspan="2">20,9 % (75)</td><td colspan="3">25,8 % (93)</td></tr>
<tr><th colspan="9">Haushaltsnettoeinkommen (n = 279)*</th></tr>
<tr><td>Bis 500 €</td><td>500–999 €</td><td>1.000–1.499 €</td><td>1.500–1.999 €</td><td>2.000–2.499 €</td><td>2.500–2.999 €</td><td>3.000–3.499 €</td><td>3.500–3.999 €</td><td>Ab 4.000 €</td></tr>
<tr><td>4,0 % (11)</td><td>4,7 % (13)</td><td>12,0 % (33)</td><td>20,4 % (56)</td><td>15,0 % (41)</td><td>13,1 % (36)</td><td>7,3 % (20)</td><td>7,7 % (21)</td><td>15,7 % (43)</td></tr>
<tr><td colspan="9">Zahlen in Klammern geben absolute Werte an.
*24,5 % der Gesamtstichprobe verweigerten die Auskunft. Die Prozentzahlen beziehen sich auf die restlichen 75,5 % der Gesamtstichprobe.</td></tr>
</table>

Tab. 5-4: Soziodemografische Struktur der Stichprobe in Untersuchungsphase 2

5.4 Überprüfung der Modellierung in Untersuchungs-phase 2

5.4.1 Vorüberlegungen zur Überprüfung der Modellierung in Untersuchungsphase 2

Wie im Rahmen der exploratorischen Untersuchung muss auch für Phase 2 im Vorfeld der Analysen überprüft werden, ob die modellierten Konstrukte sich auf eine Dimension verdichten lassen und daher aggregiert werden dürfen. In Untersuchungsphase 1 war dies aufgrund ihres exploratorischen Charakters nur mit Hilfe der Gütekriterien erster Generation möglich; diese bergen jedoch, wie bereits dargelegt, einige Schwachpunkte, welche bei den Gütekriterien der zweiten Generation nicht gegeben sind (z. B. der Rückgriff auf Faustregeln statt auf inferenzstatistische Methoden bezüglich der Beurteilung von Modellierungen).[1039] Diese setzen allerdings voraus, dass bereits im Vorfeld Hypothesen über die den Indikatoren zugrundeliegende Faktorenstruktur formuliert

1039 Vgl. Homburg/Giering 1996, S. 9, sowie die Arbeiten von Bagozzi/Phillips 1982; Hildebrandt 1984 oder Bagozzi/Yi/Phillips 1991.

werden, die dann mit Hilfe der konfirmatorischen Faktorenanalyse überprüft und durch zahlreiche Kriterien beurteilt werden.[1040]

Die **konfirmatorische Faktorenanalyse** ist ein Sonderfall des allgemeinen Modells der Kausalanalyse oder der Kovarianzstrukturanalyse.[1041] Grundsätzlich besteht ein Modell der Kausalanalyse aus zwei Elementen: dem Messmodell – also der Beschreibung der Zusammenhänge zwischen den Indikatoren und der jeweiligen latenten Variablen – und dem Strukturmodell, das die Zusammenhänge zwischen den latenten Variablen abbildet. Beobachtete Variablen werden durch rechteckige, nicht beobachtete durch runde Formgebung symbolisiert. Darüber hinaus werden Fehlerterme für die beobachteten Variablen modelliert. Die Abb. 5-3 zeigt zur Verdeutlichung den Aufbau eines Kausalmodells mit zwei Faktoren (latenten Variablen).

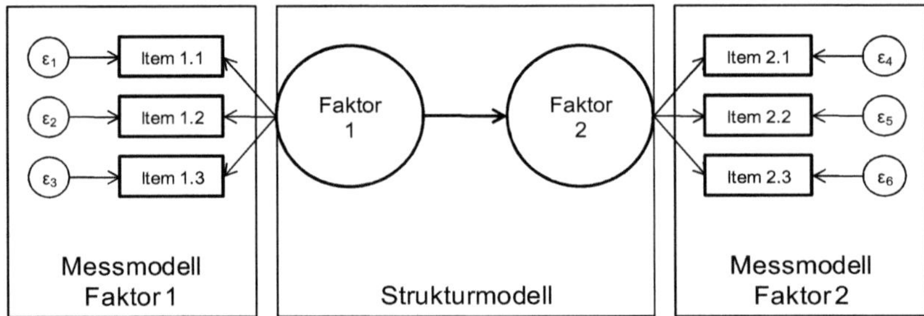

Abb. 5-3: Grundstruktur eines Kausalmodells mit zwei latenten Variablen (Faktoren) und jeweils drei Items; ε bezeichnet die jeweiligen Fehlerterme (Quelle: in Anlehnung an Bühner 2006, S. 242.)

Um eine konfirmatorische Faktorenanalyse durchführen zu können, muss daher, basierend auf vorhergehenden Untersuchungen oder bereits existierender Theorien, die Zuordnung der Items zu den Faktoren spezifiziert werden.[1042] Auf der Grundlage der empirisch erhobenen Daten wird eine Modellschätzung vorgenommen und dann ermittelt, wie gut das geschätzte Modell die tatsächlichen Daten reproduziert. Dabei können unterschiedliche **Schätzmethoden** mit diversen Vor- und Nachteilen zum Einsatz kommen, aus denen im Vorfeld eine geeignete ausgewählt werden muss.[1043] Hier sind insbesondere die Maximum-Likelihood-Methode (ML-Methode), die Generalized-Least-

1040 Vgl. Homburg/Giering 1996, S. 9.

1041 Zur Methode siehe z. B. die Arbeiten von Jöreskog/Sörbom 1982; Hildebrandt 1984 oder Bagozzi/Baumgartner 1994.

1042 Möchte man ein Gesamtmodell testen, also auch die Zusammenhänge zwischen den latenten Variablen untersuchen, so müssen auch diese im Vorfeld spezifiziert werden. Hier werden jedoch lediglich die Messmodelle einzeln überprüft.

1043 Vgl. hierzu und zu den folgenden Ausführungen Backhaus et al. 2003, S. 362 ff.; Bühner 2006, S. 249 ff.

Squares-Methode (GLS-Methode), die Unweighted-Least-Squares-Methode (ULS-Methode) und die Asymptotically-Distribution-Free-Methode (ADF-Methode) zu nennen.

Von zahlreichen Autoren wird die ML-Methode nach umfangreichen Simulationsstudien als Standard empfohlen, so dass sie auch hier zur Anwendung kommt.[1044] Abgesehen von ihrem guten Abschneiden in Simulationsstudien zeichnet sie sich durch einen weiteren wesentlichen Vorteil aus: Eine Voraussetzung für die Anwendung der konfirmatorischen Faktorenanalyse ist die multivariate Normalverteilung. Diese wird von den genannten Schätzmethoden – abgesehen von der ADF-Methode, die jedoch nur für sehr große Stichproben geeignet ist[1045] – ebenfalls generell vorausgesetzt. Ungeachtet dessen zeigte sich die ML-Methode in zahlreichen Simulationsstudien als sehr robust gegenüber Verletzungen dieser Annahme, so dass sie auch dann zum Einsatz kommen kann, wenn keine multivariate Normalverteilung vorliegt.

Folgende Einschränkungen sind bei Anwendung der ML-Methode allerdings zu beachten: Zunächst sollte die Stichprobe mindestens über 100 Fälle verfügen. Weiterhin muss überprüft werden, ob für die manifesten Variablen eine multivariate Normalverteilung vorliegt. Zu diesem Zweck kommt der Mardia-Test zum Einsatz; falls dieser eine Verletzung der Annahme anzeigt, empfehlen WEST, FINCH und CURRAN dennoch auf die ML-Methode zurückzugreifen, sofern die Schiefe[1046] der Daten den Wert 2 nicht unterschreitet, und der Exzess[1047] nicht höher als 7 ist.[1048] BÜHNER empfiehlt jedoch für Fälle, in denen keine multivariate Normalverteilung vorliegt, auch bei Einhaltung der von WEST, FINCH und CURRAN genannten Grenzen für Schiefe und Exzess eine Korrektur mit Hilfe der in dem hier genutzten Programmpaket AMOS enthaltenen Bollen-Stine-Bootstrap-Methode.[1049]

Eine weitere Restriktion ist im Vorfeld zu beachten: Für die Modellschätzung ist es problematisch, wenn im zugrundeliegenden Datensatz **Werte fehlen**, da sich die Kovarianzmatrizen, die die Basis der konfirmatorischen Faktorenanalyse bilden, in diesem Fall nicht vollständig ermitteln lassen. Zwar ist AMOS unter bestimmten Voraussetzun-

1044 Siehe hierzu und zu den genannten Vorteilen z. B. die Arbeiten von West/Finch/Curran 1995; Olsson et al. 2000 oder McDonald/Ho 2002; vgl. Bühner 2006, S. 251.

1045 Siehe hierzu z. B. bei Backhaus et al. 2003, S. 364.

1046 Die Schiefe bezeichnet die Neigungsstärke der Verteilung nach rechts oder links vom Mittelwert, siehe hierzu Wirtz/Nachtigall 1998, S. 93.

1047 Der Exzess bezeichnet die Differenz der Wölbung (Kurtosis) der beobachteten Verteilung von der Kurtosis einer normalverteilten Zufallsvariablen, siehe hierzu Sachs/Hedderich 2006, S. 328 f.

1048 Siehe hierzu den Aufsatz von West/Finch/Curran 1995.

1049 Vgl. Bühner 2006, S. 251 u. 287. Der Bollen-Stine-Bootstrap bildet aus der Stichprobe zahlreiche andere gleichgroße Stichproben, indem Fälle mehrfach einbezogen werden. Mit Hilfe dieser Stichproben kann ein korrigierter p-Wert für den Test des Gesamtmodell-Fits ermittelt werden, an dem sich ablesen lässt, ob der p-Wert stark durch die fehlende multivariate Normalverteilung beeinträchtigt wird.

gen in der Lage, trotz fehlender Werte eine Modellschätzung vorzunehmen; allerdings muss dabei auf die Ausgabe einiger Informationen verzichtet werden. Zudem kann die erwähnte Bollen-Stine-Bootstrap-Methode in diesem Fall nicht genutzt werden, so dass keine Korrektur für nicht multivariat normalverteilte Daten vorgenommen werden kann.

Auf der Basis dieser Überlegungen ist es sinnvoll, die fehlenden Werte im Datensatz im Vorfeld zu schätzen und anschließend den vollständigen Datensatz für die konfirmatorische Faktorenanalyse zu verwenden. Für die Imputation fehlender Werte gibt es verschiedene Verfahren: So könnten sie z. B. durch Mittelwerte des betreffenden Items über alle Probanden oder über die übrigen Items des zugehörigen Konstrukts bei der betreffenden Person ersetzt werden.[1050] Komplexere und präzisere Verfahren als die genannten schätzen die fehlenden Werte auf der Grundlage der vorliegenden Daten so, dass ein möglichst plausibler Datensatz entsteht. Weit verbreitet ist der Expectation-Maximization-Algorithmus (EM-Algorithmus).[1051] Diese Art der Imputation wird häufig dann empfohlen, wenn nicht mehr als 30 % der Werte einzelner Variablen oder Fälle fehlen. Bei einer höheren Anzahl von fehlenden Werten ist es sinnvoll, die entsprechenden Variablen oder Fälle zu entfernen.[1052]

Zur Beurteilung der **Güte** des schließlich ermittelten Modells gibt es zahlreiche Kriterien, die sich einerseits auf das Gesamtmodell (globale Gütekriterien) und andererseits auf einzelne Faktoren oder Indikatoren (lokale Gütekriterien) beziehen.[1053]

Um die **Güte des Gesamtmodells** zu überprüfen, wird zunächst ein **X^2-Test** herangezogen. Dieser prüft die Nullhypothese, das ermittelte Modell passe zur Datenstruktur. An diesem Test wird kritisiert, dass die „absolute" Richtigkeit des Modells im Vordergrund steht, obwohl stattdessen eine möglichst große Annäherung des Modells an die Realität angestrebt wird.[1054] Zudem ist der Test stichprobenabhängig: Bei großen Stichproben führt er schon bei geringer Abweichung des empirischen Modells vom theoretischen Modell zu einer Ablehnung.[1055] Zahlreiche andere Restriktionen schränken die Nützlichkeit des Tests ein, so dass häufig empfohlen wird, den ermittelten X^2-Wert lediglich als ein deskriptives Anpassungsmaß zu verwenden:[1056] Zu diesem Zweck wird der X^2-Wert durch die Anzahl der Freiheitsgrade des Tests (df) dividiert, um die Komplexität des Modells bei der Beurteilung zu berücksichtigen. Für das so ermit-

---

1050 Siehe z. B. die Aufsätze von Gleason/Staelin 1975 oder Decker/Wagner/Temme 1999.

1051 Siehe ausführlich zum EM-Algorithmus bei Schafer 1997, insb. S. 37 ff.

1052 Vgl. Enders 2001, S. 135 f.; Wirtz 2004, S. 110 ff.; Schulten 2008, S. 95 f. Grundsätzlich stellt die Imputation fehlender Werte eine Fehlerquelle dar; dies ist bei der Interpretation von Ergebnissen aus ergänzten Datensätzen zu beachten.

1053 Siehe z. B. die Ausführungen bei Homburg/Giering 1996, S. 9 ff., Backhaus et al. 2003, S. 372 ff., oder bei Bühner 2006, S. 252 ff.

1054 Vgl. Homburg/Pflesser 1999, S. 647.

1055 Vgl. Bühner 2006, S. 252 ff.

1056 Siehe z. B. die Ausführungen bei Weiber/Mühlhaus 2010, S. 160 f.

telte Anpassungsmaß wird von HOMBURG und GIERING ein Wert von mindestens 3 gefordert – eine Empfehlung, die hier aufgegriffen wird.[1057]

Neben der X^2-Teststatistik bzw. dem errechneten Anpassungsmaß **X^2/df** geben weitere globale Anpassungsmaße Auskunft über die Güte des Gesamtmodells. Hier wird der auch von BÜHNER empfohlenen Vorgehensweise nach BEAUDUCEL und WITTMANN gefolgt.[1058] Die Autoren kommen auf der Basis ihrer Simulationsstudie zu dem Schluss, dass die Maße RMSEA (Root Mean Square Error of Approximation), SRMR (Standardized Root Mean Residual) und CFI (Comparative Fit Index) berechnet und angegeben werden sollten, da sie unterschiedliche Informationen über das Modell liefern und so eine Beurteilung aus verschiedenen Sichtweisen ermöglichen.[1059]

Der **RMSEA** untersucht, inwieweit die beobachtete Kovarianzmatrix von der durch das Modell implizierten Matrix abweicht, wobei auch die Modellkomplexität einbezogen wird (durch Berücksichtigung der Freiheitsgrade). Damit testet der RMSEA, ob das Modell die Realität hinreichend gut approximiert. Je geringer der RMSEA ausfällt, desto weniger weichen die geschätzte und die tatsächliche Kovarianzmatrix voneinander ab.[1060] Er berechnet sich wie folgt, wobei der RMSEA gleich Null gesetzt wird, sofern die Anzahl der Freiheitsgrade größer als X^2 ist:

$$RMSEA = \sqrt{\frac{X^2 - df}{n \cdot df}}$$

wobei

X^2 = X^2-Wert des oben dargestellten Tests
df = Freiheitsgrade des Modells
n = Stichprobengröße

Der **SRMR** bezieht, anders als der RMSEA, die Modellkomplexität nicht ein. Er beschreibt die mittlere Abweichung der Residualkorrelationsmatrix; diese enthält die gemittelten Abweichungen der beobachteten und der implizierten Varianz-Kovarianzmatrix. Auch für den SRMR werden möglichst geringe Werte angestrebt.[1061] Er berechnet sich folgendermaßen:

1057 Vgl. Homburg/Giering 1996, S. 13.
1058 Siehe die Arbeit von Beauducel/Wittmann 2005.
1059 Für einen Überblick und eine Systematisierung verschiedener Fit-Indizes siehe bei Homburg/Pflesser 1999, S. 648.
1060 Vgl. Browne/Cudeck 1993, S. 136 ff.
1061 Vgl. Bühner 2006, S. 256.

$$SRMR = \sqrt{\sum_{j}\sum_{k<j}\frac{r_{jk}^2}{e}}$$

$$r_{jk} = \frac{s_{jk}}{s_j \cdot s_k} - \frac{\hat{\sigma}_{jk}}{\hat{\sigma}_j \cdot \hat{\sigma}_k}$$

$$e = \frac{c \cdot (c+1)}{2}$$

wobei

c = Anzahl der Items
s_k = Standardabweichung des Items k
s_{jk} = Kovarianz zwischen Item j und Item k
r_{jk} = Korrelation zwischen Item j und Item k
$\hat{\sigma}_j$ = Standardabweichung des Items j der implizierten Varianz-Kovarianz-Matrix
$\hat{\sigma}_k$ = Standardabweichung des Items k der implizierten Varianz-Kovarianz-Matrix
$\hat{\sigma}_{jk}$ = Kovarianz zwischen Item j und k der implizierten Varianz-Kovarianz-Matrix

Das letzte berücksichtigte Maß, der **CFI**, vergleicht das getestete Modell mit dem Independence-Modell (auch: Nullmodell). Dieses ergibt sich, wenn alle Parameter im Modell auf 0 fixiert werden und nur die Varianzen der beobachteten Variablen geschätzt werden müssen. Je unähnlicher sich die beiden Modelle sind, desto stärker nähert sich der CFI dem Wert 1 an; folglich wird ein CFI möglichst nahe an 1 angestrebt.[1062] Er errechnet sich wie folgt:

$$CFI = 1 - \frac{X_M^2 - df_M}{X_N^2 - df_N}$$

wobei

X_M^2 = X^2-Wert für das getestete Modell
df_M = Freiheitsgrade des getesteten Modells
X_N^2 = X^2-Wert für das Nullmodell
df_N = Freiheitsgrade des Nullmodells

Wie schon für die Gütekriterien der ersten Generation werden auch für die der zweiten Schwellenwerte diskutiert, die zur Beurteilung der Messgüte dienen sollen. Hier wird generell den Empfehlungen von HU und BENTLER sowie FAN, THOMPSON und WANG gefolgt, wobei allerdings einige Einschränkungen zu beachten sind:[1063] So sollte nach

1062 Vgl. Bentler 1990, S. 238 ff.
1063 Siehe die Arbeiten von Hu/Bentler 1999 und Fan/Thompson/Wang 1999.

Ansicht der genannten Autoren der RMSEA für Stichproben ab 250 Fällen unter 0,06 liegen (bei kleineren Stichproben ist ein Schwellenwert von 0,08 ihrer Ansicht nach ausreichend). Die Entwickler des Indexes, BROWNE und CUDECK, schlagen dagegen vor, erst einen Wert von mindestens 0,1 als inakzeptabel zu interpretieren.[1064] BACKHAUS et al. merken an, dass im Programm AMOS außerdem die Irrtumswahrscheinlichkeit für die Nullhypothese angegeben wird, dass der RMSEA ≤ 0,05 ist und schlagen vor, auch diese Information zu berücksichtigen.[1065] Darüber hinaus können auch die zwei Konfidenzintervalle von 10 % und 90 % für diese Wahrscheinlichkeit ausgegeben werden, was ebenfalls in die Beurteilung einfließen kann.[1066]

Für den SRMR wird im Folgenden ein Schwellenwert von 0,11 festgelegt, daher sollten die berechneten Werte darunter liegen.[1067] Schlussendlich gilt für den CFI entsprechend HU und BENTLER ein Wert im im Bereich von 0,95 oder höher.[1068]

Die Tab. 5-5 zeigt die hier verwendeten globalen Anpassungsmaße – also die Maße, die die Güte des gesamten Modells überprüfen – mit ihren angestrebten Werten gemäß HU und BENTLER. Generell gilt, dass die angestrebten Werte als Richtwerte zu verstehen sind; alle betrachteten Gütekriterien sind in der Gesamtschau zu interpretieren.[1069]

Index/Maß	Wertebereich	angestrebter Wert
X^2/df	beliebiger positiver Wert	≤ 3
RMSEA	Maximalwert = 1	für große Stichproben < 0,06 für kleine Stichproben < 0,08 (außerdem sind das 10 %- und 90 %-Konfidenzintervall sowie p für RMSEA ungleich 0,05 zu beachten)
SRMR	Maximalwert = 1	< 0,11
CFI	Maximalwert = 1	≥ 0,95

Tab. 5-5: Gütekriterien der zweiten Generation: globale Anpassungsmaße

Wie bereits erwähnt, sind neben den globalen Anpassungsmaßen auch **lokale Kriterien** für die Beurteilung der Messgüte von Bedeutung. Diese beziehen sich nicht auf das gesamte Modell, sondern auf seine Teilstrukturen. In diesem Zusammenhang spielen vor allem die Indikatorreliabilität, die durchschnittlich erfasste Varianz eines Faktors und die Faktorreliabilität eine Rolle.[1070]

1064 Vgl. Browne/Cudeck 1993, S. 136 ff.
1065 Vgl. Backhaus et al. 2003, S. 376.
1066 Vgl. Bühner 2006, S. 292.
1067 Vgl. Hu/Bentler 1999, S. 27.
1068 Vgl. Hu/Bentler 1999, S. 27.
1069 Vgl. Homburg/Giering 1996, S. 12 f.; Bühner 2006, S. 259.
1070 Vgl. Bagozzi/Baumgartner 1994, S. 402 f.; Homburg/Giering 1996, S. 10 f.; Weiber/Mühlhaus 2010, S. 122 ff.

Die **Indikatorreliabilität** gibt an, welcher Teil der Varianz des Indikators durch den Faktor erklärt wird und wird durch die quadrierten standardisierten Ladungsquadrate ausgedrückt.[1071] Zumeist wird für die Indikatorreliabilität ein Mindestwert von 0,4 gefordert.[1072] HOMBURG und GIERING sowie BACKHAUS et al. schlagen vor, die Ladungen der Indikatoren direkt zu betrachten; sie fordern, dass diese sich signifikant von 0 unterscheiden.[1073] WEIBER und MÜHLHAUS empfehlen, diese – deutlich weniger restriktive – Anforderung als Mindestanforderung zu betrachten, bei deren Nichterfüllung der entsprechende Indikator eliminiert wird.[1074] Dem wird hier gefolgt. Dabei werden im AMOS-Output Schwellenwerte (Critical Ratio – C. R.) angegeben: Liegen diese Werte über 1,96, so kann die Nullhypothese, die geschätzten Werte unterschieden sich nicht signifikant von 0, mit einer Irrtumswahrscheinlichkeit von 5 % verworfen werden.[1075] Dies wird hier immer dann geprüft, wenn die Indikatorreliabilität zu gering ausfällt.

Die **durchschnittlich erfasste Varianz** sowie die **Faktorreliabilität** geben an, wie gut die Indikatoren gemeinsam den zugrundeliegenden Faktor messen.[1076] Dabei drückt die durchschnittlich erfasste Varianz aus, welcher Varianzanteil des Faktors durch die Indikatoren erfasst wird. Die Faktorreliabilität bezieht neben der Varianz auch die Kovarianz zwischen den Indikatoren ein.[1077] Für die durchschnittlich erfasste Varianz wird ein Mindestwert von 0,5, für die Faktorreliabilität einer von 0,6 gefordert.[1078]

Beide Größen werden vom Programmpaket AMOS nicht ausgegeben, sie müssen berechnet werden. Die durchschnittlich erfasste Varianz ergibt sich als:[1079]

$$DEV\ (\xi j) = \frac{(\sum \lambda_{ij}^2)\Phi_{jj}}{(\sum \lambda_{ij}^2))\Phi_{jj} + \sum \theta_{ii}}$$

wobei

DEV (ξ_j) =	extrahierte Varianz des Faktors
λ_{ij} =	geschätzte Faktorladung
Φ_{jj} =	geschätze Varianz der latenten Variablen ξ_j
θ_{ii} =	geschätzte Varianz der zugehörigen Fehlervariablen

1071 Vgl. Homburg/Pflesser 1999, S. 648.
1072 Vgl. Weiber/Mühlhaus 2010, S. 122.
1073 Vgl. Homburg/Giering 1996, S. 16; Backhaus et al. 2003, S. 377.
1074 Vgl. Weiber/Mühlhaus 2010, S. 122.
1075 Vgl. Backhaus et al. 2003, S. 377.
1076 Vgl. Homburg/Giering 1996, S. 10.
1077 Vgl. Homburg/Baumgartner 1995, S. 172.
1078 Vgl. Homburg/Giering 1996, S. 13.
1079 Für die Formeln zur durchschnittliche erfassten Varianz und zur Faktorreliabilität siehe bei Weiber/Mühlhaus 2010, S. 123.

Die Faktorreliabilität ergibt sich als:

$$Rel\,(\xi j) = \frac{(\sum \lambda_{ij})^2\,\Phi_{jj}}{(\sum \lambda_{ij})^2\,\Phi_{jj} + \sum \theta_{ii}}$$

wobei

Rel (ξ_j) =	Faktorreliabilität
λ_{ij} =	geschätzte Faktorladung
Φ_{jj}	geschätzte Varianz der latenten Variablen ξ_j
θ_{ii}	geschätzte Varianz der zugehörigen Fehlervariablen

Werden mehrere Faktoren in einem Modell berücksichtigt, so ist darüber hinaus die Diskriminanzvalidität der Konstrukte zu prüfen; da im Folgenden jedoch nur einzelne Faktoren und ihr Messmodell untersucht werden, wird auf die Darstellung der entsprechenden möglichen Methoden nicht näher eingegangen.

Die Tab. 5-6 gibt einen Überblick über die erläuterten lokalen Gütekriterien zweiter Generation sowie die angestrebten Werte.

Index/Maß	angestrebter Wert
Indikatorreliabilität	≥ 0,4
Critical Ratio (C. R.) für die Faktorladung	> 1,96
durchschnittlich erfasste Varianz	≥ 0,5
Faktorreliabilität	≥ 0,6

Tab. 5-6: Gütekriterien der zweiten Generation: lokale Anpassungsmaße

Um nun die Messgüte der Konstrukte für Untersuchungsphase 2 zu überprüfen, wird folgendermaßen vorgegangen:

Zunächst wird eine Analyse der fehlenden Werte vorgenommen, um auszuschließen, dass mehr als 30 % der Werte je Fall oder je Variable fehlen. Anschließend erfolgt, sofern möglich, die Datenimputation mit Hilfe des oben erläuterten EM-Algorithmus. Dann wird für Preisemotionen, Intensität des Preisinteresses, Preiswürdigkeitsurteil, Preistransparenz, Preiseigennutz und Preisehrlichkeit die Überprüfung der Messgüte gemäß den Kriterien erster und zweiter Generation vorgenommen. Dabei dienen der Beurteilung – wie schon in Untersuchungsphase 1 – vor allem Cronbachs Alpha sowie die Ergebnisse der exploratorischen Faktorenanalyse als Kriterien der ersten Generation.

Danach werden in Anlehnung an das von HOMBURG und GIERING empfohlene Vorgehen[1080] die Messmodelle für die oben genannten Konstrukte der konfirmatorischen Faktorenanalyse unterzogen und mit Hilfe der dargestellten Kriterien beurteilt. Für die

1080 Vgl. die Untersuchungsstufe B bei Homburg/Giering 1996, S. 6.

Modellschätzung im Rahmen der konfirmatorischen Faktorenanalyse wird auf die ML-Methode zurückgegriffen, wobei, falls nötig, der Bollen-Stine-Bootstrap zur Korrektur eingesetzt wird. Die Kriterien zur Beurteilung der Messgüte werden gemäß den Empfehlungen von BÜHNER interpretiert:[1081] Zunächst ist der X^2-Test heranzuziehen. Fällt dieser signifikant aus, liegt kein exakter Modell-Fit vor, und die oben dargestellten Fit-Indizes dienen der Beurteilung des Modells. Fällt der X^2-Test dagegen nicht signifikant aus, so liegt ein exakter Modell-Fit vor. In diesem Fall empfiehlt BÜHNER, nur für kleine Stichproben (d. h. $n < 250$) die Fit-Indizes zu überprüfen; hier werden sie auch in solchen Fällen dennoch angegeben, wenn die Stichprobe größer ist als von BÜHNER gefordert.

Aus der Summe der Untersuchungsergebnisse – Überprüfung der Kriterien erster Generation sowie der globalen und lokalen Kriterien zweiter Generation – wird anschließend die Entscheidung über die Messgüte des jeweiligen Konstrukts getroffen.

5.4.2 Messgüte für die einzelnen Komponenten in Untersuchungsphase 2

Um die Messgüte für die einzelnen Komponenten bestimmen zu können, muss, wie im vorhergehenden Kapitel erläutert, zunächst die Schätzung fehlender Werte vorgenommen werden. Zu diesem Zweck ist im Vorfeld zu prüfen, ob Fälle oder Variablen auftreten, bei denen mehr als 30 % der Werte fehlen. Hier fehlen für elf Personen mindestens 30 % der Werte für die Konstruktmessung, so dass diese elf Fälle eliminiert werden und die Stichprobe damit einen Umfang von 363 Probanden aufweist.[1082]

Betrachtet man nicht die Fälle, sondern die einzelnen Variablen im Hinblick auf fehlende Werte, so wird offenkundig, dass für keinen Indikator 30 % der Fälle oder mehr fehlen. Das Item $PEhr_3$ („Dieser Tankstellen-Betreiber versucht immer wieder, die Preise günstiger darzustellen, als sie sind") weist von allen Variablen mit 21,5 % die meisten fehlenden Werte auf, für die übrigen Items fehlen zumeist deutlich weniger Werte. Es können daher alle Items einbezogen werden, so dass für den so bereinigten Datensatz nun die Schätzung der fehlenden Werte erfolgt. Der auf diese Weise aufbereitete Datenbestand dient als Grundlage für die folgenden Analysen.

Im nächsten Schritt muss für die Konstrukte die Messgüte – wie zuvor beschrieben – überprüft werden. Führt man zunächst für die vier Items zu den **Preisemotionen** eine exploratorische Faktorenanalyse durch, so zeigt sich, dass die Items wie schon zuvor nicht für die Faktorenanalyse geeignet sind, da sie den kritischen KMO-Wert von 0,6

1081 Siehe hierzu und zum im Folgenden beschriebenen Vorgehen Bühner 2006, S. 273.

1082 Diese bereinigte Stichprobe wurde bereits als Datenbasis für die Darstellung der soziodemografischen Merkmale in Kap. 5.3.4 herangezogen.

deutlich unterschreiten (er liegt bei 0,487). Cronbachs Alpha erreicht ebenfalls nur einen Wert von 0,486 und unterschreitet damit die Schwelle von 0,7. Auf die weitere Untersuchung mit Hilfe der konfirmatorischen Faktorenanalyse sowie auf die Verdichtung der vier Indikatoren wird daher auch für Phase 2 verzichtet, und die vier Emotionen werden im Folgenden einzeln betrachtet.

Für die vier Indikatoren zur **Intensität des Preisinteresses** nimmt das KMO-Kriterium einen Wert von 0,733 an, und der Bartlett-Test fällt signifikant aus, so dass die exploratorische Faktorenanalyse durchgeführt werden darf. Die Komponente, die sich aus den vier Items verdichten lässt, erklärt 60,51 % der Gesamtvarianz für die Items und weist einen Eigenwert von über 2 auf. Alle vier Items laden ausreichend hoch auf den extrahierten Faktor. Auch Cronbachs Alpha erfüllt mit einem Wert von 0,771 die Anforderungen. Die Tab. 5-7 gibt einen Überblick über die Messgüte der Skala für die Intensität des Preisinteresses in Phase 2.

Ergebnisse der exploratorischen Faktorenanalyse für den Faktor „Intensität des Preisinteresses“			
Item		Komponente 1	Cronbachs Alpha
PI_1	Ich lese regelmäßig die Werbebeilagen in Zeitungen.	**0,566**	**0,771**
PI_2	Ich vergleiche mindestens einige Preise, bevor ich Lebensmittel kaufe.	**0,868**	
PI_3	Ich vergleiche unterschiedliche Geschäfte für Lebensmittel durch die Preise.	**0,879**	
PW_1	Ich kenne die Preise meiner bevorzugten Produkte ziemlich gut.	**0,757**	
Eigenwert		**2,420**	
Varianzerklärungsanteil		**60,51 %**	

Ergebnisse der konfirmatorischen Faktorenanalyse für „Intensität des Preisinteresses“ – globale Maße	
Index	Wert
p für X^2-Test	**0,966**
X^2/df	**0,035**
RMSEA	**0,000**
Wahrscheinlichkeit, dass RMSEA > 0,05	**0,986**
SRMR	**0,003**
CFI	**~1**

Ergebnisse der konfirmatorischen Faktorenanalyse für „Intensität des Preisinteresses“ – lokale Maße		
Item	Indikatorreliabilität	C. R.
PI_1	0,165	**7,433**
PI_2	**0,706**	
PI_3	**0,765**	
PW_1	0,384	**11,849**
durchschnittlich erklärte Varianz	0,296	
Faktorreliabilität	**0,609**	
Fettdruck: Wert erfüllt die gestellten Anforderungen		

Tab. 5-7: Ergebnisse der Überprüfung der Messgüte für den Faktor Intensität des Preisinteresses in Untersuchungsphase 2

Bei der Durchführung der konfirmatorischen Faktorenanalyse für den einzelnen Faktor fällt der X^2-Test nicht signifikant aus (p = 0,966), das Anpassungmaß X^2/df liegt bei 0,035 und damit ebenfalls unter der geforderten Schwelle von 3. Folglich kann das geschätzte Modell die empirischen Daten gut reproduzieren. Auch die übrigen globalen Gütemaße nehmen sehr gute Werte an. Anders allerdings die lokalen Gütemaße: Hier unterschreitet die Indikatorreliabilität für Item PI_1 den geforderten Wert. Auch die erklärte Varianz des Faktors ist nicht zufriedenstellend, weicht jedoch signifikant von 0 ab. Zu beachten ist daher bei der Interpretation, dass die Gütekriterien zweiter Generation hier im Gegensatz zu denen der weniger strengen ersten Generation nur bedingt erfüllt werden.

Die Gütekriterien erster Generation bestätigen ferner auch für diese Untersuchungsphase die Modellierung des **Preisgünstigkeitsurteils**: Die Stichprobe ist mit einem Wert für das KMO-Kriterium von 0,613 und signifikantem Bartlett-Test für die exploratorische Faktorenanalyse geeignet. Die extrahierte Komponente erklärt etwa 54 % der Varianz; der Eigenwert liegt bei ungefähr 1,6. Darüber hinaus laden alle drei Items ausreichend hoch auf die Komponente, und Cronbachs Alpha ist mit einem Wert von 0,578 (für drei Items) ebenfalls hoch genug.

Bei Betrachtung der Kriterien zweiter Generation sind einige Einschränkungen zu berücksichtigen: Die konfirmatorische Faktorenanalyse beruht auf einem Mehrgleichungssystem, in dem verschiedene nicht bekannte Größen errechnet werden. Damit dies möglich ist, muss die Zahl der Freiheitsgrade in diesem Gleichungssystem mindestens 0 betragen.[1083] Wenn genau 0 Freiheitsgrade vorliegen, bezeichnet man das Modell auch als gerade identifiziert. Dann allerdings besitzt das Gleichungssystem nur eine einzige Lösung und kann daher nicht geschätzt und gegen andere denkbare Modelle getestet werden, so dass die Berechnung der globalen Gütekriterien, die ja den Fit der Modellschätzung mit den empirischen Werten messen, nicht möglich ist. Für das Preisgünstigkeitsurteil, das mit drei Indikatoren gemessen wurde, beträgt die Anzahl der Freiheitsgrade genau 0. Daher kann für die Kriterien zweiter Generation lediglich auf die Interpretation der lokalen Anpassungsmaße zurückgegriffen werden.

Anders als bei der exploratorischen Faktorenanalyse fallen die Werte für die lokalen Kriterien der konfirmatorischen Faktorenanalyse unbefriedigend aus. Nur das Item PGU_3 mit einem Wert von 0,530 die nötige Indikatorreliabilität. Allerdings ist die Mindestanforderung erfüllt: Die Ladungen aller drei Items unterscheiden sich signifikant

1083 Siehe hierzu und zu der im Folgenden beschriebenen Problematik z. B. bei Backhaus et al. 2003, S. 360 f.

von 0. Die angestrebte Faktorreliabilität wird aber nicht erreicht: Sie nimmt einen Wert von 0,133 an. Die Indikatoren erklären zudem nur etwa 31 % der Varianz des Faktors, während 50 % angestrebt waren. Insgesamt lässt sich daher festhalten, dass die strengeren Kriterien zweiter Generation im Gegensatz zu denen erster Generation keine befriedigenden Resultate produzieren, sondern bestenfalls die Mindestanforderungen erfüllen.

Die Tab. 5-8 zeigt die Werte für das Preisgünstigkeitsurteil im Überblick.

Item		Komponente 1	Cronbachs Alpha
PGU_1	Das Preisniveau (ohne Sonder-angebote) ist hier sehr niedrig.	**0,729**	**0,578**
PGU_2	In diesem Tankstellenshop zahle ich für die gleiche Qualität weniger als in anderen Tankstellenshops.	**0,688**	
PGU_3	Dieser Tankstellenshop verkauft auch Produkte der unteren Preisklassen.	**0,794**	
Eigenwert Varianzerklärungsanteil		**1,635** **54,49 %**	

Item	Indikatorreliabilität	C. R.
PGU_1	0,269	**4,570**
PGU_2	0,208	**4,556**
PGU_3	**0,530**	
durchschnittlich erklärte Varianz	0,133	
Faktorreliabilität	0,307	
Fettdruck: Wert erfüllt die gestellten Anforderungen		

Tab. 5-8: Gütekriterien für das Preisgünstigkeitsurteil in Untersuchungsphase 2

Für das **Preiswürdigkeitsurteil** eignet sich die Stichprobe zur exploratorischen Faktorenanalyse: Das KMO-Kriterium nimmt einen Wert von 0,810 an, der Bartlett-Test fällt signifikant aus. Es lässt sich – wie erwartet – ein Faktor extrahieren, der einen Eigenwert von über 2 aufweist und etwa 55 % der Gesamtvarianz erklärt. Alle Items laden ausreichend hoch auf den Faktor; auch Cronbachs Alpha ist mit einem Wert von 0,786 hoch genug.

Die Untersuchung mit Hilfe der konfirmatorischen Faktorenanalyse kommt zu den folgenden Ergebnissen: Der X^2-Test fällt signifikant aus (p = 0,002), das Anpassungsmaß X^2/df nimmt einen Wert von 3,79 an und überschreitet damit die geforderte Schwelle von 3. Der Punktwert des RMSEA liegt über der von HU und BENTLER geforderten Grenze, nämlich bei 0,087; allerdings fällt der Test dafür, dass er tatsächlich über 0,05 liegt, (knapp) nicht signifikant aus. Der SRMR nimmt einen Wert von 0,033 an und liegt damit weit unter der Grenze von 0,11. Auch der CFI fällt besser aus als gefordert. Betrachtet man die lokalen Gütekriterien, so gelangt man ebenfalls zu ausreichenden, wenn auch etwas grenzwertigen Ergebnissen. Für ein Item wird die geforderte Indikatorreliabilität von 0,4 nicht erreicht, nämlich für das Item $PFair_3$. Die Ladung unterscheidet sich jedoch signifikant von 0, so dass auf die Elimination verzichtet wird. Auch die Schwelle von 0,5 für die durchschnittlich erklärte Varianz wird etwas unterschritten. Insgesamt kann festgehalten werden, dass die Kriterien der zweiten Generation die Modellierung des Preiswürdigkeitsurteils nicht so eindeutig bestätigen wie diejenigen der ersten Generation. Die Tab. 5-9 zeigt die Ergebnisse im Überblick.

Item		Komponente 1	Cronbachs Alpha
PWU_1	Wenn man Eigenschaften der Tankstelle wie Auswahl, Service oder Öffnungszeiten miteinbezieht, sind die Preise hier akzeptabel.	**0,771**	**0,786**
PWU_2	Wenn man Eigenschaften der Tankstelle wie Auswahl, Service oder Öffnungszeiten miteinbezieht, sind die Preise hier sehr gut.	**0,763**	
PWU_3	Wenn man Eigenschaften der Produkte wie Qualität oder Frische miteinbezieht, sind die Preise hier sehr gut.	**0,735**	
$PFair_1$	Die Preise in diesem Tankstellenshop sind fair.	**0,748**	
$PFair_3$	Wenn ich hier einkaufe, bin ich zuversichtlich, dass ich nicht zu viel bezahle.	**0,672**	
Eigenwert Varianzerklärungsanteil		**2,707** **54,13 %**	

Index	Wert
p für X^2-Test	0,002
X^2/df	3,799
RMSEA	0,087
Wahrscheinlichkeit, dass RMSEA > 0,05	**0,06 (n.s.)**
SRMR	**0,033**
CFI	**0,968**

Item	Indikatorreliabilität	C. R.
PWU_1	**0,518**	
PWU_2	**0,500**	
PWU_3	**0,411**	
$PFair_1$	**0,429**	
$PFair_3$	0,308	**8,649**
durchschnittlich erklärte Varianz	0,289	
Faktorreliabilität	**0,669**	
Fettdruck: Wert erfüllt die gestellten Anforderungen		

Tab. 5-9: Messgüte für das Preiswürdigkeitsurteil in Untersuchungsphase 2

Überprüft man die Güte der Messung für die **Preistransparenz** mit Hilfe der Kriterien erster Generation, kommt man zu den folgenden Ergebnissen: Die Items sind zur Faktorenanalyse geeignet (KMO-Kriterium: 0,626; signifikanter Bartlett-Test). Es wird erwartungsgemäß ein Faktor extrahiert, der einen Eigenwert von etwa 1,7 aufweist und ungefähr 56 % der Gesamtvarianz erklärt. Alle drei Items laden zudem ausreichend hoch auf den extrahierten Faktor. Auch Cronbachs Alpha ist mit einem Wert von 0,605 für drei Items hoch genug. Für die konfirmatorische Faktorenanalyse ergibt sich das beim Preisgünstigkeitsurteil angesprochene Problem, dass das Modell gerade identifiziert ist. Daher können hier – wie schon zuvor – nur die lokalen Maße betrachtet werden. Diese fallen weniger befriedigend aus als die Ergebnisse der exploratorischen Faktorenanalyse. Zwar erreichen zwei der drei Indikatoren die geforderte Indikatorreliabilität, die Faktorreliabilität sowie die erklärte Varianz des Faktors fallen jedoch geringer aus als gefordert. Die Tab. 5-10 zeigt die Ergebnisse noch einmal im Überblick.

Item		Komponente 1	Cronbachs Alpha
$PTra_1$	Die Preise sind häufig so angebracht, dass es schwierig ist, sie den Produkten zuzuordnen. (neg. cod.)	**0,789**	**0,605**
$PTra_2$	In diesem Tankstellenshop finde ich es schwierig, die Preise zu vergleichen. (neg. cod.)	**0,683**	
$PTra_4$	Die Preisauszeichnung ist hier sehr klar.	**0,775**	
Eigenwert		**1,689**	
Varianzerklärungsanteil		**56,31 %**	
Item	**Indikatorreliabilität**	**C. R.**	
$PTra_1$	**0,453**		
$PTra_2$	0,216	**5,665**	
$PTra_4$	**0,404**		
durchschnittlich erklärte Varianz	0,136		
Faktor-reliabilität	0,315		
Fettdruck: Wert erfüllt die gestellten Anforderungen			

Tab. 5-10: Messgüte für die Preistransparenz in Untersuchungsphase 2

Für den **Eigennutz** unterschreitet das KMO-Kriterium mit 0,585 leicht den geforderten Wert. Damit befindet es sich allerdings noch im von BACKHAUS et al. empfohlenen Toleranzbereich.[1084] Der Bartlett-Test fällt signifikant aus, so dass die Faktorenanalyse für die drei Items trotz des grenzwertigen KMO-Kriteriums durchgeführt wird. Es wird, wie erwartet, ein Faktor extrahiert, der einen Eigenwert von 1,47 erreicht und 49 % der Gesamtvarianz erklärt – auch hier wird also die geforderte Schwelle von 50 % knapp unterschritten. Die drei Indikatoren laden alle hoch auf den extrahierten Faktor. Cronbachs Alpha liegt mit 0,476 für drei Items ebenfalls im tolerierbaren Bereich. Da auch dieses Konstrukt mit drei Items gemessen wurde, ist es nicht möglich, auf die globalen Gütekriterien zurückzugreifen. Die lokalen Gütekriterien der zweiten Generation zeigen keine befriedigenden Ergebnisse; lediglich für das Item $PFair_2$ wird die angestrebte Indikatorreliabilität erreicht. Die Ladungen für alle drei Items sind allerdings signifikant von 0 verschieden, so dass diese Mindestanforderung erfüllt wird. Die Faktorreliabilität und die erklärte Varianz sind jedoch weit davon entfernt, den Anforderungen zu ent-

1084 Vgl. Backhaus et al. 2003, S. 276.

sprechen. Daher wird davon abgesehen, die drei Items zu einem Konstrukt zu verdichten. Stattdessen entfällt im Folgenden die Betrachtung des Preiseigennutzes, der in dieser Phase auch nicht im Fokus stehen sollte.[1085] Die nachstehende Tab. 5-11 fasst die aufgeführten Ergebnisse zusammen.

<table>
<tr><th colspan="2">Item</th><th>Komponente 1</th><th>Cronbachs Alpha</th></tr>
<tr><td>PFair$_2$</td><td>Die Preise in diesem Tankstellenshop sind so hoch, weil die Tankstelle die Notlage der Leute ausnutzt. (neg. cod.)</td><td>0,760</td><td rowspan="3">0,476</td></tr>
<tr><td>PEhr$_3$</td><td>Dieser Tankstellen-Betreiber versucht immer wieder, die Preise günstiger darzustellen, als sie sind. (neg. cod.)</td><td>0,666</td></tr>
<tr><td>PTra$_3$</td><td>In diesem Tankstellenshop kann ich die Preise vieler Produkte nicht nachvollziehen. (neg. cod.)</td><td>0,668</td></tr>
<tr><td colspan="2">Eigenwert
Varianzerklärungsanteil</td><td>1,467
48,91 %</td><td></td></tr>
<tr><th>Item</th><th>Indikatorreliabilität</th><th colspan="2">C.R.</th></tr>
<tr><td>PFair$_2$</td><td>0,433</td><td colspan="2"></td></tr>
<tr><td>PEhr$_3$</td><td>0,157</td><td colspan="2">3,107</td></tr>
<tr><td>PTra$_3$</td><td>0,178</td><td colspan="2">3,097</td></tr>
<tr><td>durchschnittlich erklärte Varianz</td><td colspan="3">0,057</td></tr>
<tr><td>Faktor-reliabilität</td><td colspan="3">0,147</td></tr>
<tr><td colspan="4">Fettdruck: Wert erfüllt die gestellten Anforderungen</td></tr>
</table>

Tab. 5-11: Messgüte für den Eigennutz in Untersuchungsphase 2

Für die **Preisehrlichkeit** bestätigt sich das in Untersuchungphase 1 entwickelte Messmodell bei Überprüfung der Kriterien erster Generation. Die Indikatoren sind für die Faktorenanalyse geeignet; das KMO-Kriterium nimmt einen Wert von 0,647 an, der Bartlett-Test fällt signifikant aus. Es wird erwartungsgemäß ein Faktor extrahiert, der einen Eigenwert von etwa 1,7 aufweist und ungefähr 58 % der Varianz erklärt. Auch die Ladungen der Indikatoren auf diesen Faktor sind hoch genug. Cronbachs Alpha zeigt mit einem Wert von 0,634, dass die drei Indikatoren zu einer Kennzahl verdichtet werden dürfen. Auch hier können die globalen Kriterien der konfirmatorischen Faktorenanalyse aus den zuvor genannten Gründen nicht betrachtet werden. Die lokalen Gütekriterien zeigen bessere Ergebnisse als zuvor für den Preiseigennutz, wenn auch nicht alle Anforderungen erfüllt werden. Nur das Item PFair$_4$ erreicht die geforderte Indikatorreliabilität, wobei allerdings die beiden anderen Indikatoren den geforderten Wert nur knapp unterschreiten. Die erklärte Varianz ist recht gering; die geforderte Faktorreliabilität wird nicht erreicht, jedoch wird ihr Wert nur knapp unterschritten. Die Tab. 5-12 zeigt die Ergebnisse im Überblick.

1085 Siehe hierzu auch die Ausführungen in Kap. 6.

Item		Komponente 1	Cronbachs Alpha
PFair$_4$	Wenn ich hier einkaufe, habe ich Angst davor, dass ich zu viel bezahle. (neg. cod)	**0,791**	**0,634**
PEhr$_1$	Wenn ich hier einkaufe, habe ich das Gefühl, dass ich jeden einzelnen Preis nachsehen muss. (neg. cod.)	**0,754**	
PEhr$_2$	Ich glaube, dass es hier empfehlenswert ist, die Preise auf dem Bon nach dem Bezahlen zu überprüfen. (neg. cod.)	**0,740**	
Eigenwert		**1,742**	
Varianzerklärungsanteil		**58,07 %**	
Item	Indikatorreliabilität	C. R.	
PEhr$_1$	0,350	**6,286**	
PEhr$_2$	0,321	**6,294**	
PFair$_4$	**0,479**		
durchschnittlich erklärte Varianz	0,265		
Faktor-reliabilität	0,517		
Fettdruck: Wert erfüllt die gestellten Anforderungen			

Tab. 5-12: Messgüte für die Preisehrlichkeit in Untersuchungsphase 2

Insgesamt lässt sich festhalten: Wird die Messgüte mit Hilfe der Kriterien erster Generation überprüft, erzielt man zufriedenstellende Ergebnisse. Die strengere Überprüfung mit Hilfe der Kriterien zweiter Generation wirft jedoch einige Fragen auf, die in Kap. 6 diskutiert werden.

5.5 Deskriptive Ergebnisse in Untersuchungsphase 2

Wie auch in der Untersuchungsphase 1 werden nun zunächst einige deskriptive Ergebnisse dargestellt. In Untersuchungsphase 2 fand keine Quotierung nach den Merkmalen Shop-Kunde, Tank-Kunde und Beides-Kunde statt. Um einen Vergleich zu den vorherigen Befragungsteilen ziehen zu können, kann man rekonstruieren, wie sich die Kunden auf die drei Gruppen aufgeteilt hätten: Da in Phase 2 nur solche Personen befragt wurden, die mindestens ein nicht preisgebundenes Produkt gekauft hatten, sind Shop- und Beides-Kunden deutlich überrepräsentiert: Etwa 39 % der Befragten lassen sich der ersten, 52 % der zweiten Gruppe zuordnen. Ungefähr 7 % der befragten Personen sind Tank-Kunden, 1 % wäre in Phase 1 nicht befragt worden, weil sowohl Tank- als auch Einkaufshäufigkeit zu gering ausfallen. Ungefähr 40 % der Kunden kauften ein Getränk, 35,5 % Waren aus der Kassenzone und die verbleibenden 24,5 % ein anderes nicht preisgebundenes Produkt.

Ungefähr 64 % der Befragten kaufen mindestens ein Mal in der Woche in Tankstellen ein, 48 % tanken mindestens ein Mal in der Woche. Der Stammkundengrad bei der untersuchten Tankstellenmarke ist auch in Phase 2 hoch: 45 % der befragten Kunden nutzen mindestens bei jedem vierten von fünf Tankstellenbesuchen die untersuchte Tankstelle. In Tab. 5-13 sind die Ergebnisse im Detail aufgeschlüsselt.

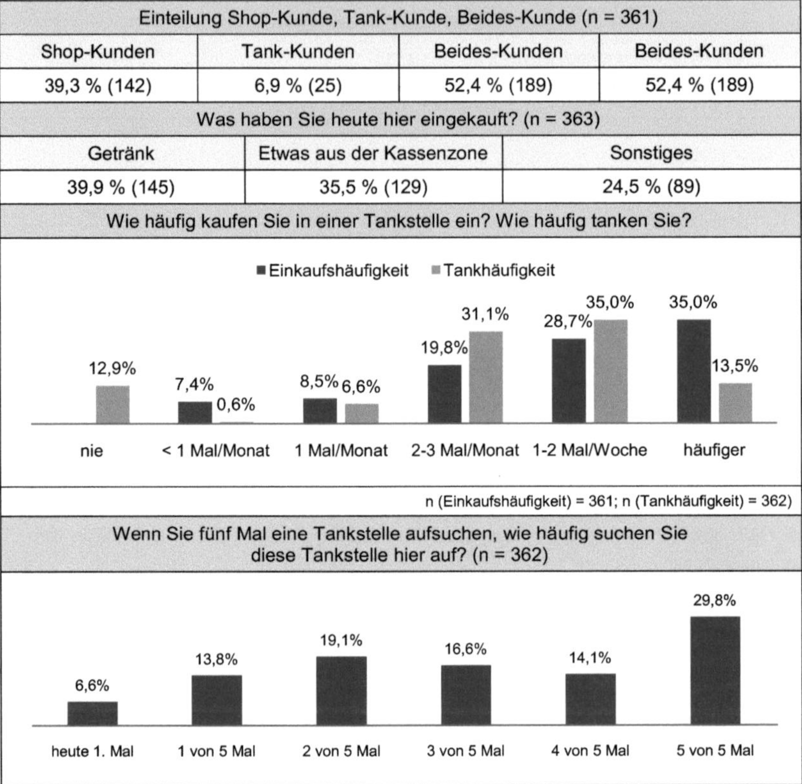

Einteilung Shop-Kunde, Tank-Kunde, Beides-Kunde (n = 361)			
Shop-Kunden	Tank-Kunden	Beides-Kunden	Beides-Kunden
39,3 % (142)	6,9 % (25)	52,4 % (189)	52,4 % (189)

Was haben Sie heute hier eingekauft? (n = 363)		
Getränk	Etwas aus der Kassenzone	Sonstiges
39,9 % (145)	35,5 % (129)	24,5 % (89)

Wie häufig kaufen Sie in einer Tankstelle ein? Wie häufig tanken Sie?

n (Einkaufshäufigkeit) = 361; n (Tankhäufigkeit) = 362)

Wenn Sie fünf Mal eine Tankstelle aufsuchen, wie häufig suchen Sie diese Tankstelle hier auf? (n = 362)

Tab. 5-13: Nutzungsverhalten von Tankstellen in Untersuchungsphase 2

Die **Umstände**, unter welchen die befragten Personen den Tankstellenbesuch am betreffenden Tag machten, lassen sich folgendermaßen zusammenfassen: 49 % befanden sich auf dem Weg zur Arbeit oder von der Arbeit nach Hause, 38 % waren in der Freizeit unterwegs und 4 % hatten die betreffende Tankstelle direkt angesteuert – und 13 % wählten die Antwortoption „Sonstiges“. Die Befragung fand an allen sieben Wochentagen statt. Die meisten Interviews wurden freitags geführt (27,0 %), der geringste Anteil entfällt auf den Sonntag (1,9 %). Auch die Tageszeiten variierten, wobei zwischen 14:01 Uhr und 16:00 Uhr die meisten Befragungen stattfanden (29,5 %). Die Tab. 5-14 zeigt die Ergebnisse.

Wohin sind Sie heute unterwegs? (n = 359)			
Freizeit	Weg Arbeitsplatz	Zu dieser Tankstelle	Sonstiges
33,7 % (121)	49,0 % (176)	3,9 % (14)	13,4 % (48)

Befragungstag (n = 363)						
Mo	Di	Mi	Do	Fr	Sa	So
2,8 % (10)	8,5 % (31)	22,9 % (83)	25,3 % (92)	27,0 % (98)	11,6 % (42)	1,9 % (7)

Befragungsuhrzeit (n = 363)				
bis 11:30	11:31-14:00	14:01-16:30	16:31-19:00	ab 19:01
12,4 % (45)	25,3 % (92)	29,5 % (107)	27,5 % (100)	5,2 % (19)

Tab. 5-14: Ziel der befragten Personen sowie Befragungstage und -uhrzeiten in Untersuchungsphase 2

Betrachtet man die Mittelwerte über die aggregierten Konstrukt-Kennzahlen, so zeigt sich, dass die Intensität des **Preisinteresses** für die befragten Personen im Durchschnitt knapp über dem Skalenmittelwert liegt, nämlich bei 2,93 (höchste Intensität: 1). In Bezug auf die weiteren untersuchten Konstrukte schneiden die Tankstellenshops am besten für die **Preistransparenz** ab: Der Mittelwert liegt bei 1,77 (bester Wert: 1). Der schlechteste Wert findet sich mit einem Mittelwert von 3,46 für das **Preisgünstigkeitsurteil**. Tab. 5-16 fasst die Ergebnisse im Überblick zusammen.

	n	Minimum	Maximum	Mittelwert	Standard-abweichung
IPI	363*	1	5	2,93	1,19
PGU	363*	1	5	3,46	0,85
PWU	363*	1	5	2,68	0,84
TRA	363*	1	5	1,77	0,74
EHR	363*	1	5	1,83	0,88

*Durch die in Kap. 5.4.1 beschriebene Datenimputation keine fehlenden Werte

Legende

IPI: Intensität des Preisinteresses; PGU: Preisgünstigkeitsurteil; PWU: Preiswürdigkeitsurteil; TRA: Preistransparenz; EHR: Preisehrlichkeit

Tab. 5-15: Lagemaße der Konstrukte in Untersuchungsphase 2

Anschließend folgten die Fragen zur **Preisbereitschaft**. Im Gegensatz zu Phase 1 wurden die Kunden nun gebeten, ihre Aussagen für alle gekauften Produkte zu machen, so dass es möglich ist, auch die absoluten Werte in die Analyse einzubeziehen. Im Durchschnitt gaben die Kunden im Shop 2,34 € aus, wobei allerdings die Spannweite sehr groß ist: Maximal wurden 24,95 € bezahlt, minimal 0,25 €. Entsprechend groß ist auch die Spannweite für den maximal akzeptierten Preis sowie den im übrigen Lebensmitteleinzelhandel akzeptierten Preis: Während die Kunden in der Tankstelle im Durchschnitt 3,31 € und im übrigen Lebensmitteleinzelhandel 2,22 € akzeptiert hätten, liegt das jeweilige Maximum für die Tankstelle bei 30,00 € und für den übrigen Lebensmitteleinzelhandel bei 25,00 €; das Minimum für die Tankstelle beträgt 0,50 €, für den übrigen Lebensmitteleinzelhandel 0,20 €. Relativiert man die Aussagen zur Zahlungsbereitschaft durch die Berechnung der in Kap. 4.3.4.7.3 eingeführten Verhältniskennzahlen, so ergibt sich Folgendes: Im Durchschnitt hätten die Kunden einen maximal um 51 % höheren Preis akzeptiert als den tatsächlich gezahlten Betrag. Im Vergleich zum übrigen Lebensmitteleinzelhandel ergibt sich eine Differenz von 65 %. Vergleicht man den tatsächlich gezahlten Preis in der Tankstelle mit dem Preis, den die Kunden im übrigen Lebensmitteleinzelhandel maximal zu akzeptieren bereit wären, so zeigt sich, dass sie im Durchschnitt in der Tankstelle 15 % mehr gezahlt haben, als sie im übrigen Lebensmitteleinzelhandel maximal akzeptiert hätten. Die Tab. 5-16 gibt einen Überblick über die ermittelten Werte.

	n	Minimum	Maximum	Mittelwert	Standardabweichung
GEZ (gezahlter Betrag)	344	0,25 €	24,95 €	2,34 €	2,83
MAX (maximal akzeptierter Betrag in der Tankstelle)	329	0,50 €	30,00 €	3,31 €	3,61
LEH (maximal akzeptierter Betrag im übrigen Lebensmitteleinzelhandel)	284	0,20 €	25,00 €	2,22 €	2,75
PT1 (maximal akzeptierter Betrag in der Tankstelle / gezahlter Betrag)	327	1,00	10,00	1,51*	0,69
PT2 (maximal akzeptierter Betrag in der Tankstelle / maximal akzeptierter Betrag im übrigen Lebensmitteleinzelhandel)	276	0,80	7,33	1,65	0,72
PT3 (gezahlter Betrag /maximal akzeptierter Betrag im übrigen Lebensmitteleinzelhandel)	281	0,10	2,82	1,15	0,40
*Lesebeispiel: Im Durchschnitt liegt die geäußerte Preisbereitschaft in der Tankstelle 51 % über dem tatsächlich gezahlten Betrag.					

Tab. 5-16: Mittelwert und Lagemaße der Größen zur Preisbereitschaft in Untersuchungsphase 2

Der nächste Teil des Fragebogens widmet sich den **Preisemotionen**. Da diese, wie in Kap. 5.4.2 erläutert, nicht zu einer Kennzahl aggregiert werden können, werden die Items einzeln betrachtet. Für alle vier Emotionen liegt der Mittelwert in der Stichprobe im Bereich der Indifferenz oder der Ablehnung. Die Tab. 5-17 zeigt die Ergebnisse im Detail.

	n	Mittelwert	Standardabweichung
ÄRG	363*	3,73	1,37
FREU	363*	3,96	1,19
WUT	363*	4,23	1,11
ÜB	363*	3,40	1,37

* Durch die in Kap. 5.4.1 beschriebene Datenimputation keine fehlenden Werte
Legende – ÄRG: Preisärger; FREU: Preisfreude; WUT: Preiswut; ÜB: Preisüberraschung

Tab. 5-17: Mittelwert und Lagemaße der Items zu den Preisemotionen in Untersuchungsphase 2

Wie bereits erwähnt, wurde außerdem die KANO-Methode angewandt, um die Bedeutung verschiedener **Leistungsmerkmale** der Tankstellenshops aus Kundensicht zu erheben und mit den subjektiven Beurteilungen dieser Merkmale zu verknüpfen. Hier lassen sich die folgenden Informationen extrahieren:

- die Beurteilung der einzelnen Merkmale durch die Kunden, ohne die Zuteilung zu den Anforderungsarten nach KANO zu berücksichtigen;
- die Zuteilung der Merkmale zu den Anforderungsarten nach KANO;
- die Beurteilung der einzelnen Merkmale durch die Kunden, wobei die Zuteilung zu den Anforderungsarten nach KANO berücksichtigt wird.

Im ersten Schritt wird für die fünfzehn Merkmale die durchschnittliche Beurteilung der Kunden ohne Berücksichtigung der Eigenschaftsart analysiert. Die folgende Tab. 5-18 zeigt die Beurteilung der Merkmale im Überblick.

	n	Mittelwert	Standardabweichung
Freundlichkeit des Personals	362	1,47	0,628
guter Service	339	1,71	0,727
hohe Warenqualität	352	1,75	0,574
Sauberkeit	360	1,77	0,647
Möglichkeit, schnell einzukaufen	359	1,80	0,713
Vertrauenswürdigkeit des Betreibers	305	1,80	0,760
Erreichbarkeit	358	1,80	0,890
Übersichtlichkeit	360	1,82	0,680
gute Zufahrt	350	1,85	0,727
Möglichkeit, bequem einzukaufen	354	1,87	0,696
angenehme Atmosphäre	359	2,02	0,817
Parkmöglichkeiten	347	2,07	0,876
Auswahl	359	2,20	0,921
nahe am Wohnort	357	2,29	1,429
niedrige Preise	353	3,12	0,956

Tab. 5-18: Beurteilung der Tankstellenmerkmale ohne Berücksichtigung der Anforderungsart

Es zeigt sich, dass die *Freundlichkeit des Personals* mit einem Mittelwert von 1,47 (bei einer Skala von 1 bis 5) am besten bewertet wird, die *niedrigen Preise* mit einem Mittelwert von 3,12 am schlechtesten. Berechnet man aus den so ermittelten „Noten" für die einzelnen Merkmale das Globalurteil über alle Probanden und alle Merkmale, so erhält man einen Wert für die Globalbeurteilung der Tankstellen von 1,96.

Im Anschluss können die Merkmale den Anforderungsarten zugeteilt werden. Hierfür wird, wie in Kap. 5.2.1.2 erläutert, aus der Beantwortung der funktionalen und der dysfunktionalen Frage für jedes Merkmal auf die Zuteilung geschlossen. Die Häufigkeiten für die Zuteilung in die Anforderungsarten zeigt die Tab. 5-19.

	n	Ba	Le	Be	In	En	Fr
Freundlichkeit des Personals	363	18,2 % (66)	49,9 % (181)	12,9 % (47)	18,5 % (67)	0,6 % (2)	-
guter Service	362	18,5 % (67)	41,2 % (149)	14,6 % (53)	25,1 % (91)	0,3 % (1)	0,3 % (1)
hohe Warenqualität	358	28,5 % (102)	42,7 % (153)	11,5 % (41)	17,0 % (61)	0,3 % (2)	-
Sauberkeit	351	32,4 % (117)	40,2 % (145)	7,7 % (28)	19,1 % (69)	0,6 % (2)	-
Möglichkeit, schnell einzukaufen	358	12,8 % (46)	31,8 % (114)	24,3 % (87)	31,0 % (111)	-	-
Vertrauenswürdigkeit des Betreibers	345	23,8 % (82)	39,4 % (136)	9,3 % (32)	27,2 % (94)	-	0,3 % (1)
Erreichbarkeit	359	16,4 % (59)	37,0 % (133)	17,0 % (61)	29,5 % (106)	-	-
Übersichtlichkeit	360	15,6 % (56)	27,8 % (100)	21,1 % (76)	35,3 % (127)	0,3 % (1)	-
gute Zufahrt	346	20,5 % (71)	30,1 % (104)	11,0 % (38)	38,4 % (133)	-	-
Möglichkeit, bequem einzukaufen	359	10,9 % (39)	28,4 % (102)	23,4 % (84)	36,2 % (130)	1,1 % (4)	-
angenehme Atmosphäre	360	13,1 % (47)	28,6 % (103)	20,8 % (75)	37,2 % (134)	0,3 % (1)	-
Parkmöglichkeiten	350	9,1 % (32)	31,1 % (109)	18,6 % (65)	41,1 % (144)	-	-
große Produktauswahl	359	8,1 % (29)	26,2 % (94)	29,0 % (104)	35,7 % (128)	1,1 % (4)	-
nahe am Wohnort	356	11,0 % (39)	28,9 % (103)	22,8 % (81)	37,4 % (133)	-	-
niedrige Preise	363	4,4 % (16)	52,9 % (192)	32,5 % (118)	9,6 % (35)	0,6 % (2)	-

Ba: Basisanforderung; Be: Begeisterungsanforderung; En: Entgegengesetzte Anforderung; Fr: Fragwürdige Anforderung; In: Indifferente Anforderung; Le: Leistungsanforderung
Zahlen in Klammern geben absolute Werte an.

Tab. 5-19: Verteilung der Anforderungsarten auf das jeweilige Merkmal

Besonders interessant ist hier, dass die *niedrigen Preise* verglichen mit den übrigen Merkmalen den höchsten Wert für die Begeisterungsanforderungen erreichen: Etwa 33 % der Probanden ordnen sie in diese Anforderungsart ein. Dies zeigt, dass *niedrige Preise* von verhältnismäßig wenigen Kunden in der Tankstelle erwartet werden und die Nichterfüllung des Merkmals nicht zu Unzufriedenheit führt. Das bestätigt den in Phase 1 gewonnenen Eindruck, die Preise seien für die Kunden in Tankstellenshops weniger wichtig.

Im nächsten Schritt erfolgt eine Verdichtung der Anforderungsarten, indem die in Kap. 5.2.1.2 dargestellten Koeffizienten berechnet werden, die das Zufriedenheitspotenzial sowie das Unzufriedenheitspotenzial der einzelnen Merkmale wiedergeben. Die Tab. 5-20 zeigt für alle Tankstellenmerkmale das Zufriedenheits- und Unzufriedenheitspotenzial.

	n	CS^+	CS^-
Freundlichkeit des Personals	363	0,63	0,68
guter Service	362	0,56	0,60
hohe Warenqualität	358	0,54	0,71
Sauberkeit	351	0,48	0,73
Möglichkeit, schnell einzukaufen	358	0,56	0,45
Vertrauenswürdigkeit des Betreibers	345	0,49	0,63
Erreichbarkeit	359	0,54	0,53
Übersichtlichkeit	360	0,49	0,43
gute Zufahrt	346	0,41	0,51
Möglichkeit, bequem einzukaufen	359	0,52	0,40
angenehme Atmosphäre	360	0,50	0,42
Parkmöglichkeiten	350	0,50	0,40
große Produktauswahl	359	0,56	0,35
nahe am Wohnort	356	0,52	0,40
niedrige Preise	363	0,86	0,58
CS^+: Zufriedenheitspotenzial; CS^-: Unzufriedenheitspotenzial			

Tab. 5-20: Zufriedenheits- und Unzufriedenheitspotenziale für die Tankstellenmerkmale

Hier fällt besonders auf, dass *niedrige Preise* mit einem Wert von 0,86 das höchste Zufriedenheitspotenzial (und mit 0,58 ein deutlich geringeres Unzufriedenheitspotenzial) aufweisen, die *Sauberkeit* mit einem Wert von 0,73 über das höchste Unzufriedenheitspotenzial. Ebenfalls interessant sind die Werte für die *große Produktauswahl*: Auch diese zeichnet sich dadurch aus, dass das Zufriedenheitspotenzial deutlich höher ist als das Unzufriedenheitspotenzial.

Ferner können die berechneten Koeffizienten in einem zweidimensionalen Koordinatensystem abgetragen werden, das ihre Wirkungen auf die Zufriedenheit abbildet. Der obere rechte Quadrant enthält in diesem Koordinatensystem die Leistungsanforderungen, der untere rechte die Basisanforderungen, der obere linke die Begeisterungsanforderungen und der untere linke die indifferenten Anforderungen (siehe Abb. 5–4).

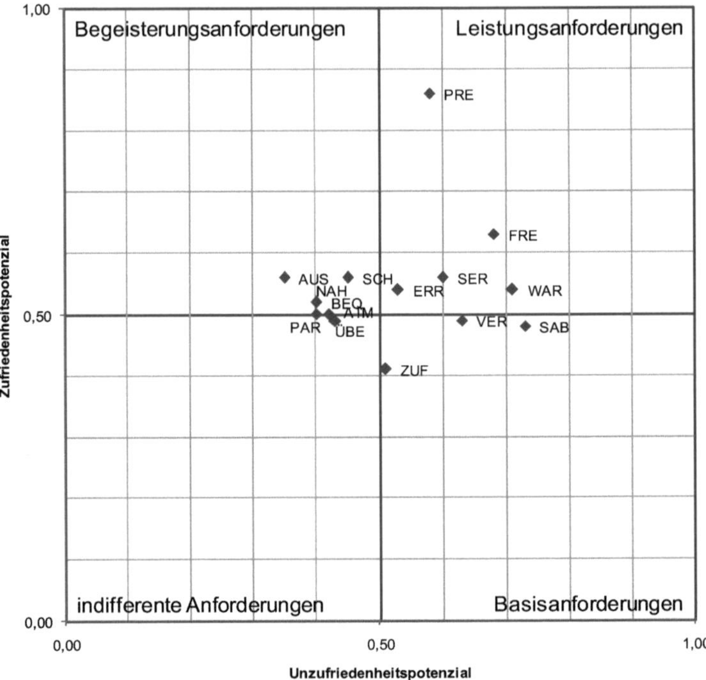

Legende
AUS: große Produktauswahl; ATM: angenehme Atmosphäre; BEQ: Möglichkeit, bequem einzukaufen; ERR: Erreichbarkeit; FRE: Freundlichkeit des Personals; NAH: nahe am Wohnort; PAR: Parkmöglichkeiten; PRE: niedrige Preise; SAB: Sauberkeit; SCH: Möglichkeit, schnell einzukaufen; SER: guter Service; ÜBE: Übersichtlichkeit; VER: Vertrauenswürdigkeit des Betreibers; WAR: hohe Warenqualität; ZUF: gute Zufahrt

Abb. 5-4: Darstellung der Zufriedenheits- und Unzufriedenheitspotenziale für die Tankstellenmerkmale

Wie aus der Abbildung ersichtlich ist, ordnen sich die Merkmale in folgende Bereiche ein: Zu den **Begeisterungsanforderungen** zählen die *Möglichkeit zum schnellen Einkauf*, die *Möglichkeit, bequem einzukaufen*, *nahe am Wohnort* und die *große Produktauswahl*.

Niedrige Preise, *freundliches Personal*, *guter Service*, *hohe Warenqualität* und *Erreichbarkeit der Tankstelle* fallen den **Leistungsanforderungen** zu. Auffällig ist hier vor allem, dass die *niedrigen Preise* „in Richtung" der Begeisterungsanforderungen tendieren; dieser Umstand ist vor allem vor dem Hintergrund der immer wieder bemühten Preissensitivität deutscher Kunden im Lebensmitteleinzelhandel interessant.

Die **Basisanforderungen** umfassen *Sauberkeit* und *Vertrauenswürdigkeit;* **indifferent** bewerten die Kunden die *Zufahrt*, *Parkmöglichkeiten*, *Übersichtlichkeit* und *angenehme Atmosphäre*.

Zu berücksichtigen ist bei dieser Betrachtung, dass die Schwelle zur Festlegung der vier Quadranten willkürlich bei 0,5 gesetzt wurde; die Wahl eines anderen Schwellenwertes – z. B. bei 0,8 – würde zu völlig anderen Einstufungen der Merkmale führen: In diesem Fall fielen die *niedrigen Preise* sogar als einziges Merkmal in die Begeisterungsanforderungen, die übrigen Merkmale zählten zu den indifferenten Anforderungen. Dieser Aspekt ist bei der Interpretation zu beachten und verdeutlicht, wie stark sich die Einordnung der niedrigen Preise von derjenigen der übrigen Merkmale unterscheidet, die im obigen Koordinatensystem nahe aneinander liegen.

Nachdem nun für jeden Probanden die Zuteilung der Merkmale zu den Anforderungskategorien vorgenommen wurde, ist es möglich, die Bewertung der Merkmale mit der jeweiligen Anforderungskategorie zu verknüpfen und auf dieser Basis die Beurteilung nur in den Fällen einfließen zu lassen, in denen sie eine Rolle spielt. Dabei wird folgendermaßen vorgegangen: Handelt es sich um eine Basisanforderung, so gehen die Beurteilungen „schlecht" und „sehr schlecht" ein, da Basisanforderungen Unzufriedenheit bei Nichterfüllung stiften. Für Leistungsanforderungen werden dagegen alle Bewertungen herangezogen, da ihre Erfüllung Zufriedenheit stiftet und ihre Nichterfüllung Unzufriedenheit. Im Fall von Begeisterungsanforderungen gehen die Beurteilungen „gut" und „sehr gut" ein, da Begeisterungsanforderungen Zufriedenheit hervorrufen, wenn sie erfüllt werden. Indifferente Anforderungen werden nicht einbezogen, da sie weder Zufriedenheit noch Unzufriedenheit stiften. Berücksichtigt man die Anforderungsarten, so ergibt sich das in Tab. 5-21 dargestellte Bild.

Betrachtet man die Mittelwerte der Bewertungen, so zeigt sich, dass sich die Beurteilung nahezu aller Merkmale verbessert, wenn die Anforderungsart berücksichtigt wird. Einzige Ausnahme ist die Vertrauenswürdigkeit des Betreibers – diese wird deutlich schlechter.

Bildet man abschließend auch hier einen Durchschnitt über alle Beurteilungen, so fällt das Globalurteil mit 1,98 ähnlich aus wie zuvor.

	Ohne Berücksichtigung der Anforderungsart			Mit Berücksichtigung der Anforderungsart			Differenz (2)-(1)
	n	Mittelwert (1)	Standardabweichung	n	Mittelwert (2)	Standardabweichung	
Freundlichkeit des Personals	362	1,47	0,63	227	1,35	0,58	-0,12
guter Service	339	1,71	0,73	188	1,57	0,70	-0,14
hohe Warenqualität	352	1,75	0,57	191	1,74	0,59	-0,01
Sauberkeit	360	1,77	0,65	173	1,71	0,71	-0,06
Möglichkeit, schnell einzukaufen	359	1,80	0,71	193	1,68	0,66	-0,12
Vertrauenswürdigkeit des Betreibers	305	1,80	0,76	171	2,45	1,20	0,65
Erreichbarkeit	358	1,80	0,89	191	1,66	0,76	-0,14
Übersichtlichkeit	360	1,82	0,68	168	1,69	0,58	-0,13
gute Zufahrt	350	1,85	0,73	133	1,77	0,74	-0,08
Möglichkeit, bequem einzukaufen	354	1,87	0,70	174	1,68	0,62	-0,19
angenehme Atmosphäre	359	2,02	0,82	155	1,71	0,71	-0,31
Parkmöglichkeiten	347	2,07	0,88	152	1,89	0,86	-0,18
große Produktauswahl	359	2,20	0,92	175	2,01	0,91	-0,19
nahe am Wohnort	357	2,29	1,43	167	1,77	1,23	-0,52
niedrige Preise	353	3,12	0,96	218	3,08	1,06	-0,04

Tab. 5-21: Beurteilung der Tankstellenmerkmale ohne und mit Berücksichtigung der Anforderungsart im Vergleich

5.6 Wirkungszusammenhänge zwischen den Variablen in Untersuchungsphase 2

5.6.1 Vorüberlegungen zur Untersuchung von Wirkungszusammenhängen in Untersuchungsphase 2

Wie in Kap. 5.1 dargelegt, werden im Folgenden erstens die in Phase 1 formulierten Hypothesen in Bezug auf das **Preiswürdigkeitsurteil** und die **Preisbereitschaft** überprüft. Zweites Ziel ist es, diese beiden Konstrukte näher zu untersuchen und insbesondere ihre bestimmenden Größen zu identifizieren. Dabei werden die möglichen Einflussfaktoren um die Beurteilung der relevanten Leistungskomponenten erweitert. Zu beachten ist bei der Interpretation und vor allem beim Vergleich mit den Ergebnissen aus Phase 1, dass die Kunden zuvor gemäß der Einteilung in Shop-Kunden, Tank-

Kunden und Beides-Kunden quotiert wurden – in Phase 2 aber nur solche Kunden interviewt wurden, die am fraglichen Tag ein nicht preisgebundenes Produkt in der Tankstelle kauften. Durch dieses Vorgehen ist die Gruppe der Tank-Kunden im Vergleich zu Phase 1 stark unterrepräsentiert.[1086] Eine Möglichkeit, um dies auszugleichen, wäre die Gewichtung der einzelnen Gruppen entsprechend der Zusammensetzung in Phase 1 gewesen. Weil jedoch in Phase 2 explizit das Verhalten der Käufer detailliert betrachtet wird, wird auf die Gewichtung verzichtet.

Für das erste formulierte Ziel, also die Hypothesenprüfung für das Preiswürdigkeitsurteil und die Preisbereitschaft, kommen weitgehend die in Kap. 4.4.4.1 erläuterten Methoden zum Einsatz. Allerdings sind einige Erweiterungen nötig: So wird neben dem α-Fehler auch der β-Fehler bei der Hypothesenprüfung herangezogen. Wie bereits angesprochen, ermöglicht die Betrachtung des α-Fehlers nur eine Aussage über die Wahrscheinlichkeit für den beobachteten oder einen extremeren Effekt, sofern die Nullhypothese richtig ist: Es kann also lediglich über die Ablehnung der Nullhypothese entschieden werden.[1087] Damit kann jedoch keine Aussage darüber getroffen werden, wie wahrscheinlich die Alternativhypothese ist. Da nun aber, im Unterschied zur Erhebung in Phase 1, die Effekte im Vorfeld abgeschätzt werden können, wäre es hier möglich, das Vorgehen zur Hypothesenprüfung gemäß NEYMAN und PEARSON zu nutzen – mit einigen Einschränkungen, die weiter unten thematisiert werden.[1088]

Die zwei Autoren schlagen folgendes Vorgehen vor: Es wird ebenfalls eine Nullhypothese formuliert. Abgesehen davon wird auch die Alternativhypothese aufgestellt. Im Vorfeld werden ebenfalls die Wahrscheinlichkeiten für den α-Fehler und für den β-Fehler sowie die Effektstärke festgelegt. Mit Hilfe dieser Größen kann dann die optimale Stichprobengröße berechnet werden, bei der die Hypothese statistisch abgesichert werden kann.[1089] Liegt die Überschreitungswahrscheinlichkeit unter diesen Bedingungen bei 5 % oder darunter, kann H_1 angenommen werden, während H_0 abgelehnt wird. Damit ermöglicht dieses Vorgehen eine Aussage darüber, wie wahrscheinlich die Alternativhypothese ist. Problematisch bei diesem Vorgehen ist allerdings, dass hier nicht nur eine Hypothese mit einer bestimmten Effektgröße überprüft werden soll, sondern mehrere. Da es nicht praktikabel erscheint, für jede der zu untersuchenden Hypothesen auf eine andere – und für die jeweilige Hypothese ideale – Stichprobengröße zurückzugreifen, kommt stattdessen das Signifikanztest-Hybridmodell zum Einsatz. Bei diesem wird der β-Fehler im Nachhinein aus dem akzeptierten α-Fehlerniveau, der

1086 Siehe auch die deskriptiven Ergebnisse in Kap. 5.5.
1087 Vgl. Bühner/Ziegler 2009, S. 188.
1088 Siehe hierzu und zum beschriebenen Vorgehen den Aufsatz von Neyman/Pearson 1928.
1089 Siehe hierzu die Ausführungen bei Bühner/Ziegler 2009, S. 192 ff.

beobachteten Effektgröße und der Stichprobengröße berechnet.[1090] Man nimmt in diesem Fall an, dass der in den Daten entdeckte Effekt den Mittelwert der Alternativhypothese darstellt. Mit Hilfe des im Vorhinein für den α-Fehler festgelegten Signifikanzniveaus kann dann die Wahrscheinlichkeit für den β-Fehler berechnet werden und auf der Grundlage beider Informationen sowie hier zusätzlich der Kenntnis über die ideale Stichprobengröße die Entscheidung über die Ablehnung oder Annahme von H_0 und H_1 getroffen werden.

Da es sich eingebürgert hat, statt des β-Fehlers die sogenannte Post-hoc-Teststärke (auch: power) in die Entscheidung einzubeziehen, wird auch hier entsprechend vorgegangen: Die Teststärke ergibt sich aus 1-β und drückt die Wahrscheinlichkeit aus, einen Unterschied in der Stichprobe festzustellen, wenn er in der Grundgesamtheit vorliegt.[1091] Für die Teststärke wird i. d. R. ein Wert von mindestens 80 % gefordert, was hier übernommen wird.[1092]

Allerdings weisen zahlreiche Autoren darauf hin, dass sich bei der Berechnung der Teststärke im Nachhinein zahlreiche Unsicherheiten und Probleme ergeben, weshalb sie mit Vorsicht zu interpretieren ist; teilweise wird auch davon abgeraten.[1093] Darüber hinaus kommen hier nicht parametrische Verfahren zum Einsatz, für die die Teststärke nur geschätzt werden kann, so dass sich auch hieraus zusätzliche Unsicherheiten ergeben. Dies ist bei der späteren Interpretation ebenso zu beachten.[1094]

Abgesehen von der nun zusätzlichen Betrachtung des β-Fehlers bzw. der Teststärke erfolgen die Hypothesentests nun nicht mehr zweiseitig, sondern einseitig, sofern bereits eine Annahme über die Wirkungsrichtung gemacht werden konnte.

Überdies werden im Folgenden, wie bereits erläutert, die bestimmenden Einflussfaktoren für die Preisbereitschaft und das Preiswürdigkeitsurteil mittels binär-logistischer Regression näher beleuchtet. Diese erlaubt es, die Beziehung zwischen einem dichotomen Regressanden und mehreren beliebig skalierten Regressoren zu analysieren.[1095] Als dichotomer Regressand kann zum Beispiel eine Unterteilung der Kunden in Personen mit niedriger und mit hoher Preisbereitschaft dienen. Die binär-logistische Regression beantwortet die Frage, mit welcher Wahrscheinlichkeit ein bestimmtes Ereignis (z. B. die Zuordnung eines Kunden zu den Personen mit hoher Preisbereit-

1090 Siehe zum Hybridmodell den Aufsatz von Gigerenzer 1993.
1091 Vgl. Bühner/Ziegler 2009, S. 177.
1092 Vgl. Cohen 1988, S. 56; Klarmann 2008, S. 107.
1093 Siehe z. B. den Aufsatz von Hoenig/Heisey 2001.
1094 Vgl. Bühner/Ziegler 2009, S. 270. Zur Beschreibung von nicht parametrischen Testverfahren und die Begründung für ihre Auswahl in der vorliegenden Arbeit siehe Kap. 4.4.4.1.
1095 Vgl. Posselt/Gensler 2000, S. 191.

schaft) zu erwarten ist und welche Variablen diese Wahrscheinlichkeit determinieren.[1096]

Zur Interpretation der Ergebnisse werden bei der binär-logistischen Regression verschiedene Größen herangezogen, die sich teilweise auf das gesamte Regressionsmodell, teilweise auf die einzelnen Prädiktoren beziehen. Zunächst empfiehlt es sich, die Klassifizierungstabelle näher in Augenschein zu nehmen, welche die vom geschätzten Regressionsmodell prognostizierte Gruppenzuordnung der einzelnen Fälle mit der empirisch aufgetretenen Zuordnung vergleicht, um einen ersten Eindruck darüber zu erhalten, wie gut das Modell die Gruppenzuordnung vorhersagt.[1097] Darüber hinaus können einige Maße betrachtet werden, die die Modellgüte erfassen. Zunächst ist hier der Likelihood-Ratio-Test zu nennen, der die Signifikanz des Gesamtmodells überprüft. Dieser Test sollte signifikant ausfallen; ist dies der Fall, so trennen die unabhängigen Variablen die beiden untersuchten Kategorien der abhängigen Variablen.[1098]

In Entsprechung zum Determinationskoeffizienten R^2 für die lineare Re-gression[1099] kann die Güte anschließend mit McFaddens Pseudo-R^2 beurteilt werden, das aus den logarithmierten Maximum-Likelihood-Schätzungen für das Nullmodell und für das geschätzte Modell berechnet wird.[1100] Der Koeffizient gibt also die Verbesserung des Regressionsmodells gegenüber dem Nullmodell an und kann Werte zwischen 0 und 1 erreichen, wobei möglichst hohe angestrebt werden. Bereits ab einem Wert von 0,2 spricht man von einer akzeptablen Modellanpassung.[1101] Zwei Varianten von McFaddens Pseudo-R^2 können parallel herangezogen werden, nämlich das Pseudo-R^2 von Cox und Snell sowie das von Nagelkerke.[1102] Für beide Maße gilt ebenfalls eine Schwelle von 0,2, ab welcher das Modell als akzeptabel betrachtet wird; Werte von mindestens 0,4 werden als gut interpretiert.[1103] Nagelkerkes Pseudo-R^2 lässt sich zudem wie der Determinationskoeffizient in der linearen Regression als Anteil der Varianz der abhängigen Variable, die durch alle unabhängigen Variablen erklärt wird, interpretieren.[1104]

Für die Interpretation der einzelnen Prädiktoren wird der Wald-Test herangezogen; dieser testet die Nullhypothese, die einzelnen unabhängigen Variablen übten in der

---

1096 Vgl. Backhaus et al. 2003, S: 418.
1097 Vgl. Diaz-Bone/Künemund 2003, S. 12.
1098 Vgl. Backhaus et al. 2003, S. 439.
1099 Dieser gibt das Verhältnis der erklärten Streuung zur Gesamtstreuung an, siehe z. B. bei Backhaus et al. 2003, S. 66.
1100 Vgl. Diaz-Bone/Künemund 2003, S. 12.
1101 Vgl. Urban 1993, S. 62.
1102 Für detaillierte Erläuterungen sowie die Formeln zur Berechnung siehe Backhaus et al. 2003, S. 441.
1103 Vgl. Backhaus et al. 2003, S. 447 f.
1104 Vgl. Fromm 2005, S. 22.

Grundgesamtheit keinen Effekt auf die abhängige Variable aus.[1105] Ein signifikanter Test besagt demnach, dass die betreffende unabhängige Variable einen Einfluss auf die abhängige Variable hat. Über die Wirkungsrichtung gibt der Regressionskoeffizient B Auskunft: Bei einem negativen Vorzeichen sinkt die Wahrscheinlichkeit, dass ein Fall in die Referenzkategorie – eine der beiden Kategorien der abhängigen Variablen, die im Vorfeld festgelegt wird – bei steigendem Wert der unabhängigen Variablen eingeordnet wird. Abgesehen von der Wirkungsrichtung kann auch die Wahrscheinlichkeit hierfür angegeben werden; zu diesem Zweck wird der Effektkoeffizient Exp(B) herangezogen. Dieser gibt den Faktor an, um den sich die Wahrscheinlichkeit für das Eintreten der Referenzkategorie ändert, wenn sich der Wert der betreffenden unabhängigen Variablen um eine Einheit ändert. Im Fall von kategorialen unabhängigen Variablen gibt Exp(B) die Chance an, um die sich die Wahrscheinlichkeit für das Eintreten der Referenzkategorie ändert, wenn man die betreffende Ausprägung der unabhängigen Variablen mit der Referenzausprägung dieser Variablen vergleicht.[1106]

5.6.2 Überprüfung der Hypothesen zum Preiswürdigkeitsurteil und zur Preisbereitschaft

Im ersten Schritt werden nun die in Phase 1 aufgestellten Hypothesen zum Preiswürdigkeitsurteil an der Stichprobe aus Phase 2 in der Reihenfolge ihrer Formulierung in Kap. 4.4.5.3 überprüft.

H_{EMO-15} formuliert einen Zusammenhang zwischen Preisärger, Preiswut und Preisfreude mit dem Preiswürdigkeitsurteil: Ein höherer Preisärger oder eine höhere Preiswut gehen mit einem schlechteren, eine höhere Preisfreude mit einem besseren Preiswürdigkeitsurteil einher, wobei die Effekte von klein bis moderat variieren. Alle drei Effekte treten in Phase 2 erneut auf. Auch die Teststärke ist ausreichend hoch; die Effekte fallen zudem etwas stärker aus als in Phase 1.

H_{PU-1} besagt, dass das Preiswürdigkeitsurteil bei niedrigem Preisniveau besser ausfällt als bei hohem (H_{PU-1b})[1107] und das Preiswürdigkeitsurteil besser ausfällt als das Preisgünstigkeitsurteil (H_{PU-1c}). Die Analyse der Daten führt nun zu folgendem Ergebnis: Für H_{PU-1b} produziert der U-Test kein signifikantes Ergebnis, und die errechnete Effektgröße ist sehr gering, so dass eine sehr große Stichprobe nötig wäre, um eine gesicherte Aussage über die Alternativhypothese treffen zu können.[1108] Die Annahme, dass das

1105 Vgl. Diaz-Bone/Künemund 2003, S. 13 f.
1106 Vgl. Backhaus et al. 2003, S. 431 ff.; Fromm 2005, S. 24.
1107 H_{PU-1a} bezieht sich auf das Preisgünstigkeitsurteil und wird daher hier nicht betrachtet.
1108 Für die postulierte Effektgröße von 0,09 wäre ein n von 759 Personen notwendig. Hier fällt die Effektgröße noch geringer aus.

Preiswürdigkeitsurteil bei niedrigem Preisniveau besser ausfällt, kann daher nicht beibehalten werden. $H_{PU\text{-}1c}$ wird hingegen beibehalten: Auch in der zweiten Stichprobe fällt das Preiswürdigkeitsurteil deutlich besser aus als das Preisgünstigkeitsurteil. Die Teststärke beträgt gerundet 1, ist also ebenfalls sehr hoch.

$\mathbf{H_{PU\text{-}2}}$ bezieht sich auf den Zusammenhang zwischen Preiswürdigkeitsurteil und Alter: Das Preiswürdigkeitsurteil verbessert sich steigendem Alter. Die erneute Überprüfung ermöglicht keine exakte Aussage: Die geforderte Schwelle für den α-Fehler wird knapp unterschritten. Da allerdings hier auch die Effektgröße ausgesprochen gering ausfällt, wird die Nullhypothese beibehalten.

$\mathbf{H_{PU\text{-}3}}$ nimmt an, dass zwischen der Intensität des Preisinteresses und dem Preiswürdigkeitsurteil kein Zusammenhang besteht. Hier wird die Schwelle für den akzeptablen α-Fehler unterschritten, so dass die Nullhypothese nicht abgelehnt werden kann, gleichzeitig ist die Teststärke nicht groß genug für eine eindeutige Aussage. Die Nullhypothese wird aus diesen Gründen – und auch angesichts der extrem kleinen Effektstärke – beibehalten.

$\mathbf{H_{PU\text{-}4}}$ bezieht sich auf das Rangreihenverfahren, das in Phase 2 nicht wiederholt wurde. Daher kann die formulierte Hypothese nicht überprüft werden.

$\mathbf{H_{PU\text{-}5a}}$ postuliert einen moderaten positiven Effekt zwischen dem Stammkundengrad und dem Preiswürdigkeitsurteil. Dieser Effekt tritt ebenfalls in Phase 2 auf: Auch hier besteht ein positiver Zusammenhang zwischen den beiden Variablen (das negative Vorzeichen des Korrelationskoeffizienten in Tab. 5-22 ist durch die negative Codierung des Preiswürdigkeitsurteils bedingt), der von mittlerer Stärke ist und aufgrund einer ausreichend große Teststärke von nahe 1 auch als sehr wahrscheinlich gelten kann.

$\mathbf{H_{PU\text{-}5b}}$ bezieht sich auf Unterschiede zwischen Shop-Kunden, Tank-Kunden und Beides-Kunden. Da in Phase 2 allerdings nur solche Personen befragt wurden, die in der Tankstelle am fraglichen Tag eingekauft hatten, wird hier auf eine explizite Betrachtung dieser Variablen verzichtet, auch weil die Gruppe der Tank-Kunden eine sehr geringe Fallzahl aufweist.

$\mathbf{H_{PU\text{-}5c}}$ bezieht sich auf die Begleitumstände des Tankstellenbesuchs; bei Kunden, die die Tankstelle direkt ansteuern, fällt das Preiswürdigkeitsurteil besser aus. Da die Stichprobe in Phase 2 deutlich geringer ist und die betreffende Gruppe den kleinsten Anteil aller Kunden ausmacht – hier sind es 14 Personen – ist die Fallzahl zu gering, um Signifikanztests durchzuführen, so dass die Hypothese nicht überprüft werden kann.

$H_{PU\text{-}6}$ formuliert einen Zusammenhang zwischen der Kaufkraft im Umfeld der untersuchten Tankstelle und dem Preiswürdigkeitsurteil: Letzteres fällt bei niedriger Kaufkraft besser aus. Dies zeigt sich gleichermaßen in der Stichprobe zu Phase 2, wobei das Ergebnis durch die hohe Teststärke abgesichert ist.

$H_{PU\text{-}8a}$ postuliert einen moderierenden Effekt des Geschlechts auf das Preiswürdigkeitsurteil. Der in Phase 1 identifizierte Effekt kann hier jedoch nicht wieder beobachtet werden: Die Varianzanalyse offenbart weder für die beiden Haupteffekte noch für den Interaktionseffekt ein signifikantes Ergebnis. Führt man anschließend einen Mehrgruppenvergleich durch, so zeigt sich weder für Männer noch für Frauen ein Unterschied des Preiswürdigkeitsurteils bei unterschiedlichen Preisniveaus. Für beide Vergleiche sind die Effektgrößen sehr gering, ebenso die Teststärken.

Auch für die Kaufkraft postuliert **$H_{PU\text{-}8b}$** einen Moderatoreffekt dergestalt, dass nur in Regionen mit niedriger Kaufkraft für niedriges Preisniveau die Preiswürdigkeit besser beurteilt wird. Dieser Effekt fällt in Phase 2 ebenfalls signifikant aus, es handelt sich hier um einen hybriden Effekt. Allerdings ist die Teststärke nicht hoch genug, so dass keine gesicherte Aussage getroffen werden kann. Die Alternativhypothese wird daher beibehalten.

$H_{PU\text{-}8c}$ nimmt einen moderierenden Effekt der Einteilung in Shop-, Tank- und Beides-Kunden an. Aufgrund des schon für $H_{PU\text{-}5b}$ angeführten Umstands wird hier auf die Analyse verzichtet.

$H_{PU\text{-}9}$ postuliert einen Moderatoreffekt der Wettbewerbsintensität: Danach fällt das Preiswürdigkeitsurteil nur bei hoher Wettbewerbsintensität für niedriges Preisniveau besser aus, nicht jedoch bei niedriger Wettbewerbsintensität. Dieser Effekt kann hier nicht nachgewiesen werden, in Phase 2 tritt kein Moderatoreffekt auf. Die Hypothese wird daher nicht beibehalten.

$H_{PU\text{-}10}$ postuliert einen Moderatoreffekt der Einteilung in Wochentage und Wochenendtage. Das Preiswürdigkeitsurteil fällt nur am Wochenende bei niedrigem Preisniveau besser aus. Dieser Effekt zeigt sich in Phase 2 jedoch nicht, so dass die Hypothese nicht weiter beibehalten wird.

Die Hypothesen **$H_{PU\text{-}11}$ bis $H_{PU\text{-}15}$** beziehen sich auf Zusammenhänge zwischen dem Preiswürdigkeitsurteil und weiteren Konstrukten und werden im Folgenden gemeinsam behandelt. Sie postulieren positive Korrelationen des Preiswürdigkeitsurteils mit dem Preisgünstigkeitsurteil, der Preistransparenz, dem Eigennutz, der Preisehrlichkeit und Preistoleranz 3. Bis auf den letzten Fall sind alle Effekte von moderater Stärke; die Korrelation mit Preistoleranz 3 weist nur einen kleinen Effekt auf. Da aus den oben genannten Gründen auf die Verdichtung zum Konstrukt des Eigennutzes verzichtet wurde, entfällt die Prüfung für die diesbezügliche Hypothese H_{PU-13}. In Phase 2 zeigt sich der gleiche Effekt für vier der übrigen Fälle, nämlich abgesehen von der Hypothese zu Preistoleranz 3. Auch die Teststärke ist in diesen vier Fällen hoch genug; die Effekte fallen in der zweiten Stichprobe allerdings durchweg etwas geringer aus als in der ersten.

H_{PU-16} bezieht sich auf die Reaktionsvariable in Phase 1. Da hier nur Käufer von nicht preisgebundenen Produkten befragt wurden, ist sie in Phase 2 nicht prüfbar.

Abschließend gibt Tab. 5-22 einen Überblick über die Ergebnisse der Hypothesenprüfung zum Preiswürdigkeitsurteil.

<table>
<tr><th colspan="7">H_{EMO-15}</th></tr>
<tr><th>Geprüfter Zusammenhang</th><th>Test</th><th>n</th><th colspan="2">Effektgröße (Korrelationskoeffizient)</th><th>p (α-Fehler)</th><th>Teststärke</th></tr>
<tr><td>ÄRG-PWU</td><td>Kendall</td><td>363</td><td colspan="2">-0,39</td><td>0,000</td><td>~1</td></tr>
<tr><td>WUT-PWU</td><td>Kendall</td><td>363</td><td colspan="2">-0,31</td><td>0,000</td><td>~1</td></tr>
<tr><td>FREU-PWU</td><td>Kendall</td><td>363</td><td colspan="2">0,35</td><td>0,000</td><td>~1</td></tr>
<tr><th colspan="7">H_{PU-1b} und H_{PU-1c}</th></tr>
<tr><th>Test</th><th>n</th><th colspan="2">Effektgröße</th><th>p (α-Fehler)</th><th colspan="2">Teststärke</th></tr>
<tr><td>U-Test</td><td>363</td><td colspan="2">0,04</td><td>0,238</td><td colspan="2">0,17</td></tr>
<tr><td rowspan="4">Wilcoxon</td><td rowspan="4">363</td><td colspan="2">0,72</td><td>0,000</td><td colspan="2">~1</td></tr>
<tr><td colspan="3">PWU besser als PGU</td><td colspan="2">300 Personen</td></tr>
<tr><td colspan="3">PGU besser als PWU</td><td colspan="2">58 Personen</td></tr>
<tr><td colspan="3">Beide Urteile gleich</td><td colspan="2">5 Personen</td></tr>
<tr><th colspan="7">H_{PU-2}</th></tr>
<tr><th>Test</th><th>n</th><th colspan="2">Effektgröße</th><th>p (α-Fehler)</th><th colspan="2">Teststärke</th></tr>
<tr><td>Kendall</td><td>359</td><td colspan="2">0,06</td><td>0,064</td><td colspan="2">0,31</td></tr>
<tr><th colspan="7">H_{PU-3}</th></tr>
<tr><th>Test</th><th>n</th><th colspan="2">Effektgröße</th><th>p (α-Fehler)</th><th colspan="2">Teststärke</th></tr>
<tr><td>Kendall</td><td>363</td><td colspan="2">0,06</td><td>0,116</td><td colspan="2">0,21</td></tr>
<tr><th colspan="7">H_{PU-5a}</th></tr>
<tr><th>Test</th><th>n</th><th colspan="2">Effektgröße</th><th>p (α-Fehler)</th><th colspan="2">Teststärke</th></tr>
<tr><td>Kendall</td><td>363</td><td colspan="2">0,24</td><td>0,000</td><td colspan="2">~1</td></tr>
<tr><th colspan="7">H_{PU-6}</th></tr>
<tr><th>Test</th><th>n</th><th>Effektgröße</th><th>p (α-Fehler)</th><th>Teststärke</th><th>Ø PWU bei niedriger KK</th><th>Ø PWU bei hoher KK</th></tr>
<tr><td>U-Test</td><td>363</td><td>0,17</td><td>0,001</td><td>0,95</td><td>2,55</td><td>2,84</td></tr>
<tr><td colspan="7">Fortsetzung der Tabelle auf der nächsten Seite</td></tr>
</table>

Fortsetzung von der vorherigen Seite

H_{PU-8a}

Varianzanalyse	
p Levene-Test: 0,160	p Haupteffekt PN: 0,986
	p Haupteffekt GE: 0,066
	p Interaktionseffekt: 0,273

H_{PU-8b}

Varianzanalyse	
p Levene-Test: 0,358	p Haupteffekt PN: 0,730
	p Haupteffekt KK: **0,002**
	p Interaktionseffekt: **0,032**

Mehrgruppenvergleich

	Test	n	Effektgröße	p (α-Fehler)	Test-stärke	Ø PWU bei niedrigem PN	Ø PWU bei hohem PN
niedrige KK	U-Test	195	**0,12**	**0,047**	0,52	2,40	2,63
hohe KK	U-Test	168	0,08	0,148	0,27		

Die Interaktionsdiagramme zu diesem Effekt finden sich in Anhang 19.

H_{PU-9}

Varianzanalyse	
p Levene-Test: **0,045**	p Haupteffekt PN: 0,412
	p Haupteffekt WB: 0,508
	p Interaktionseffekt: 0,299

Mehrgruppenvergleich

	n	Effektgröße	p (α-Fehler)	Teststärke
niedrige WB	121	0,10	0,148	0,29
hohe WB	242	0,01	0,470	0,07

H_{PU-10}

Varianzanalyse	
p Levene-Test: 0,229	p Haupteffekt PN: 0,796
	p Haupteffekt WT: 0,217
	p Interaktionseffekt: 0,880

H_{PU-11} und $_{-12}$ sowie H_{PU-14} und $_{-15}$

Geprüfter Zusammenhang	n	Effektgröße (Korrelationskoeffizient)	p (α-Fehler)	Teststärke
PWU-PGU	363	**0,39**	**0,000**	**~1**
PWU-TRA	363	**0,13**	**0,001**	**0,80**
PWU-EHR	363	**0,23**	**0,000**	**~1**
PWU-PT3	281	0,07	0,055	0,32

Fettdruck bei α-Fehler: Test fällt signifikant aus
Fettdruck bei Teststärke: Teststärke ist hoch genug
Fettdruck bei Effektgröße: Die Anforderungen an α-Fehler und Teststärke werden erfüllt

Tab. 5-22: Überblick über die Ergebnisse der Hypothesentests zum Preiswürdigkeitsurteil

Für die **Preisbereitschaft** ergeben sich vier Hypothesen aus Phase 1, die im Folgenden anhand der neuen – und größeren Stichprobe – überprüft werden. Dabei ist abgesehen von der größeren Fallzahl für die Fragen zur Preisbereitschaft eine weitere Änderung zu beachten: Anders als in Untersuchungsphase 1 sind nun auch die absoluten Werte, also der gezahlte Betrag, der maximal im Tankstellenshop akzeptierte Betrag und der maximal im übrigen Lebensmitteleinzelhandel akzeptierte Betrag, interpretierbar.

$\mathbf{H_{EMO\text{-}16}}$ formuliert einen Zusammenhang der Preiswut mit der Preistoleranz 2 sowie des Preisärgers und der Preiswut mit der Preistoleranz 3. Der erstgenannte Zusammenhang zeigt sich in Phase 2 nicht; das Signifikanzniveau wird unterschritten. Der zweite tritt auch hier auf, wobei sowohl für den Zusammenhang der Preistoleranz 3 mit dem Preisärger als auch für den mit der Preiswut die Teststärke groß genug ausfällt.

$\mathbf{H_{PB\text{-}1}}$ besagt, dass sich die drei relativen Kennzahlen zur Preisbereitschaft nicht nach unterschiedlichen Preisniveaus unterscheiden. Interessanterweise zeigt sich in der zweiten Untersuchungsphase durchaus ein Effekt, und zwar für PT 2 und PT 3: Beide sind bei hohem Preisniveau geringer, wobei sich dies nicht auf eine der absoluten Werte zurückführen lässt, denn diese unterscheiden sich nicht in den beiden Tankstellengruppen. Die Teststärke ist allerdings nicht groß genug, um die Alternativhypothese abzusichern; die Ergebnisse sprechen jedoch dafür, die Alternativhypothese beizubehalten.

$\mathbf{H_{PB\text{-}2}}$ postuliert, dass die Preisbereitschaft mit steigendem Preisinteresse nicht oder nur sehr schwach negativ zusammenhängt. In Phase 2 ist für den bezahlten Betrag selbst kein Zusammenhang festzustellen. Für alle fünf übrigen Kennzahlen liegt jedoch ein signifikanter Zusammenhang zur Intensität des Preisinteresses vor. Da das Preisinteresse negativ codiert ist – ein hoher Wert bedeutet ein geringes Preisinteresse – ist das Ergebnis wie folgt zu interpretieren: Der in der Tankstelle maximal akzeptierte Betrag ist ebenso wie der im übrigen Lebensmitteleinzelhandel umso höher, je geringer die Intensität des Preisinteresses ausfällt. Dies gilt auch für den Aufschlag, der sich als relative Kennzahl aus dem gezahlten und dem maximal akzeptierten Betrag ergibt: Für Personen mit einem geringeren Preisinteresse ergibt sich ein größerer Unterschied zwischen dem gezahlten Betrag und dem maximal akzeptierten. Umgekehrt zeigt sich, dass Preistoleranz 2 und Preistoleranz 3 bei höherer Intensität des Preisinteresses steigen; damit akzeptieren also preisinteressierte Kunden einen geringeren Aufschlag der Tankstellenshops auf den übrigen Lebensmitteleinzelhandel sowie eine geringere Differenz zwischen dem gezahlten Preis und dem im übrigen Lebensmitteleinzelhandel akzeptierten Preis. Diese Ergebnisse sprechen in ihrer Summe dafür, dass zumindest für diejenigen Kennzahlen zur Preisbereitschaft, die von den Kunden geäußert wurden, ein Zusammenhang zur Intensität des Preisinteresses besteht; zusätzlich soll nun jedoch die Teststärke einbezogen werden. Allerdings sind die Effekte alle recht klein, so dass noch größere Stichproben zur Absicherung der Alternativhypothesen benötigt würden. So fällt die Teststärke für keinen der Zusammenhänge zwischen Intensität des Preisinteresses die Kennzahlen zur Preisbereitschaft ausreichend hoch aus, für Preistoleranz 3 wird die geforderte Schwelle knapp unterschritten. Die Betrachtung der Teststärken macht deutlich, dass zwar die oben beschriebene Tendenz besteht – jedoch mit Unsicherheiten belastet ist.

Interessant ist jedoch ein weiterer Punkt: Während für die fünf hypothetisch erhobenen Kennzahlen zur Preisbereitschaft ein Zusammenhang zu bestehen scheint, gilt dies für die einzige direkt messbare Größe, den gezahlten Betrag, nicht. Dies ist ein Hinweis darauf, dass die Kunden ihr Verhalten anders darstellen, als es tatsächlich ist: Wenn sie für sich eine hohe Intensität des Preisinteresses in Anspruch nehmen, bekunden sie offenbar auch eine geringere Preisbereitschaft, obwohl die tatsächliche Preisbereitschaft sich nicht von derjenigen der weniger Preisinteressierten unterscheidet. Zu beachten ist, dass hier nur Kunden befragt wurden (und keine Nicht-Kunden, die sich allerdings in Phase 1 hinsichtlich ihrer Intensität des Preisinteresses nicht unterschieden). Auf diesen Aspekt sowie die Konsequenzen wird in Kap. 6 noch eingegangen.

In Summe sprechen diese Ergebnisse dafür, die Hypothese aufzusplitten in die Zusammenhänge zwischen der Intensität des Preisinteresses und die geäußerten Kennzahlen zur Preisbereitschaft sowie den tatsächlich gezahlten Betrag.

Die vierte formulierte Hypothese $\mathbf{H_{PB\text{-}3}}$ bezieht sich auf den Zusammenhang zwischen dem Stammkundengrad und der Preistoleranz 1. Dazu ist in Phase 1 ein kleiner Effekt zu beobachten. Dieser fällt auch hier signifikant aus, wobei allerdings die Effektgröße und damit die Teststärke gering sind, so dass die Alternativhypothese weiter beibehalten wird.

$\mathbf{H_{PB\text{-}4}}$ bezieht sich auf die Unterteilung in Nicht-Käufer sowie Käufer von preisgebundenen und nicht preisgebundenen Produkten und kann hier nicht überprüft werden.

Die Tab. 5-23 fasst die Ergebnisse der Hypothesentests zur Preisbereitschaft zusammen.

H_{EMO-16}					
Geprüfter Zusammenhang	Test	n	Effektgröße	p (α-Fehler)	Teststärke
WUT-PT2	Kendall	276	-0,07	0,117	0,32
ÄRG-PT3	Kendall	281	**-0,16**	**0,003**	**0,86**
WUT-PT3	Kendall	281	**-0,15**	**0,005**	**0,81**

H_{PB-1}							
Geprüfter Zusammen-hang	Test	n	Effektgröße	p (α-Fehler)	Teststärke	Ø ... bei niedrigem PN	Ø ... bei hohem PN
PN-GEZ	U-Test	344	-0,05	0,402	0,15		
PN-MAX		329	-0,08	0,145	0,31		
PN-LEH		284	-0,00	0,992	0,05		
PN-PT 1		327	-0,03	0,595	0,05		
PN-PT 2		276	-0,13	**0,033**	0,58	1,75	1,57
PN-PT 3		281	-0,12	**0,039**	0,53	1,20	1,11

H_{PB-2}					
Geprüfter Zusammenhang	Test	n	Effektgröße	p (α-Fehler)	Teststärke
IPI-GEZ	Kendall	344	0,04	0,252	0,20
IPI-MAX	Kendall	329	0,11	**0,005**	0,52
IPI-LEH	Kendall	284	0,12	**0,004**	0,53
IPI-PT1	Kendall	327	0,13	**0,001**	0,66
IPI-PT2	Kendall	276	-0,09	**0,029**	0,32
IPI-PT3	Kendall	281	**-0,16**	**0,000**	0,77

H_{PB-3}					
Variablen	Test	n	Effektgröße	p (α-Fehler)	Teststärke
SKG-PT1	Kendall	326	-0,09	0,014	49 %

Fettdruck bei α-Fehler: Test fällt signifikant aus
Fettdruck bei Teststärke: Teststärke ist hoch genug
Fettdruck bei Effektgröße: Die Anforderungen an α-Fehler und Teststärke werden erfüllt

Tab. 5-23: Überblick über die Ergebnisse der Hypothesentests zur Preisbereitschaft

Abschließend gibt Tab. 5-24 einen Überblick über die Hypothesenprüfung zum Preiswürdigkeitsurteil und zur Preisbereitschaft.

Hypothese	Inhalt	Ergebnis
H_{EMO-15}	ÄRG oder WUT steigen → PWU fällt schlechter aus	Hypothese wird beibehalten, sowohl α-Fehler als auch Teststärke sprechen für Alternativhypothese
	FREU steigt → PWU fällt besser aus	Hypothese wird beibehalten, sowohl α-Fehler als auch Teststärke sprechen für Alternativhypothese

Fortsetzung der Tabelle auf der nächsten Seite

Fortsetzung von der vorherigen Seite

H_{PU-1}	b) PWU fällt bei niedrigem PN besser aus	b) Hypothese wird nicht beibehalten, sowohl α-Fehler als auch Effektgröße sprechen eher für Nullhypothese, Teststärke zu gering
	c) PWU fällt besser aus als PGU	c) Hypothese wird beibehalten, sowohl α-Fehler als auch Teststärke sprechen für Alternativhypothese
H_{PU-2}	ALT steigt → PWU wird besser (kleiner Effekt)	Hypothese wird nicht beibehalten, α-Fehler und Effektgröße sprechen eher für die Nullhypothese, Teststärke zu gering
H_{PU-3}	IPI steigt → PWU wird nicht schlechter	Nullhypothese wird beibehalten, sowohl α-Fehler als auch Effektgröße sprechen eher für Nullhypothese, Teststärke zu gering für Absicherung
H_{PU-5}	a) SKG steigt → PWU wird besser (mittlerer Effekt)	a) Hypothese wird beibehalten, sowohl α-Fehler als auch Teststärke sprechen für Alternativhypothese
H_{PU-6}	niedrige KK: PWU besser (kleiner Effekt)	Hypothese wird beibehalten, sowohl α-Fehler als auch Teststärke sprechen für Alternativhypothese
H_{PU-8}	a) GE wirkt moderierend für PWU: Männer beurteilen bei niedrigem PN die Preiswürdigkeit besser, Frauen nicht	a) Hypothese wird nicht beibehalten, α-Fehler und Effektgröße sprechen eher für die Nullhypothese, Teststärke zu gering
	b) KK wirkt moderierend für PWU: Bei niedriger KK und niedrigem PN wird die Preiswürdigkeit besser beurteilt als bei hohem PN, bei hoher KK gilt dies nicht	b) Hypothese wird beibehalten, α-Fehler spricht für Ablehnung der Nullhypothese, aber Teststärke nicht groß genug für Bestätigung der Alternativhypothese
H_{PU-9}	WB wirkt moderierend für PWU: Für niedriges PN fällt bei hoher WB das PWU besser aus als bei hohem PN, für niedrige WB gilt dies nicht	Hypothese wird nicht beibehalten, sowohl α-Fehler als auch Effektgröße sprechen eher für Nullhypothese, Teststärke zu gering
H_{PU-10}	WT wirkt moderierend für PWU: Für niedriges PN fällt am Wochenende das PWU besser aus als für hohes PN, an Werktagen gilt dies nicht	Hypothese wird nicht beibehalten, sowohl α-Fehler als auch Effektgröße sprechen eher für Nullhypothese, Teststärke zu gering
H_{PU-11}	PGU und PWU korrelieren positiv miteinander (moderater Effekt)	Hypothese wird beibehalten, Effekt aber klein
H_{PU-12}	PWU und TRA korrelieren positiv miteinander (moderater Effekt)	Hypothese wird beibehalten, Effekt aber klein
H_{PU-14}	b) PWU und EHR korrelieren positiv miteinander (moderater Effekt)	b) Hypothese wird beibehalten, Effekt aber klein
H_{PU-15}	PWU und PT3 korrelieren positiv miteinander (kleiner Effekt)	Hypothese wird nicht beibehalten, α-Fehler etwas zu hoch, Teststärke zu gering

Fortsetzung der Tabelle auf der nächsten Seite

Fortsetzung von der vorherigen Seite		
H_{EMO-16}	a) WUT steigt → PT2 steigt	a) Hypothese wird nicht beibehalten, sowohl α-Fehler als auch Effektgröße sprechen eher für Nullhypothese, Teststärke zu gering
	b) ÄRG oder WUT steigt → PT3 sinkt	b) Hypothese wird beibehalten, sowohl α-Fehler als auch Teststärke sprechen für Alternativhypothese
H_{PB-1}	Kein Zusammenhang zwischen PN und Preisbereitschaft	Nullhypothese wird nicht beibehalten, Alternativhypothese für PT 2 und PT 3 (beide sind bei hohem PN geringer als bei niedrigem, kleiner Effekt) wird stattdessen formuliert. α-Fehler spricht eher gegen die Nullhypothese, Teststärke zu gering
H_{PB-2}	Preisbereitschaft hängt entweder nicht oder nur sehr schwach negativ mit der IPI zusammen	Aufsplittung in zwei Hypothesen: a) für die geäußerten Zahlungsbereitschaften wird die Alternativhypothese beibehalten, die α-Fehler sprechen gegen die Nullhypothese, die Teststärken sind bei den hier erhobenen Kennzahlen meist zu gering b) für die direkt messbare Zahlungsbereitschaft (die Bonhöhe) wird eine Nullhypothese formuliert: Die Bonhöhe hängt in Tankstellenshops nicht mit der IPI zusammen
H_{PB-3}	SKG steigt → PT1 sinkt	Hypothese wird beibehalten, α-Fehler spricht für Ablehnung der Nullhypothese, aber Teststärke nicht groß genug für Bestätigung der Alternativhypothese

Tab. 5-24: Überblick über alle Ergebnisse der Hypothesentests in Untersuchungsphase 2

5.6.3 Einfluss von Umbaustatus der Tankstelle und von gekaufter Warengruppe auf das Preisverhalten

Wie erläutert, wurde das Modell um den Modernisierungsstatus der Tankstellen sowie die gekaufte Warengruppe erweitert. Im Folgenden werden – ähnlich wie in Phase 1 – weitere exploratorische Signifikanztests durchgeführt, um mögliche Wirkungszusammenhänge zwischen diesen beiden Variablen und den Konstrukten des Preisverhaltens zu identifizieren.

Zunächst wird ein eventuell direkter Effekt der Variablen auf die Konstrukte des Preisverhaltens untersucht und anschließend mögliche Moderatoreffekte ergründet. Da es nicht praktikabel war, für alle acht in der ersten Untersuchungsphase als Erhebungsort genutzten Tankstellen ein Pendant in Bezug auf den Umbaustatus einfließen zu lassen, gehen in die Analyse lediglich zwei umgebaute und zwei nicht umgebaute Stationen ein, die sich durch die bereits in Kap. 5.3.1 erläuterten Charakteristika nen. Daher können die folgenden Aussagen über den Einfluss des **Umbaustatus (UB)** aufgrund recht geringer Fallzahlen nur Tendenzaussagen sein. Ein direkter Einfluss auf die Konstrukte des Preisverhaltens lässt sich interessanterweise nicht für die Preistransparenz, sondern nur für das Preisgünstigkeitsurteil feststellen:[1109] Letzteres fällt in den beiden nicht-umgebauten Stationen deutlich besser aus als in den umgebauten Stationen, obwohl in beiden Gruppen je eine hoch- und eine niedrigpreisige Tankstelle vertreten ist. Dies könnte ein Hinweis darauf sein, dass die Kunden aus dem Eindruck, den die Tankstelle vermittelt und ihrem Modernisierungsgrad – indem sie ihre Beurteilungsprozesse vereinfachen – die Höhe des Preisniveaus ableiten und folglich bei nicht modernisierten Tankstellen auf niedrigere Preise schließen. Das Preiswürdigkeitsurteil unterscheidet sich hingegen nicht; hier wäre es denkbar gewesen, dass die Modernisierung als Leistungsbestandteil zu einem besseren Preiswürdigkeitsurteil führt. Die Tab. 5-25 zeigt die Ergebnisse der Tests eines direkten Einflusses des Umbaustatus der Tankstelle auf die Konstrukte im Organismus.

Umbaustatus der Tankstelle					
	Test	p	|Effektstärke|	Ø PGU nicht umgebaut	Ø PGU umgebaut
PGU (n = 163)	U-Test	0,000	0,30	3,19	3,68

Tab. 5-25: Ergebnisse des signifikant ausfallenden Tests für Kombinationen aus dem Umbaustatus der Tankstelle und den Organismusvariablen

Aus den Tests auf direkte Zusammenhänge lässt sich daher die folgende Hypothese formulieren:

H_{PU-17}: *Die Kunden vereinfachen ihre Beurteilungsprozesse, sofern es um die Beurteilung des absoluten Preisniveaus geht: In umgebauten Tankstellenshops fällt das Preisgünstigkeitsurteil daher schlechter aus als in nicht umgebauten Tankstellenshops. Das Preiswürdigkeitsurteil unterscheidet sich hingegen nicht.*

Abgesehen von diesem einen direkten Effekt lassen sich bei der Analyse von Moderatoreffekten ebenfalls einige signifikante Ergebnisse identifizieren, und zwar für die Konstrukte Preistransparenz und Preisehrlichkeit. Für beide Variablen gilt, dass sie nur in nicht umgebauten Tankstellen bei hohem Preisniveau besser ausfallen.[1110] Aufgrund der bereits erläuterten Umstände konnte dies nur in einer einzigen Tankstelle untersucht werden; möglicherweise spielen bei der Bewertung der Kunden speziell in dieser

1109 Die Überblickstabelle zu den durchgeführten Tests findet sich im Anhang 20.
1110 Die Ergebnisse im Überblick sind dem Anhang 20 zu entnehmen.

Tankstelle auch andere Variablen eine Rolle – wie z. B. ein Pächter, der sehr vertrauenswürdig ist. Dies bestärkt sich auch mit Blick auf die Beurteilung der Vertrauenswürdigkeit des Betreibers in dieser Tankstelle: Mit einem Durchschnittswert von 1,69 fällt diese recht hoch aus, weshalb über den hier identifizierten Zusammenhang keine Hypothese formuliert wird.

Ferner lassen sich einige direkte Einflüsse der gekauften **Warengruppe** ausmachen, allerdings nur in Bezug auf die drei absoluten Kennzahlen zur Preisbereitschaft sowie die relative Kennzahl Preistoleranz 3. Fest steht, dass die Kunden in der Kassenzone den durchschnittlich geringsten Betrag ausgaben (1,33 €), und zwar sowohl im Vergleich zu den Getränke-Käufern (2,26 €) als auch zu den Sonstiges-Käufern (4,18 €). Den höchsten Betrag bezahlten die Sonstiges-Käufer. Da sich die Angaben für den in der Tankstelle und im übrigen Lebensmitteleinzelhandel maximal akzeptierten Betrag auf den tatsächlich bezahlten beziehen, kann es nicht verwundern, dass auch für diese beiden Kennzahlen die Relationen der drei Absolutbeträge untereinander gleich bleiben und sich die Kundengruppen daher auch für die beiden anderen absoluten Kennzahlen unterscheiden (siehe hierzu Tab. 5-26).

Auch differiert die Preistoleranz 3 für Kassenzonen- und Sonstiges-Käufer: Für Kassenzonen-Käufer fällt sie sehr viel geringer aus (1,07), was bedeutet, dass der gezahlte Preis zwar über, aber mit geringerem Abstand über dem im übrigen Lebensmitteleinzelhandel akzeptierten Betrag liegt als für die Sonstiges-Käufer (1,26). Für letztere ist der Abstand zwischen dem gezahlten Betrag und dem im übrigen Lebensmitteleinzelhandel maximal akzeptierten deutlich größer (der gezahlte Betrag liegt deutlich über dem für den übrigen Lebensmitteleinzelhandel akzeptierten).

Weil die Unterschiede zwischen den Warengruppen für die absoluten Kennzahlen durch die Preisstellung in den Warengruppen bedingt sind, werden hierfür keine weiteren Hypothesen formuliert. Anders für die drei Relativkennzahlen: Interessant ist hier der Umstand, dass bei den Sonstiges-Käufern die Differenz zwischen dem gezahlten Betrag und dem im übrigen Lebensmitteleinzelhandel akzeptierten Betrag deutlich höher ist als für die Kassenzonen-Käufer. Dies könnte darauf hindeuten, dass es sich bei den Sonstiges-Käufern um „Not-Käufer" handelt, die ausnahmsweise einen deutlich höheren Preis bezahlten, als sie üblicherweise zahlen würden.

Die Tab. 5-26 zeigt die Ergebnisse der signifikant ausfallenden Tests; die Details zu allen durchgeführten Analysen finden sich in Anhang 20.

Warengruppen					
	Test	p	|Effektstärke|	Ø in Gruppe ...	Ø in Gruppe ...
gezahlter Betrag	H-Test; dann paarweiser U-Test mit Bonferroni-Korrektur	0,000	0,30	Getränk: 2,26	Sonstiges: 4,18
		0,000	0,55	Kassenzone: 1,33	Sonstiges: 4,18
		0,000	0,41	Getränk: 2,26	Kassenzone: 1,33
maximal akzeptierter Betrag in der Tankstelle	H-Test; dann paarweiser U-Test mit Bonferroni-Korrektur	0,000	0,25	Getränk: 3,12	Sonstiges: 5,49
		0,000	0,50	Kassenzone: 2,02	Sonstiges: 5,49
		0,000	0,33	Getränk: 3,12	Kassenzone: 2,02
maximal akzeptierter Betrag im übrigen Lebensmittel-einzelhandel	H-Test; dann paarweiser U-Test mit Bonferroni-Korrektur	0,009	0,19	Getränk: 2,07	Sonstiges: 3,76
		0,000	0,38	Kassenzone: 1,42	Sonstiges: 3,76
		0,000	0,25	Getränk: 2,07	Kassenzone: 1,42
Preistoleranz 3 (gezahlter Betrag/ maximal akzeptierter Betrag im übrigen Lebensmittel-einzelhandel)	H-Test; dann paarweiser U-Test mit Bonferroni-Korrektur	0,002	0,25	Kassenzone: 1,07*	Sonstiges: 1,26

n = 363

Für die drei absoluten Kennzahlen alle Angaben in €.

* Lesebeispiel: Bei den Kassenzonen-Käufern liegt der gezahlte Betrag im Durchschnitt 7 % über dem maximal akzeptierten Betrag im übrigen Lebensmitteleinzelhandel.

Tab. 5-26: Ergebnisse signifikant ausfallender Tests für Kombinationen aus der Warengruppe und den Organismusvariablen

Als Hypothese bezüglich der gekauften Warengruppe wird formuliert:

$H_{PB\text{-}5}$: *Bei den Sonstiges-Käufen in Tankstellenshops handelt es sich eher um Not- oder Ausnahmekäufe. Sonstiges-Käufer in Tankstellenshops haben daher eine höhere Preistoleranz 3, die Differenz zwischen dem in der Tankstelle tatsächlich gezahlten Betrag und dem für den übrigen Lebensmitteleinzelhandel maximal akzeptierten Betrag ist also größer als für die übrigen Warengruppen.*

Abgesehen von den direkten Effekten sind – ebenso wie für den Umbaustatus – auch für die gekaufte Warengruppe moderierende Effekte denkbar. Die Untersuchung verdeutlicht, dass für die Preistransparenz ein Interaktionseffekt vorliegt: Nur für Sonstiges-Käufer unterscheidet sich die wahrgenommene Preistransparenz zwischen Tankstellen mit hohem und niedrigem Preisniveau – bei niedrigem Preisniveau fällt sie schlechter aus. Für die drei absoluten Kennzahlen zur Preisbereitschaft tritt jeweils ein signifikanter Haupteffekt auf, was die Ergebnisse aus der Analyse direkter Effekte bestätigt. Für Preistoleranz 2 und Preistoleranz 3 hingegen sind der Haupteffekt der Warengruppe sowie die Interaktionseffekte signifikant: Preistoleranz 2 fällt bei Kassenzonen-Käufern und Sonstiges-Käufern in Tankstellen mit niedrigem Preisniveau höher aus. Für Getränke-Käufer findet sich hingegen kein Unterschied. Preistoleranz 3 ist in der Gruppe der Kassenzonen-Käufer bei hohem Preisniveau geringer als bei niedrigem Preisniveau, und zwar sogar leicht kleiner als 1: Die Kunden akzeptierten im übrigen Lebensmitteleinzelhandel einen geringeren maximalen Preis als denjenigen, den sie in der Tankstelle bezahlten. Für die Sonstiges-Käufer zeigt sich ein ähnlicher Effekt, der jedoch knapp nicht mehr signifikant ausfällt. Denkbare Ursachen für diese Effekte gibt es verschiedene; da es sich jedoch nur um zwei Tankstellen handelt, die in die Untersuchung eingingen, könnten aber auch ganz individuelle Aspekte eine Rolle spielen wie z. B. die Aufgeräumtheit der zwei modernisierten Tankstellen im Vergleich zu den anderen beiden. Dies gilt auch für den in Bezug auf Preistoleranz 2 und Preistoleranz 3 beobachteten Effekt; durch die Aufteilung in die sechs Gruppen (drei Warengruppen und zwei Preisniveaus) sind die Fallzahlen in den Gruppen zu gering, um fundierte Hypothesen ableiten zu können.[1111]

5.6.4 Identifikation weiterer Einflussfaktoren für das Preiswürdigkeitsurteil und die Preisbereitschaft in Tankstellenshops

5.6.4.1 Ergebnisse aus den Analysen zur Identifikation der Einflussfaktoren

Wie in Kap. 5.1 bereits angekündigt, werden im Folgenden weitere Determinanten für das Preiswürdigkeitsurteil und die Preisbereitschaft in Tankstellenshops bestimmt, wobei zusätzlich die Beurteilung verschiedener Leistungskomponenten der Tankstelle betrachtet wird. Ziel ist es, diejenigen Eigenschaften von Tankstellen zu identifizieren, die Einfluss auf das Preiswürdigkeitsurteil und die Preisbereitschaft haben.

Zu diesem Zweck wird die Stichprobe mit Hilfe von Mediansplits für jede der sieben Variablen (Preiswürdigkeitsurteil, gezahlter Betrag, in der Tankstelle maximal akzeptierter Betrag, im übrigen Lebensmitteleinzelhandel maximal akzeptierter Betrag, Preistoleranz 1, Preistoleranz 2 und Preistoleranz 3) in zwei Gruppen geteilt, von der sich

1111 Siehe für Details in Anhang 20.

eine Gruppe durch hohe Werte für die jeweilige Variable, die andere durch niedrige Werte auszeichnet.[1112]

Zunächst werden bivariate Analysen herangezogen, um nach Unterschieden zwischen beiden Gruppen für jede Variable zu suchen. Dabei kommen der U-Test sowie der X^2-Test zum Einsatz: Der U-Test analysiert Unterschiede in den Bewertungen für die fünfzehn Tankstellen-Merkmale, der X^2-Test untersucht, inwieweit die Gruppen diese fünfzehn Merkmale in unterschiedliche Anforderungsarten nach KANO einteilten.[1113]

Zieht man einen Vergleich der zwei Gruppen – auf der einen Seite die mit gutem Preiswürdigkeitsurteil (im Folgenden: Gruppe PWU^+), auf der anderen Seite die mit schlechtem (im Folgenden: Gruppe PWU^-) – so zeigt sich, dass diese beiden Gruppen sich für die ungewichtete Beurteilung (d. h. ohne Berücksichtigung der Anforderungsart eines Merkmals) nahezu aller Tankstellen-Merkmale unterscheiden: Gruppe PWU^+ beurteilt mit Ausnahme der *Zufahrt* und der *Parkmöglichkeiten* – für diese Merkmale liegt kein Unterschied vor – alle Eigenschaften der Tankstelle besser. Gewichtet man die Beurteilung durch Berücksichtigung der Anforderungsart für jeden Kunden, so ist das Ergebnis ähnlich, wenngleich durch leichte Unterschiede gekennzeichnet: Für die *Erreichbarkeit*, die *Parkmöglichkeiten*, *die Vertrauenswürdigkeit des Betreibers* und die *Möglichkeit, bequem einzukaufen* unterscheiden sich beide Gruppen nicht, in den übrigen elf Fällen urteilt Gruppe PWU^+ durchweg besser.

Demgegenüber finden sich kaum Unterschiede zwischen den jeweils zwei Gruppen, die sich durch einen Mediansplit für die sechs Kennzahlen zur Preisbereitschaft bilden lassen. Gewichtet man die Urteile nicht mit der Anforderungsart, so finden sich nur fünf signifikante Unterschiede: *nahe am Wohnort* sowie *angenehme Atmosphäre* wird von Gruppe GEZ^-, also denjenigen mit einer geringeren Bonsumme, besser bewertet als von Gruppe GEZ^+. Gruppe MAX^- (also diejenige Gruppe mit einem geringeren in der Tankstelle maximal akzeptierten Betrag) bewertet *nahe am Wohnort* und die *Parkmöglichkeiten* besser als Gruppe MAX^+. Schließlich beurteilt Gruppe LEH^- (Gruppe mit einem geringeren im übrigen Lebensmitteleinzelhandel maximal akzeptierten Betrag) *nahe am Wohnort* besser als Gruppe LEH^+. Für die Gruppen, die sich mit Hilfe der drei Verhältniskennzahlen bilden lassen, zeigen sich keine Unterschiede.

Berücksichtigt man hingegen die Anforderungsarten und verknüpft diese wie oben dargestellt mit den Bewertungen, so zeigt sich ein leicht abweichendes Bild: Nun unter-

1112 In die spätere Ableitung von weiteren Hypothesen zum Preiswürdigkeitsurteil und zur Preisbereitschaft gehen alle folgenden Analysen ein, weshalb die Hypothesen nach Darstellung der Ergebnisse in Kap. 5.6.4.2 formuliert werden.

1113 Für die bessere Übersicht finden sich die umfangreichen Tabellen zu den folgenden bivariaten Tests in Anhang 21.

scheiden sich Gruppe GEZ^{-} und GEZ^{+} nur noch für die Beurteilung der *keit*, die von Gruppe GEZ^{-} besser bewertet wird. Gruppe MAX^{-} unterscheidet sich nur noch im Hinblick auf die Beurteilung von *nahe am Wohnort* von Gruppe MAX^{+}: Erstere bewertet die Nähe besser. In Gruppe LEH^{+} schneidet zudem die *Bequemlichkeit* besser ab als Gruppe in LEH^{-}. Interessanterweise finden sich nun auch Unterschiede für die Gruppen, die sich auf der Basis der Verhältniskennzahlen bilden lassen: In allen drei Fällen bezieht sich dieser Unterschied auf die Beurteilung der *niedrigen Preise*. Gruppe PT1^{+} (Gruppe mit einer höheren Preistoleranz 1) bewertet die *niedrigen Preise* besser als Gruppe PT1^{-}, Gruppe PT2^{+} (Gruppe mit einer höheren Preistoleranz 2) beurteilt sie schlechter als Gruppe PT2^{-}, und Gruppe PT3^{+} (Gruppe mit einer höheren Preistoleranz 3) bewertet sie schlechter als Gruppe PT3^{-}.

Zusammengefasst lässt sich Folgendes festhalten: Während für die Bildung des Preiswürdigkeitsurteils offenbar zahlreiche Aspekte eine Rolle spielen und die Bewertung der Preiswürdigkeit zumindest teilweise auch auf die Beurteilung verschiedener Tankstellenmerkmale zurückgeführt werden kann, spielen diese für die Preisbereitschaft offenbar kaum eine Rolle. Zwar finden sich für einige Leistungskomponenten Unterschiede zwischen den Gruppen mit hoher oder niedriger Preisbereitschaft, ein eindeutiges Muster lässt sich hierbei jedoch zunächst nicht feststellen. Allenfalls fällt auf, dass die Personen mit geringeren absoluten Preisbereitschaften *nahe am Wohnort* besser bewerten – sie wohnen also vermutlich näher an der Tankstelle.

Im Weiteren werden Unterschiede zwischen den beschriebenen Gruppen für die Einordnung der **Leistungskomponenten** in die Anforderungsarten nach KANO betrachtet. Wie zuvor für die Beurteilung der Leistungskomponenten, so unterscheiden sich auch für die Einordnung der Komponenten in die **Anforderungskategorien** nach KANO vor allem die Gruppen PWU^{+} und PWU^{-} voneinander. Dabei kristallisiert sich heraus, dass Gruppe PWU^{-} die erhobenen Leistungskomponenten deutlich häufiger als irrelevant betrachtet (diese also als indifferente Anforderungen eingestuft werden), während Gruppe PWU^{+} sie als Basis-, Leistungs- oder Begeisterungsanforderung empfindet – und als relevant betrachtet. Dies betrifft die folgenden Merkmale: *Erreichbarkeit, Zufahrt, Vertrauenswürdigkeit des Betreibers, Übersichtlichkeit, Möglichkeit, schnell einzukaufen, Möglichkeit, bequem einzukaufen, angenehme Atmosphäre, freundliches Personal, guter Service* und *Sauberkeit*.[1114]

Die Tab. 5-27 zeigt die Ergebnisse der paarweise durchgeführten X^2-Tests. Die Kreuztabellen zu den signifikant ausfallenden X^2-Tests finden sich in Anhang 21.

1114 Siehe hierzu die Kreuztabellen in Anhang 21.

	PWU⁺ vs. PWU⁻	GEZ⁺ vs. GEZ⁻	MAX⁺ vs. MAX⁻	LEH⁺ vs. LEH⁻	PT1⁺ vs. PT1⁻	PT2⁺ vs. PT2⁻	PT3⁺ vs. PT3⁻
nahe am Wohnort	0,078	0,344	0,959	0,269	0,365	0,600	0,388
gute Erreichbarkeit	**0,003**	0,203	0,609	0,855	0,481	0,604	0,807
gute Zufahrt	**0,001**	**0,007**	**0,010**	0,687	0,857	0,242	0,186
viele Parkmöglichkeiten	0,065	**0,002**	0,613	0,207	0,152	0,286	0,676
Vertrauenswürdigkeit des Betreibers	**0,000**	0,569	0,728	0,101	0,200	0,135	0,134
Übersichtlichkeit	**0,009**	**0,017**	0,160	0,229	0,521	0,804	0,523
Möglichkeit, schnell einzukaufen	**0,000**	0,193	0,329	0,112	0,174	0,880	0,886
Möglichkeit, bequem einzukaufen	**0,012**	0,834	0,946	0,420	0,944	0,869	0,994
angenehme Atmosphäre	**0,000**	**0,049**	**0,027**	0,112	0,065	0,477	0,202
Freundlichkeit des Personals	**0,000**	0,555	0,715	0,052	0,079	0,047	0,008
guter Service	**0,003**	0,064	0,246	0,609	0,722	0,831	0,795
große Produktauswahl	0,638	0,269	0,321	0,361	0,276	0,144	0,850
niedrige Preise	0,112	0,146	0,440	0,200	0,380	**0,014**	**0,013**
Sauberkeit	**0,005**	0,496	0,725	0,714	0,986	0,534	**0,009**
hohe Warenqualität	0,070	0,080	0,605	0,868	0,527	0,363	0,324

Tab. 5-27: Überblick über die Ergebnisse der X^2-Tests zu Unterschieden im Hinblick auf die Eingruppierung der Leistungskomponenten in die Anforderungsarten nach KANO

Betrachtet man die Gruppen, die sich aufgrund der Zahlungsbereitschaft bilden lassen, so zeigt sich Folgendes: Diejenigen Gruppen, die sich durch höhere absolute Kennzahlen zur Preisbereitschaft auszeichnen (konkret nachweisbar für die Gruppen GEZ^+ und MAX^+) stehen den einbezogenen Leistungskomponenten häufiger indifferent gegenüber; diese Personengruppen scheinen also geringere Ansprüche an die Leistungskomponenten von Tankstellenshops zu stellen. Die beiden Gruppen $PT2^+$ und $PT3^+$ beurteilen im Vergleich zu ihren Pendants jeweils die *niedrigen Preise* seltener als indifferent. Da es sich bei beiden Kennzahlen um Verhältniskennzahlen handelt, kann dies auf unterschiedliche Effekte zurückzuführen sein, über die sich nur spekulieren lässt: Es handelt sich um die beiden Gruppen, bei denen der Abstand zwischen dem im übrigen Lebensmitteleinzelhandel maximal akzeptierten Preis und den beiden absoluten Preisbereitschaften für die Tankstelle (GEZ: gezahlter Preis und MAX: maximal akzeptierter Preis) größer ist. Denkbar ist, dass es sich um Personen handelt, die für den übrigen Lebensmitteleinzelhandel eine geringere Preisbereitschaft aufweisen und die Tankstelle eher als „Ausnahme“-Einkaufsstätte betrachten – und in solchen Ausnahmefällen auch höhere Preise in der Tankstelle akzeptieren.

Zusammengefasst lässt sich daher Folgendes festhalten:

- Personen, die die Preiswürdigkeit schlecht beurteilen, stehen vielen der erhobenen Leistungskomponenten indifferent gegenüber. Dies ist insofern nachvollziehbar, als die Leistungskompontenen – die i. d. R. sehr gut beurteilt werden – nicht als „ausgleichendes Element" zum absoluten Preisniveau in das Preiswürdigkeitsurteil eingehen können.
- Personen, die sich durch hohe absolute Preisbereitschaften für den Tankstellenshop auszeichnen, stehen den Leistungskomponenten häufiger indifferent gegenüber.[1115]

Nachdem erste Eindrücke über den Einfluss der wahrgenommenen Leistung auf das Preiswürdigkeitsurteil und die Preisbereitschaft gewonnen wurden, wird nun mit Hilfe der binär-logistischen Regression weiter nach Treibern für diese beiden Konstrukte gesucht. Dabei wird wie folgt vorgegangen: Als abhängige Variable dient jeweils die Zuordnung der Kunden in die beiden Extremgruppen, die bereits für die obigen Analysen gebildet wurden. Als unabhängige Variablen gehen die erhobenen soziodemografischen Merkmale sowie die situationsbezogenen Größen und das Preisniveau der Tankstelle ein. Überdies dienen in einem ersten Modell die ungewichteten Beurteilungen für die Leistungskomponenten als unabhängige Variablen.

Aufgrund der oben dargestellten Verknüpfung der Beurteilungen mit der Anforderungskategorie fehlen für die gewichteten Beurteilungen zahlreiche Werte, da die Beurteilungen nur dann berücksichtigt werden, wenn sie Zufriedenheit oder Unzufriedenheit stiften. Für die mit den Anforderungsarten verknüpfte Beurteilung der Leistungskomponenten kann daher nicht die Bewertung für jede Leistungskomponente einzeln in die Analyse eingehen; stattdessen wird für jeden Kunden das Globalurteil über alle Leistungskomponenten errechnet, indem die Summe seiner Bewertungen (vergebene „Note") der für ihn relevanten Leistungskomponenten durch die Anzahl der bewerteten Komponenten dividiert wird.[1116] Für jede der abhängigen Variablen wird daher ein zweites Modell berechnet, das die soziodemografischen und situationsbezogenen Kriterien sowie das Preisniveau und zusätzlich das Globalurteil als unabhängige Variablen enthält.

Für das **Preiswürdigkeitsurteil** kommt die binär-logistische Regression zu den folgenden Ergebnissen: Die Modellgüte für das erste Modell (ohne Berücksichtigung der

1115 Diese beiden Punkte legen die Vermutung nahe, das Preiswürdigkeitsurteil und der gezahlte Betrag oder der maximal für den Tankstellenshop akzeptierte Betrag hingen zusammen. Dies ist nicht der Fall, siehe die letzte Tabelle in Anhang 21.

1116 Ergibt sich z. B. für eine Person, dass die Nähe zum Wohnort, die Erreichbarkeit und die Atmosphäre relevant sind, und sie hat sie mit 2, 2 und 5 bewertet, dann errechnet sich das Globalurteil aus 9 dividiert durch 3, also 3.

Anforderungsart) fällt recht positiv aus. Der Likelihood-Ratio-Test ist signifikant; das Modell prognostiziert 71,1 % der Fälle korrekt, was im Verhältnis zu der 50 %igen Trefferquote des Nullmodells eine recht hohe Prognosegüte ist. Zudem erklären die unabhängigen Variablen etwa 42 % der Varianz; auch die übrigen Pseudo-R^2-Tests fallen gut aus. Betrachtet man die einzelnen Koeffizienten, so tragen die Beurteilung für *nahe am Wohnort*, die *Zufahrt*, die *Atmosphäre* und die *niedrigen Preise* signifikant zur Erklärung der Gruppenzuordnung bei: Für die Bewertung von *nahe am Wohnort* und der *Zufahrt* sinkt mit schlechterer Beurteilung die Wahrscheinlichkeit, in die Gruppe PWU^- zu fallen. für die *Atmosphäre* und die *niedrigen Preise* verhält es sich genau gegenteilig: Werden diese beiden Merkmale schlechter beurteilt, so steigt die Wahrscheinlichkeit für die Gruppenzugehörigkeit zu PWU^-.

Betrachtet man die zweite Modellvariante, so wird für das gesamte Modell eine eingeschränkte Aussagekraft offensichtlich. Der Likelihood-Ratio-Test fällt zwar signifikant aus, und es lassen sich wiederum etwa 70 % der Fälle korrekt prognostizieren; die Pseudo-R^2-Tests ergeben jedoch alle weniger gute Resultate und unterschreiten, abgesehen vom Test nach NAGELKERKE, die geforderte Grenze von 0,2. Interessant ist, dass hier neben dem Globalurteil auch die Intensität des Preisinteresses sowie das Geschlecht einen Einfluss auf die Gruppenzugehörigkeit ausüben. Folgende Zusammenhänge bestehen: Wenn das Globalurteil schlechter ausfällt, ist die Wahrscheinlichkeit deutlich erhöht, zu Gruppe PWU^- zu gehören. Dies gilt ebenso für eine abnehmende Intensität des Preisinteresses, was der häufig formulierten Vermutung entgegensteht, dass preisinteressierte Kunden die Preise schlechter beurteilen. Hier könnte folgende Ursache zugrunde liegen: In dieser Untersuchungsphase wurden nur Käufer befragt, also Personen, die zu den recht hohen Tankstellenpreisen ein Produkt erworben hatten. Denkbar ist, dass preisinteressierte Kunden aufgrund des Kaufs eine Dissonanz empfinden, die durch ein besseres Preiswürdigkeitsurteil ausgeräumt werden kann, um ihr eigenes Verhalten zu rechtfertigen.[1117]

Zudem ist die Wahrscheinlichkeit für Männer geringer, in Gruppe PWU^- eingeordnet zu werden – sie beurteilen die Preiswürdigkeit tendenziell besser.[1118]

Für den absoluten gezahlten Betrag spielt die jeweilige Warengruppe aufgrund ihrer unterschiedlichen Bepreisung eine maßgebliche Rolle, weswegen sie hier und für die beiden anderen absoluten Kennzahlen zur Preisbereitschaft ausgeklammert wird. Die gekaufte Warengruppe würde den größten Erklärungsbeitrag für den gezahlten Betrag

1117 Siehe hierzu auch die abschließende Diskussion in Kap. 6.
1118 Für detaillierte Ergebnisse zu den Regressionsanalysen siehe Anhang 22.

und damit auch die beiden anderen absoluten Kennzahlen, die sich auf den gezahlten Betrag beziehen, leisten – und so die eigentlich interessierenden Effekte überlagern.

Für den **gezahlten Betrag** sowie den **in der Tankstelle maximal akzeptierten Betrag** fallen die Modelle nicht signifikant aus; die einbezogenen Variablen eignen sich also nicht dafür, die Zuordnung in die Gruppen GEZ^+ bzw. GEZ^- und MAX^+ bzw. MAX^- zu prognostizieren. Dies ist insofern interessant, als es den bereits gewonnenen Eindruck bestätigt, dass der in der Tankstelle tatsächlich gezahlte Betrag nicht davon abhängt, wie die Kunden die Tankstelle beurteilen, durch welche soziodemografischen Eigenschaften sie sich auszeichnen oder wie ausgeprägt ihr Preisinteresse ist.

Die Güte des ersten Modells für die Analyse mit der abhängigen Variablen **maximal akzeptierter Betrag im übrigen Lebensmitteleinzelhandel** fällt hingegen akzeptabel aus. Der Likelihood-Ratio-Test zeigt ein positives Ergebnis, das Modell ordnet etwa 70 % der Fälle korrekt zu. MCFADDENS Pseudo-R^2 unterschreitet leicht die geforderte Schwelle, die beiden anderen Pseudo-R^2 erfüllen jedoch die Anforderungen. Dabei tragen die Beurteilung der *Zufahrt* und der *Freundlichkeit des Personals* signifikant zur Prognose bei: Mit einer schlechteren Beurteilung der *Zufahrt* oder aber mit einer besseren der *Freundlichkeit* steigt die Wahrscheinlichkeit, der Gruppe LEH^+ anzugehören. Hingegen fallen die Tests für das Modell bei Einbeziehung des Globalurteils nicht signifikant aus.

Für die **drei Verhältniskennzahlen** wird nun die gekaufte Warengruppe wieder als unabhängige Variable berücksichtigt, da hier der – unerwünschte – Effekt der unterschiedlich hohen Preise in den Warengruppen durch die Bildung einer Verhältniskennzahl eliminiert wird.

Allerdings fällt nur eines der sechs berechneten Modelle signifikant aus, nämlich das zweite Modell für Preistoleranz 3, also dasjenige für PT 3, welches das Globalurteil einbezieht. Das Modell ordnet etwa 66 % der Fälle korrekt den beiden Gruppen zu. Die drei Pseudo-R^2 erreichen allerdings nicht die geforderte Schwelle. In diesem Modell üben die Intensität des Preisinteresses und die gekaufte Warengruppe Einflüsse aus: Mit steigender Intensität des Preisinteresses steigt die Wahrscheinlichkeit, der Gruppe $PT3^+$ anzugehören. Demgegenüber sinkt diese Wahrscheinlichkeit für Getränke-Käufer und Kassenzonen-Käufer im Vergleich zu den Sonstiges-Käufern.

Zusammengefasst zeigen die Regressionsanalysen vor allem Folgendes:

- Für das Preiswürdigkeitsurteil spielen die einbezogenen Leistungskomponenten durchaus eine Rolle; fällt das Globalurteil über die Tankstelle schlechter aus, so fällt auch das Preiswürdigkeitsurteil schlechter aus. Interessant sind zwei Umstände: Erstens beurteilen preisinteressierte Käufer mit einer höheren Wahrscheinlichkeit die Preiswürdigkeit gut als weniger preisinteressierte Käufer. tens führt ein schlechteres Urteil über das Preisniveau zu einem schlechteren Urteil über die Preiswürdigkeit – nicht jedoch ein objektiv hohes Preisniveau.

- Die Beurteilung der Leistungskomponenten der Tankstelle ist für die absoluten Preisbereitschaften – und insbesondere für den tatsächlich ausgegebenen Betrag – hingegen nicht bedeutsam.

5.6.4.2 Formulierung weiterer Hypothesen zum Preiswürdigkeitsurteil und zur Preisbereitschaft

Abschließend werden nun aus den oben dargestellten und diskutierten Ergebnissen einige weitere Hypothesen zum Preiswürdigkeitsurteil und zur Preisbereitschaft der Kunden in Tankstellenshops formuliert.

Für das **Preiswürdigkeitsurteil** zeigte sich, dass zahlreiche Aspekte eine Rolle spielen und es zumindest teilweise auf die Beurteilung von Leistungskomponenten der Tankstelle zurückgeführt werden kann; die meisten der hier einbezogenen Komponenten leisten einen Beitrag zur Erklärung der Eingruppierung in die Gruppen PWU^+ und PWU^-. Dabei fällt das Urteil über die Preiswürdigkeit dann besser aus, wenn die Leistung der Tankstelle besser beurteilt wird.

Zudem zeichnen sich Personen, die die Preiswürdigkeit gut beurteilen, dadurch aus, dass für sie die untersuchten Leistungskomponenten wichtiger sind als für diejenigen, die die Preiswürdigkeit eher schlecht beurteilen; Letztere stehen vielen der Komponenten weniger indifferent gegenüber, so dass deren Beurteilung nicht für das Preiswürdigkeitsurteil herangezogen wird und das Urteil über das absolute Preisniveau – das ja im Durchschnitt deutlich schlechter ausfällt als das Preiswürdigkeitsurteil – nicht ausgleichen kann. Interessant ist weiterhin, dass die (subjektive) schlechtere Beurteilung der Preise mit einem schlechteren Preiswürdigkeitsurteil zusammenhängt und das (objektive) tatsächliche Preisniveau hingegen keine Rolle spielt.

Auch ein Hinweis auf Rechtfertigungsprozesse der Kunden findet sich: Eine höhere Intensität des Preisinteresses geht mit einer geringeren Wahrscheinlichkeit einher, die Preiswürdigkeit schlechter zu beurteilen. In Phase 1 ist der Zusammenhang umgekehrt (allerdings mit einer sehr geringen Effektgröße), in den bivariaten Analysen zu Phase 2 konnten bisher nur Hinweise dafür gefunden werden, dass eine hohe Intensität des Preisinteresses nicht mit einem schlechteren Preiswürdigkeitsurteil einhergeht. Es lassen sich daher für das Preiswürdigkeitsurteil die folgenden zusätzlichen Annahmen formulieren:

H_{PU-17}: *Je besser die Leistungskomponente eines Tankstellenshops beurteilt werden, desto besser fällt das Preiswürdigkeitsurteil der Kunden dafür aus.*

H_{PU-18}: *Personen, die den Leistungskomponenten eines Tankstellenshops eher indifferent gegenüberstehen, beurteilen die Preiswürdigkeit in Tankstellenshops schlechter.*

H_{PU-19}: *a) Die schlechtere Beurteilung des Preisniveaus (subjektives Preisniveau) führt zu einem schlechteren Preiswürdigkeitsurteil für Tankstellenshops. b) Demgegenüber führt ein höheres tatsächliches Preisniveau (objektives Preisniveau) nicht zu einem schlechteren Preiswürdigkeitsurteil für Tankstellenshops.*

H_{PU-20}: *Preisinteressierte Personen, die ein Produkt im Tankstellenshop gekauft haben, beurteilen die Preiswürdigkeit besser als weniger preisinteressierte Käufer.*

Für die absoluten Kennzahlen der **Preisbereitschaft** in Tankstellen lassen sich die folgenden Zusammenhänge formulieren:

Es lassen sich nahezu keine Wirkungen der Beurteilung von Leistungskomponenten nachweisen. Die Gruppen, die sich durch höhere absolute Werte für die absoluten Kennzahlen mit Bezug zur Tankstelle (GEZ und MAX) auszeichnen, stehen zudem den hier einbezogenen Leistungskomponenten häufiger indifferent gegenüber, sie scheinen also geringere Ansprüche an den Tankstellenshop zu stellen.

Die binär-logistische Regression führt für den gezahlten Betrag und den in der Tankstelle maximal akzeptierten Betrag zu nicht signifikanten Ergebnissen: Die hier einbezogenen Variablen leisten also keinen Erklärungsbeitrag zu diesen beiden Kennzahlen, was sehr interessant ist. Offenbar haben weder die Beurteilung der Tankstellenmerkmale durch einen Kunden noch Merkmale des Kunden wie Intensität des Preisinteresses, Haushaltsnettoeinkommen oder die weiteren einbezogenen Variablen einen Einfluss darauf, wie viel er tatsächlich bei einem Einkauf in der Tankstelle ausgibt: die einzige direkt messbare Kennzahl der Preisbereitschaft.

H_{PB-5}: *Die Beurteilung der Leistungskomponenten hat keinen Einfluss auf den tatsächlich gezahlten Betrag in Tankstellenshops oder den maximal dort akzeptierten.*

H_{PB-6}: *Personen, die sich durch eine höhere absolute Preisbereitschaft für Tankstellenshops auszeichnen, stehen den Leistungskomponenten des Tankstellenshops häufiger indifferent gegenüber.*

Auch für die drei relativen Kennzahlen können kaum Effekte ausgemacht werden. Die Gruppen PT2^{+} und PT3^{+} betrachten jeweils die *niedrigen Preise* seltener als indifferent. Hier kann über die Ursachen jedoch nur spekuliert werden, weswegen auf die Formulierung einer Hypothese verzichtet wird. Die mit Hilfe der binär-logistischen Regression geschätzten Modelle weisen keine ausreichende Modellgüte auf.

6 Fazit und Ansatzpunkte für die Forschung und für die Preisgestaltung in Tankstellenshops

Im Zentrum der vorliegenden Arbeit stand das Ziel, Erkenntnisse über das Preisverhalten von Kunden in Tankstellenshops zu gewinnen. Zu diesem Zweck lieferte Kapitel 2 zunächst einen Überblick über den Tankstellenshop-Markt und seine Teilnehmer. Dabei erfolgte zunächst die Einordnung des Betriebstyps Tankstellenshop in die Einzelhandelslandschaft und im zweiten Schritt die Systematisierung der Erscheinungsformen dieses Betriebstyps. Im Anschluss konnten die Besonderheiten der hier untersuchten Tankstellenmarke erläutert werden. Weiterhin wurden in diesem Kapitel die Marktentwicklung sowie die verschiedenen Marktteilnehmer und ihre Rollen dargestellt; in diesem Zusammenhang erfolgte auch die Aufarbeitung des Forschungsstands zum Kundenverhalten in Tankstellenshops.

Anschließend gab Kapitel 3 einen kurzen Überblick über die Grundlagen der verhaltenswissenschaftlichen Preisforschung in Vorbereitung auf die dann folgende Explorationsstudie zum Preisverhalten von Kunden in Tankstellenshops.

Kapitel 4 widmete sich dieser Studie, die den Hauptteil der Arbeit ausmacht. Sie erfolgte in mehreren Schritten und bediente sich verschiedener Explorationsstrategien: Zunächst fanden im Zuge der empirisch-qualitativen Exploration eine Preiserhebung und vier Gruppendiskussionen statt. Als Ergebnis lagen Informationen über die Preissetzung von Tankstellenshops – auch im Vergleich zum übrigen Lebensmitteleinzelhandel – und erste Erkenntnisse zum Preisverhalten von Kunden in Tankstellenshops vor. Auf dieser Grundlage erfolgte nun die theorie- und methodenbasierte Exploration, in deren Zuge der Forschungsstand zur verhaltenswissenschaftlichen Preisforschung sowie die in diesem Bereich angewandten Methoden aufgearbeitet wurden. Die Ergebnisse bildeten zusammen mit den Erkenntnissen aus der Preiserhebung und den Gruppendiskussionen die Basis, um das Konzept und das Messinstrumentarium für die empirisch-quantitative Exploration zu entwickeln. Im Anschluss daran erfolgte die Beschreibung der empirisch-quantitativen Erhebung und die Darstellung der dort gewonnenen Ergebnisse. Den Abschluss des vierten Kapitels bildete die Hypothesengenerierung zum Preisverhalten von Kunden in Tankstellenshops.

Im Zuge der beschriebenen Studie taten sich einige neue Fragen auf, die insbesondere das Preiswürdigkeitsurteil und die Preisbereitschaft betrafen. Mit diesen Fragen beschäftigte sich abschließend Kapitel 5. Zunächst wurden hier einige Modellerweiterungen vorgenommen und anschließend die zuvor in Kapitel 4 aufgestellten Hypothesen zum Preiswürdigkeitsurteil und zur Preisbereitschaft überprüft. Zudem wurde nach weiteren Zusammenhängen mit den neu einbezogenen Variablen gesucht, was in der Formulierung zusätzlicher Hypothesen in Bezug auf das Preiswürdigkeitsurteil und die Preisbereitschaft mündete.[1119]

Aus den verschiedenen Ergebnissen der Arbeit ergeben sich zahlreiche **Ansatzpunkte** für die Forschung und für die Gestaltung der Marketinginstrumente in Tankstellenshops.

Eine erste interessante Frage wirft bereits Kapitel 2 in Zusammenhang mit der Einordnung und Systematisierung von Tankstellenshops auf: Beide Schritte erfolgten hier flankiert von einer klein angelegten exploratorischen Untersuchung, um die Kundensicht für die Systematisierung einbeziehen zu können. Hier könnte in Anlehnung an die dargestellten Arbeiten von GRÖPPEL-KLEIN und PURPER angesetzt und eine umfangreiche Systematisierung des kleinflächigen Lebensmitteleinzelhandels oder von Tankstellenshops aus Kundensicht vorgenommen werden.

Eine große Anzahl an Ansatzpunkten und Fragestellungen liefern die Ergebnisse der empirisch-quantitative Exploration in Kapitel 4 sowie der Folgestudie in Kapitel 5. Diese Ansatzpunkte und Fragestellungen lassen sich vor allem zwei Bereichen zuordnen, nämlich erstens der Konzeptualisierung und Operationalisierung von Konstrukten des Preisverhaltens und zweitens den Schlussfolgerungen aus den Erkenntnissen über das Preisverhalten von Kunden in Tankstellenshops.

Zum ersten Punkt – also der **Konzeptualisierung und Operationalisierung** der Konstrukte des Preisverhaltens – ergeben sich vor allem im Hinblick auf drei Aspekte neue Fragen: Der erste Aspekt betrifft die Trennung von **emotionalen** und **kognitiven** Prozessen. Zwar wird in der aktuellen Literatur häufig darauf hingewiesen, dass beide Arten von Prozessen möglicherweise weniger trennscharf sind als früher meist vermutet; dennoch werden affektive und kognitive Prozesse bei der Konzeptualisierung in der Regel getrennt. Da sich zudem viele Arbeiten lediglich auf einen der beiden Bereiche konzentrieren – also nur auf emotionale oder nur auf kognitive Prozesse – ergeben sich bisher nur wenige Erkenntnisse über ihr Zusammenspiel im Bereich des Preisverhaltens. So zeigte sich zum Beispiel, dass die Preisfreude eine nahezu gleich hohe Ladung auf den affektiven Aspekt wie auf das Preisgünstigkeitsurteil aufwies, ein Hinweis darauf, dass die häufig erfolgte Trennung affektiver und kognitiver Komponenten künstlicher Natur ist. Abgesehen davon ist es generell interessant, die emotionalen

1119 Einen Überblick über die formulierten und geprüften Hypothesen gibt Anhang 23.

Reaktionen auf Preise näher zu untersuchen, zu denen bisher nur wenige Forschungsergebnisse vorliegen.

Der zweite Aspekt betrifft ebenfalls die Sinnhaftigkeit der Trennung bestimmter Konstrukte, und zwar die von **Preiswürdigkeitsurteil** und **Preisfairness**. Beide scheinen sehr eng miteinander verknüpft zu sein und bildeten hier als Konsequenz einen einzigen Faktor. Da beide Konstrukte die Bewertung des Input-Output-Verhältnisses bei einem Austausch beinhalten, kann dies nicht verwundern. Allerdings werden bisher beide Konstrukte zumeist isoliert untersucht – wobei die genutzten Indikatoren sich teilweise stark ähneln. Sinnvoll könnte es sein, ihr Zusammenspiel näher zu betrachten und eine Entscheidung darüber zu treffen, ob Preiswürdigkeitsurteil und Preisfairness denselben psychischen Prozess beinhalten oder aber in der Operationalisierung stärker voneinander abgegrenzt werden müssen.

Der dritte Aspekt betrifft einen ähnlichen Umstand auf allgemeinerer Ebene: Insgesamt war bei der Überprüfung der Konzeptualisierung und der Operationalisierung festzustellen, dass zwar bei Prüfung mit Hilfe der Gütekriterien erster Generation recht zufriedenstellende Ergebnisse erzielt werden konnten, die Überprüfung mit Hilfe der Kriterien zweiter Generation jedoch einige Fragen aufwarf. Da in bisher durchgeführten Studien häufig einzelne Konstrukte isoliert betrachtet werden, könnte generell die Untersuchung der Wechselwirkungen und Überschneidungen der verschiedenen Konstrukte von Interesse sein.

Zweitens bieten, wie erwähnt, die Schlussfolgerungen aus den **Erkenntnissen über das Preisverhalten** von Kunden in Tankstellenshops zahlreiche Ansatzpunkte: Zunächst wurde deutlich, dass das Preisvertrauen und auch die Beurteilung der Preiswürdigkeit recht hoch bzw. gut ausfallen; die Kunden sind sich zwar darüber bewusst, dass die Preise in Tankstellenshops (absolut betrachtet) hoch sind, akzeptieren dies aber in der Regel als angemessen. Weiterhin zeigte sich, dass durchaus einige soziodemografische, personen- oder situationsbedingte Kriterien eine Rolle für das Preisverhalten in Tankstellenshops spielen. So scheinen z. B. ältere Kunden weniger preisemotional zu reagieren und in mancher Hinsicht geringere Ansprüche zu stellen. Männer scheinen eher zu Vertrauen, Frauen zu Kontrolle in Bezug auf Preise zu neigen; Personen mit höherem Einkommen – oder in Regionen mit höherer Kaufkraft – ein geringeres Preisinteresse aufzuweisen. Auch für den Stammkundengrad oder die Einteilung in Shop-, Tank- und Beides-Kunden ließen sich einige Effekte identifizieren; beispielsweise scheinen die Stammkunden mehr positive Emotionen mit dem Einkauf in Tankstellenshops zu verbinden, sie zeichnen sich jedoch durch eine geringere Preistoleranz aus. Auch das Preisinteresse hat offenbar einen großen Einfluss auf die übrigen untersuchten Konstrukte des Preisverhaltens: So sind sich preisinteressierte Kunden generell sicherer, dass sie Preise korrekt schätzen können; sie bewerten die Transparenz besser und die Ehrlichkeit geringer.

Es ließen sich viele weitere aufgedeckte Effekte aufzählen, es sei jedoch an dieser Stelle auf die vorherigen Kapitel verwiesen.

Jedoch: Zwar finden sich zahlreiche Effekte zwischen den Konstrukten und auch zwischen den Konstrukten und personen- oder situationsabhängigen Variablen – scheinbar haben diese aber nur wenige Auswirkungen auf das tatsächliche Handeln der Kunden! Erste Hinweise darauf fanden sich bereits in den Gruppendiskussionen: Obwohl insbesondere die Gruppe der Nur-Tanker angab, niemals in der Tankstelle einzukaufen, traten bei näherem Nachfragen doch einige Einkaufserfahrungen zu Tage – die dann häufig als „Ausnahme" oder „Notfall" bezeichnet wurden.

Noch deutlicher sind die Indizien allerdings in den späteren Erhebungen: Hier fanden sich nahezu keine Effekte zwischen untersuchten Größen – personenbezogenen und situationsbezogenen Variablen und den Konstrukten des Preisverhaltens – und dem tatsächlichen, beobachtbaren Kaufverhalten. Lediglich das Preiswürdigkeitsurteil und die Preisehrlichkeit wurde von Käufern nicht preisgebundener Produkte besser bewertet, der Eigennutz als geringer – was durchaus auch auf Rechtfertigungsprozesse für den Kauf zurückzuführen sein kann, so dass nicht die „positiveren" Urteile zum Kauf nicht preisgebundener Produkte führen, sondern umgekehrt der Kauf zu positiveren Urteilen. Mit dem Preisinteresse hingegen fanden sich keine Zusammenhänge.

Betrachtete man nicht den Kauf oder Nichtkauf als abhängige Variable, sondern die Bonhöhe als einzigen beobachtbaren Wert der sechs Kennzahlen zur Preisbereitschaft, so kristallisierte sich ein ähnliches Ergebnis heraus: Die Bonhöhe hing nicht vom Preisinteresse oder ähnlichen Faktoren ab, sondern vor allem von der gekauften Warengruppe – was aufgrund unterschiedlicher Preislagen der Warengruppen nicht überrascht. Auch die Erhebung, die sich auf die Preisinformationsspeicherung konzentrierte, liefert einige Indizien. Hier fanden sich zwar zahlreiche Unterschiede zwischen den Kunden: Sie unterschieden sich stark im Hinblick auf ihr Preisinteresse und die Schätzsicherheiten für die Preise, wobei diese beiden Größen positiv zusammenhingen; in Bezug auf die Preisschätzungen selbst unterschieden sie sich jedoch nicht. Offenbar kennen preisinteressierte Personen die Preise also nicht genauer, sondern sie glauben oder kommunizieren es lediglich von sich.

Insgesamt lässt sich daher die – extrem formulierte – These aufstellen, dass die soziodemografischen Kriterien und sonstige personenbezogenen Variablen wie das Preisinteresse zwar einen Einfluss auf das Selbstbild der Kunden, ihre Vorstellung des „idealen Handels“ und damit auf ihre verbalen Äußerungen haben, aber nur in in deutlich geringerem Ausmaß auf das tatsächliche Handeln in Bezug auf den Einkauf in Tankstellenshops.

Daraus ergeben sich für die Forschung eine besonders interessante Fragestellung und für die Gestaltung der Marketinginstrumente in Tankstellenshops mehrere Anknüpfungspunkte:

Im Zuge weiterer Forschung ist es interessant zu untersuchen, ob und inwieweit eine Lücke zwischen dem kommunizierten Verhalten und dem tatsächlichen in Bezug auf das Einkaufs- und Preisverhalten für Tankstellenshops besteht. Hierbei könnte die Dissonanztheorie nach FESTINGER einen geeigneten theoretischen Rahmen bieten. Interessant ist in diesem Zusammenhang auch, warum diese Lücke besteht – falls sie es tut – und warum es offenbar von zahlreichen Personen als irrational und nicht wünschenswert betrachtet wird, in Tankstellen einzukaufen, obwohl durchaus auch rationale Gründe für den Kauf in Tankstellenshops sprechen: Je nach persönlichen Präferenzen und der subjektiven Bewertung von Zeit oder Mühe kann es durchaus kostensparend sein, Einkäufe in Tankstellen zu tätigen.

In Zusammenhang mit diesem Themenbereich, nämlich der Diskrepanz zwischen dem durch Befragung erhobenen und dem tatsächlich beobachteten Verhalten, ergibt sich außerdem die grundsätzliche Frage, inwieweit es überhaupt sinnvoll sein kann, das Preisverhalten von Kunden nur mittels Befragung und ohne die Messung geeigneter direkt beobachtbarer Größen zu erheben, mit deren Hilfe das kommunizierte Verhalten auf seinen Wahrheitsgehalt hin überprüft werden kann.

Für die Gestaltung der Marketinginstrumente in Tankstellenshops bieten sich zahlreiche interessante Ansatzpunkte aus diesen Erkenntnissen. Dabei hängt die Ausgestaltung der Instrumente von den Zielen des Unternehmens ab; betrachtet man jedoch die in Kap. 2.3 herausgearbeitete Stoßrichtung der hier untersuchten Tankstellenmarke mit dem Fokus auf der Kunden- und Leistungsorientierung, so lässt sich zunächst festhalten, dass das Senken der Preise – einer insbesondere im wettbewerbsintensiven Umfeld häufig sehr attraktiv erscheinenden Maßnahme zur Erhöhung des Absatzes differenziert zu betrachten ist. Abgesehen davon, dass die Kunden die Preise durchaus als fair und die Preiswürdigkeit als gut beurteilen (die Zusatzleistung, die der Tankstellenshop bietet, also honorieren), würde das Senken der Preise möglicherweise auch dazu führen, dass die Preise für Tankstellenshops stärker in den Fokus der Kunden rücken als die Leistung, und die Tankstellenshops dadurch stärker mit anderen, preisaggressiven Betriebstypen des Lebensmitteleinzelhandels konkurrierten. Dabei ist zu vermuten, dass dieser Wettbewerb über den Preis ausgetragen würde. In diesem Fall können die Tankstellenshops aufgrund ihrer speziellen Rahmenbedingungen kaum bestehen.

Stattdessen könnte es sinnvoll sein, auf den Leistungsaspekt der Tankstellenshops abzustellen. So könnte es sich empfehlen,

- die Leistung und den Zusatznutzen, die die Tankstelle bietet, in der Kommunikation deutlich herauszustellen und dabei auf Bequemlichkeit und Schnelligkeit des Einkaufs abzuzielen;
- die Gründe für das bei den Kunden offenbar verankerte Bild der Irrationalität des Einkaufs in Tankstellenshops zu untersuchen und dem zu begegnen, in dem gerade die Rationalität des Einkaufs in Tankstellenshops betont wird;
- die Preise zu optimieren, indem sie vereinfacht werden und dem Kunden weitere Bequemlichkeit bieten: Zum Beispiel durch glatte Preise oder einige wenige „Einheitspreise“ in jeder Warengruppe.

Anmerkung:
Anhänge 11-16 sowie 19-22 können auf Wunsch zugesandt werden. Bitte senden Sie hierzu eine E-Mail an nina.villaverde-suarez@alumni.uni-due.de

Verzeichnis des Anhangs

1 Exploratorische Voruntersuchung zur Abgrenzung des kleinflächigen Lebensmitteleinzelhandels

1. Fragebogen

Vielen Dank, dass Sie sich bereit erklärt haben, diese Befragung mitzumachen. Ich werde Ihnen einige Fragen zum Lebensmitteleinkauf stellen. Wenn Sie Fragen haben oder eine Frage unverständlich formuliert ist, fragen Sie bitte einfach nach!

1-1 Wo kann man Lebensmittel einkaufen? Bitte nennen Sie mir alle Möglichkeiten, die Ihnen einfallen!

1-2 Und wo kaufen Sie Lebensmittel ein?

1-3 Ich geben Ihnen nun einige Karten. Auf diesen Karten sind Geschäfte abgebildet, in denen man Lebensmittel einkaufen kann. Bitte gruppieren Sie die Geschäfte so, wie sie aus Ihrer Sicht zusammengehören. Sie können auch Geschäfte einzeln legen, wenn Sie meinen, dass dieses Geschäft nicht zu den anderen passt.

Bitte FOTOS der Gruppierungen machen, auf denen man die Zuordnung gut erkennen kann!

1-4 Warum haben Sie die Geschäfte so gruppiert?

Bitte so detailliert wie möglich protokollieren! Falls möglich, auch gerne den Ton aufzeichnen.

1-5 *NUR BEZOGEN AUF DIE GRUPPE, DIE TANKSTELLEN-SHOPS ENTHÄLT!*
Gibt es in dieser Gruppe (>> Gruppe mit den TS-Shops) Unterschiede beim Einkauf für Sie? Welche?

1-6 *NUR BEZOGEN AUF DIE GRUPPE, DIE TANKSTELLEN-SHOPS ENTHÄLT!*
Wenn Sie die Gruppe der TS-Shops unterteilen müssten: Welche Merkmale würden Sie heranziehen?

☐ Warenqualität ☐ Bequemlichkeit ☐ Größe der Verkaufsfläche
☐ Preisniveau ☐ Schnelligkeit ☐ Übersichtlichkeit
☐ Warenangebot ☐ Freundlichkeit ☐ Parkplatzangebot

☐ männlich ☐ weiblich Alter: Haushaltsgröße:

Kaufen Sie auch in Tankstellen-Shops Lebensmittel ein?

☐ ja ☐ nein

2. Karten für das Sortierexperiment, jeweils eine Karte pro Marke,
   Originalgröße je Karte: 8 x 8 cm, farbig

3. Soziodemographische Struktur der Stichprobe

<table>
<tr><th colspan="20">Geschlecht (n = 74)</th></tr>
<tr><td colspan="10">Männlich</td><td colspan="10">Weiblich</td></tr>
<tr><td colspan="10">52,7 % (39)</td><td colspan="10">47,3 % (35)</td></tr>
<tr><th colspan="20">Alter (n = 74; Ø = 36,2)</th></tr>
<tr><td colspan="4">Unter 20 Jahre</td><td colspan="4">20–34 Jahre</td><td colspan="4">35–49 Jahre</td><td colspan="4">50–64 Jahre</td><td colspan="4">Ab 65 Jahre</td></tr>
<tr><td colspan="4">1,4 % (1)</td><td colspan="4">63,5 % (47)</td><td colspan="4">10,8 % (8)</td><td colspan="4">20,3 % (15)</td><td colspan="4">4,1 % (3)</td></tr>
<tr><th colspan="20">Haushaltsgröße (n = 72)</th></tr>
<tr><td colspan="5">1 Person</td><td colspan="5">2 Personen</td><td colspan="5">3 Personen</td><td colspan="5">Ab 4 Personen</td></tr>
<tr><td colspan="5">22,2 % (16)</td><td colspan="5">38,9 % (28)</td><td colspan="5">23,6 % (17)</td><td colspan="5">15,3 % (11)</td></tr>
<tr><td colspan="20">Zahlen in Klammern geben absolute Werte an.</td></tr>
</table>

4. Antworten auf Frage 1-6 (Vorschlag für Systematisierungskriterien innerhalb der Gruppe, die Tankstellenshops enthielt)

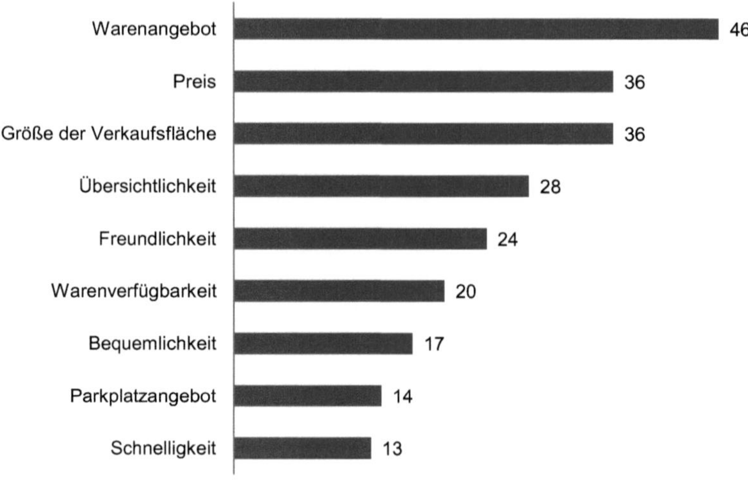

n = 74; Mehrfachnennungen möglich. Im Durchschnitt wurden drei Merkmale angekreuzt.

2 Warenbereiche nach Standard-Warenklassifikation für Verbrauchsgüter, Gebrauchsgüter, Investitionsgüter und Rohstoffe

Nr.	Bezeichnung
0	Frischfleisch, Frischwurst, Frischfisch und Fischerzeugnisse - Bedienungs- und Selbstbedienungsware - (ohne gefrorene, tiefgefrorene und diätetische Produkte und Konserven)
1	Frischobst, Schalenobst und Trockenobst, Frischgemüse (ohne tiefgefrorene und diätetische Produkte und Konserven)
2	Molkereiprodukte, Soja-Milch, Speiseöle, Mayonnaisen und Salate, Eier - Bedienungs- und Selbstbedienungsware - (ohne tiefgefrorene und diätetische Produkte)
3	Gefrorene und tiefgefrorene Erzeugnisse, Süßwaren und Speiseeis (ohne diätetische Produkte), Tiernahrung
4	Nährmittel (ohne Suppen, tiefgefrorene und diätetische Produkte)
5	Suppen, Suppeneinlagen, Soßen, Brühen, Würzmittel, Gewürze, Brotaufstrich, Zucker und Einmachprodukte (ohne diätetische Produkte und Speisefette)
6	Fleisch-, Wurst und Fischkonserven, Marinaden, Konservenfertiggerichte (ohne diätetische Produkte)
7	Obst- und Gemüsekonserven (ohne diätetische Produkte und Konservenfertiggerichte)
8	Dauerbackwaren, Süßwaren, Knabberartikel und Knabbermischungen, Saisonartikel (ohne diätetische Produkte)
9	Diätetische Nahrungsmittel und Getränke; Säuglings- und Kleinkindernahrung; sonstige Erzeugnisse der Erwachsenendiätetik; Nahrungsergänzungsmittel
10	Weine, Schaumweine (ohne diätetische), Spirituosen
11	Biere, alkoholfreie Getränke, Saftbar in Bedienung (ohne tiefgefrorene und diätetische)
12	Kaffee, Tee, Kakao, Tabakwaren
13	Backwaren (Brot, Kleingebäck und Feinbackwaren) - Bedienungs- und Selbstbedienungsware - (ohne tiefgefrorene, diätetische und Dauerbackwaren)
14	Frische Convenience-Produkte und Heiße Theke
15	Wasch-, Putz- und Reinigungsmittel und Hilfsmittel (ohne Industriereiniger, -seifen und Autopflegemittel
16	Hygieneartikel, Hygienepapiere für Körperpflege und Haushalt, Watte und Verbandsstoffe, Säuglings- und Kinderhygieneartikel, Säuglings- und Kinderkörperpflegemittel
17	Feinseifen, Badezusatzmittel, Deodorantien, Haut-, Mund- und Haarpflegemittel, Anwendungsgeräte zur Haar- und Körperpflege, Rasiermittel (ohne Säuglings- und Kinderkörperpflegemittel)
18	Sonnen- und Insektenschutzmittel, Dekorative Kosmetika, Duftwasser und Parfums, Fußpflegemittel
19	Haus-, Tisch- und Bettwäsche, Bettwaren
20	Heimtextilien (ohne Bodenbeläge)
21	Bodenbeläge
22	Meterware für Bekleidung
23	Herrenoberbekleidung (ohne Wirk- und Strickwaren u.ä., Pelz- und Sportbekleidung)
24	Damenoberbekleidung (ohne Wirk- und Strickwaren u.ä., Pelz- und Sportbekleidung)
25	Kinderoberbekleidung (ohne Wirk- und Strickwaren u.ä., Säuglings-, Pelz- und Sportbekleidung)

Fortsetzung der Tabelle auf der nächsten Seite

Fortsetzung von der vorherigen Seite

26	Wirk- und Strickwaren (ohne Strumpfwaren und Bekleidungszubehör), Säuglingsbekleidung, Kleinkindtag- und -nachtwäsche
27	Herren-, Damen und Kinderwäsche (ohne Säuglingswäsche), Miederwaren
28	Kurzwaren, Handarbeiten
29	Strumpfwaren, Bekleidungszubehör (ohne Säuglingsartikel)
30	Pelzwaren
31	Herrenschuhe (ohne Sportschuhe)
32	Damenschuhe (ohne Sportschuhe)
33	Kinderschuhe (ohne Sportschuhe), Schuhzubehör
34	Leder- und Täschnerwaren, a. n. g., Schirme und Stöcke
35	Bilderrahmen, Raucherartikel u.a. Galanteriewaren, Devotionalien, a. n. g.
36	Sportbekleidung, Sportschuhe (ohne Straßenschuhe)
37	Rundfunk-, Fernseh- und phonotechnische Geräte; Elektronische und elektromechanische Bauelemente der Fernmelde- und Hochfrequenztechnik
38	Geräte und Einrichtungen der Elektrizitätserzeugung, -umwandlung und -verteilung; Elektrische Leuchten und Lampen, Solarleuchten
39	Elektrotechnische Erzeugnisse, a. n. g. (aber ohne elektrotechnische Erzeugnisse zur Verwendung im Haushalt (Elektroklein- und -großgeräte), und ohne elektrische Leuchten, Glüh- und Entladungslampen, elektronische und elektromechanische Bauelemente)
40	Foto- und Kinogeräte, Camcorder und Videokameras, Geräte zur Videoüberwachung, fototechnisches und -chemisches Material
41	Feinmechanische und optische Erzeugnisse, a.n.g
42	Uhren (ohne Armaturenbrettuhren und Uhrenradios, elektrische Zeitdienst und -schaltgeräte)
43	Schmuck, Gold- und Silberschmiedewaren, Perlen, Edel-, Schmucksteine u.ä. (ohne Uhren, Antiquitäten, Kunstgegenstände, Galanteriewaren aus unedlen Stoffen)
44	Sportartikel (einschl. Sport- und Freizeitboote, Angel- und Jagdgeräte, aber ohne Zweiräder und Zweiradteile), Handelswaffen
45	Spielwaren, Fest- und Scherzartikel, a. n. g.
46	Spielplatzgeräte, Campingartikel, Bastelsätze
47	Musikinstrumente (ohne phonotechnische Geräte und Musikspielwaren), Musikalien
48	NICHT BESETZT
49	Wohn- und Küchenmöbel (ohne Korb-, Büro-, Garten- und Campingmöbel); Schulmöbel, Ladeneinrichtungen u.ä.; Möbelteile, a. n. g.
50	Kunstgegenstände, Sammlungsstücke, Antiquitäten
51	Holz-, Korb-, Kork-, Flecht-, Schnitz- und Formstoffwaren, a. n. g.; Kinderwagen
52	Papier, Pappe
53	Papier-, Pappe- und Kunststoffwaren, a. n. g.; Kunststoff- und Metallfolien sowie verwandte Erzeugnisse, Party- und sonstige Dekorationsartikel aus Papier und Pappe; Kerzen; Klebemittel und Klebebänder
54	Schreib-, Zeichen- und Malgeräte, Lernmittel, a. n. g. (ohne Druckereierzeugnisse), Zeichenmaschinen
55	Unterrichts- und Künstlerfarben, Modelliermassen und Malhilfsmittel, a. n. g.
56	Druckereierzeugnisse (ohne Musikalien, bedruckte Behälter); Audiovisuelle Medien (zur Information und Aus-/Weiterbildung; ohne Unterhaltungsfilme, Video- und Computerspiele); Satzherstellung und Reproduktion

Fortsetzung der Tabelle auf der nächsten Seite

Fortsetzung von der vorherigen Seite

57	Büroorganisationsmittel und -kleinartikel (ohne Druckereierzeugnisse)
58	Bürotechnik, Büromaschinen und -geräte, Büromöbel
59	Daten- und Kommunikationstechnik
60	NE-Metallerze, NE-Metalle, NE-Metallhalbzeug, NE-Metallguss, Edelmetalle, Edelmetallhalbzeug
61	Handwerkzeuge, a. n. g.
62	Maschinen- und Präzisionswerkzeuge, a. n. g. (ohne Sägeblätter, Maschinenmesser), Elektrowerkzeuge, Werkstatteinrichtungen, Handtransportgeräte, Behälter, a. n. g.
63	Beschläge und Schlösser, Elektronische Sicherheitssysteme, Eisenkurzwaren
64	Garteneinrichtungen, Garten-, Landwirtschafts- und Forstwirtschaftsgeräte u.ä. (einschl. Elektrowerkzeuge), Ketten, Drahtgeflechte (ohne Landmaschinen und deren Zusatzgeräte)
65	Elektro-Kleingeräte: Elektro-Wärmegeräte , Elektrische Raumheiz- und -klimageräte (ortbeweglich), Elektroküchen- und -haushaltsgeräte, Elektrogeräte zur Haar- und Körperpflege (ohne Maschinen und Einrichtungen für Großküchen und Gastwirtschaften)
66	Tafel-, Küchen- u.a. Haushaltsgeräte (ohne elektrische)
67	Einzelöfen u.a. Heizgeräte; Elektro-Großgeräte; Heiz- und Kochgeräte, Kühl-, Gefriermöbel, Wasch- und Geschirrspülmaschinen, Näh- und Strickmaschinen für den Haushalt
68	Installationsgeräte und -material für Wasser, Gas und Heizung
69	Holz, Bauelemente aus Holz, Metall und Kunststoff
70	Baustoffe, mineralische Bauelemente, Flachglas, Fertigteilbauten u.ä.
71	Eisenerze, Roheisen, Stahl, Stahlhalbzeug, Gusseisen
72	Anstrichfarben (ohne Unterrichts-, Künstlerfarben, Lacke und Lackfarben)
73	Lacke und Lackfarben (einschl. Polituren und Mattierungen)
74	Sonstige Anstrichstoffe, Spezialmittel für die Oberflächenbehandlung (einschl. Holz), Malerpinsel, -bürsten und sonstige Maler- und Tapezierwerkzeuge
75	Wandbekleidungen (einschl. Wand- und Deckenbeläge)
76	Klebestoffe, Klebemörtel, Bodenspachtel, Fugenabdichtungen und Hilfsmittel, Glaser- u.ä. Kitte, Tapetentrennmittel
77	Kraftwagen, Kraftwagenteile und -zubehör, a. n. g., Bereifungen für Fahrzeuge und Maschinen aller Art, a. n. g. (ohne solche für Kraft- und Fahrräder, Flugzeuge und Landmaschinen)
78	Zweiräder, Zweiradteile und -zubehör, a. n. g.
79	Sonstige Fahrzeuge, deren Teile und Zubehör, a. n. g.
80	Landmaschinen
81	Werkzeug-, Bau-, Textil- und Nähmaschinen
82	Maschinen, a. n. g.
83	Technischer Spezialbedarf verschiedener Wirtschaftszweige und sonstige Nahrungsmittelmaschinen; Verpackungsmaschinen; Transport- und Versandverpackungen, Verpackungsmittel aus Metall, Kunststoff, Keramik, Glas
84	Sonstiger technischer Bedarf, a. n. g.; chemisch-technische Erzeugnisse, a. n. g.
85	Orthopädische und medizinische Erzeugnisse (ohne orthopädische Schuhe), Dentalbedarf, Laborgeräte, Krankenpflegeartikel
86	NICHT BESETZT
87	Freiverkäufliche Arzneimittel (ohne Nahrungsergänzungsmittel) (außer Apotheken auch in Lebensmittelhandel, Reformhäusern, Drogerien und Drogeriemärkten)
88	Arzneimittel und sonstige pharmazeutische Erzeugnisse (ohne freiverkäufliche Arzneimittel)
89	NICHT BESETZT

Fortsetzung der Tabelle auf der nächsten Seite

Fortsetzung von der vorherigen Seite	
90	Chemische Grundstoffe und Chemikalien
91	Kunststoffe, Stein- und Salinensalz, a. n. g.; Rohdrogen, Kautschuk, rohe pflanzliche und tierische Öle und Fette für technische Zwecke
92	Feste Brennstoffe, Mineralölerzeugnisse
93	Textile Rohstoffe und Vorerzeugnisse, a. n. g., Häute, Felle, Leder, Lederfaserstoff
94	Gebrauchtwaren, metallische und nichtmetallische Sekundärrohstoffe, a. n. g.
95	Lebende Haus- und Nutztiere (Vieh und Geflügel)
96	Heim- und Kleintierfutter, Reinigungs-, Pflege- und Hygienemittel und sonstige Gebrauchsartikel für Heim- und Kleintiere
97	Pflanzen (einschl. Baumschulerzeugnisse), Trockenblumen, Dünge- und Pflanzenschutzmittel, sonstiger Blumenbinderei- und Gärtnereibedarf, a. n. g.
98	Saaten, Rohstoffe und Vorerzeugnisse pflanzlichen und tierischen Ursprungs für Nahrungsmittel und Getränke; Futter- und Düngemittel
99	Dienstleistungen im Handel in Eigen- und Fremdregie

3 Beispiele für Preiswerbung von JET

Die Motive mit Bezug zur Konkurrenz bedienen sich jeweils aussagekräftiger Farbgebungen: So ist der Boxer „Carlo Aralo“ (Motiv 1) in den ARAL-Farben blau und weiß gekleidet. Das Ungeheuer (Motiv 7) hat einen blau-weißen und einen gelb-orangenen Hals, die vermutlich die Marken ARAL und SHELL symbolisieren sollen; in Motiv 9 trägt der vordere der beiden Konkurrenten blau-weiße Kleidung, der hintere gelb-orangene. Funddaten: 16.10.2007 für die Motive 1-6, 22.11.2010 für die Motive 7-9, siehe unter www.jet-tankstellen.de/broeselwelt/kampagnenmotive.

4 Datenmaterial zur Verteilung von Haushaltsgrößen in der Gesamtbevölkerung

Deutschland Jahr 2007 (Durchschnitt)

HAUSHALTSMITGLIEDER

HM 02 Haushaltsmitglieder nach Staatsangehörigkeit, Alter sowie Haushaltsgröße

1 000

Alter (von ... bis ... unter Jahren)	Haushaltsmitglieder						
	Insgesamt	Einpersonen-haushalte	Mehrpersonenhaushalte				
			zusammen	davon mit ... Personen			
				2	3	4	5 und mehr
Unter 25	20 979	1 307	19 672	2 147	5 161	7 810	4 554
25 - 45	23 273	5 022	18 251	5 423	5 397	5 414	2 017
45 - 65	21 907	3 696	18 212	9 713	4 551	2 907	1 041
65 - 85	14 917	4 524	10 393	9 346	755	173	119
85 und älter	1 299	837	462	364	62	20	16
	82 375	15 385	66 990	26 993	15 926	16 325	7 746

Ergebnisse des Mikrozensus - Bevölkerung in Privathaushalten

In Einpersonenhaushalten leben ... % der dt. Bevölkerung
18,7 100,0

In Zweipersonenhaushalten leben ... % der dt. Bevölkerung
32,8

In Dreipersonenhaushalten leben ... % der dt. Bevölkerung
19,3

In Vierpersonenhaushalten leben ... % der dt. Bevölkerung
19,8

In größeren Haushalten leben ... % der dt. Bevölkerung
9,4

Zahlenmaterial bereitgestellt vom Statistischen Bundesamt im Mai 2009.

5 Rubrik: „Über Aral – Sie stehen im Mittelpunkt“

Hilfe | Kontakt | Home | Login

ARAL Alles super.

Suche: Go

Tankstelle | PetitBistro | Unterwegs | PAYBACK | Aktionen und Specials | Umwelt | Über Aral | Presse | Geschäftskunden

▸ Aral AG Startseite ▸ Über Aral ▸ **Sie stehen im Mittelpunkt**

- Wer wir sind
- Woher wir kommen
- Sie stehen im Mittelpunkt
- Aral - Die Marke
- Wir handeln verantwortungsvoll
- Aral Geschäftsbereiche
- Unser Engagement im Motorsport
- Karriere bei uns
- Wir sind für Sie da

Sie stehen im Mittelpunkt

Premium Services
E-mail:
Passwort:
Go
Was ist das?

Für Menschen wie Dich
Sehen Sie sich hier den neuen Aral TV-Spot an.

Unser Ziel ist es, dass Sie zufrieden sind.

Seit Jahrzehnten ist Aral Marktführer im deutschen Tankstellenmarkt, einer der wichtigsten Energielieferanten Deutschlands und auf Platz drei in der Verkehrsgastronomie. Wir sind stolz auf die Qualität unserer Produkte, unseren Servicestandard und unsere Innovationen. Dieser hohe Anspruch an uns selbst, täglich aufs Neue unser Bestes zu geben, wird von Ihnen als unseren Kunden motiviert. Über 100 Jahre kundenorientierte Firmentradition haben uns gelehrt: wir fahren sprichwörtlich am Besten, wenn wir unseren Kunden genau zuhören, und ihre Ansprüche und Erwartungen zum Maßstab unserer Unternehmensentwicklung machen. Deshalb stehen die Menschen, die unserer Marke so kontinuierlich Vertrauen entgegenbringen, klar im Zentrum unseres Unternehmens - ob als Privat- oder Geschäftskunde.

Wir suchen die Kommunikation. Wir werten die uns entgegengebrachten Anregungen kontinuierlich aus. Wir nehmen Kritik ernst. Wir investieren in Kundenbefragungen. Wir halten unsere Mitarbeiter an, ihre täglichen Eindrücke wieder zu geben. So lernen wir Sie und Ihre Anforderungen an unsere Marke besser kennen. Und gewährleisten damit gleichzeitig, dass sich das Unternehmen Aral gemeinsam mit seinen Kunden weiterentwickelt.

Dabei haben wir eines gelernt: konstante Mobilität prägt Ihren Alltag. Also ist es unser Ziel, Sie mit derselben Dynamik und Flexibilität zu versorgen. Jeder unserer blauen Aral-Diamanten ist ein ganz persönliches Markenversprechen an jeden unserer Kunden. Er bedeutet: hier stehen Sie im Mittelpunkt. Hier finden Sie Produkte und einen Service, in dem Sie sich wieder finden und aufgehoben fühlen können. Dafür suchen und bilden wir unsere Mitarbeiter und Tankstellenpartner sehr sorgfältig aus, und sorgen kontinuierlich dafür, dass man sich freundlich und kompetent um Sie kümmert.

Unsere Tankstellen und Shops werden ständig verbessert, damit Sie sie jederzeit – auch nachts - gerne anfahren. Und um Ihnen und Ihrem Energiebedarf die qualitativ hochwertigsten Kraftstoffe am Markt bieten zu können, suchen wir nach immer neuen Forschungsansätzen in unserer Produktentwicklung. Etwa bei unserem Premiumkraftstoff Aral Ultimate, der Ihnen mehr Leistung bei gleichzeitig weniger Emissionen bietet. Wir passen unsere Wagenpflegeprogramme- und Produkte konstant den Entwicklungen Ihrer Fahrzeuge an. Unser Produktportfolio im Shop richtet sich ganz nach Ihren Bedürfnissen und bietet Ihnen rund um die Uhr alles, was Ihnen unterwegs wichtig ist. Dabei haben die hervorragende Qualität und Frische sowie der ausgezeichnete Geschmack unserer Snacks im PetitBistro oberste Priorität – damit Genuss auch in stressigen Zeiten nicht zu kurz kommt.

An all diesen Zielen arbeiten wir Tag für Tag. Denn wir möchten weiterhin jeden unserer jährlich 600 Millionen Kundenkontakte so individuell und einmalig gestalten, wie der Mensch ist, mit dem wir es zu tun haben: **Sie**.

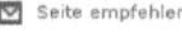

Seite empfehlen

Beispiel für die Kommunikation der Kundenorientierung auf der Website von Aral. Funddatum: 06.05.2009.

6 Preiserhebung

1. Ergebnisse: Durchschnittspreise in den Betriebstypen

	Ø-Preis Tankstelle	Maximaler Preis Tankstelle	Minimaler Preis Tankstelle	Ø-Preis ÜLEH ges	Maximaler Preis ÜLEH ges.	Minimaler Preis ÜLEH	Ø Preis ÜLEH ohne Discounter	Maximaler Preis ÜLEH ohne Discounter	Minimaler Preis ÜLEH ohne Discounter	Differenz Tank-stelle/ ÜLEH	Differenz Tankstelle/ ÜLEH ohne Discounter
Cola 0,5l	1,17	1,30	0,99	0,69	0,89	0,38	0,79	0,79	0,69	70 % *	48 %
Cola 0,33l	0,88	1,09	0,69	0,43	0,45	0,39	0,43	0,43	0,39	104 %	104 %
Red Bull	2,01	2,20	1,79	1,47	1,49	1,39	1,47	1,47	1,39	36 %	36 %
Vittel	1,34	1,89	1,1	0,89	1,19	0,59	0,89	0,89	0,59	50 %	50 %
Becks	5,57	6,60	3,99	3,73	3,99	3,49	3,73	3,73	3,49	49 %	49 %
Wodka	11,84	13,99	9,50	6,75	7,99	4,99	7,19	7,19	6,49	75 %	65 %
Mumm	8,48	10,99	6,99	4,85	5,99	2,19	5,07	5,07	3,99	75 %	67 %
SmirnoffIce	2,85	3,5	2,10	1,69	1,99	0,79	1,99	1,99	1,99	69 %	43 %
Mixery	0,96	1,00	0,79	0,53	0,58	0,42	0,53	0,53	0,42	80 %	80 %
Ü-Ei	0,84	1,00	0,65	0,59	0,59	0,55	0,58	0,58	0,55	43 %	44 %
Airwaves	0,79	0,89	0,69	0,66	0,69	0,65	0,65	0,65	0,65	21 %	22 %
Fishermans	1,37	1,69	1,10	1,05	1,19	0,99	1,06	1,06	0,99	30 %	29 %
Mars etc.	1,02	1,15	0,90	0,79	0,89	0,69	0,81	0,81	0,69	29 %	26 %
Haribo	1,39	1,65	1,10	0,83	0,89	0,79	0,83	0,83	0,79	68 %	68 %
Ritter Sport	1,15	1,40	0,99	0,71	0,79	0,65	0,7	0,7	0,65	61 %	63 %
Milka	1,15	1,40	0,59	0,68	0,79	0,35	0,72	0,72	0,69	68 %	59 %
Bifi	1,22	1,69	1,00	0,87	0,89	0,85	0,87	0,87	0,85	40 %	40 %
Funny Frisch	2,34	2,99	1,99	1,66	1,79	1,55	1,68	1,68	1,55	41 %	39 %
Pringles	2,58	3,49	2,19	1,61	1,79	0,99	1,7	1,7	1,59	61 %	52 %
Jacobs	6,21	7,49	4,95	3,67	4,29	2,99	3,75	3,75	3,29	69 %	66 %

*Lesebeispiel: Der ermittelte Durchschnittspreis für COCA COLA in den Tankstellen liegt 70 % über dem ermittelten Durchschnittspreis im übrigen Lebensmitteleinzelhandel.
Alle Angaben, sofern nicht anders kenntlich gemacht, in €.

2. Einbezogene Einkaufsstätten

Tankstellenshops	
A-Marken	5x ARAL 4x ESSO 5x SHELL
B-Marken	2x JET 2x TOTAL
Sonstige	1x freie Tankstelle
Übriger Lebensmitteleinzelhandel	
Discounter	1x ALDI 1x LIDL 1x PLUS
Supermärkte, Verbrauchermärkte, SB-Warenhäuser	2x EDEKA 2x EXTRA 1x -,REAL 1x REWE

3. Einbezogene Produkte

alkoholfreie Getränke	COCA COLA 0,5l COCA COLA 0,33l (Dose) RED BULL (Dose) VITTEL SPORT 0,75l
Bier	BECKSGOLD6-Pack
Biermixgetränke	MIXERY BIER & COLA 0,33l
Trendgetränke	SMIRNOFF ICE
Spirituosen/Sekt	WODKA GORBATSCHOW 0,7l MUMM DRY 0,75l
Süßwaren	Überraschungs-Ei WRIGLEYS AIRWAVES Menthol-Mint FISHERMANS MENTHOL CLASSIC (grün) MARS, TWIX, SNICKERS (Kingsize) HARIBO Goldbären 200g RITTER SPORT Nougat MILKA Vollmilch 100g
salzige Snacks	BIFI Roll FUNNY FRISCH UNGARISCH 175g PRINGLES ORIGINAL
sonstige Lebensmittel	JACOBS KRÖNUNG 500g

7 Gruppendiskussionen

1. Leitfäden

i. Shop- und Beides-Kunden

Einführung:

Schilder mit Namen (Vorname) und Alter; Erfahrungen mit Fokusgruppen;
Thema heute: Einkauf von Lebensmitteln (Tankstellen?)

Lebensmitteleinkauf allgemein:

- Bitte berichten Sie uns, in welchen Einkaufsstätten Sie normalerweise Ihren Lebensmittelbedarf decken!
- Warum gerade dort? [*Welche Leistung sehen die Kunden abgesehen vom reinen Produkt in diesen Einkaufsstätten? Welche Rolle spielt der Preis beim Kauf?*]

Einkauf in Tankstellen:

- Kaufen Sie auch in Tankstellen ein? *(Abgesehen vom Gastronomie-Bereich, Tabakwaren und Zeitschriften)* Welche Produkte kaufen Sie in Tankstellen?
- Zu welchem Anlass? Bitte erzählen Sie uns von Ihrem letzten Einkauf in einer Tankstelle! Warum haben Sie diese Produkte in der Tankstelle gekauft?
- Was gefällt Ihnen beim Einkauf in einer Tankstelle? Was nicht?
- Finden Sie in der Tankstelle alle Produkte, die Sie suchen? Wenn Sie ein gesuchtes Produkt nicht finden, was tun Sie dann?
- Welche Produkte kaufen Sie nicht/selten in Tankstellen? Warum? → weiter mit:

Preise in Tankstellen:

- [Wenn eine Antwort „zu teuer“]: Woran machen Sie den erhöhten Preis an der Tankstelle fest? *(übriger Lebensmitteleinzelhandel? Kraftstoffpreise?)*
- Wie groß ist die Preisdifferenz der genannten Produkte (gekauft/nicht gekauft) zu anderen Einkaufsstätten (zu welchen?)?
- Wie teuer sind denn die genannten Produkte (gekaufte/nicht gekaufte) in der Tankstelle?
- Kennen Sie ansonsten Preise aus Tankstellen-Shops?
- Preisschätzungen der Preisniveaus für Shop und Kraftstoff sowie der Produktpreise

ii. Tank-Kunden

Einführung:

Schilder mit Namen (Vorname) und Alter; Erfahrungen mit Fokusgruppen;
Thema heute: Einkauf von Lebensmitteln (Tankstellen?)

Lebensmitteleinkauf allgemein:

- Bitte berichten Sie uns, in welchen Einkaufsstätten Sie normalerweise Ihren Lebensmittelbedarf decken!
- Warum gerade dort? [*Welche Leistung sehen die Kunden abgesehen vom reinen Produkt in diesen Einkaufsstätten? Welche Rolle spielt der Preis beim Kauf?*]

Einkauf in Tankstellen:

- Kaufen Sie auch in Tankstellen ein? *(Abgesehen vom Gastronomie-Bereich, Tabakwaren und Zeitschriften)* Welche Produkte kaufen Sie in Tankstellen?
- Zu welchem Anlass? Bitte erzählen Sie uns von Ihrem letzten Einkauf in einer Tankstelle! Warum haben Sie diese Produkte in der Tankstelle gekauft?
- Was gefällt Ihnen beim Einkauf in einer Tankstelle? Was nicht?
- Finden Sie in der Tankstelle alle Produkte, die Sie suchen? Wenn Sie ein gesuchtes Produkt nicht finden, was tun Sie dann?
- Welche Produkte kaufen Sie nicht/selten in Tankstellen? Warum? → weiter mit:

Preise in Tankstellen:

- [Wenn eine Antwort „zu teuer“]: Woran machen Sie den erhöhten Preis an der Tankstelle fest? *(übriger Lebensmitteleinzelhandel? Kraftstoffpreise?)*?
- Wie teuer sind denn die genannten Produkte (gekaufte/nicht gekaufte) in der Tankstelle?
- Kennen Sie ansonsten Preise aus Tankstellen-Shops?
- Preisschätzungen der Preisniveaus für Shop und Kraftstoff sowie der Produktpreise

iii. Nicht-Kunden

Einführung:

Schilder mit Namen (Vorname) und Alter; Erfahrungen mit Fokusgruppen;
Thema heute: Einkauf von Lebensmitteln (Tankstellen?)

Lebensmitteleinkauf allgemein:

- Bitte berichten Sie uns, in welchen Einkaufsstätten Sie normalerweise Ihren Lebensmittelbedarf decken!
- Warum gerade dort? [*Welche Leistung sehen die Kunden abgesehen vom reinen Produkt in diesen Einkaufsstätten? Welche Rolle spielt der Preis beim Kauf?*]

Einkauf in Tankstellen:

- Kaufen Sie auch in Tankstellen ein? *(Abgesehen vom Gastronomie-Bereich, Tabakwaren und Zeitschriften)*
- Warum kaufen Sie nicht in Tankstellen ein? → weiter mit:

Preise in Tankstellen:

- [Wenn eine Antwort „zu teuer"]: Woran machen Sie den erhöhten Preis an der Tankstelle fest? *(übriger Lebensmitteleinzelhandel? Kraftstoffpreise?)*
- Wie groß ist die Differenz zu anderen Einkaufsstätten (zu welchen?)?
- Wie teuer sind denn die genannten Produkte (gekaufte/nicht gekaufte) in der Tankstelle?
- Kennen Sie ansonsten Preise aus Tankstellen-Shops?
- Preisschätzungen der Preisniveaus für Shop und Kraftstoff sowie der Produktpreise

2. Preisschätzungen

i. Schätzung des Preisniveaus für die Shops auf einer Skala von 1 (sehr niedrig) bis 6 (sehr hoch)

	Total	Jet	Aral	Freie Tankstelle	Shell	Esso
Summe	70	89	195	82	142	140
Anzahl der Nennungen	17	23	41	23	28	28
Durchschnitt	4,12	3,87	4,76	3,57	5,07	5,00

ii. Schätzung des Preisniveaus für den Kraftstoff auf einer Skala von 1 (sehr niedrig) bis 6 (sehr hoch)

	Total	Jet	Aral	Freie Tankstelle	Shell	Esso
Summe	103	109	217	109	195	200
Anzahl der Nennungen	27	34	42	38	38	37
Durchschnitt	3,81	3,21	5,17	2,87	5,13	5,41

iii. Schätzung der Produktpreise für Tankstellen-Shops und für den übrigen LEH; nicht alle Produkte wurden in allen Gruppen abgefragt. Es handelt sich, sofern nicht anders in Klammern angegeben, um die in Anhang 6.2 genannten Artikel und Gebindegrößen.

	Schätzung Tankstelle	Schätzung übriger LEH
Coca Cola 0,5l	1,30-2,00 €	0,60-1,50 €
Coca Cola 0,33l	0,99-1,70 €	0,45-1,00 €
Red Bull	2,49-4,00 €	1,20-2,00 €
Vittel Sport	1,10-2,20 €	0,70-1,50 €
Becks Gold 6-Pack	3,00-7,00 €	3,00-4,00 €; 3 € weniger als in der Tankstelle
Wodka Gorbatschow	8,00-12,00 €; das Doppelte vom Lebensmitteleinzelhandel-Preis	4,99-7,00 €
Mumm Dry	5,00-10,00 €	4,00-6,00 €
SmirnoffIce	1,40-3,95 €	0,80-1,80 €
Mixery Bier & Cola	1,10-3,00 €	0,70-0,99 €
Überraschungs-Ei	0,85-1,10 €	0,50-0,79 €
Wrigleys Airwaves	0,65-1,40 €	0,55-0,79 €
Fishermans	1,30-2,00 €	0,80-0,99 €
Fortsetzung der Tabelle auf der nächsten Seite		

Fortsetzung von der vorherigen Seite		
MARS (Doppelpack)	0,80-1,80 €	0,80-0,99 €; 30-40 ct weniger als in der Tankstelle
HARIBOGoldbären (300g)	1,50-2,50 €	0,79-2,00 €
RITTER SPORT	0,99-1,90 €	0,55-0,99 €
MILKA	1,09-1,40 €	0,59-0,69 €
BIFI Roll	1,50-2,10 €	1,00-1,40 €
FUNNY FRISCH	2,20-4,00 €	1,20-2,00 €
PRINGLES	2,50-5,00 €; 30% Aufschlag auf Lebensmitteleinzelhandel; 10-15% Aufschlag auf Lebensmitteleinzelhandel	1,59-2,99 €
JACOBS Krönung	4,50-7,00 €	3,49-4,29 €
(neu) KROMBACHER Kasten 24x0,33	15-20 € mit Pfand; 12,99-15,00 € ohne Pfand	10,00-11,99 € ohne Pfand

8 Fragebogen in Untersuchungsphase 1.1

Interviewer

lfd. Nummer

Datum/Uhrzeit

1

Zuordnung Tanker/Shopper/Beides

Tankstelle in: ☐ ☐ ☐ ☐ ☐ ☐ ☐ ☐

1-1 Was haben Sie heute hier gemacht?
☐ getankt ☐ eingekauft ☐ ________ Sonstiges

1-2 Wie häufig kaufen Sie in einer Tankstelle ein?
☐ nie ☐ < 1mal/Monat ☐ 1mal/Monat ☐ 2-3mal/Monat ☐ 1-2mal/Woche ☐ häufiger

1-3 Wie häufig tanken Sie?
☐ nie ☐ < 1mal/Monat ☐ 1mal/Monat ☐ 2-3mal/Monat ☐ 1-2mal/Woche ☐ häufiger

1-4 Wie häufig tun Sie beides zusammen?
☐ nie ☐ 1 von 5mal ☐ 2 von 5mal ☐ 3 von 5mal ☐ 4 von 5mal ☐ jedes Mal

Zuordnung S/T/B: siehe beiliegende Tabelle

2-1 Wenn Sie fünf Mal eine Tankstelle aufsuchen, wie häufig suchen Sie diese Tankstelle hier auf?
☐ heute 1. Mal ☐ 1 von 5mal ☐ 2 von 5mal ☐ 3 von 5mal ☐ 4 von 5mal ☐ jedes Mal

2-2 Welche Tankstellen suchen Sie ansonsten auf?

2-3 Wie sind Sie heute hierhergekommen?
☐ PKW ☐ LKW ☐ zu Fuß ☐ Mofa/Motorrad ☐ ÖPNV ☐ Fahrrad

2-4 Wohin sind Sie heute unterwegs?
☐ Weg Arbeitsplatz ☐ Freizeit ☐ zu dieser TS ☐ ________ Sonstiges

*3-1 Welche Eigenschaften muss eine **Einkaufsstätte im LEH** haben, damit Sie dort einkaufen gehen?*

*3-2 Nun werde ich Ihnen Karten mit Merkmalen vorlegen, die ein **Geschäft** haben kann.*
1. *Bitte suchen Sie die für Sie **allerwichtigsten** Merkmale heraus!*
2. *Bitte suchen Sie die **allerunwichtigsten** Merkmale heraus!*
3. *Bitte bringen Sie beide in eine Rangfolge!*

Interviewerhinweis: Bitte schrittweise vorgehen!

Wichtigste, Wichtigstes zuerst

Unwichtigste, Unwichtigstes zuerst

*4-1 Welche Gründe sprechen für den Einkauf in **Tankstellen-Shops**?*

*4-2 Nun werde ich Ihnen Karten mit Merkmalen vorlegen, die ein **Tankstellen-Shop** haben kann.*

1. *Bitte suchen Sie die für Sie **allerwichtigsten** Merkmale heraus!*
2. *Bitte suchen Sie die **allerunwichtigsten** Merkmale heraus!*
3. *Bitte bringen Sie beide in eine Rangfolge!*

Interviewerhinweis: Bitte schrittweise vorgehen!

Wichtigste, Wichtigstes zuerst	Unwichtigste, Unwichtigstes zuerst

4-3 Was haben Sie heute hier eingekauft? falls Kunde gekauft hat

4-4 Warum haben Sie heute hier (nicht) eingekauft? (nicht), falls Kunde heute nicht gekauft hat

4-5 Welche Produkte kaufen Sie sonst (noch) in einer Tankstelle? (noch), falls S- oder B-Kunde

4-6 Welche Produkte würden Sie nicht in einer Tankstelle kaufen?

4-7 Warum nicht?

*5-1 Wie informieren Sie sich über die Preise von Lebensmitteln **generell**, nicht nur in der TS?*

5-2 Nun werde ich Ihnen einige Aussagen vorlesen. Bitte teilen Sie mir mit, wie sehr Sie zustimmen (1=stimme vollkommen zu, 5=stimme nicht zu; k. A. ist ebenfalls möglich)!

Ich lese regelmäßig die Werbebeilagen in Zeitungen.	1	2	3	4	5	0
Ich vergleiche mindestens einige Preise, bevor Lebensmittel kaufe.	1	2	3	4	5	0
Ich vergleiche unterschiedliche Geschäfte für Lebensmittel durch die Preise.	1	2	3	4	5	0
Ich kenne die Preise meiner bevorzugten Lebensmittel ziemlich gut.	1	2	3	4	5	0

3

6-1 Wie beurteilen Sie die Preise in Tankstellen-Shops (1=sehr niedrig; 5=sehr hoch) bei ...?

☐ Total ☐ Jet ☐ Aral ☐ Freie TS ☐ Shell ☐ Esso

6-2 Woran machen Sie Ihre Bewertung fest?

6-3 Vergleichen Sie die Preise? Wenn ja, womit?

6-4 Nun werde ich Ihnen einige Aussagen vorlesen. Bitte teilen Sie mir mit, wie sehr Sie zustimmen (1=stimme vollkommen zu, 5=stimme nicht zu; k. A. ist ebenfalls möglich)!

Das Preisniveau (ohne Sonderangebote) ist hier sehr niedrig.	1	2	3	4	5	0
Wenn man die Eigenschaften der TS wie Auswahl, Service oder Öffnungszeiten miteinbezieht, sind die Preise hier akzeptabel.	1	2	3	4	5	0
Dieser Tankstellen-Shop verkauft auch Produkte der unteren Preisklassen.	1	2	3	4	5	0
In diesem Tankstellen-Shop zahle ich für die gleiche Qualität weniger als in anderen Tankstellen-Shops.	1	2	3	4	5	0
Die Preisauszeichnung ist hier sehr klar.	1	2	3	4	5	0
Wenn man die Eigenschaften der Produkte wie Qualität oder Frische miteinbezieht, sind die Preise hier sehr gut.	1	2	3	4	5	0
Die Preise sind häufig so angebracht, dass es schwierig ist, sie den Produkten zuzuordnen.	1	2	3	4	5	0
Wenn man die Eigenschaften der TS wie Auswahl, Service oder Öffnungszeiten miteinbezieht, sind die Preise hier sehr gut.	1	2	3	4	5	0
Dieser Tankstellen-Betreiber versucht immer wieder, die Preise günstiger darzustellen, als sie sind.	1	2	3	4	5	0
In diesem Tankstellen-Shop finde ich es schwierig, die Preise zu vergleichen.	1	2	3	4	5	0
In diesem Tankstellen-Shop kann ich die Preise vieler Produkte nicht nachvollziehen.	1	2	3	4	5	0
Die Preise in diesem Tankstellen-Shop sind so hoch, weil die Tankstelle die Notlage der Leute ausnutzt.	1	2	3	4	5	0
Die Preise in diesem Tankstellen-Shop sind gar nicht so hoch.	1	2	3	4	5	0
Die Preise in diesem Tankstellen-Shop sind fair.	1	2	3	4	5	0
Wenn ich hier einkaufe, habe ich das Gefühl, dass ich jeden einzelnen Preis nachsehen muss.	1	2	3	4	5	0
Wenn ich hier einkaufe, bin ich zuversichtlich, dass ich nicht zu viel bezahle.	1	2	3	4	5	0
Ich glaube, dass es hier empfehlenswert ist, die Preise auf dem Bon nach dem Bezahlen zu überprüfen.	1	2	3	4	5	0
Wenn ich hier einkaufe, habe ich Angst davor, dass ich zu viel bezahle.	1	2	3	4	5	0

4

6-5 Sie haben gerade___________ gekauft und____ € bezahlt.
Ab welchem Preis hätten Sie das Produkt nicht mehr gekauft? ____€ falls Kunde heute gekauft hat

6-6 Wo kaufen Sie dieses Produkt sonst noch ein?

6-7 Was wären Sie dort bereit zu zahlen? ____€

6-8 Wie kommt der Unterschied zustande?/Warum genauso viel? Je nach Antwort in 6-5 und 6-7

6-9 Nun werde ich Ihnen einige Aussagen vorlesen. Bitte teilen Sie mir mit, wie sehr Sie zustimmen (1=stimme vollkommen zu, 5=stimme nicht zu; k. A. ist ebenfalls möglich)!

In diesem Tankstellen-Shop kann es passieren, dass die Preise mich ärgerlich machen.	1	2	3	4	5	0
In diesem Tankstellen-Shop kann es passieren, dass ich mich über die Preise freue.	1	2	3	4	5	0
In diesem Tankstellen-Shop kann es passieren, dass die Preise mich wütend machen.	1	2	3	4	5	0
In diesem Tankstellen-Shop kann es passieren, dass die Preise mich überraschen.	1	2	3	4	5	0

Geschlecht ☐ männlich ☐ weiblich

Wären Sie so freundlich, mir Ihr Alter zu verraten? angegeben, sonst geschätzt

Wie viele Personen leben in Ihrem HH?

Wie hoch ist das monatliche Nettoeinkommen Ihres gesamten Haushalts – also alle Nettoeinkommen im Haushalt zusammengerechnet?

- ☐ unter 500 Euro
- ☐ 500 bis unter 1.000 Euro
- ☐ 1.000 bis unter 1.500 Euro
- ☐ 1.500 bis unter 2.000 Euro
- ☐ 2.000 bis unter 2.500 Euro
- ☐ 2.500 bis unter 3.000 Euro
- ☐ 3.000 bis unter 3.500 Euro
- ☐ 3.500 bis unter 4.000 Euro
- ☐ 4.000 Euro und mehr

Intervieweranmerkung:

9 Fragebogen in Untersuchungsphase 1.2

Interviewer
lfd. Nummer
Datum/Uhrzeit

1-1 Wie häufig kaufen Sie in der Woche Lebensmittel ein?

☐ nie ☐ <1mal/Woche ☐ 1mal/ Woche ☐ 2mal/ Woche ☐ 3-4mal/Woche ☐ häufiger

1-2 Wo kaufen Sie Ihre Lebensmittel ein?

1-3 Nun werde ich Ihnen einige Aussagen vorlesen. Bitte teilen Sie mir mit, wie sehr Sie zustimmen (1=stimme zu, 5=stimme nicht zu; k. A. ist ebenfalls möglich)!

Ich lese regelmäßig die Werbebeilagen in Zeitungen.	1	2	3	4	5	0
Ich vergleiche mindestens einige Preise, bevor ich Lebensmittel kaufe.	1	2	3	4	5	0
Ich vergleiche unterschiedliche Geschäfte für Lebensmittel anhand von Preisen.	1	2	3	4	5	0
Ich kenne die Preise der von mir häufig gekauften Lebensmittel ziemlich gut.	1	2	3	4	5	0
Ich kenne die Preise der von mir selten gekauften Lebensmittel ziemlich gut.	1	2	3	4	5	0

2-1 Wie häufig kaufen Sie in einer Tankstelle ein?

☐ nie ☐ < 1mal/Monat ☐ 1mal/Monat ☐ 2-3mal/Monat ☐ 1-2mal/Woche ☐ häufiger

2-2 Wie häufig tanken Sie?

☐ nie ☐ < 1mal/Monat ☐ 1mal/Monat ☐ 2-3mal/Monat ☐ 1-2mal/Woche ☐ häufiger

2-3 Welche Tankstellen suchen Sie auf?

3-1-1 Produkt 1: MARS-Schokoriegel

3-1-2 Produkt 1: Wie häufig kaufen Sie dieses Produkt ein? *falls mehr als <1mal/Monat, weiter mit 3-1-4*

☐ nie ☐ < 1mal/Monat ☐ 1mal/Monat ☐ 2-3mal/Monat ☐ 1-2mal/Woche ☐ häufiger

3-1-3 Falls Sie dieses Produkt nie kaufen, kaufen Sie vergleichbare Produkte und falls ja, welche?

☐ nein ☐ Ja, und zwar ____________________

Falls 3-1-3 beantwortet wird, weiter mit Frage 3-1-6 und 3-1-8

3-1-4 Wo kaufen Sie dieses Produkt ein?

3-1-5 Kaufen Sie das Produkt an der Tankstelle? ☐ ja ☐ nein

3-1-6 Was kostet dieses Produkt in einer [Name der aufgesuchten TS in 2-3/ARAL]-Tankstelle?. ________ €

3-1-7 Wie sicher sind Sie sich dabei auf einer Skala von 0-100 (0=unsicher, 100=sicher)? ________

3-1-8 Was kostet dieses Produkt im LEH [Name Geschäft aus 3-1-4/LEH]?. ________ €

3-1-9 Wie sicher sind Sie sich dabei auf einer Skala von 0-100 (0=unsicher, 100=sicher)? ________

3-2-1 Produkt 2: Wrigleys AIRWAVES Menthol & Eukalyptus

3-2-2 Produkt 2: Wie häufig kaufen Sie dieses Produkt ein? *falls mehr als <1mal/Monat, weiter mit 3-2-4*

☐ nie ☐ < 1mal/Monat ☐ 1mal/Monat ☐ 2-3mal/Monat ☐ 1-2mal/Woche ☐ häufiger

3-2-3 Falls Sie dieses Produkt nie kaufen, kaufen Sie vergleichbare Produkte und falls ja, welche?

☐ nein ☐ Ja, und zwar ________________

Falls 3-2-3 beantwortet wird, weiter mit Frage 3-2-6 und 3-2-8

3-2-4 Wo kaufen Sie dieses Produkt ein?

3-2-5 Kaufen Sie das Produkt an der Tankstelle? ☐ ja ☐ nein

3-2-6 Was kostet dieses Produkt in einer [Name der aufgesuchten TS in 2-3/ARAL]-Tankstelle?. ________ €

3-2-7 Wie sicher sind Sie sich dabei auf einer Skala von 0-100 (0=unsicher, 100=sicher)? ________

3-2-8 Was kostet dieses Produkt im LEH [Name Geschäft aus 3-2-4/LEH]?. ________ €

3-2-9 Wie sicher sind Sie sich dabei auf einer Skala von 0-100 (0=unsicher, 100=sicher)? ________

3-3-1 Produkt 3: Coca Cola 0,5l PET

3-3-2 Produkt 3: Wie häufig kaufen Sie dieses Produkt ein? *falls mehr als <1mal/Monat, weiter mit 3-3-4*

☐ nie ☐ < 1mal/Monat ☐ 1mal/Monat ☐ 2-3mal/Monat ☐ 1-2mal/Woche ☐ häufiger

3-3-3 Falls Sie dieses Produkt nie kaufen, kaufen Sie vergleichbare Produkte und falls ja, welche?

☐ nein ☐ Ja, und zwar ________________

Falls 3-3-3 beantwortet wird, weiter mit Frage 3-3-6 und 3-3-8

2

3-3-4 Wo kaufen Sie dieses Produkt ein?

3-3-5 Kaufen Sie das Produkt an der Tankstelle? ☐ ja ☐ nein

3-3-6 Was kostet dieses Produkt in einer [Name der aufgesuchten TS in 2-3/ARAL]-Tankstelle?. __________ €

3-3-7 Wie sicher sind Sie sich dabei auf einer Skala von 0-100 (0=unsicher, 100=sicher)? __________

3-3-8 Was kostet dieses Produkt im LEH [Name Geschäft aus 3-3-4/LEH]?. __________ €

3-3-9 Wie sicher sind Sie sich dabei auf einer Skala von 0-100 (0=unsicher, 100=sicher)? __________

3-4-1 Produkt 4: Mumm Dry 0,7l

3-4-2 Produkt 4: Wie häufig kaufen Sie dieses Produkt ein? *falls mehr als <1mal/Monat, weiter mit 3-2-4*

☐ nie ☐ < 1mal/Monat ☐ 1mal/Monat ☐ 2-3mal/Monat ☐ 1-2mal/Woche ☐ häufiger

3-4-3 Falls Sie dieses Produkt nie kaufen, kaufen Sie vergleichbare Produkte und falls ja, welche?

☐ nein ☐ Ja, und zwar ______________________________

Falls 3-4-3 beantwortet wird, weiter mit Frage3-4-6 und 3-4-8

3-4-4 Wo kaufen Sie dieses Produkt ein?

3-4-5 Kaufen Sie das Produkt an der Tankstelle? ☐ ja ☐ nein

3-4-6 Was kostet dieses Produkt in einer [Name der aufgesuchten TS in 2-3/ARAL]-Tankstelle?. __________ €

3-4-7 Wie sicher sind Sie sich dabei auf einer Skala von 0-100 (0=unsicher, 100=sicher)? __________

3-4-8 Was kostet dieses Produkt im LEH [Name Geschäft aus 3-4-4/LEH]?. __________ €

3-4-9 Wie sicher sind Sie sich dabei auf einer Skala von 0-100 (0=unsicher, 100=sicher)? __________

Geschlecht ☐ männlich ☐ weiblich

Wären Sie so freundlich, mir Ihr Alter zu verraten? [angegeben, sonst geschätzt]

Wie viele Personen leben in Ihrem HH?

Wie hoch ist das geschätzte monatliche Nettoeinkommen Ihres gesamten Haushalts?

☐ Unter 500 Euro
☐ 500 bis unter 1000 Euro
☐ 1000 bis unter 1500 Euro
☐ 1500 bis unter 2000 Euro
☐ 2000 bis unter 2500 Euro
☐ 2500 bis unter 3000 Euro
☐ 3000 bis unter 3500 Euro
☐ 3500 bis unter 4000 Euro
☐ 4000 Euro und mehr

10 Detailergebnisse des Rangreihenverfahrens in Untersuchungsphase 1.1

1. Rangreihenverfahren für den übrigen Lebensmitteleinzelhandel, Sortierung nach „W“

	N	N_W	R_W	W	N_U	R_U	U
Sauberkeit	516	508	8,15	4.140	8	7,38	59
freundliches Personal	463	446	7,79	3.474	17	7,94	135
große Auswahl	442	416	8,13	3.382	26	8,35	217
niedrige Preise	435	406	8,27	3.358	29	7,21	209
hohe Warenqualität	362	339	8,30	2.814	23	7,39	170
Übersichtlichkeit	369	352	7,67	2.700	17	8,47	144
gute Parkmöglichkeiten	392	338	7,59	2.565	54	8,00	432
guter Service	318	305	7,94	2.422	13	7,46	97
nahe am Wohnort	322	249	7,82	1.947	73	8,32	607
Ordnung	249	235	7,57	1.779	14	7,14	100
schneller Einkauf möglich	275	214	7,72	1.652	61	8,48	517
liegt günstig auf dem Weg	225	140	7,34	1.028	85	7,92	673
gute Zufahrt	179	124	7,53	934	55	7,80	429
angenehme Atmosphäre	142	108	6,96	752	34	7,88	268
hohes Vertrauen in den Betreiber	200	90	7,49	674	110	7,98	878
Kundenkartennutzung möglich	346	52	7,56	393	294	8,33	2.449
Geldautomat vorhanden	462	49	6,73	330	413	8,50	3.511
Bummeln	549	21	8,05	169	528	8,88	4.689
Bekannte treffen	561	20	8,10	162	541	8,88	4.804
schöne Farben	553	17	6,76	115	536	8,87	4.754

2. Rangreihenverfahren für Tankstellen-Shops, Sortierung nach „W“

	N	N_W	R_W	W	N_U	R_U	U
schneller Einkauf möglich	409	383	8,86	3.393	26	7,23	188
freundliches Personal	361	341	8,44	2.878	20	7,20	144
Sauberkeit	312	303	8,23	2.494	9	6,22	56
liegt günstig auf dem Weg	324	281	8,64	2.428	43	7,58	326
guter Service	282	257	8,45	2.172	25	8,40	210
niedrige Preise	253	198	8,40	1.663	55	7,95	437
gute Zufahrt	228	194	8,36	1.622	34	7,35	250
nahe am Wohnort	252	184	8,50	1.564	68	8,24	560
große Auswahl	247	173	8,47	1.465	74	8,09	599
Übersichtlichkeit	196	175	7,77	1.360	21	8,05	169
Ordnung	161	146	7,91	1.155	15	7,07	106
hohes Vertrauen in den Betreiber	199	116	7,99	927	83	8,23	683
hohe Warenqualität	156	109	8,06	879	47	7,77	365
gute Parkmöglichkeiten	158	104	7,92	824	54	7,54	407
Geldautomat vorhanden	340	89	7,66	682	251	8,31	2.086
Kundenkartennutzung möglich	235	71	7,54	535	164	8,23	1.350
angenehme Atmosphäre	105	52	7,00	364	53	8,00	424
Bekannte treffen	551	17	7,82	133	534	9,03	4.822
schöne Farben	495	13	8,54	111	482	8,91	4.295
Bummeln	550	13	7,31	95	537	9,01	4.838

17 Einkaufs- und Tankhäufigkeiten nach Geschlecht (Zusatzanalyse zu Kap. 4.4.5.3.3)

Geschlecht					
	Test	p	|Effektstärke|	Ø für Männer	Ø für Frauen
Tankhäufigkeit	U-Test	0,000	0,17	4,28	3,95
Einkaufshäufigkeit	U-Test	0,000	0,17	4,12	3,56

18 Fragebogen in Untersuchungsphase 2

Interviewer
Tankstelle
Datum/Uhrzeit

Zuordnung Getränke/ Kassenzone/Sonstiges

Bitte NUR KÄUFER befragen!

1-1 Was haben sie heute hier eingekauft?

☐ Getränk ☐ Etwas aus der Kassenzone ☐ Sonstiges

Nur preisgebundene Produkte gekauft (Print, Tabakwaren) → ABBRUCH

1-2 Welche Produkte genau haben Sie heute hier eingekauft? [Bitte exakt angeben!]

1-3 Wie häufig kaufen Sie in einer Tankstelle ein?

☐ < 1mal pro Monat ☐ 1mal pro Monat ☐ 2-3mal pro Monat ☐ 1-2mal pro Woche ☐ häufiger

1-4 Wie häufig tanken Sie?

☐ nie ☐ < 1mal pro Monat ☐ 1mal pro Monat ☐ 2-3mal pro Monat ☐ 1-2mal pro Woche ☐ häufiger

1-5 Wenn Sie fünf mal eine Tankstelle aufsuchen, wie häufig suchen Sie diese Tankstelle hier auf?

☐ heute das erste Mal ☐ 1 von 5x ☐ 2 von 5x ☐ 3 von 5x ☐ 4 von 5x ☐ jedes Mal

1-6 Wohin sind Sie unterwegs?

☐ zum Arbeitsplatz ☐ nach Hause von der Arbeit ☐ Freizeit ☐ zu dieser Tankstelle ☐ Sonstiges

2-1 Wie beurteilen Sie die folgenden Merkmale für diese Tankstelle auf einer Skala von 1=sehr gut, 5=sehr schlecht?

Nähe zu Ihrem Wohnort	1	2	3	4	5	0
Erreichbarkeit	1	2	3	4	5	0
Zufahrt	1	2	3	4	5	0
Parkmöglichkeiten	1	2	3	4	5	0
Vertrauenswürdigkeit des Betreibers	1	2	3	4	5	0
Übersichtlichkeit	1	2	3	4	5	0
Möglichkeit, schnell einzukaufen	1	2	3	4	5	0
Bequemlichkeit des Einkaufs	1	2	3	4	5	0
Atmosphäre	1	2	3	4	5	0
Freundlichkeit des Personals	1	2	3	4	5	0
Service	1	2	3	4	5	0
Auswahl	1	2	3	4	5	0
Preisniveau	1	2	3	4	5	0
Sauberkeit	1	2	3	4	5	0
Warenqualität	1	2	3	4	5	0

FB PV Teil III

2

2-2 Bitte beantworten Sie die folgenden Fragen mit Hilfe einer Skala von 1=Das würde mich sehr freuen; 5=Das würde mich sehr stören; k. A. ist ebenfalls möglich!

Wie denken Sie beim Einkauf in TS-Shops ganz allgemein darüber, wenn die TS in der Nähe Ihres Wohnortes liegt?	1	2	3	4	5	0
Und wie denken Sie über den umgekehrten Fall, wenn die TS nicht in der Nähe Ihres Wohnortes liegt?	1	2	3	4	5	0
Wie denken Sie beim Einkauf in TS-Shops ganz allgemein darüber, wenn die TS gut erreichbar ist?	1	2	3	4	5	0
Und wie denken Sie über den umgekehrten Fall, wenn die TS nicht gut erreichbar ist?	1	2	3	4	5	0
Wie denken Sie beim Einkauf in TS-Shops ganz allgemein darüber, wenn die Zufahrt der TS gut zu befahren ist?	1	2	3	4	5	0
Und wie denken Sie über den umgekehrten Fall, wenn die Zufahrt zur TS nicht gut zu befahren ist?	1	2	3	4	5	0
Wie denken Sie beim Einkauf in TS-Shops ganz allgemein darüber, wenn die TS viele Parkmöglichkeiten hat?	1	2	3	4	5	0
Und wie denken Sie über den umgekehrten Fall, wenn die TS nicht viele Parkmöglichkeiten hat?	1	2	3	4	5	0
Wie denken Sie beim Einkauf in TS-Shops ganz allgemein darüber, wenn die Vertrauenswürdigkeit des Betreibers hoch ist?	1	2	3	4	5	0
Und wie denken Sie über den umgekehrten Fall, wenn die Vertrauenswürdigkeit des Betreibers nicht hoch ist?	1	2	3	4	5	0
Wie denken Sie beim Einkauf in TS-Shops ganz allgemein darüber, wenn die TS übersichtlich ist?	1	2	3	4	5	0
Und wie denken Sie über den umgekehrten Fall, wenn die TS nicht übersichtlich ist?	1	2	3	4	5	0
Wie denken Sie beim Einkauf in TS-Shops ganz allgemein darüber, wenn die TS den schnellen Einkauf ermöglicht?	1	2	3	4	5	0
Und wie denken Sie über den umgekehrten Fall, wenn die TS den schnellen Einkauf nicht ermöglicht?	1	2	3	4	5	0
Wie denken Sie beim Einkauf in TS-Shops ganz allgemein darüber, wenn die TS den bequemen Einkauf ermöglicht?	1	2	3	4	5	0
Und wie denken Sie über den umgekehrten Fall, wenn die TS den bequemen Einkauf nicht ermöglicht?	1	2	3	4	5	0
Wie denken Sie beim Einkauf in Tankstellen ganz allgemein darüber, wenn die TS eine angenehme Atmosphäre hat?	1	2	3	4	5	0
Und wie denken Sie über den umgekehrten Fall, wenn die TS keine angenehme Atmosphäre hat?	1	2	3	4	5	0
Wie denken Sie beim Einkauf in TS-Shops ganz allgemein darüber, wenn das Personal in der TS freundlich ist?	1	2	3	4	5	0
Und wie denken Sie über den umgekehrten Fall, wenn das Personal in der TS nicht freundlich ist?	1	2	3	4	5	0
Wie denken Sie beim Einkauf in TS-Shops ganz allgemein darüber, wenn die TS einen guten Service bietet?	1	2	3	4	5	0
Und wie denken Sie über den umgekehrten Fall, wenn die TS keinen guten Service bietet?	1	2	3	4	5	0
Wie denken Sie beim Einkauf in TS-Shops ganz allgemein darüber, wenn eine große Produktauswahl vorhanden ist?	1	2	3	4	5	0
Und wie denken Sie über den umgekehrten Fall, wenn keine große Produktauswahl vorhanden ist?	1	2	3	4	5	0
Wie denken Sie beim Einkauf in TS-Shops ganz allgemein darüber, wenn das Preisniveau niedrig ist?	1	2	3	4	5	0
Und wie denken Sie über den umgekehrten Fall, wenn das Preisniveau nicht niedrig ist?	1	2	3	4	5	0
Wie denken Sie beim Einkauf in TS-Shops ganz allgemein darüber, wenn die TS sauber ist?	1	2	3	4	5	0
Und wie denken Sie über den umgekehrten Fall, wenn die TS nicht sauber ist?	1	2	3	4	5	0
Wie denken Sie beim Einkauf in TS-Shops ganz allgemein darüber, wenn die Qualität der Waren hoch ist?	1	2	3	4	5	0
Und wie denken Sie über den umgekehrten Fall, wenn die Qualität der Waren nicht hoch ist?	1	2	3	4	5	0

3

2-3 Nun werde ich Ihnen einige Aussagen vorlesen. Bitte teilen Sie mir mit, wie sehr Sie zustimmen (1=stimme zu, 5=stimme nicht zu)

Ich lese regelmäßig die Werbebeilagen in Zeitungen.	1	2	3	4	5	0
Ich vergleiche mindestens einige Preise, bevor ich Lebensmittel kaufe .	1	2	3	4	5	0
Ich vergleiche unterschiedliche Geschäfte für Lebensmittel durch die Preise.	1	2	3	4	5	0
Ich kenne die Preise meiner bevorzugten Lebensmittel ziemlich gut.	1	2	3	4	5	0
Das Preisniveau (ohne Sonderangebote) ist hier sehr niedrig.	1	2	3	4	5	0
Wenn man die Eigenschaften der TS wie Auswahl, Service oder Öffnungszeiten miteinbezieht, sind die Preise hier akzeptabel.	1	2	3	4	5	0
Dieser Tankstellen-Shop verkauft auch Produkte der unteren Preisklassen.	1	2	3	4	5	0
In diesem Tankstellen-Shop zahle ich für die gleiche Qualität weniger als in anderen Tankstellen-Shops.	1	2	3	4	5	0
Die Preisauszeichnung ist hier sehr klar.	1	2	3	4	5	0
Wenn man die Eigenschaften der Produkte wie Qualität oder Frische miteinbezieht, sind die Preise hier sehr gut.	1	2	3	4	5	0
Die Preise sind häufig so angebracht, dass es schwierig ist, sie den Produkten zuzuordnen.	1	2	3	4	5	0
Wenn man die Eigenschaften der TS wie Auswahl, Service oder Öffnungszeiten miteinbezieht, sind die Preise hier sehr gut.	1	2	3	4	5	0
Dieser Tankstellen-Betreiber versucht immer wieder, die Preise günstiger darzustellen, als sie sind.	1	2	3	4	5	0
In diesem Tankstellen-Shop finde ich es schwierig, die Preise zu vergleichen.	1	2	3	4	5	0
In diesem Tankstellen-Shop kann ich die Preise vieler Produkte nicht nachvollziehen.	1	2	3	4	5	0
Die Preise in diesem Tankstellen-Shop sind so hoch, weil die Tankstelle die Notlage der Leute ausnutzt.	1	2	3	4	5	0
Die Preise in diesem Tankstellen-Shop sind gar nicht so hoch.	1	2	3	4	5	0
Die Preise in diesem Tankstellen-Shop sind fair.	1	2	3	4	5	0
Wenn ich hier einkaufe, habe ich das Gefühl, dass ich jeden einzelnen Preis nachsehen muss.	1	2	3	4	5	0
Wenn ich hier einkaufe, bin ich zuversichtlich, dass ich nicht zu viel bezahle.	1	2	3	4	5	0
Ich glaube, dass es hier empfehlenswert ist, die Preise auf dem Bon nach dem Bezahlen zu überprüfen.	1	2	3	4	5	0
Wenn ich hier einkaufe, habe ich Angst davor, dass ich zu viel bezahle.	1	2	3	4	5	0

2-4 Sie haben gerade ____________________ gekauft und _____ € bezahlt [bitte Shop-Bonsumme ohne Tanken!]. Ab welchem Preis hätten Sie nicht mehr gekauft? ______€

2-5 Wo kaufen Sie dieses Produkt sonst noch ein?

4

2-6 Was wären Sie dort bereit zu zahlen? _____€

2-7 Wie kommt dieser Unterschied zustande? Falls 2-4 und 2-6 unterschiedlich

2-8 Nun werde ich Ihnen einige Aussagen vorlesen. Bitte teilen Sie mir mit, wie sehr Sie zustimmen (1=stimme vollkommen zu, 5=stimme nicht zu)

In diesem Tankstellen-Shop kann es passieren, dass die Preise mich ärgerlich machen.	1	2	3	4	5	0
In diesem Tankstellen-Shop kann es passieren, dass ich mich über die Preise freue.	1	2	3	4	5	0
In diesem Tankstellen-Shop kann es passieren, dass die Preise mich wütend machen.	1	2	3	4	5	0
In diesem Tankstellen-Shop kann es passieren, dass die Preise mich überraschen.	1	2	3	4	5	0

2-9 Wie wichtig sind Ihnen die folgenden Aussagen bei der Auswahl einer Tankstelle? (Auf einer Skala von 0=überhaupt nicht wichtig; 10=sehr wichtig)

Q1	Hat warme Speisen, die ich sofort bekommen kann.	0	1	2	3	4	5	6	7	8	9	10
Q2	Bietet Kraftstoffe an, die weniger Emissionen verursachen und besser für die Umwelt sind.	0	1	2	3	4	5	6	7	8	9	10
Q3	Bietet Kraftstoffe an, durch die mein Motor eine maximale Leistung erzielt.	0	1	2	3	4	5	6	7	8	9	10
Q4	Bietet hochwertigen Kraftstoff an, der einzigartig ist.	0	1	2	3	4	5	6	7	8	9	10

2-10 Inwieweit stimmen Sie folgenden Aussagen zu (auf einer Skala von 0=ich stimme überhaupt nicht zu; 10: ich stimme vollkommen zu)

Q5	Ich mag es, wenn mein Auto Aufmerksamkeit erregt.	0	1	2	3	4	5	6	7	8	9	10
Q6	Mit dem Auto zu fahren ist eine gute Möglichkeit, Zeit und Raum für mich selbst zu haben.	0	1	2	3	4	5	6	7	8	9	10
Q7	Ich interessiere mich für mehr Möglichkeiten hinsichtlich umweltfreundlicher Verpackungen (umweltfreundliche Tassen und Becher) und Dienstleistungen (Recycling, Altölannahme).	0	1	2	3	4	5	6	7	8	9	10

Geschlecht ☐ männlich ☐ weiblich

Wären Sie so freundlich, mir Ihr Alter zu verraten?

Wieviele Personen leben in Ihrem Haushalt?

Wie hoch ist das monatliche Nettoeinkommen Ihres gesamten Haushalts - also alle Nettoeinkommen im Haushalt zusammengerechnet?

☐ unter 500 € ☐ 500 bis unter 1.000 € ☐ 1.000 bis unter 1.500 €
☐ 1.500 bis unter 2.000 € ☐ 2.000 bis unter 2.500 € ☐ 2.500 bis unter 3.000 €
☐ 3.000 bis unter 3.500 € ☐ 3.500 bis unter 4.000 € ☐ 4.000 € und mehr
☐ keine Angabe

23 Überblick über formulierte und überprüfte Hypothesen

Nr.	Bez.	Hypothese	Ergebnis, falls bereits überprüft
1	H_{EMO-1}	In Tankstellenshops ist der Preisärger bei hohem Preisniveau nicht höher als bei niedrigem Preisniveau. Auch die übrigen Emotionen unterscheiden sich nicht.	nicht geprüft
2	H_{EMO-2}	Tank-Kunden empfinden weniger Preisfreude als Shop-Kunden und Beides-Kunden. Der Effekt ist klein bis moderat.	nicht geprüft
3	H_{EMO-3}	Mit steigendem Alter empfinden die Kunden in Tankstellenshops weniger Preisärger. Der Effekt ist klein.	nicht geprüft
4	H_{EMO-4}	Mit steigendem Haushaltsnettoeinkommen empfinden die Kunden in Tankstellenshops weniger Preisärger und Preiswut. Die Effekte sind klein.	nicht geprüft
5	H_{EMO-5}	a) Mit sinkender Intensität des Preisinteresses und geringerer Preisgewichtung für den übrigen Lebensmitteleinzelhandel empfinden die Kunden in Tankstellenshops weniger Preisärger und weniger Preiswut. Die Effekte sind klein. b) Mit sinkender Preisgewichtung für den Tankstellenshop empfinden die Kunden in Tankstellenshops weniger Preis-	nicht geprüft
6	H_{EMO-6}	Mit steigendem Stammkundengrad empfinden die Kunden in Tankstellenshops weniger Preisärger. Der Effekt ist klein.	nicht geprüft
7	H_{EMO-7}	An Werktagen empfinden die Kunden in Tankstellenshops weniger Preisärger. Der Effekt ist klein.	nicht geprüft
8	H_{EMO-8}	Mit steigendem Alter empfinden die Kunden in Tankstellenshops weniger Preisüberraschung. Der Effekt ist klein.	nicht geprüft
9	H_{EMO-9}	Mit steigendem Haushaltsnettoeinkommen empfinden die Kunden in Tankstellenshops weniger Preisüberraschung. Der Effekt ist klein.	nicht geprüft
10	H_{EMO-10}	Mit sinkender Intensität des empfinden die Kunden in Tankstellenshops weniger Preisüberraschung. Der Effekt ist klein.	nicht geprüft
11	H_{EMO-11}	Mit steigender Haushaltsgröße empfinden die Kunden in Tankstellenshops mehr Preisüberraschung. Der Effekt ist klein.	nicht geprüft
12	H_{EMO-12}	Die empfundenen Preisemotionen von Kunden in Tankstellenshops lassen sich nicht auf das Preisniveau zurückführen, sondern liegen verschiedenen personenbezogenen Variablen begründet.	nicht geprüft
13	H_{EMO-13}	Die vier Emotionen korrelieren in Tankstellenshops alle positiv miteinander. Die stärksten Effekte existieren dabei zwischen Emotionen ähnlicher Richtung (Preisärger und Preiswut; starker Effekt), die geringsten zwischen Emotionen verschiedener Richtung (Preisfreude und Preisärger sowie Preisfreude und Preiswut, kleiner Effekt). Die Effekte für die Zusammenhänge mit der Preisüberraschung sind von der Stärke her alle im kleinen bis moderaten Bereich.	nicht geprüft
14	H_{EMO-14}	Preisärger und Preiswut in Tankstellenshops korrelieren negativ mit dem Preisgünstigkeitsurteil (kleiner Effekt). Die Preisfreudekorreliert positiv mit dem Preisgünstigkeitsurteil (mittlerer Effekt).	nicht geprüft

Fortsetzung der Tabelle auf der nächsten Seite

Fortsetzung von der vorherigen Seite

15	H_{EMO-15}	Preisärger und Preiswut in Tankstellenshops korrelieren negativ mit dem Preiswürdigkeitsurteil (mittlerer Effekt). Die Preisfreude korreliert positiv mit dem Preiswürdigkeitsurteil (kleiner Effekt).	Hypothese wird beibehalten, sowohl α-Fehler als auch Teststärke sprechen für Alternativhypothese
16	H_{EMO-16}	Die Preiswut in Tankstellenshops korreliert negativ mit der Preistoleranz 2: Stärkere Preiswut geht mit einer höheren Differenz zwischen dem maximal im Tankstellenshop und dem maximal im übrigen Lebensmitteleinzelhandel akzeptierten Preis einher. Der Effekt ist klein. Preisärger und Preiswut in Tankstellenshops korrelieren positiv mit Preistoleranz 3: Stärkerer Preisärger oder stärkere Preiswut gehen mit einem geringeren akzeptierten Abstand zwischen gezahltem Preis und Preis im übrigen Lebensmitteleinzelhandel einher. Der Effekt ist klein bis moderat.	a) Hypothese wird nicht beibehalten, sowohl α-Fehler als auch Effektgröße sprechen eher für Nullhypothese, Teststärke zu gering b) Hypothese wird beibehalten, sowohl α-Fehler als auch Teststärke sprechen für Alternativhypothese
17	H_{EMO-17}	Preisärger, Preiswut und Preisüberraschung in Tankstellenshops korrelieren negativ mit Preistransparenz, Eigennutz und Preisehrlichkeit: Je stärker die Emotionen ausgeprägt sind, desto schlechter werden die drei Größen des Preisvertrauens wahrgenommen. Für Preisärger und Preiswut ist der Effekt von moderater Stärke, für die Preisüberraschung von kleiner.	nicht geprüft
18	H_{EMO-18}	Das Empfinden positiver oder negativer Preisemotionen hat in Tankstellenshop <u>keinen</u> Einfluss auf das direkt beobachtbare Kaufverhalten: Nichtkäufer, Käufer preisgebundener Produkte und Käufer nicht preisgebundener Produkte unterscheiden sich nicht im	nicht geprüft
19	H_{PI-1}	In Tankstellenshops mit niedrigem Preisniveau sind die Kunden <u>nicht</u> preisinteressierter als in Tankstellenshops mit hohem Preisniveau.	nicht geprüft
20	H_{PI-2}	Die Intensität des Preisinteresses der Kunden in Tankstellenshops steigt mit zunehmendem Alter. Der Effekt ist klein.	nicht geprüft
21	H_{PI-3}	Frauen in Tankstellenshops sind preisinteressierter als Männer in Tankstellenshops. Der Effekt ist klein bis moderat.	nicht geprüft
22	H_{PI-4}	Die Intensität des Preisinteresses der Kunden in Tankstellenshops sinkt mit zunehmendem Haushaltsnettoeinkommen. Der Effekt ist klein bis moderat.	nicht geprüft
23	H_{PI-5}	Die Intensität des Preisinteresses ist bei geringer Kaufkraft höher als bei hoher Kaufkraft. Der Effekt ist klein.	nicht geprüft
24	H_{PI-6}	Tank-Kunden zeichnen sich durch eine höhere Intensität des Preisinteresses aus als Shop-Kunden. Der Effekt ist klein.	nicht geprüft
25	H_{PI-7}	Kunden, denen der Preis in Tankstellenshops wichtig ist, sind jünger als solche, die den Preis weder als wichtig noch als unwichtig empfinden. Der Effekt ist klein.	nicht geprüft
26	H_{PI-8}	Kunden, denen der Preis im übrigen Lebensmitteleinzelhandel wichtig ist, haben ein geringeres Haushaltsnettoeinkommen als die Kunden, für die er unwichtig ist, und als diejenigen, die die Karte nicht ziehen. Die Effekte sind klein bis moderat. Hingegen ist die Preisgewichtung für Tankstellenshops <u>nicht</u>	nicht geprüft
27	H_{PI-9}	Personen, denen die Preise im übrigen Lebensmitteleinzelhandel wichtig sind, zeichnen sich durch eine höhere Intensität des Preisinteresses aus als Personen, denen die Preise gleichgültig oder unwichtig sind. Der Effekt	nicht geprüft

Fortsetzung der Tabelle auf der nächsten Seite

Fortsetzung von der vorherigen Seite			
28	H_{PI-10}	Personen, denen die Preise in Tankstellenshops unwichtig sind, zeichnen sich durch eine geringere Intensität des Preisinteresses aus als Personen, denen die Preise gleichgültig oder wichtig sind. Der Effekt ist klein.	nicht geprüft
29	H_{PI-11}	Die Preise im übrigen Lebensmitteleinzelhandel sind für die Kunden wichtiger als die in Tankstellenshops. Der Effekt ist klein bis moderat.	nicht geprüft
30	H_{PI-12}	Das Preisinteresse hat in Tankstellenshops keinen Einfluss auf das direkt beobachtbare Kaufverhalten: Nichtkäufer, Käufer preisgebundener Produkte und Käufer nicht preisgebundener Produkte unterscheiden sich weder im Hinblick auf die Intensität des Preisinteresses, noch gewichten sie Preise für den übrigen Lebensmitteleinzelhandel oder für Tankstellen verschieden.	nicht geprüft
31	H_{PU-1}	a) Das Preisgünstigkeitsurteil unterscheidet sich nicht bei unterschiedlichem Preisniveau. b) Demgegenüber differenzieren die Kunden bei der Beurteilung der Preiswürdigkeit: Dieses fällt bei niedrigem Preisniveau besser aus als bei hohem. Der Effekt ist klein. c) Generell fällt das Preiswürdigkeitsurteil besser aus als das Preisgünstigkeitsurteil. Der Effekt ist sehr stark.	a) nicht geprüft b) Hypothese wird nicht beibehalten, sowohl α-Fehler als auch Effektgröße sprechen eher für Nullhypothese, Teststärke zu gering c) Hypothese wird beibehalten, sowohl α-Fehler als auch Teststärke sprechen für Alternativhypothese
32	H_{PU-2}	Mit steigendem Alter wird das Preiswürdigkeitsurteil in Tankstellenshops besser. Der Effekt ist klein.	Hypothese wird nicht beibehalten, α-Fehler und Effektgröße sprechen eher für die Nullhypothese, Teststärke zu gering
33	H_{PU-3}	Sowohl das Preisgünstigkeitsurteil als auch das Preiswürdigkeitsurteil in Tankstellenshops fallen bei steigender Intensität des Preisinteresses nicht schlechter aus.	Nullhypothese wird beibehalten, sowohl α-Fehler als auch Effektgröße sprechen eher für Nullhypothese, Teststärke zu gering für Absicherung
34	H_{PU-4}	a) Das Preiswürdigkeitsurteil in Tankstellenshops von Personen, denen der Preis in Tankstellen oder im übrigen Lebensmitteleinzelhandel wichtig ist, fällt schlechter aus, als das von Personen, denen der Preis in Tankstellen oder im übrigen Lebensmitteleinzelhandel gleichgültig ist. Die Effekte sind klein. b) Für das Preisgünstigkeitsurteil in Tankstellenshops finden sich keine Unterschiede zwischen den Gruppen.	nicht geprüft
Fortsetzung der Tabelle auf der nächsten Seite			

Fortsetzung von der vorherigen Seite			
35	H_{PU-5}	Personen, die die spezielle Tankstelle häufiger aufsuchen, sie extra zum einkaufen ansteuern oder generell häufiger in Tankstellenshops einkaufen, fällen bessere Preisurteile. Dies äußert sich in folgenden Effekten: a) Je höher der Stammkundengrad, desto besser fallen das Preisgünstigkeitsurteil und das Preiswürdigkeitsurteil in Tankstellenshops aus. Die Effekte sind klein bzw. moderat b) Shop-Kunden beurteilen die Preisgünstigkeit und die Preiswürdigkeit in Tankstellenshops besser als Tank-Kunden. Die Effekte sind klein. c) Personen, die die Tankstelle direkt ansteuern, beurteilen die Preiswürdigkeit in Tankstellenshops besser als Personen, die in der Freizeit unterwegs sind. Der Effekt ist klein.	a) Hypothese wird beibehalten, sowohl α-Fehler als auch Teststärke sprechen für Alternativhypothese b) und c) nicht geprüft
36	H_{PU-6}	Bei niedriger Kaufkraft fällt das Preiswürdigkeitsurteil in Tankstellenshops besser aus als bei hoher. Der Effekt ist klein.	Hypothese wird beibehalten, sowohl α-Fehler als auch Teststärke sprechen für Alternativhypothese
37	H_{PU-7}	An Werktagen fällt das Preisgünstigkeitsurteil in Tankstellenshops besser aus als am Wochenende. Der Effekt ist klein.	nicht geprüft
38	H_{PU-8}	Einige Personengruppen sind aufgrund ihrer Erfahrung mit dem Einkauf in Tankstellenshops in der Lage, differenziertere Preisurteile zu treffen und daher Tankstellenshops mit niedrigem Preisniveau besser zu beurteilen. Dies äußert sich in den folgenden moderierenden Effekten, die alle klein ausfallen: a) Das Geschlecht wirkt für das Preiswürdigkeitsurteil in Tankstellenshops moderierend: Nur Männer beurteilen bei niedrigem Preisniveau die Preiswürdigkeit besser. b) Die Kaufkraft wirkt moderierend auf das Preiswürdigkeitsurteil in Tankstellenshops: Nur für niedrige Kaufkraft wird die Preiswürdigkeit bei niedrigem Preisniveau besser beurteilt als bei hohem Preisniveau. Bei hoher Kaufkraft gilt dies nicht. c) Die Gruppenzugehörigkeit der Befragten zu den Gruppen Shop-, Tank- oder Beides-Kunden wirkt moderierend: Shop-Kunden und Beides-Kunden beurteilen die Preiswürdigkeit in Tankstellenshops bei niedrigem Preisniveau besser als bei hohem Preisniveau. Für Tank-Kunden gilt dies nicht.	a) Hypothese wird nicht beibehalten, α-Fehler und Effektgröße sprechen eher für die Nullhypothese, Teststärke zu gering b) Hypothese wird beibehalten, α-Fehler spricht für Ablehnung der Nullhypothese, aber Teststärke nicht groß genug für Bestätigung der Alternativhypothese c) nicht geprüft
39	H_{PU-9}	Die Kunden von Tankstellenshops greifen in Abhängigkeit zur Wettbewerbssituation auf unterschiedlich komplexe Preisurteilstechniken zurück und können daher unterschiedlich differenzierte Urteile treffen. Dies äußert sich in moderierenden Effekten – die Wettbewerbsintensität wirkt moderierend auf das Preisgünstigkeitsurteil und das Preiswürdigkeitsurteil in Tankstellenshops: Für niedriges Preisniveau fällt nur bei niedriger Wettbewerbsintensität das Preisgünstigkeitsurteil besser aus (kleiner Effekt), während das Preiswürdigkeitsurteil nur bei hoher Wettbewerbsintensität besser ausfällt (kleiner bis moderater Effekt).	Hypothese wird nicht beibehalten, sowohl α-Fehler als auch Effektgröße sprechen für Nullhypothese, Teststärke zu gering
40	H_{PU-10}	Am Wochenende beurteilen die Kunden die Preise in Tankstellenshops differenzierter als an Werktagen. Dies äußert sich in einem moderierenden Effekt: Nur am Wochenende wird die Preiswürdigkeit von Tankstellenshops bei niedrigem Preisniveau besser beurteilt. Der Effekt ist klein.	Hypothese wird nicht beibehalten, sowohl α-Fehler als auch Effektgröße sprechen für Nullhypothese, Teststärke zu gering
Fortsetzung der Tabelle auf der nächsten Seite			

Fortsetzung von der vorherigen Seite			
41	H_{PU-11}	Preiswürdigkeitsurteil und Preisgünstigkeitsurteil in Tankstellenshops korrelieren positiv miteinander. Der Effekt ist moderat.	Hypothese wird beibehalten, Effekt aber klein
42	H_{PU-12}	Preiswürdigkeitsurteil und Preistransparenz in Tankstellenshops korrelieren positiv miteinander. Der Effekt ist klein bis moderat.	Hypothese wird beibehalten, Effekt aber klein
43	H_{PU-13}	a) Preisgünstigkeitsurteil und Eigennutz in Tankstellenshops korrelieren positiv miteinander, der Effekt ist klein. b) Preiswürdigkeitsurteil und Eigennutz in Tankstellenshops korrelieren positiv miteinander, der Effekt ist moderat.	nicht geprüft
44	H_{PU-14}	a) Preisgünstigkeitsurteil und Preisehrlichkeit in Tankstellenshops korrelieren positiv miteinander, der Effekt ist klein. b) Preiswürdigkeitsurteil und Preisehrlichkeit in Tankstellenshops korrelieren positiv miteinander, der Effekt ist moderat.	a) nicht geprüft b) Hypothese wird beibehalten, Effekt aber klein
45	H_{PU-15}	Preiswürdigkeitsurteil und Preistoleranz 3 in Tankstellenshops korrelieren positiv miteinander. Der Effekt ist klein.	Hypothese wird nicht beibehalten, α-Fehler etwas zu hoch, Teststärke zu gering
46	H_{PU-16}	Das Preiswürdigkeitsurteil in Tankstellenshops ist bei Käufern nicht preisgebundener Produkte besser als bei Nichtkäufern. Der Effekt ist klein.	nicht geprüft
47	H_{PU-17}	Je besser die Leistungskomponente eines Tankstellenshops beurteilt werden, desto besser fällt das Preiswürdigkeitsurteil der Kunden dafür aus.	nicht geprüft
48	H_{PU-18}	Personen, die den Leistungskomponenten eines Tankstellenshops eher indifferent gegenüberstehen, beurteilen die Preiswürdigkeit in Tankstellenshops schlechter.	nicht geprüft
49	H_{PU-19}	a) Die schlechtere Beurteilung des Preisniveaus (subjektives Preisniveau) führt zu einem schlechteren Preiswürdigkeitsurteil für Tankstellenshops. b) Demgegenüber führt ein höheres tatsächliches Preisniveau (objektives Preisniveau) nicht zu einem schlechteren Preiswürdigkeitsurteil für Tankstellenshops.	nicht geprüft
50	H_{PU-20}	Preisinteressierte Personen, die ein Produkt im Tankstellenshop gekauft haben, beurteilen die Preiswürdigkeit besser als weniger preisinteressierte Käufer.	nicht geprüft
51	H_{INFO-1}	Der interne Referenzpreis speist sich aus den vorhergegangenen Erfahrungen mit einem Produkt. Dabei nimmt der jeweilige „Ertrag" einer zusätzlichen Erfahrung ab, so dass ab einem bestimmten Punkt ein stabiler interner Referenzpreis bei dem Kunden existiert.	nicht geprüft
52	H_{INFO-2}	Kunden, die ein bestimmtes Produkt in Tankstellen kaufen, schätzen seinen Preis dort geringer ein als Kunden, die das Produkt nicht in Tankstellen kaufen.	nicht geprüft
53	H_{INFO-3}	Für jedes Produkt korrelieren die geschätzten Preise für den übrigen Lebensmitteleinzelhandel positiv mit den geschätzten Preisen für Tankstellenshops.	nicht geprüft
54	H_{INFO-4}	Kunden unterteilen verschiedene Produktgruppen, für die unterschiedliche Preisempfindungen existieren.	nicht geprüft
55	H_{INFO-5}	Ob die Kunden bei höherer Sicherheit über ihre Preisschätzungen (also die subjektive Preiskenntnis) die Preise eher höher oder niedriger einschätzen, ist produktabhängig. Es besteht eine Tendenz, bei höherer Schätzung eine höhere Sicherheit zu empfinden bzw. bei höherer Sicherheit eine höhere Schätzung abzugeben.	nicht geprüft
Fortsetzung der Tabelle auf der nächsten Seite			

Fortsetzung von der vorherigen Seite

56	H_{INFO-6}	Die Kunden übertragen ihre Erfahrungen aus einem Produktkauf in Tankstellenshops auf die Schätzung von Preisen für andere Produkte in Tankstellenshops: Sie generalisieren die Preise zu einem Preisimage.	nicht geprüft
57	H_{INFO-7}	Wenn die geschätzte Preisdifferenz und die Schätzsicherheit zusammenhängen, dann liegen positive Zusammenhänge vor: je höher die geschätzte Preisdifferenz, desto höher die Schätzsicherheit.	nicht geprüft
58	H_{INFO-8}	Wenn ein Produkt selten gekauft wird, steigt die Schätzsicherheit mit dem Alter.	nicht geprüft
59	H_{INFO-9}	a) Je preisinteressierter ein Kunde ist, desto sicherer fühlt er sich in Bezug auf seine Preiseinschätzung. b) Diese Preiseinschätzung selbst hängt hingegen <u>nicht</u> von der Intensität des Preisinteresses ab.	nicht geprüft
60	$H_{INFO-10}$	Je höher die Kaufhäufigkeit für ein Produkt, desto höher ist die Schätzsicherheit für die Preise dieses Produkts.	nicht geprüft
61	$H_{INFO-11}$	a) Käufer eines bestimmten Produktes in Tankstellenshops fühlen sich sicherer in Bezug auf die Schätzung seines Preises in Tankstellenshops. b) Käufer eines bestimmten Produktes in Tankstellenshops fühlen sich auch insgesamt sicherer in Bezug auf die Schätzung der Preise allgemein in Tankstellenshops.	nicht geprüft
62	$H_{INFO-12}$	Die Kunden schätzen die Preisdifferenzen zwischen übrigem Lebensmitteleinzelhandel und Tankstellenshop von Produkt zu Produkt sehr unterschiedlich ein. Es gibt <u>keinen</u> vermuteten pauschalen Aufschlag.	nicht geprüft
63	H_{PB-1}	In Tankstellenshops unterscheiden sich die drei relativen Kennzahlen zur Preisbereitschaft bei hohem Preisniveau nicht von denen bei niedrigem Preisniveau.	Nullhypothese wird nicht beibehalten, Alternativhypothese für PT 2 und PT 3 (beide sind bei hohem PN geringer als bei niedrigem, kleiner Effekt) wird stattdessen formuliert. α-Fehler spricht eher gegen die Nullhypothese, Teststärke
64	H_{PB-3}	Je höher der Stammkundengrad ist, desto geringer fällt die Preistoleranz 1 aus. Der Effekt ist klein.	Hypothese wird beibehalten, α-Fehler spricht für Ablehnung der Nullhypothese, aber Teststärke nicht groß genug für Bestätigung der Alternativhypothese
65	H_{PB-4}	Die drei relativen Kennzahlen zur Preisbereitschaft haben in Tankstellenshops <u>keinen</u> Einfluss auf das direkt beobachtbare Kaufverhalten: Nichtkäufer, Käufer preisgebundener Produkte und Käufer nicht preisgebundener Produkte unterscheiden sich nicht im	nicht geprüft
66	H_{PB-5}	Die Beurteilung der Leistungskomponenten hat <u>keinen</u> Einfluss auf den tatsächlich gezahlten Betrag in Tankstellenshops oder den maximal dort akzeptierten.	

Fortsetzung der Tabelle auf der nächsten Seite

Fortsetzung von der vorherigen Seite			
67	H_{PB-6}	Personen, die sich durch eine höhere absolute Preisbereitschaft für Tankstellenshops auszeichnen, stehen den Leistungskomponenten des Tankstellenshops häufiger indifferent gegenüber.	
68	H_{VER-1}	Die Preistransparenz wird in modernisierten Tankstellen als höher empfunden.	nicht geprüft
69	H_{VER-2}	Der Betreiber eines Tankstellenshops wird bei hohem Preisniveau nicht eigennütziger wahrgenommen als bei niedrigem Preisniveau.	nicht geprüft
70	H_{VER-3}	Die wahrgenommene Preistransparenz in Tankstellenshops steigt mit zunehmender Erfahrung des Probanden mit Preisen im Allgemeinen und der untersuchten Tankstelle im Speziellen. Dies äußert sich in positiven Zusammenhängen der Preistransparenz in Tankstellenshops mit a) dem Alter (kleiner Effekt), b) der (allgemeinen) Intensität des Preisinteresses (kleiner Effekt) und c) dem Stammkundengrad (kleiner Effekt).	nicht geprüft
71	H_{VER-4}	Kunden, denen der Preis speziell in Tankstellenshops wichtig ist, stellen höhere Ansprüche an die Preistransparenz in Tankstellenshops. Dies äußert sich in einer als schlechter wahrgenommenen Preistransparenz bei diesen Personen (kleiner Effekt).	nicht geprüft
72	H_{VER-5}	Jüngere Personen, Personen, die über größere Erfahrungen mit dem Einkauf in der speziellen Tankstelle oder in Tankstellen im Allgemeinen verfügen und Personen in Regionen mit mehr Vergleichsmöglichkeiten oder mehr Zeit, sich mit den Preisen auseinanderzusetzen, nehmen die Preistransparenz in modernisierten Tankstellen als höher wahr. Dies äußert sich in moderierenden Effekten a) des Alters (kleiner Effekt), jüngere Kunden beurteilen die Preistransparenz in modernisierten Tankstellenshops besser; b) des Stammkundengrades (kleiner Effekt), bei hohem Stammkundengrad wird die Preistransparenz in modernisierten Tankstellenshops besser beurteilt; c) der Einteilung in Shop-, Tank- und Beides-Kunden (kleiner Effekt), Shop- und Beides-Kunden beurteilen die Preistransparenz in modernisierten Tankstellenshops besser d) der Kaufkraft (kleiner Effekt), bei niedriger Kaufkraft (und damit höherem Preisinteresse) wird die Preistransparenz in modernisierten Tankstellen besser beurteilt; e) der Wettbewerbsintensität (kleiner Effekt), bei hoher Wettbewerbsintensität wird die Preistransparenz in modernisierten Tankstellen besser beurteilt; f) der Unterscheidung in Werktage und Wochenendtage (kleiner Effekt), an Wochenendtagen wird die Preistransparenz in modernisierten Tankstellen besser beurteilt.	nicht geprüft
73	H_{VER-6}	Männer nehmen die Preisehrlichkeit in Tankstellenshops höher wahr als Frauen. Der Effekt ist klein.	nicht geprüft
Fortsetzung der Tabelle auf der nächsten Seite			

Fortsetzung von der vorherigen Seite			
74	H_{VER-7}	Mit steigendem Preisinteresse wird die Preisehrlichkeit in Tankstellenshops geringer empfunden. Dies äußert sich in den folgenden Effekten: a) Mit steigender (allgemeiner) Intensität des Preisinteresses sinkt die wahrgenommene Preisehrlichkeit in Tankstellenshops. Der Effekt ist klein. b) Personen, denen der Preis im übrigen Lebensmitteleinzelhandel wichtig ist, beurteilen die Preisehrlichkeit in Tankstellenshops schlechter Personen, die dem Preis neutral gegenüberstehen. Der Effekt ist klein. c) Personen, denen der Preis in Tankstellenshops wichtig ist, beurteilen die Preisehrlichkeit in Tankstellenshops schlechter als Personen, die dem Preis neutral gegenüberstehen. Der Effekt ist klein.	nicht geprüft
75	H_{VER-8}	Personen, die eine höhere Affinität zu Tankstellenshops haben, bewerten die Preisehrlichkeit in Tankstellenshops besser als andere Personen. Dies äußert sich wie folgt: a) Je höher der Stammkundengrad in Bezug auf die untersuchte Tankstelle, desto höher wird die Preisehrlichkeit in Tankstellenshops wahrgenommen. Der Effekt ist klein. b) Tank-Kunden nehmen die Preisehrlichkeit in Tankstellenshops geringer wahr als Shop-Kunden und Beides-Kunden. Die Effekte sind klein bis moderat. c) Personen, die die Tankstelle direkt angesteuert haben, nehmen die Preisehrlichkeit in Tankstellenshops höher wahr als Personen, die die Tankstelle auf dem Weg zu einer Freizeitaktivität ansteuern. Der Effekt ist klein.	nicht geprüft
76	H_{VER-9}	Die Art des Tages und damit der Zeitdruck, unter dem ein Kunde steht – gemessen an der Unterteilung in Werktage und Wochenendtage – wirkt moderierend auf den Effekt zwischen Preisniveau und wahrgenommener Preisehrlichkeit. An Wochenendtagen empfinden die Kunden in Tankstellenshops die Preisehrlichkeit bei niedrigem Preisniveau als niedriger. Der Effekt ist klein.	nicht geprüft
77	H_{VER-10}	Die Kunden, die die Preise in Tankstellen für wichtig erachten, bewerten den Eigennutz in Tankstellenshops höher als diejenigen, die dem Preis neutral gegenüberstehen. Der Effekt ist klein.	nicht geprüft
78	H_{VER-11}	Die drei Variablen Preistransparenz, Eigennutz und Preisehrlichkeit korrelieren in Tankstellenshops untereinander jeweils mit mittlerer Stärke..	nicht geprüft
79	H_{VER-12}	a) Käufer von nicht preisgebundenen Produkten bewerten den Eigennutz des Betreibers in Tankstellenshops weniger hoch und die Preisehrlichkeit höher als Käufer von preisgebundenen Produkten. b) Käufer von nicht preisgebundenen Produkten bewerten die Preisehrlichkeit in Tankstellenshops höher als Nichtkäufer. Die Effekte sind klein.	nicht geprüft

Literaturverzeichnis

Aalto-Setälä, V.; Raijas, A. (2003): Actual Market Prices and Consumer Price Knowledge. In: Journal of Product & Brand Management, Jg. 12, H. 3, S. 180–192.

ACNielsen GmbH (2001): Universen 2001 – Daten zum Handel in Deutschland.

ACNielsen GmbH (2002): Universen 2002 – Daten zum Handel in Deutschland.

ACNielsen GmbH (2003): Universen 2003 – Daten zum Handel in Deutschland.

ACNielsen GmbH (2004): Universen 2004 – Daten zum Handel in Deutschland.

ACNielsen GmbH (2005): Universen 2005 – Handel und Verbraucher in Deutschland.

ACNielsen GmbH (2006): Universen 2006 – Handel und Verbraucher in Deutschland.

ACNielsen GmbH (2007a): Nielsen Consumer Insights, Ausgabe 1/2007.

ACNielsen GmbH (2007b): Universen 2007 – Handel und Verbraucher in Deutschland.

ACNielsen GmbH (2008): Universen 2008 – Handel und Verbraucher in Deutschland.

ACNielsen GmbH (2009): Universen 2009 – Handel und Verbraucher in Deutschland.

ACNielsen GmbH (2010): Universen 2010 – Handel und Verbraucher in Deutschland.

Ahlert, D.; Kenning, P. (2007): Handelsmarketing – Grundlagen der marktorientierten Führung von Handelsbetrieben, Berlin, Heidelberg.

Ailawadi, K. L.; Neslin, S. A.; Gedenk, K. (2001): Pursuing the Value-Conscious Consumer: Store Brands Versus National Brand Promotions. In: Journal of Marketing, Jg. 65, S. 71–89.

Alba, J. W.; Broniarczyk, S. M.; Shimp, T. A.; Urbany, J. E. (1994): The Influence of Prior Beliefs, Frequency Cues, and Magnitude Cues on Consumers' Perceptions of Comparative Price Data. In: Journal of Consumer Research, Jg. 21, S. 219–235.

Alba, J. W.; Mela, C. F.; Shimp, T. A.; Urbany, J. E. (1999): The Effect of Discount Frequency and Depth on Consumer Price Judgments. In: Journal of Consumer Research, Jg. 26, S. 99–114.

Albert, H. (1964): Probleme der Theoriebildung – Entwicklung, Struktur und Anwendung sozialwissenschaftlicher Theorien. In: Albert, H. (Hg.): Theorie und Realität. Ausgewählte Aufsätze zur Wissenschaftslehre der Sozialwissenschaften, Tübingen, S. 3–70.

Alford, B. L.; Engelland, B. T. (2000): Advertised Reference Price Effects on Consumer Price Estimates, Value Perception, and Search Intention. In: Journal of Business Research, Jg. 48, H. 2, S. 93–100.

Algermissen, J. (1976): Der Handelsbetrieb – Eine typologische Studie aus absatzwirtschaftlicher Sicht, Zürich.

Algermissen, J. (1981): Das Marketing der Handelsbetriebe, Würzburg, Wien.

Amir, O.; Ariely, D. (2007): Decisions by Rules: The Case of Unwillingness to Pay for Beneficial Delays. In: Journal of Marketing Research, Jg. XLIV, Februar-Ausgabe, S. 142–152

Anand, P.; Holbrook, M. B.; Stephens, D. (1988): The Formation of Affective Judgments: The Cognitive-Affective Model Versus the Independence Hypothesis. In: Journal of Consumer Research, Jg. 15, H. 3, S. 386–391.

Anderson, J. C.; Gerbing, D. W.; Hunter, J. E. (1987): On the Assessment of Unidimensional Measurement: Internal and External Consistency, and Overall Consistency Criteria. In: Journal of Marketing Research, Jg. 24, November-Ausgabe, S. 432–437.

Anderson Jr., W. T. (1971): Identifiying the Convenience-Oriented Consumer. In: Journal of Marketing Research, Jg. 8, S. 179–183.

Anderson Jr., W. T. (1972): Convenience Orientation and Consumption Behavior. In: Journal of Retailing, Jg. 48, H. 3, S. 49-71 und 127.

Andritzky, K. (1976): Die Operationalisierbarkeit von Theorien zum Konsumentenverhalten, Berlin.

Antilla, M. (1977): Consumer Price Perception, Helsinki.

Aral AG (2007a) Erfolgreich gegen Hunger und Durst – Aral Marke "PetitBistro" auf Rang acht der zehn größten Gastronomiebetriebe in Deutschland. Pressemitteilung vom 20.03.2007.

Aral AG (2007b): Sushi an der Tankstelle – Neues Frischesortiment an 20 Berliner Aral Stationen im Test. Pressemitteilung vom 21.11.2007.

Aral AG (2008) Deutsche Autofahrer essen leidenschaftlich gern Fast Food – Bewusste Entscheidung für den Zwischenstopp im Tankstellen-Shop. Pressemitteilung vom 06.05.2008.

Atteslander, P. (2006): Methoden der empirischen Sozialforschung, 11. neu bearb. und erw. Aufl., Berlin.

Auer, S.; Koidl, R. M. (1997): Conveniencestores – Handelsform der Zukunft: Praxis, Konzepte, Hintergründe, Frankfurt am Main.

Ausschuss für Definitionen zu Handel und Distribution (2006): Katalog E, Definitionen zu Handel und Distribution, 5. Ausgabe, Köln.

Babin, B. J.; Darden, W. R.; Griffin, M. (1994): Work and/or Fun: Measuring Hedonic and Utilitarian Shopping Value. In: Journal of Consumer Research, Jg. 20, H. 4, S. 644–656.

Bachl, T. (1996): Marktanteile, Käuferstrukturen und langfristige Trends. In: Zentes, J. (Hrsg.): Convenienceshopping, Bedrohung oder Chance für den LEH?, Ergebnisse 3. CPC Trend Forum, Mainz, S. 23–29.

Backhaus, K. (1992): Investitionsguter-Marketing – Theorieloses Konzept mit Allgemeinheitsanspruch? In: Zeitschrift für betriebswirtschaftliche Forschung, Jg. 44, H. 9, S. 771–791.

Backhaus, K.; Erichson, B.; Plinke, W.; Weiber, R. (2000): Multivariate Analysemethoden – Eine anwendungsorientierte Einführung, 9. neu bearb. und erw. Aufl., Berlin.

Backhaus, K.; Erichson, B.; Plinke, W.; Weiber, R. (2003): Multivariate Analysemethoden – Eine anwendungsorientierte Einführung, 10. neu bearb. und erw. Aufl., Berlin.

Backhaus, K.; Voeth, M.; Sichtmann, C.; Wilken, R. (2005a): Conjoint-Analyse versus Direkte Preisabfrage zur Erhebung von Zahlungsbereitschaften – Eine modifizierte Replikationsstudie. In: Die Betriebswirtschaft, Jg. 65, H. 5, S. 439–457.

Backhaus, K.; Wilken, R.; Voeth, M.; Sichtmann, C. (2005b): An Empirical Comparison of Methods to Measure Willingness to Pay by Examining the Hypothetical Bias. In: International Journal of Market Research, Jg. 47, H. 5, S. 543–562.

Bagozzi, R. P. (1979a): The Role of Measurement in Theory Construction and Hypothesis Testing: Toward a Holistic Model. In: Ferrell, O.; Brown, S.; Lamb, C. (Hrsg.): Conceptual and Theoretical Developments in Marketing, Chicago, S. 15–32.

Bagozzi, R. P. (1979b): Towards a Theory of Middle Range. In: Der Markt, Jg. 14, S. 177-182.

Bagozzi, R. P.; Baumgartner, H. (1994): The Evaluation of Structural Equation Models and Hypothesis Testing. In: Bagozzi, R. P. (Hrsg.): Principles of Marketing Research, Cambridge, S. 386–422.

Bagozzi, R. P.; Fornell, C. (1982): Theoretical Concepts, Measurements, and Meaning. In: Fornell, C. (Hrsg.): A Second Generation of Multivariate Analysis, New York, S. 24–38.

Bagozzi, R. P.; Phillips, L. W. (1982): Representing and Testing Organizational Theories: A Holistic Construal. In: Administrative Science Quarterly, Jg. 27, S. 459–489.

Bagozzi, R. P.; Yi, Y.; Phillips, L. W. (1991): Assessing Construct Validity in Organizational Research. In: Administrative Science Quarterly, Jg. 36, S. 421–458.

Bailom, F.; Hinterhuber, H. H.; Matzler, K.; Sauerwein, E. (1996): Das Kano-Modell der Kundenzufriedenheit. In: Marketing ZFP, Jg. 18, H. 2, S. 117–126.

Baker, B. O.; Hardyck, C. D.; Petrinovich, L. F. (1966): Weak Measurement vs. Strong Statistics: An Empirical Critique of S. S. Stevens Proscriptions of Statistics. In: Educational and Psychological Measurement, Jg. 26, S. 291–309.

Bakewell, C.; Mitchell, V.-W. (2004): Male Consumer Decision-Making Styles. In: International Review of Retail, Distribution and Consumer Research, Jg. 14, H. 2, S. 223–240.

Balderjahn, I. (2003): Erfassung der Preisbereitschaft. In: Diller, H. (Hrsg.): Handbuch Preispolitik – Strategien – Planung – Organisation – Umsetzung, Wiesbaden, S. 387–404.

Barth, K.; Hartmann, M.; Schröder, H. (2007): Betriebswirtschaftslehre des Handels, 6. überarb. Aufl., Wiesbaden.

Batra, R.; Stayman, D. M. (1990): The Role of Mood in Advertising Effectiveness. In: Journal of Consumer Research, Jg. 17, H. 2, S. 203–214.

Bauer, R. A. (1960): Consumer Behavior as Risk Taking. In: Hancock, R. S. (Hrsg.): Dynamic Marketing for a Changing World – Proceedings of the 43rd National Conference of the American Marketing Association, S. 389–398.

Baun, D. (2003): Impulsives Kaufverhalten am Point of Sale, Wiesbaden.

Beaman, A. L. (1991): An Empirical Comparison of Meta-Analytic and Traditional Reviews. In: Personality and Social Psychology Bulletin, Jg. 17, S. 252–257.

Beauducel, A.; Wittmann, W. W. (2005): Simulation Study on Fit Indices in Confirmatory Analysis Based on Data with Slightly Distorted Simple Structure. In: Structural Equation Modeling, Jg. 12, S. 41–75.

Becker, B. J. (1991): The Quality and Credibility of Research Reviews. What the Editors Say. In: Personality and Social Psychology Bulletin, Jg. 17, S. 267–272.

Becker, G. S. (1965): A Theory of the Allocation of Time. In: Economic Journal, Jg. 75, H. 299, S. 493–517.

Behrends, S.; Deckl, S.; Krebs, T.; Stuckemeier, A. (2003): Ausstattung und Wohnsituation privater Haushalte – Einkommens- und Verbrauchsstichprobe 2003, herausgegeben vom Statistischen Bundesamt, Wiesbaden.

Behrens, G. (1982): Das Wahrnehmungsverhalten der Konsumenten, Thun.

Behrens, G. (2001): Psychophysik. In: Diller, H. (Hrsg.): Vahlens Großes Marketinglexikon, 2. Aufl., München, S. 1440–1441.

Bekmeier, S. (1989): Nonverbale Kommunikation in der Fernsehwerbung, Heidelberg.

Belk, R. W. (1975): Situational Variables and Consumer Behavior. In: Journal of Consumer Research, Jg. 2, H. 3, S. 157–164.

Bell, D. R.; Lattin, J. M. (2000): Looking for Loss Aversion in Scanner Panel Data: The Confounding Effect of Price Response Heterogeneity. In: Marketing Science, Jg. 19, H. 2, S. 185–200.

Bellante, D.; Foster, A. C. (1984): Working Wives and Expenditure on Services. In: Journal of Consumer Research, Jg. 11, S. 700–707.

Bentler, P. M. (1990): Comparative Fit Indexes in Structural Models. In: Psychological Bulletin, Jg. 107, S. 238–246.

Berekoven, L. (1995): Erfolgreiches Einzelhandelsmarketing – Grundlagen und Entscheidungshilfen, 2. überarb. Aufl, München.

Berekoven, L.; Eckert, W.; Ellenrieder, P. (2006): Marktforschung – Methodische Grundlagen und praktische Anwendung, 11. Aufl., Wiesbaden.

Berger, C.; Blauth, R.; Boger, D. (1993): Kano´s Methods for Understanding Customer-defined Quality. In: Center for Quality Management Journal, Jg. 2, H. 4, S. 3–36.

Berkowitz, E. N.; Walton, J. R. (1980): Contextual Influences on Consumer Price Responses – An Experimental Analysis. In: Journal of Marketing Research, Jg. 17, H. 3, S. 349–358.

Berné, C.; Múciga, J. M.; Pedraja, M.; Rivera, P. (1999): The Use of Consumer's Price Information Search Behaviour for Pricing Differentiation in Retailing. In: International Review of Retail, Distribution and Consumer Research, Jg. 9, H. 2, S. 127–146.

Berry, L. L. (1979): The Time-Buying Consumer. In: Journal of Retailing, Jg. 55, H. 4, S. 58–69.

Berry, L. L.; Seiders, K.; Grewal, D. (2002): Understanding Service Convenience. In: Journal of Marketing, Jg. 66, H. July, S. 1–17.

Bettman, J. R. (1979): An Information Processing Theory of Consumer Choice, Reading.

Bidlingmaier, J. (1974): Betriebsformen des Einzelhandels. In: Tietz, B. (Hrsg.): Handwörterbuch der Absatzwirtschaft, Stuttgart, Sp. 526-546.

Biemann, T. (2009): Logik und Kritik des Hypothesentestens. In: Albers, S.; Klapper, D.; Konradt, U.; Walter, A.; Wolf, J. (Hrsg.): Methodik der empirischen Forschung, 3. überarb. und erw. Aufl., Wiesbaden, S. 205–220.

Birk, H. J. (2006): Der Einzelhandel im Bebauungsplanrecht – zugleich: Besprechung der Urteile des Bundesverwaltungsgerichts vom 24.11.2005. In: VB/BW Verwaltungsblätter für Baden-Württemberg, H. 8, S. 289–297.

Biswas, A.; Wilson, E. J.; Licata, J. W. (1993): Reference Pricing Studies in Marketing: A Synthesis of Research Results. In: Journal of Business Research, Jg. 27, H. 3, S. 239–256.

Biswas, A.; Pullig, C.; Yagci, M. I.; Deane, D. H. (2002): Consumer Evaluation of Low Price Guarantees: The Moderating Role of Reference Price and Store Image. In: Journal of Consumer Psychology, Jg. 12, H. 2, S. 107-118.

Bizer, G. Y.; Schindler, R. M. (2005): Direct Evidence of Ending – Digit Drop-Off in Price Information Processing. In: Psychology & Marketing, Jg. 22, H. 10, S. 771–783.

Blair, E. A.; Landon Jr., E. L. (1981): The Effect of Reference Prices in Retail Advertisements. In: Journal of Marketing, Jg. 45, H. 2, S. 61–69.

Blank, O. (2004): Entwicklung des Einzelhandels in Deutschland – Der Beitrag des Gebietsmarketings zur Verwirklichung einzelhandelsbezogener Ziele der Raumordnungspolitik, Wiesbaden.

Blumenfeld, W. (1969): Beurteilung. In: Graumann, C. F. (Hrsg.): Denken, 4. Aufl., Köln.

Bogner, T.; Kury, C. (2004): Konsumverhalten im Wettbewerb – Umfeldanalysen im internationalen strategischen Marketing am Beispiel des Schweizer Lebensmitteleinzelhandels, Wiesbaden.

Bohlmann, A. (2007): Das wahrgenommene Kaufrisiko der Kunden in Mehrkanalsystemen des Einzelhandels – Eine theoretische und empirische Analyse, Köln.

Bollen, K. A.; Lennox, R. (1991): Conventional Wisdom on Measurement: A Structural Equation Perspective. In: Psychological Bulletin, Jg. 110, H. 2, S. 305–314.

Bolton, L. E.; Alba, J. W. (2006): Price Fairness: Good and Service Differences and the Role of Vendor Costs. In: Journal of Consumer Research, Jg. 33, H. September, S. 258–265.

Bolton, L. E.; Warlop, L.; Alba, J. W. (2003): Consumer Perceptions of Price (Un)Fairness. In: Journal of Consumer Research, Jg. 29, H. 4, S. 474–491.

Bortz, J.; Döring, N. (2009): Forschungsmethoden und Evaluation – Für Human- und Sozialwissenschaftler, 4. überarb. Aufl., Heidelberg.

Bortz, J.; Lienert, G. A.; Boehnke, K. (2008): Verteilungsfreie Methoden in der Biostatistik, 3. korrigierte Auflage.

BP GmbH (1954): 1904–1954 – Geschichte einer Ölgesellschaft. Herausgegeben von der BP Benzin und Petroleum-Gesellschaft mbH.

Breckler, S. J.; Wiggins, E. C. (1989/5): Affect Versus Evaluation in the Structure of Attitudes. In: Journal of Experimental Social Psychology, Jg. 25, H. 3, S. 253–271.

Breidert, C. (2006): Estimation of Willingness-to-Pay – Theory, Measurement, Application, Wiesbaden.

Bridges, E.; Yim, C. K.; Briesch, R. A. (1995): A High-Tech Product Market Share Model with Customer Expectations. In: Marketing Science, Jg. 14, H. 1, S. 61–81.

Briesch, R. A.; Krishnamurthi, L.; Mazumdar, T.; Raj, S. P. (1997): A Comparative Analysis of Refercence Price Models. In: Journal of Consumer Research, Jg. 24, H. 2, S. 202–214.

Brosius, F. (2006): SPSS 14, Heidelberg.

Brown, F. E. (1969): Price Image Versus Price Reality. In: Journal of Marketing Research, Jg. 6, S. 185–191.

Browne, M.; Cudeck, R. (1993): Alternative Ways of Assessing Equation Model Fit. In: Bollen, K. A.; Long, J. S. (Hrsg.): Testing Structural Equation Models, Newbury Park, S. 62–83.

BTG (2008): Jahresbericht 2007 des Bundesverbands Tankstellen und Gewerbliche Autowäsche Deutschland e.V.

BTG (2009) Jahresbericht 2008 des Bundesverbands Tankstellen und Gewerbliche Autowäsche Deutschland e.V.

Buch, S. (2007): Strukturgleichungsmodelle – Ein einführender Überblick – ESCP-EAP Working Paper No. 29 von der Europäischen Wirtschaftshochschule Berlin, Berlin.

Bühner, M. (2006): Einführung in die Test- und Fragebogenkonstruktion, 2. akt. u. erw. Aufl., München.

Bühner, M.; Ziegler, M. (2009): Statistik für Psychologen und Sozialwissenschaftler, München.

Bundesagentur für Arbeit (2007): Arbeitsmarktberichterstattung (SWA 3) – Situation von Frauen und Männern am Arbeits- und Ausbildungsmarkt 2000-2007 – Lage und Entwicklung, Berlin.

Büyükkurt, B. K. (1986): Integration of Serially Sampled Price Information: Modeling and Some Findings. In: Journal of Consumer Research, Jg. 13, S. 357–373.

BVR (2007): Branchen special Tankstellen – Nr. 38 10/2007, Berlin.

BVR (2008): Branchen special Tankstellen Nr. 38 4/2008, Berlin.

Campbell, D. T. (1960): Recommendations for APA Test Standards Regarding Construct, Trait, or Construct Validity. In: American Psychologist, Jg. 15, H. August, S. 546–553.

Campbell, M. C. (1999a): "Why Did You Do That?" The Important Role of Inferred Motive in Perceptions of Price Fairness. In: Journal of Product & Brand Management, Jg. 8, H. 2, S. 145–152.

Campbell, M. C. (1999b): Perceptions of Price Unfairness: Antecedents and Consequences. In: Journal of Marketing Research, Jg. 36, H. 2, S. 187–199.

Cannon, W. B. (1927): The James-Lange Theory of Emotion: A Critical Examination and an Alternative Theory. In: American Journal of Psychology, Jg. 39, S. 106–124.

Capital Professional Services (2009): Inflation Adjusted – Monthly Crude Oil Prices, (1946-Present) in November 2008 Dollars. Online verfügbar unter http://www.inflationdata.com/inflation/images/charts/Oil/ Inflation_Adj_Oil_Prices_Chart.htm, zuletzt aktualisiert am 01.08.2009, zuletzt geprüft am 25.02.2009.

Caplovitz, D. (1967): The Poor Pay More, London.

Capps, O.; Tedford, J. R.; Havlicek Jr., J. (1985): Household Demand for Convenience and Nonconvenience Foods. In: American Journal of Agricultural Economics, Jg. 67, H. 4, S. 862.

Carlson, J. A.; Gieseke, R. J. (1983): Price Search in a Product Market. In: Journal of Consumer Research, Jg. 9, H. 4, S. 357–365.

Carmines, E.; Zeller, R. (1979): Reliability and Validity Assessment, Newbury Park.

Castan, E. (1963): Typologie der Betriebe, Stuttgart.

Chaiken, S. (1980): Heuristic Versus Systematic Information Processing and the Use of Source Versus Massage Cues in Persuasion. In: Journal of Personality and Social Psychology, Jg. 39, S. 752–766.

Chiu, T.; Fang, D.; Chen, J.; Wang, Y.; Jeris, C. (1999): A Robust and Scalable Clustering Algorithm for Mixed Type Attributes in Large Database Environment – Proceedings of the seventh ACM SIGMOD international conference on knowledge discovery and data mining, San Francisco.

Christophersen, T.; Grape, C. (2006): Die Erfassung latenter Konstrukte mit Hilfe formativer und reflektiver Messmodelle. In: Albers, A.; Klapper, D.; Konradt, U. (Hrsg.): Methodik der empirischen Forschung, Wiesbaden.

Churchill, G. A. (1979): A Paradigm for Developing Better Measures of Marketing Constructs. In: Journal of Marketing Research, Jg. 16, Februar-Ausgabe, S. 64–73.

Cohen, J. (1988): Statistical Power Analysis for the Behavioral Sciences, 2. Aufl., Hillsdale.

Cohen, J. B.; Pham, M. T.; Andrade, E. B. (2008): The Nature and Role of Affect in Consumer Behavior. In: Haugtvegt, C. B.; Herr, P.; Kardes, F. (Hrsg.): Handbook of Consumer Psychology, Mahwah, S. 297–348.

Connover, J. N. (1986): The Accuracy of Price Knowledge: Issues in Research Methodology. In: Advances in Consumer Research, Jg. 13, H. 1, S. 589–593.

Cooper, H.; Hedges, L. V. (1994): Research Synthesis as a Scientific Enterprise. In: Cooper, H.; Hedges, L. V. (Hrsg.): The Handbook of Research Synthesis, New York, S. 3–14.

Cooper, H. M.; Lemke, K. M. (1991): On the Role of Meta-Analysis in Personality and Social Psychology. In: Personality and Social Psychology Bulletin, Jg. 17, S. 245–251.

Copeland, M. T. (1923): Relation of Consumers´ Buying Habits to Marketing Methods. In: Harvard Business Review, Jg. 1, April-Ausgabe, S. 282–289.

Cortina, J. M. (1993): What Is Coefficient Alpha? An Examination of Theory and Applications. In: Journal of Applied Psychology, Jg. 78, H. 1, S. 98–104.

Coulter, K. S.; Coulter, R. A. (2005): Size Does Matter: The Effects of Magnitude Representation Congruency on Price Perceptions and Purchase Likelihood. In: Journal of Consumer Psychology, Jg. 15, H. 1, S. 64–76.

Coulter, K. S.; Coulter, R. A. (2007): Distortion of Price Discount Perceptions: The Right Digit Effect. In: Journal of Consumer Research, Jg. 34, August-Ausgabe, S. 162–173.

Cowley, E. (2008): The Perils of Hedonic Editing. In: Journal of Consumer Research, Jg. 35, S. 71–84.

Cox, R. (1946): Non-Price Competition and the Measurement of Prices. In: Journal of Marketing, Jg. 10, H. 4, S. 370–383.

Crites Jr., S. L.; Fabrigar, L. R.; Petty, R. E. (1994): Measuring the Affective and Cognitive Properties of Attitudes: Conceptual and Methodological Issues. In: Personality and Social Psychology Bulletin, Jg. 20, H. 6, S. 619–634.

Cronbach, L. J. (1951): Coefficient Alpha and the Internal Structure of Tests. In: Psychometrika, Jg. 16, H. 3, S. 297–334.

Cummings, W. T.; Ostrom, L. (1982): Measuring Price Thresholds Using Social Judgement Theory. In: Journal of the Academy of Marketing Science, Jg. 10, H. 4, S. 395–409.

Curren, M. T.; Harich, K. R. (1994): Consumers´ Mood States: The Mitigating Influence of Personal Relevance on Product Evaluations. In: Psychology & Marketing, Jg. 11, H. 2, S. 91–107.

Danziger, S.; Segev, R. (2006): The Effects of Informative and Non-Informative Price Patterns on Consumer Price Judgments. In: Psychology & Marketing, Jg. 26, Juni-Ausgabe, 535-553.

Dammer, I.; Szymkowiak, F. (1998): Die Gruppendiskussion in der Marktforschung – Grundlagen – Moderation – Auswertung: ein Praxisleitfaden, Opladen.

Darian, J. C.; Cohen, J. (1995): Segmenting by Consumer Time Shortage. In: Journal of Consumer Marketing, Jg. 12, H. 1, S. 32–44.

Darke, P.; Freedman, J.; Chaiken, S. (1995): Percentage Discounts, Initial Price and Bargain Hunting: A Heuristic-Systematic Approach to Price Search Behavior. In: Journal of Applied Psychology, Jg. 80, H. 5, S. 580–586.

Darwin, C. (1872): The Expression of the Emotions in Man and Animals, London.

DB Station & Service AG (2007): Service Store DB – Werden Sie Ihr eigener Chef, Berlin.

Decker, R.; Wagner, R.; Temme, T. (1999): Fehlende Werte in der Marktforschung. In: Herrmann, A.; Homburg, C. (Hrsg.): Marktforschung – Methoden – Anwendungen – Praxisbeispiele, Wiesbaden, S. 79–98.

Dehaene, S. (1992): Varieties of Numerical Abilities. In: Cognition, Jg. 44, H. 1-2, S. 1–42.

Dehaene, S.; Akhavein, R. (1995): Attention, Automaticity, and Levels of Representation in Number Processing. In: Journal of Experimental Psychology, Jg. 21, S. 314–326.

Derbaix, C.; Pham, M. T. (1991): Affective Reactions to Consumption Situations: A Pilot Investigation. In: Journal of Economic Psychology, Jg. 12, S. 325–355.

Desai, K. K.; Talukdar, D. (2003): Relationship Between Product Groups' Price Perceptions, Shopper's Basket Size, and Grocery Store's Overall Store Price Image. In: Psychology & Marketing, Jg. 20, H. 10, S. 903–933.

Desmet, P.; La Nagard, E. (2005): Differential Effects of Price-Beating Versus Price-Matching Guarantee on Retailers´ Price Image. In: Journal of Product & Brand Management, Jg. 14, H. 6, S. 393–399.

Deutsch, M. (1975): Equity, Equality and Need. In: Journal of Social Issues, Jg. 31, H. 3, S. 137–150.

Devinney, T. M. (Hrsg.) (1988): Issues in pricing – Theory and research, Lexington.

Diaz-Bone, R.; Künemund, H. (2003): Einführung in die binäre logistische Regression, Mitteilungen aus dem Schwerpunktbereich Methodenlehre, Nr. 56, Berlin.

Dickson, P. R.; Kalapurakal, R. (1994): The Use and Perceived Fairness of Price-Setting Rules in the Bulk Electricity Market. In: Journal of Economic Psychology, Jg. 15, H. 3, S. 427–448.

Dickson, P. R.; Sawyer, A. G. (1990): The Price Knowledge and Search of Supermarket Shoppers. In: Journal of Marketing, Jg. 54, S. 42–53.

Diller, H. (1978): Das Preisbewusstsein der Verbraucher und seine Förderung durch Bereitstellung von Verbraucherinformationen, Mannheim.

Diller, H. (1979): Preisinteresse und Informationsverhalten beim Einkauf dauerhafter Lebensmittel. In: Meffert, H.; Steffenhagen, H.; Freter, H. (Hrsg.): Konsumentenverhalten und Information, Wiesbaden, S. 67–84.

Diller, H. (1982a): Das Preisinteresse von Konsumenten. In: Zeitschrift für betriebswirtschaftliche Forschung, Jg. 34, H. 4, S. 315–334.

Diller, H. (1982b): Die Wirkung von Hervorhebungen in der Preiswerbung des Lebensmitteleinzelhandels – Ergebnisse eines Feldexperiments. In: FfH-Mitteilungen, Jg. 23, H. 4, S. 1–10.

Diller, H. (1988): Das Preiswissen von Konsumenten. In: Marketing Zeitschrift für Forschung und Praxis, H. 1, S. 17–24.

Diller, H. (13.12.1991): Das Preisimage als Wettbewerbsfaktor. In: Lebensmittelzeitung, Jg. 1991, 13.12.1991, S. 60–62.

Diller, H. (1997): Preisehrlichkeit – Eine neue Zielgröße im Preismanagment des Einzelhandels. In: Thexis, H. 2, S. 16–21.

Diller, H. (2000): Preiszufriedenheit bei Dienstleistungen. In: Die Betriebswirtschaft, Jg. 60, H. 5, S. 570–587.

Diller, H. (Hrsg.) (2003a): Handbuch Preispolitik – Strategien – Planung – Organisation – Umsetzung, Wiesbaden.

Diller, H. (2003b): Preisinteresse und hybrider Kunde. In: Diller, H. (Hrsg.): Handbuch Preispolitik – Strategien – Planung – Organisation – Umsetzung, Wiesbaden, S. 241–247.

Diller, H. (2003c): Preiswahrnehmung und Preisoptik. In: Diller, Hermann (Hrsg.): Handbuch Preispolitik – Strategien – Planung – Organisation – Umsetzung, Wiesbaden, S. 259–283.

Diller, Hermann (Hrsg.) (2005): Pricing-Forschung in Deutschland, Nürnberg.

Diller, H. (2008a): Preispolitik, 4. vollst. neu bearb. und erw. Aufl., Stuttgart.

Diller, H. (2008b): Price Fairness. In: Journal of Product & Brand Management, Jg. 17, H. 5, S. 353–355.

Diller, H.; Brambach, G. (2002): Die Entwicklung der Preise und Preisfiguren nach der Euro-Einführung im Konsumgüter-Einzelhandel. In: Handel im Fokus, Mitteilungen des Instituts für Handelsforschung an der Universität zu Köln, Jg. 54, H. 2, S. 228–238.

Diller, H.; Brielmaier, A. (1996): Die Wirkungen gebrochener und runder Preise – Ergebnisse eines Feldexperiments im Drogeriewarensektor. In: Zeitschrift für betriebswirtschaftliche Forschung, Jg. 48, S. 695–710.

Dodds, W. B.; Monroe, K. B. (1985): The Effect of Brand and Price Information on Subjective Product Evaluations. In: Advances in Consumer Research, Jg. 12, H. 1, S. 85–90.

Dodds, W. B.; Monroe, K. B.; Grewal, D. (1991): Effects of Price, Brand, and Store Information on Buyers´ Product Evaluations. In: Journal of Marketing Research, Jg. 28, S. 307–319.

Donovan, R. J.; Rossiter, J. R. (1982): Store Atmosphere: An Environmental Psychology Approach. In: Journal of Retailing, Jg. 58, H. 1, S. 34.

Dreher, A. M. (2003): Konzepte für Convenience. In: Handelsjournal, H. 10, S. 14–16.

Dreher, M.; Dreher, E. (1994): Gruppendiskussion. In: Huber, G. L.; Mandl, H. (Hrsg.): Verbale Daten – Eine Einführung in die Grundlagen und Methoden der Erhebung und Auswertung, 2. bearb. Aufl., Weinheim, S. 141–164.

Dziuban, C. D.; Shirkey, E. C. (1974): When is a Correlation Matrix Appropriate for Factor Analysis? In: Psychological Bulletin, Jg. 81, H. 6, S. 358–361.

Eberl, M. (2004): Formative und reflektive Indikatoren im Forschungsprozess: Entscheidungsregeln und die Dominanz des reflektiven Modells, München.

EHI EuroHandelsinstitut (2004): Handel aktuell – Strukturen, Kennzahlen und Profile des deutschen und internationalen Handels, Köln.

EHI Retail Institute (2007): Handel aktuell 2007/2008 – Struktur, Kennzahlen und Profile des internationalen Handels – Schwerpunkt Deutschland, Österreich, Schweiz, Köln.

EHI Retail Institute (2009): Handel aktuell 2009/2010 – Struktur, Kennzahlen und Profile des internationalen Handels – Schwerpunkt Deutschland, Österreich, Schweiz, Köln.

Eich, E.; Macaulay, D.; Ryan, L. (1994): Mood Dependent Memory for Events of the Personal Past. In: Journal of Experimental Psychology, Jg. 123, S. 201–215.

Ekman, P.; Salisch, M. von (1988): Gesichtsausdruck und Gefühl – 20 Jahre Forschung von Paul Ekman, Paderborn.

Elschen, R. (1991): Gegenstand und Anwendungsmöglichkeiten der Agency-Theorie. In: Zeitschrift für betriebswirtschaftliche Forschung, Jg. 43, S. 1002-1012.

Emde, R. (2009): Vertriebsrecht: Kommentierung zu §§ 84-92c HGB - Handelsvertriebsrecht – Vertragshändlerrecht – Franchiserecht, Berlin.

Emery, F. E. (1969): Some Psychological Aspects of Price. In: Taylor, B.; Wills, G. (Hrsg.): Pricing strategy – Reconciling Customer Needs and Company Objectives, London, S. 98–111.

Enders, C. (2001): A Primer on Maximum Likelihood Algorithms for Use With Missing Data. In: Structural Equation Modeling, Jg. 8, H. 1, S. 128–141.

Engel, J. F.; Kollat, D. T.; Blackwell, R. D. (1978): Consumer Behavior, 3. Aufl., Hinsdale.

Erevelles, S. (1998): The Role of Affect in Marketing. In: Journal of Business Research, Jg. 42, S. 199–215.

Eschweiler, M. (2006): Externe Referenzpreise – Eine empirisch gestützte verhaltenswissenschaftliche Analyse, Wiesbaden.

Esser, B. (2002): Smart Shopping – Eine theoretische und empirische Analyse des preis-leistungsorientierten Einkaufsverhaltens von Konsumenten, Lohmar, Köln.

Estelami, H. (1998): The Price is Right... or Is It? Demographic and Category Effects on Consumer Price Knowledge. In: Journal of Product & Brand Management, Jg. 7, S. 254–266.

Estelami, H.; Lehmann, D. (2001): The Impact of Research Design on Consumer Price Recall Accuracy: An Integrative Review. In: Journal of the Academy of Marketing Science, Jg. 29, H. 1, S. 36–49.

Estelami, H.; de Maeyer, P. (2004): Product Category Determinants of Price Knowledge for Durable Consumer Goods. In: Journal of Retailing, Jg. 80, H. 2, S. 129–137.

Estelami, H.; Maxwell, S. (2003): Introduction to Special Issue: The Behavioral Aspects of Pricing. In: Journal of Business Research, Jg. 56, H. 5, S. 353–354.

Ettinger, A. (2010): Auswirkungen von Einkaufsconvenience, Frankfurt am Main.

eurodata (o.J.): edtas – Geschäftsanalyse Teil I: Die eigene Lage bestimmen, Saarbrücken.

Evanschitzky, H.; Kenning, P.; Vogel, V. (2004): Consumer Price Knowledge in the German Retail Market. In: Journal of Product & Brand Management, Jg. 13, H. 6, S. 390–405.

Fabrigar, L. R.; Wegener, D. T.; MacCallum, R. C.; Strahan, E. J. (1999): Evaluating the Use of Exploratory Factor Analysis in Psychological Research. In: Psychological Methods, Jg. 4, H. 3, S. 272–299.

Falk, B.; Wolf, J. (1992): Handelsbetriebslehre, 11. völlig überarb. und erw. Aufl, Landsberg/Lech.

Falk, B. R.; Wolf, J. (1979): Handelsbetriebslehre, 5. überarb. u. erw. Aufl, München.

Fan, X.; Thompson, B.; Wang, L. (1999): Effects of Sample Size, Estimation Methods, and Model Specification on Structural Equation Modeling Fit Indexes. In: Structural Equation Modeling, Jg. 6, H. 1, S. 56–83.

Fassott, G.; Eggert, A. (2005): Zur Verwendung formativer und reflektiver Indikatoren in Strukturgleichungsmodellen: Bestandsaufnahme und Anwendungsempfehlungen. In: Bliemel, F. (Hrsg.): Handbuch PLS-Pfadmodellierung – Methode, Anwendung, Praxisbeispiele, Stuttgart, S. 31–47.

Festinger, L. (1957): A Theory of Cognitive Dissonance, Stanford.

Fishbein, M.; Ajzen, I. (1975): Belief, Attitude, Intention and Behavior - An Introduction to Theory and Research, Reading.

Folkes, V. (1988): Recent Attribution Research in Consumer Behavior: A Review and New Directions. In: Journal of Consumer Research, Jg. 14, H. 4, S. 548–565.

Folkes, V.; Wheat, R. D. (1995): Consumers` Price Perceptions of Promoted Products. In: Journal of Retailing, Jg. 71, H. 3, S. 317-328.

Fram, E. H.; DuBrin, A. J. (1988): The Time Guarantee in Action: Some Trends and Opportunities. In: Journal of Consumer Marketing, Jg. 5, H. 4, S. 53.

Franke, N. (2002): Realtheorie des Marketing – Gestalt und Erkenntnis, Tübingen.

Frey, B. S.; Pommerehne, W. W. (1993): On the Fairness of Pricing – An Empirical Survey Among the General Population. In: Journal of Economic Behavior and Organization, Jg. 20, H. 3, S. 295–307.

Fritz, W. (1992): Marktorientierte Unternehmensführung und Unternehmenserfolg – Grundlagen und Erkenntnisse einer empirischen Untersuchung, Stuttgart.

Fromm, S. (2005): Binäre logistische Regressionsanalyse – Eine Einführung für Sozialwissenschaftler mit SPSS für Windows, Bamberg.

Gabarino, E.; Slonim, R. (2003): Interrelationshops and Distinct Effects of Internal Reference Prices on Perceived Expensiveness and Demand. In: Psychology & Marketing, Jg. 20, H. 3, S. 227-248.

Gabor, A.; Granger, C. W.; Sowter, A. P. (1971): Comments on 'Psychophysics of Prices'. In: Journal of Marketing Research, Jg. 8, H. 2, S. 251–252.

Gauri, D. K.; Sudhir, K.; Talukdar, D. (2008): The Temporal and Spatial Dimensions of Price Search: Insights from Matching Household Survey and Purchase Data. In: Journal of Marketing Research, Jg. XLV, April-Ausgabe, S. 226–240.

Gedenk, K.; Sattler, H. (1999a): Preisschwellen und Deckungsbeitrag – Verschenkt der Handel große Potentiale? In: Zeitschrift für betriebswirtschaftliche Forschung, Jg. 51, H. 1, S. 33–59.

Gedenk, K.; Sattler, H. (1999b): The Impact of Price Thresholds on Profit Contribution – Should Retailers Set 9-Ending Prices? In: Journal of Retailing, Jg. 75, H. 1, S. 33–57.

Gelbrich, K. (2011): I Have Paid Less Than You! The Emotional and Behavioral Consequences of Advantaged Price Inequality. In: Journal of Retailing, Jg. 87, H. 2, S. 207-224.

Gerbing, D. W.; Anderson, J. (1988): An Updated Paradigm for Scale Development Incorporating Unidimensionality and its Assessment. In: Journal of Marketing Research, Jg. 25, Mai-Ausgabe, S. 186–192.

Gerhardt, R. G. (2007): Analyse des Kraftstoff- und Shop-Geschäfts des Tankstellennetzes einer Mineralölgesellschaft mit Hilfe von Regressionsverfahren, Lohmar, Köln.

Geßner, H.-J. (2001): Betriebsform des Einzelhandels, In: Diller, H. (Hrsg.): Vahlens Großes Marketinglexikon, 2. Aufl., München, S. 154–156.

GfK (2008): Consumer Tracking – Chart der Woche, Entscheidungskriterien beim Kauf, Nürnberg.

Gigerenzer, G. (1993): The Superego, the Ego, and the Id in Statistical Reasoning. In: Keren, G.; Lewis, C. (Hrsg.): A Handbook for Data Analysis in the Behavioural Sciences. Methodological Issues, Hillsdale, S. 311–339.

Gilligan, S.; Bower, G. H. (1984): Cognitive Consequences of Emotional Arousal. In: Izard, C. E.; Kagan, J.; Zajonc, R. B. (Hrsg.): Emotions, Cognitions, and Behavior, Cambridge, S. 547–588.

Gleason, T. C.; Staelin, R. (1975): A Proposal for Handling Missing Data. In: Psychometrika, Jg. 40, H. 2, S. 229–252.

Glöckner-Holme, I. (1988): Betriebsformen-Marketing im Einzelhandel, Augsburg.

Goldman, A. (1977): Consumer Knowledge of Food Prices as an Indicator of Shopping Effectiveness. In: Journal of Marketing, Jg. 41, H. 4, S. 67–75.

Goldsmith, R. E.; Newell, S. J. (1997): Innovativeness and Price Sensitivity: Managerial, Theoretical and Methodological Issues. In: Journal of Product and Brand Management, Jg. 6, H. 3, S. 163-174.

Götz, O.; Liehr-Gobbers, K. (2004): Analyse von Strukturgleichungsmodellen mit Hilfe der Partial-Least-Squares (PLS)-Methode. In: Die Betriebswirtschaft, Jg. 64, H. 6, S. 714–738.

Gourville, J. T.; Soman, D. (1998): Payment Depriciation: The Behavioral Effects of Temporally Separation Payments from Consumption. In: Journal of Consumer Research, Jg. 25, H. 2, S. 160–174.

Grewal, D.; Baker, J. (1994): Do Retail Store Environmental Factors Affect Consumers´ Price Acceptability? An Empirical Examination. In: International Journal of Research in Marketing, Jg. 11, S. 107–115.

Grewal, D.; Gotlieb, J.; Marmorstein, H. (1994): The Moderating Effects of Message Framing and Source Credibility on the Price-Perceived Risk Relationship. In: Journal of Consumer Research, Jg. 21, H. 1, S. 145–153.

Grewal, D.; Marmorstein, H. (1994): Market Price Variation, Perceived Price Variation, and Consumers' Price Search Decisions for Durable Goods. In: Journal of Consumer Research, Jg. 21, H. 3, S. 453–460.

Grewal, D.; Marmorstein, H.; Sharma, A. (1996): Communicating Price Information through Semantic Cues: The Moderating Effects of Situation and Discount Size. In: Journal of Consumer Research, Jg. 23, H. 2, S. 148–155.

Groening, G. (1981): Gruppendiskussionen in der Marktforschung. In: Haase, H.; Molt, W. (Hrsg.): Handbuch der angewandten Psychologie, Band 3: Markt und Umwelt, München, S. 386–409.

Gröppel, A. (1991): Erlebnisstrategien im Einzelhandel, Analyse der Zielgruppen, der Ladengestaltung und der Warenpräsentation zur Vermittlung von Einkaufserlebnissen, Heidelberg.

Gröppel, A. (1994): Die Dynamik der Betriebsformen des Handels – Ein Erklärungsversuch aus Konsumentensicht. In: Kroeber-Riel, W. (Hrsg.): Konsumentenforschung – gewidmet Werner Kroeber-Riel zum 60. Geburtstag, München, S. 379–397.

Gröppel-Klein, A. (1998): Wettbewerbsstrategien im Einzelhandel, Chancen und Risiken von Preisführerschaft und Differenzierung, Wiesbaden.

GS1 Germany (2006): Standard-Warenklassifikation, 5. Aufl., Köln.

Gyllensvärd, U. (1999): Der Convenience-Handel auf dem Weg in das nächste Jahrtausend. In: Tomczak, T. (Hrsg.): Alternative Vertriebswege, Stuttgart, S. 184–193.

Haberman, S. T. (1973): The Analysis of Residuals in Cross-Classified Tables. In: Biometrics, Jg. 29, H. 1, S. 205–220.

Häder, M. (2010): Empirische Sozialforschung – Eine Einführung, 2. überarb. Auflage, Wiesbaden.

Hamilton, R. W.; Srivastava, J. (2008): When 2 + 2 Is Not the Same as 1 + 3: Variations in Price Sensitivity Across Components of Partitioned Prices. In: Journal of Marketing Research, Jg. XLV, August-Ausgabe, S. 450-461.

Hammann, P.; Erichson, B. (2000): Marktforschung – 4. überarb. und erw. Aufl., Stuttgart.

Hansen, U. (1984): Begrüßung zur Jahrestagung 1983: Ölkrise: 10 Jahre danach. In: Lücke, F. (Hrsg.): Ölkrise: 10 Jahre danach, Bonn, Köln, S. 13–16.

Hansen, U.; Algermissen, J. (1979): Taschenlexikon Handelsbetriebslehre, Göttingen.

Hartmann, M. (2006): Preismanagement im Einzelhandel, Wiesbaden.

Haugtvegt, Curtis B.; Herr, Paul; Kardes, Frank (Hrsg.) (2008): Handbook of Consumer Psychology, Mahwah.

Havlena, W. J.; Holbrook, M. B. (1986): The Varieties of Consumption Experience: Comparing Two Typologies of Emotion in Consumer Behavior. In: Journal of Consumer Research, Jg. 13, S. 394–404.

Hay, C. (1987): Die Verarbeitung von Preisinformationen durch Konsumenten, Heidelberg.

Heeler, R.; Ray, M. (1972): Measure Validation in Marketing. In: Journal of Marketing Research, Jg. 9, H. 4, S. 361–370.

Heinemann, G. (1989): Betriebstypenprofilierung und Erlebnishandel – Eine empirische Analyse am Beispiel des textilen Facheinzelhandels, Wiesbaden.

Helson, H. (1964): Adaptation-Level Theory, New York.

Herrmann, A.; Huber, F.; Sivakumar, K.; Wricke, M. (2004): An Empirical Analysis of the Determinants of Price Tolerance. In: Psychology & Marketing, Jg. 21, H. 7, S. 533–551.

Herrmann, A.; Seilheimer, C. (1999): Varianz- und Kovarianzanalyse. In: Herrmann, A.; Homburg, C. (Hrsg.): Marktforschung – Methoden – Anwendungen – Praxisbeispiele, Wiesbaden, S. 265–294.

Herrmann, A.; Wricke, M.; Huber, F. (2003): Determinanten der Preistoleranz von Nachfragern. In: Die Unternehmung, Jg. 57, H. 2, S. 153–178.

Herrmann, A.; Xia, L.; Monroe, K. B.; Huber, F. (2007): The Influence of Price Fairness on Customer Satisfaction: An Empirical Test in the Context of Automobile Purchases. In: Journal of Product & Brand Management, Jg. 16, H. 1, S. 49–58.

Herstein, R.; Vilnai-Yavetz, I. (2007): Household Income and the Perceived Importance of Discount Store Image Components. In: International Review of Retail, Distribution and Consumer Research, Jg. 17, H. 2, S. 177–202.

Herzberg, F. (1966): Work and Nature of Man, Cleveland.

Herzberg, F.; Mausner, B.; Snyderman, B. B. (1959): The Motivation to Work, New York.

Hildebrandt, L. (1984): Kausalanalytische Validierung in der Marketingforschung. In: Marketing Zeitschrift für Forschung und Praxis, Jg. 6, H. 1, S. 41–51.

Hildebrandt, L. (1999): Hypothesenbildung und empirische Überprüfung. In: Herrmann, A.; Homburg, C. (Hrsg.): Marktforschung – Methoden – Anwendungen – Praxisbeispiele, Wiesbaden, S. 33–57.

Hirschman, E. C.; Holbrook, M. B. (1982): Hedonic Consumption: Emerging Concepts, Methods and Propositions. In: Journal of Marketing, Jg. 46, H. 3, S. 92–101.

Hoenig, J. M.; Heisey, D. M. (2001): The Abuse of Power: The Pervasive Fallacy of Power Calculations for Data Analysis. In: The American Statistician, Jg. 55, H. 1, S. 1–6.

Hofmann, W. (1997): Draußen kaufen – Geschichte der Trinkhalle. In: Fuhrmann, S.; Hofmann, W.; Ruprecht, U. (Hrsg.): Kiosk – Ein beiläufiger Ort, Dortmund, S. 7–15.

Hohensee, J. (1996): Der erste Ölpreisschock 1973/74 – Die politischen und gesellschaftlichen Auswirkungen der arabischen Erdölpolitik auf die Bundesrepublik Deutschland und Westeuropa, Stuttgart.

Holbrook, M. B.; Hirschman, E. C. (1982): The Experiential Aspects of Consumption: Consumer Fantasies, Feelings, and Fun. In: Journal of Consumer Research, Jg. 9, S. 132–140.

Homans, G. C. (1961): Social Behavior: Its Elementary Forms, New York.

Homburg, C.; Baumgartner, H. (1995): Beurteilung von Kausalmodellen. In: Marketing Zeitschrift für Forschung und Praxis, Jg. 17, H. 3, S. 162–176.

Homburg, C.; Giering, A. (1996): Konzeptualisierung und Operationalisierung komplexer Konstrukte – Ein Leitfaden für die Marketingforschung. In: Marketing Zeitschrift für Forschung und Praxis, H. 1, S. 5–24.

Homburg, C.; Hoyer, W. D.; Koschate, N. (2005): Customers´ Reactions to Price Increases: Do Customer Satisfaction and the Perceived Motive Fairness Matter? In: Journal of the Academy of Marketing Science, Jg. 33, H. 1, S. 36–49.

Homburg, C.; Koschate, N. (2005a): Behavioral Pricing-Forschung im Überblick – Teil 1: Grundlagen, Preisinformationsaufnahme und Preisinformationsbeurteilung. In: Zeitschrift für Betriebswirtschaft, Jg. 75, H. 4, S. 383–423.

Homburg, C.; Koschate, N. (2005b): Behavioral Pricing-Forschung im Überblick – Teil 2: Preisinformationsspeicherung, weitere Themenfelder und zukünftige Forschungsrichtungen. In: Zeitschrift für Betriebswirtschaft, Jg. 75, H. 5, S. 501–524.

Homburg, C.; Koschate, N. (2005c): Behavioral Pricing-Forschung im Überblick – Erkenntnisstand und zukünftige Forschungsrichtungen, Arbeitspapier Nr. W82 des Instituts für Marktorientierte Unternehmensführung, Mannheim.

Homburg, C.; Krohmer, H. (2003): Marketingmanagement – Strategie – Instrumente – Umsetzung – Unternehmensführung, Wiesbaden.

Homburg, C.; Pflesser, C. (1999): Strukturgleichungsmodelle mit latenten Variablen: Kausalanalyse. In: Herrmann, A.; Homburg, C. (Hrsg.): Marktforschung – Methoden – Anwendungen – Praxisbeispiele, Wiesbaden, S. 633–659.

Howard, J. A.; Sheth, J. N. (1969): The Theory of Buyer Behavior, New York et al.

Hoyer, W. D. (1984): An Examination of Consumer Decision Making for a Common Repeat Purchase Product. In: Journal of Consumer Research, Jg. 11, H. 3, S. 822–829.

Hu, L.; Bentler, P. M. (1999): Cutoff Criteria for Fit Indexes in Covariance Structure Analysis: Conventional Criteria Versus New Alternatives. In: Structural Equation Modeling, Jg. 6, H. 1, S. 1–55.

Huber, F.; Meyer, F.; Vollhardt, K.; Heußler, T. (2007): Aber bitte mit Gefühl – Der Einfluss von Emotionen auf die Preisfairness. In: Thexis, Jg. 24, H. 4, S. 29–33.

Hunt, M. (1999): How Science Takes Stock: The Story of Meta-Analysis, New York.

Hunt, S. (1991): Modern Marketing Theory: Critical Issues in the Philosophy of Marketing Science, Cincinnati.

Information Resources GmbH (2007a): IRI Tankstellenstudie 2007, Nürnberg.

Information Resources GmbH (2007b): Last-Minute-Einkauf an der Tankstelle – immer noch attraktiv nach dem Fall des Ladenschlussgesetzes, Nürnberg.

Information Resources GmbH (2009): Grundgesamtheiten Deutschland 2009, Nürnberg.

Izard, C. E. (1977): Human Emotions, New York.

Izard, C. E. (1981): Die Emotionen des Menschen – Eine Einführung in die Grundlagen der Emotionspsychologie, Weinheim.

Izard, C. E. (1991): The Psychology of Emotions, New York.

Jacob, H. (1971): Preispolitik, 2. überarb. u. erw. Aufl, Wiesbaden.

Jacobs, E.; Shipp, S.; Brown, G. (1989): Families of Working Wives Spending More on Services and Nondurables. In: Monthly Labor Review, Jg. 112, H. 2, S. 15.

Jacoby, J. (1978): Consumer Research: How Useful Are All Our Consumer Behavior Research Findings? A State of the Art Review. In: Journal of Marketing, April-Ausgabe, S. 87–96.

Jacoby, L. L. (1991): A Process Dissociaton Framework: Seperating Automatic from Intentional Uses of Memory. In: Journal of Memory and Language, Jg. 30, S. 513–541.

James, W. (1884): What is an Emotion? In: Mind, Jg. ix, H. 34, S. 188–205.

Janiszewski, C.; Lichtenstein, D. R. (1999): A Range Theory Account of Price Perception. In: Journal of Consumer Research, Jg. 25, H. 4, S. 353–368.

Jarvis, C. B.; MacKenzie, S. B.; Podsakoff, P. M. (2003): A Critical Review of Construct Indicators and Measurement Model Misspecifiacation in Marketing and Consumer Research. In: Journal of Consumer Research, Jg. 30, H. 2, S. 199–218.

Jauschowetz, D. (1995): Marketing im Lebensmitteleinzelhandel – Industrie und Handel zwischen Kooperation und Konfrontation, Wien.

Jedidi, K.; Jagpal, S.; Manchanda, P. (2003): Measuring Heterogeneous Reservation Prices for Product Bundles. In: Marketing Science, Jg. 22, H. 1, S. 107–130.

Jedidi, K.; Zhang, Z. J. (2002): Augmenting Conjoint Analysis to Estimate Consumer Reservation Price. In: Management Science, Jg. 48, H. 10, S. 1350–1368.

Johnston, R. (1995): The Determinants of Service Quality: Satisfiers and Dissatisfiers. In: International Journal of Service Industry Management, Jg. 6, H. 5, S. 53–71.

Jöreskog, K.; Sörbom, D. (1982): Recent Developments in Structural Equation Modeling. In: Journal of Marketing Research, Jg. 19, S. 404–416.

J Sainsbury PLC (2011): Annual Report and Financial Statements 2011, London.

Junker, R.; Kühn, G. (2006): Nahversorgung in Großstädten, Berlin.

Kaas, K. P. (1995): Marketing zwischen Markt und Hierarchie. In: Zeitschrift für betriebswirtschaftliche Forschung, Sonderheft 35, S. 19–42.

Kaas, K. P.; Hay, C. (1984): Preisschwellen bei Konsumgütern – Eine theoretische und empirische Analyse. In: Zeitschrift für betriebswirtschaftliche Forschung, Jg. 36, H. 5, S. 333–346.

Kaas, K. P.; Posselt, T. (2000): Convenienceshop oder Supermarkt – Ein ökonomischer Erklärungsversuche des Kundenverhaltens. In: Foscht, T.; Jungwirth, G.; Schnedlitz, P. (Hrsg.): Zukunftsperspektiven für das Handelsmanagement – Konzepte, Instrumente, Trends, Festschrift für Hans-Peter Liebmann, Frankfurt am Main, S. 333–351.

Kaas, K. P. (1994): Ansätze einer institutionenorientierten Theorie des Konsumentenverhaltens. In: Kroeber-Riel, W. (Hrsg.): Konsumentenforschung – Gewidmet Werner Kroeber-Riel zum 60. Geburtstag, München, S. 245–260.

Kaas, K. P.; Ruprecht, H. (2003): Sind die Vickrey Auktion und der BDM-Mechanismus wirklich anreizkompatibel? Empirische Befunde und optimale Bietstrategien bei unsicheren Zahlungsbereitschaften, Arbeitspapier Nr. 11 des Lehrstuhls für Betriebswirtschaftslehre, insb. Marketing I, Frankfurt am Main.

Kahn, B. E.; Isen, A. M. (1993): The Influence of Positive Affect on Variety Seeking among Safe, Enjoyable Products. In: Journal of Consumer Research, Jg. 20, H. 2, S. 257–270.

Kahneman, D.; Knetsch, J. L.; Thaler, R. (1986a): Fairness as a Constraint on Profit Seeking: Entitlements in the Market. In: American Economic Review, Jg. 76, H. 4, S. 728–741.

Kahneman, D.; Knetsch, J. L.; Thaler, R. H. (1986b): Fairness and the Assumptions of Economics. In: Journal of Business, Jg. 59, H. 4, S. S285-S300.

Kahneman, D.; Tversky, A. (1979): Prospect Theory: An Analysis of Decision Under Risk. In: Econometrica, Jg. 47, H. 2, S. 263–291.

Kaicker, A.; Bearden, W. O.; Manning, K. C. (1995): Component versus Bundle Pricing – The Role of Selling Price Deviations from Price Expectations. In: Journal of Business Research, Jg. 33, S. 231-239.

Kaiser, H. F. (1970): A Second Generation Little Jiffy. In: Psychometrika, Jg. 35, H. 4, S. 401–415.

Kaiser, H. F. (1974): An Index of Factorial Simplicity. In: Psychometrika, Jg. 39, H. 1, S. 31–36.

Kakkar, P.; Lutz, R. J. (1981): Situational Influence on Consumer Behavior: A Review. In: Kassarjian, H. H.; Robertson, T. S. (Hrsg.): Perspectives in Consumer Behavior, 3 Aufl., Glenview.

Kalapurakal, R.; Dickson, P. R.; Urbany, J. E. (1991): Perceived Price Fairness and Dual Entitlement. In: Advances in Consumer Research, Jg. 18, H. 1, S. 788–793.

Kalish, S.; Nelson, P. (1991): A Comparison of Ranking, Rating and Reservation Price Measurement in Conjoint Analysis. In: Marketing Letters, Jg. 2, H. 4, S. 327–335.

Kalwani, M. U.; Yim, C. K. (1992): Consumer Price and Promotion Expectations: An Experimental Study. In: Journal of Marketing Research, Jg. 29, H. 1, S. 90–100.

Kalwani, M. U.; Yim, C. K.; Rinne, H. J.; Sugita, Y. (1990): A Price Expectations Model of Customer Brand Choice. In: Journal of Marketing Research, Jg. 27, H. 3, S. 251–262.

Kalyanaram, G.; Little, J. D. C. (1994): An Empirical Analysis of Latitude of Price Acceptance in Consumer Package Goods. In: Journal of Consumer Research, Jg. 21, H. 3, S. 408–418.

Kalyanaram, G.; Winer, R. S. (1995): Empirical Generalizations from Reference Price Research. In: Marketing Science, Jg. 14, H. 3.2, S. G161-G169.

Kamen, J. M.; Toman, R. J. (1970): Psychophysics of Prices. In: Journal of Marketing Research, Jg. 7, H. 1, S. 27–35.

Kamins, M. A.; Drèze, X.; Folkes, V. S. (2004): Effects of Seller-Supplied Prices on Buyers´ Product Evaluations: Reference Prices in an Internet Auction Context. In: Journal of Consumer Research, Jg. 30, H. 4, S. 622–628.

Kano, N.; Seraku, N.; Takahashi, F.; Tsuji, S. (1984): Attractive Quality and Must-Be Quality – Englische Übersetzung des Beitrags: Miryoku-teki Hinshitu to Atarimae Hinshitu. In: Hinshitu: The Journal of the Japanese Society for Quality Control, Jg. 14, H. 2, S. 39–48.

Karmasin, H. (1996): Convenienceshopping – ein Verbrauchertrend? In: Zentes, J. (Hrsg.): Convenienceshopping, Bedrohung oder Chance für den LEH?, Ergebnisse 3. CPC Trend Forum, Mainz, S. 17–22.

Kassarjian, Harold H.; Robertson, Thomas S. (Hrsg.) (1981): Perspectives in Consumer Behavior, 3. Aufl., Glenview.

Kaufmann, P. J.; Stern, L. W. (1988): Relational Exchange Norms, Perceptions of Unfairness, and Retained Hostility in Commercial Litigation. In: Journal of Conflict Resolution, Jg. 32, H. September, S. 534–552.

Kazim, H. (2008): Ölpreisschock löst Öko-Boom aus. In: Spiegel Online, verfügbar unter http://www.spiegel.de/wirtschaft/0,1518,druck-560930,00.html, zuerst veröffentlicht: 23.06.2008, zuletzt geprüft am 22.07.2008.

Keiser, S. K.; Krum, J. R. (1976): Consumer Perceptions of Retail Advertising with Overstated Price Savings. In: Journal of Retailing, Jg. 52, H. 3, S. 27–36.

Kelley, H. H. (1973): The Process of Causal Attribution. In: American Psychologist, Jg. 28, S. 107-128.

Kendall, M. G. (1942): Partial Rank Correlation. In: Biometrika, Jg. 32, S. 277–283.

Kepper, G. (1996): Qualitative Marktforschung, Methoden, Einsatzmöglichkeiten und Beurteilungskriterien, 2. überarb. Aufl., Wiesbaden.

Kim, C. (1989): Working Wives´ Time-saving Tendencies: Durable Ownership, Convenience Food Consumption, and Meal Purchases. In: Journal of Economic Psychology, Jg. 10, H. 3, S. 391–409.

Kirchhain, S. (2007): Die Anwendung der Vertikal-GVO auf innerstaatliche Wettbewerbsbeschränkungen nach der 7. GWB-Novelle, Frankfurt am Main.

Kirchmair, R. (1996): Trends im Einkaufsverhalten in Deutschland 1996. In: Zentes, J. (Hrsg.): Convenienceshopping, Bedrohung oder Chance für den LEH?, Ergebnisse 3. CPC Trend Forum, Mainz, S. 30–38.

Klarmann, M. (2008): Methodische Probleme der Erfolgsfaktorenforschung – Bestandsaufnahme und empirische Analysen, Wiesbaden.

Klawitter-Kurth, H. (1981): Die Preispolitik als Bestandteil der Absatzpolitik, Würzburg, Wien.

Kleinginna, P. R.; Kleinginna, A. M. (1981): A Categorized List of Emotion Definitions, with Suggestions for a Consensual Definition. In: Motivation and Emotion, Jg. 5, S. 345–379.

Kleinmanns, J. (2002): Super, voll! – Kleine Kulturgeschichte der Tankstelle, Marburg.

Knoblich, H. (1972): Die typologische Methode in der Betriebswirtschaftslehre. In: Das wirtschaftswissenschaftliche Studium, H. 4, S. 141–147.

Kohleisen, K. (2001): Szenarien des Convenience-Marktes – wettbewerbsstrategische Positionierung logistischer Mittler am Beispiel von Tank-Shops, Wiesbaden.

Kolodinsky, J. (1990): Time as a Direct Source of Utility: The Case of Price Information Search for Groceries. In: Journal of Consumer Affairs, Jg. 24, H. 1, S. 89–109.

Kopalle, P. K.; Lindsey-Mullikin, J. (2003): The Impact of External Reference Price on Consumer Price Expectations. In: Journal of Retailing, Jg. 79, S. 225-236.

Koschate, N. (2002): Kundenzufriedenheit und Preisverhalten. Theoretische und empirische experimentelle Analysen, Wiesbaden.

Kosenko, R.; Rahtz, D. (1988): Buyer Market Price Knowledge Influence on Acceptable Price Range and Price Limits. In: Advances in Consumer Research, Jg. 15, H. 1, S. 328–334.

Krishna, A.; Briesch, R. A.; Lehmann, D.; Yuan, H. (2002): A Meta-Analysis of the Impact of Price Presentation on Perceived Savings. In: Journal of Retailing, Jg. 78, S. 101–118.

Krishna, A.; Currim, I.; Shoemaker, R. (1991): Consumer Perception of Promotional Activity. In: Journal of Marketing, Jg. 55, H. 2, S. 4–16.

Krishnamurthi, L.; Papatla, P. (2003): Accounting for Heterogeneity and Dynamics in the Loyalty-Price Sensitivity Relationship. In: Journal of Retailing, Jg. 79, S. 121–135.

Krishnan, B. C.; Biswas, A.; Netemeyer, R. G. (2006): Semantic Cues in Reference Price Advertisements: The Moderating Role of Cue Concreteness. In: Journal of Retailing, Jg. 82, H. 2, S. 95–104.

Kroeber-Riel, W.; Weinberg (2003): Konsumentenverhalten, 8. aktualisierte und erg. Aufl., München.

Kroeber-Riel, W.; Weinberg, P.; Gröppel-Klein, A. (2009): Konsumentenverhalten, 9. überarb., aktual. und erg. Aufl., München.

Krueger, R. A. (1998): Analyzing & reporting focus group results, Thousand Oaks.

Kruskal, W. H.; Wallis, W. A. (1952): Use of Ranks in One-Criterion Variance Analysis. In: Journal of the American Statistical Association, Jg. 47, S. 583–621.

Kuhlicke, C.; Petschow, U.; Zorn, H. (2005): Versorgung mit Waren des täglichen Bedarfs im ländlichen Raum, Berlin.

Kujala, J. T.; Johnson, M. D. (1993): Price Knowledge and Search Behavior for Habitual, Low Involvement Food Purchases. In: Journal of Economic Psychology, Jg. 14, S. 249–265.

Kukar-Kinney, M.; Walters, R. G.; MacKenzie, S. B. (2007): Consumer Responses to Characteristics of Price-Matching Guarantees: The Moderating Role of Price Consciousness. In: Journal of Retailing, Jg. 83, H. 2, S. 211-221.

Lademann, R. P. (2008): Betriebstypeninnovationen in stagnierenden Märkten unter Globalisierungsdruck. In: Riekhof, H.-C. (Hrsg.): Retail Business in Deutschland – Perspektiven, Strategien, Erfolgsmuster, 2. überarb. und erw. Aufl., Wiesbaden.

Lalwani, A. K.; Monroe, K. B. (2005): A Reexamination of Frequency-Depth Effects in Consumer Price Judgments. In: Journal of Consumer Research, Jg. 32, S. 480–485.

Lambert, Z. V. (1975): Perceived Prices as Related to Odd and Even Price Endings. In: Journal of Retailing, Jg. 51, H. 3, S. 13–22.

Lamnek, S. (2005): Gruppendiskussion – Theorie und Praxis, 2. überarb. und erw. Aufl., Weinheim.

Lausberg, I. (2002): Kundenpräferenzen für neue Angebotsformen im Einzelhandel – Eine Analyse am Beispiel von Factory Outlet Centern.

Lawson, R.; Bhagat, P. (2002): The Role of Price Knowledge in Consumer Product Knowledge Structures. In: Psychology & Marketing, Jg. 19, H. 6, S. 551–569.

Lazarus, R. S. (1982): Thoughts on the Relations beqond Emotion and Cognition. In: American Psychologist, Jg. 37, H. 9, S. 1019–1024.

Lazarus, R. S. (1984): On the Primacy of Cognition. In: American Psychologist, Jg. 39, S. 124–129.

Lei, A. W. (1995): Consumer Values, Product Benefits and Customer Value: A Consumption Behavior Approach. In: Advances in Consumer Research, Jg. 22, S. 381–388.

Leibenstein, H. (1950): Bandwagon, Snob and Veblen Effects in the Theory of Consumer´s Demand. In: Quaterly Journal of Economics, Jg. 64, H. 2, S. 183–207.

Leigh, J. H.; Kinnear, T. C. (1980): On Interaction Classification. In: Educational and Psychological Measurement, Jg. 40, S. 841–843.

Lerchenmüller, M. (1998): Handelsbetriebslehre, 3. überarb. Aufl, Lud-wigshafen.

Levav, J.; McGraw, A. P. (2009): Emotional Accounting: How Feelings About Money Influence Consumer Choic. In: Journal of Marketing Research, Jg.XLVI, Februar-Ausgabe, S. 66-80

Leventhal, G. (1976): Fairness in Social Relationships. In: Thibeaut, J.; Carson, R. (Hrsg.): Contemporary Topics in Social Psychology, Morristown, S. 211–239.

Leventhal, G.; Karuza, J.; Fry, W. R. (1980): Es geht nicht nur um Fairneß: Eine Theorie der Verteilungspräferenzen. In: Mikula, G. (Hrsg.): Gerechtigkeit und soziale Interaktion – Experimentelle und theoretische Beiträge aus der psychologischen Forschung, Bern, S. 185–250.

Levin, I. P.; Johnson, R. D. (1984): Estimating Price-Quality Tradeoffs Using Comparative Judgments. In: Journal of Consumer Research, Jg. 11, H. Juni-Ausgabe, S. 593–600.

Lewin, K. (1969): Grundzüge der topologischen Psychologie, Bern, Stuttgart.

Lichtenstein, D. R.; Bearden, W. O. (1989): Contextual Influences on Perceptions of Merchant-Supplied Reference Prices. In: Journal of Consumer Research, Jg. 16, H. 1, S. 55–66.

Lichtenstein, D. R.; Bloch, P. H.; Black, W. C. (1988): Correlates of Price Acceptability. In: Journal of Consumer Research, Jg. 15, S. 243–252.

Lichtenstein, D. R.; Burton, S.; Karson, E. J. (1991): The Effect of Semantic Cues on Consumer Perceptions or Reference Price Ads. In: Journal of Consumer Research, Jg. 18, H. 3, S. 380–391.

Lichtenstein, D. R.; Netemeyer, R. G.; Burton, S. (1990): Distinguishing Coupon Proneness From Value Consciousness: An Acquisition-Transaction Utility Theory Perspective. In: Journal of Marketing, Jg. 54, July, S. 54-67.

Lichtenstein, D. R.; Ridgway, N. M.; Netemeyer, R. G. (1993): Price Perceptions and Consumer Shopping Behavior: A Field Study. In: Journal of Marketing Research, Jg. 30, S. 234–245.

Liebmann, H.-P.; Zentes, J. (2001): Handelsmanagement, München.

Liebmann, H.-P.; Zentes, J.; Swoboda, B. (2008): Handelsmanagement, 2. neu bearbeitete Auflage, München.

Lienert, G. A.; Raatz, U. (1998): Testaufbau und Testanalyse, 6. Aufl., Weinheim.

Lippe, P. von der; Kladroba, A. (2002): Repräsentativität von Stichproben. In: Marketing Zeitschrift für Forschung und Praxis, Jg. 24, H. 2, S. 139–145.

Löffler, M. (1999): Integrierte Preisoptimierung, Frankfurt am Main.

Lowe, B.; Alpert, F. (2007): Measuring Reference Price Perceptions for New Product Categories: Which Measure Is Best? In: Journal of Product and Brand Management, Jg. 16, H. 2, S. 132-141.

Lowengart, O. (2002): Reference Price Conceptualisations: An Integrative Framework of Analysis. In: Journal of Marketing Management, Jg. 18, H. 1/2, S. 145–171.

Lurie, N.; Srivastava, J. (2005): Price-Matching Guarantees and Consumer Evaluations of Price Information. In: Journal of Consumer Psychology, Jg. 15, H. 2, S. 149-158.

Maddox, R. N. (1981): Two-factor Theory and Consumer Satisfaction: Replication and Extension. In: Journal of Consumer Research, Jg. 8, H. 1, S. 97–102.

Mägi, A. W.; Julander, C.-R. (2005): Consumers' Store-Level Price Knowledge: Why Are Some Consumers More Knowledgeable Than Others? In: Journal of Retailing, Jg. 81, H. 4, S. 319–329.

Mann, H. B.; Whitney, D. R. (1947): On a Test on Whether One of Two Random Variables is Stochastically Larger than the Other. In: The Annals of Mathematical Statistics, Jg. 18, S. 50–60.

Manning, K. C.; Sprott, D. E. (2009): Price Endings, Left-Digit Effects, and Choice. In: Journal of Consumer Research, Jg. 36, H. 3, S. 328–335.

Marmorstein, H.; Grewal, D.; Fishe, R. P. H. (1992): The Value of Time Spent in Price-Comparison Shopping: Survey and Experimental Evidence. In: Journal of Consumer Research, Jg. 19, H. 1, S. 52–61.

Martin, W. C. ; Ponder, N.; Lueg, J. E. (2009): Price Fairness Perceptions and Customer Loyalty in a Retail Context. In: Journal of Business Research, Jg. 62, S. 588-593.

Matzler, K.; Würtele, A.; Renzl, B. (2006): Dimensions of Price Satisfaction: A Study in the Retail Banking Industry. In: International Journal of Bank Marketing, Jg. 24, H. 4, S. 216–231.

Maxwell, S.; Nye, P.; Maxwell, N. (1999): Less Pain, Same Gain: The Effects of Priming Fairness in Price Negotiations. In: Psychology & Marketing, Jg. 16, H. 7, S. 545–562.

Maxwell, S. (2002): Rule-Based Price Fairness and Its Effect on Willingness to Purchase. In: Journal of Economic Psychology, Jg. 23, H. 2, S. 191–212.

Mayhew, G. E.; Winer, R. S. (1992): An Empirical Analysis of Internal and External Reference Prices Using Scanner Data. In: Journal of Consumer Research, Jg. 19, H. 1, S. 62–70.

Mayring, P. (1990): Qualitative Inhaltsanalyse – Grundlagen und Techniken, 2. Aufl., Weinheim.

Mazumdar, T.; Monroe, K. B. (1990): The Effects of Buyers´ Intentions to Learn Price Information on Price Encoding. In: Journal of Retailing, Jg. 66, H. 1, S. 15–32.

Mazumdar, T.; Monroe, K. B. (1992): Effects of Inter-store and In-store Price Comparisons on Price Recall Accuracy and Confidence. In: Journal of Retailing, Jg. 68, H. 1, S. 66.

Mazumdar, T.; Papatla, P. (2000): An Investigation of Reference Price Segments. In: Journal of Marketing Research, Jg. XXXVII, Mai-Ausgabe, S. 246–258.

Mazumdar, T.; Raj, S. P.; Sinha, I. (2005): Reference Price Research: Review and Propositions. In: Journal of Marketing, Jg. 69, H. 4, S. 84–102.

McAlister, L.; Pessemier, E. (1982): Variety Seeking Behavior: An Interdisciplinary Review. In: Journal of Consumer Research, Jg. 9, H. 3, S. 311–322.

McDonald, R. P.; Ho, M. H. R. (2002): Principles and Practice in Reporting Structural Equation analyses. In: Psychological Methods, Jg. 7, H. 1, S. 64–82.

McGoldrick, P. J.; Marks, H. J. (1987): Shoppers´ Awareness of Retail Grocery Prices. In: European Journal of Marketing, Jg. 21, H. 3, S. 63–76.

McNemar, Q. (1947): Note on the Sampling Error of the Difference Between Correlated Proportions or Percentages. In: Psychometrika, Jg. 12, H. 153-157.

McReynolds, P.; Ludwig, K. (1987): On the History of Rating-Scales. In: Personality and Individual Differences, Jg. 8, S. 281–283.

MCS (2006): Tankstellenshops im Urteil des Verbrauchers 2006 – Auszug, zur Verfügung gestellt per E-Mail von der MCS Marketing und Convenienceshop System GmbH, Offenburg.

Meffert, H. (1992): Marketingforschung und Käuferverhalten, 2. vollst. überarb. und erw. Aufl, Wiesbaden.

Meffert, H. (2000): Trends im Konsumentenverhalten – Implikationen für Efficient Consumer Response. In: Ahlert, D.; Borchert, S. (Hrsg.): Prozessmanagement im vertikalen Marketing – Efficient Consumer Response (ECR) in Konsumgüternetzen, Berlin, S. 151–157.

Mehrabian, A. (1976): Public Places and Private Spaces, New York.

Mehrabian, A.; Russell, J. A. (1974): An Approach to Environmental Psychology, Cambridge.

Mehta, N.; Rajiv, S.; Srinivasan, K. (2003): Price Uncertainty and Consumer Search: A Structural Model of Consideration Set Formation. In: Marketing Science, Jg. 22, H. 1, S. 58–84.

Metro Group 2007: Metro-Handelslexikon 2007/2008 – Daten, Fakten und Adressen zum Handel in Deutschland, Europa und weltweit, Düsseldorf.

Meyer, W.-U.; Schützwohl, A. (2001): Einführung in die Emotionspsychologie – Band I: Die Emotionstheorien von Watson, James und Schachter, 2. überarb. Aufl., Bern et al.

Miller, K. M.; Hofstetter, R.; Krohmer, H.; Zhang, Z. J. (2011): How Should Consumers' Willingness to Pay Be Measured? An Empirical Comparison of State-of-the-Art Approaches. In: Journal of Marketing Research, Jg. XLVIII, H. 2, S. 172-184.

Monroe, K. B. (1971a): Measuring Price Thresholds by Psychophysics and Latitudes of Acceptance. In: Journal of Marketing Research, Jg. 8, H. 4, S. 460–464.

Monroe, K. B. (1971b): "Psychophysics of Prices": A Reappraisal. In: Journal of Marketing Research, Jg. 8, H. Mai-Ausgabe, S. 248–251.

Monroe, K. B. (1973): Buyers´ Subjective Perception of Price. In: Journal of Marketing Research, Jg. 10, S. 73–80.

Monroe, K. B. (2005): Pricing – Making Profitable Decisions, Boston et al.

Monroe, K. B.; Della Bitta, A. J.; Downey, S. L. (1977): Contextual Influences on Subjective Price Perceptions. In: Journal of Business Research, Jg. 5, S. 277–291.

Monroe, K. B.; Lee, A. (1999): Remembering vs. Knowing. Issues in Buyer's Processing of Price Information. In: Journal of the Academy of Marketing Science, Jg. 27, H. 2, S. 207–225.

Monroe, K. B.; Petroshius, S. M. (1981): Buyers' Perception of Price: An Update of the Evidence. In: Kassarjian, H. H.; Robertson, T. S. (Hrsg.): Perspectives in Consumer Behavior, 3 Aufl., Glenview, S. 43–55.

Moon, S.; Voss, G. (2008): How Do Price Range Shoppers Differ From Reference Price Shoppers? In: Journal of Business Research, Jg. 62, S. 31-38.

Moosbrugger, H.; Hartig, J. (2002): Factor analysis in Personality Research: Some Artefacts and Their Consequences for Psychological Assessment. In: Psychologische Beiträge, Jg. 44, S. 136–158.

Morgan, D. L. (1998): The Focus Group Guidebook, Thousand Oaks.

Morganosky, M. A. (1986): Cost- Versus Convenience-oriented Consumers: Demographic, Lifestyle, and Value Perspecitves. In: Psychology & Marketing, Jg. 3, H. 1, S. 35–46.

Mosbacher, W. (2007): Sonntagsschutz und Ladenschluß – Der verfassungsrechtliche Rahmen für den Ladenschluß an Sonn- und Feiertagen und seine subjektivrechtliche Dimension, Berlin.

Mulhern, F. J.; Padgett, D. T. (1995): The Relationship Between Retail Price Promotions and Regular Price Purchases. In: Journal of Marketing, Jg. 59, H. 4, S. 83.

Müller, D. (2009): Moderatoren und Mediatoren in Regressionen. In: Albers, S.; Klapper, D.; Konradt, U.; Walter, A.; Wolf, J. (Hrsg.): Methodik der empirischen Forschung, 3. überarb. und erw. Aufl., Wiesbaden, S. 237–252.

Müller, I. (2003): Die Entstehung von Preisimages im Handel – Eine theoretische und empirische Analyse, Nürnberg.

Müller, S. (1981): Die Rolle des Preises im Kaufentscheidungsprozess. In: Jahrbuch der Absatz- und Verbrauchsforschung, Jg. 27, H. 1, S. 41–63.

Müller, S. (1999): Grundlagen der Qualitativen Marktforschung. In: Herrmann, A.; Homburg, C. (Hrsg.): Marktforschung – Methoden – Anwendungen – Praxisbeispiele, Wiesbaden, S. 127–157.

Müller-Hagedorn, L. (2002): Handelsmarketing, 3. vollst. überarb. und erw. Aufl, Stuttgart.

Müller-Hagedorn, L. (2005): Handelsmarketing, 4. überarb. Aufl., Stuttgart.

Müller-Hagedorn, L. (2009): Bau-, Miet- und Verkaufsflächen im Einzelhandel – Zur Diskussion um die Abgrenzung der Verkaufsfläche:. In: Schröder, H.; Kenning, P.; Evanschitzky, H. (Hrsg.): Distribution und Handel in Theorie und Praxis, S. 351–378.

Murphy, P. E. (1978): The Effect of Social Class on Brand and Price Consciousness for Supermarket Products. In: Journal of Retailing, Jg. 54, H. 2, S. 33-42 u. 89-90.

MWV (2006): Preisbildung an Tankstellen, Hamburg.

MWV (2009): Jahresbericht Mineralöl-Zahlen 2008, Hamburg.

Narayana, C. L.; Markin, R. J. (1975): Consumer Behavior and Product Performance: An Alternative Conceptualization. In: Journal of Marketing, Jg. 39, H. 4, S. 1–6.

Naumann, E. (2003): Kiosk – Entdeckungen an einem alltäglichen Ort: Vom Lustpavillon zum kleinen Konsumtempel, Marburg.

Neyman, J.; Pearson, E. (1928): On the Use and Interpretation of Certain Test Criteria for Purposes of Statistical Inference. Part I and II. In: Biometrika, Jg. 20A, S. 217-240 u. 263-294.

Nicholson, M.; Clarke, I.; Blakemore, M. (2002): 'One Brand, Three Ways to Shop': Situational Variables and Multichannel Consumer Behavior. In: International Review of Retail, Distribution and Consumer Research, Jg. 12, H. 2, S. 131–148.

Nickols, S. Y.; Fox, K. D. (1983): Buying Time and Saving Time: Strategies for Managing Household Production. In: Journal of Consumer Research, Jg. 10, S. 197–207.

Niedrich, R. W.; Sharma, S.; Wedell, D. H. (2001): Reference Price and Price Perceptions: A Comparison of Alternative Models. In: Journal of Consumer Research, Jg. 28, H. 3, S. 339–354.

Niedrich, R. W.; Weathers, D.; Hill, R. C.; Bell, D. R. (2009): Specifying Price Judgments with Range-Frequency Theory in Models of Brand Choice. In: Journal of Marketing Research, Jg. XLVI, Oktober-Ausgabe, S. 693–702.

Nieschlag, R.; Kuhn, G. (1980): Binnenhandel und Binnenhandelspolitik, 3. neubearb. Aufl, Berlin.

Nowlis, S. M. (1995): The Effect of Time Pressure on the Choice Between Brands that Differ in Quality, Price, and Product Features. In: Marketing Letters, Jg. 6, H. 4, S. 287–295.

Nunnally, J. C. (1978): Psychometric Theory, 2. Aufl., New York.

Nyström, H. (1970): Retail Pricing, Stockholm.

Orlen GmbH (2003): Geballte Power für deutsche Tankstellen – Polnischer Mineralölkonzern Orlen bereitet deutschen Markteintritt vor/Eröffnung der ersten Orlen-Tankstelle in Berlin vor dem polnischen EU-Referendum, Pressemitteilung vom 23.05.2003.

Lekkerland (2004a): Everyday-Kiosk-Kette startet in Deutschland – Erster Shop eröffnet in Bochum-Riemke – "Tante-Emma" für das 21. Jahrhundert, Pressemitteilung vom 16.11.2004.

Lekkerland (2004b): Lekkerland-Tobaccoland besetzt Position des Geschäftsbereichs Einzelhandel, Pressemitteilung vom 08.01.2004.

o. V. (2006): Aral sortiert um. In: LZ-Net vom 25.09.2006, o. S.

o. V. (2007): Deutsche Bank steigt bei Tank & Rast ein. In: Handelsblatt, Meldung vom 27.06.2007.

o. V. (2008a): „Abzocke“, „Sauerei“ – BILD-Leser sauer über Spritpreis! In: Bild.de vom 22.04.2008, online verfügbar unter http://www.bild.de/BILD/news/leserreporter/2008/04/22/forum-benzinpreis/benzinpreis-preis-diskussion,geo=4340322.html, zuletzt geprüft am 12.06.2008.

o. V. (2008b): Benzin teuer wie nie – Preis-Schock an der Zapfsäule! In: Bild.de vom 24.04.2008, Online verfügbar unter http://www.bild.de/BILD/news/wirtschaft/2008/04/24/benzinpreise/auf-dem-hoechststand,geo=4359732.html.

o. V. (2008c): Discounter schauen auf die Innenstadt – Dossier Vertriebskonzepte. In: LZ-Net vom 05.09.2008.

o. V. (2008d): Handel und Wandel: Seven Eleven hat Deutschland im Blick. In: Convenienceshop vom 22.02.2008, o.S.

O´Neill, R. M.; Lambert, D. R. (2001): The Emotional Side of Price. In: Psychology & Marketing, Jg. 18, H. 3, S. 217–237.

Ofir, C. (2004): Reexamining Latitude of Price Acceptability and Price Thresholds: Predicting Basic Consumer Reaction to Price. In: Journal of Consumer Research, Jg. 30, H. 4, S. 612–621.

Olbrich, R. (1996): Betriebstypenpositionierung im Zeichen von Verdrängungswettbewerb. In: Trommsdorff, V. (Hrsg.): Handelsforschung 1996/97: Positionierung des Handels – Jahrbuch der Forschungsstelle für den Handel in Berlin (FfH) e.V., Wiesbaden, S. 89–107.

Olshavsky, R. W.; Granbois, D. H. (1979): Consumer Decision Making – Fact or Fiction? In: Journal of Consumer Research, Jg. 6, H. 2, S. 93–100.

Olsson, U. H.; Foss, T.; Troye, S. V.; Howell, R. D. (2000): The Performance of ML, GLS, and WLS Estimation in Structural Equations Modeling Under Conditions of Misspecification and Nonnormality. In: Structural Equation Modeling, Jg. 7, H. 4, S. 557–595.

Ostmann, A.; Wutke, J. (1994): Statistische Entscheidung. In: Herrmann, T.; Tack, W. H. (Hrsg.): Enzyklopädie der Psychologie: Themenbereich B, Serie I, Bd. 1, Methodologische Grundlagen der Psychologie, Göttingen, S. 694–738.

Panzer, S. (1987): Branchenübergreifende Sortimentsveränderungen im Einzelhandel unter besonderer Berücksichtigung der Partievermarktung, Frankfurt am Main.

Parducci, A. (1965): Category Judgement. A Range-Frequence Model. In: Psychological Review, Jg. 72, H. 6, S. 407–418.

Park, C. W.; Lessig, V. P. (1981): Familiarity and Its Impact on Consumer Decision Biases and Heuristics. In: Journal of Consumer Research, Jg. 8, S. 223–230.

Pauwels, K.; Srinivasan, S.; Franses, P. H. (2007): When Do Price Thresholds Matter in Retail Categories? In: Marketing Science, Jg. 26, H. 1, S. 83–100.

Pechtl, H. (2005): Preispolitik, Stuttgart.

Pechtl, H. (2008): Price Knowledge Structures Relating to Grocery Products. In: Journal of Product & Brand Management, Jg. 17, H. 7, S. 485–496.

Peine, K.; Heitmann, M.; Herrmann, A. (2009): Getting a Feel for Price Affect: A Conceptual Framework and Empirical Investigation of Consumers´ Emotional Responses to Price Information. In: Psychology & Marketing, Jg. 26, H. 1, S. 39–66.

Peter, J. P. (1979): Reliability: A Review of Psychometric Basics and Recent Marketing Practices. In: Journal of Marketing Research, Jg. 26, Februar-Ausgabe, S. 6–17.

Peter, J. P. (1981): Construct Validity: A Review of Basic Issues and Marketing Practices. In: Journal of Marketing Research, Jg. 18, Mai-Ausgabe, S. 133–145.

Peter, J. P.; Churchill Jr., G. A. (1986): Relationships Among Research Design Choices and Psychometric Properties of Rating Scales: A Meta-Analysis. In: Journal of Marketing Research, Jg. 23, H. 1, S. 1–10.

Petrov, J. V.; Daghfous, N. (1996): Evoked Set: Myth or Reality? In: Business Horizons, S. 72–76.

Pham, M. T. (1998): Representativeness, Relevance, and the Use of Feelings in Decision Making. In: Journal of Consumer Research, Jg. 25, S. 144–159.

Pham, M. T.; Cohen, J. B.; Pracejus, J. W.; Hughes, G. D. (2001): Affect Monitoring and the Primacy of Feelings in Judgment. In: Journal of Consumer Research, Jg. 28, H. 2, S. 167–188.

Picot, A. (1986): Transaktionskosten im Handel. Zur Notwendigkeit einer flexiblen Strukturentwicklung in der Distribution. In: Der Betriebsberater, Beilage, Jg. 13, H. 27, S. 1–16.

Plötner, O. (1995): Das Vertrauen des Kunden – Relevanz, Aufbau und Steuerung auf industriellen Märkten, Wiesbaden.

Plutchik, R. (1980): Emotion. A Psychoevolutionary Synthesis, New York.

Pollock, F. (1955): Gruppenexperiment, 2. unveränd. Aufl., Frankfurt am Main.

Polster, B. (1982): Tankstellen – Die Benzingeschichte, Berlin.

Popkowski Leszczyc, P. T. L.; Qiu, C.; He, Y. (2009): Empirical Testing of the Reference-Price Effect of Buy-Now Prices in Internet Auctions. In: Journal of Retailing, Jg. 85,H. 2, S: 211-221.

Poppelbaum, J. (2006): ohne Titel. In: Lebensmittelzeitung Spezial Nr.03, vom 08.09.2006, S. 64.

Popper, K. R. (1989): Logik der Forschung, Tübingen.

Porter, M. E. (1980): Competitive Strategy – Techniques for Analyzing Industries and Competitors, 52. Printing, New York.

Porter, M. E. (1997): Wettbewerbsstrategie – Methoden zur Analyse von Branchen und Konkurrenten (Competitive Strategy), 9. Aufl, Frankfurt/Main.

Posch, D. (2005): Impulskaufverhalten im Handel am Beispiel einer empirischen Analyse im Textilhandel, Wien.

Posselt, T.; Gensler, S. (2000): Ein transaktionskostenorientierter Ansatz zur Erklärung von Handelsbetriebstypen. Das Beispiel Convenienceshops. In: Die Betriebswirtschaft, Jg. 60, H. 2, S. 182–198.

Prelec, D.; Loewenstein, G. (1998): The Red and The Black: Mental Accounting of Savings and Debt. In: Marketing Science, Jg. 17, H. 1, S. 4.

Prelec, D.; Simester, D. (2001): Always Leave Home Without It: A Further Investigation of the Credit-Card Effect on Willingness to Pay. In: Marketing Letters, Jg. 12, H. 1, S. 5–12.

Prof. Dr. Schneck Rating (2005): Branchenstudie Tankstellen-Markt – Aktualisierung Dezember 2005.

Purper, G. (2007): Die Betriebsformen des Einzelhandels aus Konsumentenperspektive, 1. Aufl., Wiesbaden.

Putler, D. S. (1992): Incorporating Reference Price Effects Into a Theory of Consumer Choice. In: Marketing Science, Jg. 11, H. 3, S. 287–309.

Putrevu, S.; Ratchford, B. T. (1997): A Model of Search Behavior with an Application to Grocery Shopping. In: Journal of Retailing, Jg. 73, H. 4, S. 463-486.

Rajendran, K. N.; Tellis, G. J. (1994): Contextual and Temporal Components of Reference Price. In: Journal of Marketing, Jg. 58, H. 1, S. 22.

Rao, A. R.; Sieben, W. A. (1992): The Effect of Prior Knowledge on Price Acceptability and the Type of Information Examined. In: Journal of Consumer Research, Jg. 19, September-Ausgabe, S. 256–270.

Ratchford, B. T. (1982): Cost-Benefit Models for Explaining Consumer Choice and Information Seeking Behavior. In: Management Science, Jg. 28, H. 2, S. 197–212.

Reader´s Digest (2008): Verbraucher schätzen Marken als Anker im Leben – zur Verbraucherstudie "European Trusted Brands" 2008. Pressemitteilung vom 10.03.2008.

Reichenbach, H. (1938): Experience and Prediction. An Analysis of the Foundations and the Structure of Knowledge, Chicago.

Reilly, M. D. (1982): Working Wives and Convenience Consumption. In: Journal of Consumer Research, Jg. 8, H. 4, S. 407–418.

Reith, C. (2007): Convenience im Handel, Frankfurt am Main.

Riemer, B. (2005): Regelungen im Verkehr mit Lebensmitteln und Bedarfsgegenständen in der EU. In: Frede, W. (Hrsg.): Taschenbuch für Lebensmittelchemiker, S. 29–50.

Roediger, H. L.; McDermott, K. B. (1993): Implicit Memory in Normal Human Subjects. In: Boller, F.; Grafman, J. (Hrsg.): Handbook of Neuropsychology, Amsterdam, S. 63–131.

Rosa-Díaz, I. M. (2004): Price Knowledge: Effects of Consumers' Attitudes Towards Prices, Demographics, and Socio-Cultural Characteristics. In: Journal of Product & Brand Management, Jg. 3, H. 6, S. 406–428.

Roslow, S.; Li, T.; Nicholls, J. A. F. (2000): Impact of Situational Variables and Demographic Attributes in Two Seasons on Purchase Behaviour. In: European Journal of Marketing, Jg. 34, H. 9/10, S. 1167.

Ruprecht, U. (1997): Beiläufiger Ort läßlicher Sünden – Kiosk und Junggeselle. In: Fuhrmann, S.; Hofmann, W.; Ruprecht, U. (Hrsg.): Kiosk – Ein beiläufiger Ort, Dortmund, S. 27–30.

Rustenbach, S. J. (2003): Metaanalyse. Eine anwendungsorientierte Einführung, Bern.

Rützler, H. (2005): Was essen wir morgen? 13 Food Trends der Zukunft, Wien.

Sachs, L.; Hedderich, J. (2006): Angewandte Statistik – Methodensammlung mit R, 12. vollständig neu bearbeitete Aufl., Berlin et al.

Salcher, E. F. (1995): Psychologische Marktforschung, 2. neu bearb. Aufl., Berlin.

Sauerwein, E. (2000): Das Kano-Modell der Kundenzufriedenheit – Reliabilität und Validität einer Methode zur Klassifizierung von Produkteigenschaften, Wiesbaden.

Schafer, J. L. (1997): Analysis of Incomplete Multivariate Data, London.

Scheffler, H. (1999): Stichprobenbildung und Datenerhebung. In: Herrmann, A.; Homburg, C. (Hrsg.): Marktforschung – Methoden – Anwendungen – Praxisbeispiele, Wiesbaden, S. 59–77.

Schenk, H.-O. (1991): Marktwirtschaftslehre des Handels, Wiesbaden.

Scherer, K. R. (2003): Introduction: Cognitive Components of Emotion. In: Davidson, R. J. (Hrsg.): Handbook of Affective Sciences, Oxford, S. 563–571.

Schimmack, U.; Crites, S. L. (2005): The Structure of Affect. In: Albarracin, D.; Johnson, B. T.; Zanna, M. P. (Hrsg.): The Handbook of Attitudes, Hillsdale, S. 397–435.

Schindler, R. M. (1991): Symbolic Meanings of a Price Ending. In: Advances in Consumer Research, Jg. 18, S. 794–801.

Schindler, R. M. (2011): Forteen Research Ideas in Behavioral Pricing. In: Advances in Consumer Research, Jg. 39, S. 759–760.

Schindler, R. M.; Kibarian, T. M. (1996): Increased Consumer Sales Response Through Use of 99-Ending Prices. In: Journal of Retailing, Jg. 72, H. 2, S. 187–199.

Schindler, R. M.; Kirby, P. N. (1997): Patterns of Rightmost Digits Used in Advertised Prices: Implications for Nine-Ending Effects. In: Journal of Consumer Research, Jg. 24, H. 2, S. 192–201.

Schindler, R. M.; Wiman, A. R. (1989): Effects of Odd Pricing on Price Recall. In: Journal of Business Research, Jg. 19, S. 165–177.

Schmitt, S. (2005): Die Existenz des hybriden Käufers – Verhaltenstheoretische Analyse und empirische Untersuchung der Preisbereitschaft von Konsumenten, Wiesbaden.

Schneider, D. (1983): Marketing als Wirtschaftswissenschaft oder Geburt einer Marketingwissenschaft aus dem Geiste des Unternehmerversagens?, In: Zeitschrift für betriebswirtschaftliche Forschung, Jg. 35, H. 3, S. 197–222.

Schneider, H. (1999): Preisbeurteilung als Determinante der Verkehrsmittelwahl – Ein Beitrag zum Preismanagement im Verkehrsdienstleistungsbereich, Wiesbaden.

Schnell, R. (1994): Graphisch gestütze Datenanalyse, München, Wien.

Schnell, R.; Hill, P. B.; Esser, E. (2008): Methoden der empirischen Sozialforschung, 8. unveränd. Aufl., München.

Schröder, H. (2005): Multichannel-Retailing – Marketing in Mehrkanalsystemen des Einzelhandels, Berlin, Heidelberg, New York.

Schulten, M. B. (2008): Kundenreaktionen auf Steuerungsmaßnahmen in Mehrkanalsystemen, Schesslitz.

Sherif, M.; Taub, D.; Hovland, C. I. (1958): Assimilation and Contrast Effects of Anchoring Stimuli on Judgements. In: Journal of Experimental Psychology, Jg. 55, H. 2, S. 150–155.

Shocker, A. D.; Ben-Akiva, M.; Boccara, B.; Nedungadi, B. (1991): Consideration Set Influences on Consumer Decision-Making and Choice: Issues, Models, and Suggestions. In: Marketing Letters, Jg. 2, H. 3, S. 181–197.

Simon, H. (1992): Preismanagement – Analyse – Strategie – Umsetzung, 2. vollst. überarb. und erw. Aufl, Wiesbaden.

Simon, H.; Fassnacht, M. (2008): Preismanagement – Strategie, Analyse, Entscheidung, Umsetzung, 3. vollst. überarb. und erw. Aufl., Wiesbaden.

Simon, H.; Kucher, E. (1988): Die Bestimmung empirischer Preisabsatzfunktionen. Methoden, Befunde, Erfahrungen. In: Zeitschrift für Betriebswirtschaft, Jg. 58, H. 1, S. 171–183.

Sinha, I.; Batra, R. (1999): The Effect of Consumer Price Consciousness on Private Label Purchase. In: International Journal of Research in Marketing, Jg. 16, H. 3, S. 237–251.

Skimutis, A. (2005): Zur Kompatibilität von Marken und Vertriebsmanagement in der Konsumgüterindustrie, Wiesbaden.

Sorce, P.; Widrick, S. M. (1991): Individual Differences in Latitude of Acceptable Prices. In: Advances in Consumer Research, Jg. 18, S. 803–805.

Spar Österrreich (2009): Günstig einkaufen an 7 Tagen in der Woche – Premiere für Spar Express Tankstellen-Shops. Pressemitteilung von September 2009.

Spearman, C. (1904): The Proof and Measurement of Association Between Two Things. In: American Journal of Psychology, Jg. 15, S. 72–101.

Spearman, C. (1906): A Footnote for Measuring Correlation. In: British Journal of Psychology, Jg. 2, S. 89–108.

Srivastava, J.; Lurie, N. (2001): A Consumer Perspective on Price-Matching Refund Policies: Effect on Price Perceptions and Search Behavior. In: Journal of Consumer Research, Jg. 28, S. 296–307.

Stamer, H. H. (2006): Segmentspezifische Analyse des Preisverhaltens, eine theoretische und empirische Analyse des Konzepts der Preissegmentierung, Nürnberg.

Stamer, H. H.; Diller, H. (2006): Price Segment Stability in Consumer Goods Categories. In: Journal of Product & Brand Management, Jg. 15, H. 1, S. 62–72.

Statistisches Bundesamt (2006): Die Bundesländer – Strukturen und Entwicklungen – Ausgabe 2005, Wiesbaden.

Statistisches Bundesamt (2008a): Bevölkerung und Erwerbstätigkeit – Haushalte und Familien, Ergebnisse des Mikrozensus 2007.

Statistisches Bundesamt (2008b): Klassifikation der Wirtschaftszweige mit Erläuterungen, Wiesbaden.

Statistisches Bundesamt (2009): Umsatzsteuerstatistik. Steuerpflichtige Unternehmen und deren Lieferungen und Leistungen nach wirtschaftlicher Gliederung (Tabelle 2.3 der Jahrespublikation, Fachserie 14 Reihe 8) – 2007.

Stigler, G. J. (1961): The Economics of Information. In: Journal of Political Economy, Jg. 69, H. 3, S. 213–225.

Stingel, S. (2005): Methoden zur Ermittlung von Zahlungsbereitschaften: Einfluss moderierender Variablen. In: Diller, H. (Hrsg.): Pricing-Forschung in Deutschland, Nürnberg, S. 169–178.

Stiving, M.; Winer, R. S. (1997): An Empirical Analysis of Price Endings With Scanner Data. In: Journal of Consumer Research, Jg. 24, H. 1, S. 57–67.

Stöcker, T. (2000): Convenienceshopping – eine empirische Untersuchung des Einkaufsverhaltens in Tankstellenshops. In: transfer – Werbeforschung und Praxis, H. 3, S. 20–24.

Stoltman, J. J.; Morgan, F. W., Anglin, L. (1999): An Investigation of Retail Shopping Situations. In: International Journal of Retail & Distribution Management, Jg. 27, H. 4/5, S. 145-153.

Strober, M. H.; Weinberg, C. B. (1980): Strategies Used by Working and Nonworking Wives to Reduce Time Pressures. In: Journal of Consumer Research, Jg. 6, S. 338–348.

Suri, R.; Manchanda, R. V.; Kohli, C. S. (2002): Comparing Fixed Price and Discounted Price Strategies: The Role of Affect on Evaluations. In: Journal of Product & Brand Management, Jg. 11, H. 3, S. 160–173.

Suri, R.; Monroe, K. B. (2001): The Effects of Need for Cognition and Trait Anxiety on Price Acceptability. In: Psychology & Marketing, Jg. 18, H. 1, S. 21–42.

Suri, R.; Monroe, K. B. (2003): The Effects of Time Constraints on Consumers' Judgments of Prices and Products. In: Journal of Consumer Research, Jg. 30, Juni-Ausgabe, S. 92–104.

Süssmuth, R. (o.J.): Frauen heute und morgen – ein Blick in die Zukunft – Zur politischen Perspektive. In: Ministerium für Generationen, Familie, Frauen und Integration des Landes Nordrhein-Westfalen (Hrsg.): Demografischer Wandel. Die Stadt, die Frauen und die Zukunft., o.O., S. 19–26.

Swinyard, W. R. (1993): The Effects of Mood, Involvement, and Quality of Store Experience on Shopping Intentions. In: Journal of Consumer Research, Jg. 20, H. 2, S. 271–280.

Swoboda, B. (1999): Ausprägungen und Determinanten der zunehmenden Convenienceorientierung von Konsumenten. In: Marketing Zeitschrift für Forschung und Praxis, H. 2, S. 95–104.

Swoboda, B. (2000a): Messung von Einkaufsstättenpräferenzen auf der Basis der Conjoint-Analyse. In: Die Betriebswirtschaft, Jg. 60, H. 2, S. 149–166.

Swoboda, B. (2000b): Methoden der empirischen Messung der Preissensibilität gegenüber Einkaufsstätten – Verfahrens- und Ergebnisvergleich. In: Zeitschrift für Betriebswirtschaft, Jg. 70, H. 11, S. 1281–1304.

Swoboda, B.; Morschett, D. (2001): Convenience-Oriented Shopping: A Model from the Perspective of Consumer Research. In: Frewer, L. J.; Risvik, E.; Schifferstein, H. (Hrsg.): Food, People and Society – A European Perspective of Consumers´ Food Choices, Berlin, Heideberg, New York, S. 177–196.

Swoboda, B.; Schwarz, S. (2006): Conveniencestores – Internationale Entwicklung und Käuferverhalten in Deutschland. In: Zentes, J. (Hrsg.): Handbuch Handel – Strategien – Perspektive – Internationaler Wettbewerb, Wiesbaden, S. 396–421.

SymphonyIRI Group (2010): SymphonyIRI Group Inc. Information Resources, Inc. to be Renamed SymphonyIRI Group, Inc. Reflecting Its Innovation-led Expansion into New Value Solutions and Offerings. Pressemitteilung vom 23.03.2010, San Antonio, Texas.

Talukdar, D. (2008): Cost of Being Poor: Retail Price and Consumer Price Search Differences across Inner-City and Suburban Neighbourhoods. In: Journal of Consumer Research, Jg. 35, S. 457–471.

Tank & Rast GmbH (2009): Informationen zum Geschäftsjahr 2008, Bonn.

Tenberg, I. (2001): Zur Akzeptanz von Gastronomieeinrichtungen in Betrieben des stationären Einzelhandels – theoretische Grundlagen und empirische Ergebnisse, Dissertation, Essen.

Tesco PLC (2011): Annual Report and Financial Statements 2011, Cheshunt.

Thaler, R. (1980): Toward a Positive Theory of Consumer Choice. In: Journal of Economic Behavior and Organization, Jg. 1, H. 1, S. 39–60.

Thaler, R. (1985): Mental Accounting and Consumer Choice. In: Marketing Science, Jg. 4, H. 3, S. 199.

Thaler, R. H.; Johnson, E. J. (1990): Gambling With the House Money and Trying to Break Even: The Effects of Prior Outcomes on Risky Choice. In: Management Science, Jg. 36, H. 6, S. 643–660.

Theis, H.-J. (2007): Handbuch Handelsmarketing – Erfolgreiche Strategien und Instrumente im Handelsmarketing, Frankfurt am Main.

Thomas, M.; Menon, G. (2007): When Internal Reference Prices and Price Expectations Diverge: The Role of Confidence. In: Journal of Marketing Research, Jg. XLIV, August-Ausgabe, S. 401–409.

Thomas, M.; Morwitz, V. G. (2009): The Ease-of-Computation Effect: The Interplay of Metacognitive Experiences and Naive Theories in Judgments of Price Differences. In: Journal of Marketing Research, Jg. XLVI, Februar-Ausgabe, S. 81–91.

Thomas, M.; Morwitz, V. (2005): Penny Wise and Pound Foolish: The Left-Digit Effect in Price Cognition. In: Journal of Consumer Research, Jg. 32, Juni-Ausgabe, S. 54–64.

Tietz, B. (1991): Handbuch Franchising – Zukunftsstrategien für die Marktbearbeitung, 2. völlig überarb. Aufl., Landsberg/Lech.

Tietz, B. (1993): Der Handelsbetrieb – Grundlagen der Unternehmenspolitik, 2. neubearb. Aufl, München.

Trommsdorff, V. (2004): Konsumentenverhalten, 6. vollst. überarb. und erw. Aufl., Stuttgart.

Trommsdorff, V. (2009): Konsumentenverhalten, 7. vollst. überarb. und erw. Aufl., Stuttgart.

Tukey, J. W. (1977): Exploratory Data Analysis, Reading.

Tukey, J. W. (1980): We need Both Exploratory and Confirmatory. In: American Statistician, Jg. 34, S. 23–25.

Überla, K. (1977): Faktorenanalyse – Eine systematische Einführung für Psychologen, Mediziner, Wirtschafts- und Sozialwissenschaftler, Nachdr. der 2. Aufl, Berlin.

Uhl, J. N.; Brown, H. L. (1971): Consumer Perception of Experimental Retail Food Price Changes. In: Journal of Consumer Affairs, Jg. 5, H. 2, S. 174–185.

Urban, D. (1993): Logit-Analyse, Stuttgart.

Urban, D.; Mayerl, J. (2008): Regressionsanalyse: Theorie, Technik und Anwendung, 3. überarb. u. erw. Aufl., Wiesbaden.

Urbany, J. E.; Bearden, W. O.; Kaicker, A.; de Smith Borrero, M. (1997): Transaction Utility Effects when Quality is Uncertain. In: Journal of the Academy of Marketing Science, Jg. 25, H. 1, S. 45–55.

Urbany, J. E.; Madden, T. J.; Dickson, P. R. (1989): All´s Not Fair in Pricing: An Initial Look at the Dual Entitlement Principle. In: Marketing Letters, Jg. 1, H. 1, S. 17–25.

Urbany, J. E.; Dickson, P. A.; Kalapurakal, R. (1996): Price Search in the Retail Grocery Market. In: Journal of Marketing, Jg. 60, H. 2, S. 91–104.

Urbany, J. E.; Dickson, P. R. (1991): Consumer Normal Price Estimation: Market versus Personal Standards. In: Journal of Consumer Research, Jg. 18, Juni, S. 45-51.

Urbany, J. F.; Dickson, P. R.; Sawyer, A. G. (2000): Insights Into Cross- and Within-Store Price Search: Retailer Estimates Vs. Consumer Self-Reports. In: Journal of Retailing, Jg. 76, H. 2, S. 243-258.

USP market intelligence (2007a): Entwicklung Shopgröße Tankstelle – 2000–2007, München.

USP market intelligence (2007b): Trendreport Tankstellen 2006, München.

USP market intelligence (2007c): Umsatzverteilung Tankstellen – Werktag vs. Sonntag, Shopumsatz ohne Presse und Kraftstoff, München.

Vaidyanathan, R.; Aggarwal, P. (2003): Who is the Fairest of Them All? An Attributional Approach to Price Fairness Perceptions. In: Journal of Business Research, Jg. 56, S. 453–463.

Vanhuele, M.; Drèze, X. (2002): Measuring the Price Knowledge Shoppers Bring to the Store. In: Journal of Marketing, Jg. 66, S. 72–85.

Vanhuele, M.; Laurent, G.; Drèze, X. (2006): Consumers' Immediate Memory for Prices. In: Journal of Consumer Research, Jg. 33, H. 2, S. 163–172.

Veblen, T. (1899): The Theory of Leisure Class: An Economic Study of Institutions, London.

Veblen, T. (1965): The Theory of the Leisure Class – An Economic Study of Institutions, With the Addition of a Review by William Dean Howells, New York.

Veitch, R.; Arkkelin, D. (1995): Environmental Psychology: An Interdisciplinary Perspective, Englewood Cliffs, New Jersey.

Vereinte Nationen, Hauptabteilung wirtschaftliche und soziale Angelegenheiten – Abteilung Bevölkerungsfragen (2001): Alterung der Weltbevölkerung 1950–2050 – Zusammenfassung, New York.

Voeth, M. (2000): Nutzenmessung in der Kaufverhaltensforschung – Die Hierarchische Individualisierte Limit Conjoint-Analyse (HILCA), Wiesbaden.

Vogel, V.; Seidelmann, S. (2007): Synopse zum Ladenschlussgesetz, o. O.

Völckner, F. (2006): Methoden zur Messung individueller Zahlungsbereitschaften: Ein Überblick zum State of the Art. In: Journal für Betriebswirtschaft, Jg. 56, S. 33–60.

Volkmann, J. (1951): Scales of Judgment and Their Implications for Social Psychology. In: Rohrer, J. H.; Sherif, M. (Hrsg.): Social Psychology at the Crossroads, New York, S. 273–296.

Wakefield, K. L.; Inman, J. J. (2003): Situational Price Sensitivity: The Role of Consumption Occasion, Social Context and Income. In: Journal of Retailing, Jg. 79, S. 199–212.

Wakefield, K. L.; Inman, J. (1993): Who Are the Price Vigilantes? An Investigation of Differentiating Characteristics Influencing Price Information Processing. In: Journal of Retailing, Jg. 69, H. 2, S. 216-233.

Walster, E.; Walster, G. W.; Berscheid, E. (1978): Equity Theory and Research, Boston.

Wang, T.; Venkatesh, R.; Chatterjee, R. (2007): Reservation Price as a Range: An Incentive-Compatible Measurement Approach. In: Journal of Marketing Research, Jg. 44, Mai-Ausgabe, S. 200–213.

Watson, D.; Tellegen, A. (1985): Toward a Consensual Structure of Mood. In: Psychological Bulletin, Jg. 98, S. 219–235.

Watson, J. B. (1919): Psychology From the Standpoint of a Behaviorist, Philadelphia.

Weber, M. (1993): Besitztumseffekte: eine theoretische und empirische Analyse. In: Die Betriebswirtschaft, Jg. 53, H. 4, S. 479–490.

Weiber, R.; Mühlhaus, D. (2010): Strukturgleichungsmodellierung – Eine anwendungsorientierte Einführung in die Kausalanalyse mit Hilfe von AMOS; SmartPLS und SPSS, Heidelberg et al.

Weinberg, C. B.; Winer, R. S. (1983): Working Wives and Major Family Expenditures: Replication and Extension. In: Journal of Consumer Research, Jg. 10, H. 2, S. 259–263.

Weinberg, P.; Gröppel, A. (1988): Formen und Wirkungen erlebnisorientierter Kommunikation. In: Marketing Zeitschrift für Forschung und Praxis, H. 3, S. 190–197.

Weiner, B. (2000): Attributional Thoughts about Consumer Behavior. In: Journal of Consumer Research, Jg. 27, H. 3, S. 382–387.

West, S. G.; Finch, J. F.; Curran, P. J. (1995): Structural Equation Models With Nonnormal Variables: Problems and Remedies. In: Hoyle, R. H. (Hrsg.): Structural Equation Modeling: Concepts, Issues, and Applications, Thousand Oaks, S. 56–75.

White, T. B.; Yuan, H. (2012): Building trust to increase purchase intentions: The signaling impact of low pricing policies. In: Journal of Consumer Psychology, Jg. 22, S. 384-394.

Wilcoxon, F. (1945): Individual Comparisons by Ranking Methods. In: Biometrics, Jg. 1, S. 80–83.

Wilcoxon, F. (1947): Probability Tables for Individual Comparisons by Ranking Methods. In: Biometrics, Jg. 3, S. 119-122.

Williamson, O. E. (1985): The Economic Institutions of Capitalism – Firms, Markets, Relational Contracting, New York.

Winer, R. S. (1986): A Reference Price Model of Brand Choice for Frequently Purchased Products. In: Journal of Consumer Research, Jg. 13, H. 2, S. 250–256.

Wirtz, M. (2004): Über das Problem fehlender Werte: Wie der Einfluss fehlender Informationen auf Analyseergebnisse entdeckt und reduziert werden kann. In: Rehabilitation, Jg. 43, H. 2, S. 109–115.

Wirtz, M.; Nachtigall, C. (1998): Deskriptive Statistik – Statistische Methoden für Psychologen – Teil 1, Weinheim, München.

Wolf, F. (1996): Der Aral-Shop. In: Zentes, J. (Hrsg.): Convenienceshopping, Bedrohung oder Chance für den LEH?, Ergebnisse 3. CPC Trend Forum, Mainz, S. 39–43.

Woodworth, R. S. (1929): Psychology, 2. Aufl., New York.

Woratschek, H. (1992): Betriebsform, Markt und Strategie, Wiesbaden.

Wricke, M. (2000): Preistoleranz von Nachfragern, Wiesbaden.

Xia, L.; Monroe, K. B.; Cox, J. L. (2004): The Price is Unfair! A Conceptual Framework of Price Fairness Perceptions. In: Journal of Marketing, Jg. 68, H. 4, S. 1–15.

Yale, L.; Venkatesh, A. (1986): Toward the Construct of Convenience in Consumer Research. In: Advances in Consumer Research, Jg. 13, S. 403–408.

Yin, T.; Paswan, A. K. (2007): Antecedents to Consumer Reference Price Orientation: An Exploratory Investigation. In: Journal of Product & Brand Management, Jg. 16, H. 4, S. 269–279.

Zaharia, S. (2006): Multi-Channel-Retailing und Kundenverhalten – Wie sich Kunden informieren und wie sie einkaufen, Lohmar, Köln.

Zajonc, R. B. (1980): Feeling and Thinking: Preferences Need No Inferences. In: American Psychologist, Jg. 35, S. 151–175.

Zajonc, R. B. (2000): Feeling and Thinking: Closing the Debate Over the Independence of Affect. In: Forgas, Joseph P. (Hrsg.): Feeling and Thinking: The Role of Affect in Social Cognition, New York, S. 31–58.

Zajonc, R. B.; Markus, H. (1982): Affective and Cognitive Factors in Preferences. In: Journal of Consumer Research, Jg. 9, S. 123–131.

Zeithaml, V. A. (1984): Issues in Conceptualizing and Measuring Consumer Response to Price. In: Advances in Consumer Research, Jg. 11, H. 1, S. 612–616.

Zeithaml, V. A. (1988): Consumer Perceptions of Price, Quality and Value: A Means-End Model and Synthesis of Evidence. In: Journal of Marketing, Jg. 52, H. 3, S. 2–22.

Zeithaml, V. A.; Fuerst, W. L. (1983): Age Differences in Response to Grocery Store Price Information. In: The Journal of Consumer Affairs, Jg. 17, H. 2, S. 402–420.

Zentes, J. (1996a): Convenienceshopping – Ein neuer Einkaufstrend? In: Trommsdorff, V. (Hrsg.): Handelsforschung 1996/97: Positionierung des Handels – Jahrbuch der Forschungsstelle für den Handel in Berlin, Wiesbaden, S. 227–236.

Zentes, J. (1996b): TopTrends im Handel – Einführende Bemerkungen zur Konzeption des 3. CPC-TrendForums. In: Zentes, J. (Hrsg.): Convenienceshopping, Bedrohung oder Chance für den LEH?, Ergebnisse 3. CPC Trend Forum, Mainz, S. 7–16.

Zentes, J.; Schramm-Klein, H.; Neidhart, M. (2005): HandelsMonitor 2005/2006, Frankfurt am Main.

Zentes, J.; Swoboda, B. (1998): Profilierungsdimensionen des Tankstellen-Shopping (Studie des Instituts für Handel und Internationales Marketing an der Universität des Saarlandes und der Lekkerland Deutschland GmbH), Saarbrücken, Frechen.

Zhang, T.; Ramakrishnan, R.; Livny, M. (1997): BIRCH: An Efficient Data Clustering Method for Very Large Databases – Proceedings of the ACM SIGMOD Conference on Management of Data, Montreal, Kanada.

Zielke, S. (2006a): Asymmetrische Effekte bei der Entstehung von Preiszufriedenheit, Göttingen.

Zielke, S. (2006b): Measurement of Retailers´ Price Images with a Multiple-item Scale. In: International Review of Retail, Distribution and Consumer Research, Jg. 16, H. 3, S. 297–316.

Zielke, S. (2007a): Bestimmungsfaktoren der Preisfairness von Lebensmitteldiscountern. In: Thexis, Jg. 24, H. 4, S. 17–20.

Zielke, S. (2007b): Verhaltenswissenschaftliche Preisforschung im Handel. In: Ahlert, D.; Olbrich, R.; Schröder, H. (Hrsg.): Shopper Research – Kundenverhalten im Handel, Frankfurt am Main, S. 249–264.

Zielke, S. (2010): How Price Image Dimensions Influence Shopping Intentions For Different Store Formats. In: European Journal of Marketing, Jg. 44, H. 6, S. 748-770.

Zimbardo, P. G.; Gerrig, R. J. (2006): Psychologie, 16. aktualisierte Aufl., München.

Verzeichnis der Rechtsnormen und DIN-Normen

BauNVO (1993): Verordnung über die bauliche Nutzung der Grundstücke vom 26.06.1962 (BGBl. I, S. 429) in der Fassung vom 22.04.1993. In: BGBl. I, S. 466, 479.

DIN 277 (2005): DIN 277 des Deutschen Institut für Normung e.V. – Normenausschuss Bauwesen (NABAU) von Februar 2005.

EG (2009): Vertrag zur Gründung der Europäischen Gemeinschaft (bis 30.11.2009) bzw. Vertrag über die Arbeitsweise der Europäischen Union (ab 01.12.2009) in der am 01.12.2009 in Kraft getretenen Fassung. In: ABl. EG Nr. C 115 vom 09.05.2008, S. 47 (konsolidierte Fassung).

EnergieStG (2011): Energiesteuergesetz vom 15.07.2006 (BGBl. I, S. 1534) in der Fassung vom 01.03.2011. In: BGBl. I, S. 282.

GWB (2001): Gesetz gegen Wettbewerbsbeschränkungen vom 27.07.1957 (BGBl. I, S. 1081) in der Fassung vom 26.07.2011. In: BGBl. I, S. 1554, 1592 f.

HGB (2011): Handelsgesetzbuch vom 10.05.1897 (RGBl. S. 219) in der Fassung vom 01.03.2011. In: BGBl. I, S. 288, 307.

Verordnung (EG) Nr. 178/2002 (2002): Verordnung (EG) Nr. 178/2002 des europäischen Parlaments und des Rates zur Festlegung der allgemeinen Grundsätze und Anforderungen des Lebensmittelrechts, zur Errichtung der Europäischen Behörde für Lebensmittelsicherheit und zur Festlegung von Verfahren zur Lebensmittelsicherheit vom 28. Januar 2002. In: ABl. L 31 vom 01.02.2002, S. 1–24.

Rechtsprechungsverzeichnis

Bundeskartellamt

BKartA (2001a): Bundeskartellamt, 8. Beschlussabteilung, Aktenzeichen B 8-50500-U-120/01 vom 19.12.2001: Beschluss zum Zusammenschlussvorhaben von RWE Dea und Deutscher Shell GmbH.

BKartA (2001b): Bundeskartellamt, 8. Beschlussabteilung, Aktenzeichen B 8-50500-U-130/01 vom 19.12.2001: Beschluss zum Zusammenschluss von der Deutschen BP AG und der Aral AG.

Bundesverwaltungsgericht

BVerwG (2004): Bundesverwaltungsgericht, 4. Senat, Aktenzeichen 4 BN 39.04, Beschluss vom 8.11.2004.

BVerwG (2005): Bundesverwaltungsgericht, 4. Senat, Aktenzeichen 4 C 10.04, Urteil vom Urteil vom 24.11.2005.

KUNDENORIENTIERTE UNTERNEHMENSFÜHRUNG

Herausgegeben von Prof. Dr. Hendrik Schröder, Essen

Band 2
Silvia Zaharia
Multi-Channel-Retailing und Kundenverhalten – Wie sich Kunden informieren und wie sie einkaufen
Lohmar – Köln 2006 • 424 S. • € 57,- (D)
ISBN-13: 978-3-89936-508-5 • ISBN-10: 3-89936-508-9

Band 3
Annette Bohlmann
Multi-Channel-Retailing und Kaufbarrieren – Wie Kunden Kaufrisiken wahrnehmen und überwinden
Lohmar – Köln 2007 • 464 S. • € 59,- (D) • ISBN 978-3-89936-580-1

Band 4
Gregor Zimmermann
Videobeobachtung im stationären Einzelhandel – Eine empirische Analyse zum Kundenverhalten am Point of Purchase
Lohmar – Köln 2008 • 320 S. • € 52,- (D) • ISBN 978-3-89936-654-9

Band 5
Andreas Rödl
Kundenbewertung im Lebensmitteleinzelhandel – Die Analyse von Kundenpotenzialen mit Haushaltspaneldaten
Lohmar – Köln 2010 • 344 S. • € 63,- (D) • ISBN 978-3-89936-936-6

Band 6
Gabriele Schettgen
Kundenwissenscontrolling – Wissenschaftliche Einordnung, konzeptionelle Grundlagen und empirische Ergebnisse im deutschen Textil- und Bekleidungseinzelhandel
Lohmar – Köln 2013 • 452 S. • € 69,- (D) • ISBN 978-3-8441-0249-9

Band 7
Nina Villaverde Suarez
Das Preisverhalten von Kunden in Tankstellenshops – Eine theoretische und empirische Analyse
Lohmar – Köln 2013 • 492 S. • € 73,- (D) • ISBN 978-3-8441-0252-9

JOSEF EUL VERLAG